黄河泥沙工程控制论

张金良　刘继祥 等　著

科学出版社

北　京

内 容 简 介

本书在黄河流域生态保护和高质量发展上升为重大国家战略的大背景下，围绕通过一定时期建设实现的“让黄河成为造福人民的幸福河”这一总体目标，从系统论、控制论的角度出发，结合黄河的水沙情势及治理现状，提出黄河泥沙工程控制论。黄河泥沙工程控制论从“入黄泥沙控制-干支流水库泥沙控制-河道泥沙调节-河口泥沙侵蚀基准控制”整个流域系统的自上而下入手，分环节、分工程、分方式对泥沙进行调控，分别通过流域面上的水土保持措施拦沙减蚀，水库的“蓄清调浑”调控泥沙，下游河道的遏制悬河、三滩分治、稳定河势，最后通过河口的反馈与调控，实现黄河水沙关系协调，形成一套完整的、系统的黄河泥沙工程控制方法论。

本书可供水利设计工作者及长期关注黄河水利事业发展的政策制定者、学者专家、大专院校相关专业师生参考使用。

图书在版编目（CIP）数据

黄河泥沙工程控制论 / 张金良等著. —北京：科学出版社，2023.4

ISBN 978-7-03-073527-0

Ⅰ. ①黄… Ⅱ. ①张… Ⅲ. ①黄河－河流泥沙－研究 Ⅳ. ①TV152

中国版本图书馆 CIP 数据核字（2022）第 195532 号

责任编辑：朱 瑾 习慧丽 / 责任校对：张小霞

责任印制：吴兆东 / 封面设计：无极书装

科学出版社 出版

北京东黄城根北街 16 号

邮政编码：100717

http://www.sciencep.com

北京建宏印刷有限公司 印刷

科学出版社发行 各地新华书店经销

*

2023 年 4 月第 一 版 开本：787×1092 1/16

2023 年 4 月第一次印刷 印张：31

字数：735 000

定价：398.00 元

（如有印装质量问题，我社负责调换）

序　一

治黄百难，唯沙为首。黄河作为世界上最为复杂难治的河流，输沙量之大、含沙量之高，世所罕见。黄河因泥沙而“善淤、善决、善徙”，在塑造华北大平原的同时，也给两岸人民带来了深重的苦难。历史上黄河“三年两决口、百年一改道”，中华民族始终在同黄河水患作斗争，一部治黄史也是一部治国史。对黄河安澜的千年祈盼激励着一代代人民去认识黄河、改造黄河，也逐渐发掘了泥沙治理这一破解黄河水患的不二法门。

张金良坚守黄河保护治理一线 37 年，多年来他不改初心、孜孜以求，探求黄河泥沙治理之道，从三门峡水利枢纽管理局一名普通的职工成长起来，既有治黄一线的扎实工作经验，也曾作为调度者亲历黄河调水调沙这一世界上最大的原型试验，近年来先后担任黄河古贤、泾河东庄、马莲河枢纽，以及南水北调西线、黄河下游生态治理、防溃决多拦沙新型淤地坝等重大治黄工程的总设计师，还是《黄河流域生态保护和高质量发展水安全保障规划》编写组组长，成立了黄河泥沙工程创新团队，对黄河泥沙治理开展了非常系统、深入的研究。

张金良等编著的《黄河泥沙工程控制论》是多年来对黄河泥沙治理的集大成之作。作者将钱学森先生 20 世纪 50 年代提出的工程控制论引入黄河泥沙治理的领域，书中回答了黄河泥沙治理为什么是工程控制、怎样用工程控制来治理黄河泥沙等问题，并对黄河泥沙治理提出了系统、综合对策，体现了源头治理、系统治理、综合治理的思想，构筑了黄河泥沙治理的“纲、目、结”，形成了黄河泥沙治理的控制链和控制网。可以说该书是对以往泥沙治理的创新性发展。

中华人民共和国成立以来，我们共同见证了在中国共产党的领导下，实现了黄河伏秋大汛岁岁安澜，黄河保护治理基本持续向好发展。该书的探索研究成果可为黄河流域生态保护和高质量发展提供重要技术支撑，为推动多沙河流的系统保护治理提供重要借鉴，对助力实现造福人民的“幸福河”也大有裨益，可供治黄科技工作者、高等院校相关专业的师生参考使用，也期待作者在黄河保护治理工作中再立新功！

南水北调后续工程专家咨询委员会主任

中国工程院院士　何华武

2022 年 10 月

序 二

黄河是中华民族的母亲河，流域横跨我国西部、中部和东部，是连接青藏高原、黄土高原、华北平原的生态廊道，构成我国重要的生态屏障和经济地带，在保障国家生态安全、能源安全、经济安全、粮食安全中具有举足轻重的战略地位。水少沙多、水沙关系不协调一直是黄河复杂难治的症结所在，也正是黄土高原地区突出的水土流失，导致黄河下游严重淤积，使下游河道淤成“悬河”，造成历史上黄河“三年两决口、百年一改道”的严重灾害。人民治黄的 70 多年来，从水土保持、河道整治到干支流水库和堤防等水利工程的建设，逐步探索形成了“拦、调、排、放、挖”的泥沙治理思路，实现了黄河 70 余年岁岁安澜，谱写了人民治黄的宏伟篇章，取得了举世瞩目的伟大成就。但是，我们仍要清醒地认识到黄河水患频繁的基本特质。当下洪水风险仍是黄河流域的最大威胁，黄河流域水沙调控体系不完善、防洪短板突出，上游形成新悬河、中游潼关高程居高不下、下游“二级悬河”发育、滩区经济发展质量不高等问题突出。这也是新时期治黄科技工作者亟待破解的难题。

作者长期工作在治黄第一线，数十年潜心研究治黄新手段、新方法、新思路，该书是作者数十年的治黄认识与实践经验的汇编。该书把工程控制论这一方法论与黄河泥沙治理有机结合，通过黄河泥沙工程控制的四级手段，系统控制黄河泥沙。从流域上的拦沙减蚀到水库的“蓄清调浑”，再到下游河道的遏制悬河、三滩分治、稳定河势，最后通过河口的反馈与调控作用，形成了一套完整的、系统的黄河泥沙工程控制论。黄河泥沙工程控制论与“拦、调、排、放、挖”的泥沙治理思路相互映照、相辅相成，是泥沙治理思路的进一步升华和发展，更是新时期治理黄河泥沙的系统指南。作者紧跟国家重大工程战略布局，站在全流域的角度，结合新时期的新要求，提出了关于黄河泥沙治理的独到见解。阅读此书，可系统地了解黄河泥沙治理与调控的系统方法体系，也可启发对未来黄河治理保护开展新思考。

黄河泥沙工程控制论中的一些认识和方法已经在长期的治黄实践中得到了检验与验证，该书的出版，为黄河流域生态保护和高质量发展提供了科学依据，对黄河流域泥沙治理具有重要的参考价值。

中国工程院院士 王光谦

2022 年 10 月

前　言

黄河是中华民族的母亲河，保护黄河是事关中华民族伟大复兴和永续发展的千秋大计。黄河流域生态保护和高质量发展是重大国家战略，战略目标是“让黄河成为造福人民的幸福河”。水少沙多、水沙关系不协调是黄河复杂难治的症结所在，是洪水泛滥、河流频繁改道的根源。

人民治黄以来，通过不断的工程实践和治黄经验总结，逐步形成了“上拦下排、两岸分滞”控制洪水，“拦、调、排、放、挖”等处理和利用泥沙的治理方略，在黄河保护治理中发挥重要指导作用。泥沙治理是一个系统工程，控制好泥沙是黄河保护治理的关键，必须要坚持系统治理、源头治理。近年来，黄河泥沙工程创新团队基于系统论和工程控制论的基本理论，通过解析黄河泥沙产生、输移、淤积等各个阶段的特点和工程控制措施作用与效果，建立了黄河泥沙工程控制理论，提出了黄河泥沙系统治理的四级调控模式。一级控制是通过黄土高原水土流失综合治理拦沙和通过控制沟道侵蚀基准面减蚀，实现从源头减少入黄泥沙；二级控制是通过修建干支流水库拦沙和调水调沙等技术手段实现对水沙关系的有效调控；三级控制主要是通过宽滩河道生态治理，保障宽滩区充分发挥削峰滞洪沉沙的调节功能；四级控制是通过河口综合治理稳定和控制尾闾泥沙侵蚀基准面以减少溯源淤积。黄河泥沙工程控制论研究涵盖黄河泥沙治理方略及理论创新、技术应用和工程实践，多学科专业交叉融合，具有重要的现实意义。

本书共分为 7 篇、21 章，主要内容如下：第 1 章概述了黄河泥沙特点、问题及研究进展，第 2 章提出了黄河泥沙工程控制论，第 3 章详述了黄河泥沙工程控制论的理论技术体系的目标、原则、基本理论和控制模式，第 4 章介绍了黄河泥沙工程控制定量模拟系统，第 5 章综述了黄土高原水土流失治理现状，第 6 章介绍了黄土高原水土流失综合控制方法，第 7 章介绍了高标准新型淤地坝建设关键技术，第 8 章介绍了黄土高原小流域综合治理关键技术，第 9 章介绍了变化背景下黄河水沙变化趋势与调控，第 10 章介绍了水库工程泥沙研究现状，第 11 章介绍了水库“蓄清调浑”关键技术，第 12 章介绍了多沙河流水库的“蓄清调浑”设计运用实践，第 13 章介绍了黄河下游河道治理现状与调控需求，第 14 章介绍了黄河下游河道生态治理新策略，第 15 章介绍了黄河下游复合生态廊道构建技术，第 16 章介绍了黄河口治理保护现状与调控需求，第 17 章介绍了黄河口生态保护与泥沙调控总体思路，第 18 章介绍了黄河口流路及岸线空间均衡调控技术，第 19 章介绍了黄河流域河流健康诊断评价方法，第 20 章对本研究的主要认识进行了总结，第 21 章论述了本研究的展望。

本书编写具体分工如下：第 1 章和第 2 章由张金良、刘继祥、罗秋实、鲁俊、王炜撰写；第 3 章由张金良、高兴、朱呈浩、段文龙、徐东坡撰写；第 4 章由梁艳洁、王冰洁、朱呈浩、徐东坡、段文龙撰写；第 5 章由盖永岗、段文龙、张建撰写；第 6 章由张建、常恩浩、盖永岗、段文龙撰写；第 7 章由盖永岗、段文龙、陈松伟撰写；第 8 章由张超撰写；第 9 章由张建、常恩浩、段文龙撰写；第 10 章至第 12 章由鲁俊、刘俊秀、陈翠霞、徐东坡、吴默溪、段文龙撰写；第 13 章至第 15 章由李继伟、刘娟、钱裕、梁艳洁、孙梦梦、魏青撰写；第 16 章至第 18 章由李继伟、刘娟、梁艳洁、钱裕、孙梦梦、魏青撰写；第 19 章由张金良、曹智伟、徐东坡、宗虎城、王东翻撰写；第 20 章和第 21 章由张金良、刘继祥撰写。张金良、刘继祥、胡春宏负责全书构思，并主持撰写和统稿工作。

特别感谢何华武院士和王光谦院士为本书作序！

2022 年 11 月

目　录

第1篇　理　论　篇

第 2 篇　入黄泥沙控制

第 3 篇 黄河水库泥沙控制

第 4 篇　黄河河道泥沙控制

第5篇 黄河口泥沙控制

第6篇 系统调控

第7篇 主要认识与展望

第1篇

理　论　篇

第1章 绪　论

1.1 黄河泥沙的特点

黄河是世界上输沙量最大、含沙量最高的河流，水少沙多、水沙关系不协调是黄河区别于其他河流的基本特征，也是黄河复杂难治的症结所在。黄河泥沙在产生、输移和淤积等各个过程中均具有一定的特点，涉及流域土壤侵蚀产沙、泥沙输移、河道淤积与冲刷、水库和河口泥沙淤积等多个方面。

1.1.1 流域土壤侵蚀产沙

河流输移泥沙的来源包括作为河床组成的床沙和源自流域、河岸的细沙，从地质角度来讲，这两种泥沙均源自流域。流域土壤侵蚀可分为陆域侵蚀和河道侵蚀：陆域侵蚀包括面蚀、细沟蚀和沟蚀，侵蚀强度决定流域产沙量；河道侵蚀包括河床冲刷与河岸冲刷。

黄河流域以水流泥沙含量高闻名于世。由于黄河流经不同的地理单元，流域地貌、地质等自然条件差别很大，因此泥沙来源存在不均匀性。黄河上游、中游和下游的年来沙量分别约占全河年来沙总量的9%、89%和2%。其中，中游流经黄土高原地区，该区新黄土分布十分广泛，河口镇至龙门区间的面积仅占流域总面积的约14.8%，年来沙量却占全河年来沙总量的一半以上（56%)。黄河年来沙量在1亿t以上的主要一级支流有无定河(2.12亿t)、渭河(1.86亿t)和窟野河(1.36亿t)，合计占年来沙总量的约33.4%。从输沙模数来看，大于10 000t/(km^2·a)的地区主要分布于黄土丘陵区，包括河口镇至清涧河口之间的晋陕间支流地区，红柳河、芦河、大理河、清涧河、延河、北洛河及泾河的支流马莲河的河源区，以及渭河上游北岸支流葫芦河的中下游和散渡河地区(图1-1)。

泥沙按照颗粒大小可划分为黏土、粉砂、砂、砾石、卵石、漂石等。黄土高原地区新黄土分布十分广泛，其颗粒组成从西北向东南逐渐变细。每年进入黄河的泥沙中，粗沙（$d>0.05$mm）为3.64亿t，约占总沙量的23%，是造成下游河道淤积的主要原因。根据黄河中上游地区的地貌特征和黄土分布状况，泥沙的来源可分为三个区域：①河口镇至龙门区间，马莲河和北洛河为多沙粗沙来源区；②除马莲河以外的泾河干支流，以及渭河上游、汾河为多沙细沙来源区；③河口镇以上，渭河南山支流、洛河、沁河为少沙来源区。黄河泥沙可分为悬移质和河床质，其中悬移质占主导地位。悬移质颗粒沿程变化的总趋势是：兰州至河口镇泥沙颗粒沿程变细；河口镇至吴堡站受粗沙来源支流汇入影响，泥沙颗粒局部变粗；吴堡站以下泥沙颗粒又恢复沿程变细。从年内变化来看，受降水等气候因素的影响，黄河流域悬移质的颗粒组成随季节变化，一般表现为汛期泥沙颗粒较细，而非汛期泥沙颗粒较粗。河床质颗粒沿程变化的规律为：龙门站、三门峡站和潼关站的泥沙颗粒一般较包头站更粗，且潼关站的泥沙颗粒较龙门站和三门峡站更细，三门峡站以下泥沙颗粒沿程变细。此外，山谷地区河段比降大、断面窄深，河床质颗粒较粗；平原地区河段比降小、断面宽浅，河床质颗粒较细。

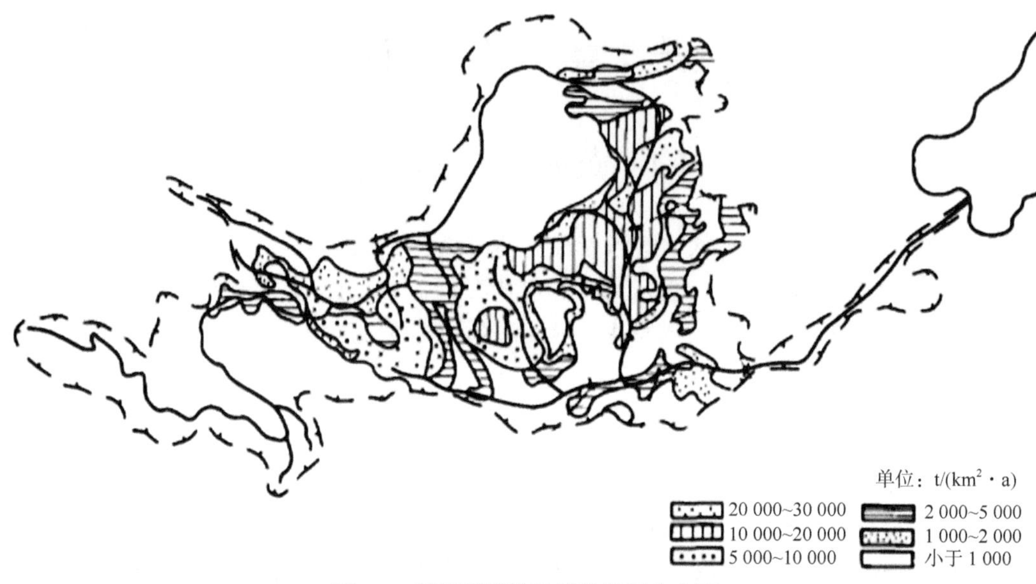

图 1-1　黄河流域输沙模数地区分布图

黄河流域产沙主要集中在汛期，中下游干流 7～10 月输沙量可占全年输沙总量的 80%以上。黄河流域产沙主要集中在来水偏丰的年份，在年内又往往集中于一次或几次暴雨洪水期间。因此，黄河流域产沙量存在年内分布集中、年际变化大等特点，这种情况在面积较小的流域表现尤为突出，并且容易形成高含沙洪水。

泥沙的重要参数主要包括粒径、沉速、容重、阻力系数、黏结力、形状、休止角、孔隙率、粒径频率等。其中，沉速是表征水流与泥沙相互作用的最重要指标；阻力系数是泥沙颗粒雷诺数和泥沙形状系数的函数；休止角是泥沙颗粒内摩擦的一种度量，定义为非黏性泥沙颗粒保持稳定不动时的最大倾斜角。泥沙颗粒的上述特性均对泥沙输移和沉降有一定影响。

1.1.2　泥沙输移

泥沙颗粒的启动与作用在其上的剪切力和水流流速密切相关。当水流流速较小时，泥沙静止不动，随着流速的增大，颗粒会逐渐发生颤动，但尚未离开原来位置，流速继续增大时，泥沙颗粒开始运动。泥沙运动的形式与其在河床表面所处的相对位置有很大关系。按照运动形式的不同，泥沙颗粒可分为接触质、跃移质、悬移质和层移质，其中接触质、跃移质和层移质又统称为推移质。推移质和悬移质维持运动的能量来源不同，其输移过程亦遵循不同的运动规律。推移质中的接触质和跃移质维持运动的能量来源于水流的能量，当水流有较大的坡降时才能维持层移运动，而悬移质维持运动的能量来源于水流内部紊动的动能。悬移质影响河床颗粒间的水体，推移质则直接影响河床颗粒本身。但从河床到水面，泥沙的运动是连续的，因此在一般情况下，接触质、跃移质、悬移质和层移质之间，以及它们与河床泥沙之间不断发生交换。

流域内泥沙的输移状况可用泥沙输移比来反映，该指标是表征流域水流输移泥沙能力的重要指标，也是连接流域地面侵蚀与河道输沙的纽带。泥沙输移比是指一定时间和空间范围内，流域某一断面输出小于某一粒级的泥沙量与该断面以上侵蚀物同粒级的泥沙量之比。泥沙输移比是流域气候条件（如流域降水量、产流等），流域地形、地貌、地质条件（如流域面积、沟道比降、沟道密度、主沟道长度等），下垫面条件，人类活动（如治理度等）等多种因素综合作用的结果。泥沙输移比存在明显的尺度效应，一般来说，随着流域尺度增大，被侵蚀的泥沙在输移过程中沉积下来的概率增大，因而可能出现泥沙输移比随流域尺度增大而减小的现象。但这种可能性还受多种自然和人为因素的综合影响，有可能出现反向的特征。例如，在杏子河、延河、黄河三级流域中，就存在流域泥沙输移比随流域尺度增大而明显增大的趋势。

1.1.3 河道淤积与冲刷

开展河流形态和河床形态特征研究对掌握泥沙输移、河流水沙量变化规律非常重要。动态河流的形态、位置和特性随水量、沙量、气候、地质构造和人类活动等多种因子长期和短期的变化而变化，如河流水量、沙量变化引起的河道淤积和冲刷。河流的平面形态大致可分为蜿蜒型、顺直型、分汊型和游荡型。河床形态是河床的泥沙颗粒与水流之间相互作用的结果。根据床面形态的几何相似性、泥沙输移方式与强度、水流阻力、能耗过程，以及河床形态与水面波动之间的相位关系等因素，可将河床形态划分为高流态区、低流态区及两者之间的过渡区，低流态区水流阻力大、输沙强度小，高流态区水流阻力小、输沙强度大。水深（流量）、能坡与黏性（水温与黏质粉砂浓度）变化可能导致低流态区典型形态向高流态区典型形态转换。

一般而言，天然河道上游比降大、下游比降小，因此自然状态下，中下游河道以河床淤积为主。但在一场大洪水的行洪过程中，随着涨水段流速不断加大和退水段流速逐渐减小，河床必然存在淤积—冲刷—淤积的变化过程。除了主槽的淤积和冲刷，还会产生凸岸河床不断淤积、凹岸河床不断冲刷的作用，从而塑造河道形状。河道冲刷与水流含沙量、流速等关系密切。在水位上升、下降的过程中，河道冲刷距离、累计冲刷量也随之发生变化。河道冲刷也会导致岸坡坡角发生改变，对岸坡稳定性具有较大影响。

黄河流域产水产沙的时空不均匀性，使大量泥沙在黄河下游强烈堆积，河床不断淤积抬高，形成举世闻名的“地上悬河”。下游河道冲淤变化非常剧烈，主流游荡摆动频繁，畸形河湾不断出现。来水偏枯年份，进入下游的水量减少，洪水造床作用减弱，高含沙中小洪水出现概率增加，导致河槽淤积萎缩。下游河道宽、浅、散、乱，“二级悬河”的不利状况可能加剧，出现“横河”“斜河”“滚河”的潜在威胁不断增大，水患威胁加剧。艾山以下河段，小水出现概率及其挟带的沙量增加，大水冲槽的机会显著减少，主槽发生严重淤积，洪水位抬高，河道排洪输沙能力降低。

跨河工程（如大型水利枢纽、渠系工程等）的修建，会在一定程度上改变河流水位、流量、泥沙量等特征，水库的调节能力和不同运用方式亦会影响出库水沙过程，从而改变进入下游河道的水沙条件，这些势必会对河道冲刷和淤积状况产生影响。在水库运用初期，下游河道发生冲刷后，河道纵比降总体变缓，河槽断面趋于窄深，相应河势趋于稳定。

自 1999 年小浪底水库蓄水运用以来，下泄水流的含沙量显著降低，进入黄河下游的泥沙大幅减少，河道发生持续冲刷，河床形态也随之调整。特别是小浪底水库自 2002 年以来连续多年开展调水调沙工作，黄河下游主槽实现沿程冲刷，2002～2007 年调水调沙期间，利津站入海总沙量约为 4.667 亿 t，下游河道共冲刷 2.989 亿 t，下游河道主槽的过流输沙能力明显提高。而在黄河上游宁蒙河段，干流、支流来水来沙的变化导致河道发生淤积，主要发生在 20 世纪 80 年代中期以后，以汛期主槽淤积为主，淤积导致中水河槽过流能力下降，平滩流量下降 62.5%（4000m^3/s 减小至 1500m^3/s）。宁蒙河段上游龙羊峡、刘家峡两库联合调度运用，使径流年内分布发生明显变化，汛期水量减小、比例下降，大流量天数减少，流量趋于均匀化，改变了宁蒙河段的水流条件，不利于河道输沙，根据估算，两库联合调度造成的淤积量约占宁蒙河段总淤积量的一半。

1.1.4 水库泥沙淤积

水库泥沙淤积也是泥沙淤积的重要方面，涉及水库运用、河床演变、库容保持、下游河道防洪与减淤等。水库运用后抬高了原河道泥沙侵蚀基准面，导致大量泥沙被拦截在库区内，受入库水沙条件和水库运用方式的影响，淤积泥沙多呈现三角洲、带状、锥体等淤积形态。水库运用方式对库区泥沙淤积的数量、部位与形态有重要影响。如果水库采用每年（或每几年）放空或大幅降低水位的运用方式，可减少水库的淤积，并将淤积部位不断向坝前推进；如果水库大坝设置泄流排沙底孔且其泄流能力超过多年平均入流量的 90%，则坝前发生泥沙淤积的可能性较小，水库拦沙率也很低（1%～20%）；如果大坝没有设置泄流能力超过多年平均入流量足够比例的泄流排沙底孔，水库一般采用拦蓄每年早期洪水、蓄满后由溢洪道下泄超额洪水的运用方式，或者采用常年拦蓄洪水的运用方式，此时水库几乎拦蓄了全部入库泥沙，水库拦沙率将会很大（95%～100%）。由水库拦沙导致的库容损失率取决于相对于入库流量的水库库容、入库泥沙的数量与粒径、水库与大坝的特性、泥沙淤积物的容重或密度等。

水库泥沙淤积问题严重程度可以采用库容沙量比这一指标来反映。库容沙量比定义为正常蓄水位以下库容与入库年输沙量之比。当库容沙量比大于壅水建筑物结构的设计基准期（一般为 50～100 年）时，水库泥沙淤积严重。

1.1.5 河口泥沙淤积

1950～2019 年，黄河平均每年约有 6.56 亿 t 的泥沙进入河口地区。进入滨海地区的泥沙受潮流、余流、波浪等诸多海洋动力因素的影响，可通过潮流输沙、余流输沙、波浪掀沙等方式输移至外海。大量泥沙进入河口地区后，河海交界处水流挟沙能力骤然下降，并且河口海洋动力相对较弱，无法将进入河口地区的泥沙全部输送至外海，因此淤积的泥沙分布在陆上（包括河道）、滨海和外海三个区域。受流域来水来沙条件、海洋动力状况、三角洲的地形地貌和尾闾河段的边界条件等的影响，淤积泥沙的分布具有空间差异性，其中 50%以上的泥沙落淤在滨海区域，形成填海造陆，使黄河口岸线不断外移，河口三角洲不断淤长。与此同时，在适当的水流条件下，入海流路会出现由下而上、范围由小到大的出汊摆动，摆动点一直向上延伸到有人为控制的地方，形成尾闾河道的一次改道，之后河口的淤积、延伸、摆动、改道在此新河道的基础上继续进行，河口由此不断循环演变。

河口淤积延伸或摆动改道对黄河下游河道的反馈影响主要与河道长度有关。在海平面相对稳定的条件下，河道缩短或增长相当于冲积河流的侵蚀基准面下降或抬升，从而使上游河道的河床和水位发生相应的调整变化。在入海流路改道的初期，河道缩短，改道点以上的河道发生溯源冲刷，使一定范围内的河床及水位有所降低；随着河口沙嘴逐步向海延伸，河道逐步延长，这在一段时间内可能起到抬高侵蚀基准面的作用。当河口流路不畅或局部河段高仰时，为维持排水和输沙入海的比降，上游河道河床和水位相应抬高，造成溯源淤积的不利影响。

随着入海流路的演变，黄河入海泥沙的淤积分布也会相应发生变化，陆上淤积量占来沙量的比例随流路的演变发展而减小，滨海淤积量所占比例随流路的演变发展而增大。黄河的淤积摆动，造成三角洲频繁淤进或蚀退，呈现不稳定的特征，并通过溯源淤积或侵蚀反馈影响上游河道，这不仅影响黄河下游防洪安全，还会对下游和河口地区的社会经济发展及河口地区的生态安全等有不利的影响。因此，为稳定流路、延长流路运行年限，以及维持河口生态系统稳定，需要控制河口泥沙淤积量，保持河口地区河道—滨海—外海三相空间协同演变。

1.2　黄河泥沙问题的产生过程及特点

多沙河流的开发治理，需要研究泥沙运动规律，处理泥沙问题，进行泥沙控制。对于黄河的保护治理而言，需解决的泥沙问题主要包括：水土流失、水库泥沙淤积、河道泥沙淤积及河口泥沙淤积。受外部因素和形成条件的影响，各问题的形成机理和表现特征具有一定的差异。为有效控制黄河保护治理中存在的泥沙问题，需要对各问题的产生过程及特点进行深入研究。

1.2.1　水土流失

在山区、丘陵区和风沙区，由于不利的自然条件和人类不合理的经济活动，地面的水和土离开原来的位置，流失到较低的地方，再经过坡面、沟壑，汇集到江河河道，这种现象称为水土流失。从形成过程看，水土流失是不利的自然条件与人类不合理的经济活动相互作用产生的。不利的自然条件主要表现为地面坡度陡峭、土体松软易蚀、区域暴雨强度高、地表林草等植被覆盖率低等；人类不合理的经济活动包括毁林毁草、陡坡开荒、过度放牧、开矿和修路等生产建设破坏地表植被后不及时恢复等。黄土高原地区是水土流失的重灾区，高原上植被稀少，沟壑纵横，流失的土壤进入黄河，使水流的泥沙含量剧增，这也是黄河下游河床不断淤积抬高的主要原因。

水土流失具有严重的危害性，会对当地和河流下游的生态环境、生产、生活及经济发展造成极大的破坏。水土流失破坏地面完整性，降低土壤肥力，造成土地硬化、沙化，影响农业生产，威胁城镇安全，加剧干旱等自然灾害的发生、发展，导致生产条件破坏、生态环境恶化、人民生活水平降低，阻碍经济社会的可持续发展。

1.2.2 水库泥沙淤积

在多沙河流上兴建水利水电工程后，由于水库蓄水改变了天然河道的泥沙输移特性，大量泥沙在水库内淤积，造成水库库容损失。黄河上大量已建水库的运用实践表明，不论大型、中型、小型水库，只要水库有所蓄水、坝前水位有所升高，就会产生泥沙淤积问题。产生淤积的实质是侵蚀基准面抬高、水位上升，过水面积增大，水流流速减缓，从而使水流挟沙能力降低。

水库淤积危害性大。泥沙淤积侵占了水库调节库容和防洪库容，降低水库的调节能力，减少了工程效益，并影响水库对下游的防洪作用和大坝自身的防洪安全。水库淤积是水库泥沙运动的结果，其形成机理非常复杂。从水库泥沙运动的实际考虑，除悬移质挟沙能力外，悬移质不平衡输沙，特别是非均匀不平衡输沙是水库淤积中普遍的规律。在水库淤积形态方面，由于库区河床边界条件和来水来沙过程的不同，水库淤积形态具有不同的发展类型，包括三角洲形态、带状形态、锥体形态等。

1.2.3 河道泥沙淤积

河道泥沙淤积是水流与泥沙相互作用的结果，涉及水沙两相流的演进过程。若河道上游来沙较多，超过了水流本身的挟沙能力，多出的泥沙就会落淤在沿程河道内，随着泥沙的不断淤积，河床将会不断抬高。对黄河而言，其在流经黄土高原时河床比降大、流速快，而所经河段植被情况差，导致大量的泥沙被带走；其在流经下游时，坡度变缓，流速变慢，于是大量的泥沙逐步沉积，几千年长此积累，泥沙堆积在河床上，致使河床不断升高，河流频繁改道。

河道泥沙淤积的影响因素较多，不仅与来水来沙过程有关，还与河道坡度、床沙级配、平面形态等具有一定关系。同时，由于河道泥沙淤积过程的本质是水沙两相流运动过程，因此其理论机理复杂，难以通过数学公式准确描述。历史经验表明，河道泥沙淤积将会产生非常严重的后果。泥沙不断淤积使得黄河下游成为“地上悬河”，高悬河道内的洪水只能通过不断加高两岸堤防来约束，并且随着河床的不断淤积抬高，洪水的致灾能量不断增加，堤防一旦决口，泥沙俱下，所到之处，淤塞河渠，沙化良田，加之“悬河”特性，改道就成为必然，由此造成的巨大生态灾难长久难以恢复。历史上黄河“三年两决口，百年一改道”，给两岸人民带来了深重的灾难。

1.2.4 河口泥沙淤积

河口为河流的终点，即河流注入海洋的入海口。通常情况下，河流入海处水面较为宽广，水流分散，流速缓慢，所挟带的泥沙会逐步沉积下来。由于黄河水少沙多、水沙关系不协调，并且河口海洋动力相对较弱，不能将进入河口的泥沙全部输送到外海，因此河口长期处于淤积、延伸、摆动、改道的频繁变化状态。黄河入海流路不断变迁，相对侵蚀基准面抬高或降低，将引起河口及其以上河段的溯源淤积或溯源冲刷，相应地将对河口及其以上河段的防洪、防凌产生不利或有利的影响。

河口泥沙淤积危害大。淤积过多不仅会阻塞水流入海通道，增大河口地区防洪风险，还会导致河口萎缩，降低河口排涝能力。同时，河口泥沙淤积形成的溯源淤积会进一步降低河道沿程的行洪输沙能力，形成恶性循环。此外，河口泥沙淤积也会对河口地区的生态环境造成一定的破坏。

总体而言，泥沙问题伴生于全流域面上、河道、水库、河口等各个层面，影响范围大，解决该问题对于全流域的系统治理具有重要意义。但由于泥沙问题形成机理复杂，影响因素多变，并且水沙两相流问题难以通过理论公式准确描述，仅能通过半理论半经验公式加以解释，因此解决该问题的难度非常大。为防止泥沙问题处理不当，给流域治理带来严重后果，需要完善泥沙工程控制论理论基础，用以解决全流域的泥沙问题。

1.3 黄河泥沙问题的影响

泥沙的产生、输移和淤积过程影响河道、涉水工程、流域生态环境和两岸人民生产生活。泥沙淤积问题已成为一个普遍问题，对经济社会影响巨大，其中水库泥沙淤积是泥沙淤积问题的一个重要方面。中华人民共和国成立后，修建了大量水库。一般而言，河流上修建水库后，水库蓄水会导致坝前水位升高，形成壅水水面，降低河道水流流速，从而产生泥沙淤积。位于黄河上游的三盛公水利枢纽每年 5 月上旬至 10 月上旬按壅水灌溉运用，受壅水影响，距坝 15km 范围内淤积较严重，且淤积以粗沙为主。但在实际情况下，一方面，由于泥沙组成不均匀，在淤积过程中，悬移质级配会逐渐变细，平均沉速减小，反过来会限制水流挟沙能力的进一步降低；另一方面，坝前水流挟沙能力非常低，在淤积过程中水流的含沙量常大于挟沙能力（即超饱和输沙），所以出库水流仍会挟带一定的泥沙，因此将入库泥沙全部淤下，仅下泄清水也是很困难的。综合来看，对水库泥沙淤积而言，水库水位壅高，流速减小，从而降低挟沙能力是主导方面，而沉速减小、加大挟沙能力和淤积时的超饱和输沙则是派生的，这两方面的影响不可能抵消。

发生泥沙淤积之后会产生一系列问题，主要表现为对枢纽工程和环境的影响，进一步可能会影响国民经济建设和区域高质量发展。

泥沙淤积对枢纽工程的影响包括社会经济效益、工程安全、航运等方面，这些影响有负有正，与泥沙淤积部位和泥沙淤积时间两个因素有关。

1）社会经济效益：对于水库而言，死水位以上的调节库容是水库的经济价值和社会效益所在。水利枢纽一般承担着水力发电、防洪、供水、灌溉等多方面的任务。一方面，泥沙在库区淤积导致兴利库容损失，蓄水量减少，供水短缺，从而限制发电、通航、灌溉、供水、养殖等的效益。比如发电，一般而言，调节库容越大，发电效益越高，调节库容因泥沙淤积而减小，会降低水电站调峰能力，从而直接影响水电站的经济效益，同时间接影响用电部门的社会经济效益。调节库容的损失甚至会使某些功能丧失殆尽，从而显著影响水库综合效益的发挥。另一方面，泥沙在库区淤积会使防洪库容减小，将不能实现既定防洪目标，导致下游洪灾风险增加，对下游防洪和人民的生产生活威胁极大。

2）工程安全：泥沙淤积对水库工程安全的影响主要表现为对工程安全和大坝安全的影响。泥沙淤积对工程安全的影响多为直接影响，如坝前泥沙淤积会堵塞各泄流、排沙、发电进水口和引水口；泥沙通过泄水建筑物、发电机组后，会增加气蚀，磨损水工建筑物、水轮机等，粗颗粒泥沙磨损更甚；洪水期大量水草及漂浮物裹带泥沙进入坝区，堵塞和压垮拦污栅，引起水电站停机，影响泄流排沙，均会降低出力或增加停机抢修；引航道内泥沙淤积，若不及时进行冲沙和清淤，船闸将难以正常运转。泥沙淤积对大坝安全的影响一般表现为间接作用，如泥石流冲毁取水口、厂房、溢流坝导致工程失效；滑坡过程中大量泥沙落入水库，挤压水体产生涌浪，翻越坝顶，导致大坝失事或下游发生灾害；洪水冲毁大坝设施等。

3）干支流拦门沙坎：在干支流交汇区形成拦门沙坎，引起沙坎顶部以下部分干流（或支流）库容无法得到有效利用，影响水库的综合效益发挥，甚至威胁大坝相关建筑物运行安全。刘家峡水库在黄河支流洮河口附近的干流库段出现拦门沙坎淤积形态，对水电站运行的影响表现在：拦门沙坎淤积面高程超过死水位时起阻水作用，形成“库中库”，拦门沙坎以上的蓄水受阻，水电站突然增加负荷时会引起坝前水位骤降，影响水电站的正常运行；拦门沙坎升高后，洮河来沙多流向坝前，使过机泥沙增加，过流部件和水轮机磨损日趋严重；泄水建筑物闸门前淤堵严重。这些问题的产生，不仅影响刘家峡水电站的正常运用，同时还威胁水库的度汛安全。

4）航运：泥沙淤积会改变河势，可能使原来有利于通航的航道淤没，而新的主流部分由于基岩露出等原因不利于航运；另外，在坝前水位消落期间，变动回水区逐渐恢复河道特性，伴随着自上而下冲刷淤积物的现象，并且随着水位下降，冲刷不断向下游发展，冲刷量愈来愈大，当水位下降快、河底冲刷慢时，会出现航深不够的现象。此外，靠近这种冲刷的下游河段，由于受壅水影响，又会急剧淤积，在库段开阔顺直等条件下可使航槽摆动游荡，也会发生碍航现象，甚至更为严重。

5）除上述泥沙淤积对水库的不利影响外，泥沙淤积还对水库渗漏有一定的正向效益。泥沙在水库中淤积，形成“淤积铺盖”，淤堵了渗漏空隙的入口或孔道，帮助解决水库渗漏问题。

泥沙淤积对环境的影响主要包括对水库上下游河段环境的影响、淤积物演变成污染源两个方面。

1）淤积上延现象：水库尾部的泥沙淤积，加大水库坡降，抬高床面，因而使回水和由此引起的淤积上延，甚至超过正常蓄水位进入天然河道，这种现象称为“翘尾巴”。

水库尾部床面抬高，引起上游河道回水水位普遍增高，可能导致河边城市、工厂、矿山、民居、农田等被淹没或浸没，增加了水库淹没和浸没损失。若上游地势平坦，水位抬高会导致地下水的水位提高，从而形成沼泽地，可能招致水生植物的繁殖，进而致使疾病传染、对人有害的生物繁殖等，给人类社会带来危害。

2）下游河床变形：受水库调蓄作用的影响，出库水文泥沙过程发生变化，从而使下游河道形态发生变化，影响下游河道的防洪和治理。对河段下游而言，由于水库拦截了河道中的粗颗粒泥沙，改变了天然河道下泄水流的含沙量和粒径分布。下泄水流的含沙量低或清水下泄，会引起河道的长距离冲刷，改变下游河床的冲淤状况，甚至使河型发生转化。但是，若水库引水过多，下泄流量大幅度减小，会导致输沙能力大幅度降低，如果此时支流来沙较多，会使下游河道产生淤积而非冲刷。

3）生态环境影响：水库中淤积的泥沙主要来自流域上的地表侵蚀，地表受耕种施肥、工业废水和生活污水排放等人类活动的影响，可能存在各种有害物质，使泥沙成为间接污染源。水库蓄水后，由于流速变缓、泥沙淤积，污染物质在库内积累，会污染水生生物甚至可能影响人类身体健康。

由于泥沙不断淤积，为了保持长期可以使用的库容，水库运用方式不得不随之调整。三门峡水利枢纽工程控制了黄河流域 91.5%的面积、89%的来水量和 98%的来沙量，以防洪减灾、保障下游安全为主，兼顾灌溉、发电等功能。由于特殊的地理位置和水沙条件，三门峡水利枢纽工程于 1960 年 9 月建成后开始按“蓄水拦沙”方式运用（最高实际蓄水位为 332.58m）。开始运用后，约 93%的泥沙淤积在库内，水库排沙比仅为 6.8%。三门峡水库运用后的一年半时间内，库区泥沙淤积严重，渭河口形成拦门沙，潼关高程急剧抬升 4.5m，导致渭河下游河床不断淤积抬高，防汛形势日趋严重，直接威胁关中平原的防洪安全。同时，也造成关中地区地下水位上升、渭河两岸发生内涝、沿岸土地盐碱化、生态环境恶化等问题，严重影响了关中平原的经济发展和社会稳定。因泥沙淤积严重，1964 年 11 月至 1973 年 10 月为“滞洪排沙运用时期”，并进行第一次改建（史称“增建工程”），将枢纽的泄流规模增大了一倍，库区淤积有所缓和，但因泄流排沙规模不足，泄水建筑物高程较高，大水大沙年份水库滞洪淤积仍然十分严重，工程产生的负面影响问题未得到根本解决。1969 年 8 月，按照“在确保西安、确保下游的前提下，合理防洪、排沙放淤、径流发电”的原则，对三门峡水库进行第二次改建（史称“改建工程”）。1973 年 11 月三门峡水库开始按“蓄清排浑”控制运用，即在来沙少的非汛期蓄水防凌、春灌、发电，在汛期降低水位防洪排沙，把非汛期淤积在库内的泥沙调节到汛期特别是洪水期排出水库。水库“蓄清排浑”控制运用的结果表明，在一般水沙条件下，潼关以下库区能基本保持冲淤平衡，遇不利的水沙条件时，当年非汛期淤积的泥沙还不能全部排出库外，遇有利的水沙条件时，潼关以下库区可能微冲或保持冲淤平衡。

位于黄河上游的青铜峡水库自 1967 年 4 月开始蓄水以来，考虑到地理位置、水沙关系和水库淤积问题，亦历经蓄水运用（1967 年 4 月至 1971 年 9 月）、“蓄清排浑”运用（1971 年 10 月至 1976 年 9 月）和沙峰期排沙运用（1976 年 10 月至目前）三种方式。在目前的沙峰期排沙运用中，考虑到水库的输沙量主要集中在洪水期，且主要来自祖厉河，因此调整运用方式，在遇到大水大沙时，通过迅速降低库水位，适时排沙或强行排沙。在保持库容的同时，维持水库的发电等综合经济效益。

对于以灌溉为主、兼顾发电的三盛公水库而言，水库冲淤主要是壅高水位或降低水位造成的，因此为减少水库淤积、保持长期可用库容，采取非灌溉引水期敞泄冲沙和夏季洪峰期停灌排沙、灌溉引水期利用停灌时期敞泄排沙两种措施，恢复部分槽库容，使水库保持长期可用库容为4000万～5000万m^3，满足灌区用水调蓄需要。

黄河流域自然资源丰富，包括水能、风能、煤炭、有色金属、油田、粮棉等，是我国重要的能源和重化工基地及粮食基地，有广阔的发展前景。但黄河中游黄土高原水土流失严重，大量泥沙入黄，造成下游河床淤积抬高，使下游防洪任务艰巨。随着中游地区水利水土保持措施的实施，入黄泥沙减少，但上中游用水增加，以及龙羊峡、刘家峡等水库的联合调度影响，改变了河道中汛期与非汛期的水量比例，使得黄河下游小水带大沙的情况增多，出现高含沙水流的概率升高，漫滩洪水减少，绝大部分泥沙淤积在河槽中，使黄河下游防洪形势十分严峻。需要通过中游水土保持、合理的水沙调控措施，塑造和谐的水沙关系，对下游河槽进行一定的冲刷，维持中水河槽和平滩流量。为保证黄河口地区能源、化工、农牧渔业的发展，需要治理河口，稳定黄河现行的入海流路，充分利用黄河的水沙资源，用水用沙，减沙入海，沉沙造地，保持黄河海港的生存和发展条件。

1.4 黄河泥沙的研究进展

1.4.1 黄河泥沙的研究现状

本小节以1949～2021年长时间段内黄河泥沙学术文献为研究对象，以中国知网（CNKI）数据库为数据来源，利用大数据与文本挖掘技术、Python与CiteSpace研究工具，定量分析黄河泥沙的研究现状。基于黄河泥沙研究文章发布数量、机构、关键词与研究热点时间序列，对高频关键词进行节点网络特性与信息熵探析，分析其拓扑结构、关联信息与知识的能力，揭示黄河泥沙各研究关键问题的研究重点与变化关系。

探析黄河泥沙信息实体的网络结构特征，需分析黄河泥沙学术文献关键词的节点度、中介中心性、集团性、信息熵、突现性与Sigma指数等特征。首先，某文本节点度是指其他文本节点连接到该节点的边数，节点度越大，该节点的作用和影响就越大。对于网络中的节点i，节点度K_i为

$$K_i=\sum_{j=1}^{N}k(j,\ i) \tag{1-1}$$

式中，j为与节点i相连的其他节点；N为网络节点数；$k(j,i)$为节点i和j相连的边数，当边存在时，$k(j,i)=1$，否则$k(j,i)=0$。

节点在网络中的控制能力是文本关系挖掘中关注的重要方面，其与经过此节点的捷径的个数成正比，由此可定义节点的中介中心性。节点i的中介中心性C_i为

$$C_i = \sum_{j<k} g_{jki} \Big/ g_{jk} \tag{1-2}$$

式中，g_{jk}为节点j到k的捷径的个数；$g_{jk}(ni)$为节点j到k的捷径路径经过节点i的个数。

基于节点度，通过社区发现算法中的 Louvain 算法划分文本社区，分析泥沙文本数据的集团性。Louvain 算法是基于聚类法的一种社区划分算法，此算法可以有效地对较大型的关系网络划分社区，其划分结果精度较高，对有层次的社区结构能够实现有效地辨别。模块度（modularity，记为Q）为 Louvain 算法中的主要参数，定义了划分社区的内部节点的紧密度，与划分效果成正比，即Q越大划分效果越好。模块度Q的取值范围为[0, 1]，计算公式为

$$Q = \frac{1}{2m}\sum_{i,j}\left[A_{ij} - \frac{K_i K_j}{2m}\right]\delta(c_i, c_j) \tag{1-3}$$

式中，K_i、K_j分别为节点i、j的节点度；A_{ij}为节点i和j的边权重；m为边的总数量；c_i、c_j分别表示节点i和j隶属的社区，当c_i、c_j为同一个社区时，$\delta(c_i, c_j)=1$，否则$\delta(c_i, c_j)=0$，即

$$\delta(c_i,\ c_j) = \begin{cases} 1 & c_i = c_j \\ 0 & \text{其他} \end{cases} \tag{1-4}$$

为衡量泥沙研究高频关键词所关联信息与知识的能力，本书利用 Shannon 提出的信息熵概念来度量。设j为与关键词i关联的其他关键词，则某关键词i的信息熵为

$$S_i = -\sum_j p_{j|i} \ln p_{j|i} \tag{1-5}$$

式中，$p_{j|i}=p_{i,j}/p_i$，其中$p_{i,j}$为关键词i与j同时出现的概率，p_i为关键词i出现的概率。关键词i的信息熵S_i越大，其所携带的信息与知识就越多，其关联的信息与知识多样性也就越大，越能够整合和应用于不同的情境与领域。

Sigma 指数是指综合文献关键词在网络结构上的重要性和文献关键词在时间上的重要性的指数，对于中介中心性为C_i和突现性为Burst_i的节点i，其 Sigma 指数为

$$\text{Sigma}_i = \left[C_i + 1\right]^{\text{Burst}_i} \tag{1-6}$$

式中，节点i的突现性Burst_i用来探测在某一时段引用量有较大变化的情况，以发现某一个主题词、关键词衰落或者兴起的情况。

黄河泥沙研究发文量在时间序列上的变化可直观地反映黄河泥沙的研究情况，本小节对 CNKI 收录的 1949～2021 年黄河泥沙研究 5000 余篇中英文学术文献进行时间序列分析，如图 1-2 所示。研究发现，1949～1979 年黄河泥沙研究发文量较低，此期间学术研究尚处于起步阶段；1979～1991 年，黄河泥沙研究发文量缓慢增加；1991 年之后，黄河泥沙研究显著增加，并且 2020 年黄河泥沙研究发文量出现峰值。1996 年黄河发生“96.8”特大洪水，1997 年黄河断流创下多项历史纪录，这一系列重大事件引起了学者对黄河治理的关注，因此黄河泥沙学术研究工作于 2020 年达到历史高峰。

分析黄河泥沙研究发文的期刊分布，一方面有助于为该领域研究的前期文献搜集和积累提供方向，另一方面有助于显示该领域的理论价值和实践意义。据统计，黄河泥沙研究的 5000 余篇学术文献发表在国内外 604 种期刊上。从文献在期刊上的集中程度来

看，发文量较高的期刊有 15 种，这 15 种期刊的发文总量为 1553 篇，可见文献在期刊上具有集聚性。从黄河泥沙研究发文期刊分布情况（图 1-3）来看，黄河泥沙研究已形成以《人民黄河》《泥沙研究》《水利学报》《中国水土保持》为代表的期刊群。

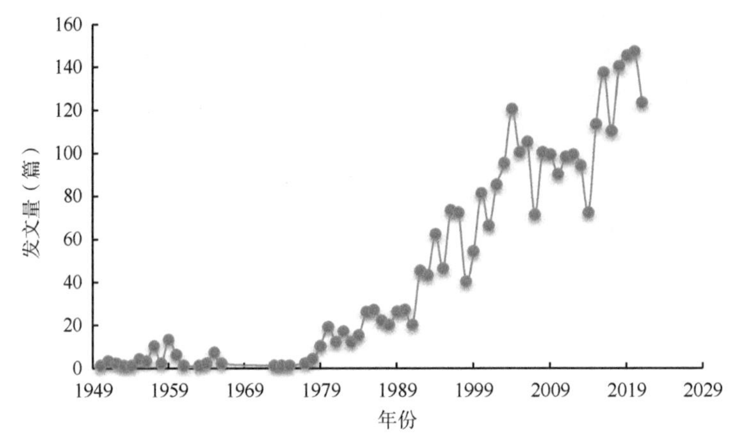

图 1-2　黄河泥沙研究发文量变化趋势分析

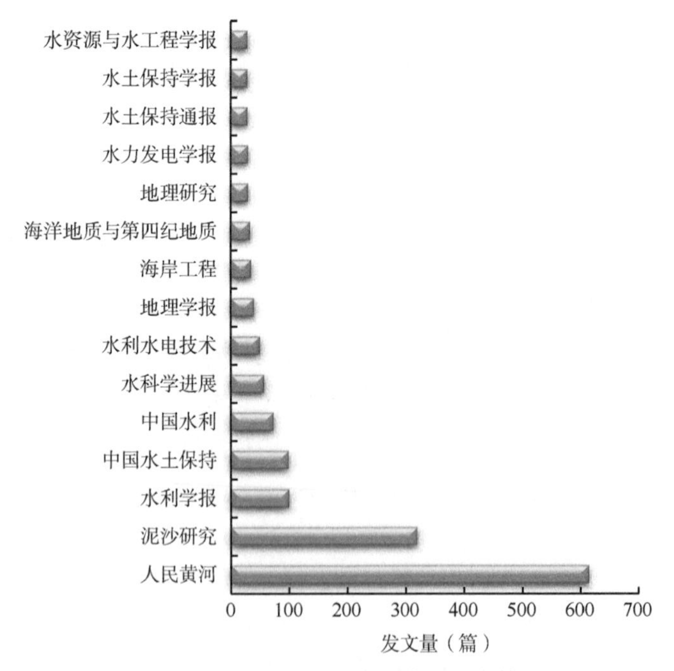

图 1-3　黄河泥沙研究发文期刊分布情况

结合黄河泥沙研究聚类发现，研究黄河泥沙的机构主要有：兰州铁道学院（2003 年更名为兰州交通大学）环境工程系、中国水利水电科学研究院、黄河水利科学研究院、水利部黄河水利委员会（简称“黄委会”）、国家海洋局第一海洋研究所（现自然资源部第一海洋研究所）、中国科学院地理科学与资源研究所、黄委会勘测规划设计研究院（现黄河勘测规划设计研究院有限公司）、山东黄河河务局、水利部西北水利科学研究所（1999 年合并归入西北农林科技大学）、清华大学、中国科学院海洋研究所、交通运输部天津水运工程科学研究院、南京水利科学研究院等机构（图1-4）。该研究的机构网络密度为0.0012，处于较低水平，即机构之间需加强合作。

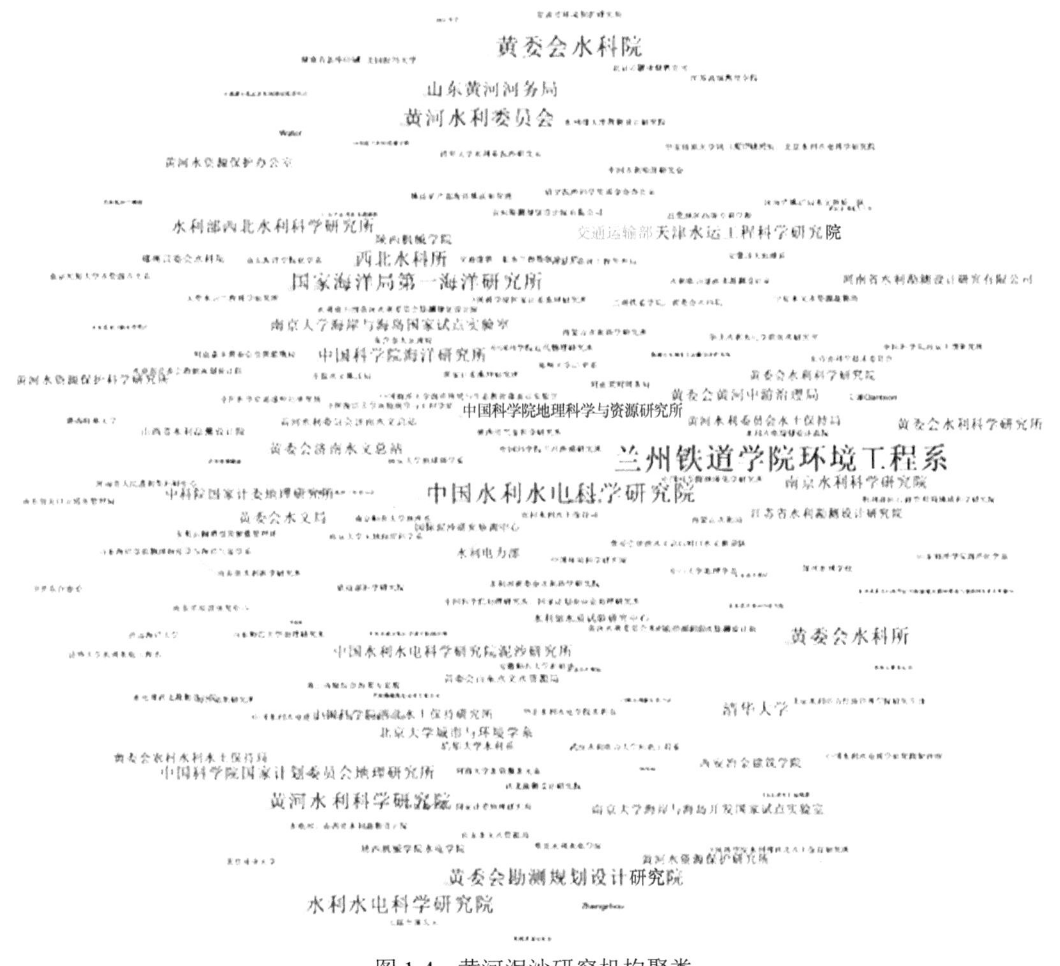

图1-4 黄河泥沙研究机构聚类

文献关键词一方面可以表述黄河泥沙研究的核心内容，另一方面能够展现该领域的研究趋势。为使关键词网络结构更加清晰，取前15个被引关键词进行分析，黄河泥沙研究关键词网络节点数目为214，边数目为441，网络密度为0.0193。结合图1-5与表1-1，黄河泥沙研究的高频关键词为：黄河下游、黄河口、黄河泥沙、黄河中游、下游河道、三门峡水库、数学模型、高含沙水流、含沙量、工程泥沙与小浪底水库等。其中，关键词“黄河下游”的中介中心性与Sigma指数最高，其在黄河泥沙研究网络中连接其他热点的作用较大；关键词“黄河泥沙”的信息熵最高，其关联信息与知识的能力较强。此外，由图1-6可知，黄河泥沙研究的关键词共分为13个聚类，其中按照被引频次划分的主要聚类为11个，其中代表关键词分别为黄河下游、三门峡水库、工程泥沙、黄河口、数学模型、黄河泥沙、含沙量、黄河中游、Yellow River、三门峡水利枢纽工程和引水引沙。

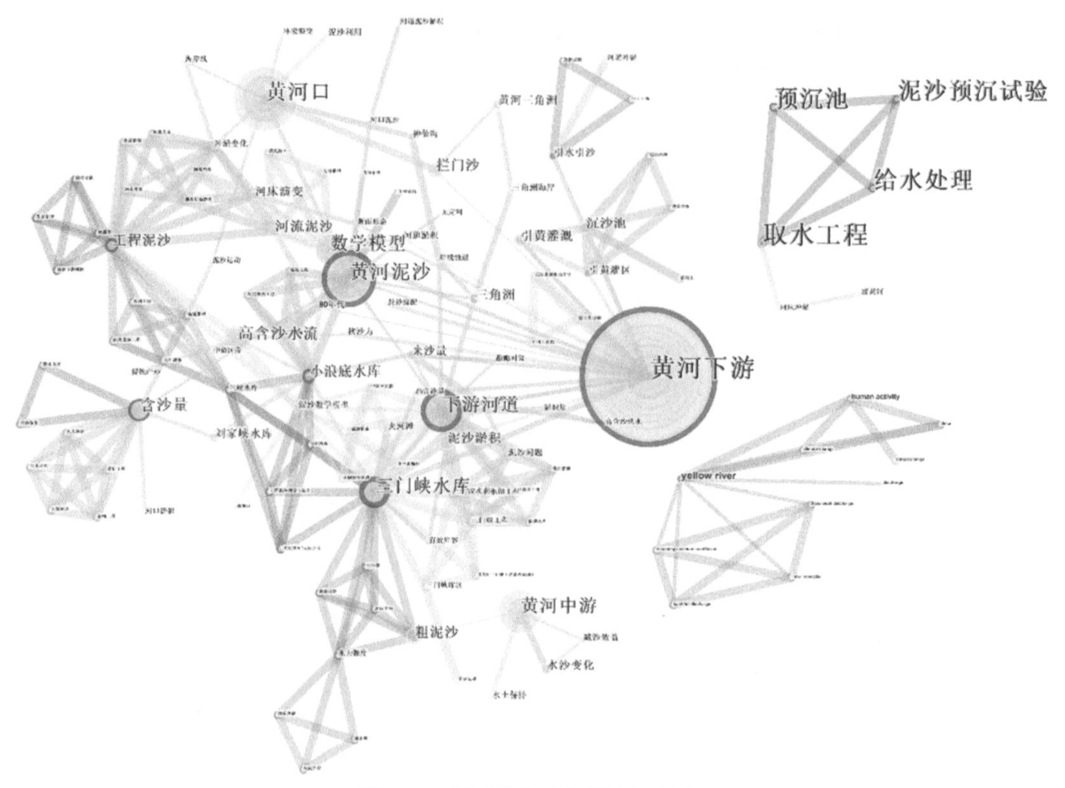

图 1-5　黄河泥沙研究关键词共现

表 1-1　黄河泥沙研究的高频关键词

关键词	词频	中介中心性	Sigma 指数	信息熵
黄河下游	59	0.4	65.11	2.4706
黄河口	28	0.09	1.78	1.336
黄河泥沙	25	0.28	8.35	3.5713
黄河中游	20	0.05	1.41	1.7776
下游河道	18	0.21	1	2.0742
三门峡水库	17	0.33	1	1.6322
数学模型	17	0.03	1.19	1.9492
高含沙水流	12	0.03	1.17	2.4415
含沙量	12	0.15	1.84	2.068
工程泥沙	8	0.15	1	1.2149
小浪底水库	8	0.12	1	2.0244

对 5000 余篇黄河泥沙学术文献进行热点演进分析，取时间切片为 2，得到黄河泥沙研究热点演进时区知识图谱（图 1-7）。1949～2021 年黄河泥沙的相关研究主要从以下几个方面展开：黄河泥沙、三门峡水库、下游河道、黄河下游、小浪底水库、工程泥沙、含沙量、黄河口、黄河中游、数学模型、泥沙淤积、高含沙水流等。

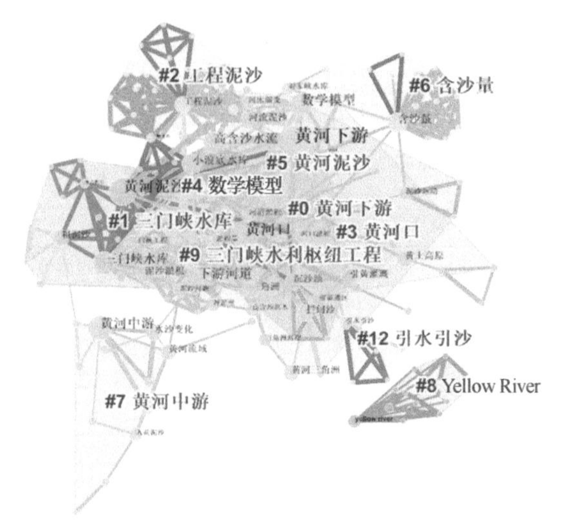

图 1-6 黄河泥沙研究聚类

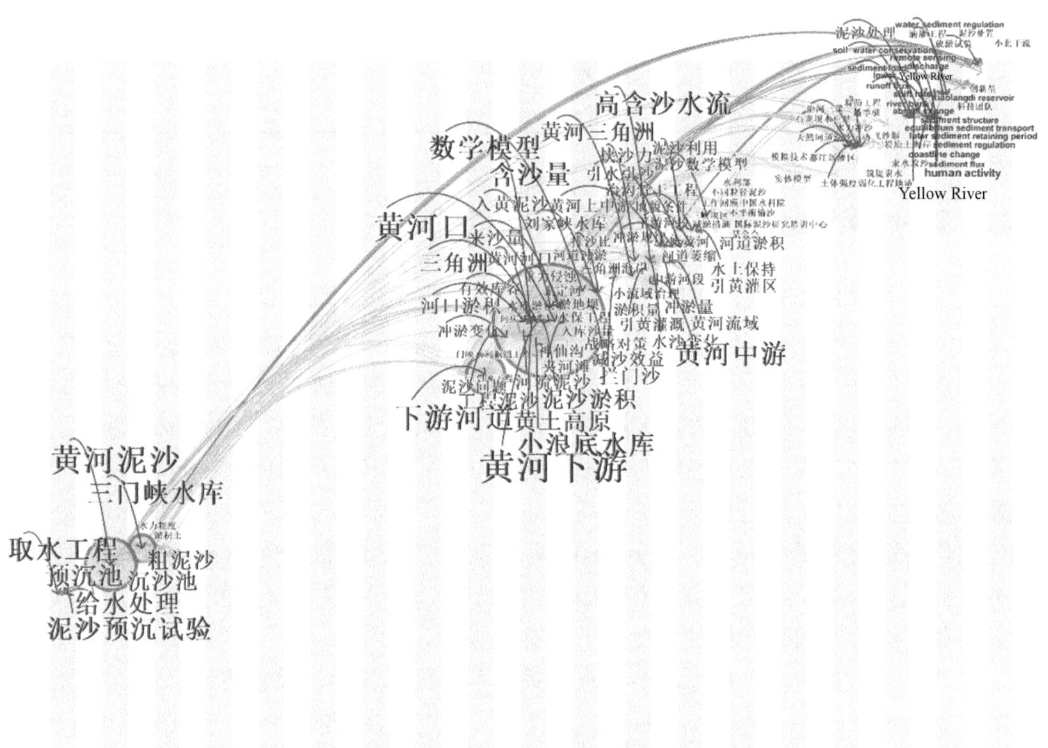

图 1-7 黄河泥沙研究热点演进时区知识图谱

结合图 1-7 与表 1-2 可了解，黄河泥沙与三门峡水库分别为 1953 年与 1955 年的新兴研究，并分别于 1980 年与 1992 年突现，但黄河泥沙相关研究在 1955～1979 年趋冷，关注度降低。1979 年后，黄河泥沙研究新兴方向空前增加，黄河下游、下游河道、三角洲、小浪底水库、含沙量等聚类研究呈现迅速增长趋势，且各聚类研究活跃。黄河口、黄河中游、数学模型等作为突现较强的研究热点，影响了各聚类的走势，其中黄河中游是黄河泥沙的重要研究方面，且受到了广泛关注，并成为极具影响力的研究前沿热点。此外，工程泥沙作为1999年后的研究热点，其研究热度一直持续到2018年，且对2015年前后有关的人类活动、水土保持等研究主题有主要影响，其相关英文文献研究增加。

表 1-2　黄河泥沙研究关键词突现

关键词	突现强度	起始年份	结束年份	关键词	突现强度	起始年份	结束年份
泥沙预沉试验	10.2	1949	1983	黄河口	9.8	1989	1992
预沉池	9.3	1949	1982	黄河三角洲	7.1	1991	1994
给水处理	9.9	1949	1982	沉沙池	5.1	1991	1995
取水工程	10.2	1949	1983	三门峡水库	4.3	1992	1993
黄河泥沙	8.5	1980	1989	黄河中游	10.4	1992	1997
三角洲	7.0	1985	1988	挟沙力	4.5	1993	1994
下游河道	5.2	1987	1992	数学模型	8.9	1993	1997
来沙量	5.4	1987	1988	高含沙水流	10.0	1993	1996
黄河下游	6.0	1987	1988	泥沙淤积	4.7	1995	1997
入黄泥沙	4.6	1987	1990	粗沙	7.3	1996	1997
含沙量	6.1	1989	1990	工程泥沙	5.1	1999	2018

1.4.2　国内外黄河泥沙研究进展及主要研究成果

人民治黄 70 多年来，在黄河下游河道治理、中游水土保持、河口三角洲维持、高含沙水流、水沙调控、水库淤积等各方面进行了大量的科学研究和工程实践，积累了丰富的知识和经验。针对泥沙问题，学者们对高含沙水流黏性系数、宾汉极限剪切力、泥沙沉速、流速分布、阻力损失、水流挟沙能力、河床演变及整治、水库控制等进行了一系列深入的研究。钱宁和万兆惠在《泥沙运动力学》一书中从固体颗粒启动、搬运和沉积规律等方面进行了全面和充分的论述；此外，对于水沙两相流的模拟，他们也基于不同的概化特征建立了 Eulerian-Lagrangian 两相流模型、Eulerian-Eulerian 两相流模型、流体拟颗粒模型、基于 SPH 方法的两相流模型等。目前已形成相对完善的泥沙理论体系，为后续黄河泥沙问题研究和控制奠定了坚实的基础。

长期以来，黄河以“水少沙多、水沙关系不协调”著称，并且黄河“善淤、善决、善徙”。历史上，黄河曾“三年两决口，百年一改道”，目前黄河泥沙问题从中下游向上延伸至上游宁蒙河段。要保障黄河长久安澜，必须紧紧抓住水沙关系调节这个“牛鼻子”，解决好“水沙不平衡”的问题。受气候特征和地理条件的影响，黄河水沙具有“水沙异源、水沙时空分布不均匀”的特点。黄河中游流经黄土高原，该地区土质疏松，年内降水集中且年际差异较大，是黄河泥沙的主要来源区，特别是河口镇至龙门区间及泾河、北洛河、渭河流域，黄土层深厚，地形破碎、沟壑纵横、植被稀少、暴雨集中且强度很大，水土流失问题严重，是黄河洪水及粗沙的集中来源区。学者们针对土壤侵蚀的过程和机理、影响因素、评价因子、土壤侵蚀模型等进行了广泛而深入的研究。近 50

年来，在这些地区进行了大规模的水土流失治理，采用梯田建设、林草种植等坡面措施，以及淤地坝建设、天然林保护、退耕还林还草、建设三北防护林、小流域综合治理等水土保持和生态恢复重建措施来控制和减缓水土流失，同时改善区域生态环境。这些措施减沙效益明显，有研究显示，1970～1996年水土保持措施减水减沙量依时序递增，每年可为黄河下游减少淤积约0.157亿t，减少冲沙用水4.5亿m^3。截至2020年，人民治黄70多年来，各类水土保持措施累计治理水土流失面积达21.84万km^2，累计减少入黄泥沙量194亿t，其中近20年以来减少入黄泥沙量87亿t，水利工程和水土保持措施对泥沙减少的贡献率可达59%。但目前亦有研究指出，在退耕还林还草初期，为保证植被成活率大规模栽种的抗逆性强、生长速度较快的植被，随着土壤水的持续消耗、土壤干层的出现和发展，受到越来越强的水分胁迫，在水资源较为缺乏的西部和北部地区，出现“小老头树”甚至植被死亡状况，其生态效应的发挥受到限制。黄土高原植被覆盖已接近区域水资源承载力上限。研究表明，未来需要根据区域水分条件和水土保持现状与要求，调整黄土高原水土保持措施，优化植被类型和配置结构，关注沟道、坡面等局部弱治理地貌部位，结合“山水林田湖草沙”和人与自然生命共同体进行综合、系统治理。

中华人民共和国成立后，修建了大量水库，泥沙淤积问题已成为一个普遍问题，对社会经济效益影响较大，建成的水库要面对泥沙淤积带来的各方面负效应，对于尚未兴建的大型水库也必须对未来淤积的情况做出研究和预报，以满足可行性论证的要求。对水库淤积的有关问题进行深入研究是泥沙工作者面临的重要课题。目前，国内外在泥沙运动理论、悬移质不平衡输沙、水库异重流、水库高含沙水流、水库淤积形态、水库排沙及运行方式、变动回水区的冲淤问题、水库下游河道冲淤等方面取得了丰富的研究成果，对黄河流域典型水库的泥沙特征及其存在的问题和相应的控制措施与效果进行了探讨、归纳和总结。水库设计运用理论技术发展经历了“蓄水拦沙”“滞洪排沙”“蓄清排浑”“蓄清调浑”运用模式阶段。“蓄清调浑”相较于“蓄清排浑”，不仅考虑水库的“拦”和“排”，更注重“调”的运用，要求水库结合开发任务、运用阶段和入库水沙条件等灵活确定调度方式，在“调”中“拦”“排”，在“排”“拦”中“调”。这些为制定和实施水库安全管理办法，以最大限度保护水库库容和延长水库寿命，保护生态环境，保持对水资源的长期调控与利用能力提供了坚实的理论基础和实践经验。

黄河下游长786km，干流河道的河床普遍高出两岸地面4～6m，部分河段甚至达10m以上，是举世闻名的“地上悬河”，严重威胁黄淮海平原的安全，是黄河防洪减淤最主要的河段。历史上，人们对洪水的应对即是对泥沙的控制过程。大禹提出“疏顺导滞”的治水思想，采取“侧堵下疏、疏堵结合”的方法，取得治水成功。西汉时期，贾让针对黄河河患频发的原因，提出“不与水争地”的治河决策原则和以“宽河行洪”思想为主的全面治理黄河的上、中、下三种不同对策，上策主张滞洪改河，中策提出筑渠分流，下策则为缮完故堤。东汉时期，王景提出“宽河行洪，调洪削峰，滞洪落淤，淤滩刷槽”的治河思想。元代，贾鲁治河，主要采取疏、浚、塞并举的方略，因势利导，因地制宜，宜疏则疏，宜塞则塞，需防则防，需泄则泄，使河槽高不壅、低不潴、淤不塞、狂不溢。清代，潘季驯提出“以堤束水，以水攻沙”“借水攻沙、以水治水”“以清释浑”的治河主张，运用筑堤塞决、挽河归槽、蓄洪刷黄等措施对下游部分河段进行治理。潘季驯治河实现了由分流到合流，由治水到治沙的重大转变，将水沙运行规律运用到治河之中，对后世治河影响深远。著名水利学家李仪祉提出，要重视黄河水沙的定量研究，通过长期观测研究掌握水沙变化规律，同时提出进行“蓄洪以节其源，减洪以分其流，亦各配定其容量，使上有所蓄，下有所泄，过量之水有所分”的上游、中游、下游全面治理的治河方略。中华人民共和国成立后，开启了黄河治理新篇章。在中华人民共和国成立初期，在“宽河固堤”的思想指导下，通过大堤加高培固工程、堤旁植树种草、废除河道内民埝、开辟滞洪区、组织群众防守等措施，加强堤防管理和人防体系；20 世纪五六十年代，采用“蓄水拦沙”的运用方式，在黄河的干流和支流上修建拦河坝与水库拦蓄洪水及泥沙，防止水害发生；20 世纪 70 年代，将“上拦”和“下排”结合起来，上下兼顾，综合治理；20 世纪 80 年代，提出“拦、用、调、排”的综合治理方略；20 世纪 90 年代至世纪之交，提出“上拦下排、两岸分滞控制洪水，拦、排、放、调、挖处理和利用泥沙”的策略，结合上中游水土保持措施，形成了较为完整的防洪减淤体系。下游滩区既是行洪、滞洪和沉沙的重要区域，又是滩区群众赖以生存的家园。针对滩区存在的防洪需要、人民生活改善需要等问题，提出了河道生态恢复与“两道防线”思路相结合的“三滩分治”方案，将防护堤高标准修建作为保障二滩和嫩滩区域相对稳定的“第一道防线”，将高滩作为生态移民安置区域或文明活动高地。其中，二滩为高滩和控导工程之间的区域，可用来发展高效生态农业，并作为超标准洪水上滩的行洪空间；嫩滩用来修复、维护湿地生态，与河槽一起承担大中洪水的行洪功能。

长期以来，黄河口具有来沙量大、淤积与造陆速度快、改道频繁的演变特点。黄河产流区域气候变化、中游水利水土保持措施、水库拦沙作用、下游河道淤积及引水引沙、利津以下河段的水沙利用及河道淤积、河床断面形态变化等因素改变了黄河口的来水来沙特征，对河床冲淤演变与河床断面塑造、口外流场、三角洲岸线、三角洲区域淡水资源与土壤结构和水沙变异等有不同程度的影响。目前，黄河口地区的水沙调控需要综合考虑入海流路的安排及尾闾河道的整治，一方面要与下游河道防洪安排相协调，减小下游河道的淤积抬升速率，减轻防洪负担；另一方面要从近海生态、三角洲地形地貌及湿地生境等生态角度考虑，保证入海流路的畅通和长时间稳定运用，以及合适的入海水沙量。

随着理论的发展和实践经验的积累，对泥沙的控制逐渐由被动转向主动，泥沙控制思路也不断发展。水少沙多、水沙关系不协调是黄河复杂难治的症结所在，水沙关系调节是黄河治理的关键。根据黄河水沙调度实践，提出以“水沙调控度”来度量水库对入库水沙过程调控能力的大小。针对黄河下游河道存在的问题和维持黄河长治久安、永续利用，定义黄河协调的水沙关系为长时段内维持黄河下游河道（主槽）不淤或微淤的水沙搭配过程，进而利用泥沙连续方程等定义水沙关系的协调度，并以此为基础，对泥沙进行从源头到末端的全过程控制。入黄泥沙控制是黄河泥沙控制的根本，影响最深远，影响范围最大。目前，小流域综合治理、新型淤地坝（系）构建等正逐步开展，从源头控制泥沙进入河道。水库控制是黄河泥沙控制的核心环节，控制手段最直接且有效。由于多沙河流泥沙问题复杂，水库设计运用除统筹考虑防洪、灌溉、发电等多种效益外，还需高度重视泥沙问题，如果处理不当，会对库尾、库区、坝区和下游产生全方位的影响。长期以来，我国围绕多沙河流水库设计运用开展了大量研究，水库设计运用理论基础划分为三个阶段。一是20世纪五六十年代的“蓄水拦沙”阶段，水库泥沙处理理念是利用堆沙库容被动“拦”沙，以“拦”为主，被动地通过堆沙库容“拦”沙换取水库使用寿命。这一阶段还没有提出水库要长期保持有效库容的设计运用理念和要求。这种运用方式保不住库容，无法实现开发目标。二是20世纪70年代至21世纪初的“蓄清排浑”阶段，泥沙处理思路为采用“拦”“排”结合处理泥沙，以“排”为主，保证正常运用期进入冲淤平衡状态。这种运用方式较好地解决了百千克级以下含沙量的河流水库泥沙问题，基本保住了库容，但仍然存在泥沙淤积短期可能侵占防洪库容、只能实现水库部分开发目标等问题，效益难以保全。当前水库运用处于“蓄清调浑”阶段，该阶段以水沙关系协调度指导水库运用，以径流泥沙调控度指导水库设计，以“调”为主，“拦”“调”“排”结合，主汛期相机“蓄清”“调浑”，设计“高滩深槽”“高滩中槽”“高滩高槽”三种淤积形态和双泥沙侵蚀基准面，保全并提升了工程效益。黄河下游河道治理是黄河泥沙治理的关键。黄河下游滩区特殊的河道形态、功能需求的多样性及各功能对应空间的高度重叠性使得下游面临生态安全屏障尚存在短板、滩区人水矛盾突出、生态供给与需求失衡、文化保护传承和弘扬不足等方面的问题。当前，针对新形势下防洪保安、生态保护和经济社会发展的需求，已提出“洪水分级设防、泥沙分区落淤、三滩分区治理”的河道治理新策略。该策略采用生态疏浚稳槽、泥沙淤筑塑滩的方法，形成主槽、嫩滩、二滩、高滩的空间格局，以维持黄河健康生命，促进流域人水和谐。

1.5 本章小结

本章通过梳理大量文献，分析了泥沙问题的分类、产生过程及其影响，重点结合黄河下游治理保护、大中型水利枢纽工程建设运用中面临的泥沙问题，描述了泥沙问题的形成、发展过程及其对水工建筑物、航运、生态环境、社会经济等各方面的影响，并结合具体工程，分析说明了应对泥沙问题的措施和控制要求；利用信息熵和文本挖掘技术，对黄河泥沙研究的相关发文趋势、期刊分布、关键词、热点演进方向等进行了定量分析，并总结了国内外在控制入黄泥沙、下游“地上悬河”和河口治理、水库泥沙淤积、水沙调控和系统治理等方面的研究成果。

参考文献

安文涛, 宋晓敏, 蒋谦, 等. 2020. 坡面土壤侵蚀响应机制及其水动力学特征研究进展. 华北水利水电大学学报(自然科学版), 41(4): 6.
蔡强国, 刘纪根. 2003. 关于我国土壤侵蚀模型研究进展. 地理科学进展, 22(3): 242-250.
曹慧群, 李青云, 黄茁, 等. 2013. 我国水库淤积防治方法及效果综述. 水力发电学报, 32(6): 183-189.
陈建国, 周文浩, 陈强. 2012. 小浪底水库运用十年黄河下游河道的再造床. 水利学报, 43(2): 127-135.
陈悦, 陈超美, 刘则渊, 等. 2015. CiteSpace 知识图谱的方法论功能. 科学学研究, 33(2): 242-253.
董耀华, 汪秀丽. 2011. 工程泥沙学概论. 水利电力科技, 37(1): 1-15.
窦国仁, 董凤舞, 窦希萍, 等. 1995. 河口海岸泥沙数学模型研究. 中国科学(A 辑), 25(9): 995-1001.
方春明, 董耀华. 2011. 三峡工程水库泥沙淤积及其影响与对策研究. 武汉: 长江出版社.

高季章, 胡春宏, 陈绪坚. 2004. 论黄河下游河道的改造与“二级悬河”的治理. 中国水利水电科学研究院学报, 2(1): 8-18.
韩其为. 2003. 水库淤积. 北京: 科学出版社.
韩其为, 杨小庆. 2003. 我国水库泥沙淤积研究综述. 中国水利水电科学研究院学报, 1(3): 169-178.
侯成波, 张敬明, 王绍志. 2003. 黄河调水调沙中的几个关键技术问题. 水利发展研究, 3(3): 19-21.
胡春宏, 陈建国, 郭庆超. 2008. 三门峡水库淤积与潼关高程. 北京: 科学出版社.
胡建, 何小军, 沈伟锋, 等. 2017. 基于大数据文本挖掘预测急诊医学研究热点. 中华急诊医学杂志, 26(10): 1219-1224.
江恩慧, 赵连军, 王远见, 等. 2019. 基于系统论的黄河下游河道滩槽协同治理研究进展. 人民黄河, 41(10): 58-63, 95.
焦恩泽. 2004. 黄河水库泥沙. 郑州: 黄河水利出版社.
景可. 2002. 长江上游泥沙输移比初探. 泥沙研究, (1): 53-59.
李国英. 2004a. 黄河中下游水沙的时空调度理论与实践. 水利学报, (8): 1-7.
李国英. 2004b. 基于空间尺度的黄河调水调沙. 人民黄河, 26(2): 1-4.
李国英. 2006. 基于水库群联合调度和人工扰动的黄河调水调沙. 水利学报, 37(12): 1439-1446.
李国英. 2012. 黄河调水调沙关键技术. 前沿科学, 21(6): 17-21.
李强, 王义民, 白涛. 2014. 黄河水沙调控体系研究综述. 西北农林科技大学学报(自然科学版), 42(12): 227-234.
李圣文, 凌微, 龚君芳, 等. 2016. 一种基于熵的文本相似性计算方法. 计算机应用研究, 33(3): 665-668.
李琬, 孙斌栋. 2014. 西方经济地理学的知识结构与研究热点——基于CiteSpace的图谱量化研究. 经济地理, 34(4): 7-12, 45.
李为华, 李九发, 时连强, 等. 2005. 黄河口泥沙特性和输移研究综述. 泥沙研究, (3): 76-81.
李秀霞, 李天宏. 2011. 黄河流域泥沙输移比与流域尺度的关系研究. 泥沙研究, (2): 33-37.
李占斌, 朱冰冰, 李鹏. 2008. 土壤侵蚀与水土保持研究进展. 土壤学报, 45(5): 802-809.
刘建华, 岳铭睿. 2021. 黄河流域生态保护和高质量发展研究知识图谱分析. 人民黄河, 43(7): 7-12, 23.
刘媛媛, 练继建. 2005. 遗传算法改进的 BP 神经网络对汛期三门峡水库泥沙冲淤量的计算. 水力发电学报, (4): 110-113, 88.
罗成鑫, 周建中, 柳袁. 2018. 流域水库群联合防洪优化调度通用模型研究. 水力发电学报, 37(10): 39-47.
马丽梅. 2011. 黄土丘陵沟壑区不同空间尺度流域泥沙输移比的估算. 西北农林科技大学硕士学位论文.
马龙龙, 杜灵通, 丹杨, 等. 2020. 基于 CiteSpace 的陆地生态系统碳水耦合研究现状及趋势. 生态学报, 40(15): 5441-5449.
泥沙专业委员会. 1999. 泥沙研究进展综述. 泥沙研究, (1): 74-80.
宁锋, 高传昌, 王为术. 2007. 基于脉冲射流的小浪底水库人工异重流输沙方式探讨. 南水北调与水利科技, 5(2): 75-77.
彭安帮, 彭勇, 徐钦, 等. 2016. 基于改进 PSO 算法的跨流域水库群联合调度图优化. 大连理工大学学报, 56(4): 406-413.
钱宁. 1978. 从黄河下游的河床演变规律来看河道治理中的调水调沙问题. 地理学报, 33(1): 13-24.
钱宁, 万兆惠. 2003. 泥沙运动力学. 北京: 科学出版社.
冉大川. 2006. 黄河中游水土保持措施的减水减沙作用研究. 资源科学, 28(1): 93-100.
施华斌. 2016. 水沙两相流数学模型及其应用. 清华大学博士学位论文.
舒安平, 费祥俊. 2008. 高含沙水流挟沙能力. 中国科学(G 辑), (6): 653-667.
孙威, 毛凌潇. 2018. 基于 CiteSpace 方法的京津冀协同发展研究演化. 地理学报, 73(12): 2378-2391.
孙赞盈, 李勇, 王开荣, 等. 2017. 1946 年以来黄河下游泥沙治理研究的主要进展. 泥沙研究, 42(1): 73-80.

唐立力. 2015. 基于信息熵与动态聚类的文本特征选择方法. 计算机工程与应用, 51(19): 152-157.
田勇, 屈博, 李勇, 等. 2019. 黄河下游滩区治理研究与展望. 人民黄河, 41(2): 14-19.
王飞, 李锐, 杨勤科. 2003. 黄土高原土壤侵蚀的人为影响程度研究综述. 泥沙研究, (5): 74-80.
王光谦. 2007. 河流泥沙研究进展. 泥沙研究, (2): 64-81.
王玲玲, 姚文艺, 刘玉兰, 等. 2008. 我国流域泥沙输移比研究进展. 人民黄河, (9): 36-37.
王万忠, 焦菊英. 1996. 中国的土壤侵蚀因子定量评价研究. 水土保持通报, 16(5): 1-20.
徐进, 邓乐龄. 2018. 基于 Louvain 算法的铁路旅客社会网络社区划分研究. 山东农业大学学报(自然科学版), 49(4): 722-725.
徐炯心. 2000. 黄河中游多沙粗沙区的风水两相侵蚀产沙过程. 中国科学(D 辑), 30(5): 540-548.
于京要, 赵文清, 康李建. 2005. 南水北调中线跨河工程的泥沙问题研究. 水利水电技术, 36(4): 93-95.
张红武, 龚西城, 王汉新, 等. 2021. 黄河下游河势控制与滩区治理示范研究及进展. 水利发展研究: 1-11.
张金良, 曹智伟, 金鑫, 等. 2021. 黄河流域发展质量综合评估研究. 水利学报, 52(8): 917-926.
张金良, 陈翠霞, 罗秋实, 等. 2022. 黄河水沙调控体系运行机制与效果研究. 泥沙研究, 47(1): 1-8.
张金良, 练继建, 张远生, 等. 2020. 黄河水沙关系协调度与骨干水库的调节作用. 水利学报, 51(8): 897-905.
张金良, 鲁俊. 2021. 黄河内蒙古河段河道冲淤演变与凌情响应机制. 水科学进展, 32(2): 192-200.
张金良, 罗秋实, 陈翠霞, 等. 2021. 黄河中下游水库群-河道水沙联合动态调控. 水科学进展, 32(5): 649-658.
郑珊, 王开荣, 吴保生, 等. 2018. 黄河口冲淤演变及治理研究综述. 人民黄河, 40(10): 6-11, 16.
郑委, 郭庆超, 陆琴. 2011. 高含沙水流基本理论综述. 泥沙研究, (2): 75-80.
周银军, 刘春锋. 2009. 黄河调水调沙研究进展. 海河水利, 12(6): 54-57.
朱鉴远. 2010. 水利水电工程泥沙设计. 北京: 中国水利水电出版社.
Canto S P. 2006. Application of benders decomposition to power plant preventive maintenance scheduling. European Journal of Operational Research, 184: 759-777.
Catalão J P S, Pousinho H M I, Mendes V M F. 2010. Scheduling of head-dependent cascaded reservoirs considering discharge ramping constraints and start/stop of units. International Journal of Electric Power & Energy Systems, 32: 904-910.
Feng X M, Fu B J, Piao S, et al. 2016. Revegetation in China's Loess Plateau is approaching sustainable water resource limits. Nature Climate Change, 6(11): 1019-1022.
Guedes L, Vieira D, Lisboa A, et al. 2015. A continuous compact model for cascaded hydro-power generation and preventive maintenance scheduling. International Journal of Electric Power & Energy Systems, 73: 702-710.
Huang L M, Shao M A. 2019. Advances and perspectives on soil water research in China's Loess Plateau. Earth-Science Reviews, 199: 102962.
Kang A, Ren L, Hua C, et al. 2021. Environmental management strategy in response to COVID-19 in China: Based on text mining of government open information. The Science of the Total Environment, 769: 145158.
Kleinberg J. 2003. Bursty and hierarchical structure in streams. Data Mining and Knowledge Discovery, 7(4): 373-397.
Moeini R, Afshar A, Afshar M. 2011. Fuzzy rule-based model for hydropower reservoirs operation. International Journal of Electric Power & Energy Systems, 33: 171-178.
Naresh R, Sharma J. 2002. Short term hydro scheduling using two-phase neural network. International Journal of Electric Power & Energy Systems, 24: 583-590.
Wang S, Fu B J, Piao S L, et al. 2016. Reduced sediment transport in the Yellow River due to anthropogenic changes. Nature Geoscience, 9(1): 38-42.
Zhang Y S, Cao Z W, Wang W, et al. 2021. Using systems thinking to study the coordination of the water-sediment-electricity coupling system: A case study on the Yellow River. Scientific Reports, 11: 219.

第 2 章　黄河泥沙工程控制论的提出

2.1　控制论的诞生、发展与应用

1834 年，法国物理学家安培（A. M. Ampère）在一篇文章中把管理国家的科学称为“控制论”。第二次世界大战前后，自动控制技术在军事装备和工业设备中开始得到应用，实现了对某些机械系统和电气系统的自动化操纵。20 世纪 30 年代末，美国、日本和苏联的科学家先后创立了仅有两种工作状态的继电器组成的逻辑自动机的理论，并迅速用于生产实践。这一时期前后，关于信息的计量方法和传输理论出现。1948 年，美国数学家维纳（N. Wiener）把这些概念和理论应用于动物体内自动调节和控制过程的研究，并把动物和机器中的信息传递与控制过程视为具有相同机制的现象加以研究，建立了一门新的科学——控制论（cybernetics），并编著了著名的《控制论：或关于在动物和机器中控制和通信的科学》一书。维纳把控制论看作一门研究机器、生命社会中控制和通信的一般规律的科学，是研究动态系统在变化的环境条件下如何保持平衡状态或稳定状态的科学。

在控制论中，为了“改善”某个或某些受控对象的功能或发展，需要获得并使用信息，以这种信息为基础而选出的，于该对象上的作用，称为“控制”。由此可知，控制论的基础是信息，一切信息传递都是为了控制，进而任何控制又都有赖于信息反馈来实现。信息反馈是控制论中一个极其重要的概念，通俗来讲，是指由控制系统把信号输送出去，又把其作用结果返送回来，并对信息的再输出发生影响，起到控制的作用，以达到预定目的。

控制论主要包含三个部分：①信息论，主要是关于各种通路（包括机器、生物机体）中信息的加工传递和储存的统计理论；②自动控制系统的理论，主要是反馈论，包括从功能的观点对物体中神经系统、内分泌系统及其他系统的调节和控制的一般规律的研究；③自动快速电子计算机的理论，即与人类思维过程相似的自动组织逻辑过程的理论。控制论具有四个特征：①要有一个预定的稳定状态或平衡状态；②从外部环境到系统内部有一种信息的传递；③这种系统具有一种专门设计用来校正行动的装置；④这种系统为了在不断变化的环境中维持自身的稳定，内部都具有自动调节的机制，换言之，控制系统都是一种动态系统。

在科学体系中，控制论与研究物质结构和能量转换的传统科学不同，它研究系统的信息变换和控制过程。尽管一般科学具有质料、能量和信息三个要素，但控制论只把质料和能量看作系统工作的必要前提，并不追求系统是用什么质料构造的、能量如何转换，而是着眼于信息方面，研究系统的行为方式。控制论的另一位创始人英国生理医学家阿什贝（R. W. Ashby）认为，控制论是一种“机器理论”，但他关注的不是物件而是动作方式。可以进一步说，控制论是以显示的（电子的、机械的、神经的或经济的）机器为原型，研究“一切可能的机器”，揭示它们在行为方式方面的一般规律。因此，与只研究特定的物态系统，揭示某一领域具体规律的专门科学比较，控制论是一门带有普遍性的横断科学。

维纳在阐述创立控制论的目的时指出：“控制论的目的在于创造一种言和技术，使我们有效地研究一般的控制和通信问题，同时也寻找一套恰当的思想和技术，以便通信和控制问题的各种特殊表现都能借助一定的概念进行分类。”在维纳的《控制论：或关于在动物和机器中控制和通信的科学》一书面世后的几十年中，工程控制论、生物控制论、神经控制论、经济控制论、社会控制论等一系列冠以控制论名称的学科如雨后春笋般生长出来。

工程控制论（engineering cybernetics）是控制论的一个分支学科，是关于受控工程系统的分析、设计和运行的理论。1954 年，钱学森所著《工程控制论》（*Engineering Cybernetics*）英文著作出版，第一次使用“工程控制论”这一词来表示在工程设计和实验中能够直接应用的关于受控工程系统的理论、概念与方法。之后随着《工程控制论》的迅速传播（俄文版 1956 年出版、德文版 1957 年出版、中文版 1958 年出版），世界科学技术界很快接受了该书赋予工程控制论这一学科的含义和研究范围。工程控制论的目的是把工程实践中所经常运用的设计原则和试验方法加以整理和总结，取其共性，提炼成科学理论，使科学技术人员获得更广阔的眼界，用更系统的方法去观察技术问题，去指导千差万别的工程实践。

2.2　工程控制论的理论方法

随着工程控制论的发展，其研究对象和理论方法在不断增多。到目前为止，工程控制论包含的主要理论方法有 6 个方面。

（1）系统辨识和信息处理

由于工程控制论中所有的概念和方法都是建立在定量研究的基础之上，为了实现对工程系统的控制，精确地定量描述它的行为和结构就具有决定性的意义。找出能够完全描述系统状态的全体变量，区分为输入量、受控量和控制量等不同类别，把表现为机械的、电的、光的、声的各种物理信号形式的变量从各种随机因素和噪声中提取出来，确定各变量在各种不同条件下的变化规律，这就是系统辨识理论的任务。用滤波、预测、相关处理、逼近等方法从噪声中分离出具有本质意义的信息，以及寻求各变量之间的相互关系，这属于信息处理理论的范畴。模式识别理论能够对已经提取出来的物理信号进行更精细的分析，以便用机器手段去理解它的含义，并用文字或图形显示出来，为管理和操作人员提供准确的信息，这是信息处理理论的新成就。近年来，系统辨识与信息处理理论在各行业得到了深入的应用与发展，其中，水文信息数据的收集、处理及相应软件的开发，为管理层提供了非常坚实的决策基础。

（2）模型抽象

一般通过建立数学模型的方法来精细地描述受控客体的静态和动态特性。成功的数学模型能更深刻地、集中地和准确地定量反映受控系统的本质特征。借助数学模型，工程设计者能清楚地看到控制变量与系统状态之间的关系，以及如何改变控制变量才能使系统的参数达到预期的状态，并且保持系统稳定可靠地运行。数学模型还能帮助人们与外界的有害干扰作斗争，指出排除这种干扰所必须采取的措施。根据具体受控工程的特点，可以用代数方程式、微分方程式、积分方程式、逻辑代数式、概率论和模糊数学等数学工具建立数学模型，对复杂的系统常要用到由几种数学工具结合起来的混合模型实现对工程系统的完全描述。这种根据实验数据用数学工具去抽象受控工程对象本质特征的原理和方法称为建模理论。建模理论已普遍应用于农林、经济金融、交通、制造业、水利水电等各行业，其中基于模型的水利工程全过程咨询、基于模型的市域生态空间网络构建、河流泥沙水文学模型研究、水电站水库泥沙淤积的数学模型研究、黄河干流泥沙空间优化配置模型研究等受到行业广泛重视。

（3）最优控制

欲使工程系统按规定的方式运行，完成预定的任务，应该正确地选择控制方式。几乎所有的工程系统都具有共同的特征：为实现同一个目标，存在着许多控制策略。不同的控制策略所付出的代价也各异，例如，能量、时间、材料、人力和资金的消耗等均不相同。研究如何以最小的代价达到控制目的的原理和方法称为最优控制理论。为了解决最优控制问题，必须建立描述受控运动过程的运动方程，给出控制变量的允许取值范围，指定运动过程的初始状态和目标状态，并且规定一个评价运动过程品质优劣的性能指标。解决最优控制问题的主要方法有古典变分法、线性规划、动态规划、极大值原理。为了解决最优控制的工程现实问题，科学家研发了很多适用于计算机程序的算法，称为最优化技术。最优控制理论和最优化技术的建立是工程控制论中最突出的成就，其中最优控制理论在智能制造等工业生产领域、水利水电等基础设施领域、经济管理及国防军事等领域发挥着重要作用，并在应用中不断发展。

（4）自我进化

受控系统的工作环境、任务和目标常发生变化，为了使工程系统能自动适应这些变化，科学家创立了一系列设计原理和方法，赋予系统自我进化的能力，即根据变化的环境条件或工作任务，系统能够自动地改变自己的结构和参数，获得新的功能。最早出现的是自稳定系统，它能在环境条件发生剧烈变化时自动地改变自己的结构，始终保持稳定的工作状态而无须操作人员去干预。

基于自适应控制理论设计的工程系统能自动地对外界条件变化做出反应，改变自己的结构参数，保持优良的性能和高精度。计算机用于工程系统后，由于具有信息存储能力，出现了自学习系统。经过有经验的操作人员示教以后，系统把一切操作细节都记忆下来，从此就能准确地自动再现已学到的操作过程，完成指定的任务。只要存储容量足够大，同一工程系统可记忆若干种操作过程，就成为多功能系统。把专家在某一专门领域中的知识和经验存储起来，工程系统就获得了处理复杂问题的能力，这种系统称为专家系统。为完成不同的任务而能自动重组结构的系统称为自组织系统。此外，工程控制论的研究受仿生学的启发和鼓舞，不断引进新的概念，发明新的理论，以求工程系统部分地模仿生物的技能。生产实践和科学技术的不断发展对自我进化理论提出了更高的要求，因而引起了人们的广泛关注。至今，自我进化理论不仅在工业领域取得了较大成功，还在社会、经济、基础设施建设和医学等非工业领域进行了有益的探索，出现了一些成功的应用实例。

（5）容错系统

提高系统工作可靠性是工程控制论的中心课题之一。在现代生产和生活中，一些设施一旦发生故障将会带来巨大的人员、经济损失。因此，在控制系统中进行故障检测与诊断和容错控制设计，使得系统在有故障发生的情况下能保持正常的控制效果，提高系统的可靠性以最大限度减少损失具有非常重要的现实意义。

自诊断理论、检错纠错理论、最优备份切换理论和功能自恢复理论总称为容错理论。自诊断理论是关于自我功能检查发现故障的理论，按这种理论设计的工程系统能自动地定期诊断全系统和组成部分的功能，及时发现故障，确定故障位置，自动切换备份设备或器件，从而恢复系统的正常功能。部分系统能在全部运行过程中连续地进行自我诊断，利用纠错编码理论可以自动地发现工程系统在信息传输过程中可能发生的差错，自动地纠正错误，使系统的功能不受损害。在不可能纠正时则剔除错误信息，或让系统重复操作，以排除随机差错。对不能简单排除的故障，则选用无须故障部件参与的其他相近的功能部件代替。用设置备份的方法提高可靠性称为冗余技术，这是一项研究得最早并且一直在大量采用的技术，也是保证自动化控制系统可靠性的一种手段。对于动态系统，其容错控制是伴随着基于解析冗余的故障诊断技术的发展而发展起来的。容错控制一般分为主动容错控制和被动容错控制。被动容错控制主要是把系统可能发生的故障情况作为先验知识在系统设计时加以考虑，不需要在线获取故障信息，一般情况下都是采用鲁棒控制技术。而主动容错技术主要通过故障诊断机构获取故障信息之后对系统进行重组。容错控制和故障检测与诊断、自适应控制、鲁棒控制、神经网络、计算机技术和网络技术等有着紧密的关系，这些相关领域近年来的深入和发展给容错控制带来了良好的机遇、提供了充分的条件和可行性。近年来，容错控制领域出现了一些多指标约束下的容错控制、统一模型的容错控制、智能容错控制和网络容错控制等研究方法。容错控制理论在水利信息系统中的水电站闸门监控系统、抽水蓄能水电站计算机监控系统、水利枢纽工程计算机监控系统等方面广泛应用。

（6）仿真技术

在系统设计和制造过程中不能在尚未建成的工程系统上进行试验，或者由于代价太高而不宜进行这种试验。用简单的装置和不同的物理过程模拟真实系统的受控运行过程称为仿真技术。早期的仿真技术以物理仿真技术为主，即用不同性质但易于实现、易于观察的物理过程去模仿真实的过程。模拟计算机是专为仿真技术而发展起来的技术，它利用电信号在电路中的变化规律去模仿物理系统的运动规律。数字计算机出现以来，又有混合计算机作为仿真工具。随着数字计算机运算速度和存储容量的提高，数字计算机已成为仿真技术的主要手段。只要编制相应的软件就可以模拟各种不同性质的物理过程。仿真技术以相似原理、信息技术、系统技术及其应用领域有关的专业技术为基础，以计算机和各种物理效应设备为工具，利用系统模型对实际的或设想的系统进行试验研究，它综合集成了计算机、网络技术、图形图像技术、多媒体、软件工程、信息处理、自动控制等多个高新技术领域的知识。仿真技术不但可应用于受控产品或系统生产集成后的性能测试试验，而且已扩大为可应用于受控产品研制的全过程，包括方案论证、战术技术指标论证、设计分析、生产制造、试验、维护、训练等各个阶段，并可应用于由多个系统综合构成的复杂系统。仿真技术将是支持研究各类复杂大系统全生命周期的必要手段，其在为武器系统研制、作战训练和工业过程服务的同时，正不断向交通、基建、教育、通信、社会、经济、娱乐等多个领域扩展。

工程控制论发源于纯技术领域。转速、压力、温度等机械变量和物理变量的自动调节是最早期的工业应用，而自动调节理论是对这一时期技术进步的理论总结。自动调节理论经过发展和提高，上升为自动控制理论。电子数字计算机的出现使得技术界开始研制有数字运算能力和逻辑分析功能的自动机，自动控制系统获得了智能控制的功能。随着廉价的微型计算机大量进入市场，自动化工程系统全面进入了智能化阶段，自动控制理论的全部含义遂得以真正体现。从此，工程控制论的概念、理论和方法开始从纯技术领域溢出，派生出社会控制论、经济控制论、生物控制论、军事控制论、人口控制论等新的专门学科。这些学科根据各自领域的特点，抽象出新的概念，创造新的理论和方法，产生新的内容，同时又与技术领域的工程控制论彼此借鉴和相互补充。目前，工程控制论已形成了独立的研究分支，具有完善的理论体系，其在人口等社会经济领域、水利水电等基础设施建设领域、航空航天等军事领域发挥着重要作用。

控制论的对象就是系统，所谓系统，是由相互制约的各个部分组织而成的具有一定功能的整体。一个自动机器是一个系统，一个生物体是一个系统，一个企业是一个系统，一个经济协作区、一个社会组织也是系统，黄河就是一个有机的复合系统。习近平总书记在黄河流域生态保护和高质量发展座谈会上指出“要坚持山水林田湖草综合治理、系统治理、源头治理，统筹推进各项工作，加强协同配合，推动黄河流域高质量发展”。黄河具有“整体性和关联性、区段性和差异性、层次性和网络性、开放性和耗散性”的特点，治理黄河是一项复杂的系统工程，为实现黄河流域系统自身的稳定与功能，流域系统需要取得、使用、保持和传递能量、材料及信息，需要对流域系统的各个部分进行组织。无论是黄河治理的整体战略、实施方案，还是不同河段的治理方略、工程布局，或是单一工程的具体设计、运行管理，在其全生命周期的各个阶段，都必须以河流健康生命维持、区域社会经济高质量发展、流域生态环境有效保护三维协同为整体治理目标，以系统论、控制论、协同论等思想方法为统领，统筹流域多功能协同发展目标，健全流域泥沙调控工程体系。

2.3　黄河泥沙工程控制论概述

基于黄河水少沙多、水沙关系不协调的特性，从流域尺度上可将黄河泥沙问题视为一个系统工程，涉及防洪减淤、水资源利用、发电、航运、生态等各个方面，并可将整个涉及泥沙的系统视为受控工程系统。依据控制论和工程控制论研究理论，黄河泥沙工程控制论可定义为：黄河泥沙工程控制系统的分析、设计和运行的理论与技术。

黄河泥沙工程控制论同样具有四个特征：①黄河泥沙工程控制系统要有一个预定的稳定状态或平衡状态；②从流域环境到黄河河流系统内部有一种信息的传递，即泥沙的产生、输移与反馈；③黄河泥沙工程控制系统具有一套设计运用技术用来约束系统的运行；④黄河泥沙工程控制系统在不断变化的环境中维持自身的稳定，内部都具有自动调节的机制，即系统是一种动态系统。因此，须考虑黄河泥沙工程控制系统特征，根据黄河水沙特性、资源环境特点，统筹考虑防洪、减淤、协调水沙关系、水资源合理配置和高效利用、河道水生态保护等综合利用要求，构建黄河水沙调控体系。科学控制、利用和塑造水沙过程，协调水沙关系，为防洪防凌安全提供重要保障；调整黄土高原水土流失格局，协同推进生态保护综合治理；充分利用骨干水库的拦沙库容拦蓄泥沙，特别是拦蓄对下游河道淤积危害最大的粗沙；合理配置和优化调度水资源，确保河道不断流，保证输沙用水和生态用水，保障生活、生产供水安全。

基于工程控制论的理论方法，可形成系统的黄河泥沙工程控制论。其中，黄河泥沙工程控制论包含的主要理论方法有以下 6 个方面。

（1）泥沙系统辨识和信息处理

在黄河泥沙系统中所涉及的各种变量信息是需要一个辨识和信息处理过程而提取出来的，因此，后边的各个指标、变量等均属于泥沙系统的辨识和信息处理过程。

黄河泥沙系统的输入量包含降雨（点雨量、面雨量、雨强、笼罩面积、持续时间、降雨过程等）、来水来沙条件（流量、过程、洪峰、含沙量、沙峰、泥沙颗粒级配等）、泥沙系统边界条件（河道比降、河宽、河型、糙率等）等；受控量为水沙过程的控制量，如流量量级、含沙量、水沙搭配关系、拦沙量等；控制量为主槽过流能力和形态、侵蚀基准面、水库各运行指标（死水位、正常高水位、汛限水位、防洪高水位、死水位泄量、调水调沙库容、防洪库容、拦沙库容、运用方式等）。

（2）泥沙工程控制系统模型

通过建立系统的、分类的、分区的水沙数学模型来精细地描述受控泥沙系统的静态和动态特性，是黄河泥沙工程控制的核心。良好的水沙数学模型能更深刻地、集中地和准确地定量反映泥沙系统的本质特征。借助系统的模型，使黄河管理者能清楚地看到控制变量与泥沙系统状态之间的关系，以及如何改变控制变量才能使系统的参数达到预期的状态，并且保持系统稳定可靠地运行。

总的来看，黄河泥沙系统水沙数学模型应从黄河流域系统出发，从泥沙的产生到入海整个过程进行分析，主要包括：①流域水沙模型，包括降雨预报、坡面/流域产流、坡面/流域土壤侵蚀、流域水沙演进与输移等模型；②水库工程控制模型，包括水库冲淤、异重流、浑水调洪、淤积形态控制、水库群联合调度等模型；③河道水沙调节模型，包括一维和二维河道水动力学、水沙演进、河道冲淤等模型；④河口数学模型，包括河口泥沙输移与淤积延伸、河口淤积与下游河道互馈、河口多流路行河水沙演进等模型。

（3）泥沙系统的最优控制

欲使工程系统按规定的方式运行，完成预定的任务，应该正确地选择控制方式。黄河泥沙工程控制系统同其他工程系统一样，为实现同一个目标，存在着许多控制策略。不同的控制策略所付出的代价也各异，例如，能量、时间、材料、人力和资金的消耗等均不相同。黄河泥沙工程控制系统的控制目标是尽可能减少入黄泥沙，通过多级工程控制，实现黄河下游河道水沙关系协调化。因此，为达到黄河水沙关系协调化的目标，从流域面上至黄河河口分别实施了不同形式、不同体量的控制工程与策略。为了解决黄河泥沙工程系统的最优控制问题，建立黄河泥沙耗散系统分析模型，以水沙关系协调度作为约束，分析不同控制量对受控量的贡献作用，通过信息熵理论，分析实施的不同控制措施和策略对黄河泥沙工程控制系统的熵变作用，筛选出黄河泥沙系统的主控量和主要因素，提出泥沙系统的最优控制策略。

（4）泥沙系统的自我进化

基于自适应控制理论设计的工程系统能自动地对外界条件变化做出反应，改变自己的结构参数，保持优良的性能和高精度。黄河泥沙工程控制系统的自我进化控制主要体现在子系统间的互馈机制，包括流域面上、水库、河道、河口等各个环节。河口子系统的泥沙冲淤过程，会影响下游河道水位、冲淤、河势等，通过河口的反馈作用，河道会进行自我调整，而河道的自我调整会反馈到水库调度中，随之水库调控水沙的方式发生变化，以此黄河泥沙工程控制系统的子系统间存在信息传递和子系统自我调整、自我进化的过程，进而保证黄河泥沙工程控制系统的不断进步。

（5）泥沙系统的容错系统

一个系统如何稳定运行，是工程控制论中的核心课题之一，一个系统要稳定运行下去，系统的鲁棒特性是很重要的评判标准，它要求资格系统有一定的容错能力，这种思路对于黄河泥沙工程控制系统而言同样适用。在黄河泥沙工程控制中，流域面上淤地坝在拦减入黄泥沙的控制上发挥重大作用，但如果淤地坝规模与控制范围较小、标准较低，那么淤地坝控制系统的容错性就较低，该部分淤地坝控制系统的鲁棒性就差，那么系统就很容易出现故障，甚至控制系统失效，因此在容错需求上而言，淤地坝规模越大越好、标准越高越好、控制范围越大越好。同样地，对于水库而言，其对于水沙的调控能力越大，那么容错性就越好，鲁棒性就越优，这也对水库的规模有着很高的要求。总的来说，各控制子系统的容错能力在黄河泥沙工程控制论中是重要的课题之一，其对于控制系统的实效性、耐久性，以及系统的优化有着重要的作用。

（6）泥沙系统的仿真技术

在系统设计和制造过程中不能在尚未建成的工程系统上进行试验，或者由于代价太高而不宜进行这种试验。因此，需要用简单的装置和不同的物理过程模拟真实系统的受控运行过程，这在黄河泥沙工程控制理论中是基于不同控制子系统，构建不同的数学模型和物理模型，通过模型集成、互馈作用耦合等过程，形成泥沙工程控制定量模拟系统，实现黄河泥沙工程控制的仿真模拟，用于黄河泥沙工程控制中各环节工程的方案论证、可行性研究、设计分析、试验、建设、维护、运用等各个阶段，使黄河泥沙工程控制系统更加科学化、系统化。

综上分析，黄河泥沙工程控制的总体思路是“塑造和黄河相适应的协调的水沙关系，使主要河段水沙关系协调度小于等于 1，以达到黄河泥沙与流域人类社会生存安全和社会经济发展相适宜的一种状态”，其基本模式贯穿泥沙从源头到末端的全过程控制，包括入黄泥沙控制、水库泥沙控制、河道泥沙控制及河口泥沙控制。因此，根据泥沙工程控制阶段的不同，可将黄河泥沙工程控制划分为四级控制模式，工程控制布局如图 2-1 所示。

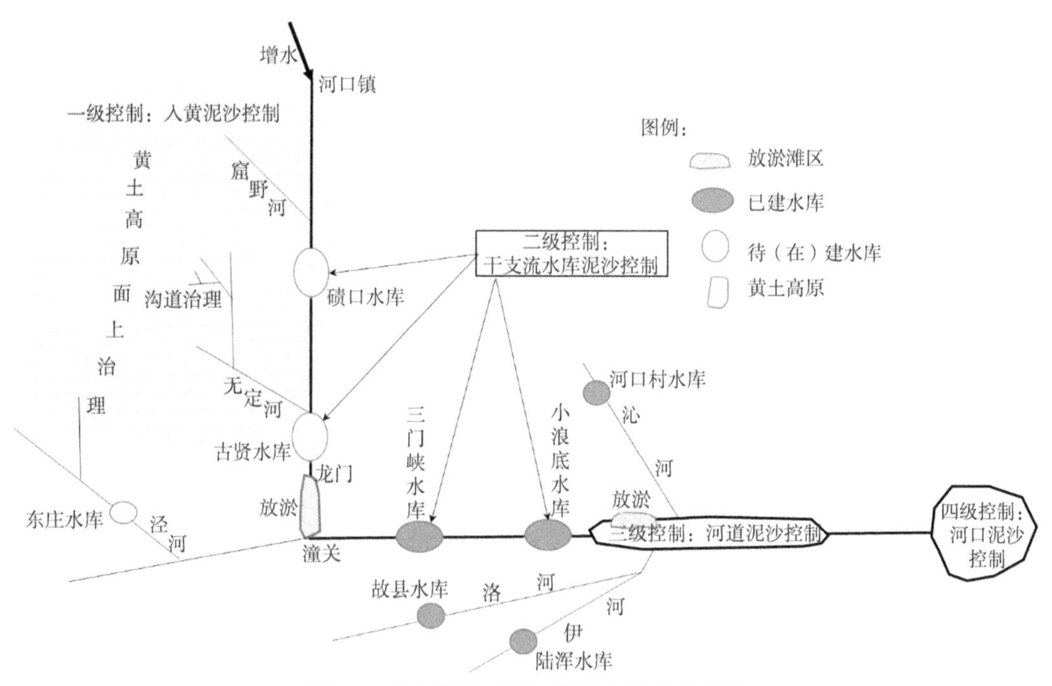

图 2-1　黄河泥沙四级工程控制布局示意图

黄河泥沙工程控制系统的运行以黄河下游水沙关系协调度小于等于 1 为总体控制目标，从输入量开始形成完整的四级控制系统，同时也包含各个子环节间的信息传递和互馈作用等，其运行过程见图 2-2 所示的黄河泥沙工程控制系统运行示意图。

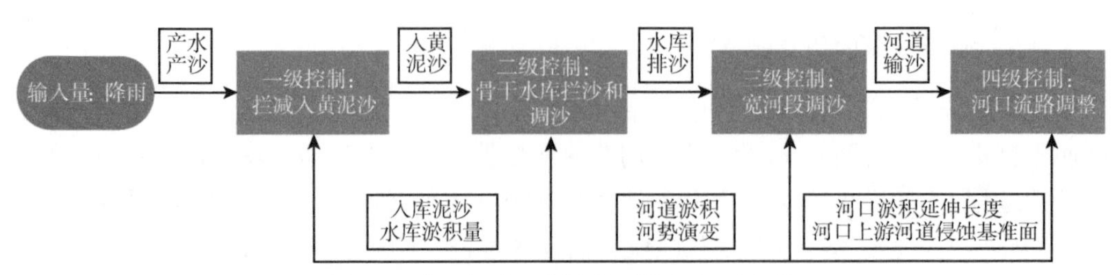

图 2-2　黄河泥沙工程控制系统运行示意图

2.4 本 章 小 结

本章首先简要描述了控制论的诞生，从系统辨识和信息处理、模型抽象、最优控制、自我进化、容错系统、仿真技术 6 个方面说明了工程控制论的主要理论方法；其次，针对黄河泥沙工程控制问题，结合黄河泥沙工程控制特点，论述了黄河泥沙工程控制思路，并形成黄河泥沙工程控制论，概括说明了以黄河下游水沙协调度小于等于 1 为总体控制目标，通过从全流域出发，结合泥沙的产生到河口分析黄河泥沙四级工程控制模式，从泥沙系统辨识和信息处理、泥沙工程控制系统模型、泥沙系统的优化控制、泥沙系统的自我进化、泥沙系统的容错系统和泥沙系统的仿真技术 6 个方面阐述了黄河泥沙工程控制论的主要理论方法。

参 考 文 献

李强, 王义民, 白涛. 2014. 黄河水沙调控体系综述. 西北农林科技大学学报(自然科学版), 42(12): 227-234.

李永, 李嘉, 安瑞冬. 2009. 水沙两相流 ASM 模型在浑水异重流计算中的应用及模型试验研究. 四川大学学报(工程科学版), 41(4): 102-108.

施华斌. 2016. 水沙两相流数学模型及其应用. 清华大学博士学位论文.

水利部黄河流域委员会. 2013. 黄河流域综合规划(2012—2030 年). 郑州: 黄河水利出版社.

汪欣林, 马鑫, 梅锐锋, 等. 2021. 泥沙资源化利用技术研究进展. 化工矿物与加工, (4): 36-44.

王秀伶, 关见朝, 樊云. 2014. 基于 SPH 法的水沙二相流模拟研究进展. 人民黄河, 36(2): 23-25, 29.

薛万云. 2014. 固液两相流运动机理研究及两相流模型在工程中的应用. 武汉大学博士学位论文.

张金良. 2019. 多沙河流水利枢纽工程泥沙设计理论与关键技术. 郑州: 黄河水利出版社.

周光涛. 2016. 基于松花江干流河道水沙二相性及演变规律. 黑龙江水利科技, 44(4): 89-91.

第 3 章　黄河泥沙工程控制论的理论技术体系

3.1　黄河泥沙工程控制的总体目标

众所周知，控制论是研究动态系统在变化的环境条件下如何保持平衡状态的一门技术科学。黄河流域泥沙的处理与利用是一个典型的控制论问题。要探讨黄河泥沙的工程控制论问题，首先要明确控制的目的，一般来讲控制的目的是维持原来的状态或者达到一种预定的状态。就黄河保护治理而言，2019 年习近平总书记在黄河流域生态保护和高质量发展座谈会上已经明确指出，就是要“让黄河成为造福人民的幸福河”。对“幸福河”可以从防洪保安全、优质水资源、健康水生态、宜居水环境、先进水文化五个维度去解读。其中关键的主控要素就是水流和泥沙，水少沙多、水沙关系不协调是黄河复杂难治的症结所在。泥沙是影响黄河保护治理的重点与难点，因此黄河泥沙工程控制的主要目标就是通过实施科学的控制，实现泥沙这一要素能够处于一种与人类生存、社会安全及社会经济发展相适宜的状态。

中国古代治理黄河泥沙，总的来说是一种“头痛医头，脚痛医脚”式的治理，往往是哪里发生洪水泥沙灾害，就针对灾害进行治理，如治理黄河下游仅着眼于黄河下游河道本身，甚至是治理黄河下游山东河段就仅着眼于山东河段局部，总体来讲是人类面对自然为生存而进行的“被动治河”。进入近代以来，以李仪祉为代表的治黄先驱认识到治理黄河要着眼于全局，于是有了系统治理的思想雏形。人民治黄以来，在泥沙处理上探索出了一条“拦、调、排、放、挖”的泥沙处理方针，不仅抓住了泥沙主要输送通道河流本身的调配与控制，还提出了中游黄土高原地区系统治理的措施，体现了黄河问题“表象在黄河、根子在流域”的认识，从系统工程角度来讲，是对整体系统的“控制”，是“主动治河”。

怎样的一种状态，是黄河泥沙与人类生存、社会安全及社会经济发展等相适宜的一种状态呢？还要从黄河泥沙这一系统的结构上来讲。从时间分布上看，黄河 80%以上的泥沙来自汛期，汛期又往往集中于几场暴雨中；从空间分布上讲，黄河 90%的泥沙来自河口镇至三门峡区间。因此，可以说黄河泥沙的源头主要是黄土高原地区，产生的主要途径是降雨、地表侵蚀和随水流迁移。面上产生的泥沙随水流进入河流，经过水库工程拦沙、排沙，以及河道淤积与冲刷调整，随水流在河道内运动至河口地区，最终排进大海。所以可以依据黄河泥沙的产生—迁移路径，将黄河泥沙工程控制系统细分为四个子系统，分别是面上产沙控制子系统、水库水沙调控子系统、河道泥沙调整子系统和河口泥沙控制子系统，因此黄河的泥沙治理就是要针对四个子系统所提出的具体适宜状态，进行针对性的控制。

水少沙多、水沙关系不协调是黄河复杂难治的症结所在，2019 年习近平总书记在黄河流域生态保护和高质量发展座谈会上指出“让黄河成为造福人民的幸福河”“必须紧紧抓住水沙关系调节这个‘牛鼻子’”。黄河水沙关系反映了河道来水来沙搭配和输沙能力的匹配关系，其研究范畴涉及来水来沙总量及其变化、水沙搭配关系及河道冲淤响应等多方面。黄河下游河道是黄河干流比降最小、泥沙淤积最严重的河段，由于泥沙淤积形成横亘在黄淮海平原上的千里悬河，其安危事关全局，维持下游河道（主槽）不淤积抬高成为确保防洪安全、维系黄河永续利用的核心问题，因此，我们把长时段内维持黄河下游河道（主槽）不淤或微淤的水沙搭配过程称为黄河协调的水沙关系。进入黄河下游的泥沙主要来源于河口镇至潼关区间的支流，这些支流比降大、输沙能力强，其自身泥沙淤积问题一般并不突出，但是这些支流的泥沙进入黄河下游河道后，会引起下游河道淤积萎缩并诱发一系列防洪问题。描述河床冲淤演变的恒定非饱和输沙模型中，除了水流连续方程、水流运动方程和水流输沙能力公式，还有一个重要的基本方程，就是泥沙连续方程，也称为非饱和输沙基本方程，其具体表达式为

$$\frac{\partial(QS)}{\partial x}=-\alpha\omega B(S-S_*) \tag{3-1}$$

式中，Q 为流量；S 为含沙量；x 为河长；α 为恢复饱和系数；ω 为泥沙沉速；B 为河宽；S_*为水流挟沙力。

为简化分析，忽略流量 Q 的沿程变化，可将式（3-1）简化为

$$\frac{\partial S}{\partial x}=-\alpha\omega B\left(\frac{S}{Q}-\frac{S_*}{Q}\right) \tag{3-2}$$

式中，$\frac{S}{Q}$ 表示来沙系数，对河道冲淤起决定性作用；$\frac{S_*}{Q}$ 表示水流挟沙力和流量的比值，可定义为河道冲淤平衡临界来沙系数。若分别用ξ和ξ_{T} 表示来沙系数和冲淤平衡临界来沙系数，则式（3-2）可进一步简化为

$$\frac{\partial S}{\partial x}=-\alpha\omega B\xi_{\mathrm{T}}\left(\frac{\xi}{\xi_{\mathrm{T}}}-1\right) \tag{3-3}$$

由此可见，河道来沙系数ξ和冲淤平衡临界来沙系数ξ_{T} 的相对关系，是表征河道冲淤状态的重要指标，也客观反映了水沙关系的协调程度。

对黄河下游而言，使河道处于不淤或微淤（即淤积量在可接受范围内）的水沙过程（即水沙搭配）可以称为协调的水沙关系，为此，可定义ξ_{T}为黄河下游河道不淤或微淤的临界来沙系数，并采用黄河不同水沙来源区的来沙系数ξ_i和黄河下游河道不淤或微淤的临界来沙系数ξ_{T}的比值来定义水沙关系的协调度：

$$C_{\mathrm{un}}(i)=\frac{\xi_i}{\xi_{\mathrm{T}}} \tag{3-4}$$

当来沙系数大于冲淤平衡临界来沙系数，即 $C_{\mathrm{un}}(i)$ 大于 1 时，河道呈现淤积状态，说明水沙关系不协调；当来沙系数小于等于冲淤平衡临界来沙系数，即 $C_{\mathrm{un}}(i)$ 小于等于 1 时，河道呈现冲刷状态，说明水沙关系协调。对黄河下游而言，$C_{\mathrm{un}}(i)$ 越小表示水沙关系协调程度越高。

结合当前的黄河治理现状，未来一段时期黄河泥沙的治理目标可以进一步细分为：经过泥沙控制多道防线，黄土高原水土流失区治理水平显著提高，水土保持成效明显提升，入黄泥沙大幅减少；水库径流泥沙调控能力显著增强，黄河水沙关系协调程度明显改善，洪水泥沙得到有效控制，确保河床不抬高、大堤不决口，长期维持中水河槽行洪输沙能力和中水流路河势稳定；河道综合治理水平全面提升，生态廊道功能集成效应显现，人水和谐关系改善，保持滩槽水沙自由交换功能，保证输沙通道畅通；河口生态环境明显改善，入海流路相对稳定，河口溯源淤积的不利影响明显减弱。

水土保持成效明显提升。以减少入黄泥沙为主要目标，水土流失综合调控方式得到完善，水土流失区域得到有效治理，淤地坝建设技术得到创新发展，使黄土高原入黄泥沙得到有效拦减，水土流失状态进一步改善。

水库径流泥沙调控能力显著增强。系统解决干支流水利枢纽工程泥沙问题，以提升水库径流调控度、泥沙调控度为主要目标，使拦沙库容再生利用、淤积形态设计、运用方式、联合调控等系统技术得到发展，提升水库对水沙的调控能力，使洪水泥沙得到有效控制和科学管理。

河道综合治理水平全面提升。以恢复、提升河道调整控制泥沙功能为主要目标，提升干流及重要支流生态廊道功能，使下游河道和滩区综合治理能力提升，改善悬河形态，遏制宁蒙河段新悬河发展态势，维持小北干流河势稳定，控制潼关高程。

河口生态环境明显改善。以控制泥沙侵蚀基准面为主要目标，黄河口生态流量和入海水量得到保障，生态系统得到保护修复，河口河势进一步归顺，现有流路相对稳定，行洪输沙入海通道维持稳定，淤积延伸的溯源淤积影响减少。

综上，黄河泥沙工程控制的目标是：使主要河段水沙关系协调度小于等于 1，实现泥沙这一要素能够处于一种与人类生存、社会安全及社会经济发展相适宜的状态。

3.2　黄河泥沙工程控制的基本原则

当前黄河流域生态保护和高质量发展已经上升为重大国家战略，总体目标就是要经过一定时期的建设，“让黄河成为造福人民的幸福河”。因此，黄河泥沙工程控制要在这一重大国家战略背景下进行系统治理，要遵循以下原则。

1）坚持系统治理。从全局性、整体性和协同性出发，有针对性地采取对策措施控制泥沙，正确处理整体与局部的关系，点、线、面全方位协同治理，系统解决泥沙工程问题。

2）坚持流域统筹。统筹协调全流域治理、开发、保护各方面的关系及上下游、左右岸、干支流的关系，协调水域与陆域、流域与区域、城市与乡村之间关系。

3）坚持水沙并治。牢牢把握黄河“水少沙多、水沙关系不协调”的突出问题，紧紧抓住水沙关系调节的“牛鼻子”，防洪减淤并重，水沙联合调控，协调水沙关系。

4）坚持人水和谐。正确处理水与自然、人与水之间的关系，把人水和谐的理念贯穿到流域保护治理的全过程，维护黄河的健康生命，保障人与黄河关系的良性循环。

5）坚持生态优先。牢固树立绿色发展理念，尊重自然、顺应自然、保护自然，在黄河泥沙工程控制过程中始终把生态保护放在重要位置，加强综合治理和生态保护修复。

6）坚持安全为重。注重兴利除害结合、防灾减灾并重，树立安全底线思维，统筹发展与安全，增强忧患意识，全面提高灾害应对能力，建立健全灾害防控机制。

3.3 黄河泥沙工程控制的基本理论

3.3.1 黄河泥沙工程控制论基础

典型的控制论问题就是对系统施加某种影响，使其不偏离某种规定的状态或者某种输出，可以概化为图 3-1 所示的框图。之所以说黄河泥沙工程处理与利用问题是一个典型的控制论问题，原因是黄河流域是一个巨大的泥沙产生与输移系统，泥沙按其分布可以分为塬沙、河沙、滩沙、水沙等，泥沙量的多少及其变化是一系列人类所不能控制的自然因素造成的，黄河泥沙总是伴随着汛期的降雨而产生，并且主要是汛期的几场暴雨，降雨发生的概率、时间、强度等都是可以进行预报而不可控制的，但是人类活动对泥沙的产生与输移过程是可以控制的，如通过水土保持降低降雨侵蚀产沙量、通过水库调度改变进入下游河道的泥沙过程，从而改变泥沙在河道的淤积分配等。那么通过某种控制机制，可以实现人类经济社会活动与泥沙产生、输移相适应，达到一种相对稳定的状态，保障人类社会生存安全和经济社会发展，这是控制论在黄河泥沙问题上的基本思路和控制目标。

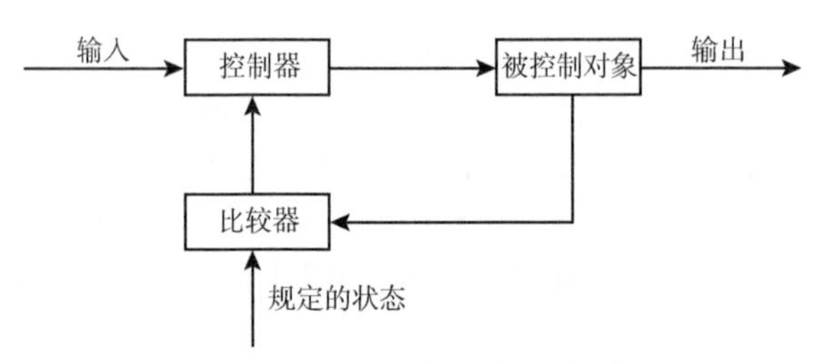

图 3-1 控制论问题的示意图

控制系统一般具有四个要素：①被控制对象；②控制机构；③执行机构；④测量机构。其相互关系如图 3-2 所示，按照图示的构成，黄河泥沙工程控制系统主要由以下几部分组成。

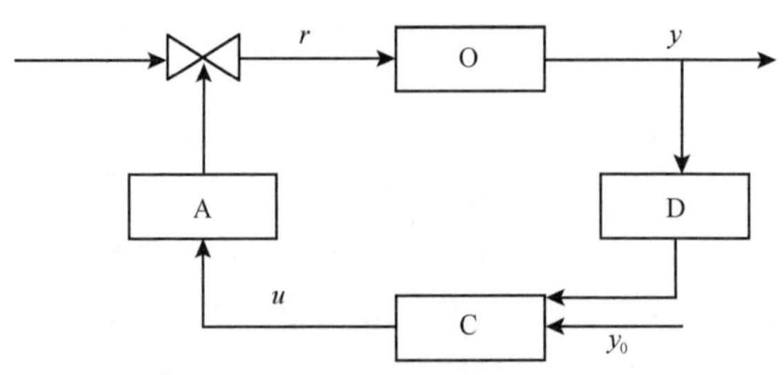

图 3-2 控制系统的组成要素

O-被控制对象；C-控制机构；A-执行机构；D-测量机构；r-被控制对象的输入；y-输出；u-控制变量；y_0-预期目标

1）被控制对象：黄河泥沙工程控制系统的被控制对象是流域内分布的所有泥沙，包括能够产生泥沙的区域，如坡面、沟道等；泥沙的汇集与输送通道，如河道（含河口区域）；能够对泥沙的产生进行干预的工程及措施，如梯田、林草、淤地坝等水土保持措施；所有与泥沙调控相关的水利工程，如水库等。

2）控制机构：这里的控制机构可以看作控制者模型，包括作为专家的自然人、用以获取信息和进行决策评估的专家系统。黄河流域以往开展的数字黄河建设，以及在此基础上建立的决策系统，都可视为控制机构的一部分。当前黄河流域正在开展的数字孪生黄河建设，锚定“数字化场景、智慧化模拟、精准化决策”，将进一步提升控制机构的决策能力。

3）执行机构：黄河泥沙工程控制的执行机构包括对黄河泥沙产生—输移进行控制与干预的工程，如梯田、林草、淤地坝、河道整治工程、水库工程、河口治理工程等，以及对上述工程进行建设和管理运行的相关机构与人员。

4）测量机构：黄河泥沙的测量机构主要指对黄河产沙、水库拦沙与排沙、河道输沙（包括淤积与冲刷）、河口输沙等过程进行监测的工程与相关自然人组成的机构，包括雨量站及雨量测量设备、水保站及其设备、重要入黄河流泥沙把口站、水库入库水文站、水库出库水文站、水库库区地形监测断面、河道控制监测断面等。测量机构负责对黄河泥沙系统的分布及变化进行测量，汇集成黄河泥沙系统赖以控制的信息。当前正在开展的数字孪生黄河建设，将通过构建数字化底板，并通过数字赋能提升测量信息的准确性、可靠性、及时性。

5）被控制对象的输入 r、输出 y、控制变量 u、预期目标 y_0，下文将通过分解黄河泥沙工程控制系统展开论述。

由此可见，无论是从控制论的概念还是控制论的构成来讲，都可以将黄河的泥沙工程问题视为一个典型的控制论问题。

3.3.2 黄河泥沙工程控制论模型体系结构

黄河泥沙工程控制的总体目标是清晰的，就是使主要河段水沙关系协调度小于等于1，实现泥沙这一要素能够处于一种与人类生存、社会安全及社会经济发展相适宜的状态。由于对整体系统进行笼统的描述和控制难以量化，因此必须对总目标进行分解，从黄河泥沙产生与输移的全路径分解为分目标，对每一分目标建立控制论模型进行控制。因此，对于黄河泥沙工程控制，首先应建立对应每一分目标的控制论模型，然后构成模型体系，从而最终实现总目标。

根据控制论的基本理论，被控制对象是各类系统，涉及对系统的识别与描述、信息的筛选，还要具备最优控制、系统自适应、容错机制等特点，最好能实现系统的仿真。无疑，黄河泥沙系统具备以径流、泥沙为主要连接的鲜明系统特征，通过空天地感知、数字化建设、传统水文水保监测收集用以控制的基本信息，具备了系统论、信息论的基本特点，可以进行控制论模型搭建。同时，黄河泥沙系统还存在技术经济的最优控制追求、系统的适应和容错机制，基于统计理论、力学经典理论可以进行仿真设计，具备了控制论的全部特点。因此，黄河泥沙问题完全可以用控制论的思路进行解决。

从黄河泥沙系统控制的维度出发，从上至下包括大系统顶层控制、黄河泥沙中端控制、低层局部控制和反馈控制四个层次。由于对黄河泥沙进行笼统、单一控制具有一定难度，因此应当结合黄河泥沙系统的特征进行区分。泥沙在自然属性上是一种要素，根据其产生—输移的过程可以自然划分，黄河泥沙具有水沙异源、主要来源于河口镇至三门峡区间、主要通过黄河中下游河道输沙入海等鲜明特点，因此可以将黄河泥沙工程控制系统分为入黄泥沙控制系统、水库泥沙控制系统、河道泥沙控制系统、河口泥沙控制系统四大子系统，对每一系统进行控制论建模，最后汇集为模型体系。

1. 大系统多级控制结构

根据不同领域大系统的结构特征，控制系统可以采用集中控制、分散控制、递阶控制三种基本的控制结构方案。本书提出递阶控制的一种变型——多级控制，如图 3-3 所示。

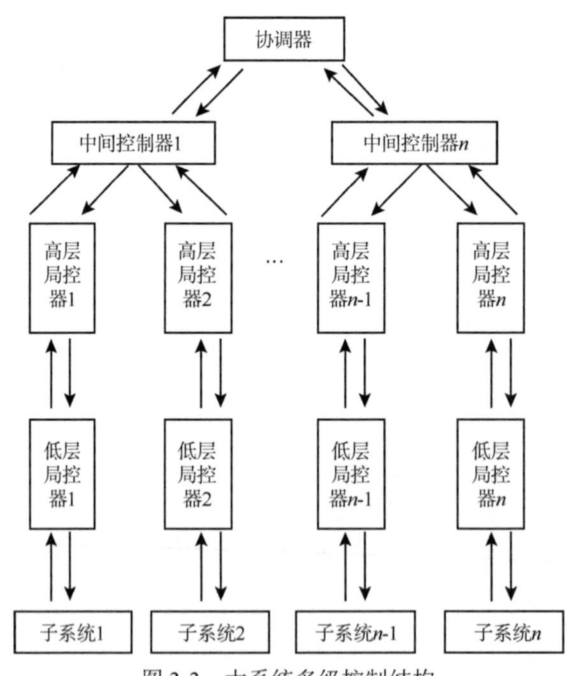

图 3-3　大系统多级控制结构

多级控制是在递阶控制的基础上增加了中间级，承上启下，中间级对其上级相当于局控级，对其下级相当于协调级。局控分为高层局控和低层局控，在中间级或局控级，设置适当的同级通信，进行辅助协调或局部协调，以提高协调的快速性、有效性，减轻上级协调的负担。局控级直接从被控制对象获取全局反馈信息，以提高协调控制的有效性、快速性。

2. 黄河泥沙工程控制模型体系

按照大系统多级控制体系的设计，构建黄河泥沙工程控制模型体系。

（1）中间控制器

黄河泥沙工程控制系统可以分为入黄泥沙控制系统、水库泥沙控制系统、河道泥沙控制系统、河口泥沙控制系统四大子系统，对每一系统进行控制论建模，控制模型体系的中间控制器。

（2）高层局控器

高层局控器是针对每个子系统的控制目标和被控制对象的特点，建立相应的控制论模型。

入黄泥沙控制模型。入黄泥沙控制的目标包括流域治理度、不同入黄控制节点的入黄泥沙总量阈值等，通过研究不同降雨条件下流域面侵蚀产沙机理、下垫面对不同入黄泥沙控制措施的响应等，借助流域泥沙配置模型，最终通过被控制对象包括梯田、林草、淤地坝、小流域治理措施等布局来实现控制目标。

水库泥沙控制模型。水库泥沙控制以其下游河道控制站水沙关系协调度为核心，基于水库径流泥沙调控度来合理配置水流泥沙调控库容，通过合理的水流泥沙调控运用方式，尽可能延长其使用寿命，长久发挥综合利用效益。我国在多沙河流水库泥沙控制方面，大体上经历了“蓄水拦沙”“滞洪排沙”“蓄清排浑”“蓄清调浑”四个阶段，目前“蓄清调浑”阶段已经形成较为完备的理论技术体系。水库中的泥沙控制系统，可以通过构建水库水流泥沙运动模型来进行描述和控制，具有相对完整的理论，由水流连续方程、水流运动方程、泥沙连续方程、泥沙运动方程、河床变形方程等组成控制方程组，结合水库（群）调度模型和其他经验处理，形成封闭的控制模型，同时还可以通过数值模拟的手段进行仿真。

河道泥沙控制模型。河道泥沙主要是通过河道整治工程布局等措施，提高水库下游河道对泥沙的调整能力和输送能力，长久维持一定规模的中水河槽规模和良好断面形态等，实现河道中水沙关系协调。河道中的泥沙控制系统，可以通过构建河道水流泥沙运动模型来进行描述和控制，具有相对完整的理论，由水流连续方程、水流运动方程、泥沙连续方程、泥沙运动方程、河床变形方程等组成控制方程组，结合其他经验处理，形成封闭的控制模型，同时还可以通过数值模拟的手段进行仿真。

河口泥沙控制模型。河口泥沙控制主要工程措施要适应上游水库调控和河道输送的水流泥沙，维持稳定的入海流路，维持水沙通道畅通，减少河道溯源淤积风险等。河口泥沙控制模型除了河道泥沙控制模型，还需要考虑海洋潮流运动等。

（3）低层局控器

高层局控器由于控制的目标复杂、控制范围大，可以进一步分为低层局控器。例如，对于入黄泥沙控制，可以进一步分为面上减蚀措施、沟道拦沙措施等；对于水库泥沙控制，可以进一步分为上游以水量调节为主的梯级水库群和中游以泥沙调节为主的梯级水库群等。

虽然结合黄河泥沙产生—输移的特点，对黄河泥沙控制系统进行了分解，但是上述系统并不是孤立和割裂的，而是存在着信息的传递与共享，主要的联系如下。

1）流域泥沙配置控制。黄河泥沙工程控制是各级子系统的分解、加总实现的，而各级子系统的控制目标是通过流域泥沙配置来协调的。通过构建流域泥沙配置模型，确定入黄泥沙控制节点的阈值、水库拦蓄调控泥沙的阈值、河道输送泥沙的阈值、河口输送泥沙的阈值等。

2）水库河道互馈。水库泥沙与河道泥沙控制是存在互馈联动机制的，水库泥沙控制要以河道泥沙输送阈值为基础，以河道水沙关系协调度为控制，以水库径流调控度、泥沙调控度为边界，通过互馈反应不断调整水流泥沙的拦蓄、调控。

3. 黄河泥沙控制的反馈控制

在控制论模型中，测量机构是实施反馈的主要依托，即依托黄河流域广泛布设的雨量站、水保站、水文站、河道泥沙监测断面，通过通信手段将各个子系统中的泥沙信息进行收集、加工，反馈给控制者模型，进行下一次的控制。例如，在入黄泥沙控制系统中，各大支流的入黄把口站的输沙量是重要的信息；在水库泥沙控制系统中，水库入库出库输沙量、水库的库容或有效库容及淤积形态等是重要的信息；在河道泥沙控制系统中，河道主控断面的平滩流量、河道淤积量、断面形态等是重要的信息；在河口泥沙控制系统中，河口淤积量、断面形态、淤积延伸长度是重要的信息。通过重要信息的采集、传送、评估，发出对系统的下一步控制信息，如此循环往复。

4. 流域巨系统中黄河泥沙工程控制的长尺度反馈评估

黄河泥沙工程控制的对象是整个流域，控制的目标是使泥沙达到一种与经济社会发展相协调的状态。因此，需要构建一种包含流域、人类、经济社会等在内的顶层评价模型，作为控制者模型的重要组成，支撑控制与反馈控制。

黄河流域从构成上来看是一个复杂的巨系统，元素众多，信息量巨大，在耦合量化研究过程中会出现度量单位不统一和维度灾难等潜在问题。本书引入经典信息论中熵的概念与计算方法，对流域系统中指标元素的信息量、系统的有序度（混乱程度）和发展趋势进行量化研究，利用耗散结构理论进行系统稳定性和演变规律研究，构建了黄河流域发展指数，简称 BDI。BDI 以黄河流域巨系统为研究对象，分析复杂系统与外部环境正、负熵变，并引入衡量系统自组织演变特征的布鲁塞尔模型，构建以耗散结构为基础的系统演变研究框架，系统评价演变特征及其影响因素，为下一步实施科学的、系统的保护与治理方案提供理论依据。BDI 是量化分析系统耗散结构特性的指数，表征了系统自组织、自恢复的能力，即外界抗干扰的能力，从一定程度上来讲，其代表了系统发展的稳定程度，因此 BDI 越大，系统发展质量越高。

3.4 黄河泥沙工程控制的主要模式

3.4.1 黄河水沙基本特性

水少沙多，水流含沙量高。黄河是世界上输沙量最大、含沙量最高的河流。黄河潼关站 1919～2020 年实测多年平均径流量为 364.3 亿 m^3、输沙量为 11.1 亿 t，平均含沙量为 30.5kg/m^3。三门峡站实测最大含沙量为 911kg/m^3（1977 年），河口镇至三门峡河段两岸支流时常发生 1000～1700kg/m^3 的高含沙洪水。

水沙异源，空间分布不均。黄河水量主要来自上游，泥沙主要来自中游。上游河口镇以上流域面积为 38 万 km^2，占全流域面积的 51%，年水量占全河年水量的 55.7%，而年沙量仅占全河年沙量的 9.1%，是黄河水量的主要来源区。中游河口镇至潼关区间流域面积为 30 万 km^2，占全流域面积的 40%，年水量占全河年水量的 35.0%，而年沙量却占全河年沙量的 89.2%，是黄河泥沙的主要来源区。潼关以下的伊河、洛河和沁河是黄河的清水来源区之一，年水量占全河年水量的 9.3%，年沙量仅占全河年沙量的 1.7%。

水沙年内分配不均，沙量主要集中于汛期。黄河干流汛期水量占年水量的 60%左右，汛期沙量占年沙量的 80%以上，集中程度更甚于水量，且主要集中在暴雨洪水期，往往 5～10d 的沙量可占年沙量的 50%～90%。

水沙年际变化大，枯水枯沙与丰水丰沙交替出现，丰枯段周期长短不一。干流潼关站在人类活动影响较小的 20 世纪 50 年代以前出现了 1922～1932 年的枯水枯沙时段，年均径流量为 312.7 亿 m^3，年均输沙量为 11.4 亿 t，其中 1927～1931 年的年均径流量为 286.0 亿 m^3，年均输沙量为 9.59 亿 t。1928 年径流量为 199.0 亿 m^3，输沙量为 4.83 亿 t，随后，1933 年出现特大暴雨洪水，输沙量高达 37.26 亿 t（按水文年计，按日历年计则为 39.1 亿 t），是有实测资料以来的最大值。

3.4.2　黄河泥沙工程控制主要模式

（1）一级控制：入黄泥沙控制

入黄泥沙控制通过水土保持措施从源头拦减入黄泥沙，具体的技术手段包括黄土高原水土流失综合调控、小流域综合治理及高标准新型淤地坝建设等。为有效控制入黄沙量，需持续开展水土流失治理，加强拦沙工程建设，拦减进入黄河的泥沙。

科学推动黄土高原水土流失综合治理与调控，以小流域为单元，开展山、水、林、田、路、村统一规划，优化配置工程措施、植物措施和农业耕作措施，创新水土流失治理模式，突出地域特点，实施以淤地坝、旱作梯田和林草植被建设为主的立体综合治理措施。因地制宜、分类施策、标本兼治，合理配置工程、林草、耕作等措施，形成综合治理体系。一是高标准实施小流域综合治理。以小流域为单元，梁峁坡沟兼治，山水林田湖草沙系统治理、综合防治，实施以沟道淤地坝、坡改梯和林草植被建设为主的立体综合治理措施。二是实施黄土高原塬面保护。以陇东董志塬、晋西太德塬、陕北洛川塬、关中渭北台塬等塬区为重点，实施黄土高原“固沟保塬”项目；建设塬面、沟头、沟坡、沟道水土流失综合治理“四道防线”，遏制塬面萎缩趋势，保护优质耕地资源。三是因地制宜开展旱作梯田、淤地坝建设。在坡耕地面积占比大、人地矛盾突出、群众需求迫切的地方，按照近村、近路的原则，建设旱作梯田；在重力侵蚀严重、拦泥效果显著的沟道建设淤地坝；对蓄水保土效果差的老旧梯田、病险淤地坝实施改造。四是抓好植被建设与保护。结合地貌、土壤和气候条件，适地适树，科学选育人工造林树（草）种，提高造林成活率和保存率。五是建立国家级水土保持综合防治示范区，以辛店沟示范园、罗玉沟示范园、南小河沟示范园为中心，开展水土保持综合试验室基础建设，以及水土保持措施配置研究和水土保持技术支撑研究。六是强化水土保持监测监管。优化完善水土保持监测站点布局，完善水土保持监管平台，创新监管模式，建立健全水土保持监管监测体系，全面提高水土保持监管监测能力；动态掌握流域水土流失面积、强度、分布及水土保持效果；以黄河多沙粗沙区为重点，加强重要支流水土保持与水土流失监测、典型小流域和野外原型观测。

积极实施黄土高原小流域综合治理。以支流为骨架，以小流域为单元，沟坡兼治，以沟促坡，综合治理。在加强以淤地坝为主的沟道工程建设的同时，结合坡面林草植被建设和坡耕地整治，在砒砂岩地区开展沙棘生态建设，有效拦沙减蚀、保土蓄水、改善生态环境。对部分区域存在人畜饮水、灌溉和改善生态环境等蓄水利用需求的，可适当提高淤地坝建设标准，在确保安全的前提下非汛期适当蓄水。针对粗沙集中来源区沟壑发育活跃、重力侵蚀严重、水土流失剧烈的特点，在黄甫川、清水川、孤山川、窟野河、秃尾河、佳芦河、无定河、清涧河、延河等 9 条主要支流，优先安排建设黄河粗沙集中来源区拦沙工程，抬高沟道侵蚀基准面，发挥固土拦沙作用。为有效控制粗沙进入黄河，在黄河中游 7.86 万 km^2 的多沙粗沙区的沟道中建设拦沙工程，将泥沙就地拦截在千沟万壑中。多沙粗沙区拦沙工程以支流为骨架，以小流域为单元，以中型拦沙坝为主，干沟、支沟、毛沟合理布局。在每个小流域，按照控制面积 3km^2 左右，合理布设中型拦沙坝；在中型拦沙坝无法控制的干沟、支沟，合理布设大型拦沙坝。

加快建设高标准新型淤地坝。加强对淤地坝建设的规范指导，推广应用新标准、新技术、新工艺，以陕西、山西、甘肃和内蒙古河段（粗沙集中来源区）等为重点，建设一批高标准、高质量的淤地坝。提出免管护淤地坝理论技术体系，以水沙关系协调为目标，基于小流域高含沙可能最大洪水（probable maximum flood，PMF）估算技术、免管护淤地坝设计与施工成套技术、免管护黄土固化剂新材料三项核心技术，研发坝身可泄流的免管护淤地坝，实现淤地坝防溃决、免管护、多拦沙的综合性能目标。根据黄土高原地区的实际情况，以因地制宜为原则，设计不同种类坝型方案。一是坝顶和下游坡全部采用防冲刷保护层方案，防冲刷保护层与坝体同步碾压，采用路拌法施工，当地无砂石骨料时，可因地制宜，选用黄土掺和固化剂为填筑料，此方案适用于 20m 以下的中低坝。二是坝顶和下游坡局部设置防冲刷保护层方案，先填筑坝体，后采用小型振动碾斜坡碾压进行防冲刷保护层施工，坝轴线较长时，可因地制宜，局部设置防冲刷保护层，降低工程造价，此方案适用于较宽坝。三是下游坡全部采用预制混凝土台阶式联锁块方案，工厂预制联锁块，现场人工结合小型设备铺设，可适应坝体不均匀沉降影响，在确保安全的前提下，可选用预制混凝土台阶式联锁块铺设防冲刷保护层，此方案适用于 20～30m 的较高坝。积极研制具有较高强度和良好耐久性的新型黄土固化剂，保障坝体表面材料抗冲磨特性。

（2）二级控制：干支流水库泥沙控制

水库泥沙控制通过水库调度运用实现对泥沙的调控，具体的技术手段包括水库拦沙、调水调沙及径流泥沙调控。实践证明，提升水库水沙调控能力，协调水沙关系，是解决黄河泥沙问题的有效措施。

水库拦沙和调水调沙是改善水沙关系、减轻河道淤积、恢复并长期维持中水河槽的主要措施之一。目前黄河干流已建梯级水库 20 余座，其中具有较大拦沙作用的水库有小浪底水库、三门峡水库、刘家峡水库。在上游水库拦沙比例较大的 1960～1986 年，宁蒙河段冲淤基本平衡。小浪底水库拦沙和调水调沙运用发挥了显著的减淤作用，改善了进入下游河道的水沙关系，使黄河下游河槽全程发生冲刷，至 2020 年黄河下游利津以上河段累计冲刷泥沙 30 亿 t，黄河下游河道的最小平滩流量由 2002 年汛前的 1800m^3/s 提高到目前的 4600m^3/s 左右。

当前，黄河已建骨干水库中，三门峡水库的拦沙作用已发挥完毕，刘家峡水库则受洮河口淤积沙坎的影响只能拦截干流和支流大夏河的来沙，无法拦截多沙支流洮河的来沙，其拦沙作用明显减弱。目前，仅小浪底水库具有较大拦沙和调水调沙作用，其地理位置十分重要，通过拦沙和调水调沙在一定时期内可实现黄河下游河槽不淤积抬高，截至 2021 年 4 月水库已拦沙 32.0 亿 m^3，剩余拦沙库容 40.5 亿 m^3（不含 3 亿 m^3 的无效库容），其拦沙年限的延长对黄河下游河道的防洪减淤具有重要意义。在新的骨干水库投入运用前，利用小浪底水库剩余拦沙库容合理拦减进入黄河下游河道的泥沙，尽量延长其拦沙库容使用年限，以小浪底水库为主体进行现状水库联合调水调沙，提高黄河下游河道的输沙能力。

考虑到延长小浪底水库拦沙年限、减缓黄河下游河道淤积和维持中水河槽的要求，需要研究建设新的骨干水库。其中，古贤水库位于碛口水库下游，控制了黄河主要产沙区 62%的来沙及 82%对下游淤积影响最大的粗沙，水库拦沙库容为 93.42 亿 m^3，可拦沙 121.45 亿 t，水库通过拦沙和与小浪底水库联合调水调沙运用，可改善进入下游的水沙关系，提高水流输沙能力，减缓下游河道泥沙淤积，维持中水河槽过流能力。在设计水沙条件下，古贤水库运行 60 年可减少下游河道淤积 64.04 亿～71.82 亿 t，黄河下游 4000m^3/s 以上中水河槽可维持 50 年以上。东庄水库位于渭河的支流泾河上，具有 19.8 亿 m^3 拦沙库容，水库建成后通过拦沙和调水调沙，对减少进入渭河下游和黄河下游的泥沙、减轻河道淤积、降低潼关高程、减轻渭河下游防洪压力具有重要的作用。为了解决宁蒙河段淤积问题，塑造和维持河道中水河槽，需优化上游骨干水库调度运用方式，研究论证黑山峡河段开发任务，通过水库拦沙和调水调沙，年平均可减少宁蒙河段淤积 0.53 亿 t，平滩流量可逐步扩大到 2000m^3/s 以上，减轻内蒙古河段防洪、防凌压力。

优化水库运用方式，提升黄河干支流水库径流泥沙调控能力是水库泥沙控制的有效措施。多沙河流水库设计运用技术已经由“蓄清排浑”发展到“蓄清调浑”新阶段，“蓄清调浑”根据水库开发任务要求，充分考虑多沙河流来水来沙过程中场次洪水和年际丰、平、枯变化，统筹调节泥沙对水库淤积形态和有效库容的影响，以协调水沙关系、长期保持有效库容、充分发挥水库综合利用效益为目的，设置合适的拦沙和调水调沙库容，通过“拦、调、排”全方位协同调控，实现有效库容的长期保持和部分拦沙库容的再生利用、拦沙库容与调水调沙库容一体化使用，即实现部分“水库容”和“沙库容”

在一定时段内互换，充分发挥水库对泥沙的“内”调节作用，一定时期或遇有利水沙条件时可实现年度径流调节，并通过水库群调度和天然洪水泥沙过程衔接，更好地协调进入下游河道的水沙关系，以充分发挥水库的综合利用效益。现阶段“蓄清调浑”运用及其设计技术已经在黄河上已建的小浪底水库和在建的东庄水库、待建的古贤水库中得到应用，可以在水库不同运用时期表现出更高的汛期水沙调控度，从而有效提高多沙河流水库对水沙过程的调控效果。

（3）三级控制：河道泥沙控制

河道泥沙控制主要通过干支流河道整治措施和生态廊道构建技术塑造适宜的河槽形态，以提高河槽的行洪输沙能力。为减轻河道泥沙淤积，需持续开展河道综合治理，维持主槽过流能力。

持续开展上游河段治理。统筹推进黄河干流四川河段防洪治理，实施青海河段、甘肃河段二期治理和宁夏河段、内蒙古河段三期治理，在加强上游水库调水调沙、提高河槽过洪能力的基础上，开展堤防全面达标建设、河道整治、滩区治理、航道整治等综合治理工程。

加大中游河段治理力度。实施禹潼河段和潼三河段塌岸与塌滩治理，新建续建护滩和护岸工程，减少塌滩、塌岸损失。在小北干流实施河道疏浚工程，加强河道整治，提高河道泄洪排沙能力。推进大北干流河道治理，加强岸线保护与管控。

全力推进下游河段治理提升。黄河下游是防洪保安的重中之重，按照宽河固堤、稳定主槽的思路，完善防洪工程体系、开展河道和滩区综合提升治理，加强黄河下游防洪工程薄弱环节建设，塑造有利于行洪输沙的河道形态，确保防御花园口 22 000m^3/s 洪水大堤不决口。加强险工险段和薄弱堤防治理，继续完善两岸标准化堤防，实施下游险工险段和控导工程改建与加固，全面提高工程抗险能力。以高村以上 299km 游荡型河段为重点，继续修建控导工程，完善工程布局，进一步归顺河势，逐步塑造一个相对窄深的稳定主槽，维持主槽过流能力。实施控导工程连接，完善抢险交通布局。根据河道行洪输沙功能需求，实施下游河道和滩区综合提升治理，塑造有利于行洪输沙的河道形态。探索水库排沙及河道高效输沙模式，研究提高河道内输沙用水效率的措施，通过水库群联合调水调沙泄放有利于河道排洪输沙冲沙的大流量水流过程，使洪水泥沙安全排泄入海。

积极构建下游生态廊道，通过生态廊道建设，稳定黄河下游主槽，解决不利河道形态问题，使滩区形成高滩、二滩、嫩滩合理分布的空间格局，实现行洪通道、输沙通道和生态廊道的协同再造。嫩滩为二滩至河槽之间的临河浅滩，与河槽一起承担黄河下游行洪输沙的主要任务，也是黄河下游河道湿地的主要分布区。在塑造高滩和二滩时，通过人工机械放淤，将主槽河道的泥沙淤至高滩和二滩，结合河道行洪需求，对有需求的嫩滩实施清淤，二滩与主槽之间的嫩滩形态随即形成。嫩滩由分散的破碎化形成自组织的连续化，从空间结构和生态功能上完善和加强了黄河下游河流生态系统重要的一环，嫩滩滨水缓冲带和湿地是黄河下游生态廊道的重要组成部分。嫩滩生态系统水热资源充沛，生境条件优良，是湿地生态修复、自然生境营造的理想区域，同时也是河流生态系统服务价值贡献的重要区域。

高效行洪输沙通道的维持需要将“拦”“调”“排”“挖”有机结合起来，利用输沙通道结合水沙调控相机“排沙减淤”，适时“挖河扩槽”，实现排洪输沙通道规模的长期维持。研发有利于行洪输沙的河道形态塑造技术，确立滩槽格局和形态指标。分析挖河疏浚控制指标，提出疏浚泥沙配置方法。研究“主流控导、岸滩防护”措施及工程布局方案，提出利用输沙通道结合水沙调控相机“排沙减淤”，适时“挖河扩槽”的排洪输沙通道长期运行方式。研发排洪输沙效果评估技术，评价滩槽再造实施效果。

把黄河下游滩区打造成分级行洪沉沙的场所，二滩治理标准达到 5 年一遇，高滩治理标准达到 20～50 年一遇，滩区群众搬迁至高滩居住，防洪安全水平达到应有的标准。通过生态治理，形成黄河下游生态长廊，黄河下游滩区生态多样性得以保障，黄河下游蕴含的生态和历史文化价值得以充分挖潜，滩区群众依托滩区生态经济发展，得以提到生活水平。土地利用开发格局更为合理，以乡村旅游、观光农业、湿地休闲为主的旅游业得以繁荣和发展，滩区文化潜力得到充分挖掘，生态功能得到显著发挥，滩区内外居民生活达到相当水平。高村以下“二级悬河”发育明显的河段，高滩及二滩塑造工程全部完成，“二级悬河”问题得以解决。连接沿黄郑州、开封、济南等 30 多座大中城市，建成黄河下游生态经济带，贯通中部与沿海地区、承接长江、京津冀两大经济带，实现国家东中西部经济联动、区域均衡发展。

全面提升重要支流治理能力。加强黑河、白河、湟水、洮河、渭河、汾河、沁河、伊洛河等重要支流防洪安全，整治险工险段和薄弱堤防，提高河道行洪能力和支流防洪安全能力。实施渭河下游清淤疏浚、完善河道整治、开展蓄滞洪区论证，加强沁河下游畸形河势造成的险点险段治理，研究解决伊洛河夹滩区域防洪保安问题。根据不同支流的特点，因地制宜地采取经济合理的工程措施和非工程措施，强化山水林田湖草沙系统治理、综合治理，统筹推进防洪治理、河湖保护修复、岸线整治提升等，打造绿色生态廊道。

（4）四级控制：河口泥沙控制

河口泥沙控制主要通过河口治理、河口边界条件改善、生态保护等措施控制河口侵蚀基准面，减少河口淤积延伸对下游河道产生溯源淤积的反馈影响，恢复河口生态环境。

进行河口泥沙控制，需要有计划地安排入海流路，尽量缩短河道长度，减少溯源淤积。黄河特殊的水沙条件和河口海洋动力条件，使河口河道呈现出淤积—延伸—摆动—改道的规律性。河口的淤积延伸，对下游河道产生溯源淤积的不利影响。为减少溯源淤积，需加快实施河口综合治理。加高帮宽河口北大堤，全面完成堤防达标建设。改建加固险工险段和控导工程，增强防御洪水的能力。新建续建控导工程，疏浚现行流路，减轻河口段主槽淤积，进一步归顺河口河势。加强对刁口河备用流路的治理、管理与保护，研究清水沟、刁口河双流路同时行河方案。完善提升黄河三角洲防洪防潮排涝体系，防止海水入侵，保障人民群众生命财产安全。严格保护天然湿地，禁止不合理开发开垦，限制人类活动干扰。以自然保护为重点开展退塘还河、退耕还湿、退田还滩，适度增加自然湿地面积。加大自然保护地内违法违规项目清理力度，减少油田开采、围垦养殖、港口航运等经济活动对湿地生态系统的影响，保护和提升河口生态功能。防治外来物种入侵，促进黄河三角洲生态系统健康，提高生物多样性。

黄河口现行入海流路为1976年5月人工改道的清水沟流路，至1996年西河口以下河长达到65km，为有利于胜利油田的石油开采，实施了清8改汊工程。清8汊位于清水沟流路的中间地带，行河至2005年西河口以下河长为60km，还有一定的行河潜力。入海流路规划要遵循黄河口自然演变规律，以保障黄河下游防洪安全为前提，以河口生态良性维持为基础，充分发挥三角洲地区的资源优势，促进地区经济社会的可持续发展。在三角洲地区除现行的清水沟流路外，还规划有刁口河、马新河及十八户等备用入海流路。

清水沟为黄河入海的现行流路，已行河40余年，预估今后还可行河50年左右，两岸已建设了较为完善的河防工程。综合考虑各种因素，未来一段时期仍主要利用清水沟流路行河，保持流路相对稳定，清水沟流路使用结束后，优先启用刁口河备用流路；马新河和十八户作为远景可能的备用流路。考虑刁口河流路多年未行河过流，海岸线蚀退，湿地萎缩，为有效保护刁口河流路生态环境，近期相机进行生态补水，同时加强清水沟和刁口河流路同时行河研究。实施清水沟、刁口河流路生态补水等工程，保障河口湿地生态流量，改善河口及近海区域生态环境。遵循河口自然演变规律，以维持河口良性生态系统为目标，以黄河三角洲自然湿地生态系统保护与修复为重点，连通与重要湿地有水力联系的河流，保障生态补水途径畅通，修复受损湿地，防止土壤盐渍化。加强对黄河口水、沙、盐、潮滩及河口河势的监测预警分析，完善水生态评估机制。

3.5 本章小结

本章详述了黄河泥沙工程控制的总体目标，就是使主要河段水沙关系协调度小于等于1，实现泥沙这一要素能够处于一种与人类生存、社会安全及社会经济发展相适宜的状态；明确了黄河泥沙工程控制的基本原则，包括坚持人水和谐、生态优先、安全为重、水沙并治、系统治理、流域统筹；按照工程控制论的理论，确立了黄河泥沙工程控制系统由被控制对象、控制机构、执行机构、测量机构，以及被控制对象的输入、输出、控制变量、预期目标等组成；提出了黄河泥沙工程控制论模型体系的结构，从上至下包括大系统顶层控制、黄河泥沙中端控制、低层局部控制和反馈控制四个层次，将黄河泥沙工程控制系统分为入黄泥沙控制系统、水库泥沙控制系统、河道泥沙控制系统、河口泥沙控制系统四大子系统，对每一系统进行控制论建模，最后汇集为模型体系；介绍了泥沙从源头到末端的四级控制模式，分别为入黄泥沙控制、水库泥沙控制、河道泥沙控制、河口泥沙控制。

参考文献

畅建霞, 王义民, 黄强. 2006. 基于控制论的黄河流域水资源调控模型. Proceedings of the 25th Chinese Control Conference: 1963-1966.

水利部黄河水利委员会. 2013. 黄河流域综合规划(2012—2030年). 郑州: 黄河水利出版社: 26-35.

谢鉴衡. 1998. 河流模拟. 北京: 中国水利水电出版社.

张金良, 曹志伟, 金鑫, 等. 2021. 黄河流域发展质量综合评估研究. 水利学报, 52(8): 917-926.

第 4 章 黄河泥沙工程控制定量模拟系统

4.1 流域暴雨产洪产沙模型

在计算机技术发达的今天，越来越多的学者利用计算机模拟技术对水循环系统及水沙过程开展研究。其中，采用统计方法将侵蚀量和输沙率与降水、径流建立经验关系而构建的传统经验模型 USLE、RUSLE 等，实现了对土壤侵蚀的模拟和预测。Khairunnisa 等（2020）使用 RUSLE 模型结合 GIS 系统分析了奇塔伦河（Citarum）流域的年土壤侵蚀分布，为当地水土流失防治工作提供支持。Hao Wang 等（2020）采用 RUSLE 模型分析了洮河流域土壤侵蚀强度的时空分布特征。Fan Jian 等（2020）使用 RUSLE 模型比较分析了南水北调中线工程沿线的水土流失概况，为该沿线工程的水土保持工作提供技术支持。田鹏等（2015）也采用 RUSLE 模型探讨研究了水土流失随降水和下垫面的土壤性质、地貌状况、植被覆盖等的演变规律。而孙昭敏等（2020）开发了基于改进的 VIC 分布式水沙耦合模型，并在岔巴沟流域开展了应用研究。Kwanghun Choi 等（2017）开发了 DMMF 分布式土壤侵蚀模型，并在韩国两个不同季节、不同时间、不同地表形态的马铃薯田开展了应用研究。李鸿儒（2014）则采用 SWAT 模型分析了钦江流域水沙演变对土地利用变化的响应关系，确定了土地利用变化是影响流域水文效应的重要因素，且覆盖变化对流域产沙具有重要影响。吕振豫（2017）也采用 SWAT 模型分析了黄河流域靖远以上区域水沙演变对不同土地利用和气候变化的响应，得到了人类活动是影响水沙演变的主要因素。Zhao Guangju 等（2015）考虑了沟壑区陡坡的坡度，进而开发了土壤侵蚀输沙模型 WATEM/SEDEM，并在黄土高原无实测数据区域进行基于泥沙动力学的定量分析，以验证模型的有效性。

土壤侵蚀模型中，经验统计模型结构简单、使用方便，同时在资料使用范围内也能够保证一定的精度，在今后一段时期内仍是指导我国水土保持实践的重要工具。在我国水土保持科技工作者的不懈努力下，目前也建立起了一些适用于特有的土壤侵蚀环境的基于物理过程的陡坡土壤侵蚀预报模型，但是受技术和研究手段落后及基础资料短缺等原因的限制，目前基于物理过程的次暴雨土壤侵蚀预报模型的研究水平还有待进一步提高。因此，需要在深入研究土壤侵蚀过程及其机理的基础上，尽早建立适用于小流域的暴雨侵蚀产沙模型，以便科学地指导水土保持生态环境建设。

结合特小流域的特性，考虑到在暴雨产洪产沙中的水流动能对于土壤侵蚀具有非常重要的作用，采用二维水动力学模型模拟流域水流过程能使暴雨情景下的流域地表水模拟更加精准、物理机制更好，进而使流域土壤侵蚀的模拟精度提升。

4.1.1 水流过程模拟计算

本研究构建的特小流域二维水动力学模型采用网格作为基本计算单元，水流过程主要考虑水量平衡方程，其基本公式为

$$P=E+R+\sum\Delta S \tag{4-1}$$

式中，P 为降水量（流域面雨量）；E 为蒸发量；R 为河川径流量，包括地表径流量和河川基流量；$\sum\Delta S$ 为截留量，包括地表截留量、土壤截留量和地下截留量。

上述各变量中，降水量 P 为输入条件，在本研究中为模型输入的暴雨过程；蒸发量 E 在暴雨情景下很小，可以忽略不计；截留量 $\sum\Delta S$ 主要考虑地表植被冠层截留量、地表洼地截留量、土壤截留量三部分，河川径流量（本研究中为产洪量）R 考虑采用超渗产流原理进行计算。其中各部分计算原理和方法如下。

1. 截留量

截留量主要是指地表或者土壤等截留而暂时储存的一部分水量，主要包括地表植被冠层截留量、地表洼地截留量、土壤截留量，其中土壤截留量主要在入渗过程中考虑，且在暴雨情景下不考虑土壤水出流的量，因此认为入渗到土壤中的水量同地表截留量一样直接扣除。地表植被冠层截留量只考虑冠层影响降水到达地面，而引起降水损失的部分水量，此处计算方法如下：

$$S_{\mathrm{f}}=S_{\mathrm{fmax}}\frac{\mathrm{LAI}}{\mathrm{LAI}_{\max}} \tag{4-2}$$

式中，S_{f}为冠层截留量；S_{fmax}为冠层可能截留的最大量；LAI 为当日计算截留量时植被的叶面积指数；$\mathrm{LAI}_{\max}$为植被最大叶面积指数。

地表洼地截留主要是指地表可能存在坑洼不平的地方，形成天然的储水盆，导致该部分区域形成水面而无法产生径流过程。因此，该部分也考虑为降水的损失量，在模型中通常考虑为可调参数，直接扣损降水量。

2. 入渗量

入渗在流域水循环过程中，主要指降水或者灌溉用水下渗到土壤中的过程，入渗水属于土壤水的一部分。入渗是流域水循环过程的重要组成部分，其直接影响地表水的产生、地下水的补给、土壤侵蚀和化学物质的迁移转化等多个过程。影响入渗的因素有很多，包括地表土壤条件、植被覆盖状况、土壤特性等。在众多描述地表土壤入渗过程的计算模型中，广泛应用的主要有 Green-Ampt 模型、Horton 模型和 Philip 模型等，虽各模型均是基于一定的假设条件，但都有一定的物理概念，在流域模型中经常采用。考虑到非饱和土壤层水分运动的数值计算既费时又不稳定，且除坡度很大的山坡以外，降水过程中土壤水分运动以垂直入渗为主导，降水之后沿坡向的土壤水分运动才逐渐变得重要，因此本研究，采用 Green-Ampt 模型考虑入渗过程。

Green 和 Ampt（1911）在研究均质垂直土柱地表积水的入渗过程时，假定入渗前沿

存在一个湿润锋将上部饱和土壤与下部非饱和土壤分离开来，应用达西定律和水量平衡原理，提出了 Green-Ampt 入渗模型：

$$f = k\left(1 + \frac{A}{F}\right) \tag{4-3}$$

$$F = kt + A\ln\left(\frac{A+F}{A}\right) \tag{4-4}$$

式中，f 为入渗率；F 为累计入渗量；k 为湿润区的土壤导水率（近似土壤饱和导水率）；t 为时间；$A=(\mathrm{SW}+h_0)(\theta_s-\theta_0)$，其中 SW 为湿润锋处的土壤吸力（负的土壤水势），θ_s 为湿润区的土壤体积含水率，θ_0 为初始土壤体积含水率，h_0 为地表积水深。

SW 取决于土壤类型和土壤特性，有

$$\mathrm{SW} = \int_0^{S_0} k_r(\theta)\mathrm{d}s \tag{4-5}$$

式中，θ 为土壤体积含水率；s 为土壤吸力；$k_r(\theta)=\dfrac{k(\theta)}{k_s}$ 为土壤相对导水率，其中 $k(\theta)$ 为土壤导水率，k_s 为土壤饱和导水率；S_0 为初始土壤吸力。

Mein 和 Larson（1973）提出了稳定降水条件下的 Green-Ampt 入渗模型，Bouwer（1969）提出了地表积水灌溉、非均质土壤条件下应用 Green-Ampt 入渗模型的列表计算方法。

3. 地表产流量

本研究构建的二维水动力学模型主要针对黄土高原特小流域，因此考虑采用霍顿坡面径流模型计算地表产流。当降水量超过土壤的入渗能力时，将产生地表径流，即为超渗产流，计算公式为

$$\frac{\partial S_v}{\partial t} = P - f_{sv} - R \tag{4-6}$$

$$R = \begin{cases} 0 & S_v \leqslant S_{vmax} \\ S_v - S_{vmax} & S_v > S_{vmax} \end{cases} \tag{4-7}$$

式中，P 为降水量；f_{sv} 为由 Green-Ampt 入渗模型计算的土壤入渗能力；R 为地表产流量；S_v 为截留量；S_{vmax} 为最大截留量。

4. 地表水的运动

地表水的运动包括坡面水流运动和沟道水流运动，本研究中考虑特小流域，因此沟道即为流域的河道。由于本研究构建了二维水动力学模型，因此地表水的运动过程采用二维水动力学基本原理进行模拟，该平面二维数学模型的基本方程为水流运动连续方程的水深平均形式：

$$\frac{\partial}{\partial t}(\rho_w H) + \frac{\partial(\rho_w H\overline{u}_{wi})}{\partial x_i} = 0 \tag{4-8}$$

式中，i=1、2；ρ_{w}为水密度；H为挟沙水流总体深度；$\overline{u}_{\mathrm{w}i}$为水流在 i 方向上的平均速度。

水流的运动方程为

$$\frac{\partial(H\overline{u}_{\mathrm{w}i})}{\partial t}+\frac{\partial(H\overline{u}_{\mathrm{w}i}\overline{u}_{\mathrm{w}j})}{\partial x_j}=-gH\frac{\partial\eta}{\partial x_i}+\frac{\partial}{\partial t}\left[(v_{\mathrm{w}}+v_{\mathrm{T}})H\left(\frac{\partial\overline{u}_{\mathrm{w}i}}{\partial x_j}+\frac{\partial\overline{u}_{\mathrm{w}j}}{\partial x_i}\right)\right]+\frac{\tau_{\mathrm{w}i}^{\mathrm{S}}-\tau_{\mathrm{w}i}^{\mathrm{b}}}{\rho_{\mathrm{w}}} \tag{4-9}$$

式中，η为水位；g为重力加速度；v_{w}为水流紊动扩散系数；v_{T}为水流紊动黏性系数；$\tau_{\mathrm{w}i}^{\mathrm{S}}$为自由面上的切应力；$\tau_{\mathrm{w}i}^{\mathrm{b}}$为底部的切应力。

4.1.2 泥沙过程模拟

利用本研究构建的特小流域二维水动力学模型进行流域土壤侵蚀模拟计算时，分环节、分过程开展研究，考虑到暴雨条件下雨强较大，且降雨的动能也较大，因此在流域面上考虑降雨直接对坡面产生的侵蚀作用，即雨滴溅蚀作用。当降雨在坡面上形成水流时，考虑坡面上发生水力冲刷的侵蚀过程。沟道环节综合考虑沟壑本身会发生的水力侵蚀、侧向侵蚀和重力侵蚀等，各部分分述如下。

1. 雨滴溅蚀

雨滴溅蚀是土壤水力侵蚀过程的开端，其主要与降雨的动能、雨强和坡面坡度有关，本研究中采用吴普特和周佩华（1991）的试验结果模拟坡面雨滴溅蚀强度：

$$E_1=a_1(E_{\mathrm{rain}}I_{\mathrm{rain}})^{b_1}a_0^{\ c_1} \tag{4-10}$$

式中，E_1为坡面溅蚀强度[kg/(m^2·s)]；E_{rain}为单位降雨动能[J/(m^2·min)]，江忠善等（1983）对黄土高原单位降雨动能和降雨强度做了相关性分析，得到了单位降雨动能的估算公式；I_{rain}为降雨强度（mm/min）；a_0为坡面坡度（°）；a_1、b_1、c_1为经验系数。

2. 水力侵蚀

随着降雨的持续，坡面形成的薄层水流对土壤产生冲刷分离作用，受土壤质地和水流水力条件空间分布不均的影响，原本平整的坡面会被冲刷出一条条沟道，根据沟道发育程度一般划分为细沟、浅沟和切沟，水沙主要沿着这些沟道向下流动，该部分也会发生水力侵蚀，在本研究中将薄层水流侵蚀及细沟、浅沟和切沟侵蚀等主要子过程统一概化为坡面侵蚀过程。考虑到坡面水力侵蚀主要与坡面坡度、水深、糙率、坡面比降、流量及水的动能有关，因此本研究采用以下公式计算坡面水力侵蚀量：

$$E_2=\frac{\pi L}{D}ak\rho_{\mathrm{s}}\left(\frac{\rho_{\mathrm{m}}}{\rho_{\mathrm{s}}-\rho_{\mathrm{m}}}\right)^a n^b J^c q_{\mathrm{e}}^d \tag{4-11}$$

式中，E_2为计算单元内沿水流方向的水力侵蚀量；L为求解方向上的坡面长度；D为水深；a为恢复饱和系数；k为土壤的抗侵蚀能力，主要与植被条件有关；ρ_{s}为泥沙密度；ρ_{m}为浑水密度；n为糙率；J为坡面比降；q_{e}为单位面积上的产流量；a、b、c和d均为经验参数。

3. 侧向侵蚀

对于水流作用下黄土的侧向淘刷作用，目前可用以下公式进行计算：

$$\Delta B = \frac{C_1 \Delta t (\tau - \tau_c) e^{-1.3\tau_c}}{\gamma_b} \tag{4-12}$$

式中，ΔB 为土体单位时间受水流冲刷而后退的距离；γ_b 为沟岸土体的容重；C_1 为土体的理化特性参数，通常可由实测资料确定，本研究取 C_1 为 0.000 364；τ 为水流的切应力；τ_c 为沟岸土体的起动切应力，计算方式如下：

$$\tau_c = 66.8 \times 10^2 \times d + \frac{3.67 \times 10^{-6}}{d} \tag{4-13}$$

4. 重力侵蚀

重力侵蚀对沟壑产沙具有很大贡献。崩塌和滑坡是最主要的两种重力侵蚀方式。本研究提出以下重力侵蚀计算方法来对黄土高原特小流域的坡面及沟道的重力侵蚀进行模拟。

（1）下蚀导致的黄土边坡崩塌

下蚀导致黄土边坡高度增大，当高度增大到其临界值后，边坡就会崩塌（图 4-1）。

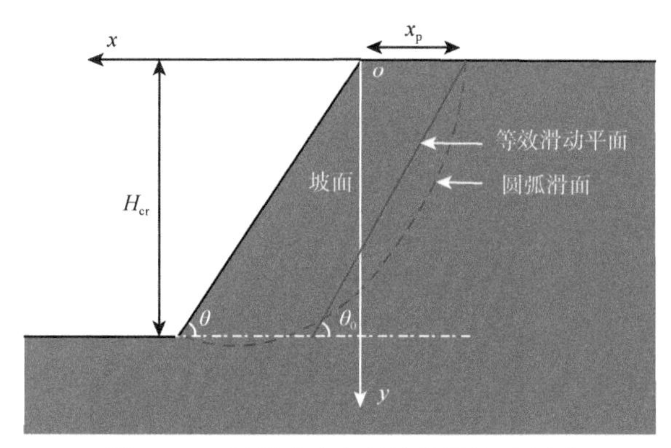

图 4-1　下蚀导致黄土斜坡崩塌的示意图

黄土斜坡的临界高度为

$$H_{cr} = \frac{c}{\gamma}\left(H_p + \frac{B}{\tan\theta - \tan\varphi}\right) \tag{4-14}$$

式中，φ 为黄土的内摩擦角；c 为黄土的黏聚力；γ 为黄土的容重；θ 为黄土边坡的坡度；H_p 为直立黄土边坡的临界高度，有

$$H_p = 4\left[\tan\varphi + \sqrt{1 + (\tan\varphi)^2}\right] - 0.205 e^{-1.4\tan\varphi} \tag{4-15}$$

B 为计算参数，有

$$B=10(\tan\varphi)^2+6.1\tan\varphi+0.87 \tag{4-16}$$

直立黄土边坡滑动时，滑面的倾角 θ_0 计算公式为

$$\tan\theta_0 = \tan\left(\frac{\pi}{4}+\frac{\varphi}{2}\right) \tag{4-17}$$

边坡顶部破坏的宽度 x_p 为

$$x_\mathrm{p}=H_\mathrm{p}/\tan\theta_0 \tag{4-18}$$

单位宽度边坡上崩塌的黄土量 V_1 可表示为

$$V_1 = \frac{1}{2}H_\mathrm{p}x_\mathrm{p} \tag{4-19}$$

黄土斜坡滑动时，边坡顶部破坏的宽度 x_p 和滑面的倾角 θ_0 仍可按照上式计算，此时单位宽度边坡上崩塌的黄土量 V_2 可表示为

$$V_2 = \frac{1}{2}H_\mathrm{cr}\left(\frac{H_\mathrm{cr}}{\tan\theta}+2x_\mathrm{p}\right)-\frac{1}{2}H_\mathrm{cr}x_\mathrm{p} \tag{4-20}$$

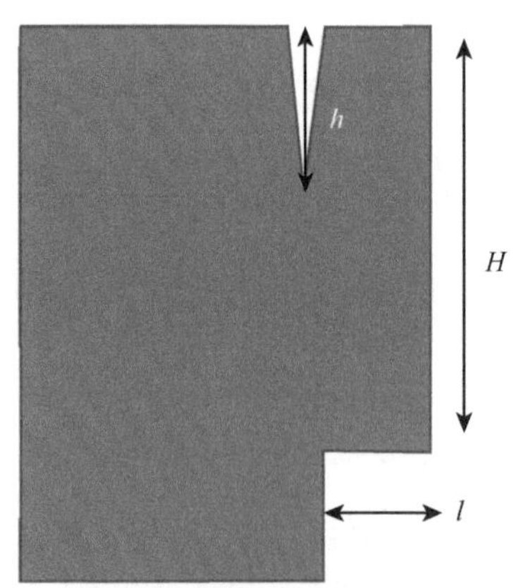

图 4-2　侧蚀导致黄土斜坡崩塌的示意图

（2）侧蚀导致的黄土边坡崩塌

侧蚀导致黄土边坡部分临空，当边坡临空长度达到极限长度后，临空面上部的黄土就会崩塌（图 4-2）。

临空面的极限长度 l_cr 为

$$l_\mathrm{cr} = \sqrt{\frac{\sigma_\mathrm{t}H}{3\gamma}}(1-\alpha) \tag{4-21}$$

式中，σ_t 为黄土的抗拉强度；α 为黄土边坡顶部裂缝的深度 h 和边坡高度 H 的比值。

单位宽度边坡崩塌的黄土量 V_3 可表示为

$$V_3=lH \tag{4-22}$$

5. 泥沙输移

本研究中泥沙输移过程也采用二维水动力学基本原理进行计算，其中泥沙扩散方程的水深平均形式为

$$\frac{\partial(H\bar{\phi}_k)}{\partial t}+\frac{\partial(H\bar{\phi}_k\bar{u}_{wi})}{\partial x_i}=\frac{\partial}{\partial x_i}\left(Hv_\mathrm{TS}\frac{\partial\bar{\phi}_k}{\partial x_i}\right)-\alpha\omega_k(\bar{\phi}_k-\bar{\phi}_{k*}) \tag{4-23}$$

式中，$\bar{\phi}_k$ 为计算时刻水流的第 k 组泥沙平均体积含沙量；$\bar{\phi}_{k*}$ 为冲淤平衡时挟沙水流的水深平均体积含沙量；H 为挟沙水流总深度；α 为恢复饱和系数；v_TS 为泥沙的紊动黏性系数；ω_k 为第 k 组泥沙的沉速。

6. 挟沙力的计算

（1）坡面挟沙力计算

在本研究中，坡面侵蚀考虑了雨滴溅蚀和水力侵蚀，其中雨滴溅蚀中直接由雨力作用将泥沙颗粒溅起发生较大位移的侵蚀量归属于雨滴溅蚀量；而雨力作用使得坡面表层土壤松动或者泥沙颗粒仅发生很小位移时，其最终需要通过坡面形成的水流进行输移，

因此该部分侵蚀量归属于坡面水力侵蚀量，但需要认识到的是，坡面水力作用引起的冲刷侵蚀也不可能是无限制的。因此，综合考虑以上情形，本研究提出采用挟沙力的计算，来考虑坡面上总体的最大可能冲刷量，计算式如下：

$$T_c=0.47(\Omega-0.905) \tag{4-24}$$

式中，T_c 为坡面水流挟沙力；Ω 为水流功率，采用下式计算：

$$\Omega=\rho gqS \tag{4-25}$$

式中，ρ 为水的密度（kg/m^3）；g 为重力加速度；q 为单宽流量（m^2/s）；S 为坡度的正切值。

值得注意的是，挟沙力限制的坡面产沙量输移应不只是坡面水力侵蚀部分，还应包括一定量的雨滴溅蚀部分，雨滴溅蚀部分沙量与雨强和雨滴动能大小相关，该部分沙量计算如下：

$$E_s=\delta\frac{(E_{rain}I_{rain})_{max}}{(E_{rain}I_{rain})}E_1 \tag{4-26}$$

式中，E_s 为通过降雨作用松动的土壤颗粒，且需要水力作用携带的部分泥沙；δ 为雨滴作用修正系数，无量纲，用以保证降雨雨力权重 $\delta\frac{(E_{rain}I_{rain})_{max}}{(E_{rain}I_{rain})}<1$；$(E_{rain}I_{rain})_{max}$ 为降雨过程中最大雨力作用；E_1 为雨滴溅蚀量。

（2）沟壑挟沙力计算

本研究采用二维水动力学模型模拟沟壑泥沙的侵蚀和输移，由于在黄土高原进行应用，因此在沟壑中考虑采用张红武和张清（1992）的高含沙水流挟沙力公式进行挟沙力的计算，步骤如下。

首先计算水流总的挟沙力：

$$T^*=2.5\left[\frac{\left(0.0022+\frac{C}{\gamma_s}\right)v^3}{\kappa\frac{\gamma_s-\gamma_m}{\gamma_m}gR\overline{\omega}}\ln\left(\frac{h_w}{6d_{50}}\right)\right]^{0.62} \tag{4-27}$$

$$\kappa=\kappa_0\left[1-4.2\sqrt{C/\gamma_s}(0.365-C/\gamma_s)\right] \tag{4-28}$$

式中，κ 和 κ_0 分别为浑水和清水的卡门常数；γ_s 和 γ_m 分别为泥沙和浑水的容重（N/m^3）；g 为重力加速度（N/kg）；R 为水力半径（m）；C 为含沙量（kg/m^3）；v 为流速（m/s）；d_{50} 为床沙中值粒径（m），即粒径小于该值的泥沙占全部泥沙的 50%；h_w 为水深（m）；$\overline{\omega}$ 为非均匀沙的平均沉速，采用以下方法进行计算：

$$\overline{\omega}=\sum_{i=1}^{M}P_i\omega_i \tag{4-29}$$

式中，$P_i=\frac{S'_{*i}+S_i}{\sum_{i=1}^{M}(S'_{*i}+S_i)}$，$S'_{*i}=P_{ui}T^*$，$S_i$ 是第 i 组床沙的含沙量；S'_{*i} 是第 i 组床沙的分组挟沙力；P_{ui} 为第 i 组床沙级配；ω_i 为第 i 组床沙的沉速，可采用张红武和张清（1992）

推荐的浑水床沙沉速计算公式来计算，$\omega_i=\omega_0\left(1-\dfrac{\sqrt{C/\gamma_s}}{2.25\sqrt{d_{50i}}}\right)^{3.5}\left(1-1.25\sqrt{C/\gamma_s}\right)$，$\omega_0$ 可根据不同粒径分组采用 Stokes 公式、沙玉清公式、冈恰诺夫公式及张瑞瑾公式等计算，此处不再详述各公式及使用条件。

分组挟沙力计算公式为

$$S_{*i}=P_iS_* \tag{4-30}$$

4.2 流域泥沙配置模型

在总结以往治黄实践经验的基础上，20 世纪 70 年代提出了“拦、排、放”处理黄河泥沙的三个基本措施。20 世纪 80 年代以来，对中游干流水库防洪减淤作用的规划研究取得一些重要的进展，提出利用干流水库合理调节水沙过程，使之适应河道的输沙特性，这是解决泥沙问题的一项重要措施。20 世纪 90 年代以来，在吸取国内外挖河疏浚和黄河下游机淤固堤经验的基础上，结合河道淤积严重的局面和减轻主槽淤积的需要，提出了解决泥沙问题的挖河疏浚措施。总结多年来的治黄实践经验，流域泥沙配置的基本途径是采取“拦、调、排、放、挖”多种措施，综合治理。

4.2.1 拦减泥沙

“拦”主要是靠中游地区水土保持和干支流控制性工程拦减泥沙。水土保持是减少入黄泥沙、治理黄河的根本措施。新中国成立以来，在党和国家的高度重视下，黄土高原地区开展了大规模的水土流失治理，经过半个多世纪坚持不懈的努力，水土保持措施减沙取得了明显的成效。通过对来源于不同时期的水土保持措施数据梳理分析，得到潼关以上水土保持措施核实面积（表 4-1），截至 2015 年，水土保持措施累计保存面积 22.34 万 hm^2，其中改造梯田 550.0 万 hm^2、造林 1076.0 万 hm^2、种草 214.0 万 hm^2、封禁 344.0 万 hm^2，建设淤地坝 5.84 万座，其中骨干坝 5655 座。

表 4-1 潼关以上水土保持措施核实面积 （单位：万 hm^2）

年份	梯田	造林	种草	封禁	坝地	合计
1960	11.2	24.1	4.6	1.8	0.6	42.3
1970	41.1	68.1	8.3	6.2	2.5	126.2
1980	84.9	153.8	20.9	16.0	5.1	280.6
1990	133.4	298.2	55.0	31.7	6.7	525.0
2000	213.8	427.7	78.3	45.9	8.7	774.5
2010	264.2	621.6	119.8	102.5	10.0	1118.0
2015	550.0	1076.0	214.0	344.0	50.0	2234.0

注：表中数据经过数值修约，存在舍入误差，下文同。

水库拦沙是减少河道淤积最直接也最有效的措施之一。截至 2015 年黄河干流已建梯级水库 20 余座，其中具有较大拦沙作用的水库有刘家峡水库、三门峡水库、小浪底水库。已建梯级水库拦沙 96.83 亿 m^3，合 125.88 亿 t，其中骨干水库三门峡水库、小浪底水库、刘家峡水库、龙羊峡水库累计拦沙 85.4 亿 m^3，约 111.0 亿 t，占总量的 88.2%。水库运用在拦减泥沙、减少河道淤积中发挥了重要作用，在水库拦沙比例较大的 1960～1986 年、2000～2018 年两个时期，干流河道淤积量明显减小，甚至发生冲刷。骨干水库拦沙的经济投入也比较小，对每立方米泥沙的投资为 1～2 元。

根据《黄河流域综合规划（2012—2030 年）》，黄河干支流骨干水库包括干流的龙羊峡水库、刘家峡水库、黑山峡水库、碛口水库、古贤水库、三门峡水库、小浪底水库七座水库及支流的东庄水库。在黄河中下游已建工程条件下，具备较大泥沙处置能力的主要是小浪底水库，其可以处置来自三门峡以上干支流的泥沙。截至 2020 年，小浪底水库已淤积泥沙 32.9 亿 m^3，剩余拦沙库容可处理的泥沙量约为 39.6 亿 m^3（不含 3 亿 m^3 的无效库容）。中游规划的古贤水库、碛口水库、东庄水库拦沙库容合计 248.8 亿 m^3（表 4-2）。

表 4-2　黄河干支流骨干水库特征值表　（单位：亿 m^3）

工程名称		拦沙库容	剩余拦沙库容	备注
干流	龙羊峡水库	53.5	48.9	以死库容为拦沙库容
	刘家峡水库	15.5	0	以死库容为拦沙库容
	黑山峡水库*	60.2	60.2	
	碛口水库*	110.8	110.8	
	古贤水库*	118.2	118.2	
	三门峡水库	36.0	0	按潼关以下考虑
	小浪底水库	72.5	39.6	淤积至 2020 年
支流	东庄水库*	19.8	19.8	
合计		486.5	397.5	
已建水库		177.5	88.5	
待建或在建水库		309.0	309.0	
已建中游水库		108.5	39.6	
待建或在建中游水库		248.8	248.8	

注：加“*”号的水库为待建或在建水库。

目前，东庄水库已开工建设，古贤水库正在进行可研工作。从目前工作开展情况看，原计划 2020 年前后建成生效的东庄水库、古贤水库等工程实施进度滞后，其中古贤水库拦沙库容由规划的 118.2 亿 m^3 减少为 93.4 亿 m^3。

4.2.2　调水调沙

“调”主要是利用干流骨干工程调节水沙过程，使之适应河道的输沙特性，以有利于排沙入海，减少河道淤积，恢复和维持中水河槽。

（1）调水调沙对河道冲淤的作用

小浪底水库投入运用后，通过水库拦沙和调水调沙运用，使黄河下游河道发生了持续冲刷，1999 年 10 月至 2020 年 4 月下游河道利津以上累计冲刷量达 28.30 亿 t。2002～2016 年，黄河总共开展了 19 次调水调沙。19 次调水调沙期间，小浪底水库入库累计沙量为 10.72 亿 t，出库沙量为 6.60 亿 t，排沙比为 62%；下游河道共冲刷泥沙 4.30 亿 t（占下游河道冲刷总量的 16%），其中平滩流量较小的高村—艾山和艾山—利津河段分别冲刷 1.62 亿 t 和 1.11 亿 t，分别占水库运用以来相应河段总冲刷量的 41%和 30%，调水调沙期间上述两河段的冲刷效率（河道冲刷量和所需水量的比值）分别是其他时期的 7.1 倍和 1.9 倍。

（2）调水调沙对中水河槽恢复与维持的作用

下游河槽持续冲刷使河槽平滩流量逐年增大，最小平滩流量由 2002 年汛前的 1800m^3/s 增加至 2020 年汛前的 4350m^3/s，普遍增加 1650～4700m^3/s，小浪底水库调水调沙对中水河槽的恢复与维持起到了作用。2002～2017 年黄河下游各水文站平滩流量变化见图 4-3。

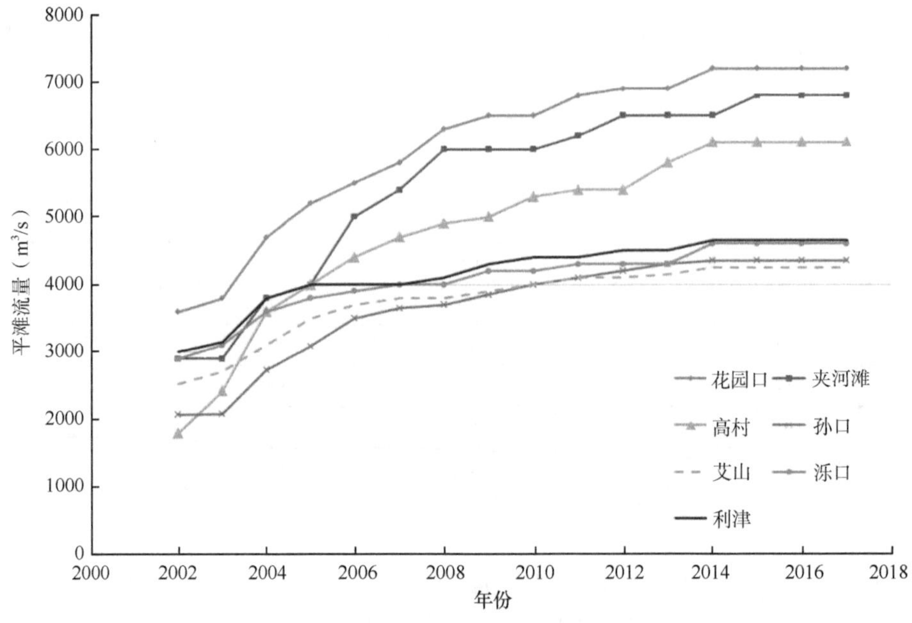

图 4-3　2002～2017 年黄河下游各水文站平滩流量变化

进一步研究剖析小浪底水库调水调沙对中水河槽恢复的作用。通过分析黄河下游最小平滩流量、高村站和孙口站平滩流量与水沙条件的关系可知，2000m^3/s 以上流量对应水量和汛期来沙系数这两个因子与平滩流量的相关性比较好，选这两个因子为平滩流量的水沙影响因子，建立黄河下游最小平滩流量与 2000m^3/s 以上流量对应的水量和汛期来沙系数的非线性相关的计算公式：

$$Q_{最小}=kW_{5y}^{\alpha}\zeta_{汛期5y}^{\beta} \tag{4-31}$$

式中，k、α 和 β 为待定系数；W_{5y}、$\zeta_{汛期5y}$ 分别为 5 年滑动平均的 2000m³/s 以上流量对应的水量和汛期来沙系数。

将式（4-31）两边取自然对数，然后对其进行多元线性回归分析，相关性良好且 R^2 为 0.82，得出 k=631.3626、α=0.351 943、β=–0.064 33。

确定待定系数后，计算公式为

$$Q_{最小}=631.362\,6\,W_{5y}^{0.351\,943}\zeta_{汛期5y}^{-0.064\,33} \tag{4-32}$$

同样，对花园口、高村、孙口和利津进行多元回归线性分析得

$$Q_{花园口}=1\,395.934\,1\,W_{5y}^{0.137\,115}\zeta_{汛期5y}^{-0.190\,56} \tag{4-33}$$

$$Q_{高村}=519.867\,2\,W_{5y}^{0.370\,879}\zeta_{汛期5y}^{-0.144\,79} \tag{4-34}$$

$$Q_{孙口}=641.320\,3\,W_{5y}^{0.385\,851}\zeta_{汛期5y}^{-0.039\,89} \tag{4-35}$$

$$Q_{利津}=1\,316.710\,4\,W_{5y}^{0.228\,961}\zeta_{汛期5y}^{-0.057\,57} \tag{4-36}$$

采用潼关水沙过程+黑石关和武陟水沙过程（小浪底大坝至三门峡库区潼关断面区间没有大支流汇入）之和代表无小浪底水库运用下进入黄河下游的水沙过程，采用潼关水过程、小浪底出库沙过程+黑石关和武陟水沙过程之和代表小浪底水库仅起到拦沙作用下进入黄河下游的水沙过程，采用小浪底水库出库水沙过程+黑石关和武陟水沙过程之和代表小浪底水库拦沙和调水调沙双重作用下进入黄河下游的水沙过程，利用上述公式计算三种水沙过程下的平滩流量变化，结果见表 4-3～表 4-6。

表 4-3　小浪底水库运用对下游花园口平滩流量的影响分析表

年份	计算平滩流量（m³/s）			计算平滩流量比较（m³/s）			备注
	①实测小浪底流量、输沙率过程	②实测潼关流量、输沙率过程	③实测潼关流量、小浪底输沙率过程	①–②（反映小浪底水库总体作用）	①–③（反映小浪底水库调水调沙作用）	③–②（反映小浪底水库拦沙作用）	调水调沙期间河道冲淤量（亿 t）
2002	3890.3	3074.5	3717.4	815.8	172.9	642.9	–0.36
2003	4784.6	3967.0	4686.6	817.5	98.0	719.6	–0.46
2004	5543.5	3874.7	5077.6	1668.8	466.0	1202.8	–0.67
2005	5682.3	3778.0	4811.0	1904.3	871.3	1033.0	–0.65
2006	5964.7	3855.7	4750.5	2109.1	1214.2	894.9	–0.60
2007	6166.9	3920.9	4441.8	2246.0	1725.1	520.9	–0.29
2008	5949.3	3888.8	4384.7	2060.5	1564.6	496.0	0.00
2009	6683.0	4560.2	5484.9	2122.8	1198.1	924.7	–0.20
2010	6698.3	4551.4	5344.9	2146.8	1353.4	793.5	–0.34
2011	6804.8	4832.0	5524.4	1972.9	1280.4	692.4	–0.47
2012	6900.5	4960.1	5471.4	1940.4	1429.1	511.3	–0.14
2013	7047.2	4982.0	5425.9	2065.2	1621.3	443.9	–0.04
2014	7247.2	3980.1	4039.8	3267.2	3207.4	59.8	0.10
2015	7247.2	4152.1	4382.1	3095.1	2865.1	230.0	0.02
平均	6186.4	4169.8	4824.5	2016.6	1361.9	654.7	–0.29

表 4-4 小浪底水库运用对下游高村平滩流量的影响分析表

年份	计算平滩流量（m³/s）			计算平滩流量比较（m³/s）			备注
	①实测小浪底流量、输沙率过程	②实测潼关流量、输沙率过程	③实测潼关流量、小浪底输沙率过程	①–②（反映小浪底水库总体作用）	①–③（反映小浪底水库调水调沙作用）	③–②（反映小浪底水库拦沙作用）	调水调沙期间河道冲淤量（亿 t）
2002	2243.5	1717.4	1984.0	526.1	259.6	266.5	–0.36
2003	3316.9	2763.3	3136.4	553.6	180.5	373.1	–0.46
2004	3988.1	2561.1	3145.1	1427.1	843.1	584.0	–0.67
2005	4395.2	2331.8	2801.9	2063.4	1593.3	470.1	–0.65
2006	4789.5	2208.2	2587.7	2581.3	2201.8	379.5	–0.60
2007	5037.7	1886.3	2073.8	3151.4	2963.9	187.5	–0.29
2008	4563.5	1824.9	1999.1	2738.7	2564.4	174.3	0.00
2009	4923.8	2507.7	2885.4	2416.0	2038.4	377.7	–0.20
2010	5016.8	2411.4	2724.5	2605.5	2292.3	313.2	–0.34
2011	5076.2	2609.0	2888.4	2467.2	2187.8	279.5	–0.47
2012	5364.7	2658.1	2863.8	2706.6	2500.9	205.7	–0.14
2013	5726.7	2646.1	2823.4	3080.6	2903.3	177.3	–0.04
2014	6026.7	1351.3	1366.7	4675.4	4660.0	15.4	0.10
2015	6026.7	1469.5	1531.0	4557.2	4495.7	61.5	0.02
平均	4749.7	2210.4	2486.5	2539.3	2263.2	276.1	–0.29

表 4-5 小浪底水库运用对下游孙口平滩流量的影响分析表

年份	计算平滩流量（m³/s）			计算平滩流量比较（m³/s）			备注
	①实测小浪底流量、输沙率过程	②实测潼关流量、输沙率过程	③实测潼关流量、小浪底输沙率过程	①–②（反映小浪底水库总体作用）	①–③（反映小浪底水库调水调沙作用）	③–②（反映小浪底水库拦沙作用）	调水调沙期间河道冲淤量（亿 t）
2002	1985.0	1678.6	1746.6	306.4	238.3	68.1	–0.36
2003	2834.8	2582.7	2674.5	252.1	160.3	91.7	–0.46
2004	3221.3	2377.7	2516.1	843.6	705.2	138.4	–0.67
2005	3596.4	2140.3	2251.4	1456.1	1345.1	111.1	–0.65
2006	3879.9	1957.4	2044.8	1922.5	1835.1	87.4	–0.60
2007	4041.0	1563.6	1605.0	2477.4	2436.1	41.4	–0.29
2008	3644.3	1505.8	1544.1	2138.5	2100.2	38.3	0.00
2009	3672.7	2026.5	2106.3	1646.2	1566.4	79.9	–0.20
2010	3759.0	1925.8	1991.7	1833.2	1767.3	65.9	–0.34
2011	3770.3	2039.1	2097.0	1731.2	1673.2	58.0	–0.47
2012	4014.4	2046.9	2089.4	1967.5	1925.0	42.5	–0.14
2013	4307.4	2027.3	2063.9	2280.1	2243.5	36.5	–0.04
2014	4407.4	988.3	991.4	3419.1	3416.0	3.1	0.10
2015	4407.4	1068.6	1080.7	3338.8	3326.7	12.1	0.02
平均	3681.5	1852.0	1914.5	1829.5	1767.0	62.5	–0.29

表 4-6　小浪底水库运用对下游利津平滩流量的影响分析表

年份	计算平滩流量（m^3/s）			计算平滩流量比较（m^3/s）			备注
	①实测小浪底流量、输沙率过程	②实测潼关流量、输沙率过程	③实测潼关流量、小浪底输沙率过程	①–②（反映小浪底水库总体作用）	①–③（反映小浪底水库调水调沙作用）	③–②（反映小浪底水库拦沙作用）	调水调沙期间河道冲淤量（亿 t）
2002	2902.0	2539.9	2689.9	362.1	212.1	150.0	–0.36
2003	3641.1	3344.7	3517.5	296.4	123.7	172.8	–0.46
2004	4005.6	3188.0	3459.4	817.6	546.2	271.3	–0.67
2005	4264.4	3002.1	3229.6	1262.2	1034.8	227.4	–0.65
2006	4479.2	2875.8	3062.9	1603.4	1416.3	187.2	–0.60
2007	4605.4	2564.1	2662.6	2041.3	1942.8	98.5	–0.29
2008	4332.1	2509.9	2602.6	1822.2	1729.5	92.7	0.00
2009	4448.1	3024.6	3198.1	1423.5	1250.0	173.5	–0.20
2010	4504.7	2943.7	3090.2	1561.0	1414.5	146.4	–0.34
2011	4525.5	3068.5	3195.2	1457.0	1330.4	126.7	–0.47
2012	4689.6	3090.1	3183.1	1599.5	1506.6	93.0	–0.14
2013	4886.1	3077.2	3157.6	1808.9	1728.5	80.4	–0.04
2014	5036.1	2021.0	2030.1	3015.1	3006.0	9.1	0.10
2015	5036.1	2122.8	2157.7	2913.3	2878.4	34.9	0.02
平均	4382.6	2812.3	2945.5	1570.3	1437.1	133.1	–0.29

可以看到，小浪底水库拦沙和调水调沙对下游中水河槽塑造和维持的贡献很大。空间维度上，调水调沙作用的贡献随着距坝长度的增加而增大，而拦沙作用的贡献随着距坝长度的增加而减小，至窄河段后趋于稳定，多在 10%以下；时间维度上，水库拦沙作用的贡献呈减小趋势，而调水调沙作用的贡献呈增大趋势，2006 年以后趋于稳定。

“拦”“排”“调”措施结合，合理运用，可使“调”的作用得到充分发挥。目前调水调沙存在的问题是，现状工程条件下水沙调节之间存在较大矛盾，人工塑造洪水进行泥沙调节时比较困难；小浪底水库拦沙库容淤满后调水调沙将受到限制。

4.2.3　放淤

“放”主要是利用河道两岸的有利地形进行引洪放淤处理和利用一部分泥沙，尤其是要处理一部分粗颗粒泥沙，以减少泥沙在河道中的淤积，主要包括引洪淤滩、引洪淤地、放淤固堤、引黄供水沉沙等，淤筑“相对地下河”，使除害和兴利紧密结合。

小北干流无坝自流放淤试验于 2004 年 7 月开始，按照来水含沙量、流量、粗颗粒泥沙含量及水沙同历时长度等运行指标要求，先后在 2004～2007 年、2010 年、2012 年进行了共计 15 轮放淤试验[①]（表 4-7），累计放淤历时 622.25h，累计放淤处置泥沙量 622.1 万 t（表 4-8），其中 0.05mm 以上粗沙淤积量为 164.2 万 t，占总淤积量的 26.4%，达到了“淤粗排细”目的。通过放淤试验，取得了一些研究成果和认识：一是淤区淤积量与

① 实际放淤 15 次，本书统计了前 13 次实测数据。

引水引沙条件密切相关。引水含沙量越高，引水引沙量越大，淤区淤积量越大，淤积的粗沙也越多（图 4-4～图 4-6）。由于近期黄河水沙变化，来水流量减小，含沙量减小，洪峰与沙峰不同步等水沙条件变化，使得符合放淤试验运行要求的水沙条件减少，放淤频次减少，同时由于引水口门处河势变化等其他不利因素，放淤效果受到较大影响，放淤处置泥沙量减小。二是，无坝自流放淤在有利的水沙条件、河势条件及精细的调度管理等情况下，可以实现多引沙，尤其是引粗沙、淤粗排细的放淤目标，但是由于影响因素多，很难全面控制，放淤效果持续保障难度大。

表 4-7 小北干流放淤试验引水引沙情况统计表

轮次	引水含沙量（kg/m^3）	引沙量（万 t）		
		全沙	中沙	粗沙
第一轮	233.9	128.7	31.5	34.3
第二轮	188.9	79.2	15.6	13.5
第三轮	50.0	11.7	3.1	2.4
第四轮	124.6	262.9	60.6	54.1
第五轮	46.5	121.3	31.4	28.1
第六轮	41.9	22.8	4.8	4.8
第七轮	44.4	74.0	18.2	15.4
第八轮	48.4	62.6	12.2	8.2
第九轮	68.3	60.2	14.6	10.8
第十轮	101.0	33.1	8.4	6.2
第十一轮	67.6	18.1	4.7	4.2
第十二轮	38.9	23.1	4.7	3.2
第十三轮	18.5	2.0	0.4	0.2
合计		899.6	210.3	185.3

注：全沙指所有泥沙；细沙指 0.025mm 以下的泥沙；中沙指 0.025～0.05mm 的泥沙；粗沙指 0.05mm 以上的泥沙。

表 4-8 小北干流放淤试验淤积量统计表 （单位：万 t）

轮次	淤积量			
	全沙	细沙	中沙	粗沙
第一轮	101.3	39.6	28.5	33.3
第二轮	40.5	17.1	11.3	12.2
第三轮	10.2	4.8	3.0	2.3
第四轮	213.9	104.2	56.7	53.0
第五轮	84.1	32	26.0	26.0
第六轮	12.5	5.1	3.2	4.1
第七轮	52.4	24.6	14.6	13.2
第八轮	30.2	19.3	6.6	4.3
第九轮	30.5	17.7	7.0	5.8
第十轮	16.9	8.6	4.7	3.6
第十一轮	11.1	4.7	3.2	3.2
第十二轮	16.5	9.8	3.9	2.8
第十三轮	1.9	1.3	0.4	0.2
合计	622.1	288.8	169.1	164.2

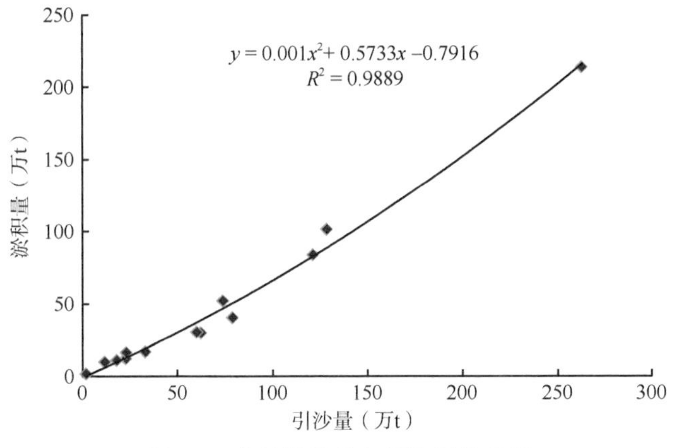

图 4-4　全沙淤积量与引沙量的关系

1970 年放淤固堤被列为基本建设项目，1973 年被列入大修堤规划，目前黄河下游正在实施标准化堤防建设，放淤固堤，“十三五”期间完成下游堤防 1371.227km 的加固工程。大规模放淤固堤工程的实施，提高了黄河下游的防洪安全程度。1960～1986 年、1986～1999 年、1999～2018 年黄河下游放淤固堤量分别完成 6.75 亿 t、2.25 亿 t、5.28 亿 t。

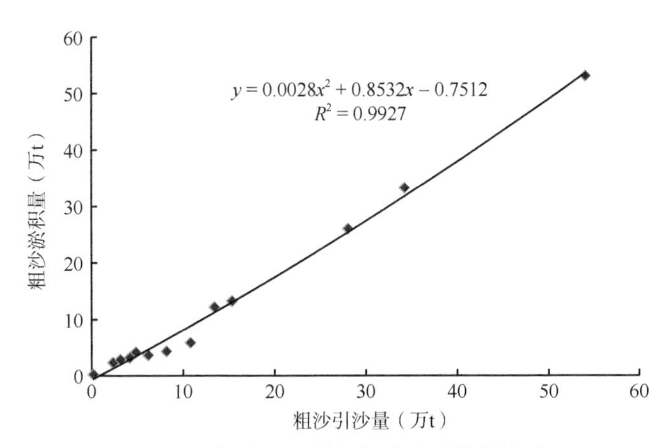

图 4-5　粗沙淤积量与粗沙引沙量的关系

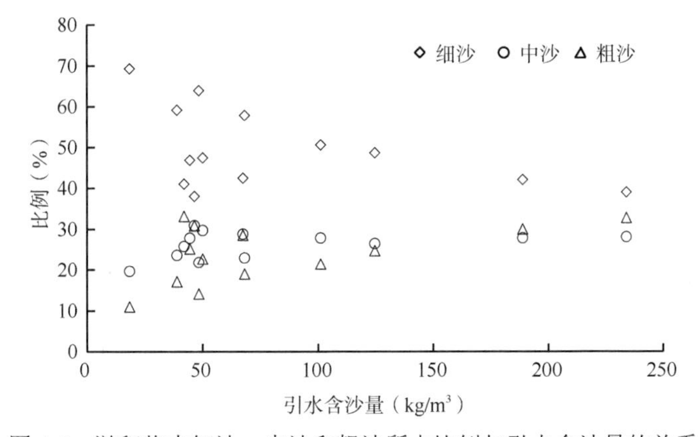

图 4-6　淤积物中细沙、中沙和粗沙所占比例与引水含沙量的关系

目前滩区放淤面临的形势：一是，滩区经济社会发展和土地利用挤压未来滩区放淤空间。近年来，随着温县、孟州市经济社会快速发展，地方政府加快了黄河滩区开发利用，诸如建成了产业园集聚区，拟建飞机场、风电场等，进行了滩区土地利用综合规划，提出安全区建设需求等。小北干流滩区所在的地方政府也积极进行滩区土地开发利用，建成了沿黄公路，加大黄河旅游资源的开发力度，还提出在滩区开展黄河防护工程和土地生态治理工程建设。二是，滩区土地属性发生变化，影响未来滩区放淤工程实施。目前，黄河滩区原为耕地的土地已转变为基本农田，涉及在基本农田里进行的建设项目，要符合基本农田有关要求。除此之外，生态环境保护也增强了对滩区土地利用的限制，给未来滩区放淤工程实施增加了难度。三是，实施滩区大规模放淤的条件暂不具备。近期，黄河来沙量大幅减少，含沙量较低，小北干流无坝自流放淤的引水淤沙效果受到影响。小浪底水库目前还有较大的拦沙库容，较长一段时期内还能在黄河下游防洪减淤方面发挥控制作用，实施温孟滩放淤的水沙条件不具备，实施小北干流有坝放淤的工程条件也暂不具备。

4.2.4 挖河

“挖”包括挖河疏浚、挖河淤背、挖河淤滩，利用从河槽挖出来的泥沙加固黄河干堤和治理“二级悬河”。

1997～1998 年、2001～2002 年和 2004 年三次在黄河口河段实施了挖河固堤工程，实践和研究表明，工程的实施可以减少河道的淤积、加固两岸大堤、改善河道泄流状况。例如，1997～1998 年黄河口朱家屋子断面以下开挖河道 11km，通过旱挖、组合泥浆泵开挖两种形式开挖土方量 548 万 m^3，用于加固堤防，淤背（宽度 100m）长度达到 10.5km；之后进行的两次挖河固堤工程土方量分别为 324 万 m^3、131 万 m^3，两次合计开挖土方量为 455 万 m^3，用于加固堤防，淤背（宽度 50～100m）长度为 14.8km。同时还可以挖沙制砖，采砂用于建筑。近年来的实践表明，“挖”与“用”结合，不仅处理了黄河泥沙，还将缓和“二级悬河”日趋严重的不利局面，同时节约了其他相关资源，有利于地方经济的发展，具有较好的发展前景。

4.3 入黄泥沙预测模型

4.3.1 入黄泥沙沙量设计原则

未来沙量是工程设计及效益论证的重要基础，设计沙量确定应遵循以下原则。

1）要符合水利水电工程规划设计相关标准规范要求。

2）综合已有水沙变化研究成果，科学预判未来沙量变化趋势。

3）考虑黄河泥沙问题的复杂性，对于重大治黄战略工程，设计泥沙应留有余地。

《工程泥沙设计标准》(GB/T 51280—2018)、《水利水电工程水文计算规范》(SL/T 278—2020）提出，设计依据站实测径流系列至少 30 年，实测泥沙系列至少 20 年，且均要具有代表性，即系列中要包括丰水年、平水年、枯水年和连续丰水段、枯水段。对于黄河流域这种多沙河流的重大战略工程，系列长度应该更长。

4.3.2　设计沙量系列

1. 沙量系列计算

未来黄河来沙量与流域主要来沙区的水量密切相关，与径流系列成果相协调，基于黄河流域水资源第三次调查评价提出的 1956～2016 年径流系列成果，考虑水库的调节、河道外工农业用水和河道断面生态流量要求，提出干支流控制断面未来径流系列过程。依据近期下垫面代表时段（1980 年以来）实测水沙资料，建立河口镇以上、河口镇至龙门区间、汾河、渭河、北洛河等区域径流量–输沙量关系，计算得到近期下垫面条件下黄河四站（龙门站、华县站、河津站和状头站）多年平均沙量为 9.50 亿 t，考虑到未来水土保持措施新增减沙量约 1.5 亿 t，得到未来黄河四站年均沙量约为 8 亿 t。近期下垫面主要控制断面的水沙关系如下。

（1）河口镇

河口镇水沙关系式为

$$W_{s河}=KQ^{A} \tag{4-37}$$

式中，$W_{s河}$为河口镇月沙量（万 t）；Q 为河口镇月平均流量（m^3/s）；K、A 分别为系数、指数。河口镇各月水沙关系式系数、指数见表 4-9。

表 4-9　河口镇各月水沙关系式系数、指数

月份	1～2 月	3～4 月	5 月	6 月
K	1.4596E–8	1.6002E–8	8.0256E–8	1.8120E–7
A	2.0255	2.2798	2.1129	1.9669
月份	7～8 月	9～10 月	11 月	12 月
K	2.6894E–6	1.6220E–7	6.0278E–8	3.5794E–9
A	1.5723	1.9479	2.0784	2.4046

（2）龙门站

龙门站设计月沙量为

$$W_s=W_{s河}+K\Delta W_{s河龙} \tag{4-38}$$

式中，W_s为龙门站设计月沙量（亿 t）；$W_{s河}$为河口镇设计月沙量（亿 t）；$\Delta W_{s河龙}$为河口镇至龙门区间（简称“河龙区间”）实测月沙量（对万家寨水库、龙口水库、天桥水库淤积量进行了还原）（亿 t）；K 为考虑不同时段（不同年代）水利水保工程减沙系数。

河龙区间汛期、非汛期水沙关系式为

汛期（6～9 月）：$\Delta W_{s河龙}=0.0079\Delta W_{河龙}^{2.1113}$

非汛期（10 月至次年 5 月）：$\Delta W_{s河龙}=2.81\times10^{-7}\Delta W_{河龙}^{4.5746}$

式中，$\Delta W_{河龙}$为河龙区间实测月水量（亿 m^3）。

（3）华县站

华县站水沙关系式为

11 月至次年 6 月：$W_s=KW^{\alpha}$

7～9 月：$W_s=KW^{\alpha}/B^{\beta}$

式中，W_s 为华县站月沙量；W 为华县站月水量；K、α 和 β 分别为系数、指数，依据实测资料确定。$B=\dfrac{W-W_{张}}{W}$，$W_{张}$为张家山站的月水量。华县站不同月份水沙关系式系数、指数见表 4-10、表 4-11。

表 4-10　华县站 7～10 月水沙关系式系数、指数

月份		K	α	β
7 月	1≥B>0.9	0.048 79	0.793	7.132 8
	0.9≥B>0.8	0.062 25	0.789 7	4.980 0
	0.8≥B>0.7	0.094 94	0.789	2.877
	0.7≥B>0.6	0.107 19	0.792	2.354 9
	B≤0.6 W≤2.75	0.182 2	1.710 4	0
	B≤0.6 2.75<W≤15	0.298 8	1.193 5	0
	B≤0.6 W≥15	0.149 4	1.193 5	0
8 月	1≥B>0.9	0.003 56	1.431 8	11.846
	0.9≥B>0.8	0.004 372	1.437 7	9.747
	0.8≥B>0.7	0.015 34	1.434 7	3.863 9
	0.7≥B>0.5	0.036 28	1.433 9	1.632 7
	0.5≥B>0.3	0.075 38	1.430 6	0.568 8
	0.3≥B>0	0.099 6	1.429 5	0.270 5
9 月	0.95≥B>0.9	0.007 82	1.259 1	6.895 6
	0.9≥B>0.85	0.009 336	1.296	8.348 8
	0.85≥B>0.8	0.014 65	0.876 7	8.594 8
	0.8≥B>0	0.071 45	0.732 8	2.793
10 月	1≥B>0.95	0.000 103	2.166 6	17.146
	0.95≥B>0.9	0.000 238	1.848 9	13.297 6
	0.9≥B>0.85	0.000 759 7	1.584 3	8.131 3
	0.85≥B>0	0.001 22	1.422 7	7.271 6

表 4-11　华县站 11 月至次年 6 月水沙关系式系数、指数

月份	11 月	12 月	1～4 月		5 月	6 月
			W≤4.7 亿 m³	W>4.7 亿 m³		
K	0.000 647 8	0.000 412 9	0.000 763 3	0.000 364 9	0.000 610 5	0.001 997 8
α	1.655 9	1.706 8	1.882 2	3.098 2	2.188 9	2.183 9

（4）河津站

河津站水沙关系式为

$$W_s=KW^{\alpha} \tag{4-39}$$

式中，W_s 为河津站月沙量（万 t）；W 为河津站月水量（亿 m^3）；K、α 分别为系数、指数。河津站各月水沙关系式系数、指数见表 4-12。

表 4-12　河津站各月水沙关系式系数、指数

月份	1 月	2 月	3 月	4 月	5 月	6 月
α	2.778 5	2.504 6	2.436 7	2.083 4	2.106 2	2.461 7
K	0.001 51	0.002 90	0.007 15	0.004 40	0.007 42	0.015 61
月份	7 月	8 月	9 月	10 月	11 月	12 月
α	1.719 1	1.468 9	2.267 6	2.484 3	2.781 5	2.207 8
K	0.014 25	0.013 59	0.004 87	0.003 43	0.004 55	0.001 86

（5）状头站

状头站水沙关系为

$$W_s = KW^{\alpha} \tag{4-40}$$

式中，W_s 为状头站月沙量（亿 t）；W 为状头站月水量（亿 m^3）；K、α 分别为系数、指数，见表 4-13。

表 4-13　状头站水沙关系式系数、指数

月份	5～9 月	10 月至次年 4 月
α	1.3603	3.6519
K	0.4623	0.3633

近期下垫面条件下黄河四站系列年平均沙量为 9.50 亿 t，水沙量的年际变化较大。该系列四站最大年沙量为 24.98 亿 t，最小年沙量为 2.53 亿 t，二者比值为 9.87。黄河四站历年输沙量过程见图 4-7。

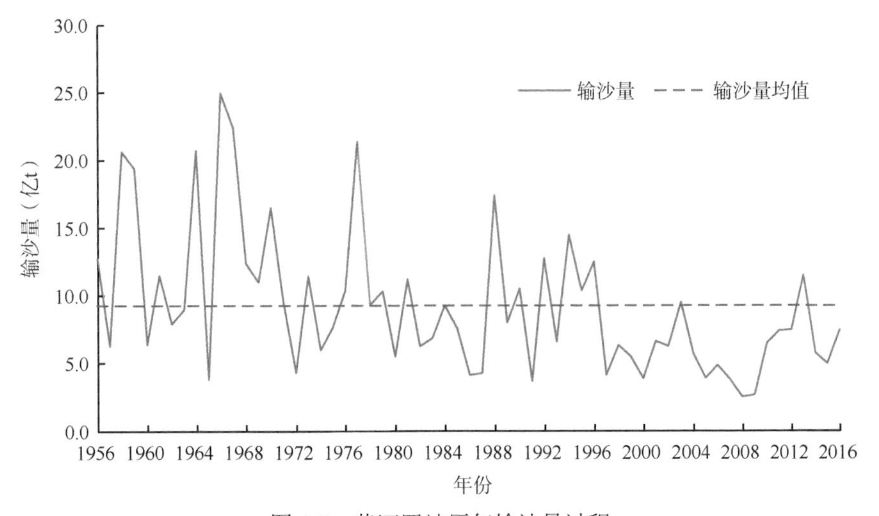

图 4-7　黄河四站历年输沙量过程

2. 沙量系列代表性

系列代表性分析是利用较长系列数据进行分析，通过比较系列均值、丰枯时段等方面分析系列代表性，着重分析长系列和近期短系列的代表性。

（1）长系列均值和 Cv 值比较

近期下垫面条件下黄河四站沙量不同系列均值与 Cv 值的比较情况见表 4-14。可以看出，1956～2016 年沙量系列均值为 9.50 亿 t，2000～2016 年均值为 5.93 亿 t，与长系列相比，均值偏小 37.5%。1956～2016 年系列 Cv 值为 0.55，2000～2016 年 Cv 值为 0.39，与长系列相比，Cv 值偏小 30.2%，这说明 2000～2016 年系列不具代表性。

表 4-14 近期下垫面条件下黄河四站沙量不同系列均值与 Cv 比较

时期	均值（亿 t）	Cv 值	较长系列均值变幅（%）	较长系列 Cv 值变幅（%）
1956～2016 年	9.50	0.55		
1956～1999 年	10.53	0.52	10.9	−5.4
2000～2016 年	5.93	0.39	−37.5	−30.2

（2）长系列丰平枯统计

丰平枯统计标准为：来沙频率小于 30%为丰沙年，来沙频率为 30%～70%为平沙年，来沙频率大于 70%为枯沙年。根据丰平枯标准统计近期下垫面条件下黄河四站 1956～2016 年系列和 2000～2016 年系列丰平枯状况，结果见表 4-15。可以看出，1956～2016 年系列丰沙年、枯沙年出现概率相差不大，且包含了 1964～1970 年连续丰沙段、1997～2012 年连续枯沙段，这说明长系列具有一定的代表性。2000～2016 年系列丰沙年仅出现 1 次，而枯沙年达 9 次，与 1956～2016 年系列相比，整体偏枯。

表 4-15 近期下垫面条件下黄河四站沙量不同系列丰平枯统计结果

统计结果	1956～2016 年			2000～2016 年		
	丰沙年	平沙年	枯沙年	丰沙年	平沙年	枯沙年
出现次数	19	24	18	1	7	9
出现概率（%）	31.1	39.3	29.5	5.9	41.2	52.9

4.3.3 远期沙量预测

（1）有关沙量预测成果

由于目前对黄土高原产水产沙机理的认识不充分，并且限于研究手段和方法，现有水沙预测成果有一定差异。例如，“十一五”期间，根据 SWAT 模型模拟及水保法，预测 2030 年、2050 年水平年黄河年均沙量分别为 8.61 亿～9.56 亿 t 和 7.94 亿～8.66 亿 t。“十二五”国家科技支撑计划课题预测，如果不考虑淤地坝、水库和灌溉引沙等因素的减沙，2020 年以后，潼关年均沙量可能为 4 亿～6 亿 t。“黄河水沙变化研究”预估，在黄河古贤水库投入运用后，未来 30～50 年黄河潼关站年均沙量为 3 亿～5 亿 t，未来 50～100 年年均沙量为 5 亿～7 亿 t，不考虑古贤水库拦沙，年均沙量为 6 亿～9 亿 t。

《黄河流域综合规划（2012—2030 年）》提出 2030 年、2050 年水平年年均入黄沙量分别为 9.5 亿～10 亿 t、8 亿 t 左右。胡春宏等（2012）采用实测资料与理论分析，预计未来 30～50 年，潼关站年均沙量将稳定在 3 亿 t 左右。王光谦等（2005）从宏观角度分析了气象气候要素与黄河潼关站年输沙量之间的关系，分析了水土保持措施对入黄沙量的影响，认为潼关站输沙量在 2020 年左右到达最低点，未来 10 年、20 年、50 年平均输沙量分别为 2.83 亿 t、3.13 亿 t 和 4.12 亿 t。“十三五”重点研发计划的结论为：按 1919～1959 年降雨条件，黄土高原 2010～2019 年下垫面产沙量约 5 亿 t/a；在 2010～2019 年实际降雨条件下，黄土高原实际产沙量为 4.5 亿 t/a、黄河龙门等五站输沙量为 2.1 亿 t/a。如果植被基本保持正向发展，考虑现状坝库拦沙和灌溉引沙因素，未来 25～30 年黄河中游龙门等五站沙量大概率不超过 3 亿 t/a，2070 年后为 4 亿 t/a 左右。但若未来遭遇连续干旱或社会波动，存在沙量反弹至 6 亿～8 亿 t/a 的风险。可见，已有未来沙量预测成果大致在 3 亿～10 亿 t。

（2）远期沙量采用

从历史时期看，黄河是一条多泥沙河流，丰水丰沙与枯水枯沙在长历时的时段中交替出现，丰枯段长短不一。有实测资料以来的 1919～2020 年潼关站多年平均沙量为 11.1 亿 t。近期沙量减少主要是由于当前水利水保措施正是发挥减沙作用的关键时期，此外，降雨强度降低也减弱了黄土高原土壤侵蚀，因此黄河近期实测沙量不能代表未来黄河长期沙量。

水土保持措施减沙作用存在风险和时效性，如林草、梯田等坡面措施对中等强度以下降雨的减水减沙作用明显，对大暴雨尤其是对高强度暴雨的减水减沙作用会明显降低。例如，2017 年无定河发生“7.26”暴雨，降雨历时 17h，100mm 以上降雨笼罩面积仅 0.46 万 km^2，但无定河实测沙量达 0.78 亿 t，洪水最大含沙量为 873kg/m^3。在现状下垫面条件下，若重现 1933 年 8 月的大暴雨，黄河潼关站可能产生的次洪沙量仍可达到 17 亿 t，为天然下垫面实测次洪沙量的 72%。水库、淤地坝拦沙具有时效性，拦满后拦沙作用降低。2000～2020 年现状黄河四站实测沙量为 2.6 亿 t，考虑未来降雨周期变化，以及黄土高原水库、淤地坝拦沙的不可持续性，将近期水库拦沙量和淤地坝拦沙量进行还原，预估在多年平均降雨情况下现状黄河年均来沙量仍可达 8 亿 t 左右。基于水土保持率阈值研究成果，黄土高原水土保持率在 2050 年后将稳定控制在 70%左右，利用分布式产沙经验模型，计算得到水土保持率阈值状态下流域侵蚀产沙量为 8.7 亿～11.5 亿 t。

黄土高原水土流失面积达 45.17 万 km^2，截至目前，水土保持治理累计面积达到了 25 万 km^2，仍有接近一半的水土流失面积尚未得到有效治理，未治理地区自然条件十分恶劣，淤地坝建坝条件差，林草成活率低，是最难啃的“硬骨头”。黄土高原水土流失是黄河泥沙的根源，水利水保措施对改善局部地区水土流失起到了明显作用，但无法改变黄土高原千沟万壑、支离破碎的侵蚀地貌类型，根据有关研究，距今 2000～3000 年黄土高原年均自然侵蚀量达 6 亿～11 亿 t。

综合以上分析，考虑未来气候变化和人类活动影响，结合黄河历史沙量演变规律及已有研究成果，远期年均入黄沙量在 8 亿 t 左右。

三门峡水利枢纽工程是黄河干流建设的第一座大型水利枢纽工程，工程于 1960 年 9

月开始蓄水运用，至 1964 年汛后，335m 以下库容已损失 43%，年平均损失库容近 10 亿 m^3（原设计年损失 3.7 亿 m^3），水库淤积严重，严重威胁关中地区以西安为中心的工农业基地，被迫多次改建和改变运用方式，造成该问题的主要原因就是对水土保持减沙前景估计过于乐观，设计入库沙量偏小。

重大战略工程论证水沙系列设计应符合规范要求，2000～2020 年实测沙量 2.4 亿 t 是当前降雨、人类活动影响条件下的短期现象，随着降雨周期变化、库坝工程拦沙作用结束，未来入黄沙量还会增加，近期实测沙量系列不具有代表性，不能作为重大战略工程论证的基础。

保护黄河是事关中华民族伟大复兴和永续发展的千秋大计，设计沙量是黄河治理与保护的重要基础数据，江河治理规划、重大战略工程建设应着眼于黄河长治久安，时间尺度应在百年以上，对未来沙量设计应留有余地，建议黄河流域重大战略工程设计来沙量采用 8 亿 t 左右。

4.4 水库河道冲淤模型

在水利、水运、水电工程的规划和设计中，常常会遇到与水流运动、泥沙输移、河床变形相关的问题。此类问题对人类生产活动影响甚大，有必要对其做出预报，为规划和设计提供依据。河流模拟正是研究此类问题的重要手段，它包括物理模型试验和数学模型计算两部分。物理模型试验是根据模型和原型之间的相似准则，对原型流动进行缩小（或扩大），建立实体模型，研究水沙运动规律的方法。数学模型计算是根据水流及其输移物质运动的基本规律，构建数学模型，通过求解模型中的未知变量，复演并预测水流及其输移物质运动过程的一种研究方法。

严格地说，自然界中的流动都是三维流动，但是在研究长河段长时间的水沙运动及河床变形情况时，有时候仅需要了解断面平均的水沙要素变化情况，这时可将三维流动的控制方程简化，形成一维水沙数学模型。目前已经出现了很多比较成熟的一维泥沙数学模型，可用于模拟长河段、长时间的河床变形过程。例如，美国陆军工程兵团开发的 HEC-6 模型，可用于计算河道及水库的冲淤情况；杨国录和吴伟明（1994）开发的 SUSBED-2 模型为一维恒定平衡与不平衡输沙模式嵌套计算的非均匀全沙模型，是一套可用于计算和预测水库及河网中汇流河段水沙和河床变形的通用模型，在我国的中南、西南和西北的各水利水电工程中得到了普遍应用，解决了不少工程问题，获得了较大的经济效益；李义天和尚全民（1998）开发的河网一维非恒定流模型在实际工程中也得到了广泛的应用。

一维水沙数学模型模拟的是各断面水力、泥沙要素及上下两断面之间的平均冲淤情况，为了克服其无法模拟水流沿横向（河宽方向）、垂向（水深方向）变化的不足，二维水沙数学模型便应运而生且发展迅速，国外从 20 世纪 70 年代后期开始推广运用，而国内在近来发展较快。国内现已有多种平面二维泥沙模型，并在实际工程中得到了广泛应用。除了一维和二维水沙教学模型，20 世纪 70 年代以来，国内外众多学者开发了大量的三维水流运动数学模型，如美国普林斯顿大学开发的 POM 和 ECOM 模式、荷兰

Delft 水力学研究所开发的 TRISULA 模式、美国陆军工程兵团开发的 CH3D 模型等。国内也有许多学者进行了三维模型的研究，丁平兴等（2001）构建了波流共同作用下的三维悬沙模型，朱建荣等（2004）采用改进后的 ECOM 模式耦合泥沙输运方程对河口浑浊带进行了研究。李肖男等（2014）基于 SELFE 水动力学模型，建立了三维的两相浑水模型，对悬移质输移进行了模拟。

4.4.1　水沙两相流理论

含沙水流的运动本质上是一种两相流运动，自然界的物质从宏观上可分为固相、液相和气相，单相物质的流动称为单相流，如空气、水的流动等，两相流指同时存在两种不同相的物质的流动。两相流的一个重要特点是流动的各相之间存在受流动影响的界面，各相之间分界面随流体特性、边界条件等因素而变化。20 世纪 60 年代，Marble（1963 年）、Murray（1965 年）和 Panton（1968 年）等学者开始研究描述两相流运动规律的基本方程。

挟沙水流的流动属于复杂的液固两相流，存在着紊动水流、泥沙颗粒及河床边界之间的复杂相互作用。对于水沙两相流的研究，有的学者将水流相和泥沙相的混合物视为连续介质；有的学者将水流相和泥沙相分别视为不同的连续介质；也有学者将水流相视为连续介质，而将泥沙相视为离散介质。根据这些区别，可以建立不同的水沙两相流模型。例如，将水沙两相混合物视为连续介质可建立水沙两相单流体模型；将水流相和泥沙相分别视为不同的连续介质可建立水沙两相双流体模型；将水流相视为连续介质，而将泥沙相视为离散介质可建立挟沙水流的欧拉-拉格朗日模型。

1. 水沙两相间的相互作用力

在建立水沙两相流基本方程之前，首先将挟沙水流中的泥沙颗粒按照粒径分为 M 组，以 d_k 表示第 k 组泥沙的等容粒径；以 ρ_{w} 和 $\rho_{\mathrm{p}k}$ 分别表示水流和第 k 组泥沙的密度；以 $u_{\mathrm{w}i}$ 和 u_{ki} 分别表示水流和第 k 组泥沙在 i 方向上的运动速度；以 $u_{\mathrm{w}j}$ 和 u_{kj} 分别表示水流和第 k 组泥沙在 j 方向上的运动速度；以 φ_{w}、φ_k 分别表示水流与第 k 组泥沙的体积浓度，根据体积浓度的定义有 $\varphi_{\mathrm{w}}+\sum_{k=1}^{M}\varphi_k=1$。

（1）水流与泥沙之间的相互作用

在含沙水流中，泥沙颗粒所受的作用力主要为：黏性阻力、附加质量力、压力梯度力。

（a）黏性阻力

单颗第 k 组泥沙颗粒在水流中所受的黏性阻力 $F'_{\mathrm{D}ki}$ 为

$$F'_{\mathrm{D}ki}=\frac{1}{2}\rho_{\mathrm{w}}\frac{\pi}{4}d_k^2\,C_{\mathrm{D}k}|u_{ki}-u_{\mathrm{w}i}|(u_{ki}-u_{\mathrm{w}i}) \tag{4-41}$$

如果单位体积内有 n_k 颗第 k 组泥沙，则单位体积第 k 组泥沙颗粒所受的黏性阻力为

$$F_{\mathrm{D}ki}=n_k\frac{1}{2}\rho_{\mathrm{w}}\frac{\pi}{4}d_k^2\,C_{\mathrm{D}k}|u_{ki}-u_{\mathrm{w}i}|(u_{ki}-u_{\mathrm{w}i}) \tag{4-42}$$

式中，阻力系数 C_{Dk} 可根据已有的经验公式取值；第 k 组泥沙的粒子数 n_k 与体积浓度 φ_k 之间的关系为

$$\varphi_k = n_k \frac{\pi}{6} d_k^3 \tag{4-43}$$

（b）附加质量力

单颗第 k 组泥沙颗粒在水流中所受的附加质量力 F'_{Mki} 为

$$F'_{Mki} = k_{me} \frac{\pi}{6} d_k^3 \rho_w \left(\frac{du_{ki}}{dt} - \frac{du_{wi}}{dt} \right) \tag{4-44}$$

根据式（4-43），可得单位体积第 k 组泥沙颗粒所受的附加质量力为

$$F_{Mki} = k_{me} \rho_w \varphi_k \left(\frac{du_{ki}}{dt} - \frac{du_{wi}}{dt} \right) \tag{4-45}$$

式中，附加质量力系数 k_{me} 可采用半经验公式 $k_{me}=k_m(1+4.2\varphi_k)$ 计算，其中 $k_m=0.5$。

（c）压力梯度力

单颗第 k 组泥沙颗粒在压强梯度为 $-\frac{\partial p}{\partial x_i}$ 的流场中所受的压力梯度力为

$$F'_{pki} = -\frac{\pi}{6} d_k^3 \frac{\partial p}{\partial x_i} \tag{4-46}$$

根据式（4-43），可得单位体积第 k 组泥沙颗粒所受的压力梯度力为

$$F_{pki} = -\varphi_k \frac{\partial p}{\partial x_i} \tag{4-47}$$

（2）泥沙颗粒之间的相互作用

当水体中泥沙浓度足够高时，需考虑泥沙颗粒之间的相互作用，此时不仅要考虑泥沙之间碰撞引起的动量变化，同时还要考虑紊动引起的动量变化。本章采用式（4-48）的形式来描述因泥沙与泥沙之间的相互作用而引起的单位体积第 k 组泥沙受到的作用力

$$F_{Ck,i} = \rho_{pk} \varphi_k v_{Tk} \left(\frac{\partial u_{ki}}{\partial x_j} + \frac{\partial u_{kj}}{\partial x_i} \right) \tag{4-48}$$

式中，v_{Tk} 为水流紊动扩散系统。

2. 水沙两相单流体模型

如果将水沙两相混合物视为连续介质，令 ρ_m、p_m、u_{mi}、u_{mj} 分别表示混合物的密度、压强及 i、j 方向上的流速，则有

$$\rho_m = \rho_w \varphi_w + \sum_{k=1}^{M} \rho_k = \rho_w + \sum_{k=1}^{M} \varphi_k (\rho_{pk} - \rho_w) \tag{4-49a}$$

$$p_m = p_w + \sum_{k=1}^{M} \varphi_k (p_k - p_w) \tag{4-49b}$$

$$u_{\mathrm{m}i} = \frac{\rho_{\mathrm{w}}\varphi_{\mathrm{w}}u_{\mathrm{w}i} + \sum_{k-1}^{M}\rho_{\mathrm{p}k}\varphi_k u_{ki}}{\rho_{\mathrm{m}}} \tag{4-49c}$$

式中，φ_k 为泥沙相体积浓度；$\rho_{\mathrm{p}k}$ 为泥沙相对密度；p_{w} 为水的压强；p_k 为泥沙相对压强。

根据混合物的质量守恒定律和牛顿第二定律可建立水沙两相单流体模型的基本方程，有

$$\frac{\partial\rho_{\mathrm{m}}}{\partial t} + \frac{\partial(\rho_{\mathrm{m}}u_{\mathrm{m}i})}{\partial x_i} = 0 \tag{4-50}$$

$$\frac{\partial(\rho_{\mathrm{m}}u_{\mathrm{m}i})}{\partial t} + \frac{\partial(\rho_{\mathrm{m}}u_{\mathrm{m}i}u_{\mathrm{m}j})}{\partial x_j} = \rho_{\mathrm{m}}g_i - \frac{\partial\rho_{\mathrm{m}}}{\partial x_i} + \frac{\partial\tau_{\mathrm{m},ij}}{\partial x_j} \tag{4-51}$$

式中，g_i 为重力加速度分量；$\tau_{\mathrm{m},ij}$ 为混合体 i 方向上的切应力，根据牛顿内摩擦定律有

$$\tau_{\mathrm{m},ij} = \mu_{\mathrm{w}}\left(\frac{\partial u_{\mathrm{w}i}}{\partial x_j} + \frac{\partial u_{\mathrm{w}j}}{\partial x_i}\right) + \sum_{k=1}^{M}\mu_k\left(\frac{\partial u_{ki}}{\partial x_j} + \frac{\partial u_{kj}}{\partial x_i}\right) \tag{4-52}$$

3. 水沙两相双流体模型

如果将水流相和泥沙相分别视为不同的连续介质，则根据水流相及泥沙相的质量守恒定律和动量守恒定律可建立水沙两相双流体模型的基本方程。

水流相：

$$\frac{\partial(\rho_{\mathrm{w}}\varphi_{\mathrm{w}})}{\partial t} + \frac{\partial(\rho_{\mathrm{w}}\varphi_{\mathrm{w}}u_{\mathrm{w}i})}{\partial x_i} = -\sum_{k=1}^{M}S_k \tag{4-53}$$

$$\begin{aligned}\frac{\partial(\rho_{\mathrm{w}}\varphi_{\mathrm{w}}u_i)}{\partial t} + \frac{\partial(\rho_{\mathrm{w}}\varphi_{\mathrm{w}}u_{\mathrm{w}i}u_{\mathrm{w}j})}{\partial x_j} &= \rho_{\mathrm{w}}g_i - \frac{\partial}{\partial x_i}(\varphi_{\mathrm{w}}\rho_{\mathrm{w}}) \\ &+ \frac{\partial}{\partial x_j}\left[\mu_{\mathrm{w}}\left(\frac{\partial u_{\mathrm{w}i}}{\partial x_j} + \frac{\partial u_{\mathrm{w}j}}{\partial x_i}\right)\right] - \sum_{k=1}^{M}F_{\mathrm{f}k,i} - \sum_{k=1}^{M}F_{\mathrm{C}k,i}\end{aligned} \tag{4-54}$$

第 k 组泥沙：

$$\frac{\partial(\rho_{\mathrm{p}k}\varphi_k)}{\partial t} + \frac{\partial(\rho_{\mathrm{p}k}\varphi_k u_{ki})}{\partial x_i} = S_k \tag{4-55}$$

$$\begin{aligned}\frac{\partial(\rho_{\mathrm{p}k}\varphi_k u_{ki})}{\partial t} + \frac{\partial(\rho_{\mathrm{p}k}\varphi_k u_{ki}u_{kj})}{\partial x_j} &= (\rho_{\mathrm{p}k} - \rho_{\mathrm{w}})\varphi_k g_i - \frac{\partial}{\partial x_i}(\varphi_k p_k) \\ &+ \frac{\partial}{\partial x_j}\left[\mu_k\left(\frac{\partial u_{ki}}{\partial x_j} + \frac{\partial u_{ki}}{\partial x_i}\right)\right] + F_{\mathrm{f}k,i} + F_{\mathrm{C}k,i}\end{aligned} \tag{4-56}$$

式中，S_k 表示由相变等产生的质量源项；$F_{\mathrm{f}k,i}=F_{\mathrm{D}ki}+F_{\mathrm{M}ki}$ 表示水流与第 k 组泥沙之间的相互作用力；$F_{\mathrm{C}k,i}$ 表示其他泥沙与第 k 组泥沙之间的相互作用力。

4.4.2 一维水沙数学模型

1. 控制方程及定解条件

对于长河段水沙运动及河床冲淤变形计算，水流及泥沙的横向运动与纵向运动相比可以近似忽略，为了简化计算，可以假定水流和泥沙运动要素（流速、含沙量等）在全断面上均匀分布，建立一维水沙数学模型的控制方程。

（1）水流运动控制方程

一维非恒定流数学模型控制方程如下。

水流连续方程：
$$B\frac{\partial z}{\partial t}+\frac{\partial Q}{\partial x}=q_l \tag{4-57}$$

水流运动方程：
$$\frac{\partial Q}{\partial t}+2\frac{Q}{A}\frac{\partial Q}{x}-\frac{BQ^2}{A^2}\frac{\partial z}{\partial x}-\frac{Q^2}{A^2}\frac{\partial A}{\partial x}\Big|_z=-gA\frac{\partial z}{\partial x}-\frac{gn^2|Q|Q}{A(A/B)^{4/3}} \tag{4-58}$$

式中，x 表示沿流向的坐标；t 表示时间；Q 表示流量；z 表示水位；A 表示断面过水面积；B 表示河宽；q_l 表示单位时间单位河长汇入（流出）的流量；n 表示糙率；g 表示重力加速度。

（2）泥沙输移方程

（a）悬移质不平衡输沙方程

将悬移质分为 M 组，以 S_k 表示第 k 组泥沙的含沙量，则悬移质不平衡输沙方程为
$$\frac{\partial(AS_k)}{\partial t}+\frac{\partial(QS_k)}{\partial x}=-\alpha\omega_k B(S_k-S_{*k})+q_{\rm ls} \tag{4-59}$$

式中，α 表示恢复饱和系数；ω_k 表示第 k 组泥沙颗粒的沉速；S_{*k} 表示第 k 组泥沙的水流挟沙力；$q_{\rm ls}$ 表示单位时间单位河长汇入（流出）的沙量。

（b）推移质单宽输沙率方程

将以推移质运动的泥沙归为一组，采用平衡输沙法计算推移质单宽输沙率：
$$q_{\rm b}=q_{\rm b^*} \tag{4-60}$$

式中，$q_{\rm b}$ 表示推移质单宽输沙率，$q_{\rm b^*}$ 表示推移质单宽输沙率，可由经验公式计算。

（3）河床变形方程

河床变形方程为
$$\gamma'\frac{\partial A}{\partial t}=\sum_{k=1}^{M}\alpha\omega_k B(S_k-S_{*k})-\frac{\partial(Bq_{\rm b})}{\partial x} \tag{4-61}$$

式中，γ' 为泥沙干容重。

（4）水流挟沙力公式

（a）悬移质的水流挟沙力公式

悬移质的水流挟沙力采用张瑞瑾公式计算：

$$S_* = 2.5\left[\frac{(0.0022+S_V)u^3}{\kappa\dfrac{\rho_s-\rho_m}{\rho_m}gh\bar{\omega}}\ln\left(\frac{h}{6D_{50}}\right)\right]^{0.62} \tag{4-62}$$

$$\bar{\omega}=\left(\sum_{k=1}^{M}\beta_{*k}\omega_k^m\right)^{\frac{1}{m}} \tag{4-63}$$

式中，ρ_s 为浑水密度；ρ_m 为清水密度；$\bar{\omega}$ 代表沉速；K、m 分别为挟沙力系数和指数；ω_k^m 为不同粒径的沉速；S_V 表示体积含沙量；u 为流速；h 为断面平均水深；β_{*k} 为水流挟沙力级配，按下式计算：

$$\beta_{*k}=\frac{\dfrac{P_k}{\alpha_k\omega_k}}{\sum\limits_{k=1}^{M}\dfrac{P_k}{\alpha_k\omega_k}} \qquad k=1,2,\cdots,M \tag{4-64}$$

式中，P_k 为床沙级配；α_k 为恢复饱和系数。

分组水流挟沙力为

$$S_{*k}=\beta_{*k}S_* \tag{4-65}$$

（b）推移质的水流挟沙力公式

推移质单宽输沙率采用 Meyer-Peter-Muller 公式计算：

$$q_{b^*}=\frac{\left[\left(\dfrac{n'}{n}\right)^{3/2}\rho gHJ_f-0.047(\rho_s-\rho)gd_i\right]^{3/2}}{0.125\rho^{1/2}\left(\dfrac{\rho_s-\rho}{\rho}\right)g} \tag{4-66}$$

式中，q_{b^*} 为推移质单宽输沙率；d_i 为不同泥沙粒径；n 为河床糙率系数；n'为河床平整情况下的沙粒糙率系数，取 $n'=\frac{1}{24}d_{90}^{1/6}$。

（5）定解条件

数学模型的定解条件包括边界条件和初始条件。其中，一维非恒定流水沙数学模型的边界条件包括进口边界和出口边界，进口边界一般给定流量过程，出口边界一般给定水位过程；初始条件包括各断面初始流量、水位和含沙量，初始流量和水位可由恒定流模型给出，初始含沙量可根据水流挟沙力赋值。

2. 工程应用

一维水沙数学模型在理论及实践上比较成熟，常用于模拟长河段长时期的河床变形，可以给出河段平均冲淤深度的沿程变化，基本满足工程需要。其不仅成功用于调水调沙预案分析、输水工程水力过渡过程计算、汾河洪水演进计算等领域，还成功用于对东庄、古贤等水库库区及下游河道冲淤计算，为东庄水库运用方式制定、渭河下游减淤效果分析、水库运用对下游河道冲刷的影响分析等提供了科学依据，为古贤水利枢纽工程规划提供了有力支撑。

4.4.3 平面二维水沙数学模型

1. 控制方程及定解条件

在河道水流中，水平尺度一般远大于垂向尺度，流速等水力参数沿垂直方向的变化较沿水平方向的变化要小得多，此时可将三维水沙数学模型的基本方程沿水深积分，得到水深平均二维模型的基本方程。在浅水中，其垂向流速甚小，认为压强近似符合静水压强分布。另外，在控制方程中引入长波假定，并进行垂向平均化处理。

（1）水流运动控制方程

为便于表述，用 U、V 分别表示 x、y 方向的水深平均流速，并将张量形式的控制方程展开：

$$\frac{\partial Z}{\partial t}+\frac{\partial (HU)}{\partial x}+\frac{\partial (HV)}{\partial y}=q_2 \tag{4-67}$$

$$\begin{aligned}\frac{\partial (HU)}{\partial t}+\frac{\partial (HU^2)}{\partial x}+\frac{\partial (HUV)}{\partial y}=&-gH\frac{\partial Z}{\partial x}-g\frac{n^2\sqrt{U^2+V^2}}{H^{1/3}}U+\frac{\partial}{\partial x}\left[\nu_{\mathrm{T}}\frac{\partial (HU)}{\partial x}\right]\\&+\frac{\partial}{\partial y}\left[\nu_{\mathrm{T}}\frac{\partial (HU)}{\partial y}\right]+\frac{\tau_{sx}}{\rho}+f_0HV+q_2U_0\end{aligned} \tag{4-68}$$

$$\begin{aligned}\frac{\partial (HV)}{\partial t}+\frac{\partial (HUV)}{\partial x}+\frac{\partial (HV^2)}{\partial y}=&-gH\frac{\partial Z}{\partial y}-g\frac{n^2\sqrt{U^2+V^2}}{H^{1/3}}V+\frac{\partial}{\partial x}\left[\nu_{\mathrm{T}}\frac{\partial (HV)}{\partial x}\right]\\&+\frac{\partial}{\partial y}\left[\nu_{\mathrm{T}}\frac{\partial (HV)}{\partial y}\right]+\frac{\tau_{sy}}{\rho}-f_0HU+q_2V_0\end{aligned} \tag{4-69}$$

式中，Z 为水位；q_2 为单位面积的源汇强度；H 为水深；n 为糙率；g 为重力加速度；ν_{T} 为水流紊动扩散系数；$f_0=2\omega_0\sin\psi$ 为科氏力系数，其中 ω_0 为地球自转角速度，ψ 为计算区域的地理纬度；ρ 为水流密度；U_0、V_0 分别为水深平均源汇速度在 x、y 方向的分量；τ_{sx} 和 τ_{sy} 分别表示 x、y 方向的水面风应力：

$$\tau_{sx}=\rho_{\mathrm{a}}C_{\mathrm{w}}U_{\mathrm{w}}\sqrt{U_{\mathrm{w}}^2+V_{\mathrm{w}}^2}$$

$$\tau_{sy}=\rho_{\mathrm{a}}C_{\mathrm{w}}V_{\mathrm{w}}\sqrt{U_{\mathrm{w}}^2+V_{\mathrm{w}}^2}$$

式中，ρ_{a} 为空气密度；$C_{\mathrm{w}}=0.001\left(1+0.07\sqrt{U_{\mathrm{w}}^2+V_{\mathrm{w}}^2}\right)$ 为水面拖拽力系数；U_{w}、V_{w} 分别为水面以上 10m 处 x、y 方向的流速。

（2）泥沙输移方程

将悬移质分为 M 组，以 S_i 表示第 i 组悬移质的含沙量，可将张量形式的挟沙水流运动方程展开为

$$\frac{\partial(HS_i)}{\partial t}+\frac{\partial(UHS_i)}{\partial x}+\frac{\partial(VHS_i)}{\partial y}=\frac{\partial}{\partial x}\left[v_{\mathrm{TS}}\frac{\partial(HS_i)}{\partial x}\right]+\frac{\partial}{\partial y}\left[v_{\mathrm{TS}}\frac{\partial(HS_i)}{\partial y}\right]-\alpha\omega_i(S_i-S_{*i}) \tag{4-70}$$

式中，S_{*i}为第 i 组悬移质的水流挟沙力；v_{TS}为泥沙紊动扩散系数；ω_i为第 i 组悬移质的沉速。

将以推移质运动的泥沙归为一组，采用平衡输沙法计算推移质单宽输沙率：

$$q_{\mathrm{b}}=q_{\mathrm{b}^*} \tag{4-71}$$

式中，q_{b}表示推移质单宽输沙率；如果用 $q_{\mathrm{b}x}$和 $q_{\mathrm{b}y}$分别表示 x 和 y 方向上的推移质输沙率，则可取 $q_{\mathrm{b}x}=\frac{U}{\sqrt{U^2+V^2}}q_{\mathrm{b}}$，$q_{\mathrm{b}y}=\frac{V}{\sqrt{U^2+V^2}}q_{\mathrm{b}}$。

（3）河床变形方程

$$\gamma'\frac{\partial Z_0}{\partial t}=\sum_{i=1}^{M}\alpha\omega_i(S_i-S_{*i})+\frac{\partial q_{\mathrm{b}x}}{\partial x}+\frac{\partial q_{\mathrm{b}y}}{\partial y} \tag{4-72}$$

式中，γ'为泥沙干容重；α 为悬移质恢复饱和系数（淤积 α=0.25；冲刷 α=1.0）。

（4）水流挟沙力公式

（a）悬移质的水流挟沙力公式

采用张瑞谨公式计算悬移质的水流总挟沙力 S_*：

$$S_*=K\left[\frac{(U^2+V^2)^{3/2}}{gh\overline{\omega}}\right]^m \tag{4-73}$$

式中，$\overline{\omega}=\sum_{i=1}^{M}P_i\omega_i$，其中 $P_i=\frac{S'_{*i}+S_i}{\sum_{i=1}^{M}(S'_{*i}+S_i)}$，$S'_{*i}=P_{\mathrm{u}i}S_*$，$P_{\mathrm{u}i}$为第 i 组床沙级配。

分组挟沙力：

$$S_{*i}=P_iS_* \tag{4-74}$$

（b）推移质的水流挟沙力公式

推移质单宽输沙率采用 Meyer-Peter-Muller 公式计算，见式（4-66）。

（5）定解条件

定解条件包括边界条件与初始条件，其中边界条件可分为如下三类。

1）上游进口边界（开边界）Γ_1：进口给定流量、含沙量沿河宽的分布。

2）下游出口边界（开边界）Γ_2：出口给定水位（或水位-流量关系）并按照充分发展流动处理。

3）岸壁边界（闭边界）Γ_3：岸壁边界按无滑移边界条件处理，泥沙满足不穿透条件。

初始条件：在计算时，一般由计算开始时刻下边界的水位确定模型计算的初始条件，河段初始流速取为 0，随着计算的进行，初始条件的偏差将逐渐得到修正，其对最终计算成果的精度不会产生影响。

采用有限体积法对控制方程进行离散，用基于同位网格的 SIMPLE 算法处理水流运动方程中水位和速度的耦合关系。

2. 工程应用

近年发展较快的平面二维数学模型经野外实测资料检验，已能近似反映实际情况。随着社会经济的发展，河流上修建了大量的涉水工程，常见的有与河道交叉的桥梁、渡槽、倒虹吸，有沿河修建的码头及河道整治工程等。平面二维水沙数学模型常用于拟建工程的防洪影响评价，且能实时分析计算黄河下游典型防洪保护区的洪涝情况，为防汛预案、防汛会商等工作提供技术依据。

4.4.4 三维水沙数学模型

1. 控制方程及定解条件

（1）水流运动控制方程

假定挟沙水流中泥沙颗粒的浓度较低（$\phi_{\mathrm{w}} \approx 1$），忽略水沙两相之间及泥沙颗粒之间的相互影响。此外，考虑到水沙两相无相变产生，则水流运动的控制方程可写为

$$\frac{\partial u}{\partial x}+\frac{\partial v}{\partial y}+\frac{\partial w}{\partial z}=0 \tag{4-75}$$

$$\frac{\partial u}{\partial t}+\frac{\partial (uu)}{\partial x}+\frac{\partial (vu)}{\partial y}+\frac{\partial (wu)}{\partial z}=-\frac{1}{\rho}\frac{\partial p}{\partial x}+\nu_{\mathrm{T}}\left(\frac{\partial^2 u}{\partial x^2}+\frac{\partial^2 u}{\partial y^2}+\frac{\partial^2 u}{\partial z^2}\right) \tag{4-76}$$

$$\frac{\partial v}{\partial t}+\frac{\partial (uv)}{\partial x}+\frac{\partial (vv)}{\partial y}+\frac{\partial (wv)}{\partial z}=-\frac{1}{\rho}\frac{\partial p}{\partial y}+\nu_{\mathrm{T}}\left(\frac{\partial^2 v}{\partial x^2}+\frac{\partial^2 v}{\partial y^2}+\frac{\partial^2 v}{\partial z^2}\right) \tag{4-77}$$

$$\frac{\partial w}{\partial t}+\frac{\partial (uw)}{\partial x}+\frac{\partial (vw)}{\partial y}+\frac{\partial (ww)}{\partial z}=-\frac{1}{\rho}\frac{\partial p}{\partial z}+\nu_{\mathrm{T}}\left(\frac{\partial^2 w}{\partial x^2}+\frac{\partial^2 w}{\partial y^2}+\frac{\partial^2 w}{\partial z^2}\right) \tag{4-78}$$

式中，p 为压强。

天然河道中的挟沙水流一般是复杂的非稳态三维紊流，引入雷诺时均假设进行时均化处理，采用 k-ε 模式的湍流模型进行方程封闭。

湍动能 k 方程：

$$\frac{\partial k}{\partial t}+\frac{\partial (uk)}{\partial x}+\frac{\partial (vk)}{\partial y}+\frac{\partial (wk)}{\partial z}=\alpha_k\nu_{\mathrm{T}}\left(\frac{\partial^2 k}{\partial x^2}+\frac{\partial^2 k}{\partial y^2}+\frac{\partial^2 k}{\partial z^2}\right)+G_k-\varepsilon \tag{4-79}$$

湍动能耗散率 ε 方程：

$$\frac{\partial \varepsilon}{\partial t}+\frac{\partial (u\varepsilon)}{\partial x}+\frac{\partial (v\varepsilon)}{\partial y}+\frac{\partial (w\varepsilon)}{\partial z}=\alpha_\varepsilon\nu_{\mathrm{T}}\left(\frac{\partial^2 \varepsilon}{\partial x^2}+\frac{\partial^2 \varepsilon}{\partial y^2}+\frac{\partial^2 \varepsilon}{\partial z^2}\right)+\frac{C_{1\varepsilon}^{*}\varepsilon}{k}G_k-\frac{C_{2\varepsilon}^{*}\varepsilon^2}{k} \tag{4-80}$$

式中，ν_{T} 为水流紊动扩散系数，$\nu_{\mathrm{T}}=C_{\mu}\dfrac{k^2}{\varepsilon}$，其中 $C_{\mu}=0.0845$；$\alpha_k=\alpha_{\varepsilon}=1.39$；$C_{1\varepsilon}^{*}=C_{1\varepsilon}-\dfrac{\eta\left(1-\dfrac{\eta}{\eta_0}\right)}{1+\beta\eta^3}$，其中 $C_{1\varepsilon}$=1.42，$\eta=\left(2E_{ij}\cdot E_{ij}\right)^{\frac{1}{2}}\dfrac{k}{\varepsilon}$，$E_{ij}=\dfrac{1}{2}\left(\dfrac{\partial u_i}{\partial x_j}+\dfrac{\partial u_j}{\partial x_i}\right)$，$\eta_0$=4.377，$\beta$=0.012；$C_{2\varepsilon}^{*}$=1.68；$G_k$ 为湍动能产生项。

（2）泥沙输移方程

（a）悬移质输移方程

假定挟沙水流中的泥沙颗粒对水流脉动具有良好的跟随性，除沉降外，水沙两相之间没有相对运动。将所有的泥沙颗粒归为一组，并用 s 表示挟沙水流中的质量含沙量，则悬移质输移方程可表示为

$$\frac{\partial s}{\partial t}+\frac{\partial(us)}{\partial x}+\frac{\partial(vs)}{\partial y}+\frac{\partial(ws)}{\partial z}=\frac{\nu_{\mathrm{T}}}{S_{\mathrm{CT}}}\left(\frac{\partial^2 s}{\partial x^2}+\frac{\partial^2 s}{\partial y^2}+\frac{\partial^2 s}{\partial z^2}\right)+\omega\frac{\partial s}{\partial z} \tag{4-81}$$

式中，s 表示悬移质的含沙量；ω 表示悬移质的沉速；S_{CT} 为反映泥沙紊动扩散系数和水流紊动扩散系数差异的一个常数。

（b）推移质输沙率方程

对于推移质输沙层，泥沙守恒方程为

$$(1-e)\frac{\partial z_{\mathrm{b}}}{\partial t}+\frac{\partial(\delta_{\mathrm{b}}\overline{s}_{\mathrm{b}})}{\partial t}+D_{\mathrm{b}}-E_{\mathrm{b}}+\frac{\partial q_{\mathrm{b}x}}{\partial x}+\frac{\partial q_{\mathrm{b}y}}{\partial y}=0 \tag{4-82}$$

式中，z_{b} 表示河底高程；δ_{b} 表示推移质输沙层厚度；D_{b} 表示近底泥沙沉降通量；E_{b} 表示近底泥沙上扬通量；$\overline{s}_{\mathrm{b}}$ 表示推移质输沙层的平均泥沙浓度；$q_{\mathrm{b}x}$ 和 $q_{\mathrm{b}y}$ 分别表示 x 和 y 方向上的推移质输沙率，$q_{\mathrm{b}x}=\alpha_{\mathrm{b}x}q_{\mathrm{b}}$，$q_{\mathrm{b}y}=\alpha_{\mathrm{b}y}q_{\mathrm{b}}$，其中 q_{b} 表示总的推移质输沙率，$\alpha_{\mathrm{b}x}$ 和 $\alpha_{\mathrm{b}y}$ 分别表示推移质输沙的方向系数，一般取 $\alpha_{\mathrm{b}x}=\dfrac{u_{\mathrm{b}}}{\sqrt{u_{\mathrm{b}}^2+v_{\mathrm{b}}^2}}$，$\alpha_{\mathrm{b}y}=\dfrac{v_{\mathrm{b}}}{\sqrt{u_{\mathrm{b}}^2+v_{\mathrm{b}}^2}}$

在推移质的输移过程中，需要一定的恢复距离才能达到输沙平衡状态。根据 Phillips、Wellington 的研究成果，可以假定：

$$(1-e)\frac{\partial z_{\mathrm{b}}}{\partial t}=\frac{1}{L_{\mathrm{s}}}(q_{\mathrm{b}}-q_{\mathrm{b}}^{*}) \tag{4-83}$$

式中，L_{s} 表示粗糙床面推移质平均跃移距离，一般根据经验取值；q_{b^*} 表示饱和推移质输沙率。

将式（4-83）代入式（4-82），忽略式（4-82）的第二项即可得非平衡推移质输沙方程：

$$\frac{1}{L_{\mathrm{s}}}(q_{\mathrm{b}}-q_{\mathrm{b}}^{*})+D_{\mathrm{b}}-E_{\mathrm{b}}+\frac{\partial q_{\mathrm{b}x}}{\partial x}+\frac{\partial q_{\mathrm{b}y}}{\partial y}=0 \tag{4-84}$$

（3）河床变形方程

一般来说，河床变形方程可由式（4-83）直接求出，但是为了保证在计算过程中泥沙严格守恒，建议采用如下方法计算河床变形：

$$(1-e)\frac{\partial z_{\mathrm{b}}}{\partial t}+\frac{\partial(HS)}{\partial t}+\frac{\partial q_{\mathrm{sx}}}{\partial x}+\frac{\partial q_{\mathrm{sy}}}{\partial y}+\frac{\partial q_{\mathrm{bx}}}{\partial x}+\frac{\partial q_{\mathrm{by}}}{\partial y}=0 \tag{4-85}$$

式中，$\frac{\partial(HS)}{\partial t}$表示挟沙水流中含沙量随时间的变化，在一般计算中可以略去该项；$q_{\mathrm{sx}}=\int_{\delta_{\mathrm{b}}}^{h}\left(us-\frac{v_{\mathrm{T}}}{S_{\mathrm{CT}}}\frac{\partial s}{\partial x}\right)\mathrm{d}z$ 表示 x 方向的悬移质输沙率；$q_{\mathrm{sy}}=\int_{\delta_{\mathrm{b}}}^{h}\left(vs-\frac{v_{\mathrm{T}}}{S_{\mathrm{CT}}}\frac{\partial s}{\partial y}\right)\mathrm{d}z$ 表示 y 方向的悬移质输沙率。

（4）定解条件

定解条件包括边界条件与初始条件，其中边界条件可分为如下五类。

（a）进口边界

在进口断面上给定流速、湍动能 k、湍动能耗散率 ε、含沙量和推移质的分布。进口湍动能及湍动能耗散率按照下式计算：

$$k=\alpha_k\bar{U}^2 \tag{4-86}$$

$$\varepsilon=0.16\frac{k^{\frac{3}{2}}}{l} \tag{4-87}$$

式中，α_k 为经验系数，取值 0.25%～0.75%；l=0.07L，湍流特征长度 L 按照水力直径计算；$\bar{U}$ 是进口断面上的平均流速。

当进口由流量控制时，先给出垂向平均流速沿河宽的分布，进一步按照指数流速分布给出流速沿水深的分布：

$$u_{\mathrm{in},j,k}=U_{\mathrm{in},j}\left(1+\frac{1}{m}\right)\left(\frac{h_{\mathrm{in},j,k}}{H_{\mathrm{in},j}}\right)^{1/m} \tag{4-88}$$

式中，$u_{\mathrm{in},j,k}$ 表示进口第 j 个节点第 k 层的流速；$h_{\mathrm{in},j,k}$ 表示进口第 j 个节点第 k 层控制体中心距河底的距离；$U_{\mathrm{in},j}$ 表示第 j 个节点流速；$H_{\mathrm{in},j}$ 表示第 j 个节点水深；m 表示指数。

悬移质根据进口平均含沙量资料给定含沙量垂线分布。

进口推移质输沙率一般为

$$q_{\mathrm{b}}=q_{\mathrm{b}}^{*} \tag{4-89}$$

（b）出口边界

出口边界给定水位，按照静压假定计算压力沿出口断面的分布，并认为流动已充分发展，因而其他变量在出口方向沿流向梯度为零，有

$$\frac{\partial u}{\partial n}=\frac{\partial v}{\partial n}=\frac{\partial w}{\partial n}=\frac{\partial k}{\partial n}=\frac{\partial \varepsilon}{\partial n}=\frac{\partial s}{\partial n}=\frac{\partial q_{\mathrm{b}}}{\partial n}=0 \tag{4-90}$$

（c）床面边界

对水流动量方程，可直接给床面边界处的控制体附加一壁面切应力 $\hat{\tau}_b$：

$$\begin{cases}\hat{\tau}_{bx} = \rho C_f u_b \sqrt{u_b^2 + v_b^2} \\ \hat{\tau}_{by} = \rho C_f u_b \sqrt{u_b^2 + v_b^2}\end{cases} \tag{4-91}$$

式中，床面摩阻系数 C_f 由壁函数确定

$$\frac{u}{u_*} = \frac{1}{\kappa}\ln\frac{Eu_* z_b}{v} \tag{4-92}$$

式中，$u_*=\sqrt{\frac{\tau_b}{\rho}}$ 为摩阻流速；τ_b 为切应力；ρ 为密度；z_b 为计算点距壁面的距离；κ 为卡门（Karman）常数；E 为床面粗糙参数，很多人对该参数进行了研究，Cebeci 和 Braclshan（1997）建议取

$$E=\exp[k(B-\Delta B)]$$

$$\Delta B = \begin{cases} 0 & k_s^+ < 2.25 \\ \left(B - 8.5 + \frac{1}{\kappa}\ln k_s^+\right)\sin\left(0.428 + \ln k_s^+ - 0.811\right) & 2.25 \leqslant k_s^+ < 90 \\ B - 8.5 + \frac{1}{\kappa}\ln k_s^+ & 90 \leqslant k_s^+ \end{cases} \tag{4-93}$$

式中，B=5.2；$k_s^+ = \frac{u_* k_s}{v}$，其中 k_s 和床面有关，没有沙波的床面 k_s 可取 d_{50}，有沙波的床面 k_s 和沙波高度有关，取值较为复杂，采用 Van Rijn 的取值方法：

$$k_s=3d_{90}+1.1\varDelta\left(1-e^{-25\varPsi}\right) \tag{4-94}$$

式中，$\varDelta$ 为沙波高度；$\varPsi=\varDelta/L_w$；$\varDelta$ 和 L_w 分别为沙波的高度和长度，Van Rijn 建议：

$$L_w=7.3H \tag{4-95}$$

$$\psi = \frac{\varDelta}{L_w} = 0.015\left(\frac{d_{50}}{h}\right)^{0.3}(1-e^{-0.5T})(25-T) \tag{4-96}$$

由此可得

$$C_f = \frac{1}{\left(\frac{1}{\kappa}\ln\frac{Eu_* z_b}{v}\right)^2} \tag{4-97}$$

近壁处的湍动能 k 和湍动能耗散率 ε 可分别表示为

$$k = \frac{(u_*)^2}{\sqrt{C_\mu}} \tag{4-98}$$

$$\varepsilon = \frac{(u_*)^3}{\kappa z_2'} \tag{4-99}$$

式中，z_2' 为沙波水深。

在悬移质输沙区域的底部（床面以上 δ_b），垂线方向上的泥沙净通量为

$$\frac{v_T}{S_{CT}}\frac{\partial s}{\partial z}+\omega s=D_b-E_b=\omega(s_b-s_{b^*}) \tag{4-100}$$

式中，s_b 表示交界面处的体积含沙量；s_{b^*} 表示输沙平衡时推移质输沙层上界面处的体积含沙量（悬移质近底平衡含沙量）。将式（4-100）沿水深进行积分可得

$$s=s_b-s_{b^*}+c\mathrm{e}^{\frac{\omega S_{CT}}{v_T}z} \tag{4-101}$$

将已知条件 $z=\delta_b$，$s=s_b$ 代入式（4-101）可得

$$s=s-s_{b^*}\left(1-s_{b^*}\mathrm{e}^{\frac{\omega S_{CT}}{v_T}(z-\delta_b)}\right) \tag{4-102}$$

根据式（4-102）即可由内部点的含沙量推求近底处的含沙量

$$s_b=s+s_{b^*}\left(1-s_{b^*}\mathrm{e}^{\frac{\omega S_{CT}}{v_T}(z-\delta_b)}\right) \tag{4-103}$$

（d）岸边界

对于岸边界，计算变量法向梯度为零，有

$$\frac{\partial u}{\partial n}=\frac{\partial v}{\partial n}=\frac{\partial w}{\partial n}=\frac{\partial p}{\partial n}=\frac{\partial k}{\partial o}=\frac{\partial \varepsilon}{\partial n}=\frac{\partial s}{\partial n}=\frac{\partial q_b}{\partial n}=0 \tag{4-104}$$

（e）自由表面

自由表面压强取大气压强，垂向流速取 0，水位、流速及湍动能的边界条件可表示为

$$\frac{\partial u}{\partial n}=\frac{\partial v}{\partial n}=\frac{\partial k}{\partial n}=0 \tag{4-105}$$

$$\frac{\mathrm{d}z}{\mathrm{d}t}=\frac{\partial z}{\partial t}+u\frac{\partial z}{\partial x}+v\frac{\partial z}{\partial y} \tag{4-106}$$

自由表面处悬移质垂线方向上的泥沙通量为 0，则泥沙输移方程的边界条件为

$$\frac{v_T}{S_{CT}}\frac{\partial s}{\partial z}+\omega s=0 \tag{4-107}$$

自由表面处，湍动能耗散率根据 Rodi 的建议取 $\varepsilon=k^{3/2}/(0.43H)$。

初始条件：在计算时，一般由平面二维计算结果赋初值，然后进行三维计算。

采用有限体积法对控制方程进行离散求解，用基于同位网格的 SIMPLE 算法处理水流运动控制方程中压力和速度的耦合关系。

2. 工程应用

经过水槽试验及长江城陵矶河段水沙资料的验证，本书建立的三维水沙数学模型能较好地模拟计算河段的水沙运动特性，验证计算结果与实测结果吻合较好。另外，此三维水沙数学模型不仅能成功模拟古贤水库泄水建筑物的出流情况，还能够计算库区地形与水沙关系之间的响应过程，例如，模型可以模拟出东庄水库在全敞运用情况下，坝区产生的强烈的溯源冲刷，刷槽作用非常明显，随着时间的推移，溯源冲刷不断向上游发展。

4.4.5 黄河口模型

1. 水流运动控制方程及求解方法

水流连续方程：

$$\frac{\partial \zeta}{\partial t}+\frac{\partial[(H+\zeta)u]}{\partial x}+\frac{\partial[(H+\zeta)v]}{\partial y}=0 \tag{4-108}$$

水流运动方程：

$$\frac{\partial u}{\partial t}+u\frac{\partial u}{\partial x}+v\frac{\partial u}{\partial y}-fv+g\frac{\partial \zeta}{\partial x}+g\frac{u\sqrt{u^2+v^2}}{C^2(H+\zeta)}=\varepsilon_x\left(\frac{\partial^2 u}{\partial x^2}+\frac{\partial^2 u}{\partial y^2}\right) \tag{4-109}$$

$$\frac{\partial v}{\partial t}+u\frac{\partial v}{\partial x}+v\frac{\partial v}{\partial y}+fu+g\frac{\partial \zeta}{\partial x}+g\frac{v\sqrt{u^2+v^2}}{C^2(H+\zeta)}=\varepsilon_y\left(\frac{\partial^2 v}{\partial x^2}+\frac{\partial^2 v}{\partial y^2}\right) \tag{4-110}$$

式中，ζ 为潮位；H 为平均海平面以下水深，令 $h=H+\zeta$；u 为 x 方向垂线平均流速；v 为 y 方向垂线平均流速；g 为重力加速度；f 为科氏力系数，$f=2\theta\sin\psi$，其中 θ 为地球自转角速度；ψ 为纬度；ε_x 和 ε_y 为水流运动黏性系数；C 为谢才系数。

式（4-108）～式（4-110）可写为如下形式：

$$\frac{\partial U_{\mathrm{e}}}{\partial t}+\frac{\partial F_{\mathrm{e}}}{\partial x}+\frac{\partial G_{\mathrm{e}}}{\partial y}=S_{\mathrm{e}} \tag{4-111}$$

$$U_{\mathrm{e}}=\begin{bmatrix} h \\ hu \\ hv \end{bmatrix},\quad F_{\mathrm{e}}=\begin{bmatrix} hu \\ hu^2+gh^2/2 \\ hv^2 \end{bmatrix},\quad G_{\mathrm{e}}=\begin{bmatrix} hv \\ huv \\ hv^2+gh^2/2 \end{bmatrix}$$

$$S_{\mathrm{e}}=J_{\mathrm{b}}+\tau_{\mathrm{b}}+F_{\mathrm{cor}}+\tau_t \tag{4-112}$$

$$J_{\mathrm{b}}=\begin{bmatrix} 0 \\ -gh\dfrac{\partial Z_b}{\partial x} \\ -gh\dfrac{\partial Z_b}{\partial y} \end{bmatrix},\ \tau_{\mathrm{b}}=\begin{bmatrix} 0 \\ -\dfrac{gU}{C^2}\sqrt{u^2+v^2} \\ -\dfrac{gV}{C^2}\sqrt{u^2+v^2} \end{bmatrix},\ \tau_t=\begin{bmatrix} 0 \\ \varepsilon_x\dfrac{\partial^2(hu)}{\partial x^2}+\varepsilon_x\dfrac{\partial^2(hv)}{\partial y^2} \\ \varepsilon_y\dfrac{\partial^2(hu)}{\partial x^2}+\varepsilon_y\dfrac{\partial^2(hv)}{\partial y^2} \end{bmatrix},\ F_{\mathrm{cor}}=\begin{bmatrix} 0 \\ fhu \\ -fhv \\ -\alpha\omega(S-S_*) \end{bmatrix}$$

采用有限体积法（FVM）将计算区域划分为若干个互相连接但不重叠的单元控制体，对每一个控制体积分，计算出通过每个控制体的边界沿法向输入输出的流量和动量后，对每个单元分别进行通量守恒计算，从而得出计算时段末各单元的水深和流速。对由任意控制体组成的区域都严格满足物理守恒定律，不存在守恒误差，能准确计算间断。

采用非耦合方法，将水流和泥沙分开求解，先介绍水流运动的数值求解方法。

方程（4-108）可分解为两部分：

$$\frac{\partial U}{\partial \lambda}+\frac{\partial F}{\partial \xi}+\frac{\partial G}{\partial \eta}=0 \tag{4-113}$$

$$\frac{\partial U}{\partial \lambda}=S \tag{4-114}$$

式（4-114）为对流方程，采用 Roe 格式的 Godunov 方法对其离散：

$$U_{i,j}^{n+1}=U_{i,j}^{n}-\frac{\Delta t}{\Delta\xi}\left(F_{i+\frac{1}{2},j}^{*}-F_{i-\frac{1}{2},j}^{*}\right)-\frac{\Delta t}{\Delta\eta}\left(G_{i,j+\frac{1}{2}}^{*}-G_{i,j-\frac{1}{2}}^{*}\right)+S_{i,j}\Delta\lambda \tag{4-115}$$

式中，$F_{i\pm\frac{1}{2},j}^{*}$、$G_{i,j\pm\frac{1}{2}}^{*}$ 分别为 x、y 方向界面处的数值通量；Δt 为时间步长；$\Delta\xi$、$\Delta\eta$ 分别为 ξ、η 方向的空间步长，网格布置如图 4-8 所示。

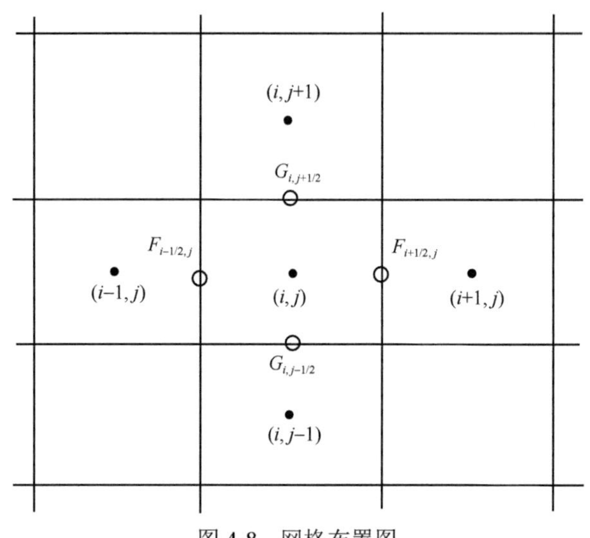

图 4-8　网格布置图

Roe 方法的思路是利用左右函数的常数态矩阵 U_{l} 和 U_{r} 构造出合理的常矩阵 $\tilde{A}(U_{\mathrm{l}}, U_{\mathrm{r}})$，近似代替 Jacobi 矩阵 $A(U)$，将复杂的非线性问题转化为线性问题，将原有的拟线性方程转化为线性方程求解。

2. 泥沙模型求解及关键问题处理

泥沙输移方程

$$\frac{\partial s}{\partial t}+u\frac{\partial s}{\partial x}+v\frac{\partial s}{\partial y}=\frac{\partial}{\partial x}\left(D_x\frac{\partial s}{\partial x}\right)+\frac{\partial}{\partial y}\left(D_y\frac{\partial s}{\partial y}\right)-\rho'\frac{\partial\eta'}{\partial t}\frac{1}{H+\zeta} \tag{4-116}$$

河床变形方程

$$\rho'\frac{\partial\eta'}{\partial t}=\alpha\omega(S-S_*) \tag{4-117}$$

式中，ρ'为泥沙干密度；h 为水深；u、v 分别为 x 和 y 方向的流速；D_x、D_y 分别为 x 和 y 方向的泥沙扩散系数；S 为含沙量；S_*为水流挟沙力；η'为冲淤厚度。

相应对泥沙输移方程进行坐标转换，在求出水深和流速的基础上，采用交替方向隐式（ADI）方法进行求解。

黄河口泥沙主要来源于径流，在潮流和波浪的共同作用下向深海输移，泥沙输移过程十分复杂，输沙能力主要影响因素有来流量、水深、流速、泥沙粒径等。目前大多计算采用的挟沙力公式为由黄河口潮流、含沙量现场观测资料进行回归分析得出的公式，本书采用窦国仁公式：

$$S_* = \alpha_0 \frac{\rho_0 \rho_s}{\rho_s - \rho_0} \left[\frac{\left(\sqrt{u^2 + v^2}\right)^3}{c^2 H \omega} + \beta_0 \frac{H_{\mathrm{w}}^2}{HT\omega} \right] \tag{4-118}$$

式中：ρ_s 为泥沙干容重，ρ_0 为水的容重，H_{w}、T 分别为平均波高和平均周期，c 为谢才系数，ω 为沉速，H 为水深，α_0、β_0 为系数，由实测资料确定，取 $\alpha_0 = 0.023$、$\beta_0 = 0.0004$。

3. 模型应用

黄河口平面二维水沙数学模型中，控制方程采用含有潮流项的二维浅水方程和不平衡输沙方程，采用 Roe 方法求解，对泥沙模型关键问题如挟沙力等进行处理，选择适合黄河口的挟沙力计算公式，结合实测渤海湾海域地形对潮流进行模拟计算，并对入海水沙扩散规律、流速分布特点进行计算分析。

4.4.6　水库群联合动态控制模型

目前黄河中下游已形成了以中游水库群、下游堤防、河道整治、分滞洪工程为主体的“上拦下排，两岸分滞”防洪工程体系。其中，中游水库群主要为三门峡水库、小浪底水库、陆浑水库、故县水库和河口村水库。各水库特征指标见表 4-16。

表 4-16　三门峡水库、小浪底水库、陆浑水库、故县水库、河口村水库特征指标

水库名称	控制流域面积（km^2）	总库容（亿 m^3）	防洪库容（亿 m^3）	汛期限制水位（m）	蓄洪限制水位（m）	设计洪水位（m）	校核洪水位（m）
三门峡水库	688 400	56.3	55.7	305	335	335	340
小浪底水库	694 000	126.5	40.5	254	275	274	275
陆浑水库	3 492	13.2	2.5	317	323	327.5	331.8
故县水库	5 370	11.8	5.0	527.3	548	548.55	551.02
河口村水库	9 223	3.2	2.3	238	285.43	285.43	285.43

在模拟技术方面，目前应用的黄河流域水库、河道和河口的水沙数学模型，均是单一模型，水库水沙调控未能实时考虑下游河道及河口过洪输沙能力和需求，无法系统反映水库调控与河道过洪输沙之间的互馈关系，更是无法回答水库群调控作用下水库群-河道水沙联合动态调控效果。

1. 模型构建

黄河中下游水库群动态调控研究范畴包括水库群时空对接模式、水沙调控指标、动态调控互馈模式等，需要统筹考虑来水来沙条件变化、库区和河道泥沙冲淤基本规律及状态、水库综合利用效益等。

（1）水库群联合动态调控互馈指标构建

水库群联合动态调控首先需要建立水库群-河道互馈指标，反馈水库群和河道的冲淤状态，然后根据冲淤状态选择适宜的调度方式（或调控指标）。黄河下游河道冲淤状态表征指标一般包括冲淤量指标、河道形态指标和行洪能力指标，见表 4-17。

表 4-17　黄河下游河道冲淤状态表征指标

冲淤量指标	河道形态指标	行洪能力指标
总冲淤量	平面形态（弯曲系数）	全断面过流能力
冲淤量空间分布（河段、滩槽）	纵剖面形态（J）	最小平滩流量
冲淤量时间分布（全年、汛期、非汛期）	横断面形态（A、B、H）	

注：A 表示过流面积；B 表示平均河宽；H 表示平均水深。

冲淤量指标直接反映河道的冲淤状态。黄河下游总冲淤量大，除水库运用和极端有利水沙条件导致河道冲刷外，河道以淤积抬升为主。表 4-18 给出了黄河下游河道分河段分时段冲淤统计，从分河段冲淤来看，黄河下游河道冲淤差异大，淤积时段淤积主要发生在花园口—艾山河段，冲刷时段冲刷主要发生在高村以上河段，高村—艾山河段泥沙易淤不易冲，也是黄河下游输沙能力最小的卡口河段。从滩槽冲淤来看，黄河下游不同时段滩槽冲淤差异大，滩槽冲淤差异对平滩流量影响明显，主槽淤积多时平滩流量减小，主槽冲刷或淤积相对少时平滩流量增加。综合考虑，选择总冲淤量、高村—艾山河段冲淤量和滩槽冲淤量作为河道冲淤状态表征备选指标。

表 4-18　黄河下游河道分河段分时段冲淤统计表

时段	总冲淤量（亿 t）	占全下游淤积量的比例（%）				主槽淤积比（%）	平滩流量（m^3/s）	
		铁谢—花园口	花园口—高村	高村—艾山	艾山—利津		平均值	最大值
1950.7～1960.6	3.61	17.2	38	32.4	12.5	22.7	5 441	6 000
1960.7～1960.8	1.53	12.4	18.3	46.4	22.9	—	—	—
1960.9～1964.10	–5.78	32.9	40	21.6	5.5	69.6（冲刷）	7 025	7 500
1964.11～1973.10	4.39	21.6	46	16.9	15.5	67.0	4 627	6 500
1973.11～1980.10	1.81	–12.2（冲刷）	48.1	38.7	25.4	1.1	4 559	5 510
1980.11～1985.10	–0.97	37.1	85.6	–46.4（淤积）	23.7	145.6（冲刷）	57 336	68 006
1985.11～1997.10	2.4	19.5	52.5	15.4	12.6	69.0	3 495	5 000
1997.11～1999.10	0.89	6.7	13.5	40.4	39.4	100.0	23 500	24 000
1999.11～2017.4	–1.66	29.11	44.12	13.91	12.86	100.0（冲刷）	3 389	4 200

注：总冲淤量为负值表示冲刷，总冲淤量为正值表示淤积。

河道形态指标主要反映泥沙冲淤对河道形态调整的影响。微观尺度的冲淤变形受河道整治工程、水沙条件、局部河床边界等多因素影响，异常复杂，目前的水库群调控技术尚难以实现对河道形态指标的精准有效控制。因此，河道形态指标不作为水库群调度需要考虑的因素。

河道行洪能力指标反映泥沙淤积对河道过流能力的影响，主要包括全断面过流能力和最小平滩流量，这两个也是水库群调度需要考虑的因素，可以作为黄河下游河道冲淤状态判别备选指标。

对总冲淤量（或年均冲淤量）、全段面过流能力两个备选指标，考虑到全断面过流能力和河道泥沙淤积总量密切相关，河道淤积一般都会导致河道过流能力减小，冲淤则一般会导致河道过流能力增加或降低，为避免重复选择，在两者中选用总冲淤量作为表征指标。对滩槽冲淤量和最小平滩流量两个指标，黄河下游河道主槽冲淤量和最小平滩流量的年际变化相关性较好。鉴于最小平滩流量是评价河道行洪输沙能力的主要指标，也是水库群调度的重要参考指标，本次采用最小平滩流量作为河道冲淤状态表征指标。根据上述分析，最终采用的河道冲淤状态表征指标见表 4-19。

表 4-19　河道冲淤状态表征指标

初选指标体系	筛选依据	最终指标体系
总冲淤量（年均冲淤量）	二者密切相关；总冲淤量直接、常用	总冲淤量（年均冲淤量）
全断面过流能力		
高村—艾山河段冲淤量	—	高村—艾山河段冲淤量
滩槽冲淤量	二者相关性好；最小平滩流量直观、常用	最小平滩流量
最小平滩流量		

水库冲淤状态表征指标可采用水库累计淤积量。三门峡水库已基本冲淤平衡，可采用计算期内的累计淤积量作为冲淤状态反馈指标；小浪底水库可采用水库运用以来的累计淤积量作为冲淤状态反馈指标。陆浑、故县、河口村等支流水库泥沙淤积问题不严重，可以不反馈冲淤状态。

（2）不同冲淤状态下水库群水沙调控原则

根据不同的冲淤状态，可以将下游河道划分为冲刷状态、平衡状态和淤积状态，分析不同冲淤状态下的水沙调控需求，确定调度原则。当黄河下游平滩流量大于等于 4300m^3/s 且河道继续冲刷时，说明河道处于冲刷状态，为了充分发挥中水河槽行洪输沙能力，水沙调控应该追求水库多排沙、下游河道多输沙，水库应采用较低的排沙水位，利用水库-河道联合调节泥沙；当黄河下游最小平滩流量为 3700～4300m^3/s 时，说明河道基本处于平衡状态，水沙调控应兼顾水库河道减淤、维持中水河槽规模，水库应采用适宜的排沙水位，水库排沙结束后，尽可能延长大流量过程，兼顾水库河道减淤，维持中水河槽规模；当黄河下游最小平滩流量小于等于 3700m^3/s，或淤积总量大，或高村—艾山淤积量大时，说明河道处于淤积状态，水沙调控应实现河道减淤、恢复中水河槽规模，水库应采用较高的排沙水位，水库少排沙，增加大流量过程，冲刷恢复中水河槽规模。河道冲淤状态与水库调控互馈原则见表 4-20。

表 4-20　河道冲淤状态与水库调控互馈原则

河道冲淤状态	水沙调控需求	水库调度原则
冲刷状态 （平滩流量≥4300m^3/s 且河道继续冲刷）	水库多排沙、河道多输沙	水库采用较低的排沙水库，利用水库-河道联合调节泥沙

续表

河道冲淤状态	水沙调控需求	水库调度原则
平衡状态 （平滩流量为 3700～4300m³/s）	兼顾水库河道减淤、维持中水河槽规模	水库采用适宜的排沙水位，水库排沙结束后，尽可能延长大流量过程，兼顾水库河道减淤，维持中水河槽规模
淤积状态 （平滩流量≤3700m³/s，或淤积总量大，或高村—艾山淤积量大）	河道减淤、恢复中水河槽规模	水库采用较高的排沙水位，水库少排沙，增加大流量过程，冲刷恢复中水河槽规模

（3）水库群联合动态调控互馈模式

小浪底水库现状运用，根据淤积状态不同可划分为拦沙初期、拦沙后期和正常运用期，其中拦沙后期又分为三个阶段，不同运用阶段水库都有相应的运用方式。例如，截至 2020 年 4 月，小浪底水库已累计淤积泥沙 32.8 亿 m^3，水库运用处于拦沙后期第一阶段，水库汛期按照防洪、拦沙和调水调沙的方式运用，非汛期按照防断流、灌溉、供水、发电的要求进行调节，随着水库淤积逐步抬高汛限水位运用。为了实现联合动态调控，需要进一步根据不同冲淤状态下水库群水沙调控原则，制定三种调控方式。由于实际调度过程中，每年汛初、汛末都会对水库河道的冲淤情况进行统测，并以此作为各类调度预案编制的依据，因此水库群联合动态调控互馈模式应首先在考虑水库运用阶段互馈的基础上，每年判断一次河道冲淤状态，并选择下一年的运用方式。另外，考虑到精准控制、即时联动的要求，还需要逐日反馈河道冲淤状态，并根据河道冲淤状态及时调整水库群调度指令。水库群水沙调控与河道冲淤互馈多步嵌套模式见图 4-9。

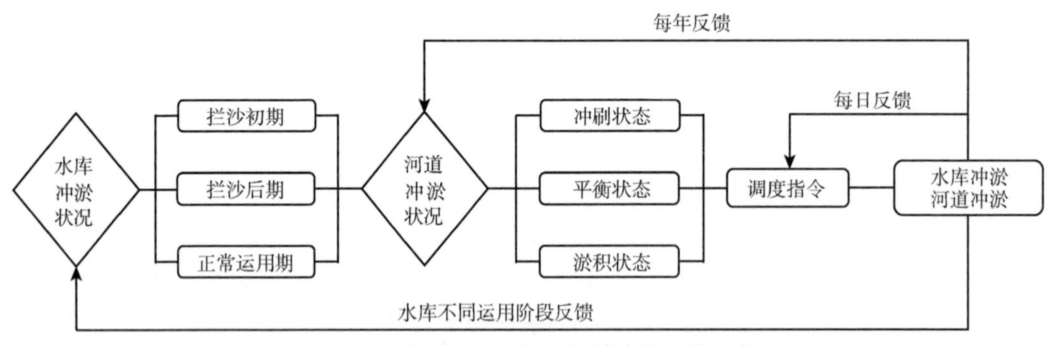

图 4-9　水库群水沙调控与河道冲淤互馈方式

不同运用方式下，水库群水沙调控方式主要差别在汛期。以小浪底水库拦沙后期第一阶段运用为例，现状小浪底水库运用方式如下：7 月 11 日至 9 月 10 日，当水库可调水量（蓄水量加河道来水量）大于等于 13 亿 m^3 时，水库泄放花园口站流量 $3700m^3/s$ 及以上至少 5d 的大流量过程；当水库可调水量大于等于 6 亿 m^3 且潼关和三门峡平均流量大于等于 $2600m^3/s$ 时，水库相机凑泄花园口流量 $3700m^3/s$ 及以上至少 5d 的大流量过程；当预报入库流量大于等于 $2600m^3/s$、含沙量大于等于 $200kg/m^3$ 时，水库提前两天预泄或蓄水至 3 亿 m^3 后按进出库平衡运用。联合动态调控互馈调度期间，当下游河道处于冲刷状态时，为了充分发挥下游河道的输沙能力，减轻水库淤积，当入库流量大于等于 $2600m^3/s$、含沙量大于等于 $60kg/m^3$ 时，水库启动高含沙洪水调度，另外，当连续两天入库流量大于等于 $2600m^3/s$ 时，水库启动降水冲刷指令；当下游河道处于平衡状态时，为了尽可能发挥下游河道的输沙能力，减轻水库淤积，当入库流量大于等于 2600m³/s、含沙量大于等于 60kg/m³ 时，启动高含沙洪水调度；当下游河道处于淤积状态时，水库尽可能拦蓄洪水，尽快冲刷恢复河槽。不同冲淤状态下小浪底水库运用方式见表 4-21。

表 4-21　不同冲淤状态下小浪底水库运用方式（7 月 11 日至 9 月 10 日）

运用方式		蓄满造峰	凑泄造峰	高含沙洪水调度	降水冲刷
现状	启动条件	$W_{可调}$≥13 亿 m³	$(Q_{潼}+Q_{三})/2$≥2600m³/s $W_{可调}$≥6 亿 m³	$Q_{入}$≥2600m³/s $S_{入}$≥200kg/m³	$(Q_{潼}+Q_{三})/2$≥2600m³/s $\Delta Ws_{小}$≥42 亿 m³
	调度指令	$Q_{花}$≥3700m³/s T≥5d	$Q_{花}$≥3700m³/s T≥5d	提前两天预泄或蓄水至 3 亿 m³，$Q_{出}=Q_{入}$	提前两天令 $Q_{花}$=4000m³/s，直至入库流量小于 2600m³/s
方式一（冲刷状态）	启动条件	$W_{可调}$≥13 亿 m³	$(Q_{潼}+Q_{三})/2$≥2600m³/s $W_{可调}$≥5 亿 m³	$Q_{入}$≥2600m³/s $S_{入}$≥60kg/m³	$(Q_{潼}+Q_{三})/2$≥2600m³/s
	调度指令	$Q_{花}$≥3700m³/s T≥5d	$Q_{花}$≥3700m³/s T≥5d	提前两天预泄或蓄水至 2 亿 m³，$Q_{出}=Q_{入}$	提前两天令 $Q_{花}$=4000m³/s，直至入库流量小于 2600m³/s
方式二（平衡状态）	启动条件	$W_{可调}$≥13 亿 m³	$(Q_{潼}+Q_{三})/2$≥2600m³/s $W_{可调}$≥6 亿 m³	$Q_{入}$≥2600m³/s $S_{入}$≥60kg/m³	$(Q_{潼}+Q_{三})/2$≥2600m³/s $\Delta Ws_{小}$≥42 亿 m³
	调度指令	$Q_{花}$≥3700m³/s T≥5d	$Q_{花}$≥3700m³/s T≥5d	提前两天预泄或蓄水至 2 亿 m³，$Q_{出}=Q_{入}$	提前两天令 $Q_{花}$=4000m³/s，直至入库流量小于 2600m³/s
方式三（淤积状态）	启动条件	$W_{可调}$≥13 亿 m³	$(Q_{潼}+Q_{三})/2$≥2600m³/s $W_{可调}$≥5 亿 m³	$Q_{入}$≥2600m³/s $S_{入}$≥60kg/m³	$(Q_{潼}+Q_{三})/2$≥2600m³/s $\Delta Ws_{小}$≥42 亿 m³
	调度指令	$Q_{花}$≥3700m³/s T≥5d	$Q_{花}$≥3700m³/s T≥5d	$Q_{出}$=300m³/s	提前两天令 $Q_{花}$=4000m³/s，直至入库流量小于 2600m³/s

（4）水库群-河道泥沙联合动态调控模型

水库群-河道泥沙联合动态调控模型主要包括水库群调度模块和泥沙冲淤计算模块。

水库群调度模块的主要功能是根据来水来沙条件及水库和下游河道泥沙冲淤状态，生成水库群调度指令，为泥沙冲淤模块提供水沙计算边界条件。从精准控制、即时联动的需要考虑，水库群水沙调控和河道冲淤互馈应每日反馈水库、河道冲淤状态，并根据冲淤状态及时调整水库群调控方式。考虑到实际调度过程中，无法获取河道的每日冲淤情况，为此应每年判断一次河道冲淤状态，并选择下一年的运用方式。水库群和河道泥沙联合调节计算模型运行流程见图 4-10。

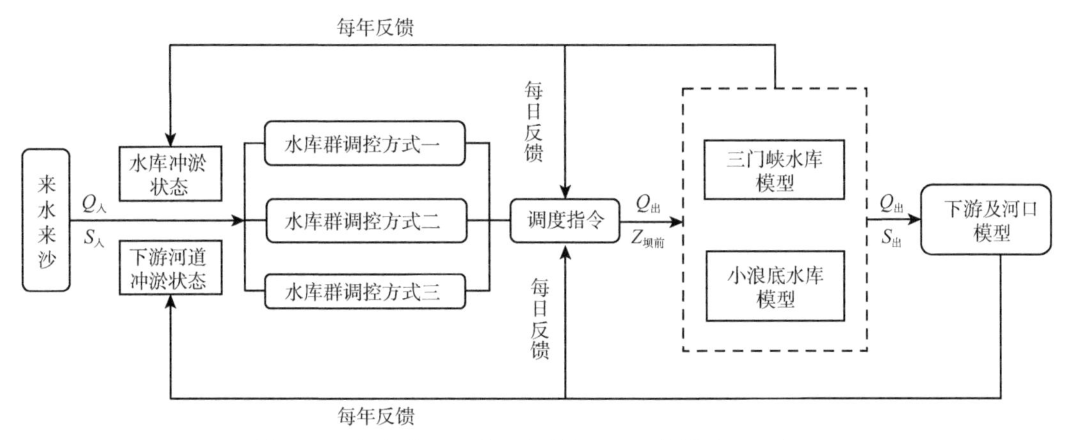

图 4-10　水库群和河道泥沙联合调节计算模型运行流程

泥沙冲淤模块包括水库泥沙冲淤和河道泥沙冲淤。模型集成了黄河中下游已建、在建和规划建设的水沙调控工程。碛口水库模型模拟范围为碛口库区，古贤水库模型模拟范围为碛口坝下—古贤坝址，考虑支流三川河、屈产河、无定河、清涧河、昕水河、延河等支流入汇；三门峡水库模型模拟范围为黄河干流龙门—三门峡坝前、渭河华县以下，汾河、北洛河按点源考虑；小浪底水库模型模拟范围为三门峡坝下—小浪底坝前；黄河下游河道模型模拟范围为铁谢—河口，支流伊洛河、沁河按点源考虑。水库和河道泥沙冲淤均采用一维水动力学模型。

2. 模型应用

基于水库群-河道泥沙联合动态调控方法，以现状黄河中下游水库群为研究对象，分析了黄河中下游现状工程调控效果，计算起始时间为 2017 年 4 月。为便于分析水库群-河道泥沙联合动态调控（考虑了水库群和河道冲淤的互馈，简称“互馈”），与现有技术（简称“现状”）的差别，分别计算了两种情况下黄河中游水库冲淤、水库调节对改善下游河道水沙关系协调度的作用和下游河道冲淤的差别。三门峡水库已达到冲淤平衡，两种情况下水库冲淤的差别主要体现在小浪底水库。水沙关系协调度的计算采用张金良等（2020）提出的方法。

以黄河中游来沙 8 亿 t 情景为例分析未来黄河中游水库及下游河道冲淤变化趋势，该情景下径流量、输沙量特征值见表 4-22。

表 4-22 黄河中游来沙 8 亿 t 情景下径流量、输沙量特征值

来沙情景	径流量（亿 m^3）			输沙量（亿 t）		
	汛期	非汛期	全年	汛期	非汛期	全年
8 亿 t	140.09	132.89	272.98	7.02	0.91	7.93

（1）三门峡水库、小浪底水库冲淤变化

三门峡水库多年基本冲淤平衡，见图 4-11。小浪底水库泥沙冲淤计算结果见图 4-12。截至 2017 年，现状方案下小浪底水库剩余拦沙库容淤满年限还有 13 年，即 2030 年淤满，互馈方案下小浪底水库兼顾了水库及河道减淤，下游河道处于冲刷状态时小浪底水库多排沙，库区淤积慢，剩余拦沙库容淤满年限还有 17 年，即 2034 年淤满，比现状方案延长了 4 年。

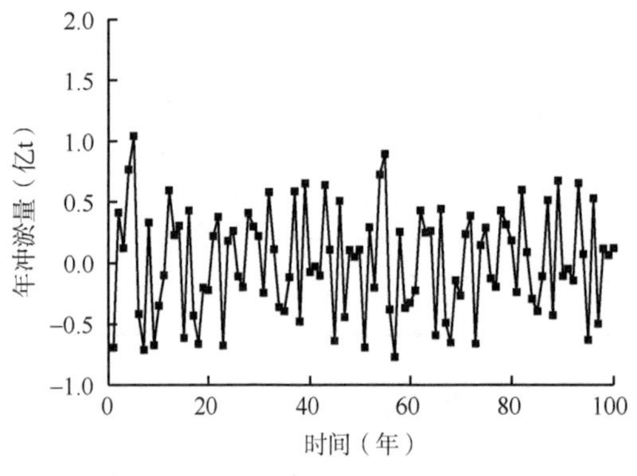

图 4-11 三门峡水库泥沙冲淤计算结果

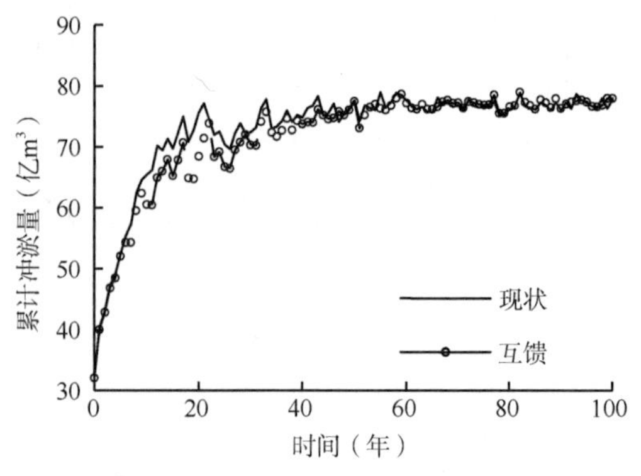

图 4-12 小浪底水库泥沙冲淤计算结果

（2）下游河道冲淤变化

分析现状和互馈方案下进入黄河下游的小浪底、黑石关、武陟三站（简称“小黑武站”）的水沙关系协调度，见图 4-13 和表 4-23。由结果可知，黄河中游来沙 8 亿 t 情景下，水库拦沙期内随着水库敞泄排沙机会增多，下游河道逐渐由冲刷转为淤积，现状方案水库剩余拦沙期内的平均水沙关系协调度为 1.36，进入正常运用期后平均水沙关系协调度为 2.21。互馈方案下，由于水库拦沙年限长，在较长时期内改善了进入下游的水沙关系，剩余拦沙期内平均水沙关系协调度为 1.28。

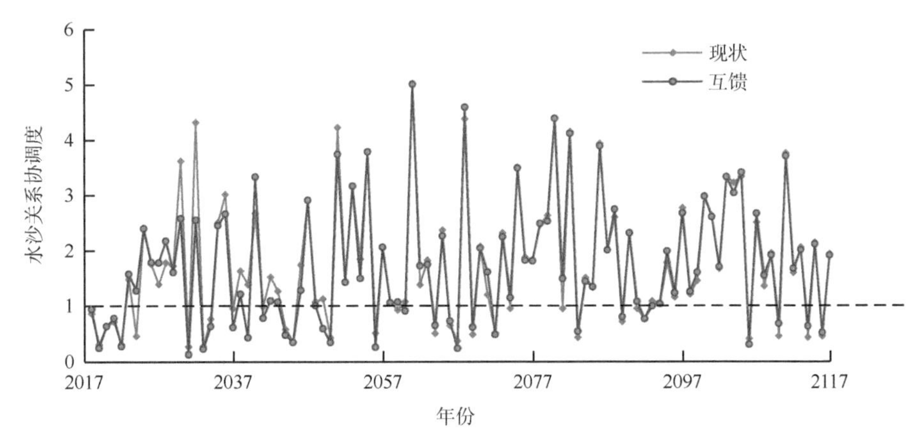

图 4-13　进入黄河下游小黑武站的水沙关系协调度

表 4-23　进入黄河下游小黑武站的水沙关系协调度

来沙情景	剩余拦沙期		正常运用期	
	现状	互馈	现状	互馈
8 亿 t	1.36	1.28	2.21	2.21
6 亿 t	1.22	1.15	1.89	1.89
3 亿 t	0.61	0.57	1.09	1.09

注：为便于对比，剩余拦沙期统计值取各来沙情景互馈方案的剩余拦沙期。

黄河下游河道累计冲淤量和平滩流量变化分别见图 4-14 和图 4-15。现状方案下，小浪底水库 2030 年淤满，之后的 50 年内下游河道年均淤积 2.04 亿 t，随着下游河道淤积最小平滩流量将降低至 2440m^3/s。互馈方案下，小浪底水库 2034 年淤满，拦沙期内下游河道平滩流量较大，水库排沙相对较多，河道冲刷量小于现状方案，但由于水库拦沙年限长，在较长时期内改善了进入下游的水沙关系，正常运用期下游河道总淤积量小于现状方案，最小平滩流量将降低至 2640m^3/s，比现状方案大 200m^3/s。

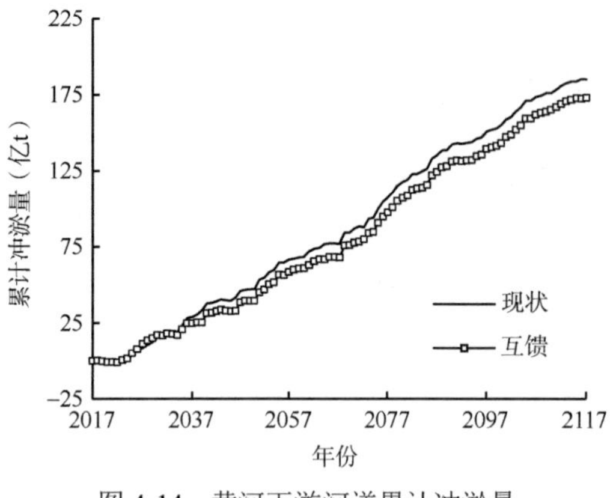

图 4-14 黄河下游河道累计冲淤量

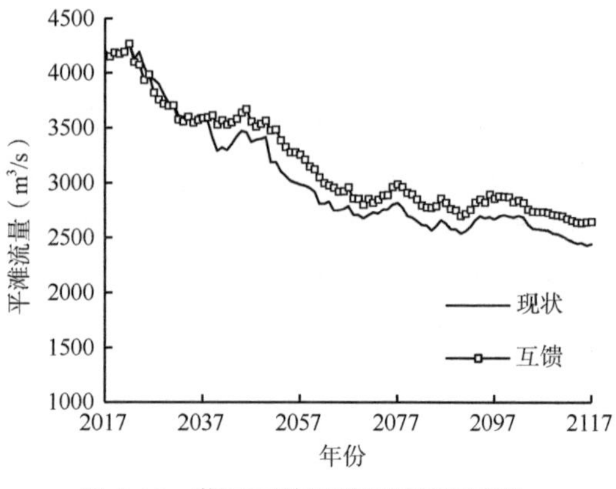

图 4-15 黄河下游河道平滩流量变化

4.5 本章小结

1）黄河流域泥沙配置措施包括“拦、调、排、放、挖”等多种泥沙措施。截至 2015 年，水土保持措施累计保存面积 22.34 万 hm^2，已建梯级水库拦沙 96.83 亿 m^3（合 125.88 亿 t），拦减泥沙措施效果显著。1999 年 10 月至 2020 年 4 月，以小浪底水库为核心的水库群开展了 19 次调水调沙，调水调沙期间下游河道共冲刷泥沙 4.30 亿 t，占下游河道同时期冲刷总量的 16%，冲刷效率明显高于其他时期，当前工程体系调水调沙还面临后续动力不足等问题。2004 年以来开展了 15 轮小北干流无坝自流放淤试验，累计放淤历时 622.25h，放淤处置泥沙 622.1 万 t，其中 0.05mm 以上粗沙占 26.4%，试验表明无坝自流放淤在有利的水沙条件、河势条件及精细的调度管理等情况下，可以实现多引沙，尤其是引粗沙、淤粗排细的放淤目标，但是由于影响因素多，很难全面控制，放淤效果持续保障难度大，同时外部环境变化正在逐步制约未来滩区实施大规模放淤。挖河等其他泥沙处理措施也取得了一定进展。

2）多家研究成果表明，黄河未来来沙量为 3 亿～10 亿 t。基于黄河流域水资源第三次调查评价径流系列成果，依据近期下垫面条件下代表时段主要控制站径流量-输沙量关系，计算得到现状黄河四站长系列多年平均沙量为 9.50 亿 t，考虑到未来水土保持措施新增减沙量约 1.5 亿 t，预测未来黄河四站年均沙量为 8 亿 t 左右。

3）泥沙工程控制数学模型体系包括一维、二维、三维水沙数学模型，均采用有限体积法对数学模型的控制方程进行离散，一维模型用 SIMPLE 算法处理流量与水位的耦合关系，二维、三维模型采用基于同位网格的 SIMPLE 算法处理水流运动方程中压力和速度的耦合关系。黄河口平面二维模型采用 Roe 方法求解含有潮流项的二维浅水方程和不平衡输沙方程。

4）水库群联合动态控制模型通过建立水库群-河道互馈指标，反馈水库群和河道的冲淤状态，根据不同的冲淤状态，可以将下游河道划分为冲刷状态、平衡状态和淤积状态，分析不同冲淤状态下的水沙调控需求，确定调度原则。进一步根据不同冲淤状态下水库群水沙调控原则的不同，制定三种调控方式，生成水库群调度指令。从精准控制、即时联动的需要考虑，水库群水沙调控和河道冲淤互馈应每日反馈水库、河道冲淤状态，并根据冲淤状态及时调整水库群调控方式。以黄河中游来沙 8 亿 t 情景为例，以现状黄河中下游水库群为研究对象，分析了黄河中下游现状工程调控效果。

参 考 文 献

蔡静雅, 周祖昊, 刘佳嘉, 等. 2020. 基于三级汇流和产输沙结构的分布式侵蚀产沙模型. 水利学报, 51(2): 12.

曹汝轩. 1979. 高含沙水流挟沙力初步研究. 水利水电技术, (5): 55-61.

陈江南, 姚文艺, 李勉, 等. 2006. 无定河流域水土保持措施配置及减沙效益分析. 中国水土保持, (8): 28-29, 56.

陈守煜. 1990. 多阶段多目标决策系统模糊优选理论及其应用. 水利学报, 1(1): 1-10.

陈守煜, 王大刚. 2003. 基于遗传算法的模糊优选 BP 网络模型及其应用. 水利学报, (5): 116-121.

陈晓冉, 卢玉林, 薄景山, 等. 2018. 基于拉剪破坏的边坡后缘张裂缝深度探讨. 水力发电, 44(5): 45-49.

成玉祥, 张卜平, 唐亚明. 2021. 溯源侵蚀引发的拉裂-倾倒型黄土崩塌形成机制. 中国地质灾害与防治学报, 32(5): 86-91.

崔占峰. 2006. 三维水流泥沙数学模型. 武汉大学博士学位论文.

党进谦, 李靖, 张伯平. 2001. 黄土单轴拉裂特性的研究. 水力发电学报, (4): 44-48.

丁平兴, 孔亚珍, 朱首贤, 等. 2001. 波-流共同作用下的三维悬沙输运数学模型. 自然科学进展，11(2): 14-152.

何小武, 张光辉, 刘宝元. 2003. 坡面薄层水流的土壤分离实验研究. 农业工程学报, 19(6): 52-55.

胡春宏, 安催花, 陈建国, 等. 2012. 黄河泥沙优化配置. 北京: 科学出版社.

黄河勘测规划设计研究院有限公司. 2013. RSS 河流数值模拟系统软件产品鉴定测试报告. 郑州: 黄河勘测规划设计研究院有限公司.

贾仰文, 王浩, 王建华, 等. 2005. 黄河流域分布式水文模型开发和验证. 自然资源学报, 20(2): 300-308.

江忠善, 宋文经, 李秀英. 1983. 黄土地区天然降雨雨滴特性研究. 中国水土保持, 3(18): 32-36.

李昌华. 1980. 明渠水流挟沙力初步研究. 水利水运科学研究, (3): 76-83.

李国英, 盛连喜. 2011. 黄河调水调沙的模式及其效果. 中国科学, 41(6): 826-832.

李鸿儒. 2014. 基于 SWAT 模型的钦江流域土地利用/覆被变化水沙响应研究. 广西师范学院.

李文学, 李勇. 2002. 论“宽河固堤”与“束水攻沙”治黄方略的有机统一. 水利学报, (10): 96-102.

李肖男, 钟德钰, 黄海, 等. 2014. 基于两相浑水模型的三维水沙数值模拟中国科学, 45(10): 1060-1072.

李义天, 尚全民. 1998. 一维不恒定流泥沙数学模型研究. 中国科学, (1): 81-87.

刘晓燕, 等. 2016. 黄河近年水沙锐减成因. 北京: 科学出版社.

刘晓燕, 高云飞, 马三保, 等. 2018. 黄土高原淤地坝的减沙作用及其时效性. 水利学报, 49(2): 145-155.

刘晓燕, 王富贵, 杨胜天, 等. 2014. 黄土丘陵沟壑区水平梯田减沙作用研究. 水利学报, 45(7): 793-800.

柳海涛, 孙双科, 郑铁刚, 等. 2018. 水电站下游鱼类产卵场水温的人工神经网络预报模型. 农业工程学报, 34(4): 185-191.

罗秋实, 刘继祥, 刘士和, 等. 2012. 河流数值模拟技术及工程应用. 郑州: 黄河水利出版社.

罗秋实, 刘士和, 徐腾飞, 等. 2013. 基于演化算法的非恒定流水沙过程概化技术. 武汉大学学报(工学版), 46(2): 154-158.

罗秋实, 朱进星, 刘士和. 2009. 河流数值模拟系统开发与应用. 武汉大学学报(工学版), 42(1): 69-72.

吕振豫. 2017. 黄河上游区人类活动和气候变化对水沙过程的影响研究. 中国水利水电科学研究院.

任方方, 郭巨海, 黄惠明, 等. 2014. 非均匀沙恢复饱和系数研究综述. 浙江水利科技, (5): 5-7, 12.

舒安平. 1993. 水流挟沙力公式的验证与评述. 人民黄河, (1): 7-9.

苏群生, 郭党伍, 娄洪富, 等. 2007. 黄河下游“二级悬河”的分布与形态特点. 人民黄河, (6): 10, 22.
孙昭敏, 吴志勇, 何海, 等. 2020. 基于改进 VIC 模型的岔巴沟流域水沙耦合模拟研究. 水电能源科学, v. 38;No. 235(03): 36-39, 103.
田鹏, 赵广举, 穆兴民, 等. 2015. 基于改进 RUSLE 模型的皇甫川流域土壤侵蚀产沙模拟研究. 资源科学, 37(004): 832-840.
王晨晖, 魏娜, 解建仓, 等. 2018. 基于多目标模糊优选模型的引嘉入汉工程调蓄方案优选. 水资源与水工程学报, 29(1): 144-148.
王根龙, 伍法权, 祁生文. 2012. 悬臂-拉裂式崩塌破坏机制研究. 岩土力学, 33(S2): 269-274.
王光谦, 薛海, 李铁键. 2005. 黄土高原沟坡重力侵蚀的理论模型. 应用基础与工程科学学报, (4): 335-344.
王光谦, 张红武, 夏军强. 2005. 游荡型河流演变及模拟. 北京: 科学出版社.
王新宏, 曹如轩, 沈晋. 2003. 均匀悬移质恢复饱和系数的探讨. 水利学报, (3): 121-128.
王煜, 李海荣, 安催花, 等. 2015. 黄河水沙调控体系建设规划关键技术研究. 郑州: 黄河水利出版社.
吴普特, 周佩华. 1991. 地表坡度对雨滴溅蚀的影响. 水土保持通报, 11(3): 8-13, 28.
夏云峰. 2002. 感潮河道三维水流泥沙数值模型研究与应用. 河海大学博士学位论文.
谢鉴衡. 1998. 河流模拟. 北京: 中国水利水电出版社.
徐新良, 刘纪远, 张树文, 等. 2018. 中国多时期土地利用土地覆被遥感监测数据集(CNLUCC). 中国科学院资源环境科学数据中心数据注册与出版系统(http://www.resdc.cn/DOI).
徐学军, 王罗斌, 何子杰. 2009. 坡顶竖向裂缝对边坡稳定性影响的研究. 人民长江, 40(22): 46-48.
杨国录, 吴伟明. 1994. SUSBED-2 动床恒定非均匀全沙模型. 水利学报, (4): 1-9.
杨吉山, 姚文艺, 郑明国, 等. 2017. 岔巴沟淤地坝小流域重力侵蚀产沙量分析. 水利学报, 48(2): 241-245.
尤明庆. 2006. 均质土坡滑动面的变分法分析. 岩石力学与工程学报, (S1): 2735-2745.
于国新. 2011. 黄土及其边坡稳定的一些探讨. 铁道工程学报, 28(6): 1-5.
曾庆华, 曾卫. 2004. 黄河下游“二级悬河”治理途径的探讨. 泥沙研究, (2): 1-4.
张红武, 张清. 1992. 黄河水流挟沙力计算公式. 人民黄河, (11): 7-9.
张金良, 练继建, 等. 2020. 黄河水沙关系协调度与骨干水库的调节作用. 水利学报, 51 (8): 897-905.
张瑞瑾. 1998. 河流泥沙动力学. 北京: 中国水利水电出版社.
张小峰, 谈广鸣, 许全喜, 等. 2002. 基于 BP 神经网络的河道断面变形预测模型. 水利学报, 11(11): 8-13.
张玉, 邵生俊, 赵敏, 等. 2018. 平面应变条件下土的强度准则在黄土工程问题中的应用研究. 土木工程学报, 51(8): 71-80.
赵勇. 2004. 黄河下游宽河道治理对策. 人民黄河, (5): 3-5, 46.
郑粉莉, 江忠善, 2008. 水蚀过程与预报模型. 北京: 科学出版社.
周惠成, 张改红, 王国利. 2007. 基于熵权的水库防洪调度多目标决策方法及应用. 水利学报, 38(1): 100-106.
朱建荣, 戚定满, 肖成猷, 等. 2004. 和海平面变化对河口最大浑浊带的影响. 海洋学报，26(5): 12-22.
Bouwer H. 1969. Planning and Interpreting Soil Permeability Measurements. J. Irrig. Drain. Eng, 95(IR3): 391-402.
Dutta S, Sen D. 2018. Application of SWAT model for predicting soil erosion and sediment yield. Sustainable Water Resources Management, 4(3): 447-468.
Green W H, Ampt G H. 1911. Studies on soil physics, Part I, the flow of air and water through soils. J. Agric. Sci, 4(1): 1-24.
Fan J, Yu Y, Li Z, et al. 2020. Comparative study of soil erosion along the Middle Route of South-to-North Water Transfer Project based on RUSLE model. IOP Conference Series Earth and Environmental Science, 446:032031.

Jia Y, Ni G, Kawahara Y, et al. 2001. Development of WEP model and its application to an urban watershed. Hydrological Processes, 15(11): 2175-2194.
Jia Y, Wang H, Zhou Z, et al. 2006. Development of the WEP-L distributed hydrological model and dynamic assessment of water resources in the Yellow River basin. Journal of Hydrology, 331(3-4): 606-629.
Khairunnisa F, Tambunan M P. 2020. Marko K. Estimation of soil erosion by USLE model using GIS technique (A case study of upper Citarum Watershed).
Kwanghun C, Sebastian A, Bernd H, et al. 2017. Daily Based Morgan–Morgan–Finney (DMMF) Model: A Spatially Distributed Conceptual Soil Erosion Model to Simulate Complex Soil Surface Configurations. Water, 9(4): 278.
Li J, Zhou Z, Wang H, et al. 2019. Development of WEP-COR model to simulate land surface water and energy budgets in a cold region. Hydrology Research, 50(1): 606-629.
Li P, Mu X, Holden J, et al. 2017. Comparison of soil erosion models used to study the Chinese Loess Plateau. Earth-Science Reviews, 170: 17-30.
Liu S H, Xiong X Y, Luo Q S. 2009. Theoretical analysis and numerical simulation of turbulent flow around sand waves and sand-bars. Journal of Hydrodynamics, 21(2): 292-298.
Mein R G, Larson C L. 1973. Modeling infiltration during a steady rain. Water Resour. Re. 9 (2): 384-394.
Nash J E, Sutcliffe J V. 1970. River flow forecasting through conceptual models-Part I: A discussion of principles. Journal of Hydrology, 10(3): 282-290.
Osman A M, Thorne C R. 1988. Riverbank Stability Analysis. I: Theory. Journal of Hydraulic Engineering, 114(2): 134-150.
Phillips B C, Sutherl A J. 1989. Spatial lag effects in bed load sediment transport. Journal of Hydraulic Research, 27(1): 115-133.
Prosser I P, Rustomji P. 2000. Sediment transport capacity relations for overland flow. Progress in Physical Geography, 24(2): 179-193.
Rodi W. 1993. Turbulence Models and Their Application in Hydraulics-A State of the Art Review. 3rd ed. Rotterdam: IAHR Monograph.
Sinha S K, Sotiropoulos F, Odgaard A J. 1998. Three-dimensional numerical model for flow through natural rivers. Journal of Hydraulic Engineering, 124(1): 13-24.
Van Rijn L C. 1984. Sediment transport part Ⅲ: bed form and alluvial roughness. Journal of Hydraulic Engineering, 110(12): 1733-1754.
Van Rijn L C. 1987. Mathematical modelling of morphological processes in the case suspended sediment transport. Emmeloord Delft Hydraulics.
Wang H, Zhao H. 2020. Dynamic Changes of Soil Erosion in the Taohe River Basin Using the RUSLE Model and Google Earth Engine. Water. 12(5): 1293.
Wellington N W. 1978. A sediment-routing model for alluvial streams. Melbourne: University of Melbourne.
Wu W M, Rodi W, Wenka T. 2000. 3D numerical modeling of flow and sediment transport in open channels. Journal of Hydraulic Engineering, 126(1): 4-15.
Yang C T. 1999. Incipient motion and sediment transport. Journal of the Hydraulic Division, (10): 1679-1704.
ZHAOG, KLIK A, MU X, et al. 2015. Sediment yield estimation in a small watershed on the northern Loess Plateau, China . Geomorphology, 2015, 241: 343-352.
Zhou Z, Jia Y, Qiu Y, et al. 2018. Simulation of dualistic hydrological processes affected by intensive human activities based on distributed hydrological model. Journal of Water Resources Planning and Management, 144(12): 04018077.

第2篇

入黄泥沙控制

第 5 章　黄土高原水土流失治理现状

5.1　水土流失状况

黄土高原地区是我国水土流失最严重的地区之一，水土流失面积之广、强度之高、危害之大堪称世界之最，是黄河泥沙的主要来源区，“贡献”了 90%以上的入黄泥沙。黄土高原严重的水土流失导致黄河下游河道淤积形成“地上悬河”。开展黄土高原地区水土流失治理是控制入黄泥沙的关键。

黄土高原地区水土流失治理的三大措施是林草植被、梯田和淤地坝。林草植被水土保持作用的主要机理表现在以下三个方面：一是植被冠层对降雨具有拦截作用；二是根系增大土壤孔隙，从而增加雨水下渗量；三是植被根系固持，增强土壤自身抗冲、抗蚀性作用。梯田的主要作用是改变地面坡度、拦截坡面雨水、削减水流能量、减少坡面侵蚀，具有蓄水保土作用。淤地坝修建于黄土高原地区的沟道中，无论是坡面侵蚀产生的泥沙，还是沟道下切、沟岸崩塌等产生的泥沙，最终都将在沟道中被淤地坝所拦蓄，因此，淤地坝是黄土高原水土流失治理的最后一道防线，是最直接有效的措施。

综合考虑水土流失治理三大措施的主要着力点，结合第四章中黄河流域暴雨产洪产沙动力学模型，可以看出，黄土高原地区入黄泥沙控制的主要变量是反映林草植被、梯田和淤地坝三大措施影响的因子。能够反映三大措施实施的变量因子：一是反映林草植被措施实施的植被覆盖率，其影响叶面积指数；二是反映梯田措施实施的梯田面积比例，其影响坡面比降；三是反映淤地坝措施实施的淤地坝控制沟道长度比例，其影响沟道比降或流速。

5.2　水土流失对入黄泥沙的影响

黄河流域黄土高原地区是指黄河流域龙羊峡至桃花峪区间的流域范围，涉及青海、甘肃、宁夏、内蒙古、陕西、山西、河南等七省（区），黄土高原地区总土地面积为 64.06 万 km^2，占黄河流域面积的 81%，是黄河泥沙的主要来源区。

黄土高原地区土质疏松、坡陡沟深、植被稀疏、暴雨集中，是导致水土流失严重的自然原因；乱砍滥伐、过度放牧、陡坡开荒等掠夺式的土地利用方式及不合理的资源开发等人为活动，则加剧了水土流失。在自然因素和人为因素的综合作用下，黄土高原地区水土流失状况总体严重。但自人民治黄以来，尤其是进入 21 世纪后，随着治理力度的不断加大，水土流失状况不断得以改善。根据水利部 2002 年水土保持遥感普查成果和全国水土流失与生态安全科学考察报告有关资料，黄河流域水土流失面积为 46.501 万 km^2，占流域面积的 58.49%，主要集中在黄土高原地区，水土流失面积为 45.17

万 km^2。在黄土高原水土流失面积中，侵蚀模数大于 8000t/(km^2·a)的极强度水蚀面积为1.78万km^2，占全国同类面积的64%；侵蚀模数大于15 000t/(km^2·a)的剧烈水蚀面积为0.37万km^2，占全国同类面积的89%。严重的水土流失不仅造成了黄土高原地区生态环境恶化，制约了经济社会的可持续发展，还是导致黄河下游河道持续淤积、河床高悬的根源。

黄土高原地区的水土流失，无论是侵蚀量还是粗沙来量都具有地区分布相对集中的特点。侵蚀模数大于5000t/(km^2·a)、粒径大于0.05mm的粗沙输沙模数在1300t/(km^2·a)以上的多沙粗沙区，分布于黄河干流河口镇至龙门区间的黄甫川、窟野河等23条支流及泾河的支流马莲河和蒲河上游、北洛河的刘家河以上，面积为7.86万km^2，仅占黄土高原地区水土流失面积的17.4%，但年均输沙量却高达11.82亿t（1954～1969年平均值），占黄河同期总沙量的62.8%；粒径大于0.05mm的粗沙量高达3.19亿t，占黄河同期粗沙总量的72.5%。

侵蚀模数大于5000t/(km^2·a)、粒径大于0.1mm的粗沙输沙模数在1400t/(km^2·a)以上的粗沙集中来源区，主要分布于黄河干流河口镇至龙门区间的窟野河、黄甫川、无定河等9条支流，面积为1.88万km^2，仅占黄土高原地区水土流失面积的4.2%，但年均输沙量达4.08亿t（1954～1969年平均值），占黄河同期总沙量的21.7%；粒径大于0.05mm的粗沙量达1.52亿t，占黄河同期粗沙总量的34.5%；粒径大于0.1mm的粗沙量达0.61亿t，占黄河同期相应级别粗沙总量的54.0%（表5-1）。

表 5-1　黄河流域黄土高原地区不同区域输沙情况表

区域	水土流失区		全部入黄泥沙		大于 0.05mm 的入黄泥沙		大于 0.1mm 的入黄泥沙	
	面积（万 km^2）	比例（%）	沙量（亿 t）	比例（%）	产沙量（亿 t）	比例（%）	产沙量（亿 t）	比例（%）
黄土高原水土流失区	45.17	100	18.81	100	4.4	100	1.13	100
多沙粗沙区	7.86	17.4	11.82	62.8	3.19	72.5	0.89	78.8
粗沙集中来源区	1.88	4.2	4.08	21.7	1.52	34.5	0.61	54.0

注：表中沙量数据为1954～1969年系列统计值。

黄土高原地区水土流失类型多样，成因复杂。黄土丘陵沟壑区、黄土高塬沟壑区、土石山区、风沙区等主要类型区的水土流失特点各不相同，水蚀、风蚀等相互交融，特别是由于深厚的黄土土层和其明显的垂直节理性，沟道崩塌、滑塌、泻溜等重力侵蚀异常活跃。

5.3　水土流失治理历程

水土保持是生态文明建设的重要内容、江河治理的重要措施、全面推进乡村振兴的基础、提升生态系统质量和稳定性的有效手段，党和国家历来高度重视水土流失治理工作。黄河流域的水土流失治理由来已久，人民治黄70多年以来，尤其是新中国成立后，中央和地方各级政府十分重视黄河流域的水土保持工作，尤其是黄土高原地区的水土保持工作，历来是全国的重点。

国家针对黄河流域水土保持工作采取了一系列重大措施，实施了多个重大项目，使水土保持工作得到了快速发展，取得了很大成绩。总体而言，水土流失治理历程大致可划分为七个阶段。

第一阶段为科学研究和试验示范阶段（1950～1962 年），开展以小流域为单元、以单项和综合治理措施为主要内容的研究、试验和示范。

第二阶段为全面规划阶段（1963～1969 年），进行了以坡耕地治理为主的全面规划。

第三阶段为综合治理阶段（1970～1979 年），开展了以兴修梯田、淤地坝及造林种草等为主的治理。

第四阶段为重点整治阶段（1980～1989 年），以小流域综合治理为试点，开展重点整治。

第五阶段为依法防治阶段（1990～1995 年），随着《中华人民共和国水土保持法》的颁布实施，水土保持工作进入依法防治阶段。

第六阶段为工程推动阶段（1996～2005 年），党中央发出了“再造一个山川秀美的西北地区”的号召，提出了以生态建设为主体的“西部大开发战略”和“退耕还林（草）、封山绿化、以粮代赈、个体承包”的方针，同时国务院批准了《全国生态环境建设规划》和《黄河流域黄土高原地区水土保持专项治理规划》，自此黄土高原水土保持作为国家经济开发和国土整治的重点项目逐步实施。

第七阶段为生态修复与水保工程相结合阶段（2006 年后），中央、地方财政进一步加大投入，加大水土流失治理力度，三北防护林体系等工程继续实施，促进了黄河流域的生态环境状况持续好转。

上述七个阶段较为详细地总结了黄土高原地区水土流失治理的发展历程，各阶段发展历程的迁移转换与国家关于水土流失治理工作的指导思想和发展政策密切相关。发展至今，从治理模式、治理目标、治理措施等方面看，水土流失治理工作主要经过了三大时期的发展：首先是截至 20 世纪 80 年代末期，该时期是以水保措施引领的工程治理时期；然后是 20 世纪 90 年代至 21 世纪初，该时期是以经济建设为中心，扩大改革开放力度，水土保持进入了以经济效益为中心发展小流域经济阶段；之后是进入 21 世纪，尤其是党的十八大以来，水土流失治理进入由生态文明引领的绿色发展治理新时期。

水土流失治理工作进入新的发展时期后，生态文明建设要求越来越深入人心，在国务院批复的《黄河流域综合规划（2012—2030 年）》中水土保持规划的指导思想是：以科学发展观为指导，根据民生水利和可持续发展治水新思路，贯彻维持黄河健康生命的治黄新理念，考虑黄河流域自然环境特征和经济社会发展需要，以维护生态环境、改善群众生产与生活条件和减少入黄泥沙为总体目标，贯彻“防治结合、保护优先、强化治理”的基本思路，按照“全面规划、统筹兼顾、标本兼治、综合治理”的原则，根据黄河流域水土流失的特点，结合当地经济社会发展和治黄要求，因地制宜、分区防治、突出重点，提高经济社会和生态环境的可持续发展能力，有效减少入黄泥沙，实现人与自然和谐相处。遵循这一指导思想，规划重视了林草措施，兼顾经济效益，在各项治理措施中，基本农田的比例减小到 15%以下，各项林草措施的比例之和超过 85%，体现了“绿水青山就是金山银山”的生态文明理念。

新的发展时期，在生态文明发展思路的引领下，党和国家更加重视水土流失治理工作，并出台了一系列相关的指导思想和政策。2012 年，党的十八大做出大力推进生态文明建设的战略决策；2019 年，习近平在黄河流域生态保护和高质量发展座谈会上指出中游要抓好水土保持和污染治理；2020 年，《全国重要生态系统保护和修复重大工程总体规划（2021—2035 年）》指出黄河重点生态区的一项重要任务就是水土流失综合治理；2021 年，《黄河流域生态保护和高质量发展规划纲要》《推动黄河流域水土保持高质量发展的指导意见》均对黄土高原水土保持提出了更高要求，高质量发展成为主题，构筑生态安全屏障成为目标，以支撑人与自然和谐共生。

5.4 水土流失治理措施

黄土高原地区因严重的水土流失，而备受世界各国科学研究人员关注。该地区土质疏松、坡陡沟深、植被稀疏、暴雨集中，水土流失不仅带来了一系列生态环境问题，还制约了社会经济的可持续发展。20 世纪 50～70 年代，国家主要开展了植树造林、梯田和淤地坝建设工程；80～90 年代主要开展小流域治理和三北防护林建设，2000 年以来重点开展退耕还林（草）工程、坡耕地整治和治沟造地工程。黄土高原水土流失治理经历了不同的阶段，形成了以林草植被措施、梯田、淤地坝（梯田、淤地坝又可归为工程措施）三大措施为主，小流域综合治理的治理经验，并取得了显著的效果。

水土流失的发生发展离不开它所在区域的环境过程，其中，气候是影响土壤侵蚀变化的外在因素，而流域本身的状况如地形地貌、植被及其覆盖、土壤、土地利用状况和水土保持措施的布设则是影响水土流失的内在因素。近年来的实践表明，通过以三大措施为主的流域综合治理，流域生态环境发生了深刻变化（图 5-1）。

5.4.1 工程措施

1. 淤地坝

淤地坝是指在水土流失严重地区，用于拦泥淤地而横建于沟道中的水工建筑物。淤地坝的作用主要是防治沟道水土流失、滞洪、拦泥、淤地（坝地），控制沟床下切和沟岸扩张，并可调节径流泥沙，减轻下游水库淤积，改善生态环境。淤地坝具备一定的坝高和库容，有较强的调蓄能力。

淤地坝的主要目的在于拦泥、淤地、造田，坝内所淤成的土地称为坝地。与坡耕地相比，坝地土壤肥沃，地势平坦，生产力较强。建设淤地坝是黄土高原水土流失地区，尤其是沟壑水蚀严重区域充分利用水土资源的重要措施。

图 5-1　水土流失治理措施实施效果

淤地坝和一般坝体一样，由坝体、溢洪道、泄水洞三部分组成。坝体是横拦沟道的挡水拦泥建筑物，用以拦蓄洪水，淤积泥沙，抬高淤积面。淤地坝的坝体并非长期用于挡水，当拦泥淤积成坝地后，即投入农业耕作，不再起蓄水调洪作用。溢洪道是排泄洪水的建筑，当洪水水位超过设计高度时，由溢洪道排出，以保证坝体安全和坝地正常生产。泄水洞多采用竖井式和卧管式，用于排出沟道日常流水及雨后的库内清水，防止作物受淹和坝地盐碱化，或在蓄水期间供给下游日常用水（图 5-2）。

淤地坝按筑坝材料可分为土坝、石坝、土石混合坝等；按用途可分为缓洪骨干坝、拦泥生产坝等；按建筑材料和施工方法可分为夯碾坝、水力冲填坝、水中填土坝、定向爆破坝、堆石坝、干砌石坝、浆砌石坝等。根据淤地坝的坝高、库容、淤地面积等特点，可分为小型、中型、大型三类。

2. 梯田

梯田是在坡地上沿等高线修成的台阶式或坡式断面的田地，由于地块顺坡按等高线排列呈阶梯状而得名（图 5-3）。梯田是一种基本的水土流失治理工程措施，也是坡耕地发展农业的重要措施之一。梯田可以改变地形，拦蓄雨水，减少径流，改良土壤，增加土壤水分，具有显著的保水、保肥效果。因此，梯田对防治水土流失，促进山区和丘陵区农业发展，改善生态环境等具有重要作用。

图 5-2　黄土高原淤地坝

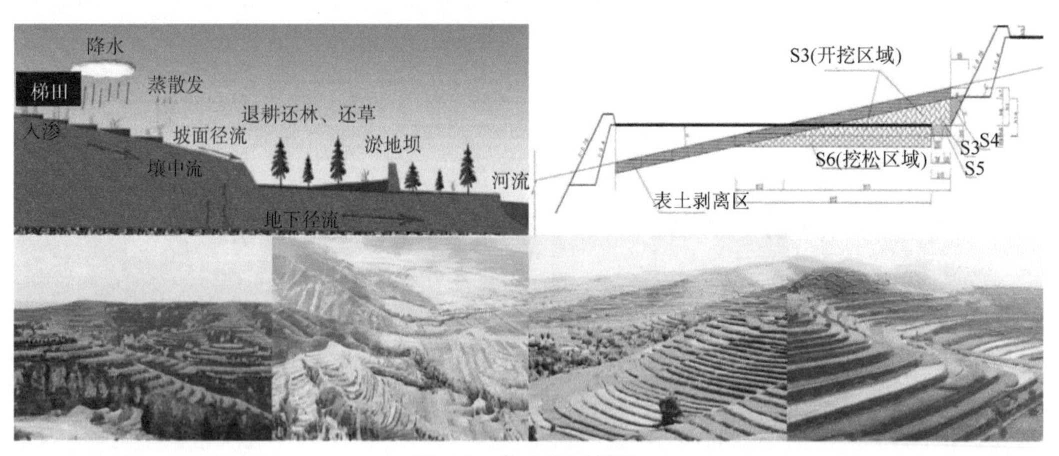

图 5-3　黄土高原梯田

梯田切断了坡面径流，减小了坡面径流汇集面积和径流量，从而能有效地蓄水挡沙，控制水土流失，因此梯田是根治坡耕地水土流失的主要措施。根据统计，与坡耕地相比，梯田可拦蓄 70%～95%的坡面径流、90%～100%的泥沙。在降水量相同的情况下，梯田泥沙流失量减少 95%。梯田所拦蓄的表层土壤泥沙较为肥沃，可增加土壤养分，促进作物生长。根据陕西延安、安塞等地的资料，修建梯田后，由于表土流失减少，土壤有机质、速效磷和全氮含量均有较大幅度的提高，单产量可提高 50%～150%。

梯田可实现保水、保肥、保土，高产、稳定的目标，因此，实现坡改梯，是山区退耕陡坡、植树种草，促进农林牧副业全面发展的可持续发展道路。

5.4.2　林草植被措施

1. 林草植被措施概述

林草措施又称生物措施或植物措施，是在水土流失地区以控制水土流失、保护和合理利用水土资源、改良土壤、维持和提高土地生产潜力、改善生态环境、增加经济与社会效益所实施的人工造林、封山育林育草等措施。它是治理水土流失的根本措施。在黄土高原地区，林草建设与土壤流失关系密切。由于黄土特殊的成土方式所形成的黄土颗粒“点棱接触侧斜支架式多孔结构”堆积，在没有一定数量的根系上下串联缠绕固结的情况下，土壤空隙间充水时，支架上的颗粒发生“湿滑位移”而使土体落实，土壤透水性降低，导致超渗产流，发生强烈水土流失。大量事实证明，黄土高原现代侵蚀加剧主要是人类陡坡垦荒耕种和人为不合理利用土地所造成的。

在水土流失区造林种草的主要作用是涵养水源、保持水土、防风固沙、保护农田。除此之外，它还可以改良土壤，调节气候，减少或防止空气和水质污染，美化、保护和改造自然环境，从而改变生产的基本条件，保证和促进高产稳产。同时，水土保持造林种草又具有生产性。通过造林种草，可以获得木料、燃料、饲料、肥料、果品及其他林副产品等一系列经济受益，促进水土流失地区经济的房展。

2. 退耕还林还草

退耕还林还草是党中央、国务院站在中华民族长远发展的战略高度，着眼于经济社会可持续发展全局，审时度势，为改善生态环境、建设生态文明作出的重大决策。1998年特大洪灾后，党中央、国务院将“封山育树，退耕还林”作为灾后重建、整治江湖的重要措施。1999 年起，按照“退耕还林（草）、封山绿化、以粮代赈、个体承包”的政策，四川、陕西、甘肃 3 个省率先开展退耕还林还草试点，到 2002 年在全国范围内全面启动退耕还林还草工程。

5.4.3　小流域综合治理

根据研究人员多年以来的实践经验，黄土高原地区水土流失治理，最好是以小流域为单元进行。这是水土流失治理工作经验的总结，是水土保持的新发展。小流域这一概念于 20 世纪 80 年代被提出，流域和小流域的区别在于，流域是地面降水的天然汇集区域，它以分水岭为界，凡在界限以内的山、梁、坡、溪、川、河的投影面积，就构成一个完整流域；而小流域是指范围较小，比较完整、独立的自然集水区。小流域综合治理中所提出的小流域面积大小是相对的，一般以治理需求划定，大多数小流域面积为 1～10km^2，小部分面积为 10～30km^2，最大不超过 50km^2。

小流域综合治理是依据小流域的自然、生态、经济等特点，把工程、植物、水利、耕作等各项措施，按一定的结构科学配置的综合系统。在小流域综合治理的同时，开发利用流域内的自然资源，把水土流失严重的小流域从生态环境恶性循环的生态经济系统，最终建设成为适度规模经营的商品经济单元，典型小流域综合治理效果见图 5-4。

图 5-4　绥德县辛店沟小流域综合治理效果图

5.5　水土流失治理成就及经验

5.5.1　治理成就

人民治黄 70 多年，尤其是近 20 年来，黄河流域实施了国家重点治理工程、小流域建设工程、亮点工程、黄土高原水土保持世界银行贷款项目等一大批水土保持生态建设重点项目，以国家水土保持项目为重点，开展了大规模的综合治理，改善了生态环境、减少了入黄泥沙、提高了水资源利用率，水土流失防治逐步迈入法治化轨道，水土保持监测也取得了初步成果，水土保持建设逐步规范化、管理水平逐步提高，极大地推动了黄河流域水土保持工作和区域经济社会的持续发展。

1. 以国家水土保持项目为重点，开展了大规模的综合治理

（1）小流域综合治理项目

小流域综合治理是指以流域面积＜50km^2 的小流域为单元，在全面规划的基础上，合理安排农林牧渔各业用地，布置各种水土保持措施，使之互相协调，互相促进，形成综合的防治措施体系。1980～2000 年，黄委会在黄河上中游地区组织实施了小流域综合治理试点项目，涉及小流域 141 条，完成水土流失治理 1725km^2。1997～2005 年，黄委会在黄河上中游地区组织实施了重点小流域治理项目，涉及小流域 176 条，完成水土流失治理 1959km^2。

小流域综合治理项目成效显著。一是有效减少了土壤侵蚀，小流域的平均年治理率为 7%～10%；二是水土保持经济效益突出，治理后的小流域人均粮食产量、人均纯收入分别较周边县高出 26.6%、51.5%；三是发展了水土保持科学，利用遥感技术、线性规划、灰色系统理论进行了小流域规划，利用数据库对小流域实行了科学化管理，丰富

和发展了水土保持学科的内涵与外延。

（2）水土保持生态修复试点项目

为加强封育保护，充分发挥生态自我修复功能，在侵蚀程度中等的局部水土流失区，黄委会与流域内各省（区）先后于 2002 年、2004 年、2005 年组织实施了 3 批 33 个项目区的生态修复试点工程，涉及 30 个县（旗、区），封育保护面积达 2300km^2。在项目区内加强监督和管理，改变粗放落后的生产经营方式，禁止乱采滥挖、过度放牧；科学合理地安排生态用水，恢复植被，保护绿洲和湿地；实行舍饲养殖、轮封轮牧、生态移民、封禁育林育草、退耕还林、休牧还草，通过生态自我修复，恢复生态功能；开展牧区水利建设，建设高质量的饲草料基地，调整畜群结构，发展集约化、可持续的畜牧业。

生态修复试点项目实现了有效遏制水土流失、改善生产生活条件和改善生态环境等预期目标，取得了显著成效，加快了水土流失防治步伐。一是生态环境明显改善。造林成活率、保存率和综合效益明显提高，灌草生长速度明显加快，种群数量增加，植被覆盖度大幅度提高。二是蓄水保土效益明显。地表植被的快速增加，降低了土壤侵蚀面积和强度，增强了滞洪削峰、涵养水源的功能。三是农业生产结构改善，经济社会快速发展。

（3）重点治理项目

为给黄河流域水土流失大规模治理和开发提供科学依据，1998～2006 年，黄委会组织实施了天水藉河、西峰齐家川和绥德韭园沟三个水土保持示范区建设项目，涉及小流域 44 条，共完成综合治理 392.20km^2；2001～2004 年，黄委会组织实施了重点支流治理项目，涉及 15 个项目区 10 条支流，7 个省（区）31 个县（旗、区）的 149 条小流域，共完成水土流失治理 1586.53km^2。

重点治理项目建成了一批效益显著、管理运行规范、示范作用强的生态环境建设标志性工程，为减少入黄泥沙、提高当地农业综合生产能力和改善生态环境发挥了重要作用。

（4）淤地坝建设项目

淤地坝是指在水土流失地区各级沟道中，以拦泥淤地为目的而修建的坝工建筑物。20 世纪 80 年代前，淤地坝的建设大体经历了 50 年代的试验示范、60 年代的推广普及、70 年代的发展建设三个阶段。由于淤地坝工程大多为群众自发兴建，缺乏技术指导，工程质量差，单坝规模偏小，多为“一大件”工程，防洪标准较低，暴雨时溃坝较多。1977～1978 年，陕北地区发生了大面积暴雨，淤地坝水毁严重。经对淤地坝的规划布局、工程结构、设计标准、建坝顺序等进行总结研究，提出在修建淤地坝的小流域坝系内，选适当位置修建控制洪水的骨干坝工程，以提高沟道坝系的防洪标准。1986 年后，淤地坝建设进入以治沟骨干工程为骨架、完善提高的坝系建设阶段。2003 年，淤地坝建设作为水利部“三大亮点”工程之一启动实施后，进入大规模发展的新时期，目前建设的淤地坝主要分布在陕西、山西和内蒙古三省（区）。

大规模淤地坝的修建，能够抬高沟床，降低侵蚀基准面，稳定沟坡，有效制止沟岸扩张、沟底下切和沟头前进，减轻沟道侵蚀，拦蓄坡面汇入沟道内的泥沙，从源头上封堵了向下游输送泥沙的通道。据调查统计，每淤成 1hm^2 坝地，骨干坝、中型坝、小型坝分别平均可拦泥 13.8 万 t、10.08 万 t、5.15 万 t。同时，淤地坝在拦泥保土、淤地造田、合理利用水资源、滞洪减沙等方面都具有不可替代的作用。

（5）世界银行贷款项目

由水利部组织，黄委会牵头，国家计委（现发展改革委）、财政部等部门审批协调，1994～2005 年先后在陕、晋、蒙、甘四省（区）的 14 个地（市）、48 个县（旗）实施了一期、二期项目黄土高原水土保持世界银行贷款项目，共利用世界银行贷款 3 亿美元，加上国内配套，总投资达 42 亿元。一期项目累计治理水土流失 4900km^2，二期项目累计治理水土流失 4300km^2。

世界银行贷款项目在经济、社会、生态上效益显著。经济效益上，农业生产总值增长 1.5 倍，农民纯收入增加了 1.8 倍，农林牧各行业均有了长足的发展；社会效益上，交通、医疗、教育、饮用水条件等方面均得到明显改善；生态效益上，大幅提高了植被盖度，丰富了生物多样性，水土流失得到有效遏制。世界银行贷款项目引起了国内外的广泛关注，被世界银行誉为世界银行农业项目的“旗帜工程”，并荣获 2003 年度世界银行行长杰出成就奖。

2. 改善了生态环境、减少了入黄泥沙、提高了水资源利用率

黄土高原地区长期大规模的水土保持措施实施，使项目区内梯田、坝地等基本农田稳步增加，保证了大面积坡耕地得以退耕还林还草，加上林草植被建设和封禁治理的实施，治理区水土流失和荒漠化得到遏制，改善了农业生产条件和生态环境。

根据《黄河流域水土保持公报（2020 年）》统计，黄土高原地区植被面积为 42.95 万 km^2，其中林地面积为 22.02 万 km^2，草地面积为 19.5 万 km^2，园地面积为 1.43 万 km^2，分别占区域植被总面积的 51.27%、45.4%、3.33%；按照植被覆盖度等级分，高覆盖度植被面积为 15.78 万 km^2，中高覆盖度植被面积为 5.43 万 km^2，中覆盖度植被面积为 6.44 万 km^2，中低覆盖度植被面积为 7.53 万 km^2，低覆盖度植被面积为 7.77 万 km^2。中覆盖度及以上植被面积为 27.65 万 km^2，占植被总面积的 64.38%。

大量水土保持措施的实施使得黄土高原地区水土保持率达到了 63.44%（2020 年），发挥了显著的效益，有效拦减了入黄泥沙，使得黄河输沙量减少，减缓了下游河床的淤积抬高速度，为黄河几十年安澜作出了贡献，也相应减少了下游河道输沙用水，为黄河水资源的开发利用提供了有利条件。

3. 水土流失防治步入法治化轨道

依法开展水土保持，是市场经济条件下黄河流域水土保持生态建设的重大发展。我国于 1991 年颁布《中华人民共和国水土保持法》，并于 2010 年进行了修订，经过 30 多年的贯彻实施，水土保持工作已逐步走上了法治化的轨道。一是水土保持法律法规体系初步形成，流域各省（区）都出台了水土保持法实施办法和“两费”征收使用管理办法，

230 多个县（市、旗、区）制定的法规、规范、制度等规范性文件达数千个，为水土保持依法管理提供了法律依据；二是建立健全了以各级水土保持主管部门为主体的水土保持执法体系，消除了执法空白县（市、旗、区），水土保持专职、兼职执法人员达到 30 000 余人；三是查处了一大批违法案件，依法建立了开发建设项目水土保持方案报批制度、水土保持规费征收制度和监督检查制度及水土保持“三同时”制度；四是各省（区）人民政府依法划分并公告了水土流失重点预防保护区、重点监督区和重点治理区，明确了防治重点。

4. 水土保持监测取得了初步成果

我国水土保持监测历经 80 多年的发展，已经逐步走向自动化、集成化、智能化。传统的水土保持监测技术多为单一的坡面观测，且具有劳动密集型的特征，监测方法也比较单一，经常使用单纯的地面监测技术。随着水土保持监测技术的发展和进步，目前已经逐步向地域尺度监测转化，并且向技术密集型的生产方式过渡，可以实现连续性的自动监测，监测技术手段也逐渐呈现出多元化的趋势，能够将遥感技术应用到实际监测过程中，实现多源、多尺度的监测。

黄河流域水土保持监测工作开展早且发展迅速。从 20 世纪四五十年代开始，黄委会的天水、西峰、绥德水土保持试验站就开展了水土流失试验观测，获得了多年的水土流失观测资料，为水土保持科学研究提供了重要的数据支撑。1991 年颁布的《中华人民共和国水土保持法》明确了水土保持监测工作的地位和作用，从 20 世纪 90 年代末期开始，黄河水土保持监测逐渐发展壮大，为水土保持依法管理、科学管理提供了依据，成为水土保持科技发展创新领域，取得了很大的成绩。到 2016 年黄委会三站有控制站 16 个、径流场 63 个、雨量站 90 个，已被纳入全国水土保持基本监测点。近年来，黄河流域水土保持生态环境监测中心开展了 70 余个生产建设项目的水土保持监测，其中铁路、公路和输油输气管道等线型项目 50 多个，大部分项目等级为大型及以上。项目分布在青海、甘肃、四川、宁夏、陕西、山西、河南、新疆等省（区），涉及范围广，地貌类型复杂，水土保持监测的开展有效地促进了人为水土流失防治。截至目前，黄河流域已建流域中心站 1 个、省级总站 9 个、地级分站 39 个，基本形成了流域机构、省（区）、地（市）、县（旗）较完整的水土保持监测体系，开展了小流域坝系监测和部分开发建设项目水土流失监测，建立了水土保持监测公告制度。

5. 开展规范化建设，提高了水土保持管理水平

在水土保持项目管理中，流域机构和各省（区）业务主管部门在规范化建设方面做了大量工作。一是根据国家对基本建设项目管理的要求，全面规范了水土保持工程建设项目的前期工作，根据水土保持工程规划、项目建议书、可行性研究、初步设计四个前期工作程序，对黄河水土保持生态建设实施严格科学的管理。二是在项目管理上，率先实行了“三项制度”改革。首先，在国家重点项目中推行了工程监理制，流域机构和有关省（区）成立了监理公司，对骨干坝建设、重点支流治理、示范区建设、国家预算内专项资金水土保持等国家和地方重点项目实施了监理。其次，在坝系和骨干坝建设中进行了招标投标试点。三是出台了黄河流域水土保持生态工程前期工作系列技术规程和管理意见，保证了水土保持前期工作的科学性和规范化。四是制定了一系列管理办法和规定，使得全流域水土保持工作的管理和黄河流域水土保持生态工程的立项、审批、质量监督、年度检查、竣工验收、后期管理都有章可循。五是改革资金管理办法，实行了拨付报账制。项目管理的规范化，促进了水土保持生态环境建设从计划经济和行政指令的管理方式向市场经济条件下的现代化管理方式的转变，提高了投资效益。

5.5.2 主要经验

新中国成立以来，党和政府高度重视水土保持工作，在黄河流域开展了一系列开创性的水土保持工作，为全国水土保持全面开展进行了有益的探索，积累了丰富的经验，图 5-5 绘制了水土流失治理经验的主要发展历程，综合水土流失治理工作的情况，将水土流失治理工作的主要经验总结如下。

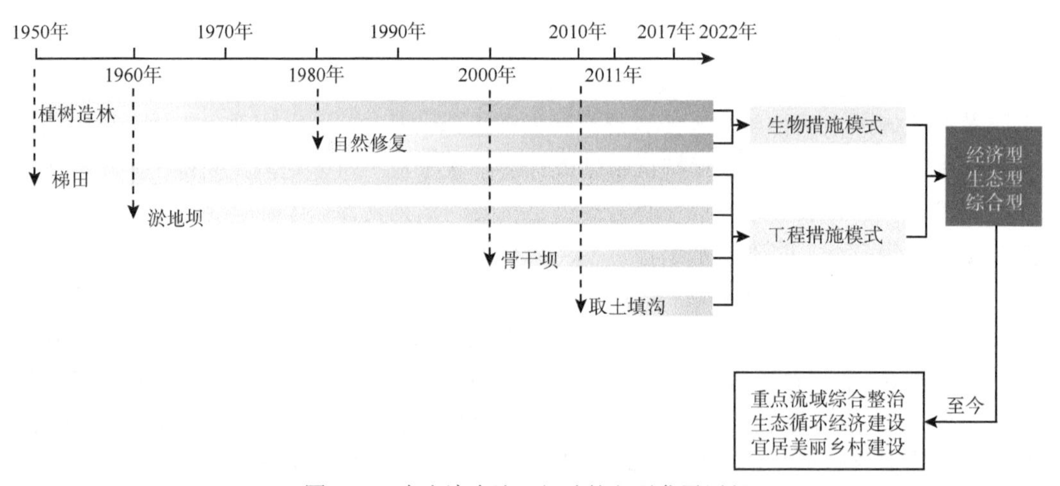

图 5-5 水土流失治理经验的主要发展历程

1）以小流域为单元的水土流失综合治理，是充分发挥水土保持防护开发体系整体功能与综合效益的最佳途径。以小流域为单元，以黄河支流为骨架，坡面防治措施、沟道防治措施与农村基础设施建设相结合，工程措施、林草植被措施与农业耕作措施相结合，生态效益与经济效益相结合，山水田林路统筹规划、因地制宜、综合防治，是黄河流域防治水土流失最成功的经验。

2）针对不同区域的水土流失特点部署水土流失综合治理措施。抓住黄河流域水土流失治理的要害和关键，针对区域水土流失程度开展水土流失综合治理，在严重水土流失区采取积极的综合治理措施；局部流失区的水土保持措施以保护现有植被、防止破坏为主；轻微流失区的水土保持措施主要是进一步搞好水利，提高灌溉效益，力争高产。

3）实行治理与开发相结合。把生态效益与经济效益结合起来，重视基本农田建设和群众增收问题，建立开发型治理模式。通过建设基本农田，提高土地生产力、粮食总产量和农业总产值。有侧重地发展林业、畜牧业和农副产品基地，在增加了农民收入的同时，促进了生态环境的改善。例如，水利部沙棘开发管理中心组织实施的晋陕蒙砒砂岩区沙棘生态工程、黄委会沙棘办公室布设的沙棘示范区等项目，在取得了砒砂岩地区水土流失治理显著成效的同时，开发了沙棘油等高附加值产品，大大提高了当地群众的收入。

4）依靠科技进步，提高治理水平。大力开展应用基础和使用技术研究，是认识黄河流域水土流失规律，优化水土保持措施、小流域综合治理模式和解决生产生活问题的根本。例如，黄河中游多沙区、粗沙区、多沙粗沙区和粗沙集中来源区的发现与界定，明确了黄土高原水土流失治理的重点和关键区，对于从根本上治理黄河具有革命性的意义；无人机等低空遥感技术的逐步普及，影像自动解译技术的应用，都大大提高了水土保持监测水平；在黄土高原旱作农业区推广的以窖灌为标志的集雨节水技术，保证了农业生产的持续与稳产，提高了粮食单产，调整了农林牧产业结构，实现了水土资源的合理利用。

5.6 本 章 小 结

黄河流域水土流失治理大致经历了 20 世纪 50～70 年代的以基本农田建设为主的示范推广阶段，80 年代注重工程和生物措施相结合的小流域综合治理阶段，90 年代以《中华人民共和国水土保持法》颁布为标志的依法防治阶段，90 年代末到 21 世纪初退耕还林、淤地坝建设等大规模推进阶段。党的十八大以来，黄河流域水土流失治理进入全面推进生态文明建设的高质量发展阶段。在各级党委政府领导和有关部门的大力支持下，经过广大人民群众不懈努力和艰苦奋斗，截至目前，水土保持累计投资 560 多亿元，初步治理水土流失面积 24.4 万 km^2，建设淤地坝 5.88 万座，黄河流域水土保持措施多年年均减沙 4.35 亿 t。大规模的水土保持措施发挥了显著的生态、经济和社会效益。

黄河流域水土流失防治虽然取得了显著成效，但与流域生态保护和高质量发展要求、生态文明建设的总要求、人民群众对美好生活环境的更高需求、提供更多优质生态产品的迫切需要、建立西北生态安全屏障的要求相比，黄河流域水土保持工作依然任重道远，还存在下列问题急需解决。

1）生态环境脆弱的局面没有根本改变，水土流失防治任务依然艰巨，水土保持措施结构不完善，水土流失防治措施体系的系统性、综合性不够。

2）人为水土流失防治压力大，水土保持监管能力亟待加强。

3）水土保持监测能力和科研存在明显短板，难以为流域监管提供有效支撑。

参 考 文 献

鄂竟平. 2008. 中国水土流失与生态安全综合科学考察总结报告. 中国水土保持, (12): 4.
高健翎, 张建国, 朱莉莉, 等. 2019. 黄土丘陵沟壑区水土保持关键措施变化特征. 水土保持通报, 39(3): 5.
胡建军, 赵力毅, 冯光成. 2013. 黄河粗泥沙集中来源区输沙模数研究. 人民黄河, 35(6): 87-89.
黄河上中游管理局. 2009. 黄河流域水土保持规划(修编)报告.
黄河上中游管理局. 2016. 人民治黄 70 年水土保持效益分析.
黄河水利委员会. 2012. 黄河流域水土保持公报(2020 年).

黄土高原水土保持世界银行贷款项目办公室. 2004. 世纪丰碑: 黄土高原水土保持世界银行贷款项目纪实. 北京: 中国计划出版社.
李国英. 2002. 大力推进黄河流域水土保持生态建设. 中国水土保持, (12): 5-6.
李敏, 张长印, 王海燕. 2019. 黄土高原水土保持治理阶段研究. 中国水土保持, (2): 1-4.
李永红, 高照良. 2011. 黄土高原地区水土流失的特点、危害及治理. 生态经济(中文版), (8): 148-153.
刘国彬, 王兵, 卫伟, 等. 2016. 黄土高原水土流失综合治理技术及示范. 生态学报, 36(22): 7074-7077.
刘海涛, 徐帅, 魏学平, 等. 2014. 粗泥沙集中来源区水土保持措施的生态环境影响分析. 科技创新与应用, (35): 2.
孟庆枚. 1996. 黄土高原水土保持. 郑州: 黄河水利出版社.
牛玉国, 王煜, 李永强, 等. 2021. 黄河流域生态保护和高质量发展水安全保障布局和措施研究. 人民黄河, 43(8): 6.
冉大川. 2012. 黄河中游近期水沙变化对人类活动的响应. 岩土力学, 33(11): 1.
汪习军. 1999. 黄河流域水土保持任重而道远. 中国水土保持, (1): 3.
吴春华, 张宏安, 王寅声, 等. 2005. 黄土高原生态环境问题分析与实施生态修复的探讨. 郑州: 第二届黄河国际论坛.
阎晋民. 2005. 黄土高原水土保持世界银行贷款项目(二期)建设评价. 山西水利, (3): 10-12.

第 6 章 黄土高原水土流失综合控制方法

水土流失综合控制必须遵循自然和经济规律，以水土资源的可持续利用和生态环境的良性维持为根本，与当地经济社会可持续发展相结合，采取防治结合、保护优先、突出重点、强化治理的基本思路，按照分区防治的原则，因地制宜地配置各种治理措施。

6.1 主要原则

坚持生态优先，绿色发展。牢固树立绿水青山就是金山银山的理念，顺应自然，尊重规律，从过度干预、过度利用向自然修复、休养生息转变，改变黄河流域生态脆弱现状。

坚持统筹谋划，协同推进。统筹谋划上中下游、支流及左右岸的保护和治理，山水林田湖草沙综合治理、系统治理、源头治理，共同抓好大保护，协同推进大治理。

坚持量水而行，节水优先。针对不同区域水资源条件，因地制宜，科学选育人工造林树种，推进水资源节约集约利用。以乡土树种为主，宜林则林，宜灌则灌，宜草则草，改善林分结构，提高植被成活率。

坚持目标导向，精准施策。坚持问题导向和需求导向，针对不同区域实际，充分考虑各地区自然条件差异，因地制宜地采取保护治理措施，分类精准施策。

坚持政府主导，监管并重。发挥政府在水土保持工作中的主导作用，加强部门协调，动员全社会力量，统筹相关政策和资金开展治理。完善综合监管，加强能力建设，进一步提升水土保持社会管理和公共服务水平。

6.2 控制体系

遵循黄土高原地区植被地带分布规律，密切关注气候暖湿化等趋势及其影响，合理采取生态保护和修复措施。森林植被带以营造乔木林、乔灌草混交林为主，森林草原植被带以营造灌木林为主，草原植被带以种草、草原改良为主。加强水分平衡论证，因地制宜地采取封山育林、人工造林、飞播造林等多种措施推进森林植被建设。在河套平原区、汾渭平原区、黄土高原土地沙化区、内蒙古高原湖泊萎缩退化区等重点区域实施山水林田湖草生态保护修复工程。加大对水源涵养林建设区的封山禁牧、轮封轮牧和封育保护力度，促进自然恢复。结合地貌、土壤、气候和技术条件，科学选育人工造林树种，提高成活率、改善林相结构，提高林分质量。对深山远山区、风沙区和支流发源地，在适宜区域实施飞播造林。适度发展经济林和林下经济，提高生态效益和农民收益。加强秦岭生态环境保护和修复，强化大熊猫、金丝猴、朱鹮等珍稀濒危物种栖息地保护和恢复，积极推进生态廊道建设，扩大野生动植物生存空间。

以减少入河入库泥沙为重点，积极推进黄土高原塬面保护、小流域综合治理、淤地坝建设、坡耕地综合整治等水土保持重点工程。在晋陕蒙丘陵沟壑区积极推动建设粗沙拦沙减沙设施。以陇东董志塬、晋西太德塬、陕北洛川塬、关中渭北台塬等塬区为重点，实施黄土高原固沟保塬项目。以陕甘晋宁青山地丘陵沟壑区等为重点，开展旱作梯田建设，加强雨水集蓄利用，推进小流域综合治理。加强对淤地坝建设的规范指导，推广新标准、新技术和新工艺，在重力侵蚀严重、水土流失剧烈区域大力建设高标准淤地坝。排查现有淤地坝风险隐患，加强病险淤地坝除险加固和老旧淤地坝提升改造，提高管护能力。建立跨区域淤地坝信息监测机制，实现对重要淤地坝的动态监控和安全风险预警。

6.3 控制分区方法

黄河流域水土流失防治区域从总体上划分为重点治理区、重点预防保护区和重点监督区三类，根据其重要程度，又分别划分为国家级和省级重点治理区、重点预防保护区和重点监督区。针对不同地貌和水土流失特点，采取有针对性的防治措施和配置模式，黄河流域黄土高原地区划分为黄土丘陵沟壑区、黄土高塬沟壑区、土石山区、风沙区等九大水土流失类型区。

6.3.1 水土流失防止区域划分

1. 重点治理区

黄河流域水土流失面积为46.501万km^2，主要是侵蚀模数大于1000t/(km^2・a)的水土流失区。其中，国家级重点治理区主要分布在河龙区间、泾河和北洛河上游、祖厉河和渭河上游、湟水和洮河中下游、伊洛河和三门峡库区，面积为19.1万km^2，涉及从青海到河南的7个省（区）、31个地（市）、133个县（旗）。水土流失类型区大部分为黄土丘陵沟壑区，其次是黄土高塬沟壑区和风沙区，极少部分为土石山区，是造成黄河下游淤积的主要泥沙来源区。十大孔兑位于黄河内蒙古河段南岸，水土流失面积为0.8万km^2，流经库布齐沙漠，来沙集中且粗沙含量大，是造成内蒙古河段淤积的重要原因之一。

根据泥沙来源及其对下游的危害程度，又划分出黄河中游多沙粗沙区和粗沙集中来源区。多沙粗沙区总面积为7.86万km^2，主要分布于河口镇至龙门区间和泾河上游、北洛河上游等地区，涉及陕西、山西、甘肃、内蒙古、宁夏5个省（区）的45个县（旗、市）。该区水土流失面积仅占黄土高原水土流失面积的17.4%，而年均输沙量占黄河同期总沙量的62.8%，粒径在0.05mm以上的粗沙量占黄河同期粗沙总量的72.5%。粗沙集中来源区面积为1.88万km^2，仅占黄土高原水土流失面积的4.2%，而年均输沙量却占黄河同期总沙量的21.7%；粒径在0.05mm以上的粗沙量约占黄河同期粗沙总量的34.5%，粒径在0.1mm以上的粗沙量占黄河同期粗沙总量的54.0%，对黄河下游河道淤积危害最大。

在重点治理区，实施以支流为骨架、以小流域为单元的水土流失综合治理，建设以沟道坝系、坡改梯和林草植被为主体的水土流失综合防治体系，充分发挥大自然的自我修复能力，促进植被快速恢复，抓好水土流失综合治理工程建设，建设一批布局合理、措施科学、管理规范、效益显著、高标准、高质量的水土保持示范工程，以点带面，促进黄土高原地区水土保持生态建设快速、持续、健康发展。近期以多沙粗沙区为重点，以粗沙集中来源区为重中之重，集中投资，加快沟道拦沙工程建设，有效控制水土流失，减少入黄泥沙。

2. 重点预防保护区

重点预防保护区总面积为 26.52 万 km^2，包括微度水蚀区、植被盖度在 40%以上的风沙区、次生林区和治理程度达到 70%以上的小流域等。其中，国家级重点预防保护区为跨省（区）且水土流失比较轻微的子午岭林区、六盘山林区及黄河源区，面积为 15.48 万 km^2。子午岭林区面积为 1.59 万 km^2，位于北洛河与马莲河中上游，涉及甘肃、陕西 2 个省的 4 个市 15 个县；六盘山林区面积为 0.75 万 km^2，位于泾河与渭河的分水岭地带，涉及宁夏、甘肃、陕西 3 个省（区）的 4 个市 11 个县；黄河源区面积为 13.14 万 km^2，涉及青海、四川、甘肃 3 个省的 18 个县。

重点预防保护区要依法保护好现有森林、草原、水土资源，对有潜在侵蚀危险的地区，积极开展封山育林育草，禁止毁林毁草、乱砍滥伐、过度放牧和陡坡开荒，防止产生新的水土流失，因地制宜地实施生态移民，加强已有治理成果的管理、维护、巩固和提高，使之充分发挥效益。

3. 重点监督区

重点监督区总面积为 19.74 万 km^2，主要为资源开发、建设项目和工矿集中、对地表及植被破坏面积大、人为水土流失严重的地区。其中，国家级重点监督区包括晋、陕、蒙接壤的煤炭开发地区，豫、陕、晋接壤的有色金属开发地区，以及陕、甘、宁、蒙接壤的石油天然气开发地区，面积为 14.97 万 km^2。其中，晋、陕、蒙接壤地区面积为 5.44 万 km^2，涉及 3 个省（区）5 个市 13 个县（旗）；豫、陕、晋接壤地区面积为 3.22 万 km^2，涉及 3 个省 6 个市 19 个县（市）；陕、甘、宁、蒙接壤地区面积为 6.31 万 km^2，涉及 4 个省（区）5 个市 15 个县（旗）。晋、陕、蒙接壤地区，陕、甘、宁、蒙接壤地区的全部，以及豫、陕、晋接壤地区的部分与国家级重点治理区重叠。

在重点监督区，要加强开发建设项目管理，对开发建设项目水土保持方案的编报及实施进度、质量、完成情况进行严格审批与监督，严格执行《中华人民共和国水土保持法》规定的水土保持方案与主体工程同时设计、同时施工、同时投产使用的“三同时”制度，尽可能减少对地表、植被的破坏，把人为造成的水土流失减小到最低程度；并对已破坏的地表、植被和造成的水土流失，按照“谁造成水土流失，谁负责治理”的原则，进行恢复治理；强化执法，对违法案件依法进行立案查处。

6.3.2 水土流失类型区划分

黄河流域黄土高原地区水土流失类型区包括黄土丘陵沟壑区、黄土高塬沟壑区、林区、土石山区、高地草原区、干旱草原区、风沙区、冲积平原区、黄土阶地区 9 个类型区。不同类型区应采取不同的水土流失防治措施。

1）黄土丘陵沟壑区：该区分为 5 个副区，丘 1、丘 2 副区主要分布于陕西北部、山西西北部和内蒙古南部，丘 3、丘 4、丘 5 副区主要分布于青海东部、宁夏南部、甘肃中部、河南西部。该区坡陡沟深，面蚀、沟蚀均很严重。水土流失综合治理由梁峁顶、梁峁坡、峁缘线、沟坡和沟底五道防线构成。各副区水土保持措施配置应因地制宜、各有侧重。丘 1、丘 2 副区水土流失最严重，主要措施是在沟道筑坝拦沙、陡坡退耕和恢复植被。

2）黄土高塬沟壑区：主要分布于甘肃东部、陕西延安南部和渭河以北、山西南部等地区。该区塬面水土流失较轻，但沟头前进吞蚀塬面农田，威胁交通；沟壑崩塌、滑塌、陷穴、泻溜等重力侵蚀严重。水土保持主要措施及其配置应突出“保塬固沟，以沟养塬”的原则，在塬面、沟头、沟坡、沟道分别布设塬面水土保持基本农田、沟头防护、沟坡林草、沟道淤地坝和谷坊等措施，构筑水土流失防治四道防线。

3）林区：主要分布于黄龙山、桥山、子午岭等次生林区。该区梁状丘陵次生林覆盖度较高，水土流失轻微。水土保持工作的重点是严格执行有关法律法规，防止毁林毁草开荒，依法保护林草植被。

4）土石山区：主要分布于秦岭、吕梁山、阴山、六盘山等山区，青海、甘肃、宁夏、内蒙古、山西、陕西、河南 7 个省（区）均有分布。该区分为石质山岭、土石山坡、黄土峁坡、洪积沟谷等侵蚀亚区，其中黄土峁坡水土流失严重。主要水土保持措施是修筑石坎梯田、石谷坊或闸沟垫地，实施封禁和造林种草。

5）干旱草原区和高地草原区：干旱草原区主要分布于甘肃景泰和靖远、内蒙古鄂尔多斯西北、宁夏吴忠等地区；高地草原区主要分布于甘肃甘南、青海湟水和大通河上游及龙羊峡以上等地区。这两个区水土流失轻微。水土保持工作以防为主，依法保护草原，合理确定载畜量，防止因过度放牧和乱采滥挖而造成草场退化。对已退化草地采取限牧、轮牧、补种改良等措施。

6）风沙区：主要分布于陕西榆林西北、内蒙古鄂尔多斯等地区。该区水土流失以风蚀为主。水土保持的主要任务是治理半固定和流动沙丘。水土保持主要措施包括设置封禁、沙障和营造防风固沙林等，在有条件的地方引水拉沙造田，发展小片水地。

7）黄土阶地区和冲积平原区：黄土阶地区主要分布于陕西渭河两岸、山西黄河和汾河沿岸、河南西部黄河沿岸等地区；冲积平原区主要位于陕西渭河下游、山西汾河下游、内蒙古河套、宁夏银川、河南伊洛河下游和沁河下游等地区。这两个区水土流失轻微。水土保持主要措施是发展水土保持基本农田，加强监督，防止人为水土流失。

6.4　综合控制措施

水土流失综合控制措施主要包括工程、植物、耕作三大措施。2013 年国务院批复的《黄河流域综合规划（2012—2030 年）》，统筹考虑减少入黄泥沙、改善生态环境、发展区域经济、增加农民收入等要求，规划黄河流域每年开展水土流失综合治理面积 1.250 万 km^2（包括初步治理面积和巩固治理面积），规划期共安排综合治理面积 28.75 万 km^2，见表 6-1。

表 6-1　黄河流域各省（区）规划治理面积表　（单位：万 km^2）

省（区）	流失面积	现状年年底累计初步治理面积	规划年治理面积	规划远期（现状年至 2030 年）治理面积
青海	2.325	0.77	0.060	1.38
四川	0.360	0.02	0.009	0.21
甘肃	8.369	5.38	0.221	5.08
宁夏	3.845	2.01	0.100	2.30
内蒙古	12.512	3.09	0.190	4.37
山西	7.585	4.13	0.275	6.33
陕西	8.838	6.07	0.320	7.36
河南	1.957	0.65	0.055	1.27
山东	0.710	0.44	0.020	0.46
合计	46.501	22.56	1.250	28.75

（1）淤地坝

实践证明，在黄土高原地区特别是多沙粗沙区开展淤地坝建设，是减少入黄泥沙、减轻下游河道淤积的重要措施。淤地坝将泥沙就地拦蓄，将荒沟变为高产稳产的水土保持基本农田，可为陡坡地退耕还林还草提供有利条件，对解决人畜饮水困难及生态用水不足等问题有重要作用，有的淤地坝坝顶还能兼作连接乡村之间的道路。根据实测资料，坝地一般亩产 250～300kg，高的可达 500kg，是坡耕地的 5～10 倍。

根据现行水土保持淤地坝的有关技术规范，小型淤地坝库容为 10 万 m^3 以下，中型淤地坝库容为 10 万～50 万 m^3，骨干坝库容为 50 万～500 万 m^3，设计标准为 20～30 年一遇洪水设计，200～300 年一遇洪水校核，设计淤积年限为 20 年。

根据规划减沙目标要求，结合当地建坝条件，拟定规划期淤地坝建设规模。到 2030 年，规划建设淤地坝 62 249 座，其中骨干坝 15 340 座，中小型坝 46 909 座。

（2）梯田

梯田具有保持水土、改善农业生产条件和生态环境、促进退耕还林还草、发展当地经济等重要作用。梯田建设规划必须把有效解决当地粮食和增收问题放到重要位置，遵循“以建保退，治理与建设并重”的原则，通过建设梯田等措施，确保退耕还林还草等水土流失综合治理工作的顺利开展。

规划期新增梯田 215.16 万 hm^2，改造梯田 162.24 万 hm^2。

（3）造林

造林是治理水土流失、增加植被覆盖率和改善生态环境的重要措施。规划期共营造水保林 1157.36 万 hm^2（乔木林 338.84 万 hm^2、灌木林 818.52 万 hm^2）、经济林 238.48 万 hm^2。

（4）种草

种草是蓄水保土、改良土壤、促进畜牧业发展、增加植被覆盖率、改善生态环境的一项水土保持措施。规划期共发展人工种草 410.77 万 hm^2。

（5）封禁治理

封禁治理是指对稀疏植被采取封禁管理，利用自然修复能力，辅以人工补植和抚育管护，促进植被恢复，控制水土流失。规划期共实施封禁治理 690.99 万 hm^2。

（6）小型水土保持工程

小型水土保持工程包括沟头防护、谷坊、水窖、涝池等，对于解决人畜饮水问题、防止沟道侵蚀等具有重要作用。规划期新增各类小型水土保持工程 187.273 万座（处）。

6.5 本章小结

本章从水土流失控制主要原则、控制体系、控制分区方法、综合控制措施等方面，详述了黄土高原水土流失综合控制方法。国家对黄土高原地区水土流失问题高度重视，自人民治黄以来，大规模的水土保持措施发挥了显著的生态、经济和社会效益，主要效益为：生态环境明显向好，为构建西北生态安全屏障发挥了重要作用；有效减少了入黄泥沙，为确保黄河安澜做出了重要贡献；改善了群众生产生活条件，促进了区域经济社会发展和进步。

参考文献

李敏, 王白春, 许林军. 2013. 多沙粗沙区综合治理规划与减沙作用. 人民黄河, 35(10): 3.
李敏, 王白春, 许林军. 2013. 黄河流域水土保持战略部署. 人民黄河, 35(10): 3.
刘海涛, 徐帅, 魏学平, 等. 2014. 粗泥沙集中来源区水土保持措施的生态环境影响分析. 科技创新与应用, (35): 2.
刘正杰, 卜杰华, 杨希刚. 2004. 黄河流域水土保持现状及“十五”发展意见. 人民黄河, 23(8): 22-23.
习近平. 2019. 在黄河流域生态保护和高质量发展座谈会上的讲话. 中国水利, (20): 3.
张建, 马翠丽, 雷鸣, 等. 2013. 内蒙古十大孔兑水沙特性及治理措施研究. 人民黄河, 35(10): 72-74.

第 7 章　高标准新型淤地坝建设关键技术

7.1　基 本 定 义

7.1.1　淤地坝功能原理及作用

黄河是中华民族的母亲河，是我国重要的生态屏障和生态廊道。然而，黄河泥沙问题突出，是世界闻名的多沙河流，也是世界上最为复杂难治的河流。黄土高原地区是我国水土流失最严重、生态环境最脆弱的地区之一，水土流失面积之广、强度之高、危害之大堪称世界之最，是黄河泥沙的主要来源区，黄土高原严重的水土流失导致黄河下游河道淤积形成“地上悬河”。黄河泥沙问题“表象在黄河、根子在流域”，在黄土高原地区各级沟道建设淤地坝，通过抬高沟道侵蚀基准面，消散水流能量，减小沟道侵蚀，构建水土流失治理的最后一道防线，因此，建设淤地坝是水土流失治理最直接有效的措施。

淤地坝建成后，直接拦截了上游沟道及坡面输移下来的大量泥沙，使得淤积面不断抬高，原来侵蚀最为严重的沟谷和沟床逐渐被泥沙淤埋，改变了坝控范围内的坡度组成，缩短了谷坡的坡长，使流域沟道形状由原来侵蚀较剧烈的“V”形逐渐演变成侵蚀强度相对较轻的“U”形，改变了坝控范围内的土地利用类型，淤积面以下的土壤侵蚀被彻底控制；淤积面以上，坝地两侧沟谷和沟坡（峁边线以下部分）土体的滑动面减少，土体抗滑稳定性增强，重力侵蚀发生的概率降低，在一定程度上抑制了沟头延伸、沟谷深切及沟岸坍塌、扩张，直至淤地坝“淤满”，侵蚀基准面逐步被抬高，沟道纵比降减小，水流行进速度变缓、挟沙能力降低，坝控范围内的土壤侵蚀模数显著降低，淤地坝的拦沙减蚀作用发挥到极致。

淤地坝淤满后拦沙作用降到最低，但是在采取措施确保淤地坝不溃坝的情况下，淤积面（坝地）相当于水平梯田，客观上还能起到一定的减蚀和拦蓄径流泥沙的效果，具有很好的径流泥沙调控作用，所以淤地坝减蚀作用将会持续发挥。但是，如果淤地坝淤满后未能采取有效的防溃措施，由于泥沙淤积侵占滞洪库容，漫坝概率进一步增加，淤地坝淤满后可通过加高来降低洪水漫坝概率，但是加高后的淤地坝还会淤满，后期也不可能无限加高。淤满后的淤地坝坝体外坡会形成比较陡的边坡，发生暴雨洪水时，小流域洪水漫顶会冲刷、淘刷坝体，小冲沟逐步演变成大冲沟，溯源侵蚀至沿洪水通道主槽极狭窄的带状范围内。由于黄土高原地区暴雨洪水历时较短，不同粒径的土壤自然分选沉积，淤积土壤密实度较大，因此一般单场暴雨洪水不存在坝地淤沙被“零存整取”，但是随着暴雨洪水的一次次冲刷，如果不加以维修保护，坝区内仍保留的淤积量（即坝地）将会逐渐被冲失殆尽，重新演变成大型侵蚀沟，几十年治理形成的新的侵蚀基准面又会逐步退回，泥沙重新进入下游河道，治理成果付诸东流，无法发挥长久的拦沙减蚀作用和效益。例如，陕西省吴起县印峁子淤地坝淤满后，1992 年遭遇超标准洪水溃坝，未及时维修，至 1994 年坝体被冲毁一大半，前期拦蓄的百万立方米泥沙重返河道，几十年治理成效付诸东流。因此，采取经济合理、科学有效的防溃措施，才能保证淤地坝长久发挥效益。

7.1.2 淤地坝建设面临形势与现状问题

1. 面临形势

淤地坝是黄土高原地区人民群众在长期同水土流失斗争实践中创造的一种行之有效的既能拦截泥沙、保持水土，又能淤地造田、增产粮食的水土保持工程措施。从明代隆庆三年陕西子洲县天然聚湫形成黄土洼天然淤地坝至今，淤地坝的发展经历了由传统经验到系统科学、由单坝到坝系、由自生自灭到强化管护的发展历程，在淤地造田、滞洪拦沙等方面发挥了重要的作用。特别是人民治黄以来，黄河流域建设淤地坝约 5.88 万座，拦减入黄泥沙 95.4 亿 t，淤地 10.3 万 hm^2，2000 年以来年均减沙量在 3 亿 t 以上，对黄土高原生态保护修复发挥了巨大作用。然而，由于现行淤地坝为均质土坝，其为散粒体结构，发生超标准洪水导致漫坝等坝身过流时极易溃决并在下游产生洪水灾害，成为制约淤地坝功能发挥的技术瓶颈。随着我国水利事业的发展，水利工程事业已经从重视建设向建管并重发展，淤地坝近年来的防汛责任也逐步压实，但防汛责任的压实与淤地坝水毁灾害频发的现状情况构成了矛盾冲突，导致淤地坝近年来的建设发展基本处于停滞状态，见图 7-1。

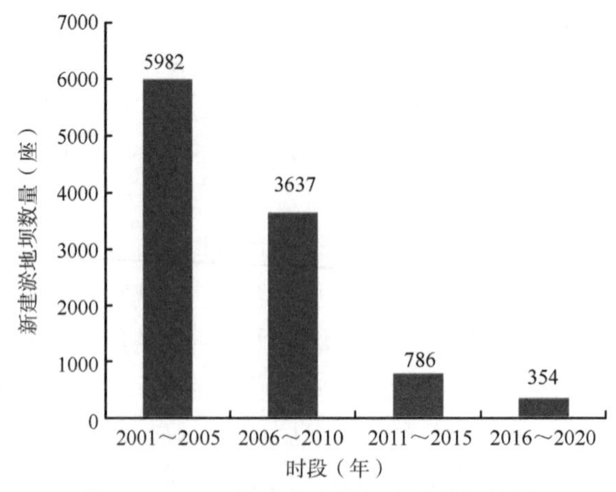

图 7-1　2000 年以来全国新建淤地坝数量

2021 年 10 月 8 日，中共中央、国务院印发的《黄河流域生态保护和高质量发展规划纲要》（以下简称“《规划纲要》”）指出“加强对淤地坝建设的规范指导，推广新标准新技术新工艺，在重力侵蚀严重、水土流失剧烈区域大力建设高标准淤地坝。排查现有淤地坝风险隐患，加强病险淤地坝除险加固和老旧淤地坝提升改造，提高管护能力。建立跨区域淤地坝信息监测机制，实现对重要淤地坝的动态监控和安全风险预警”。《规划纲要》为淤地坝的建设发展明晰了方向和着力点。

为了贯彻落实《规划纲要》，加强对淤地坝建设管理的规范指导，黄委会研究制定了《高标准淤地坝建设管理指南》，要求淤地坝建设管理要严格执行技术规范、加强工程建设管理、夯实安全运用责任、积极推进“三新”应用。其中，针对“三新”应用提出“条件适宜的地方积极推广应用已有成熟稳定、经济可行、安全可靠的新材料、新技术、新工艺”，进一步明确了淤地坝的建设发展要积极推广应用新材料、新技术、新工艺，按照高标准淤地坝进行建设管理。

新形势下，在黄河流域生态保护和高质量发展及乡村振兴等重大国家战略逐步实施的时代背景下，黄土高原地区经济社会发展和人民群众生命财产安全等都对强化淤地坝建设质量、保障经济安全运行和提升综合效益发挥等提出了迫切的需求，基于需求牵引，从国家层面到行业管理机构层面，都提出了高标准新型淤地坝的建设发展要求。

2. 现状问题

黄河勘测规划设计研究院有限公司紧盯治黄前沿，同频把握新形势下淤地坝建设的时代发展需求，为推动高标准新型淤地坝技术发展，超前谋划，组织开展了全面系统的调研，深入辨识分析了现状淤地坝在设计、建设及运行管理中存在的问题，识别出现状情况下，传统淤地坝面临着“溃决风险高、管护压力大、拦沙不充分”三大痛点。

（1）溃决风险高

淤地坝坝体一般为均值土坝，为散粒体结构坝体，散粒体材料胶结性能差，难以抵抗水流冲刷，一旦遭遇洪水漫顶过流，就极易发生溃决，成为新时期制约淤地坝建设发展的重要技术瓶颈。

另外，淤地坝设计标准总体较低。目前，淤地坝工程套用小型水库的设计标准，一般大型淤地坝为 30～50 年一遇，中小型淤地坝为 10～30 年一遇，淤地坝的防洪标准总体偏低，整体防洪能力较弱。淤地坝作为一项重要的水土保持工程措施，在我国各类水利工程的建设发展过程中，虽然发挥了重要的作用，但一直“出身贫寒”，在工程建设管理中受工程的投资和技术限制，淤地坝大多未设溢洪道等泄流建筑物，发生超标准洪水时存在防洪安全隐患，甚至存在溃决风险。淤地坝工程控制流域面积较小，大多位于黄土高原地区，容易发生局部暴雨引起的超标准洪水，超标准洪水已成为导致淤地坝水毁甚至溃决的最主要因素。淤地坝的布设多表现为串联的坝系组成特点，往往上游一坝溃决，会引起连锁溃坝，直接威胁人民群众的生命财产安全。

所以，淤地坝溃决风险高已成为制约淤地坝建设发展的重要原因。超标准洪水导致的淤地坝水毁、溃坝、连锁溃坝等事件时有发生。1994 年 7～8 月陕北多次发生百年一遇以上暴雨，超标准的暴雨洪水造成中小型淤地坝发生漫顶垮坝；2012 年 7 月 15 日，陕西省绥德县韭园沟流域发生暴雨，暴雨频率为 83 年一遇，共有 9 座中小型淤地坝水毁，其中 3 座最终发生漫顶垮坝；2016 年 8 月 16～18 日，鄂尔多斯市局部地区发生特大暴雨，最大 24h 降雨量 404mm，超过各级淤地坝防洪标准，导致洪水漫坝而过，共造成达拉特旗西柳沟和罕台川 2 个流域 19 座淤地坝垮坝（含 12 座骨干坝），占该区域淤地坝总数的 11%。超标准洪水始终存在，不从根本上解决淤地坝设计洪水问题，就无法解决淤地坝溃坝问题。

（2）管护压力大

近年来，淤地坝工程的安全运用和防护管理对当地防汛部门提出了非常高的要求。水利部相继制定并出台了《关于进一步加强黄土高原地区淤地坝工程安全运用管理的意见》《黄土高原地区淤地坝工程安全度汛监督检查办法》等，提出淤地坝工程数量大，多建于 20 世纪六七十年代，建设标准低，泄洪设施不完善，安全度汛风险较大，工程在运行管理中存在管理责任主体不明确、“三个责任人”落实不到位、防汛预案针对性不强、管理经费不落实、运行管理薄弱等影响安全的突出问题，并针对有关问题对淤地坝的安全运用管理提出了非常高的要求。组织开展“四不两直”暗访督查，针对督查发现的问题，水利部印发了“一省一单”，责成 7 个省（区）水利厅组织有关单位建立问题台账，限期整改到位，同时要求举一反三，认真检视辖区内淤地坝安全运用管理方面存在的问题，及时采取有效措施，消除安全隐患，按照“责任追究标准”对有关省（区）进行问责，将淤地坝安全度汛压力传导给了各级有关责任单位和个人。

目前黄河流域分布有淤地坝 58 776 座，分布范围广，位置偏远，交通不便。按照淤地坝的安全运用管理要求，防汛管理部门需要经常进行排查、巡检，且淤地坝均为土质坝坡，遇暴雨时极易损坏，在日常运行中由于缺乏管养经费，很多损毁破坏难以得到及时修复，积患成灾的情况普遍存在，随着水利工程强监管的逐步落实，淤地坝防汛要求每座坝落实“三个责任人”，因此，淤地坝的管护压力大，管护成本高，防汛监管任务越来越艰巨，淤地坝防汛已经成为地方各级主管部门的一大难题，极大地抑制了地方建设淤地坝的热情，制约了淤地坝的建设，影响了淤地坝工程效益的发挥。

（3）拦沙不充分

按照传统淤地坝设计运用理念，若淤地坝设置溢洪道，则需预留校核标准洪水经溢洪道泄流调蓄后所需的滞洪库容，用于保证坝体自身的防洪安全，而对于不设置溢洪道的淤地坝，则是预留全部拦蓄校核标准洪水所需的滞洪库容，其所需的滞洪库容更大，导致淤地坝工程规模更大，滞洪库容是为了坝体自身防洪安全而设置，不可用于拦淤泥沙。

据统计，现存骨干坝共计 5621 座，其中，共设置滞洪库容 22.4 亿 m^3，占骨干坝总库容 56 亿 m^3 的 40%，该滞洪库容部分长期空置，见图 7-2。根据淤地坝的设计功能，

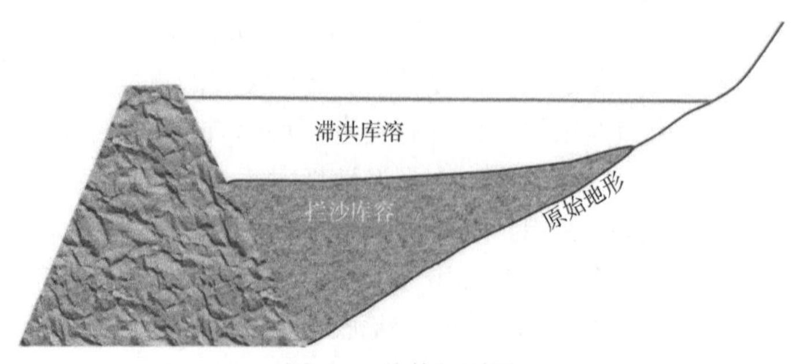

图 7-2　传统坝型图

该部分库容是用于保障遭遇标准内洪水时坝体的防洪安全，不能用来拦沙，不可发挥拦沙作用。因此，从传统淤地坝的设计运用理念上来讲，其库容设计中拦沙库容比例较低，导致传统淤地坝存在拦沙不充分的问题。

综上所述，传统淤地坝存在溃决风险高、管护压力大、拦沙不充分三大痛点，导致黄土高原拦沙防线脆弱、“头顶库”防洪风险大等一系列问题。

1）拦沙防线失守，治理成效不保。构筑长期稳定的淤地坝系是拦减入黄泥沙、保持水土流失治理成效的关键。淤地坝大面积溃决后，淤沙释放，侵蚀基准面降低，沟道侵蚀动力恢复，治理成效大打折扣。例如，1977 年 7～8 月，黄河中游 3 次大暴雨洪水致陕西、甘肃、山西 3 个省 13 个县淤地坝水毁率达 53.2%，坝地水毁率达 50.6%，进入河道的泥沙增加 50%。在淤地坝淤满退出后，问题依然存在，如陕西省吴起县印峁子淤地坝淤满后，1992 年遭遇超标准洪水溃坝，未及时维修，至 1994 年坝体被冲毁一大半，前期拦蓄的百万立方米泥沙重返河道，几十年治理成效付诸东流。

2）溃坝洪水梯级叠加，“头顶库”防洪风险大。黄土高原淤地坝累计库容 110 亿 m^3，位于洪水泥沙汇集的主要通道，在拦截泥沙的同时也会蓄滞洪水，形成高风险“头顶库”。溃坝洪水叠加，逐级放大，往往诱发严重的洪水灾害。例如，1977 年 8 月，孤山川超标准暴雨洪水致 600 多座库坝中的 500 多座被冲毁，溃坝洪水叠加暴雨洪水，使洪峰流量增加近 50%，形成了 10 300m^3/s 历史最大洪水，致使府谷县和保德县县城一片汪洋；1977 年 7 月，延河流域特大暴雨洪水致延安 6446 座库坝中的 3869 座被冲毁，溃坝洪水叠加暴雨洪水，使洪峰流量增加近 1 倍，形成了 9050m^3/s 历史最大洪水，河道洪水位暴涨 20～30m，延安城区水深达 4～8m，损失巨大。

淤地坝三大痛点及其导致的黄土高原拦沙防线脆弱、“头顶库”防洪风险大等一系列问题使得淤地坝系综合效益不能得到充分发挥，主要归因于淤地坝为均质土坝，抵御洪水能力低，易漫顶溃决，且常诱发坝系连溃。如何实现淤地坝漫顶不溃，是当前淤地坝建设发展亟待解决的重要问题。

7.1.3　高标准新型淤地坝科学定义

新形势下，在全面贯彻落实黄河流域生态保护和高质量发展和乡村振兴等重大国家战略的背景下，针对传统淤地坝存在的溃决风险高、管护压力大、拦沙不充分等问题，国家不同层面都提出了高标准新型淤地坝的建设发展要求。

水利部作为包括淤地坝在内的水土保持行业主管部门，2020 年发布了淤地坝最新版本的规范——《淤地坝技术规范》（SL/T 804—2020），为淤地坝的勘测设计及建设运行管理提供了更为全面和详细的规范指导。然而，该规范中未能针对新形势下国家各层面对高标准新型淤地坝的建设管理要求作出相应规定。

黄委会于 2021 年 4 月 8 日印发了《高标准淤地坝建设管理指南》，其中指出“高标准淤地坝是适应黄河生态保护和高质量发展需要，在黄土高原沟道重力侵蚀和水土流失严重区域，以小流域为单元，按照整体规划、科学布局、因地制宜、合理配置的原则，建成的工程安全可靠、配套设施齐全、整体环境美观、运行管护到位、综合效益显著的高质量沟道治理工程”，并从工程安全可靠、配套设施齐全、整体环境美观、运行管护到位、综合效益显著等方面进行了阐述。黄委会对高标准淤地坝的定义主要是对淤地坝在建设、管理等方面从规范要求的角度提出的，而规范的前提仍然是现行淤地坝的设计建设理念，未对新形势下要求的高标准新型淤地坝提出有关定义，但提出了积极推进“三新”应用的要求。

研究团队深入辨识了传统淤地坝存在的问题，针对新时期黄土高原地区经济社会发展和人民群众生命财产安全对淤地坝降低溃决风险、减轻管护压力、提高拦沙效益、增加蓄水能力等的时代需求，提出了高标准新型淤地坝的有关定义。

高标准新型淤地坝的定义主要聚焦于“防溃决、免管护、多拦沙”，结合部分地区的实际情况还可增加蓄水功能。

（1）防溃决

高标准新型淤地坝首要实现的功能就是防溃决、保安全，高标准新型淤地坝通过采用新材料、新工艺在淤地坝土坝坝身设置防冲刷保护层，增强淤地坝过流坝段的抗冲刷能力，其设计既要符合现行规范要求，又要有效防范黑天鹅事件，使得新型淤地坝可在一定标准内实现坝身过流而不致溃决，增强淤地坝遭遇超标准洪水时坝体漫顶而不溃或缓溃的能力，具有一定的防溃决功能，可极大提高对下游人民群众生命财产安全的保障能力。

（2）免管护

高标准新型淤地坝工程通过新建防冲刷保护层，使之与土坝坝体构成复合坝工结构，其防冲刷保护层结构具有较高的强度和抗冲耐磨性，在有效增强坝体抵抗过流洪水冲刷的能力的同时，还可有效保护原散粒体土质坝体的坝坡，解决传统淤地坝土质坝坡易于遭受暴雨冲蚀和其他破坏的问题。新型复合坝工结构具有工程安全可靠、自身管护压力小的优越性能，若配套智能化的监测设施和规范的管理措施，可进一步减轻管护压力。

（3）多拦沙

高标准新型淤地坝工程通过创新淤地坝运用理念，在保证坝体自身防洪安全的前提下，尽可能不留或少留滞洪库容，从而将滞洪库容部分转换为拦沙库容，可更加充分地实现淤地坝工程的拦沙功能，拦沙淤地效益更加显著。

综上所述，高标准新型淤地坝是指在合理规划、科学布局的前体下，满足现行规范要求，对正常洪水能完全消纳，遭遇超标准洪水时可实现坝身过流而不溃或缓溃，工程综合造价与传统淤地坝相近，同时根据实际情况，结合当地实际需求，还可兼顾蓄水供水和生态功能的淤地坝。高标准新型淤地坝建设可实现淤地坝系长期安全稳定，守牢“头顶库”防洪安全底线。

7.1.4　高标准新型淤地坝设计理念

传统淤地坝在工程设计中，坝高库容规模的确定，首先考虑拦淤设计年限的泥沙，确定淤沙库容；再根据淤地坝工程等别确定工程洪水标准，对于设置溢洪道等泄洪建筑物时，通过调洪计算确定坝体校核洪水位，对于未设置溢洪道等泄洪建筑物时，按照拦蓄一次校核洪水总量对应的库容确定校核洪水位；最后考虑一定的安全超高，以确定坝体高度。根据前述章节，采用传统设计理念建设的淤地坝存在溃决风险高、管护压力大、拦沙不充分三大痛点，并导致黄土高原拦沙防线脆弱、“头顶库”防洪风险大等一系列问题。

紧紧围绕传统淤地坝存在的三大痛点及其导致的问题，结合新时期黄土高原地区经济社会发展和人民群众生命财产安全对淤地坝降低溃决风险、减轻管护压力、提高拦沙效益、增加蓄水功能等的时代需求，围绕特小流域高含沙可能最大洪水计算方法、高标准新型淤地坝复合坝工结构、固化黄土新型材料、新型淤地坝施工设备及工艺等开展了大量研究，提出并构建了高标准新型淤地坝建设关键技术。

高标准新型淤地坝技术创新了淤地坝设计运用理念，见图 7-3，以突破散粒体结构的淤地坝土坝坝身过流技术瓶颈为重要突破点，应用自主研发的黄土固化剂新材料，就地取材利用当地黄土作为主要建设材料并进行固化，于淤地坝坝身设置防冲刷保护层，在极大提升淤地坝土质坝坡防破坏性能的同时，可实现淤地坝坝身过流运用，使得新型淤地坝可在遭遇设计标准内洪水时实现坝身过流而不溃决，在遭遇超标准洪水时也可通过坝身泄流而达到不溃或缓溃，进而可将传统淤地坝为保证工程防洪安全而设置的部分滞洪库容转换为淤沙库容，在同等坝高条件下增加了拦沙库容，在实现同等拦沙能力条件下减小坝体工程规模，从而可在实现传统淤地坝功能的基础上，进一步实现淤地坝防溃决、免管护、多拦沙等优越技术性能，结合实际需求还可兼顾蓄水供水和生态功能，可实现淤地坝系长期安全稳定，守牢“头顶库”防洪安全底线，极大地提高了淤地坝的综合效益。

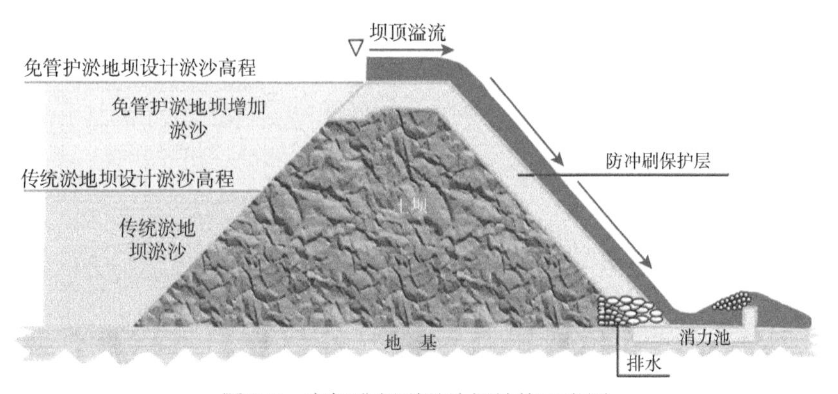

图 7-3　高标准新型淤地坝结构示意图

7.2 淤地坝边界上限洪水计算方法

7.2.1 淤地坝边界上限洪水研究需求

淤地坝一般位于黄土高塬沟壑区或丘陵沟壑区流域最上游的支毛沟内，地处特小流域，数量众多、分布面广。淤地坝所在黄土高原地区易遭受极端暴雨洪水事件。

《水利水电工程设计洪水计算规范》（SL 44—2006）提出“当工程设计需要时，可用水文气象法计算可能最大洪水”，并给出了其关键点——可能最大暴雨的计算方法。为考虑淤地坝所在特小流域易遭遇极端暴雨洪水的特点，高标准新型淤地坝技术创新了淤地坝设计运用理念，可实现淤地坝坝顶溢流，并可泄放可能最大洪水，其设计运用理念基于防溃决的思想，从边界外包的角度推求出流域的近似上限洪水，将其作为淤地坝坝顶溢流的洪水条件，合理提高淤地坝的过洪能力。故而需开展淤地坝边界上限洪水研究，分析计算淤地坝所在特小流域的边界上限洪水，以此作为淤地坝坝顶过流设计的洪水条件。

本部分内容针对淤地坝所在特小流域边界上限洪水的计算方法开展研究，边界上限洪水即可能最大洪水（probable maximum flood，PMF），PMF 的计算主要有两种途径：一种是间接途径，即先推求流域可能最大暴雨[用可能最大降水（probable maximum precipitation，PMP）表示]，再通过产流、汇流计算推求 PMF；另一种是直接途径，即直接推求 PMF。

7.2.2 PMP、PMF 概念及计算简介

1. PMP、PMF 概念

PMP 是指在现代气候条件下，一定历时的理论最大降水，这种降水对于设计流域或给定的暴雨面积，在一年中的某一时期物理上是可能发生的。

PMF 是指对设计流域特定工程威胁最严重的理论最大洪水，这种洪水在现代气候条件下是当地在一年的某一时期物理上可能发生的。

PMP、PMF 的概念均强调了基于现代气候条件，发生在一年中的某一时期，针对设计流域在物理上是可能发生的，因此，在 PMP、PMF 推求时均应注意这些条件的约束。

2. PMP 估算途径及方法

（1）途径

PMP 的基本假定是：PMP 是由最优的动力因子（一般用降水效率表示）和最大的水汽因子同时出现而引起的一场暴雨所形成的降水。PMP 的估算途径从其着眼点看，可以分为两大类：一类是基于暴雨面积（等雨深线所包围的面积）的途径；另一类是基于流域面积（工程断面以上集水面积）的途径。

基于暴雨面积的途径又称为间接型途径，因为它是先针对某一气象一致区的广大地

区估算出一组不同历时和不同面积的 PMP，然后提供一套办法将其转换为设计流域的 PMP，供高风险工程（一般为水库、核电站）估算可能最大洪水（PMF）之用。

基于流域面积的途径又称为直接型途径，因为它是针对设计流域特定工程（一般为水库）对 PMF 的要求，直接估算出该设计流域一定历时的 PMP。该途径之所以强调针对特定工程，是因为工程的情况不同，相应的 PMP 天气成因也不同。例如，同一坝址若修建调蓄能力较强的高坝大库，从防洪角度来讲，对工程起控制作用的是洪水总量，因此要求设计洪水的历时相对较长，其相应的暴雨可能是由多个暴雨天气系统的叠加与更替所形成的；若修建调蓄能力较弱的低坝小库，从防洪角度来讲，对工程起控制作用的则是洪峰流量，因此要求设计洪水的历时相对较短，其相应的暴雨可能是由单一的暴雨天气系统或局地强对流所形成的。

（2）方法

目前，在工程实践中所使用的方法主要有 6 种：①当地法（当地暴雨放大或当地模式）；②移置法（暴雨移置或移置模式）；③组合法（暴雨时空放大、暴雨组合或组合模式）；④推理法（理论模式或推理模式）；⑤概化法（概化估算）；⑥统计法（统计估算）。

上述 6 种方法中，当地法、移置法、组合法、推理法 4 种方法属于直接型途径；概化法、统计法 2 种方法属于间接型途径。原则上，这些方法大部分可适用于中、低纬度地区。但在用于低纬度（热带）地区时，对某些参数的求法等需作适当改变。

此外，还有适用于推求特大流域 PMP、PMF 的 2 种方法：重点时空组合法，历史洪水暴雨模拟法。上述 8 种方法的含义及适用条件简述如下。

1）当地法。当地法是根据设计流域或特定位置当地实测资料中最大的一场暴雨来估算 PMP 的方法，适用于当地实测资料年限较长的情况。

2）移置法。移置法是把邻近地区的某场特大暴雨搬移到设计地区或研究位置上的方法。其工作的重点是解决该暴雨的移置可能性，其解决办法有三个，即划分气象一致区、研究该场暴雨的可能移置范围、针对设计流域的情况作具体分析。根据暴雨原发生地区和设计地区二者在地理、地形等条件上的差异情况，对移置而来的暴雨进行各种调整。这种方法适用于设计地区本身缺乏高效暴雨的情况，目前运用最广。

3）组合法。组合法是将当地已经发生过的两场或多场暴雨过程，利用天气学的原理和天气预报经验，把它们合理地组合起来，以构成一个较长历时的人造暴雨序列的方法。其工作重点是组合单元的选取、组合方案的拟定和组合序列的合理性论证。该方法适用于推求大流域、长历时 PMP 的情况，要求工作人员具有较多的气象知识。

4）推理法。推理法是把设计地区暴雨天气系统的三维空间结构进行适当的概化，从而使影响降水的主要物理因子能够用一个暴雨物理方程表示出来。根据流场（风场）形式不同，主要分为辐合模式、层流模式。辐合模式是假定暴雨的水汽入流是由四周向中心辐合、抬升致雨；层流模式是假定暴雨的水汽入流以层流状态沿斜面爬行抬升致雨。该方法要求设计地区具有较好的高空气象观测资料，适用于面积为数百至数千平方千米的流域。

5）概化法。概化法是针对一个很大的区域（气象一致区）来估算 PMP。具体做法是把一场暴雨的实测雨量分割成两大部分：一部分是由天气系统过境所引起的大气辐合上升而产生的降雨量，简称辐合雨量，并假定这种降雨在气象一致区内到处都可以发生；另一部分是由地形抬升作用而引起的降雨量，简称地形雨量。概化工作是针对辐合雨量进行的，得出的成果主要有：①PMP 的深度，用时-面-深（DAD）概化图表示，绘制此图使用的技术主要是暴雨移置；②PMP 的空间分布是把等雨量线概化为一组同心的椭圆形；③PMP 的时间分布是把雨量过程线概化为单峰、峰尖略微偏后的图形。该方法要求研究地区具有大量、长期的自记雨量资料，费时和耗资均较多，但是一旦完成，使用起来方便，PMP 成果精度也较高。该方法的适用范围为：流域面积的上限为山岳区 13 000km^2，非山岳区 52 000km^2；降雨历时的上限为 72h。

6）统计法。统计法是由美国的赫希菲尔德（D. M. Hershfield）提出的。它是根据气象一致区内众多雨量站的资料，按照水文频率分析法的概念，借助区域概化的办法来推求 PMP，但在具体做法上与传统的频率分析法有所不同，因而其物理含义也不同。该方法主要适用于集水面积在 1000km^2 以下的流域。

7）重点时空组合法。重点时空组合法就是把对设计断面的 PMF 在时间（洪水过程）和空间（洪水来源地区）上影响较大的部分 PMP 用水文气象法（当地法、移置法、组合法、概化法）解决，影响较小的部分用水文分析工作中常用的相关法和典型洪水分配法等处理。显然，该方法可以看作暴雨组合法在时间和空间都进行组合的一种运用，只是对主要部分细算、对次要部分粗算。该方法主要适用于设计断面以上的流域，上、下游气候条件相差较大的大河流。

8）历史洪水暴雨模拟法。历史洪水暴雨模拟法是根据已知特大历史洪水的不完全时空分布信息，利用现代天气学的理论和天气预报经验加上水文流域模型，借助计算机手段，把该历史洪水相应的特大暴雨模拟出来，并以之作为高效暴雨，再进行水汽放大，得出 PMP。该方法适用于通过调查和对历史文献（书籍、报刊、碑文、轶事等）资料的分析，已获得设计断面的洪水过程和上游干支流部分地区的雨情、水情和灾情等信息的情况。

3. PMF 估算特点及方法

由 PMP 推求 PMF 的实质是如何将特定流域的设计可能最大暴雨转换为研究断面的设计可能最大洪水的问题，基本假定是将 PMP 经过产流、汇流计算得出洪水流量过程，即为 PMF。为满足由 PMP 推求 PMF 的基本假定，我国的经验是，在推求 PMP 时，特别注意要把着眼点放在什么样的 PMP（包括暴雨总量及其时空分布）条件下才能形成设计工程所需的 PMF，其中最重要的一个环节是要对暴雨模式的定性特征做出推断。

由 PMP 推求 PMF 与通常的由设计暴雨推求设计洪水的方法途径基本相同，仅在推算过程中需注意在 PMP 条件下，暴雨强度及总雨量比常遇的暴雨大而集中，由 PMP 推求 PMF 是针对特大值进行操作，因量级大其产流、汇流与普通暴雨洪水具有一定的区别。原则上，由 PMP 推求 PMF 可以采用水文预报学中根据雨量资料预报洪水的降雨-径流预报方法来解决。现行的降雨-径流预报方法有很多，从简单的经验相关到复杂的流域模型等，在实际选用中可根据设计流域的资料条件等具体情况和设计人员熟悉的方法灵活选择。

（1）产流计算

产流计算就是由降雨过程，通过适当的方法，求得净雨过程。需首先根据流域产流特性分析确定产流类型，按我国水文界的划分，产流类型有蓄满产流和超渗产流两种，黄土高原区属于干旱半干旱地区，产流类型一般为超渗产流。

产流计算常用的方法有扣损法、暴雨径流相关法和径流系数法。

在 PMP 条件下，降雨强度及总量比一般暴雨大而集中，表现在产流上，其特点是径流系数特大，一般都超过实测最大值，尤其是干旱地区。因此，产流计算的重要性在 PMF 计算中比在一般的水文预报中要小得多。由于 PMP 雨量远远超过流域的最大初损值，因此扣损计算误差与 PMP 值相比所占百分数很小。故而，即使采用较简单的方法扣除损失，其计算误差对 PMF 的影响也不大。

（2）汇流计算

汇流计算就是把 PMP 产生的净雨过程，转化为设计断面的直接径流过程。我国在 PMF 计算中所采用的流域汇流计算方法主要有单位线法、单元汇流法、差值流量汇流法、推理公式法、典型洪水放大修正法和峰量控制放大法等。

实测资料表明，在洪水很大的情况下，流域出口断面的水位-流速关系趋向稳定，在高水位部分，一般流速为常数或接近常数。从理论上可以证明，当高水位的流速为常数时（$\frac{\mathrm{d}V}{\mathrm{d}A}=0$，$A$ 为断面面积），波速与流速相等，汇流时间为常数，故为线性汇流。因此，在 PMP 条件下，可以采用线性汇流理论来计算 PMF 的流量过程。最简便的办法是：流域汇流采用谢尔曼（L. K. Sherman）单位线法，河道汇流采用马斯京根（Muskingum）法。

（3）前期影响雨量和基流处理

由于在 PMP/PMF 条件下，暴雨/洪水都非常大，暴雨形成的地面径流部分在洪水总量中占比很大，因此对前期影响雨量和基流的处理方法要求不高，采用不同的处理方法对 PMF 数值的影响一般不会很大。

一般认为，对于湿润地区，前期影响雨量（P_a）可以取流域最大损失（I_m），即 $P_a=I_m$，也就是按初损为零进行处理；对于干旱半干旱地区，可以按略偏安全的原则选取 $P_a=\frac{2}{3}I_m$；具体也可参照各地区水文手册有关取值经验进行选取。

基流来自地下水储量，在非汛期，基流是河川径流的重要组成部分，在洪水期，尤其是发生 PMF 时，基流占比相对小得多，它对 PMF 的贡献，一般可按实测资料系列中与 PMF 发生时间相同的那个月份的基流来确定。具体操作是取历年最大月径流中的最小日平均流量作为 PMF 的基流，也可按实测典型洪水的基流确定。

4. 不同途径估算的基本步骤

（1）基于暴雨面积的途径

基于暴雨面积的途径常用的方法是概化估算法和统计估算法。前者是针对等雨深线内的面平均雨深进行概化，后者是针对点（站）雨深（它可以看作面积小于 $10km^2$ 的平均雨深）进行概化，以得出暴雨面积的 PMP，然后按某种方法将其转化为设计流域的 PMP。

（a）概化估算法的基本步骤

该方法估算 PMP 的基本步骤如下。

1）高效暴雨：通俗地说，就是实测资料中的重要暴雨，假定其降水效率已达到最大值。

2）水汽放大：把高效暴雨的水汽因子放大到最大值。

3）移置：把水汽放大后高效暴雨的雨量分布图在气象一致区内搬移。

4）外包：按移置而来的多场暴雨绘制时-面-深（DAD）关系图并取其外包值，使各种历时、各种面积的雨深均达到最大值。

5）PMP：就是将上述 DAD 外包值通过适当的方法转换到设计流域（还要考虑地形影响）的可能最大降水。

6）PMF：就是假定 PMP 形成的洪水（加上基流），即设计流域的可能最大洪水。

（b）统计估算法的基本步骤

该方法估算 PMP 的基本步骤如下。

1）首项暴雨 K_{m}：就是实测暴雨系列中最大值 X_{m} 的统计量，有

$$K_{\mathrm{m}}=X_{\mathrm{m}}-\bar{X}_{n-1}/\sigma_{n-1} \tag{7-1}$$

式中，$\bar{X}_{n-1}$ 和 σ_{n-1} 分别为去掉特大值后的平均值和均方差。

2）外包：将各雨量站不同历时（D）的 K_{m} 值，在一张方格坐标纸上点绘 K_{m}-D-$\bar{X}_{n-1}$ 的相关图，再以 D 值为参数画出 K_{m}-$\bar{X}_{n-1}$ 关系的外包线。

3）移置：将上述外包线图中的值移用于设计站。具体操作是用设计站的实测 n 年（全部）暴雨系列计算出均值 $\bar{X}_n$，用以查上述的相关图得出设计站的 K_{m} 值。

4）PMP：就是设计站的可能最大降水，按下式计算，有

$$\mathrm{PMP}=X_n+K_{\mathrm{m}}\sigma_n=\bar{X}_n(1+K_{\mathrm{m}}C_{\mathrm{v}n}) \tag{7-2}$$

式中，σ_n 和 $C_{\mathrm{v}n}$ 分别为设计站实测 n 年雨量系列的均方差和变差系数（$C_{\mathrm{v}n}=\sigma_n/\bar{X}_n$）；$\bar{X}_n$ 为长度为 n 的系列的平均值。

由上述可知，统计估算法的实质相当于暴雨移置，但是移置的不是一场具体的暴雨量，而是移置一个经过抽象化的统计量 K_{m}。暴雨移置改正则是用设计站暴雨的平均值 $\bar{X}_n$ 和变差系数 $C_{\mathrm{v}n}$ 来改正。

在实际操作中，可参照《可能最大降水估算手册》第 4 章有关方法步骤和查算图开展 PMP 计算。若开展片区的诸多小流域 PMP 估算，则可依据该片区内雨量站网有关雨量资料系列，通过《可能最大降水估算手册》有关方法分析该片区的 PMP 成果，并可绘制成等值线图以供查用。对于少量工程点位的 PMP 估算，可查找附近有较高质量雨量观测成果资料的站点，依据该站点不同时段的雨量系列进行 PMP 估算。

该方法的方便之处在于比传统的气象方法节省大量时间，具体工作人员也不需要在掌

握较多的气象学知识之后才能使用。但是该方法按上述步骤求得的 PMP 是一个点（假定为暴雨中心）的，对于需要推求 PMP 面雨量设计成果的，则需要用面积削减曲线将点雨量换算为各种面积的面雨量，故对设计流域的面平均 PMP 可用暴雨点面关系图查得。

（2）基于流域面积的途径

基于流域面积的途径估算 PMP 的基本步骤如下。

1）暴雨模式：能够反映设计流域特大暴雨的特征，并对工程防洪威胁最大的典型暴雨或理想模型。根据其来源不同，可以分为当地模式、移置模式、组合模式和推理模式四大类。

2）极大化：对暴雨模式进行放大。当暴雨模式为高效暴雨时，只进行水汽放大，否则水汽因子和动力因子均须放大。

3）PMP：将暴雨模式极大化后所得的设计流域的可能最大降水。

4）PMF：将 PMP 转化为洪水后设计流域的可能最大洪水。

7.2.3　黄土高原地区特小流域 PMF 间接计算方法

1. 特小流域 PMP-PMF 设计思路

我国大部分地区的洪水主要由暴雨形成，根据暴雨资料先推求设计暴雨，再由设计暴雨推求设计洪水的间接途径，是计算设计洪水的重要途径之一。对于为数众多的中小流域工程，大多地点没有流量观测资料，利用设计暴雨推求设计洪水往往成为主要的计算方法；PMF 是特别重要的大型水利水电工程校核洪水设计标准之一，也是核电工程防洪设计必须考虑的洪水设计内容，均需采用由 PMP 计算 PMF 的途径。因此，由设计暴雨推求设计洪水既是中小流域工程设计洪水计算的重要途径，又是现行重要工程设计中 PMF 计算的途径。对于淤地坝而言，因其地处特小流域，若计算其 PMF，采用由 PMP 推求 PMF 的间接途径也是必然的重要途径，即利用水文气象学的原理和方法，求出 PMP，然后再通过产流、汇流计算，转化为 PMF。

采用 PMF 作为高标准新型淤地坝坝顶溢流的设计洪水条件，应抓住淤地坝主要建在特小流域的重要特征。在研究其 PMF 计算技术时，可以在 PMP-PMF 理论的概念、估算途径及方法基础上，优化有关步骤，并结合工程位置，进行流域水文气象相似性分析，可分区计算 PMP，即相似区域尤其是相邻小流域的 PMP 基本相等，单一工程再根据自身流域的产流、汇流特点计算 PMF，在计算坝系工程 PMF 过程中应合理考虑梯级工程库坝群的影响及洪水组成对工程坝址洪水的影响。因淤地坝主要建在特小流域，且成片布设、分布较为集中，该方法可针对气象一致区或相似区进行批量计算，可操作性强。

针对特小流域的 PMP-PMF 设计技术分析思路见图 7-4。

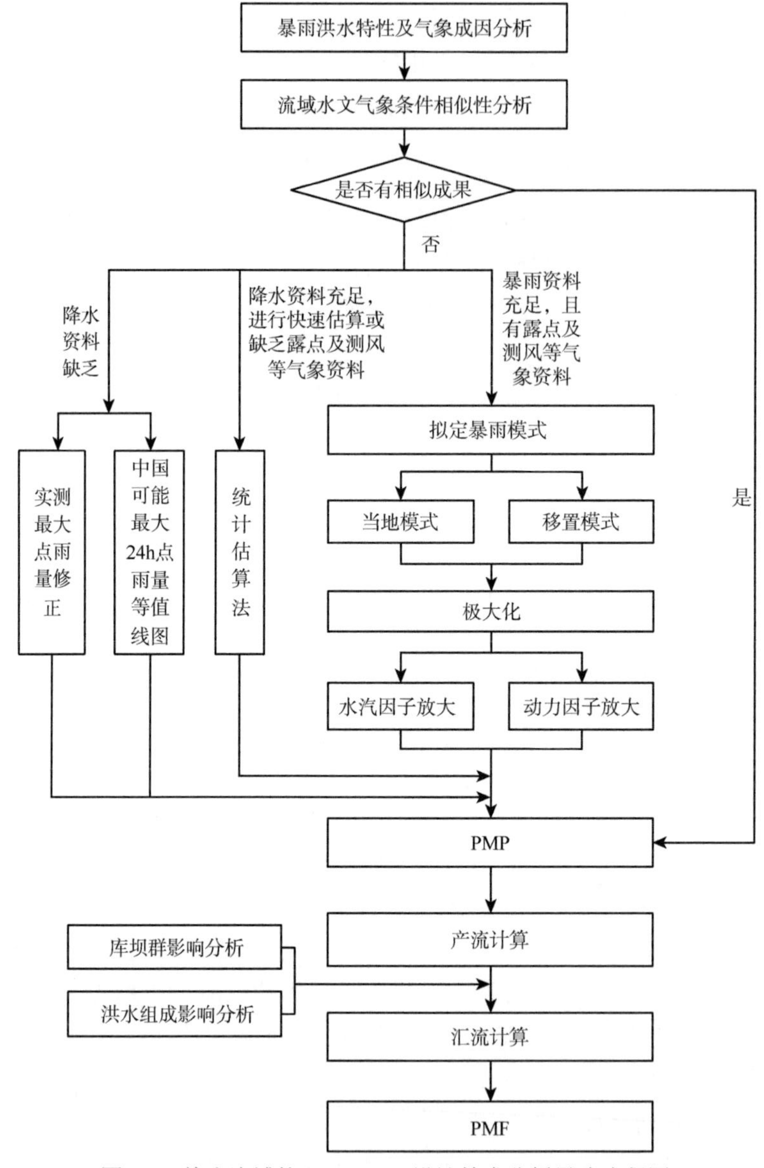

图 7-4　特小流域的 PMP-PMF 设计技术分析思路流程图

2. 特小流域 PMP 计算方法

淤地坝分布面广、量多，地处偏远的特小流域，基础资料条件差，因此，推求淤地坝特小流域 PMP 的技术方法应在科学合理的基础上，力求简单实用，以确保广大的水文科技工作者能够理解和应用。根据对 PMP/PMF 理论与方法的梳理，研究确定了适用于淤地坝特小流域 PMP 的设计技术方法，主要包括三类：一是基于暴雨模式设计的（移置）放大方法；二是统计估算法；三是基于 PMP 等值线图的特大暴雨修正估算法。

（1）基于暴雨模式设计的（移置）放大方法

根据 PMP/PMF 理论与方法，适用于特小流域 PMP 估算的基于暴雨模式设计的（移置）放大方法包括当地法和移置法。其区别在于根据暴雨来源不同，或对当地暴雨进行放大，或将邻近相似地区的实测暴雨移置而来并进行适当改正，故分别称为当地模式和移置模式。

（A）基本技术步骤

（a）暴雨模式设计

对暴雨模式的拟定，通过暴雨物理成因分析（天气形势、雨区范围大小和雨区分布形式、暴雨中心位置、暴雨历时及分配），若设计流域所在区域具有时空分布较严重的大暴雨资料，则可从中选出一场特大暴雨来作为典型暴雨模式，若设计流域所在区域缺少时空分布较恶劣的大暴雨资料，则可以将气象一致区的实测大暴雨移置过来，加以必要的改正，作为暴雨模式。视设计流域是否有足够的大暴雨资料，选择是以当地实测模式为主，还是以移置模式为主。

（b）暴雨模式极大化

当暴雨模式为高效暴雨时，只进行水汽放大，否则对水汽因子和动力因子均须放大。

因目前在极大化参数的选择上，所用方法基本上是经验性的，需要注意对关键因子动力因子的选定，要利用与所选模式（典型暴雨）相同类型的暴雨资料进行分析选定。进行暴雨模式放大时，对暴雨总量和时程分配一并进行放大。

（c）PMP 计算

通过暴雨模式的拟定及极大化，可分析计算得到 PMP 暴雨总量和时程分配成果。

（B）暴雨放大法

计算 PMP 时，需选取典型暴雨进行放大。国内采用的放大方法较多，可根据典型暴雨的稀遇程度、资料条件、天气系统类型、流域大小及特性等采用不同的方法。

（a）水汽放大

若选定的暴雨是高效暴雨，可认为该暴雨动力条件（即效率）已接近最大，只需对其水汽进行放大。

（Ⅰ）水量计算

$$R=\eta Wt \tag{7-3}$$

式中，R 为 t 时段内的降水量（mm）；η 为降水效率；W 为可降水量（mm）。

在 PMP 条件下，$R_m=\eta_m W_m t$，则水汽效率放大公式如下：

$$R_m=\frac{\eta_m W_m}{\eta_{典} W_{典}}R_{典} \tag{7-4}$$

式中，下标“典”表示典型暴雨，当典型暴雨是高效暴雨（动力条件接近最大）时，$\eta_{典}=\eta_m$，则水汽放大公式为

$$R_m=\frac{W_m}{W_{典}}R_{典}=KR_{典} \tag{7-5}$$

（Ⅱ）高效暴雨的判定

高效暴雨一般是指历史上罕见的特大暴雨，它的造雨效率最高。所选典型暴雨是否为高效暴雨，一般从三方面分析判定：一是暴雨在该流域出现的概率很低；二是与邻近

流域或气候一致区高效暴雨（包括历史特大暴雨）的效率比较接近，比较时应注意地理位置及地形的差别；三是与由历史特大洪水反推的暴雨效率较为接近。

（Ⅲ）可降水量计算

典型暴雨的水汽条件一般用可降水量表示，可降水量是指单位截面上整个气柱中的水汽总量。可降水量计算公式为

$$W=\frac{1}{10g}\int_{P_Z}^{P_0}q\mathrm{d}p\approx 0.01\int_{P_Z}^{P_0}q\mathrm{d}p \tag{7-6}$$

式中，W 为可降水量（mm）；g 为重力加速度（cm/s^2）；P_0、P_Z 分别为地面、Z 高度上的气压（hPa）；p 为气压；q 为比湿（g/kg）；

可降水量单位用 g/cm^2 表示，由于水的密度 $\rho_水=1g/cm^3$，因此可降水量习惯上也用 mm 表示，即气柱内水汽全部凝结降落在地面所积聚的水深。

可降水量可用探空资料分层计算或用地面露点资料查算。由于高空测站少，观测年限不长，而地面露点观测方便，测站多，且资料较长，因此常用地面露点计算。

可降水量是地面露点的单值函数，按地面露点计算可降水量，已制有专用的表可以查算，可以参见《可能最大降水估算手册》或《水利水电工程设计洪水计算手册》等。

（Ⅳ）暴雨代表性露点的选择

1）暴雨代表性露点位置的选择。锋面或气旋引起的暴雨，在地面图上存在明显的锋面时，应挑选锋面暖侧雨区边沿的露点；如无锋面存在，一般应在暖湿气流入流方向的雨区中挑选。对台风雨应在暴雨中心附近挑选露点。热带地区的暴雨露点用海表水温为宜。

为了避免单站的偶然性误差及局地因素影响，一般取多站同期露点的平均值。所选的露点不应高于同期最低温。

2）暴雨代表性露点持续时间的选择。一般采用持续 12h 最大露点作为代表性露点。持续 12h 最大露点是指持续 12h 不小于露点观测系列中的最大值。以表 7-1 中数据为例，其持续 12h 最大露点为 25.5℃。

表 7-1　露点观测值

时间	日期	8月5日				8月6日			
	时刻	2:00	8:00	14:00	20:00	2:00	8:00	14:00	20:00
露点（℃）		25.0	25.0	25.8	26.8	25.5	25.3	26.3	25.6

（Ⅴ）可能最大露点的确定

1）采用历史最大露点。当露点资料系列在 30 年以上时，取历年持续 12h 最大露点的最大值作为可能最大露点。可能最大露点应在典型暴雨发生的相应季节内选取，其选择条件应与典型暴雨代表性露点的选定条件基本一致。应在降雨或趋向于降雨的天气中选择最大露点，注意排除反气旋、晴天气和由于局部因素形成的露点高值。

计算分期可能最大暴雨时，或在各月露点差异较大的地区，应分别按月或期选择历史最大露点。

2）采用频率计算确定。当露点观测资料少于 30 年时，一般采用 50 年一遇的露点作为可能最大露点。

（Ⅵ）水汽放大计算

因为 W_m 和 $W_{典}$ 都是换算到 1000hPa 露点计算的，所以当有水汽入流障碍或在流域平均高程较高的地区，按式（7-5）进行计算时应扣除入流障碍高程或流域平均高程至 1000hPa 之间所对应的那段高程的可降水量。

（b）水汽效率放大

当设计流域缺乏特大暴雨资料，但有较多实测大暴雨资料或历史暴雨洪水资料，或气候一致区内有特大暴雨资料时，可采用水汽效率放大，其计算式见式（7-4）。

（Ⅰ）暴雨效率计算。

暴雨效率的计算公式如下：

$$\eta_t = \frac{R_t}{tW} \tag{7-7}$$

式中，η_t 为给定流域 t 时段的降水效率；R_t 为给定流域 t 时段的面平均雨量；W 为 t 时段内单位时间可降水量。

（Ⅱ）可能最大暴雨效率估算

1）由实测暴雨资料推求。设计流域有较多的实测大暴雨资料或气候一致区内有特大暴雨资料时，可计算这些典型大暴雨或移入一致区内的特大暴雨不同历时的暴雨效率，取其外包值作为可能最大暴雨效率。

2）由历史特大洪水反推。当有调查的历史特大洪水资料时，可采用降雨-径流关系、实测洪峰流量或洪量与流域某时段面雨量的关系等方法，由历史特大洪水（洪峰）反推出相应时段的面雨量。

通过建立实测面雨量和效率的相关关系，由推算出的历史暴雨面雨量，查出相应的效率。也可以借用与历史洪水相似的典型过程和典型可降水量，推算出历史暴雨的效率。

3）水汽效率放大计算。推算出最大暴雨效率及最大可降水量后即可按式（7-4）对典型暴雨进行放大。若计算的可能最大暴雨历时较短，可采用同倍比放大。若计算的可能最大暴雨历时较长，可分时段控制放大。

（c）水汽输送率放大及水汽风速联合放大

当入流指标风速 V 和可降水量 W 或风速 V 与流域面雨量 R 呈正相关关系，且暴雨期间入流风向和风速较稳定时，可采用水汽输送率放大或水汽风速联合放大。

（Ⅰ）计算公式

水汽输送率放大公式：

$$R_m = \frac{(VW)_m}{(VW)_{典}} R_{典} \tag{7-8}$$

水汽风速联合放大公式：

$$R_m = \left(\frac{V_m}{V_{典}}\right)\left(\frac{W_m}{W_{典}}\right) R_{典} \tag{7-9}$$

式中，R 为可能最大降水量；V 为风速；W 为可降水量；下标“m”表示计算对象；下标“典”表示典型暴雨。

（Ⅱ）典型暴雨代表站及风指标的选择

1）代表站的选择。应分析暴雨的入流风向，在入流方向诸探空中选择离雨区较近、资料条件相对较好的站作为代表站。

2）风指标的选择。关于代表层的选择，代表站离地面 1500m 附近的风速较为适宜，地面高程低于 1500m 的地区，采用 850hPa 高度上的风速，地面高程超过 1500m（或 3000m）时，可用 700hPa（或 500hPa）高度上的风速。热带地区，则找出向暴雨区输送水汽的主要大气层，放大仅限于该大气层。关于风速指标的选择，典型暴雨的风速取最大降水期间或提前一个时段的测风资料计算，因为风速有日变化，应取 24h 平均值（风速是矢量值）。

（Ⅲ）极大化指标选择

极大化指标应从实测暴雨所对应的资料中选取，所选暴雨与实测典型暴雨季节、暴雨天气形势及影响系统应相似。

1）采用历史最大资料确定。当风速和露点实测资料系列在 30 年以上时，在实测资料中选取与典型暴雨风向接近的实测最大风速 V 及其相应的可降水量 W，得 VW，再从中选取其最大值$(VW)_m$作为极大化指标。

选取该风向多年实测最大风速值 V_m，再寻找实测最大 W_m，其乘积 V_mW_m 作为极大化指标。

资料条件较好的地区可分别制作$(VW)_m$和 V_mW_m 的季节变化曲线，选用时，用典型暴雨发生时间前后 15d 之内的最大值作为极大化指标。

2）采用频率计算确定。若风速及露点实测资料系列不足 30 年，可采用 50 年一遇的数值，作为极大化指标。

（Ⅳ）水汽净输送量放大

计算大面积、长历时、天气系统稳定的可能最大暴雨时，可采用水汽净输送量放大。

根据水量平衡方程，经简化可建立以下降水量公式：

$$R \approx \frac{F_w}{A_\rho} = \frac{10^{-2}}{A_{\rho g}} \sum_{k=1}^{n} \sum_{j=1}^{m} V_{kj} q_{kj} \Delta L \Delta P \Delta t \tag{7-10}$$

式中，R 为 Δt 时间内的面平均雨深（mm）；F_w 为 Δt 时间内的水汽净输送量（g）；A 为计算周界所包围的面积（km^2）；ρ 为水的密度（g/cm^3）；g 为重力加速度（cm/s^2）；n 为气层数；m 为计算周界上的控制点数；V_{kj} 为第 k 层计算周界上第 j 个控制点的垂直于周界的风速分量（m/s），向内为正；q_{kj} 为第 k 层计算周界上第 j 个控制点的比湿（g/kg）；ΔL 为计算周界上控制点所代表的步长（km）；ΔP 为相邻两层气压差（hPa）；Δt 为计算历时（s）。

该方法计算相对较为复杂，具体运用时此方法是否适用，必须用实测资料进行检验。

（C）暴雨移置法

当设计流域缺乏时空分布较为恶劣的特大暴雨资料，而气候一致区内具有可供移用的实测特大暴雨资料时，一般采用暴雨移置法。特小流域的暴雨移置与较大流域的暴雨移置有所不同，特小流域只需开展点暴雨设计，不需考虑面暴雨的分布，在进行暴雨移置时，只需关注暴雨中心的移置，而不需考虑暴雨雨图的安置，也不需进行流域形状改正等。因此，针对特小流域的暴雨移置主要包括以下步骤。

（a）移置暴雨选定

搜集流域及气候一致区内的大暴雨资料，经分析比较，选定其中一场或几场特大暴雨作为移置对象。

（b）移置可能性分析

移置可能性分析包括分析气候背景、天气条件及地形对暴雨的影响等。

气候背景分析。设计流域与移置暴雨区两地地理位置是否相近，是否属于同一气候一致区，两地不应相差太远。

天气条件分析。对设计流域与移置暴雨区天气条件进行对比，应从环流形势和影响系统进行分析，特别要分析移置暴雨的一些特征因子，如两个或两个以上系统的遭遇，以及触发强烈上升运动的中小尺度系统等，对暴雨移置的可能性作出判断。

地形影响分析。若两地地形差异很大，移置高差即设计流域与移置暴雨区高程之差不宜超过 1000m，超过 1000m 时需进行专门论证。强烈的地方性雷暴雨或台风雨移置高差可以根据分析确定，高大山岭可以作为沿山脊线方向的移置。

（c）移置改正

定量估算设计流域与移置暴雨区两地由于地理位置、地形等条件差异而造成的降水量的改变，称为“移置改正”。针对特小流域，移置的是暴雨中心，无须考虑面雨量分布情况，因此，无须考虑流域形状改正。

（Ⅰ）水汽改正

1）位移水汽改正。指两地高差不大，但位移距离较远，以致水汽条件不同所做的改正，表示为

$$R_B = K_1 R_A = \frac{(W_{B\mathrm{m}})_{Z_A}}{(W_{A\mathrm{m}})_{Z_A}} R_A \tag{7-11}$$

式中，R_B 为移置后暴雨量；K_1 为位移水汽改正系数；R_A 为移置前暴雨量；$W_{A\mathrm{m}}$、$W_{B\mathrm{m}}$ 分别为移置区、设计流域的可能最大降水量；下标 Z_A 为移置区地面高程。

热带地区水汽改正主要是进行海表水温的调整。

2）代表性露点与参考露点选取。代表性露点在典型暴雨区边缘水汽入流方向选取，代表性露点的地点可以远离暴雨中心数百千米。放大水汽时所用的最大露点应取同一位置的最大露点。移置时，在移置地区取用相当于同样距离及方位角的地点作为参考地点，然后用该地点的最大露点进行放大及移置调整计算。

（Ⅱ）高程或入流障碍高程改正

高程改正是指移置前后因两地区地面平均高程不同而使水汽增减所做的改正；入流障碍高程改正是指移置前后水汽入流方向因障碍高程差异而使入流水汽增减所做的改正。流域入流边界的高程若接近流域平均高程，则采用高程改正；若高于流域平均高程，

则用入流障碍高程改正。其计算式为

$$R_B = K_2 R_A = \frac{(W_{Bm})_{Z_B}}{(W_{Bm})_{Z_A}} R_A \tag{7-12}$$

式中，K_2为高程或入流障碍高程水汽改正系数；下标 Z_B 为设计流域地面或障碍高程。

同时考虑位移和高程两种改正的公式为

$$R_B = K_1 K_2 R_A = \frac{(W_{Bm})_{Z_B}}{(W_{Am})_{Z_A}} R_A \tag{7-13}$$

（III）综合改正

当两地地形等条件差异较大，对暴雨机制，特别是对低层的结构有一定的影响时，移置暴雨必须考虑地形、地理条件对水汽因子和动力因子的影响后再进行综合改正，其方法有：等百分数法，直接对比法，以当地暴雨为模式进行改正法，雨量分割法等。

（d）极大化

只做水汽改正的移置暴雨（高效暴雨），其改正和极大化可以同时进行，即按下式计算设计流域的可能最大暴雨：

$$R_{Bm} = \frac{(W_{Bm})_{Z_B}}{(W_A)_{Z_A}} R_A \tag{7-14}$$

式中，W_A 为移置区可能降水量；对于做了综合改正后的移置暴雨 R_B，放大公式采用以下形式：

$$R_{Bm} = \frac{(W_{Am})_{Z_A}}{(W_A)_{Z_A}} R_B \tag{7-15}$$

（2）统计估算法

根据 PMP/PMF 理论与方法中对统计估算法的介绍，可以看出，统计估算法适用于特小流域的 PMP 估算。在具体运用时，可根据具体工程对 PMP 估算的时段要求，选取设计流域附近地区有可靠降水观测资料的站点为依据站，以所依据雨量站的降水资料，统计分析所需时段的降水资料系列，根据《可能最大降水估算手册》中有关方法和查算图进行 PMP 的估算。关于统计估算法，我国曾有专家学者进行过一些探讨，并提出了一些不同的看法。本研究中的统计估算遵照《可能最大降水估算手册》中的有关规定执行。

根据《可能最大降水估算手册》中的统计估算法，特小流域 PMP 估算的步骤如下。

（A）依据站降水资料的选取

根据统计估算法的特点，选取设计流域临近的有可靠降水观测资料的站点为依据站，为保障 PMP 估算的可靠性，一般要求依据站具有不少于 20 年的降水观测资料。根据依据站的降水资料，统计出分析计算所需的年最大 1h、6h、24h 降水量等系列，视依据站降水资料条件和计算需求，在资料条件允许的情况下，还可统计出小于 1h 时段（如年最大 10min）的降水量系列。

（B）PMP 估算

采用统计估算法，依据《可能最大降水估算手册》中的有关步骤和查算图进行不同统计时段的 PMP 估算，具体可参见《可能最大降水估算手册》，在此不再详细介绍。

（3）基于 PMP 等值线图的特大暴雨修正估算法

对于本地降水资料稀缺，又无可移置的特大暴雨资料的地区，可选用基于 PMP 等值线图的特大暴雨修正估算法，充分利用我国组织编制的《中国可能最大暴雨等值线图》概化估算 PMP。《中国可能最大暴雨等值线图》是为满足估算重要的中小型水库保坝洪水的需要而制作，各省（自治区、直辖市）一般也制作有本地区的可能最大 24h 点雨量等值线图，适用面积一般在 1000km^2 以下，因此对开展小流域淤地坝 PMP 计算较困难的地区，可参考该等值线图成果进行 PMP 估算。

采用基于 PMP 等值线图的途径时应注意，《中国可能最大 24h 点雨量图》制作于 20 世纪 70 年代末，距今已有一段的年限，若设计流域附近发生过其他典型特大暴雨，应根据图集编制后至今的一段时期特大暴雨发生情况对图集的查算成果进行适当的修正。

（A）计算步骤

1）收集设计流域所在地区的可能最大暴雨等值线图（我国在 20 世纪 70 年代末组织编制了《中国可能最大暴雨等值线图》，各省（自治区、直辖市）相应编制了可能最大暴雨等值线图），将所设计特小流域的位置（因面积较小，无须特别考虑流域中心的位置）标定在等值线图中，根据所设计的特小流域在等值线图中的位置查算其可能最大 24h 暴雨值，以 $PMP_{24h,小查}$表示。

2）收集《中国可能最大暴雨等值线图》编制所依据的资料，以及设计流域所在区域发生的典型特大暴雨资料信息，具体包括发生特大暴雨的雨量监测站的位置与高程、24h 实测暴雨量、特大暴雨的代表性露点、雨量监测站的历史最大露点等信息。由于《中国可能最大暴雨等值线图》编制时所用资料一般截至 20 世纪 70 年代末，所用资料系列长度相对较短，之后我国的降水监测站点数量、监测水平和监测精度不断提高，积累了相当丰富的暴雨资料，应充分运用这一时期的特大暴雨资料，对通过《中国可能最大暴雨等值线图》查算的工程点可能最大 24h 暴雨值进行修正。

3）发生特大暴雨测站的代表性露点和历史露点信息分别以 $Td_{典型}$和 $Td_{历史}$表示，根据露点信息，通过《可能最大降水估算手册》附表 1.1 或附表 1.2，查算测站对应 $Td_{典型}$和 $Td_{历史}$的可降水量，分别以 $W_{典型}$和 $W_{历史}$表示，以 K 表示典型特大暴雨的放大系数，则采用下式可重新推求该测站经修正的可能最大 24h 雨量，以 $PMP_{24h,典算}$表示：

$$PMP_{24h,典算}=K\times PMP_{24h,历史} \tag{7-16}$$

$$K=W_{典型}/W_{历史} \tag{7-17}$$

4）将所采用特大暴雨资料的测站位置标定在可能最大暴雨等值线图中，根据测站在等值线图中的位置，查算该测站基于等值线图的可能最大 24h 雨量，以 $PMP_{24h,典查}$表示。

5）以所依据的测站经特大暴雨资料修正估算的可能最大 24h 雨量和在等值线图中查算的可能最大 24h 雨量的比值，作为该区域可能最大暴雨等值线图查算结果的修正系数，用 μ 表示：

$$\mu=\text{PMP}_{24\text{h},\,典算}/\text{PMP}_{24\text{h},\,典查} \tag{7-18}$$

6）以修正系数 μ 对根据可能最大暴雨等值线图查算的特小流域可能最大暴雨值 $\text{PMP}_{24\text{h},\,小查}$进行修正计算，从而推求特小流域经修正的可能最大 24h 暴雨值 $\text{PMP}_{24\text{h},\,小算}$：

$$\text{PMP}_{24\text{h},\,小算}=\mu\times\text{PMP}_{24\text{h},\,小查} \tag{7-19}$$

（B）短历时 PMP 的推求

根据前述，由图集查算并进行修正估算的 PMP 成果为 24h 可能最大暴雨设计成果，对于特小流域而言，因其汇流时间短，洪水成峰暴雨为短历时暴雨，故需基于推算的 $\text{PMP}_{24\text{h}}$，根据该地区的暴雨递减指数 n（n_1、n_2）值，采用以下暴雨公式由可能最大 24h 设计暴雨成果推求其他时段的 PMP 成果（如 6h、1h 等时段的可能最大暴雨成果）：

当 1h≤t≤24h 时，

$$\text{PMP}_t=\text{PMP}_{24\text{h}}\times 24^{n_2-1}\times t^{1-n_2} \tag{7-20}$$

当 t<1h 时，

$$\text{PMP}_t=\text{PMP}_{24\text{h}}\times 24^{n_2-1}\times t^{1-n_1} \tag{7-21}$$

式中，暴雨递减指数 n（n_1、n_2）一般根据暴雨时段而有别，n_1 为小于 1h 时段的取值，n_2 为 1h 至 24h 时段的取值；有的地区还根据地区实际资料情况，进一步以小于 1h、1～6h、6～24h 三个时段，将 n 值划分为 n_1、n_2、n_3。一般 n 值可根据当地水文手册查算，其是根据本地区实测资料分析得出，并进行地区综合后，绘制成 n 值分区图，供无资料小流域查算使用，n 值与暴雨的量级有关，在使用水文手册查算 n 值时，PMP 条件下的 n 值选取应对应特大量级暴雨的 n 值，若水文手册中查算困难时，可根据设计流域附近地区的稀遇暴雨值计算出特大暴雨条件下的递减指数 n 值，一些专家学者也开展了此方面的研究。

基于 PMP 等值线图的特大暴雨修正估算法途径所依据的可能最大 24h 点雨量等值线图是在基于各地区特大暴雨资料进行可能最大暴雨推算的基础上，进行地区协调与综合而得的，因此，其分析计算的基础依据是充分的，再根据附近区域在编图年份之后发生的特大暴雨资料进行修正，其估算的 PMP 成果是可信的，且该方法操作简便宜行，具有很好的实用性。

（4）PMP 估算方法比较和选择

上述估算特小流域 PMP 的各种方法并不具有排他性，在具体估算实例中，可根据资料条件，视具体情况选择其中一种或几种方法并行进行估算，对估算成果进行综合比较后合理选用。根据资料条件的情况选择 PMP 估算方法的大致优先顺序如下。

1）对于研究区域或可移置区域内有充足的暴雨资料，尤其是特大暴雨资料和露点等相应的气象资料可供选用的情况，可选择基于暴雨模式设计的（移置）放大方法。

2）对于研究区域有较长系列的降水资料时，可选用统计估算法进行 PMP 快速估算，或者当研究区域缺乏气象资料，如露点及测风资料缺乏，但降水资料较为充分时，选用统计估算法进行 PMP 估算也是可行的途径。

3）对于降水资料稀缺地区，开展小流域淤地坝 PMP 计算较困难时，可充分利用《中国可能最大 24h 点雨量图》、各省（自治区、直辖市）相应编制的可能最大 24h 点雨量图和临近流域实测大暴雨点雨量资料等成果，采用基于 PMP 等值线图的特大暴雨修正估算法概化估算 PMP。

上述各种方法推求的时段 PMP 成果，可进一步根据地区水文手册中的雨型分配推求 PMP 设计过程。

另外，根据流域水文气象相似性分析，对于气象一致区，尤其是相邻小流域的 PMP 可认为基本相等，可避免重复计算。

为保证 PMP 估算成果的“可能性”和“极大性”，可通过用本流域历史暴雨资料比较、与邻近流域暴雨资料比较、用国内外最大暴雨记录比较、用国内外已有 PMP 成果比较等多种方法进行合理性检查。

3. 特小流域 PMF 计算方法

（1）PMF 计算要素甄别

PMF 同一般洪水一样，包括洪峰、洪量和洪水过程线三大要素，但是淤地坝大都位于多沙沟道的特小流域，对淤地坝工程起控制作用的洪水要素主要是洪峰流量，要求设计洪水历时相对较短，尤其是对于高标准新工艺轻管护韧性淤地坝，根据其设计运用理念可以实现全坝身过流，在这种情况下，无须设置滞洪库容，则可仅考虑 PMF 洪峰流量；而对于坝系群工程设计中，若上游坝体对洪水有拦蓄滞洪作用，或淤地坝本身设计仅为部分坝段溢流的结构形式，而需设置滞洪库容时，需进行洪水过程的调蓄计算，则需要考虑 PMF 的洪峰、洪量和洪水过程线等组合要素。

因此，在高标准新工艺轻管护韧性淤地坝 PMF 计算要素甄别中，应根据淤地坝工程的控制流域面积、拦蓄库容规模、坝体泄流形式、坝系群对洪水的影响等，针对不同的淤地坝工程具体情况，甄别 PMF 计算的特征要素或者要素组合。

（2）PMF 分析计算

根据前述的 PMP 推求 PMF 的特点和方法，针对淤地坝一般地处特小流域的特征，提出其产流、汇流计算的处理方法。

（A）产流计算

淤地坝大都处于黄土高原地区的特小流域，因 PMP 强度远超流域最大初损强度，故扣损计算误差对 PMP 条件下的产流影响甚微，因此，产流计算时可采用较简单的下渗曲线扣损法。以往的实践经验也表明，在干旱和半干旱地区，产流计算方法，以扣损法较之相关法更为合适。

下渗曲线的表达式有多种类型，常见的是霍顿（R. E. Horton）公式和菲利普（J. R. Philip）公式，其中霍顿（R. E. Horton）公式的形式为

$$f = f_c + (f_0 - f_c)\,e^{-\beta t} \tag{7-22}$$

式中，f 为地面下渗能力（mm/h）；f_c 为稳定下渗率（mm/h）；f_0 为最大下渗率，相当于土壤干燥时的下渗率（mm/h）；β 为反映土壤下渗特性的指数；t 为时间（h）。

考虑到有关下渗强度的资料很少，实际工作中公式参数率定较为困难，在小流域 PMP 产流计算中可采用简化方法——初损后损法，公式为

$$R_s = P - I_0 - \overline{f}_c t_c \tag{7-23}$$

式中，R_s为相应于一场降雨P产生的径流深（mm）；I_0为初损量（mm）；$\overline{f}_c$为产流期的平均下渗强度，即平均后损率（mm/h）；t_c为产流历时（h）。也就是说，在超渗产流情况下的初损后损法产流计算，仅需要确定初损量I_0和平均后损率$\overline{f}_c$两个参数。

I_0的推求方法：各次降雨的初损量I_0可根据实测洪水过程线及雨量累积曲线定出。小流域汇流时间短，出口断面的起涨点大体可作为产流开始时刻，因而起涨点以前时刻的雨量累积值，可作为I_0的近似值。

$\overline{f}_c$的推求方法：对于一次洪水来说，当初损量I_0确定以后，即可求出平均后损率$\overline{f}_c$，见下式，可以用多次降雨径流求出其$\overline{f}_c$，供设计选用：

$$\overline{f}_c = \frac{P - R_s - I_0}{t_c} \tag{7-24}$$

上述介绍给出了产流计算中的有关参数及其计算方法，在各地的水文手册或暴雨洪水图集中一般都做出了规定，在具体计算时，产流计算参数可依据当地的水文手册或暴雨洪水图集进行取值，并开展计算。

设计暴雨经过产流计算后，即可获得设计净雨（过程），再通过流域汇流计算可求得设计洪水（过程）。

（B）汇流计算

考虑到淤地坝控制流域面积较小，与大中小流域相比，在PMP条件下，流域汇流呈现出全面汇流的特点，在流域汇流类型中，以坡面汇流占比相对较大。针对黄土高原地区特小流域的汇流特点，在由PMP推求PMF的汇流计算中，可采用单位线法和推理公式法，从便于实际操作的角度，推荐采用适用于小流域汇流计算的推理公式法，以下即针对推理公式法进行介绍。

（a）PMF洪峰流量计算

由于PMP条件下设计暴雨为特大暴雨，根据有关文献研究，对于10km^{2}以下的特小流域，其汇流历时在十几至几十分钟，一般均小于1h，故淤地坝PMF汇流为全面汇流。因此，推理公式法推求PMF洪峰流量的公式如下：

$$Q_{mP} = 0.278\left(\frac{S_P}{\tau^n} - \mu\right)F \tag{7-25}$$

$$\tau = \frac{0.278L}{mJ^{1/3}Q_{mP}^{1/4}} \tag{7-26}$$

式中，S_P为雨力或称1h雨强（mm/h）；τ为汇流历时（h）；n为暴雨衰减指数；μ为损失强度（mm/h）；F为流域面积（km^2）；L为流域河长（km）；J为流域纵坡（以小数计）；m为汇流参数。

上述参数分为四类，其中，L、J为流域特征参数；S_P、n为暴雨特征参数；μ、m为产流、汇流特征参数；τ为时间特征参数。

推理公式求解的关键是确定汇流参数m，在我国通常是建立m-θ关系式并进行地区综合，θ 是与 F、L、J 等有关的流域特征参数，我国各省（自治区、直辖市）已建有推理公式参数的地区综合公式，具体可参见各地区的水文手册。对无资料条件的流域，m 值可参考表 7-2 进行合理选取。

表 7-2　汇流参数 m 查用表（$\theta=L/J^{1/3}$）

雨洪特性、河道特性、土壤植被条件简述	m 值			
	θ=1～10	θ=10～30	θ=30～90	θ=90～400
北方半干旱地区，植被条件较差；以荒坡、梯田或少量稀疏林为主的土石山区，旱作物较多，河道呈宽浅型，间歇性水流，洪水陡涨陡落	1.00～1.30	1.30～1.60	1.60～1.80	1.80～2.20
南北方地理景观过渡区，植被条件一般；以稀疏林、针叶林、幼林为主的土石山区或流域内耕地较多	0.60～0.70	0.70～0.80	0.80～0.90	0.90～1.30
南方、东北湿润山丘区，植被条件良好；以灌木林、竹林为主的石山区，森林覆盖度达 40%～50%或流域内多水稻田、卵石，两岸滩地杂草丛生，大洪水多为尖瘦型，中小洪水多为矮胖型	0.30～0.40	0.40～0.50	0.50～0.60	0.60～0.90
雨量丰沛的湿润山区，植被条件优良，森林覆盖度可高达 70%以上，多为深山原始森林区，枯枝落叶层厚，壤中流较丰富，河床呈山区型，大卵石、大砾石河槽，有跌水，洪水多为陡涨缓落	0.20～0.30	0.30～0.35	0.35～0.40	0.40～0.80

（b）PMF 洪量计算

根据产流计算所得的 PMP 设计净雨量，即可计算得出 PMF 设计洪水总量：

$$W_{\mathrm{PMF}}=\mathrm{PMP}_{净}\times F/10 \tag{7-27}$$

式中，W_{PMF} 为设计洪水总量（万 m^3）；$\mathrm{PMP}_{净}$为经产流计算求得的 PMP 设计净雨量（mm）；F 为流域面积（km^2）。

（c）PMF 洪水过程线计算

PMF 洪水过程线计算一般可简化处理，用概化三角形过程线法进行推求，见图 7-5。洪水总历时可按下式计算：

$$T=5.56\frac{W_{\mathrm{PMF}}}{Q_{mP}} \tag{7-28}$$

式中，T 为洪水总历时（h）；W_{PMF} 为设计洪水总量（万 m^3）；Q_{mP} 为洪峰流量（m^3/s）。

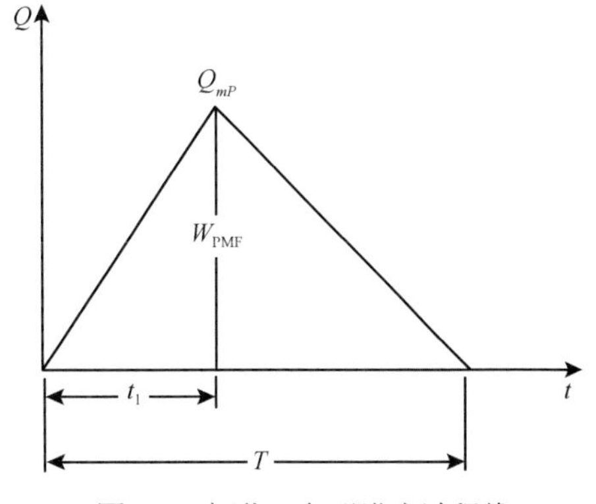

图 7-5　概化三角形洪水过程线

涨水历时可按下式计算：

$$t_1=\alpha_{t1}\times T \tag{7-29}$$

式中，t_1 为涨水历时（h）；α_{t1} 为涨水历时系数，其值为 0.1～0.5，视洪水产流、汇流条件而异，具体计算时取用当地经验值。

（C）库坝群影响分析

对于上游流域存在库坝群影响的淤地坝，其汇流计算尚需考虑上游库坝对洪水的拦蓄滞洪影响。对于达到设计条件的高标准淤地坝，其淤积状态应按达到溢流堰溢流高程考虑，因此，考虑具体库坝对其上游洪水是否有拦蓄滞洪影响时，主要考虑该库坝的泄

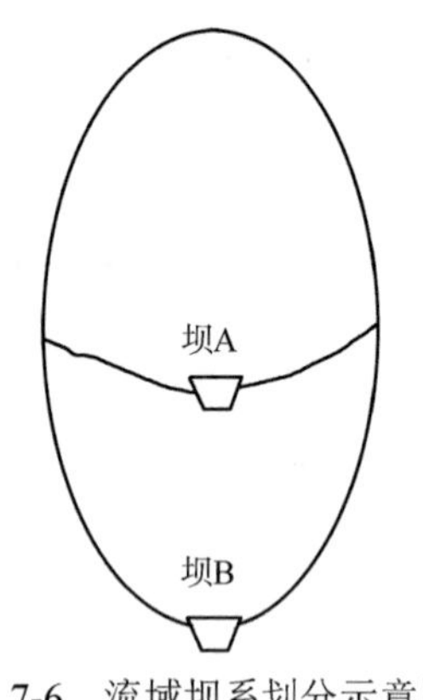

图 7-6 流域坝系划分示意图

流能力能否通过设计的 PMF，对于泄流通道为较窄的卡口型溢流堰，其对 PMF 有较明显的滞洪调蓄作用时，将对其上游流域产生的 PMF 汇流产生影响；而对于全坝段过流型的高标准淤地坝，其基本不会改变上游流域形成的 PMF 的天然汇流过程，则不考虑其对上游流域汇流的影响。

由于（特）小流域 PMP 成果按流域内均匀分布考虑，因此对流域根据库坝位置进行划分时，各分区单位面积的设计暴雨是相同的，基于此，在计算图 7-6 中所示的坝 B 的坝控面积 PMF 时，可按照如下思路处理：

$$Q_B'=f(Q_A)+Q_{AB} \tag{7-30}$$

$$Q_{AB}=Q_B-Q_A \tag{7-31}$$

式中，Q_B'为坝 B 断面在考虑坝 A 影响后的 PMF 洪水过程；Q_B 则为坝 B 断面在无坝 A 影响时的 PMF 洪水过程；Q_A 为坝 A 断面的 PMF 洪水过程；$f(Q_A)$为坝 A 断面 PMF 受坝 A 影响后的汇流过程；Q_{AB} 为坝 A 至坝 B 区间流域的 PMF 洪水过程，在实际操作中为保持坝 B 断面 PMF 成果的协调一致性，应以坝 B 与坝 A 断面的设计 PMF 成果之差推求 Q_{AB}，而不应对坝 A 至坝 B 区间流域单独推求其 PMF。

7.2.4 黄土高原地区特小流域 PMF 直接计算方法

前述推求黄土高原特小流域 PMF 的技术方法是通过先推求设计流域的 PMP，再进而转换为设计流域的 PMF，这种途径称为 PMF 计算的间接途径。

但对于特小流域而言，决定洪峰流量大小的为超短历时暴雨，就目前的暴雨监测资料和技术水平而言，很难根据实测短历时暴雨资料推求超短历时 PMP，而只能先推求 24h PMP，再采用其他技术手段将其转换，从而获得短历时 PMP 成果；而且对于特小流域，由设计暴雨推求设计洪水时，目前的推理公式法或单位线法中参数的选取是否合理也难以得到实测资料的验证。经过上述多种步骤的推算后，所推求的 PMF 成果精度如何，尚难以下定论。

本部分研究另辟蹊径，探求了适用于黄土高原地区特小流域 PMF 计算的直接途径，即不再通过 PMP 辗转推求 PMF，而是根据研究发现中国特小流域的世界大洪水记录基本发生在黄土高原地区，故而收集了黄土高原地区实测或调查的发生于特小流域的世界最大洪水记录资料，直接建立最大洪峰流量与集水面积的关系，从而根据工程点流域面积直接推求 PMF。该方法建立最大洪峰流量与集水面积的关系式后，可普适于推求黄土高原地区特小流域的 PMF，虽然其计算过程略显粗糙，但采用间接途径推求特小流域 PMF 时，步骤烦琐、假设较多、参数合理性难以验证，与其相比，直接途径计算的 PMF 成果精度未必较差，而且，直接计算途径的步骤简明、计算简便、易于操作、成果可信，是一种易于为基层科技工作者掌握和使用的简便方法。直接途径计算 PMF 的研究思路见图 7-7，具体介绍如下。

收集发生在中国特小流域的世界最大洪水记录，包括最大洪水发生断面的集水面积（km^2）和最大洪峰流量（m^3/s）数据，所收集的最大洪水记录中，应尽可能包含 $15km^2$（$15km^2$ 基本可以包络不同大小的淤地坝集水面积）以内不同面积的特小流域，尤其是最小面积值 $F_{最小}$和最大面积值 $F_{最大}$要分别尽可能小和尽可能大，这样拟合出的关系式才便于推求介于最小和最大面积值之间的其他面积的 PMF。

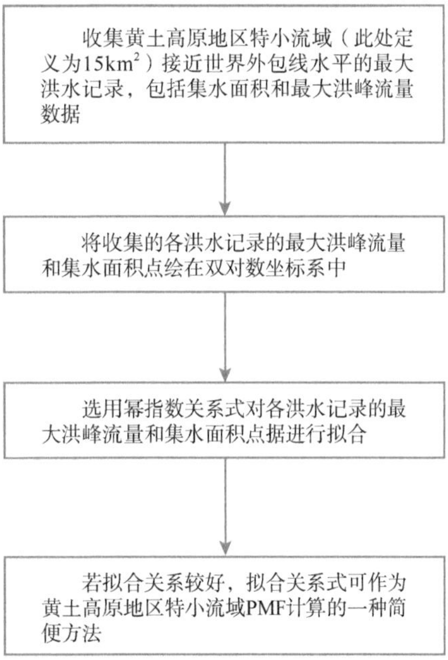

将各最大洪水记录的最大洪峰流量和集水面积点绘在双对数坐标系中。这样操作不会改变最大洪水记录的最大洪峰流量值和集水面积值，而是将坐标系以对数坐标的刻度进行标注，使得显示图像的数量级跨度压缩，可以更明显地表达最大洪峰流量和集水面积两个变量之间的关系。

收集黄土高原地区特小流域（此处定义为$15km^2$）接近世界外包线水平的最大洪水记录，包括集水面积和最大洪峰流量数据

↓

将收集的各洪水记录的最大洪峰流量和集水面积点绘在双对数坐标系中

↓

选用幂指数关系式对各洪水记录的最大洪峰流量和集水面积点据进行拟合

↓

若拟合关系较好，拟合关系式可作为黄土高原地区特小流域PMF计算的一种简便方法

图 7-7　直接途径计算 PMF 的研究思路

选用幂指数关系式对各洪水记录的最大洪峰流量和集水面积点据进行拟合，幂指数是用以拟合双对数坐标系中点据关系的常用关系式，见图 7-8，拟合的幂指数关系式为

$$Q=170.38F^{0.6059} \tag{7-32}$$

式中，Q 为最大洪峰流量（m^3/s）；F 为流域集水面积（km^2）。

由式（7-32）推求的特小流域洪水洪峰流量基本位于世界最大洪水记录的外包线上，对于易于发生极端局部暴雨的黄土高原地区而言，以该方法计算的结果可近似作为黄土高原地区特小流域的 PMF，该方法推求的 PMF 是具有一定可靠性的。

在具体应用时，根据式（7-32），由工程点的集水面积 $F_{工}$，即可推求出其 PMF。运用式（7-32）的条件是，$F_{工}$最好是介于公式拟合点据中 $F_{最小}$和 $F_{最大}$之间的值，即使 $F_{工}$超出了 $F_{最小}$与 $F_{最大}$的范围，也不宜超出过多。

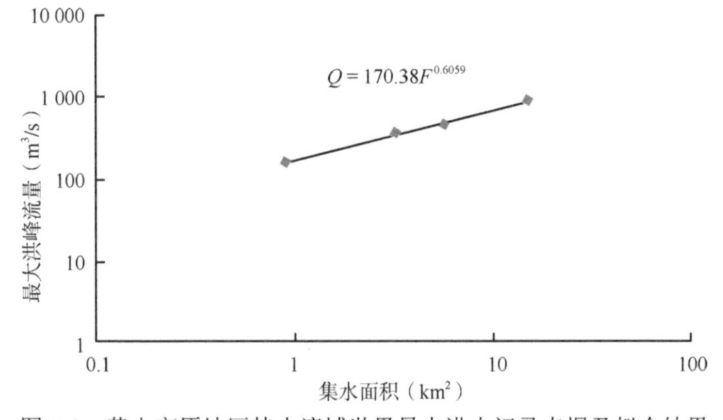

图 7-8　黄土高原地区特小流域世界最大洪水记录点据及拟合结果

7.3 高标准新型淤地坝坝工结构

7.3.1 过水土坝研究现状和存在的问题及解决思路

1. 研究现状

我国小型水库众多，据统计，目前现存小（一）型水库约 1.79 万座、小（二）型水库约 7.54 万座，分别占总水库数（9.8 万座）的 18.3%和 76.9%。其中绝大多数（95%以上）是土坝，由于这些坝建设时的设计标准不高、施工质量低，历年汛期溃坝时有发生（图 7-9）。根据 1962 年、1981 年和 1991 年三次统计：小型土坝的溃坝率高达 20%，其溃坝数量占总溃坝数量的 96.5%。而失事原因位居榜首的乃是防洪标准偏低，泄洪能力不足，以致洪水漫过坝顶而溃决，使当地人民的生命财产蒙受重大损失。

黄河中游地区广布黄土，土层深厚且土质疏松，域内沟壑纵横，坡陡沟深，降水少而分布不均，多为集中性暴雨，历时短、强度大。与暴雨相联系的洪水也具有峰高、量小、历时短、含沙量大的特征。恶劣的自然环境，加上人为的因素，使这里的生态系统很差，地表植被稀疏，水土流失严重，直接影响了当地农、林、牧各业的发展，同时也成为黄河洪水、泥沙的主要来源。新中国成立以来，黄土高原地区开展了大规模综合治理。70 多年来，特别是 20 世纪 70 年代水坠筑坝技术推广以来，黄河中游地区兴建了数以万计的中小型水库和淤地坝。这些水地、坝地提高了产量，亩产一般 150～250kg，高者可达 300～400kg，甚至 500kg 以上。此外，由于坝库拦泥和抬高侵蚀基准面，沟道比降减小，沟岸坍塌减少，从而减少了沟道的产沙量。据调查，每亩坝地可拦沙 3000～7000m^3。

黄河中游地区的坝库，在发展当地生产和减少入黄泥沙方面确实做出了贡献，但也存在着不少问题。首先，这些坝库规划不尽合理，设计标准偏低，缺乏必要的骨干工程；其次，工程不配套，有的只有大坝而无输水泄洪设施，多数不设溢洪道，或溢洪道泄量不足，真正“三大件”齐全的是少数；最后，这些坝库淤积迅速，使滞洪库容大幅缩减，有的已经淤满，丧失了防洪能力。20 世纪 70 年代大量修筑的坝库现已大部分淤满，病险库不断增加，新坝又兴建较少。因此，整体防洪能力骤减，很难抗御特大洪水的袭击。

如何提高我国小型土坝和淤地坝的防洪能力，增加水库坝地的安全，是当前迫切需要研究解决的重大实际课题。对此水利部曾提出一些常规办法：①适当加高大坝、增强水库调蓄能力；②加大泄洪设施，增加泄洪量；③增加坝高和泄洪量相结合。虽然这些常规的办法在技术上都是可行的，但结合本地区的条件，在生产上、经济上都存在一定的矛盾和困难。

开设溢洪道的主要困难在于：黄土高原地区一般沟狭坡陡，上覆土层深厚，开设岸边溢洪道，一般工程量都很大；本地区洪水一般峰高、量小，需要很大的溢洪道才能通过高峰流量；大多数沟道没有岩石出露，缺乏修筑溢洪道的必要条件；溢洪道造价较高，一般占工程总投资的 1/3 以上。因此，本地区的坝库有很大一部分目前都不设溢洪道，今后除一些条件适合的坝库和比较重要的工程外，也难于普遍推广。

加高大坝、新修工程高坝大库的困难在于：首先是与当地生产有矛盾，高坝大库对于淤地坝来说，淤地时间需要很长，影响农业经济效益的迅速发挥，已淤好的坝，群众已耕种，舍不得中断耕作而再行加高；其次，有些地方由于条件限制不能再加高；最后，加高大坝也并不是无限制的，终究要面临淤满的结局，还需解决淤满后怎么办的问题。

由此可以看出，上述两种常规的方案在适宜地区都有其应用价值，也都有各自的局限。因此，近年来提出了保坝护坝的一种新方案——坝面防护过水，或称土坝过水。所谓土坝过水，就是挡水建筑——土坝和泄水建筑物——溢洪道结合为一体，在坝身某一坝段或全坝坝面用适当的材料加以防护，使洪水通过坝体表面，安全下泄到下游。结合黄河中游地区的实际条件，这一方案有其特有的优点。首先，把挡水建筑物和泄水建筑物结合在一起，解决了溢洪道难于布置的问题，也将大大减少工程量，特别是开挖工程量。其次，适应该地区洪水峰高、量小、历时短的特征，溢流段可宽，防护层质量标准可低，防护材料可简。再次，有利于解决防洪保坝与坝地生产的矛盾，能充分发挥坝地农业生产效益。最后，坝库淤满后，若要加高坝体也无大碍，不加高时洪水也有出路。因此，这一方案正好克服了上述两种常规方案存在的困难，弥补了它们的不足，适合黄河中游地区的条件和需要。

一般来说，与溢洪道相比，由于过水护面直接铺设在坝身，护面的长度要缩短；由于宽度约束条件的放松，在宽度和厚度或质量要求之间更有可能优选。因此，护面本身的工程量可以节省，也更有可能使用廉价的当地材料或简易材料，加上减少的开挖量等因素，就有可能减少工程的投资。

过水土坝在我国早已有所利用，湖北的赵家闸、黄豹闸和山西的黎基等灰土护面或灰土坝，都有 100 多年的历史。目前，我国已建成的过水土坝有三四十座，根据已收集的 32 座过水土坝的特征数据统计分析，概括如下。

1）在 32 座坝库中，小型水库占多数，个别为中型水库，库容超过 1000 万 m^3 的只有 3 座，坝高超过 30m 的有 2 座，20～30m 的有 6 座，10～20m 的有 10 座，10m 以下的占 14 座。坝高在 20m 以下的占 75%，20～30m 的坝一般也只比 20m 稍高，因此目前过水土坝绝大多数是 20m 以下的坝。

2）溢流面布置有全坝段过水和一段过水两种，但坝高超过 10m 的几乎是一段过水，10m 以下者一段过水和全面过水参半。

3）护面结构形式可分类为刚性护面和柔性护面、整体式护面和装配式护面、透水护面和不透水护面等，目前 32 座过水土坝中绝大多数是整体式、不透水护面。

4）护面材料目前主要是混凝土或钢筋混凝土、沥青混凝土、浆砌石和灰土四种。32 座坝中混凝土（包括钢筋混凝土）、沥青混凝土（包括沥青砂浆砌石）和浆砌石护面约各占 30%，灰土护面约占 10%。

5）下游消能形式有挑流和底流两种，以挑流居多，坝高 10m 以下的才有底流消能。

2. 存在的问题及解决思路

由于过水土坝经济适用、技术上可行，逐渐被国内外所重视。但传统的观念是土坝绝对不允许过水，因此，坝面防护过水相对来说仍然是新的观念、新的课题。虽然过水土坝在我国早已应用，但仍存在以下问题。

1）在过水土坝的设计与施工上，如何根据不同地形、地质和水文特性确定过水土坝的设计规模和最优的布置形式。

2）如何处理好坝体不均匀沉陷和防渗排水，例如，护面材料和土坝坝体之间的材料特性差异过大，长期使用存在不均匀沉降和变形协调问题。

3）如何选择护面材料和护面结构形式，例如，混凝土或钢筋混凝土护面材料抗冲刷能力较强，但因刚度较大，和坝体之间易存在不均匀沉降问题；灰土护面材料虽然能克服不均匀沉降问题，但是抗冲刷能力较差，使用寿命较短。

4）坝面水力计算和下游消能等。

为了进一步推广过水土坝，实现土坝漫顶不溃，需要对过水土坝的规模、布置形式、护面材料和结构形式等做进一步的实验研究。其研究方法和途径主要有以下几点。

1）尽快开展现场过水土坝试验。现场试验的任务是：结合库坝建设，根据本地区的具体条件，进行不同方案的技术经济比较，选择适当的护面材料和结构形式，提出设计和施工方法；在付诸实施后，还要进行一系列试验观测研究，包括变位观测，渗透压力和渗透流量的观测，过水时的水流形态和水力因素的观测，高速水流的振动、脉压、气蚀等观测，以及有关护面材料力学强度指标、抗冻性能等观测；如有条件还可进行破坏性试验。通过这一系列的观测研究，全面地了解过水土坝的工作状态和运行效果，取得比较完整、系统的资料，为应用和推广提供可靠依据。现场试验可在原有老坝上进行，也可在新修治沟骨干工程上试点，从试验研究的角度讲，最好选择已快淤满的老坝。因为这类土坝的沉陷均已完成，同时由于库容减小有较多的过流机遇。当然，若有水源条件，能人为引水过流更好。

2）开展模型试验研究。现场试验不但代价高、试验条件难以控制，而且常因洪水机遇少而处于“等水来”的被动局面，因而模型试验研究是不可缺少的。模型试验研究除为配合野外原型和试验坝的设计而进行针对具体工程的模拟试验外，主要依下列原则进行：以黄河中游地区治沟骨干工程为模拟对象，以《水土保持治沟骨干工程暂行技术规范》为基本依据；以概化模型为主，采用断面模型；不模拟洪水过程而采用不同量级的恒定流量。试验研究内容和目的有如下两个方面：其一，不同的流量和坝体断面情况下，分析无防护坝面的破坏过程和形态，探讨土坝过水破坏机理和防护的基本对策，从宏观上解决防护方法问题；其二，防护材料和防护结构形式的选择比较，开发具体的防护方法，检验其性能和适用范围。模型试验的根本任务就是面对黄河中游地区复杂众多的坝库情况，通过系统的试验研究，制定基本的防护方案和原则，开发出众多的防护方法，为规划、设计和施工提供基本依据，为土坝过水方案的实施和推广奠定基础。

3）继续开展护面材料的试验研究。护面材料是土坝过水方案经济适用的基本因素之一。从黄河中游地区的条件出发，护面材料只能以当地材料为主，灰土、水泥土、土工织物等当地或简易材料是可行的，但也都存在一定问题，需要进一步提高这些材料的强度、抗冲刷、防老化、水稳定性、抗冻性等性能，解决好与坝面结合的问题。同时也需要进一步开发一些新材料，以适应黄河中游地区众多坝库的不同要求。研究新材料、新配方、材料的选型、改性，在提高各种技术指标的同时，也必须考虑经济指标和效益，只有“物美价廉”的材料，才有推广的现实意义。

7.3.2　防溃决多拦沙新型坝工结构及设计方法

结合上述我国过水土坝的发展历史和存在的问题，黄河勘测规划设计研究院有限公司经过现场试验和模型试验，提出了防溃决多拦沙新型坝工结构，并构建了设计指标体系，为防溃决多拦沙新型淤地坝的建设提供了设计依据（图 7-9）。

图 7-9　淤地坝溃坝

1. 新型防护理念

防溃决多拦沙新型淤地坝（图 7-10）创新了淤地坝设计运用理念，以突破散粒体结构的淤地坝坝身过流技术瓶颈为出发点，应用自主研发的黄土固化剂新材料，就地取材利用当地黄土作为主要建设材料并进行固化，于淤地坝坝身设置防冲刷保护层，在增强淤地坝坝坡防冲刷破坏性能的同时，可实现淤地坝坝身过流运用，使得新型淤地坝可在遭遇设计标准内洪水时实现坝身过流而不溃决，在遭遇超标准洪水时也可通过坝身泄流而达到不溃或缓溃，从本质上降低了溃坝风险，实现了淤地坝从相对安全到本质安全。在实现传统淤地坝功能的基础上，进一步实现淤地坝防溃决等优越技术性能，解决了传统淤地坝溃坝带来的洪水风险放大、拦沙防线失守和退出销号困难等问题，可多拦沙 30%～40%，单方拦沙造价降低 30%，极大地提高了淤地坝的综合效益。

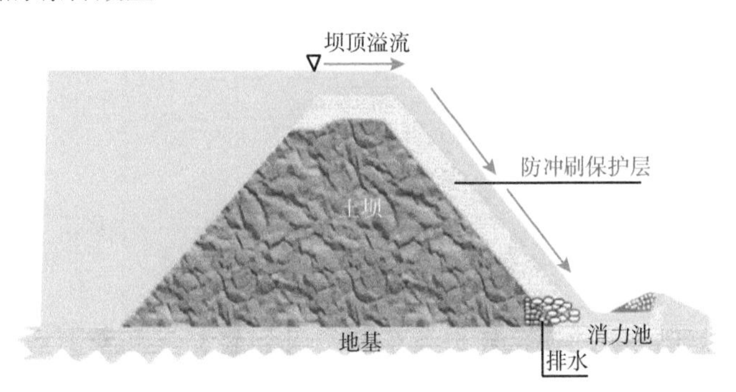

图 7-10　防溃决多拦沙新型淤地坝

2. 新型淤地坝复合坝工结构

针对过水坝面冲刷防护结构设计难题，基于不同淤地坝的坝控面积、洪水状况、坝址条件、坝体高度、坝体形态等，发明了全断面固化、坝面固化、坝面预制联锁块防护等系列淤地坝过流防冲刷保护结构形式，形成了防溃决淤地坝坝工结构体系。

（1）全断面防护结构形式

如果淤地坝所处的流域面积较大，经常发生超标准洪水，漫坝风险就很大，宜采用全断面防护结构形式（图 7-11）。该种防护结构形式适用于新建淤地坝或关键坝的改造，坝高 20～30m，坝长/坝高≤3，对施工质量的要求比较高。

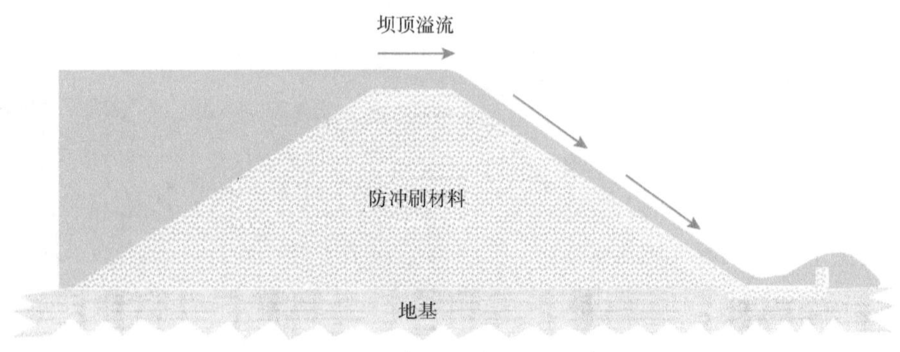

图 7-11　全断面固化防护方案

（2）坝面防护结构形式

（A）全坝面防护

当坝顶长度不大，经调洪计算后所需过流宽度较大时，可将坝顶和下游坝坡全部防护（图 7-12）。此时应特别注意，坝顶、下游坝坡与两侧山体相交部位也需要进行防护，防护高度根据水力计算确定。该形式采用黄土固化新材料作为溢流护面材料，上游采取防渗措施，并在防护面板下设反滤排水措施，消除面板受到的扬压力，保证面板处于良好的稳定工作条件。黄土固化新材料作为一种半刚性材料，与刚性材料相比，能较好地适应坝体不均匀沉降，其抗冲性能亦能满足要求，且易于修补，能够抵御 PMF 而不溃或缓溃（图 7-12）。

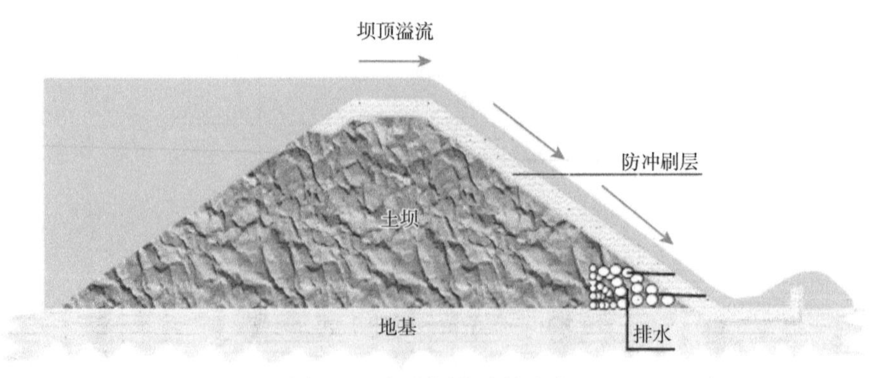

图 7-12　坝面固化防护方案

（B）局部防护

当坝顶较长，过流宽度较小时，从降低造价的角度考虑，可在坝顶和下游坝坡局部设护面进行防护，此时将过水坝段筑低一点，用固化黄土材料做护面，形成类似于“坝身溢洪道”，当洪水来时，就直接从该段土坝上溢走。该形式采用黄土固化新材料作为溢洪道泄流护面材料，坡脚处采用挑流消能形式，解决了刚性面板与坡体之间的不均匀沉降难题，克服了柔性面板不耐冲刷的弱点，以及黄土高原地区狭沟陡坡极端暴雨条件下，溢洪道的规划设计施工方面存在的困难，避免了加高坝体工程带来的资金、人力和材料的浪费，使农业经济效益迅速发挥。

溢洪道过流断面一般为梯形，因为除钢筋混凝土材料具有较高的抗拉强度之外，其他材料抗拉强度较小，不适宜做成直边墙。为避免工程材料出现受拉应力破坏，一般将溢洪道边墙做成贴坡式，靠在两侧坝体上，避免边墙承受过大的弯矩。

坝面防护结构形式适用于不经常发生洪水漫坝的中小型新建或改建淤地坝，坝高小于 20m。具体选用全坝段防护还是局部坝段防护应根据进口段的水力计算，根据需要的泄流能力计算泄流宽度，如果泄流宽度与坝顶长度相差不大，可选择全坝段防护，如果泄流宽度远小于坝顶长度，可做成坝身溢洪道形式。

（3）坝面预制联锁块防护结构形式

若淤地坝所处的地质条件较差，坝基沉降较大，则可选用坝面预制联锁块防护结构形式（图 7-13）。预制联锁块护坡系统由若干个预制块相互嵌锁，沿坝体下游坡面纵向和竖向延伸形成连锁的整体护坡结构，从而实现淤地坝过水，能够有效解决超标准洪水易溃坝的问题。预制块独特的造型使得整个护坡既具有一定的柔性，能够适应坝体的不均匀沉降和局部变形；又具有超强的连锁性，保证护坡结构的整体稳定。预制块腹板上表面的挑坎能够起到台阶消能的作用，使得下泄水流流速降低，减小对坡面的冲刷。预制块护坡下层铺设土工布，能够起到反滤排水的作用，有利于坝坡的稳定。

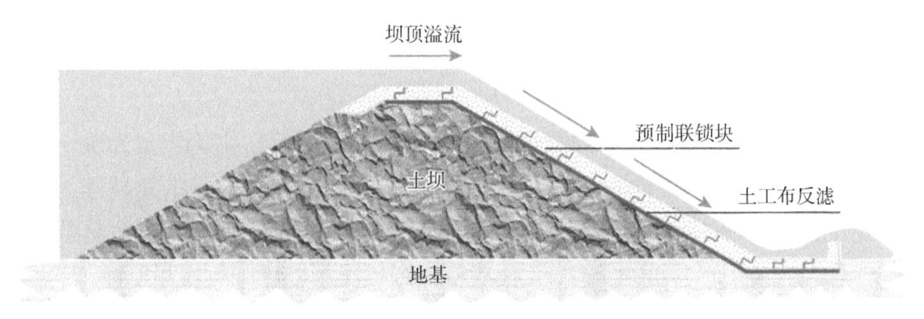

图 7-13　坝面预制联锁块防护方案

3. 设计指标体系

（1）设计指标体系的内容

针对固化黄土弹性模量低、淤地坝坝高低于 30m 的特点，探明了新型淤地坝各种设计工况下的设计参数及设计标准，建立了新型淤地坝设计指标体系，确立了防溃决新型淤地坝设计规则，解决了复合坝变形协调、防护面板裂缝等技术难题。新型淤地坝设计指标主要包括坝体填筑、防护结构、消能措施、放水设施、生态覆土等指标（图 7-14），其指标体系见表 7-3。新型淤地坝设计指标主要基于数值模拟、室内及现场试验等方法。

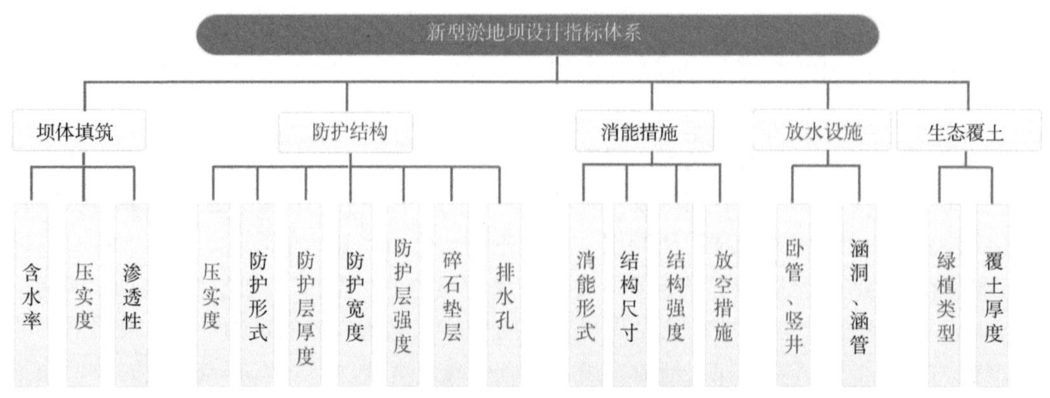

图 7-14　新型淤地坝设计指标

表 7-3　新型淤地坝设计指标体系

关键设计参数	坝高（m）			备注
	≤10	10～20	20～30	
防护层厚度（m）	0.5～0.7	0.7～1.0	1.0～1.5	满足施工需要
防护层无侧限抗压强度（MPa）	4～6	6～8	8～9	
压实度	0.94	0.96	0.96	
坡脚防护措施	固脚	固脚或设消力池	设消力池	

（2）设计指标体系的构建过程

（A）数值模拟

依据全坝面防护结构形式建立三维有限元模型，坐标系定义为：X 为顺河向，指向下游为正；Y 为坝轴向，指向左岸为正；Z 为垂直向，向上为正，以其高程为垂直向坐标值，初始地面为 Z 向坐标零点。模型三维网格剖分如图 7-15 所示，单元总数为 49 008 个，结点总数为 56 921 个，单元为 8 结点六面体实体单元，网格单元尺寸一般为 2～3m。

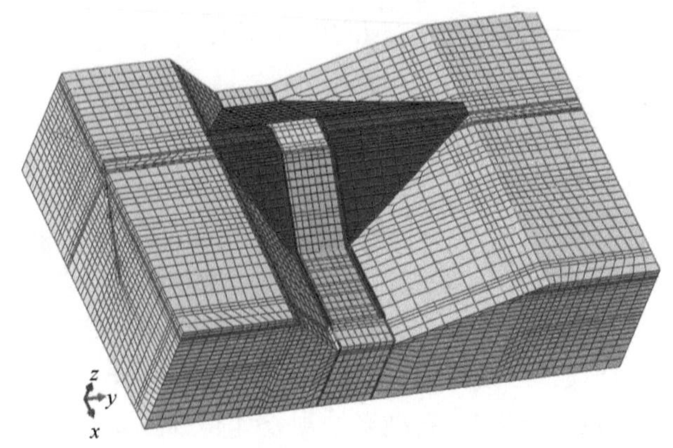

图 7-15　数值模型三维网格剖分

坝体和坝基采用常用的邓肯-张 E-B 本构模型，以切线弹性模量 E_t 和切线体积模量

B_t为计算参数，其表达式为

$$E_t = Kp_a\left(\frac{\sigma_3}{p_a}\right)^n\left[1-R_f\frac{(\sigma_1-\sigma_3)(1-\sin\varphi)}{2c\cos\varphi+2\sigma_3\sin\varphi}\right]^2 \tag{7-33}$$

$$B_t = K_b p_a\left(\sigma_3/p_a\right)^m \tag{7-34}$$

当偏应力小于历史最大偏应力，且应力水平小于历史最大应力水平时，采用回弹模量E_{ur}：

$$E_{ur} = K_{ur}p_a(\sigma_3/p_a)^{n_{ur}} \tag{7-35}$$

式中，E_t为弹性模量；K、n为弹性模量的拟合常数；p_a为大气压力；R_f为破坏比；c为黏聚力；φ为摩擦角，$\varphi=\varphi_0-\Delta\varphi\lg(\sigma_3/p_a)$；$\sigma_1$和$\sigma_3$分别为大小主应力；$B_t$为体积模量；$K_b$、$m$为体积模量的拟合常数；$K_{ur}$、$n_{ur}$为模量系数，$n_{ur}$与加载时的$n$一致。

黄土固化新材料铺设的防护层等结构采用线弹性材料，其参数取值通过试验确定。

由于防冲刷保护层与坝坡的材料刚度相差悬殊，在荷载作用下会表现出剪切滑移、脱开分离等不同于连续体的变形。采用库仑摩擦定律来模拟防冲刷保护层与坝坡两个接触面之间的力学行为，法向采用刚性接触，切向采用摩擦接触，摩擦系数为$\tan(0.75\varphi_0)$。

由图 7-16 结果可知，坡面法向最大变形为 4.1mm，发生在约 2/3 坝体高度部位；顺坡向位移最大为 2.1mm，位于坝顶处；最大主应力为 0.18MPa，最小主应力为 0.15MPa；顺坡向最大压应力为 0.5MPa，坡面法向最大压应力为 0.42MPa，轴向最大拉应力为 0.15MPa。

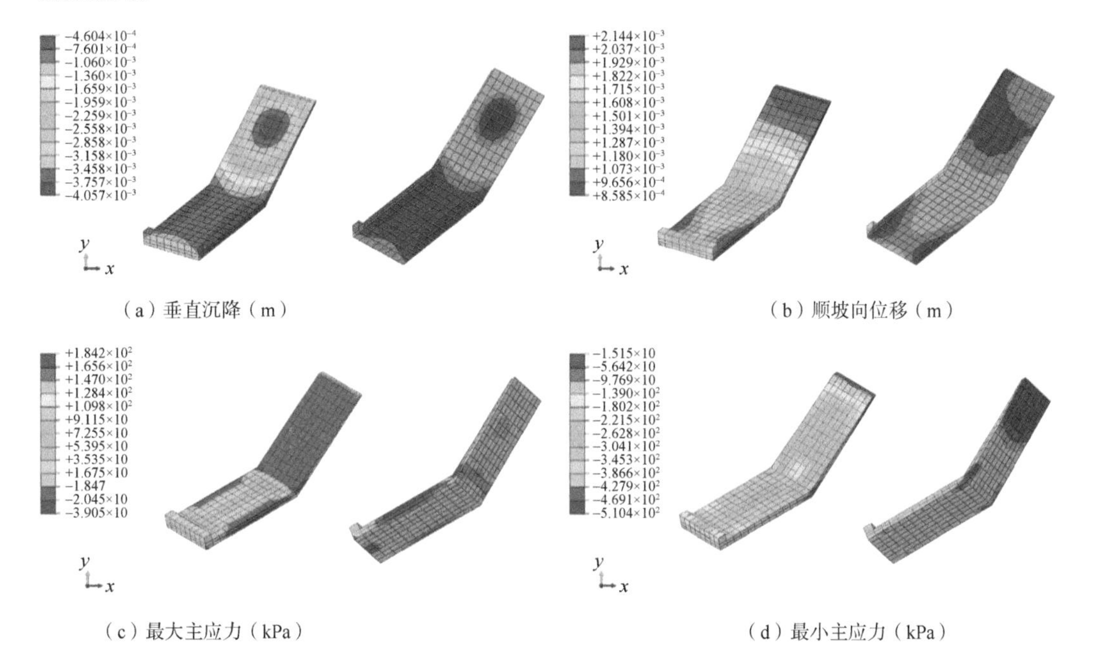

（a）垂直沉降（m）　　（b）顺坡向位移（m）

（c）最大主应力（kPa）　　（d）最小主应力（kPa）

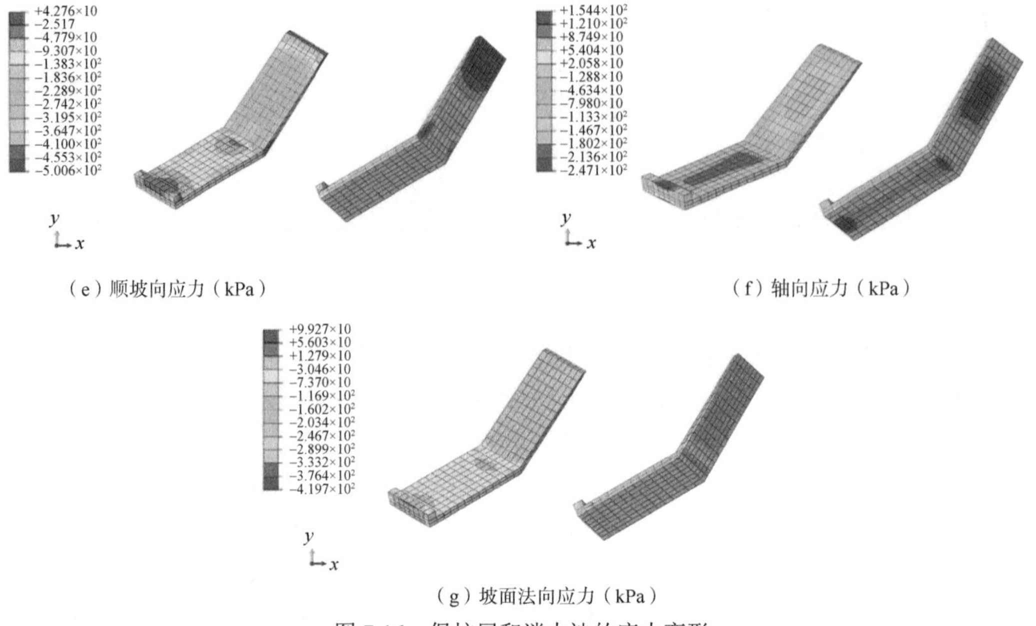

（e）顺坡向应力（kPa）

（f）轴向应力（kPa）

（g）坡面法向应力（kPa）

图 7-16　保护层和消力池的应力变形

（B）坝体填筑

碾压均质土坝筑坝土料有机质含量不应超过 5%，渗透系数不应大于 1×10^{-4}cm/s，填筑土料压实度不应小于 0.94。根据击实试验确定土料的最优含水率，然后依据最优含水率通过碾压试验确定坝体填筑时采用的含水率。

（C）防护结构

首先应基于不同淤地坝的坝控面积、洪水状况、坝址条件、坝体高度、坝体形态等确定采用哪种防护形式。防护结构设计主要包括防护宽度、防护层厚度、无侧限抗压强度、压实度等。防护宽度根据洪水确定，防护层厚度、防护层无侧限抗压强度、压实度可参考表 7-3 进行确定。

为提高防护结构的抗滑稳定性，在防护层底部设碎石排水垫层和排水孔，及时排出渗水，降低扬压力。

（D）消能措施

陡坡末端与消能段相连接。消能形式应根据地形、地质和水力条件来选择，既要不危及周围建筑物的安全，又要尽量减少工程量。常用的消能形式有底流消能和挑流消能，对于固化黄土材料，多采用底流消能。为了避免冬季冻融对结构的破坏，消力池应设置放空措施，在不过流时将消力池中的水放空。

底流消能虽然消能效果好且安全，但缺点是工程量大。采用底流消能，虽然在水跃范围内流速减小较快，但主流底部的近底流速还是不小，冲刷能力强。因此，在消力池下游过水断面仍需要防护，保护长度为水跃长度的 2.5～3 倍。这段保护段称为海漫，除了要求海漫坚固耐冲以外，还应具有一定的柔性，要能适应下游河床冲刷变形而不致破坏。海漫末端的流速往往仍大于河床的不冲流速，因此海漫末端也需加固，最常用的办法是采用局部挖深的防冲槽，槽中多抛石块保护。

为了减轻过水土坝消能防冲工程的负担，小型水库应采用较小的单宽流量，在土基上最好不超过 $8m^3/(s \cdot m)$，风化岩基上最好不超过 $15m^3/(s \cdot m)$。

（E）放水设施

放水建筑物主要包括进水段、输水段和消能段。

进水段建筑物可采用卧管式或竖井式，卧管（竖井）应根据坝址地形条件、运行管护方式等因素布置。卧管应布置在岸坡稳定、开挖少的位置，卧管与涵洞（涵管）连接处设消力池，并设卧管工作道路，竖井布置在基础稳定坚实的位置，竖井与涵洞（涵管）连接处设消力井，并设工作桥。

输水段建筑物为涵洞或涵管，涵洞（涵管）布置在岩基或稳定坚实的原状土基上；当受地形、地质条件限制需转弯时，转弯半径应大于洞径的 5 倍；涵洞（涵管）的进口、出口均应伸出坝体以外。涵洞（涵管）出口水流应采取妥善的消能措施，并应使消能后的水流与尾水渠或下游沟道衔接。

（F）生态覆土

（a）适地适草，因地制宜

尽量选用当地的乡土草种，选择容易在当地生长、成活的草种，这样才能达到事半功倍的绿化效果。

（b）根系深及抗逆性强

一般选择有发达根系的植物，具有一定的抗旱性、耐瘠薄等特性，具有顽强的生命力，在后期无人养护的情况下仍然能繁衍生长。植物的抗逆性直接决定了植物生命力的强弱，会影响植被的后期稳定。

（c）覆土厚度

综合考虑覆土所在自然环境下的冻土深度，以及覆土植物的类型和种子生长所需要的根系厚度。

7.3.3　防冲刷复合坝工结构的水力计算

防冲刷复合坝工结构的水力计算范围，包括进口段、陡坡段、消能段及尾水渠等。水力计算的主要任务有以下四项。

1）根据调洪计算，以及地质、地形条件及枢纽布置要求等，确定防冲刷复合坝工结构的设计流量及单宽流量，选择溢流堰的形式，计算过流宽度。

2）根据进口段的出口和陡坡段进口的形式及流速条件，确定是否需要连接段及其形式。

3）根据枢纽布置，以及大坝断面和尽量减少护面工程量等条件，确定陡坡及其断面的形式和各部尺寸，计算水面曲线和流速大小等，作为选择护面形式及决定边墙高度的依据。

4）根据地质、地形和枢纽布置等条件，选定防冲刷复合坝工结构泄洪的消能措施，计算消能部分的各种尺寸。

1. 进口段的水力计算

进口段是防冲刷复合坝工结构的控制部分，主要包括过流堰和边墙，其中，过流堰的形式决定着整个防冲刷复合坝工结构的泄流能力。

防冲刷复合坝工结构的过流堰在实际工程中常采用宽顶堰、实用堰。20 世纪 50 年代的防冲刷复合坝工结构，一般都为实用堰，而 70 年代的几座沥青防冲刷复合坝工结构，其中多数带闸，当时为了简化闸底板施工，所以采用宽顶堰。实用堰的流量系数比宽顶堰的流量系数大，相同过流水深下其泄洪能力大。

泄流量按《溢洪道设计规范》（SL 253—2018）中附录 A.2 计算。但应注意两点：①若进口的边墙是梯形断面，过流宽度 B 应以 B+0.8 $H_0\tan\beta$ 代替；②对于无底坎的平底闸，侧收缩影响不单独计算，而包括在流量系数 m 中。

2. 陡坡段的水力计算

就水力学观点看，防冲刷复合坝工结构对水流条件的要求比混凝土溢流坝的要求要高，尤其是固化黄土的强度较低，所以要求陡坡段水流的流态要尽量保持均匀平顺，边墙的高度一定要有足够的安全超高。

在陡坡段的末端，平均流速可能大于 15m/s。高流速水流的存在，有可能在护面上产生较大的脉动压力，并产生对护面的气蚀，水流掺气对边墙产生影响。因此，陡坡段的水力计算，不仅解决绘制水面线问题，决定各断面的流速，还为护面稳定计算提供依据。

（1）陡坡段的流态判别

在设计中首先要计算临界坡度 i_k。陡坡段实际坡度 i 如果大于临界坡度 i_k，即属于陡坡。临界坡度 i_k 可按下式计算：

$$i_k=gX_k/(\alpha C_k^2 B_k) \tag{7-36}$$

式中，i_k 为临界坡度；g 为重力加速度，可取 9.81m/s^2；C_k 为相应于临界水深的谢才系数（糙率 n=0.02）；X_k 为相应于临界水深的湿周（m）；B_k 为相应于临界水深的水面宽（m）；α为流速不均匀系数，可取 1.05。

临界水深 h_k 按下式进行单变量求解：

$$1-\frac{\alpha Q^2 B_k}{gA_k^3}=0 \tag{7-37}$$

式中，A_k 为相应于临界水深的过水断面面积（m^2）；Q 为泄流量（m^3/s）；α为系数，可取 1.1。

（2）正常水深的计算

正常水深按下式计算：

$$Q=\omega C\sqrt{Ri} \tag{7-38}$$

式中，ω为过流断面面积（m^2）；C 为谢才系数；R 为水力半径（m）；i 为陡坡段底坡。

（3）陡坡段的水面曲线

陡坡段的水深是沿着流程变化的，自上而下流速变大，水深变浅。因此，为了充分利用边墙高度和减少工程量，有时采用平面宽度收缩的形状，或者边墙高度减小的形状。这种明渠非均匀流可以能量方程为基础，从已知断面的水深推算其他断面的水深，绘出水面曲线。具体计算公式见《溢洪道设计规范》（SL 253—2018）中附录 A.3，在此不再赘述。

3. 消能段的水力计算

常用的消能形式为底流、挑流。挑流消能计算可按《溢洪道设计规范》（SL 253—2018）中附录 A.4 中的方法进行计算，底流消能计算可按《溢洪道设计规范》（SL 253—2018）中附录 A.6 中的方法进行计算，在此不再赘述。

4. 尾水渠的水力计算

在设计时，需要确定尾水渠的水位，可根据泄流量及尾水渠和河道的断面尺寸，按明渠均匀流公式计算下游河道水位。将尾水渠分为若干段，以下游河道水位作为尾水渠末端断面的水位，逐段向上游推算，以推求尾水渠首段断面的水位，其水位按能量方程推求如下：

$$h_1 + Z_1 + \frac{V_1^2}{2g} = h_2 + Z_2 + \frac{V_2^2}{2g} + h_{\mathrm{w}} \tag{7-39}$$

式中，h_1、h_2 分别为上游、下游相邻两断面的水深（m）；h_{w} 为能量损失；V_1、V_2 分别为两断面的平均流速（m/s）；Z_1、Z_2 分别为两断面渠底对某一基准面的距离（m）。

7.3.4　防冲刷复合坝工结构的稳定计算

防冲刷复合坝工结构的稳定计算，除坝坡的稳定计算外，还有护面的稳定计算。如果坝顶有闸室，则也要对闸室的稳定进行校核。

1. 防冲刷复合坝工结构坝坡的稳定计算

防冲刷复合坝工结构应进行下列坝坡抗滑稳定计算：①施工期的临时填筑坡和上游、下游坝坡；②稳定渗流期的上游、下游坝坡；③水库水位降落期间的上游坝坡；④正常运用条件下遇地震的上游、下游坝坡。

稳定计算典型断面应包括下列断面：①最大坝高断面；②两岸岸坡坝段的代表性断面；③坝体不同分区的代表性断面；④坝基不同地形、地质条件的代表性断面。

各种计算工况下，土体的有效应力抗剪强度均应采用下式计算：

$$\tau = c' + (\sigma - u)\tan\varphi' = c' + \sigma' \tan\varphi' \tag{7-40}$$

黏性土施工期同时宜采用下式计算总应力抗剪强度：

$$\tau = c_u + \sigma \tan\varphi_u \tag{7-41}$$

黏性土库水位降落期同时宜采用下式计算总应力抗剪强度：

$$\tau = c_{cu} + \sigma_c' \tan\varphi_{cu} \tag{7-42}$$

式中，τ 为土体的抗剪强度（kPa）；c'为有效应力抗剪强度指标——土体的凝聚力（kPa）；φ'为有效应力抗剪强度指标——土体的内摩擦角（°）；σ 为法向总应力（kPa）；σ'为法向有效应力（kPa）；u 为孔隙压力（kPa）；c_u 为不排水抗剪强度指标——土体的凝聚力（kPa）；φ_u 为不排水抗剪强度指标——土体的内摩擦角（°）；c_{cu} 为固结不排水抗剪强度指标——土体的凝聚力（kPa）；φ_{cu} 为固结不排水抗剪强度指标——土体的内摩擦角（°）；σ'_c 为库水位降落前的法向有效应力（kPa）。

坝坡抗滑稳定计算应采用刚体极限平衡法。计算方法可采用计及条块间作用力的简化毕肖普法、摩根斯顿-普赖斯法等方法。稳定计算按《碾压式土石坝设计规范》（SL 274—2020）附录 D 的规定执行。

稳定渗流期应采用有效应力抗剪强度指标进行稳定计算。对于施工期和库水位降落期，应采用有效应力抗剪强度指标和总应力抗剪强度指标计算安全系数的较小值。当填土已计入施工期孔隙压力的消散和强度增长时，可不与总应力抗剪强度指标计算结果相比较。

2. 过流护面的稳定计算

在一般情况下，应防止护面滑动和被掀起，为此需进行抗滑稳定和抗浮稳定的计算。

（1）护面抗滑稳定分析

抗滑稳定可分为过水和不过水两种情况。不论是柔性护面还是刚性护面，在各种外力作用下，主要依靠自身的重量和护面上的水重来维持稳定。在分析滑动的可能性时，对分块的面板，可取一单块的面板来分析；对整体的面板，可取单元护面的情况分析。同时，对各种类型的分析单元，均不计算其四周的约束力。

作用在底板上的荷载有自重、水流拖曳力、动水压力、扬压力（浮托力和渗透压力）、脉动压力、底板底部与基础的摩擦力等（图 7-17）。以上是底板过水时的作用力，如果计算不过水情况，则荷载项目将减少。

1）自重（G）：单位重乘以底板厚度为底板的自重。

2）水流拖曳力（F_t）：水流作用于底板上向下游方向的牵引力，采用下式计算：

$$\tau = \gamma_w RJ \tag{7-43}$$

式中，τ 为水流拖曳力（kPa）；γ_w 为水的容重；R 为过水断面的水力半径（m）；J 为沿溢流面的水力坡降。

3）动水压力（P_1）：较大的水库应通过水工模型试验来确定。在无试验资料的情况下，底板所承受的动水压力可近似取该处的水深乘以水的重度。

4）扬压力（P_2）：由渗透压力和浮托力组成，按板块之下实际渗流压力的分布情况计算，排水条件较好的情况下可不计。

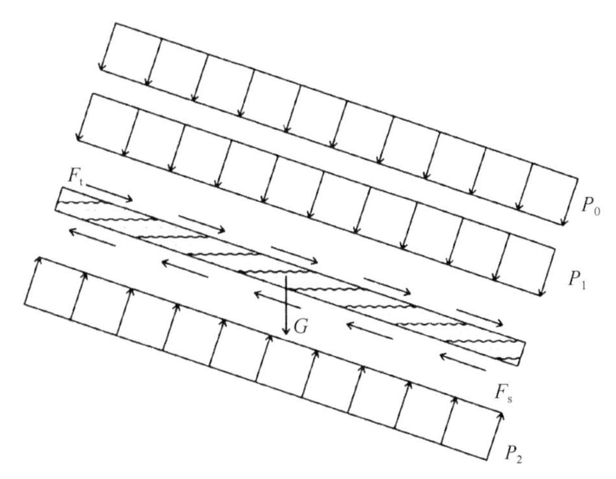

图 7-17　单元底板的受力简图

5）脉动压力（P_0）：其方向随时间交替变化，计算抗滑稳定时考虑不利方向向上，计算参考《水工建筑物荷载设计规范》（SL 744—2016）7.5 节的公式。

6）底板底部与基础的摩擦力（F_s）：

$$F_s=(P_1+G\cos\alpha-P_2-P_0)f+cA \tag{7-44}$$

式中，A 为作用面积；f 为摩擦系数，取 0.48；c 为黏聚力，取 7.5kPa。

上述各荷载计算出来后，可按下式计算底板的抗滑稳定系数 K：

$$K=\frac{F_s}{F_t+G\sin\alpha} \tag{7-45}$$

抗滑稳定安全系数可参考《水闸设计规范》（SL 265—2016）7.3.13 的规定，土基上沿闸室基底面抗滑稳定安全系数的允许值[K]=1.20。

（2）护面抗浮稳定分析

要求护面在扬压力的作用下不能浮起。抗浮稳定分析的各种作用力的计算方法同抗滑稳定分析。

抗浮稳定系数按下式计算：

$$K=(G\cos\alpha+P_1-P_0)/P_2 \tag{7-46}$$

抗浮稳定安全系数可参考《溢洪道设计规范》（SL 253—2018）5.6.2 的规定，取 1.0～1.2，具体应结合工程重要性、地基条件、计算情况等选用。

（3）稳定分析数值模拟

基于前文 7.3.2 部分建立的数值模型，在稳定分析中，坝体和坝基采用摩尔-库伦模型，在坝体稳定的前提下施加外荷载取得初始应力状态，然后再进行折减分析，在折减分析中第 0.82s 无法收敛，计算终止，表征强度折减到一定程度后，坝体已失稳。破坏时的滑动面如图 7-18（a）所示。将折减系数（FV）和坝址顺河向位移（U1）的关系绘制于图 7-18（b），若以数值计算不收敛作为坝坡稳定的评价标准，则安全系数为 3.39，若以位移的明显拐点作为评价标准，则安全系数为3.27，两种判别方式得到的安全系数均大于3，说明坝体是稳定的。

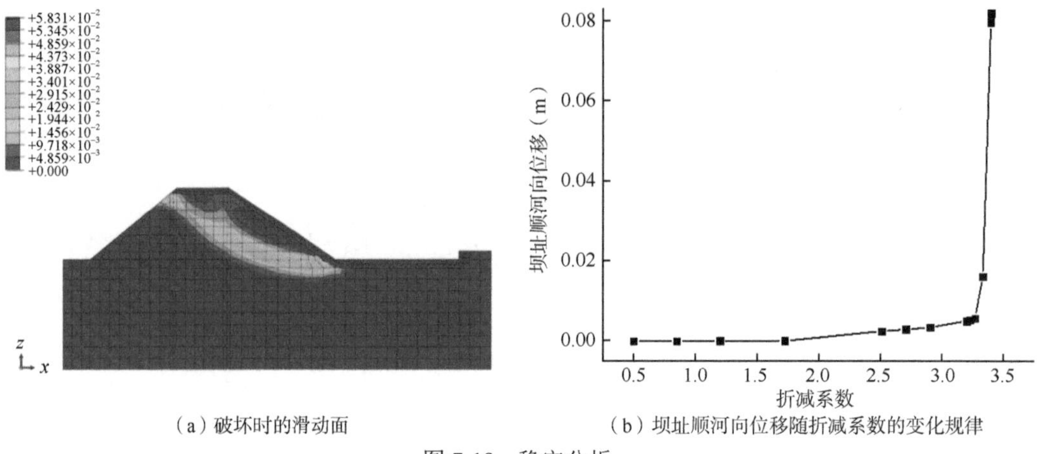

（a）破坏时的滑动面　　（b）坝址顺河向位移随折减系数的变化规律

图 7-18　稳定分析

7.3.5　新型淤地坝防护结构与坝体非协调变形分析

1. 新型淤地坝防护结构与坝体非协调变形及应对措施

当土坝采用铺设于坝身的防护材料来实现过水时，因筑坝材料和防护结构之间的材料差异过大，在施工期和运行期二者会出现不均匀沉降，导致防护结构与坝体之间出现滑移和脱空现象。基于离子交换和复合激发胶凝的广源黄土胶结固化技术，研发的新型离子交换无机胶凝抗冲刷黄土固化剂，在固化黄土后形成的防冲刷材料弹性模量较低，介于刚性和柔性之间，既能较好地与坝体之间产生协调变形，又能抵抗较长时间洪水的冲刷，综合性能较好。

针对黄土高原地区以拦沙为主的淤地坝，该技术在应用时基于抗冲刷材料的特性，主要采用“内柔外刚、上搭下承、上截下排”（图7-19）的措施来解决新型复合坝变形协调、结构稳定和渗流安全难题。

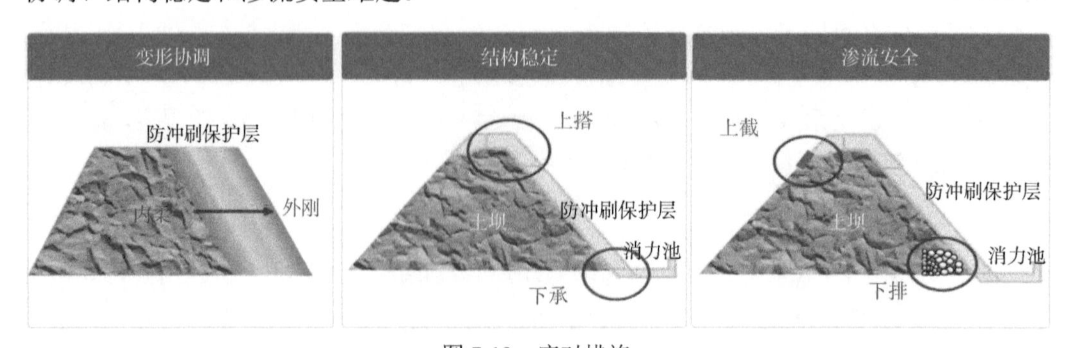

图 7-19　应对措施

2. 坝体非协调变形分析及验证

以某工程为例，采用数值模拟和现场物探的手段对筑坝材料与防护结构之间的滑移和脱空进行计算和监测，以验证上述措施的合理性和适用性。

（1）数值模拟

（A）保护层滑移分析

图 7-20（a）为坝体剖面顺坡向位移，提取保护层和坝体接触部分结点的顺坡向位移并取差输出，如图 7-20（b）所示。分析可知，保护层和坝体滑移差值最大约为 2.16mm，在坡面中间位置。

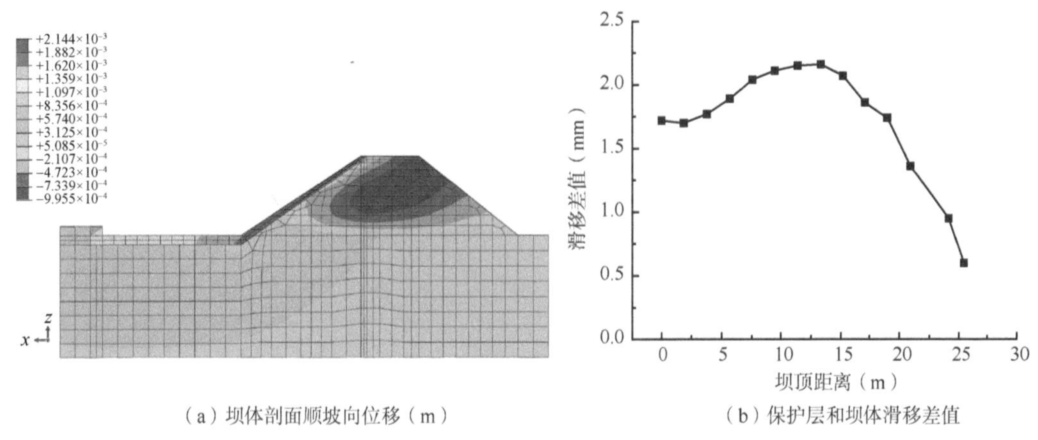

（a）坝体剖面顺坡向位移（m）　　（b）保护层和坝体滑移差值

图 7-20　保护层滑移分析结果

（B）保护层脱空分析

图 7-21（a）为坝体剖面法向位移，提取保护层和坝体接触部分结点的法向位移并取差输出，如图 7-21（b）所示。分析可知，溢洪道结构和坝体之间基本不产生脱空问题，只是在近坝址部位有不超过 0.5mm 的小区域脱空现象。

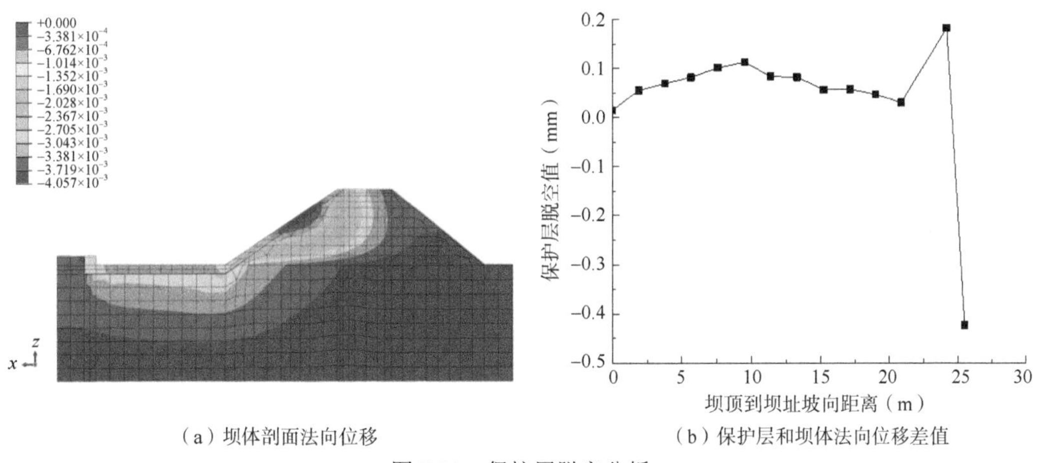

（a）坝体剖面法向位移　　（b）保护层和坝体法向位移差值

图 7-21　保护层脱空分析

（2）现场物探监测

采用地质雷达探测技术对筑坝材料和防护结构之间的脱空进行现场监测。地质雷达仪器为美国 GSSI 公司生产的 SIR4000 型地质雷达，搭配 200MHz 天线，采用时间模式进行测量，每次扫描的采样数为 1024，记录长度 60ns，采用 5 点增益，滤波范围为 100～800MHz，沿坝顶顺下游坝坡方向均等布置雷达测线（图 7-22）。

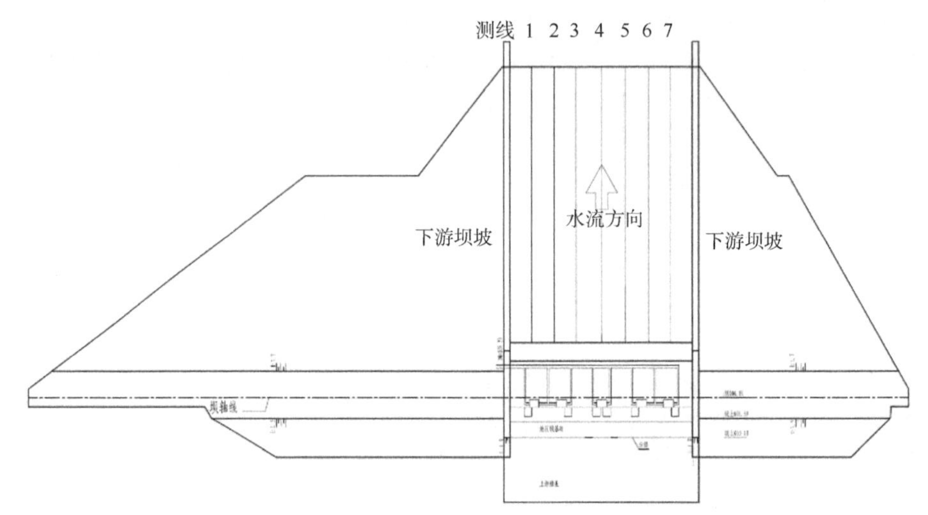

图 7-22　200MHz 天线雷达测线布置图

图 7-23 中水平轴代表沿坝顶顺下游坝坡方向的距离，纵轴代表坝面以下法向深度。可以看出，反射波同相轴未发生明显错动，同相轴局部未出现明显缺失，同时波形未发生畸变，表明筑坝材料和防护结构之间未见明显脱空等缺陷出现，与数值计算结果吻合较好，同时也表明采取的技术措施是有效和适用的。

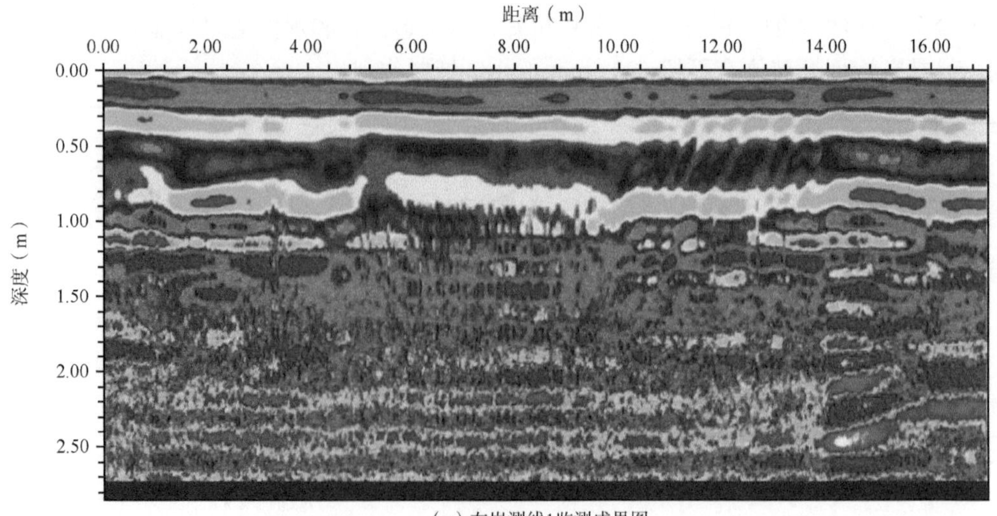

（a）左岸测线1监测成果图

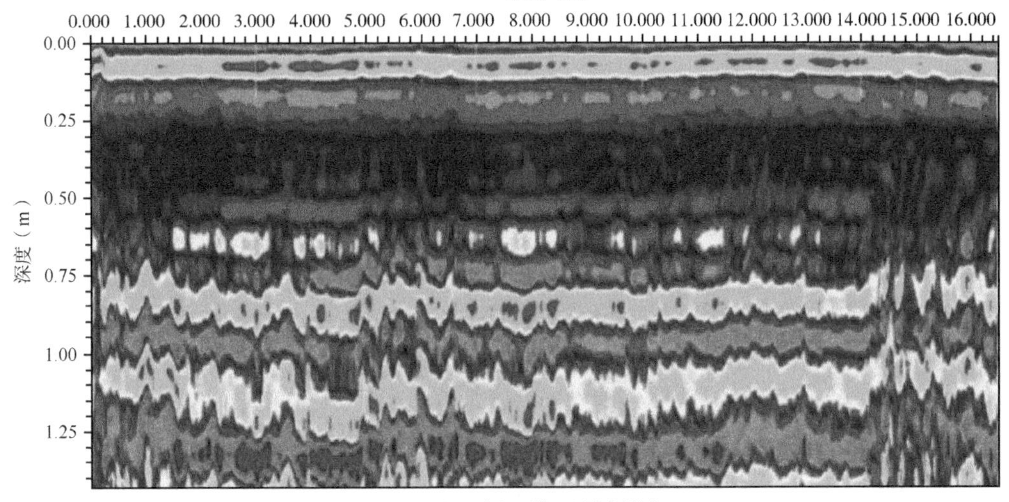

（b）中间测线4监测成果图

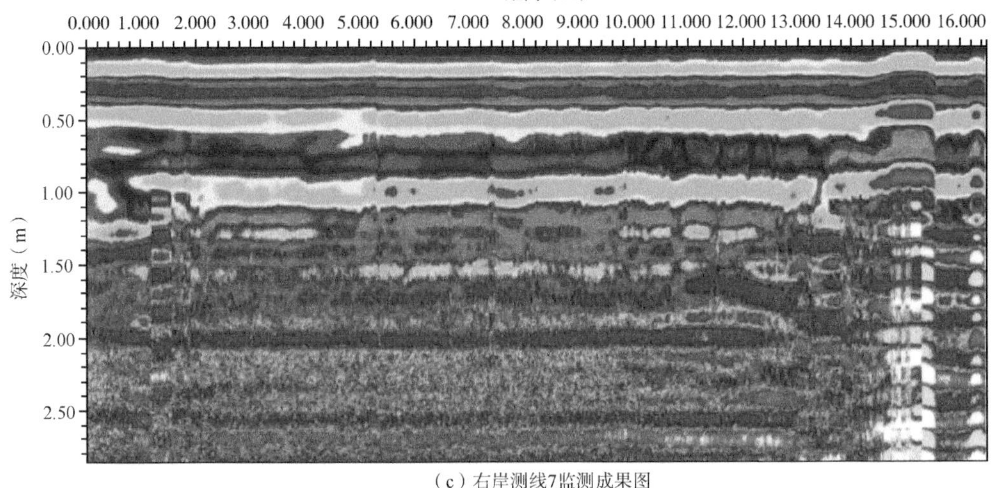

（c）右岸测线7监测成果图

图 7-23　雷达监测成果图

7.4　固化黄土新型材料

黄土是一种广泛分布于我国西北部干旱、半干旱地区的特殊土。自 20 世纪 50 年代以来，开展了黄土物质组成、物理力学性质及结构的研究。黄土粒度成分以细粉砂为主，黄土矿物成分复杂，以石英、长石为主，其他矿物少量；化学成分中 SiO_2 含量通常大于 50%，Al_2O_3 占 10%左右，CaO 占 8%左右，Fe_2O_3 占 4%左右。黄土是多孔隙弱胶结、有结构性的欠压密土，具有独特的土体特性。宏观上，发育的节理、裂隙等优势渗流通道，具有显著的结构性；细观上，疏松多孔结构遇水极易变形，具有强烈的湿陷性和崩解性。原状黄土颗粒组成较为复杂，孔隙大且结构疏松，垂直节理发育，由变形过大引起的下沉或不均匀沉降会导致工程结构严重开裂，严重危及建筑物安全。黄土是淤地坝的主要筑坝材料，其湿陷性和崩解性会导致在超标准洪水条件下坝体破坏发生的不确定性，以及漫坝溃坝的危害性等问题，危及下游地区的人员和财产安全。随着高标准、新工艺新型淤地坝建设理念的提出，对新材料的强度、耐久性、抗冲刷性等提出了新的要求。黄土高原地区砂石料缺乏，为满足新型防护材料的设计需求，基于离子交换和复合激发胶凝的广源黄土胶结固化技术，研发新型离子交换无机胶凝抗冲刷黄土固化剂，探讨固化黄土的性能变化规律，为新型淤地坝建设提供技术支撑。

7.4.1 黄土固化剂

黄土固化剂由矿渣、粉煤灰、石膏、复合激发剂和表面活性剂等材料混合而成。将黄土固化剂掺入黄土中，通过复合激发剂激发矿渣和粉煤灰中活性物质的活性，再结合黄土的矿物成分生成新的胶凝物质固化黄土，其微观结构如图 7-24 所示。黄土固化剂的作用机理主要有火山灰效应、复合胶凝效应、填充增强效应、二次固化反应及离子交换等。

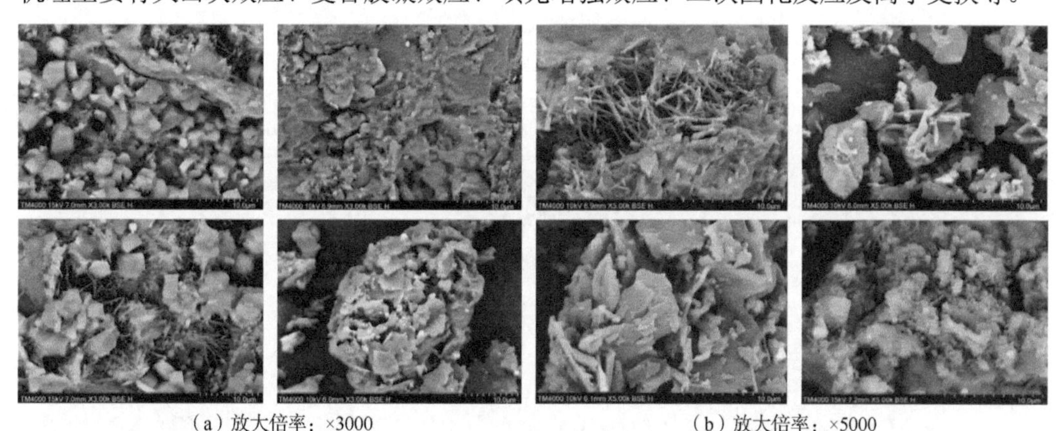

（a）放大倍率：×3000　　（b）放大倍率：×5000

图 7-24　黄土固化剂的扫描电镜（SEM）图

7.4.2 固化黄土性能研究

将黄土烘干后，采用静压法制备试样：①按设计方案使用室内搅拌机将黄土固化剂、黄土和水充分搅拌均匀，形成具有特定含水率的固化黄土后制备试样（图 7-25）；②利用保鲜膜进行密封、编号，并放置在恒温恒湿箱（20℃±0.5℃，相对湿度≥98%）中养护至设计龄期后，开展相应试验研究。

（a）黄土

（b）黄土固化剂

（c）固化黄土试样

图 7-25　固化黄土试样制备过程

1. 无侧限抗压强度

无侧限抗压强度是试样在无侧向压力条件下，抵抗轴向压力的极限强度。它是研究稳定土性质及施工质量控制时最常采用的试验，也是固化黄土组成设计最主要的依据。本书采用无侧限抗压强度试验结果作为固化黄土固化效果的评判指标。无侧限抗压强度试验采用量程 50kN、精度 1N 的 SANS-50 型电子万能试验机，竖向加载速率设定为 1mm/min，试验过程如图 7-26 所示。每组试验测试 3 个平行试样，取其平均值作为代表性结果。试验结果如图 7-27 所示。

（a）试验前

（b）试验后

图 7-26　无侧限抗压强度试验过程

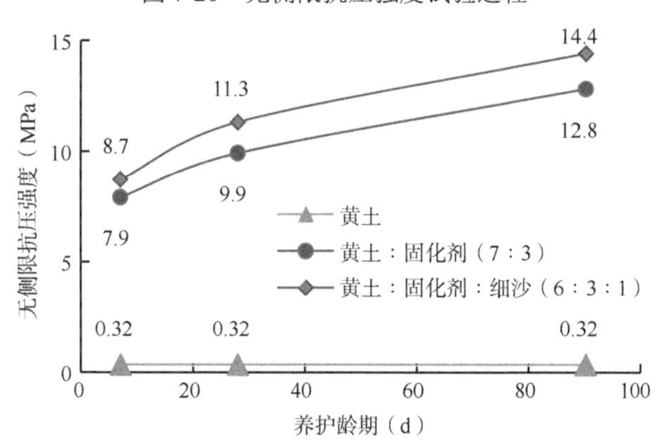

图 7-27　无侧限抗压强度试验结果

固化黄土的无侧限抗压强度为

$$f_{\mathrm{u}}=\frac{P}{A} \tag{7-47}$$

式中，f_{u} 为固化黄土的无侧限抗压强度（MPa）；P 为试样破坏时的最大荷载（N）；A 为试样的截面积（mm^2）。

由图 7-26 可知，固化黄土试样在试验前完整性好，无肉眼可见缺陷；试验后则边部剥落，中间存在竖向裂隙，表明压缩后试样发生了破坏。由图 7-27 可知固化黄土的无侧限抗压强度随着养护龄期的增加而显著提升。通过对比发现，在养护龄期达到 7d 时，固化黄土强度达到 7.9MPa，比相同龄期素土强度（0.32MPa）提高了约 24 倍；在养护龄期分别达到 28d 和 90d 时，固化黄土强度分别为 9.9MPa 和 12.8MPa，比相同龄期素土强度分别提高了约 30 倍和约 39 倍。同时，固化黄土在前期（7～28d）强度增长较快，在后期（28～90d）强度增长速率有所下降，但仍在继续增加。

采用 10%的细砂替代同等质量的黄土后，其强度显著增大，与同龄期（7d、28d 和 90d）固化黄土相比，其强度分别增大了 10.1%、14.1%和 12.5%，表明采用一定量的细砂替代黄土，能够在宏观上增大固化黄土试样的强度，在实际应用中，若条件允许，则可采用砂土混合料替代单纯的黄土。

2. 抗拉强度

固化黄土作为防冲刷保护层材料，不仅要有一定的抗压强度，还要有一定的抗拉强度。通常抗拉强度以劈裂强度试验得出。

固化黄土的抗拉强度按为

$$R = \frac{2P}{\pi dh} \tag{7-48}$$

式中，R 为固化黄土的抗拉强度（MPa）；P 为试样破坏时的最大荷载（N）；d 为试样的直径（mm）；h 为试样的高度（mm）。

由图 7-28 知固化黄土的抗拉强度随着固化剂掺量的增加而显著提升。在相同养护龄期下，30%固化剂掺量固化黄土的抗拉强度比 10%、20%固化剂掺量固化黄土的抗拉强度分别提高 40%和 90%，表明固化剂掺量对抗拉强度的影响较为显著；在相同固化剂掺量下，固化黄土的抗拉强度会随着养护龄期的增长而显著增加，90d 龄期的抗拉强度比 28d 龄期的抗拉强度提高 30%。同时，随着养护龄期的增长，固化剂掺量的增加使抗拉强度增加的程度逐渐减小。10%固化剂掺量下 90d 龄期的抗拉强度大于 0.6MPa，表明固化剂固化黄土具有较高的强度，可以作为一种新型材料进行推广应用。

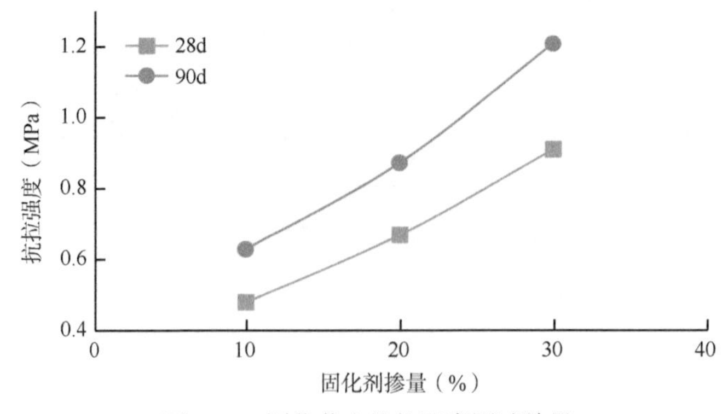

图 7-28　固化黄土抗拉强度测试结果

3. 吸水率试验

吸水率是指试样养护完成后浸水前后的质量变化情况。试样养护 7d 后，在 20℃水中浸泡，每隔 24h 测试试样的吸水率（图 7-29）。

图 7-30 呈现了不同固化剂掺量和浸水时间下固化黄土的吸水率情况。可以发现，固化黄土的吸水率随着浸水时间的增长而有规律地增加，5d 浸水时间吸水率增加了 5%

以上。同时，采用 10%的细砂替代同等质量的黄土后，其吸水率有所下降，吸水率平均下降了 13.5%，表明加入细砂后有利于改善固化黄土的水稳定性。整体来看，30%固化剂掺量下，固化黄土的吸水率较小，浸水 5d 的吸水率小于 5%，表明高掺量的固化黄土的水稳定性较好。

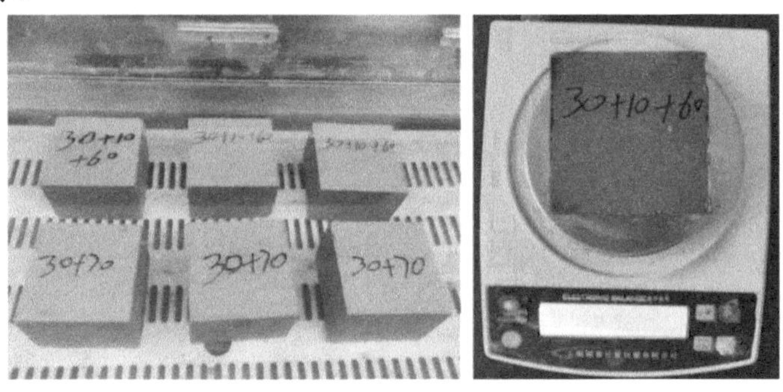

图 7-29 吸水率试验过程

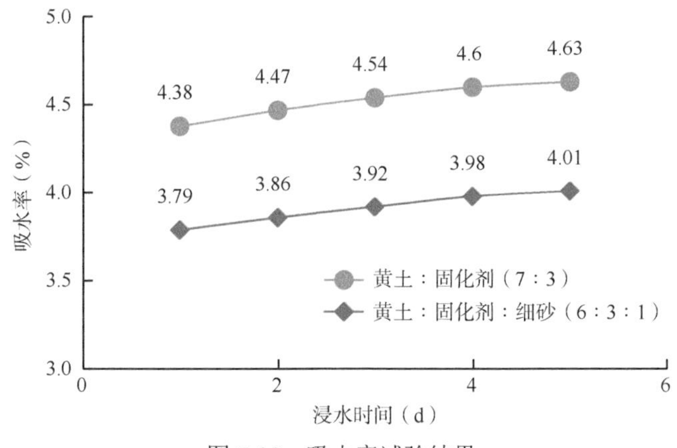

图 7-30 吸水率试验结果

4. 冻融循环试验

从外界环境因素的角度探索试样因外力产生内力导致破坏的情况，对试样进行冻融破坏后根据测得的抗冻性指标来判断固化黄土的稳定性是否符合要求的抗压强度。冻融试验步骤如下：①同一配比的固化黄土制备 18 个试样，分为两组，每组 9 个；②采用标准养护后，第一组测定非冻融条件下的无侧限抗压强度；第二组则开展冻融循环试验，达到规定的循环次数后测定冻融条件下的无侧限抗压强度。

冻融循环试验在恒温恒湿试验箱中自动进行，设置单次冻融循环持续 24h：在–18℃养护 4h，之后在 20℃养护 4h，完成一次循环后进行下一次循环，直至试验结束（图 7-31）。

为此统计不同循环条件下试样的质量和强度变化，进行质量损失率和强度损失率分析。试样质量测试方法：试样浸泡到测试龄期后将试样从溶液中取出，用毛巾轻轻擦去试样表面的溶液，然后小心将试样整个放在精度为 0.01g 的电子天平上测试试样质量并记录。

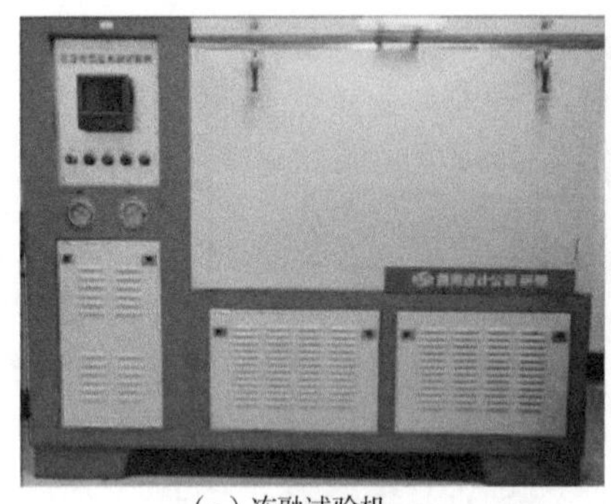
（a）冻融试验机

（b）试样冻结过程

（c）试样融化过程

图 7-31　固化黄土冻融循环试验过程

固化黄土的质量损失率为

$$w_n = \frac{m_n - m_0}{m_0} \times 100\% \tag{7-49}$$

式中，w_n 为 n 次冻融循环后固化黄土的质量损失率（%）；m_n 为 n 次冻融循环后固化黄土的质量（g）；m_0 为未冻融循环固化黄土的质量（g）。

固化黄土的强度损失率为

$$\gamma_{\text{BDR}} = \frac{R_0 - R_{\text{DC}}}{R_0} \times 100\% \tag{7-50}$$

式中，γ_{BDR} 为 n 次冻融循环后固化黄土的强度损失率（%）；R_{DC} 为 n 次冻融循环后固化黄土的无侧限抗压强度（MPa）；R_0 为未冻融循环固化黄土的无侧限抗压强度（MPa）。

由表 7-4 可知，黄土∶固化剂∶细砂为 6∶3∶1 的固化黄土具有较好的抗冻融特性，20 次冻融循环后强度损失率仅为 8.2%，质量损失率为 2%；30 次冻融循环后强度损失率仅为 23.3%，质量损失率为 2.8%，分别增大了 1.8 倍和 0.4 倍；但 30 次冻融循环后的强度损失率仍小于 25%，能够满足规范要求。

表 7-4　固化黄土冻融循环试验结果

掺比	冻融循环次数	强度损失率（%）	质量损失率（%）
黄土∶固化剂∶细砂（6∶3∶1）	20	8.2	2
	30	23.3	2.8

5. 水下钢球法抗冲磨测试

将试样放置于抗冲磨试验机内，分别采用清水、清水加钢球、浑水加钢球进行三组抗冲磨试验，最大线流速达 15m/s。抗冲磨试验装置见图 7-32。

由图 7-33（a）可知，清水冲磨 12h 基本无影响，试样表面平整，无变化；由图 7-33（b）可知，加钢球每小时换水冲磨 12h 磨损深度为 50mm，质量损失率为 8.85%，试样表面凹凸不平整；由图 7-33（c）可知，加钢球不换水冲磨 8h 磨损深度为 25mm，质量损失率为 4.59%；对比分析发现，固化黄土具有较好的抗冲磨特性。

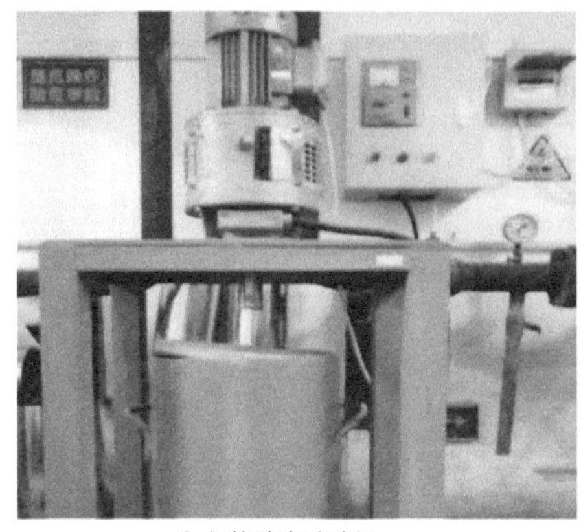

（a）抗冲磨试验机

（b）抗冲磨试验钢球

图 7-32　抗冲磨试验装置

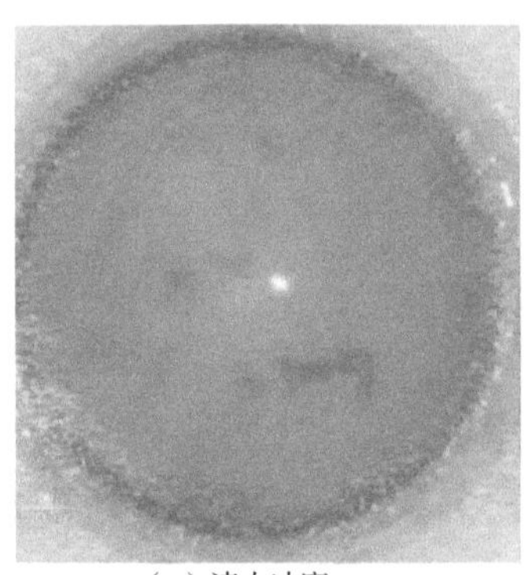

（a）清水冲磨

（b）加钢球每小时换水冲磨

（c）加钢球不换水冲磨

图 7-33　抗冲磨试验结果

7.4.3　材料性能对比分析

为对比分析新型固化剂和水泥固化黄土性能的优劣，以庆阳黄土为例，开展新型固化剂和 P.O42.5 水泥固化黄土的无侧限抗压强度试验、抗拉强度试验和干缩试验，从不同角度分析探讨固化黄土性能的优劣。

试验过程如下：①按设计方案，选用黄土固化剂和 P.O42.5 水泥作为固化材料，掺量设定为 5%、10%、15%、20%、25%和 30%，使用室内搅拌机将固化材料、黄土和水充分搅拌均匀，形成具有特定含水率的固化黄土；②将单个试样混合料分 5 份依次装入内壁事先涂好凡士林的圆柱体模具，制备直径为 50mm、高为 50mm 的圆柱形试样，采用油压千斤顶压实放置 4h 后开始脱模；③利用保鲜膜进行密封、编号，并放置在恒温恒湿箱（20℃±0.5℃，相对湿度≥98%）养护 28d 后，开展试验研究。

1. 无侧限抗压强度试验

图 7-34 分析养护 28d 后固化黄土的无侧限抗压强度的变化规律，可知固化剂和 P.O42.5 水泥分别加固黄土都可使黄土的无侧限抗压强度得到提高。通过对比发现，在养护 28d 时，20%固化剂掺量的固化黄土无侧限抗压强度为 7.8MPa，高于 P.O42.5 水泥

固化黄土的 7.6MPa。此外，相同养护龄期下，固化黄土的无侧限抗压强度随着固化剂掺量的增加而增大。28d 养护龄期下固化剂固化黄土的无侧限抗压强度比 P.O42.5 水泥固化黄土的提高了 5%～15%。

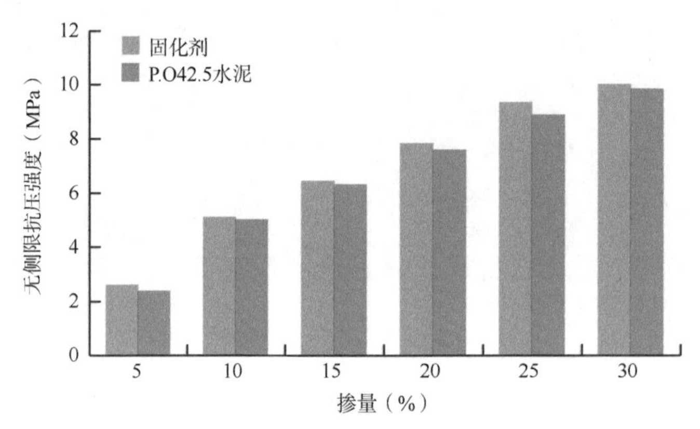

图 7-34　庆阳固化黄土无侧限抗压强度测试结果

2. 抗拉强度试验

由图 7-35 可知，相同掺量条件下，固化剂固化黄土的抗拉强度较高，黄土固化剂的提升比例高于 P.O42.5 水泥的。在相同养护龄期下，固化黄土的抗拉强度会随着固化剂掺量的增加而增大。根据资料分析可知，界面黏结强度是影响固化黄土抗拉强度的关键因素之一，界面黏结强度越大，抗拉强度就越高。新型固化剂具有较高的活性，能改善固化黄土的界面黏结性能。28d 养护龄期下固化剂固化黄土的抗拉强度比 P.O42.5 水泥固化黄土的提高了 10%～40%。

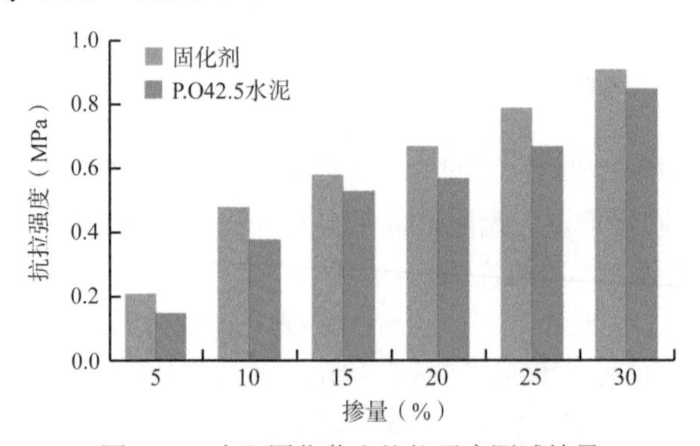

图 7-35　庆阳固化黄土抗拉强度测试结果

通过上述分析发现，固化剂固化黄土的固化效果良好，从使用效果分析其具有一定的优势。固化剂固化黄土具有较高的强度，可以作为一种新型材料进行推广应用。5%掺量的固化黄土强度较低，可以作为特殊地基处理新材料，当作为坝体修筑或其他工程的结构层材料时，强度较低，难以满足工程建设需求。

3. 干缩试验

固化黄土干燥收缩是土体中的水分蒸发而产生的，其中微观过程表现为：内外压力差，微观水分子引力、斥力，矿物晶体或胶凝体的层间水作用，以及碳化脱水作用等四个方面引起的整体宏观体积的变化。干缩试验目的在于研究固化黄土在常温条件下，经过一定暴露时间，失水程度与体积收缩变小的关系，从材料本身性质的角度探索水的侵蚀作用对于固化黄土由内部因素引起的自身变形对整体结构的影响，实验过程见图 7-36。

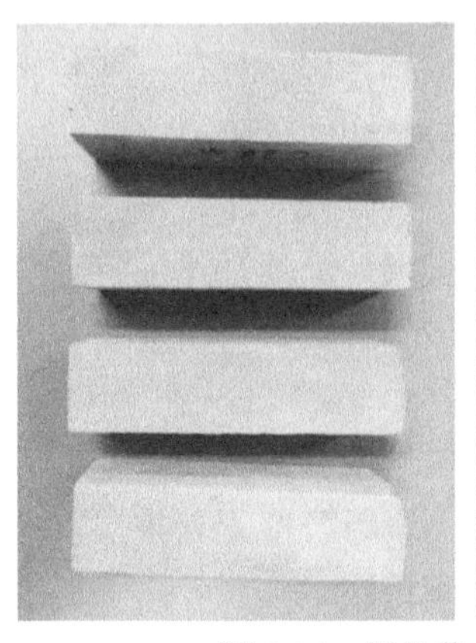

图 7-36　固化黄土干缩试验过程

1）根据《公路工程无机结合料稳定材料试验规程》（JTG E51—2009），干缩试验所需试样为粒径范围为细粒土、体积为 50mm×50mm×200mm 的小梁试样，每组备置 4 根，2 根用于测量平均干缩量，剩余 2 根用于测量该时间所对应的失水量。

2）按照图 7-36 放置试验装置，在正常室温湿度条件下，记录千分表的读数，直至千分表的读数不变，即含水率不再变化停止。

3）记录每天的失水量和千分表上的收缩量数据，计算干缩试验的基本指标并分析。

图 7-37 反映固化黄土的平均干缩系数随固化剂掺量的增加而增大，10%固化剂掺量是其平均干缩系数变化的一个临界点，超过 10%固化剂掺量后其平均干缩系数显著增大。10%和 20%的 P.O42.5 水泥掺量是其平均干缩系数变化的两个临界点。分析干缩试验结果发现，固化剂固化黄土的平均干缩系数小于 P.O42.5 水泥固化黄土的，降低幅度为 20%～30%，表明固化剂固化黄土具有较好的抗干缩性能。

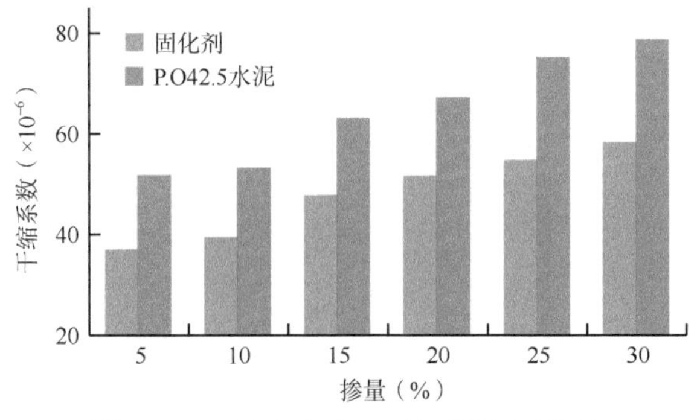

图 7-37　干缩试验平均干缩系数测试结果

7.5 新型淤地坝施工工艺

7.5.1 国内外研究现状及存在问题

淤地坝是在黄土高原水土流失区干沟、支沟、毛沟内为控制侵蚀、滞洪拦泥、淤地造田、减少入黄泥沙而修建的水土保持沟道治理工程，其主要建筑物包括坝体、放水建筑物和泄洪建筑物，以及与之相关的配套工程，按坝体施工可分为碾压坝和水坠坝两大类。水坠坝是利用水力和重力将高位土场土料冲拌成一定浓度的泥浆，引流到坝面，经脱水固结形成的土坝，又称水力冲填坝。碾压坝是沿坝轴线铺特定厚度的土层，采用大型机械分层碾压，在不易压实边角处采用人工和蛙式打夯机夯实，最后通过削坡对坝坡修整而形成的土坝。

传统的淤地坝存在溃决风险高等问题，项目组针对传统淤地坝为均质土坝，坝身散粒体结构不能过流的技术瓶颈，提出了在坝面设置抗冲刷保护层，为淤地坝穿上“防护衣”的理念，形成了一套完整的新型淤地坝理论技术体系，并研制出适用于黄土高原地区淤地坝防护层施工的黄土固化新材料。但是国内外缺少对应的可推广应用成套施工设备体系与工艺将其推广应用到工程实践中去。

7.5.2 新型淤地坝一体化施工设备研发

1. 施工现场用黄土固化剂生产设备

（1）研发背景

黄土高原地区淤地坝分布散、偏、远，在前期的实践中，采用集中建厂生产黄土固化剂，之后再将固化剂运输到各个施工现场，存在运输成本占固化剂综合成本比例过高的问题。调研发现，市场现有的均质土料拌和设备难以满足淤地坝现场生产固化剂的需求。

（2）技术方案

针对上述背景技术中的不足，项目组提出了一种淤地坝施工现场用黄土固化剂生产设备，包括双动力拌和装置、折叠式传送装置，如图 7-38 所示。

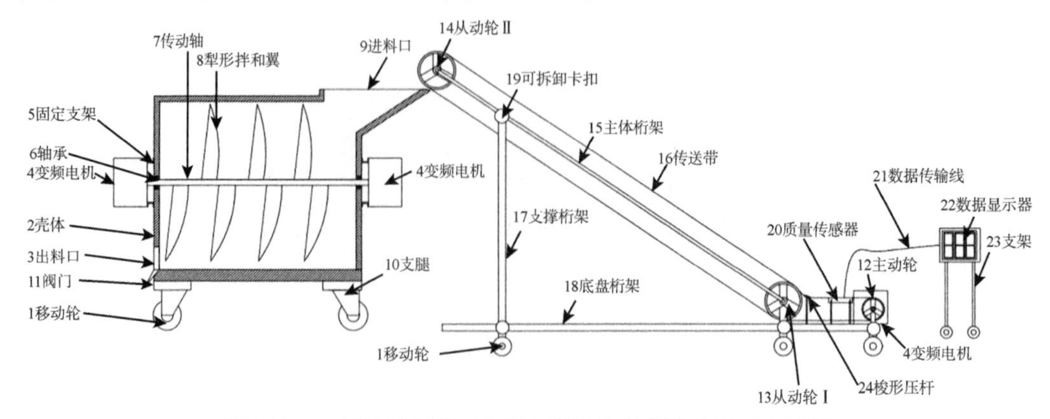

图 7-38 一种淤地坝施工现场用黄土固化剂生产设备示意图

双动力拌和装置包括移动轮、壳体、出料口、变频电机（无级调速电机）、固定支架、轴承、传动轴、犁形拌和翼、进料口、支腿、阀门。移动轮通过支腿安装在壳上，出料口位于壳体一端的下方，出料口上设置有阀门，变频电机通过固定支架安装在壳体的两端，传动轴通过轴承安装在壳体上，变频电机通过直联方式与传动轴连接在一起。犁形拌和翼间隔安装在传动轴上。进料口安装在壳体一端上方。进料口与出料口在壳体上对角设置。

折叠式传送装置包括主动轮、从动轮Ⅰ、从动轮Ⅱ、主体桁架、传送带、支撑桁架、底盘桁架、可拆卸卡扣、质量传感器、数据传输线、数据显示器、支架、梭形压杆、移动轮、变频电机。从动轮Ⅰ、从动轮Ⅱ安装在主体桁架两端，主动轮、从动轮Ⅰ安装在底盘桁架右端，间隔布置。梭形压杆安装在底盘桁架上，位于从动轮Ⅰ右侧，传送带安装在主动轮、从动轮Ⅰ、梭形压杆、从动轮Ⅱ上。变频电机安装在底盘桁架上，与主动轮直联，质量传感器安装在底盘桁架上，位于主动轮与从动轮Ⅰ之间，质量传感器与皮带轮紧密贴合。数据显示器安装在支架上，数据显示器通过数据传输线与质量传感器插接。支撑桁架下端安装在底盘桁架上，上端安装在主体桁架上，支撑桁架与主体桁架、支撑桁架与底盘桁架、主动轮与底盘桁架、从动轮与底盘桁架均通过可拆卸卡扣卡固连接。

（3）实施方法

（A）黄土固化剂生产

在施工现场选择合适场地，将双动力拌和装置、折叠式传送装置按图 7-38 放置，根据双动力拌和装置的容积和黄土固化剂的配方计算出单次搅拌黄土固化剂配料 A 的质量 m_1、配料 B 的质量 m_2、配料 C 的质量 m_3……

确保双动力拌和装置出料口的阀门处于闭合状态，双动力拌和装置两端的电机频率一致，旋转方向相反（一个顺时针、一个逆时针）。

启动双动力拌和装置和折叠式传送装置。将配料 A 通过折叠式传送装置送入双动力拌和装置，折叠式传送装置具有自动记录质量的功能，当配料 A 的质量达到 m_1 时，停止输送配料 A，将质量传感器归零设置。将配料 B 通过折叠式传送装置送入双动力拌和装置，当配料 B 的质量达到 m_2 时，停止输送配料 B，将质量传感器归零设置。将配料 C 通过折叠式传送装置送入双动力拌和装置，当配料 C 的质量达到 m_3 时，停止输送配料 C，将质量传感器归零设置。照此步骤直至将所有配料加完。

关闭折叠式传送装置，调节双动力驱动轴旋转速度，保持双动力拌和装置处于工作状态，直至黄土固化剂拌和均匀。

调低双动力拌和装置旋转速度，打开出料口阀门，黄土固化剂转出拌和装置。

（B）黄土固化剂生产设备拆解运输

双动力拌和装置为独立模块，直接通过汽车运输转移即可。

拔掉数据显示器与质量传感器的数据传输线即可实现数据显示器与可折叠式传输装置的分离。通过拆解折叠式传送装置支撑桁架与主体桁架、底盘桁架，即可实现折叠式传送装置的折叠。将折叠后的传送装置通过汽车转移即可。

（4）优势创新

本发明模块设置，由双动力拌和装置和折叠式传送装置构成，适用于施工现场工况，便于运输。

双动力拌和装置在传动轴两端各设置一个变频电机，可实现拌和装置拌和速度无级变速，也可有效提升拌和装置的拌和力，实现黄土固化剂的快速拌和。

折叠式传送装置上设有质量传感器，可自动记录输送配料的质量。

折叠式传送装置部分结构采用可拆卸卡扣卡固连接，可随时拆解，减小折叠式传送装置的体积，便于运输。

2. 拌和设备

（1）拌和设备需求

拌和设备需具备拌和均匀黄土、固化剂、水三种混合料的能力。生产能力≥30m^3/h，拌和宽度2～2.5m，拌和深度0～500mm，发动机功率250～300kW或hp，行驶速度0～4km/h，作业速度0～4km/h，整机质量≤15t，外形尺寸不超过9000mm×3200mm×3500mm。

（2）拌和设备设计

整体概述：为适合淤地坝施工现场拌和要求，拌和设备总体方案设计包括拌和机构、行走机构、驱动装置、操作平台等，该拌和设备的关键技术参数见表7-5。

表7-5 拌和设备的关键技术参数

序号	名称	参数	单位
1	拌和宽度	2 100	mm
2	拌和深度	0～400	mm
3	发动机功率	NTA855-C360	kW或hp
4	速度	行驶速度0～2；作业速度0～3.3	km/h
5	离地间隙	400	mm
6	转子转速	0～160	r/min
7	轴距	3 000	mm
8	轮距	前轮距2 096；后轮距2 060	mm
9	质量	14 500	kg
10	外形尺寸	8 800×3 170×3 420	mm

拌和机构：由转子和罩壳组成。转子由转子轴、调心滚子轴承、轴承座、刀盘及刀片等组成；罩壳由罩盖、后斗门、后斗门开启油缸、前斗门等组成，罩壳借助两侧的长方形孔支承在转子两端轴径上。运输状态下，转子和罩壳通过升降油缸处抬起状态；工作状态下，通过升降油缸将转子放下，罩壳支撑在地面上，在罩壳重量和转子重量的共同作用下，罩壳紧压在地面上，形成一个较为封闭的工作室，转子旋转完成粉碎拌和作业。

行走机构：选用轮胎底盘，可自由转向。

驱动装置：由柴油机、液压马达组成的混合动力驱动。

操作平台：全封闭驾驶室。宽敞明亮、视野开阔、密闭性好、噪声低。操纵系统人性化设计，最大限度降低驾驶疲劳，操纵轻便、灵活、安全可靠。

传动装置：如图 7-39 所示，全液压传动。

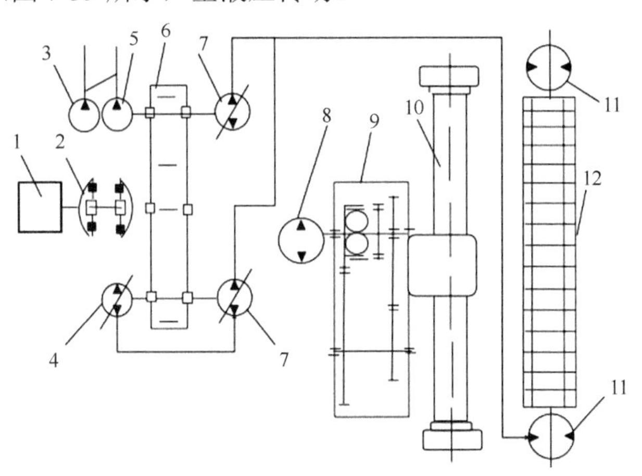

图 7-39　传动装置原理图

1-发动机；2-万向节传动轴；3-转向油泵；4-行走油泵；5-操纵系统油泵；6-分动箱；7-转子油泵；8-行走马达；9-变速器；10-驱动器；11-转子马达；12-转子

行走操纵系统：如图 7-40 所示，通过操纵阀的操纵手柄控制行走泵，实现改变机器行走方向、调节速度和停车的功能。

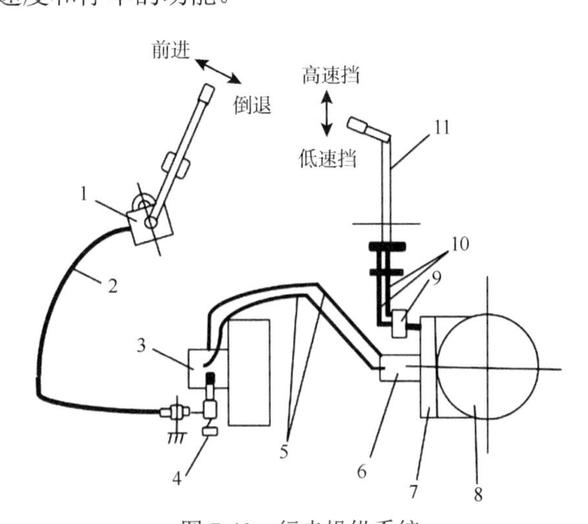

图 7-40　行走操纵系统

1-操纵阀；2-行走泵操纵软轴；3-行走泵；4-零位控制；5-油管；6-液压马达；7-变速器；8-驱动桥；9-变速软轴支架；10-变速操纵软轴；11-变速操纵杆

3. 摊铺设备

（1）摊铺设备需求

外力作用下摊铺设备可在斜坡面上自由行走，最大行走坡面角度≥34°。摊铺设备长 3m 左右，宽≤3m，高≤3m。摊铺设备行走时具有摊铺整平混合料的功能，具备摊铺厚 30cm、宽 3m 混合料的能力，满载混合料时车重≤15t。装载斗容量 4～5m^3。

（2）摊铺设备设计

整体概述：摊铺设备总体方案设计包括搅动机构、装载机构、行走机构、驱动机构、骨架，即装载车主要由搅动轴、装载斗、车轮、底部骨架、搅动轴液压马达、液压阀控制器等组成。装载车盛满混合料后可在牵引平台的牵引作用下在坡面上自由行走，开启搅动轴，打开装载车底门，通过调节底门钢板角度调整布料厚度，实现斜坡面上均匀布料。

摊铺设备见图 7-41，摊铺设备关键技术参数见表 7-6。

图 7-41 摊铺设备——装载车

表 7-6 摊铺设备关键技术参数

序号	名称	规格型号	数量	参数
1	搅动轴	镀锌方钢	2 根	螺旋状，长 2380mm
2	装载斗	镀锌方钢	1 个	装载量 4m^3
3	底部骨架	镀锌方钢	1 个	长 3000mm，宽 2500mm，高 160mm
4	车轮	镀锌方钢	4 个	前轮半径 350mm，后轮半径 450mm，前后轮宽 220mm
5	驱动系统	/	1 套	包括柴油机、液压泵站、液压马达等

搅动机构：采用双螺旋搅动轴搅拌，螺旋搅动轴长 2380mm，下料均匀、稳定。

装载机构：基于装载机构牵引力、自重、载重、行走布料方式和生产效率等因素，设计装载量 4m^3。

行走机构：差异化设置行走机构的前后车轮，前轮半径 350mm，后轮半径 450mm，保证车体和装载斗在斜坡上平稳行走，加宽处理车轮，宽度设置为 220mm，避免或减轻装满料的车体在斜坡面因自重下陷。

驱动机构：为柴油机、液压马达等组成的混合驱动机构，保证搅动轴运行平稳、高效。

骨架：车身采用镀锌方钢材料，车身长 3000mm，宽 2500mm，高 160mm，满足整车摊铺宽度、方便运输的需求。

4. 碾压设备

碾压设备包括牵引平台装置和碾压装置两部分。

（1）牵引平台装置

根据斜坡碾压使用工况及要求（振动碾和摊铺机所需最大拉力），计算牵引平台所需最大功率、自重，设计平台的基本结构，确定牵引平台尺寸，绘制图纸。

（A）牵引平台装置需求

牵引平台可实现 360°自由转向，行走速度 0～3km/h，功率≥50kW，整机质量 6～10t。设备操作简单、性能稳定、安全，可在斜坡顶部牵引外连设备，最大牵引力≥150kN，出绳量 30～50m，出绳速度可调，可装载碾压设备行走。操作平台设置在牵引平台一侧，左右驱动马达控制手柄设置在座椅两侧。操作平台设置液压绞盘控制按钮、水温表、机油压力报警和启动机构。电源总开关设置在牵引平台尾部，牵引平台应设有警示标识。

（B）牵引平台装置设计

整体概述：牵引平台装置总体方案设计包括操作平台、行走机构、牵引机构、承运装置、驱动装置等。牵引平台装置选用履带行走方式，无级调速，滑移转向，牵引架 360°旋转（图 7-42）。牵引平台装置关键技术参数见表 7-7。履带底盘方便坡板贴合斜坡，对地形条件要求低。台车斜板采用液压驱动，可根据坡度大小调整角度，台车可牵引不同的坡面施工设备（如装载车、振动压路机等），牵引质量较大设备时斜板可作为支腿支撑到地面，起稳定牵引台车的作用。牵引台车采用液压绞盘作为提升动力，液压绞盘工作平稳，牵引力大，不受现场电源限制，连续工作稳定。绞盘设有液压刹车装置，可将牵引设备悬停到坡面的任何位置，方便施工作业。

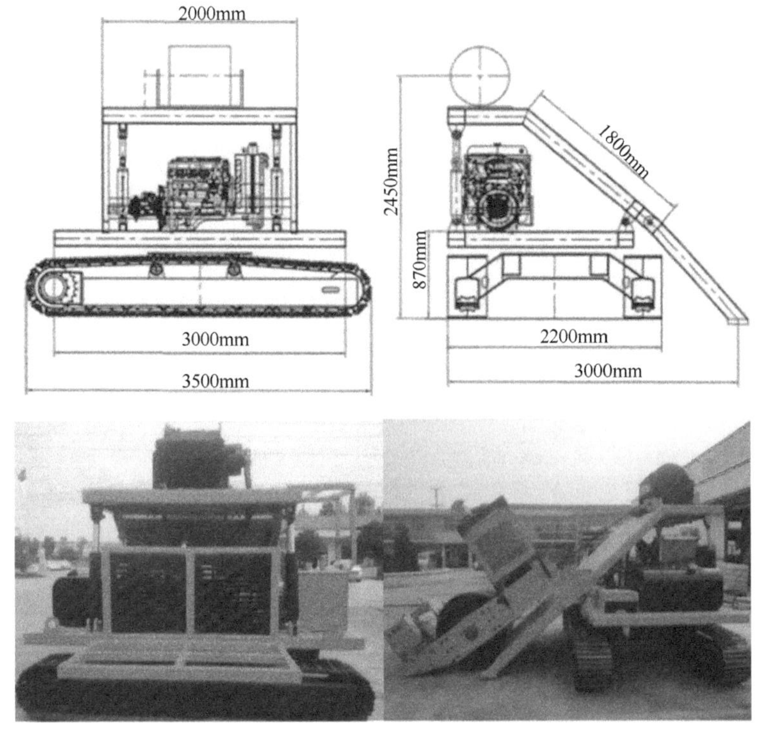

图 7-42 牵引台车

表 7-7　牵引平台装置关键技术参数

序号	名称	规格型号	数量	参数
1	整车	自制	1 个	自重 8t
2	行走方式	/	/	履带行走、无级变速
3	行走速度	/	/	0～2km/h
4	液压绞盘	自制	1 个	拉力 150kN、出绳量 50m、绳速 0～10m/min
5	牵引平板	自制	1 个	角度可调范围 18°～35°
6	发动机	YN4A075	1 个	水冷 国三 55kW、2400r/min
7	液压油箱	自制	1 个	容积 170L
8	燃油箱	自制	1 个	容积 280L

行走机构：选用履带底盘，具有双向旋转功能。

牵引机构：选用液压绞盘，最大牵引力为 150kN，出绳速度可调。

承运装置：在牵引机构的作用下，碾压设备可拉至牵引平板，牵引平板的角度可调。

驱动装置：由柴油机、液压马达组成的混合动力驱动。

（2）碾压装置

采用理论计算、市场调研和自主设计，加工碾压装置，包括振动压实机构、通信装置、传感装置。研制振动碾无线操控系统，改变振动碾振动功能和牵引功能人工近距离操作模式。根据操纵距离，选择通信方式，依据工作状态选择无线通信系统，实现振动碾无线控制功能，并同牵引平台联合调试。

（A）碾压装置需求

碾压装置为单钢轮振动光面碾，碾压宽度为 1～2m，可在外力牵引下开展斜坡碾压作业。发动机选用国内知名品牌，功率≥50kW。碾压装置可在坡度为 0°～35°的斜坡上工作，作用在斜坡面上的混合作用力（自重+激振力）≥6t，具有远程控制激振功能，性能稳定、安全，可由牵引平台装置承运，连续工作≥6h。

（B）碾压装置设计

总体概述：碾压装置主要由光面钢轮、发动机、振动系统、液压系统、通信系统、油箱等组成。碾压装置利用自重和激振力压实斜坡摊铺的混合料。碾压装置静压和振压模式可远程操控、自由切换，发动机的紧急熄火也可遥控实现。碾压装置在牵引台车的牵引下（图 7-43）对斜坡面的混合料进行压实。牵引台车可将其拉至牵引台车斜板上，带动压路机在坝顶实现位置移动，碾压装置关键技术参数见表 7-8。

表 7-8　碾压装置关键技术参数

序号	名称	规格型号	数量	参数
1	滚筒	自制	1 个	长 1400mm、直径 1000mm、厚 16mm
2	整机	自制	1 个	质量 3.84t
3	发动机	云内 YN4A075	1 个	水冷 国三 55kW、2400r/min

续表

序号	名称	规格型号	数量	参数
4	液压油箱	自制	1 个	95L
5	燃油箱	自制	1 个	82L
6	振动频率	/	/	45～50Hz
7	振幅	/	/	0.5mm
8	激振力	/	/	40kN
9	工作坡面	/	/	角度 0°～34°
10	遥控装置	台湾禹鼎沙克	1 套	启动、熄火、转速、振动
11	外形尺寸	/	/	2560mm×1800mm×2160mm

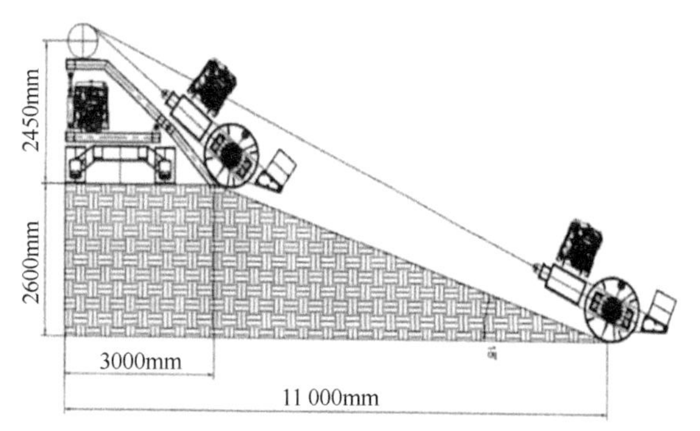

图 7-43　牵引台车与振动压路机

振动压实机构：由发动机、液压系统、振动轮和偏心转组成，偏心转高速运转对斜坡面产生激振力，实现对斜坡面的压实。

通信装置：设计为无线通信模式，由无线电发射器、信道、接收器组成通信系统，实现无线遥控压路机。

传感装置：由水温传感器、机油传感器、柴油油位传感器和传感器座组成，实现故障预警。

7.5.3　新型淤地坝施工工艺研究

针对新型淤地坝施工，本项目采用研发的相关施工设备，以及研发的黄土固化剂新材料，依托中牟试验基地，通过开展涉及淤地坝施工的拌和、摊铺、碾压试验，检验了设备的适用性，优化关键的施工参数，形成了免管护多拦沙新型淤地坝黄土固化防护层施工工艺。

1. 试验材料与设备

本试验选用中牟的黄土作为试验土料，三角坐标定名为轻粉质壤土，液塑限定名为低液限黏土，中牟碾压试验黄土物理性质见表 7-9。通过开展 15%、25%、35%三个固化剂掺量的固化黄土击实试验，确定了固化黄土的最大干密度和最优含水率。

击实试验结果显示，固化黄土的最大干密度均值为 1.72g/cm^3，最优含水率均值为

16.3%。

表 7-9　中牟碾压试验黄土物理性质表

编号	室内定名（三角坐标）	室内定名（塑性图）	颗粒组成						土粒比重	液塑限试验		
			砂粒			粉粒		黏粒		17mm		
			颗粒大小（mm）							液限	塑限	塑性指数
			0.5～2	0.25～0.5	0.075～0.25	0.05～0.075	0.005～0.05	<0.005				
/	/	/	%							%	%	/
中牟碾压试验黄土	轻粉质壤土	低液限黏土	1.3	9.4	11.3	27.2	40.4	10.4	2.70	26.4	16.2	10.2

2. 试验区布置

本试验在中牟试验场开展，场地总面积约 3000m^2。为模拟大坝填筑施工工况，在试验场开挖一个 30m×40m 的试坑，坑深 2m，边坡坡比 1∶1.5，试坑西侧顶部填筑 1.5m 高。试验场地布置图见图 7-44。在试验区 1、试验区 2 进行平铺碾压，在试验区 3 进行斜坡碾压。

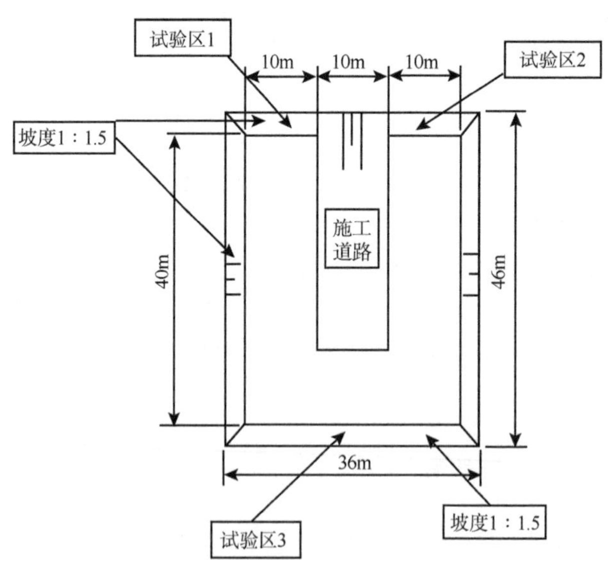

图 7-44　试验场地布置图

3. 试验方案

（1）拌和关键参数优化试验

本试验首先将 10m^3 黄土摊铺在试验场的平地上，将摊铺厚度控制在 25～30cm，根据固化剂掺量（15%）计算固化剂用量，在土料表面摊铺固化剂，根据室内试验确定的最优含水率（16.3%）计算出所需添加水量，利用洒水车将水均匀喷淋在待搅拌的混合料上，用本项目研制的拌和设备翻拌，每翻拌 2 遍，取 5 个点检验混合料的均匀度，共计翻拌 10 遍，试验目的是确定翻拌遍数与均匀度之间的关系。

试验过程先在备料场标定挖掘机一挖斗土料的质量，用标定的挖掘机摊铺土料后，按照固化剂掺量计算并摊铺固化剂，依次进行土料和固化剂互层摊铺，达到预估方量后，加入拌和水，开展翻拌试验。

（2）振动碾压和静碾压对黄土固化剂混合料压实度的影响规律试验

本试验将固化剂掺量为 15%的黄土固化剂混合料摊铺 30cm 厚度，分别以振动碾压和静碾压的方式，开展斜坡碾压和平地碾压试验，采取进退错距法开展碾压，相邻碾迹重叠宽度 10～20cm。分别检测振动碾压、静碾压 2 遍、4 遍、6 遍、8 遍、10 遍后黄土固化剂混合料的压实度，通过对比分析试验数据，得出碾压方式及碾压遍数对黄土固化剂混合料压实度的影响规律。

（3）混合料摊铺厚度对压实度影响规律试验

本试验将固化剂掺量为 15%的黄土固化剂混合料分别在斜坡和平地上摊铺 10cm、20cm、30cm、40cm、50cm 的厚度，采用振动碾压 6 遍后，各选取三个点采用挖坑灌砂法测试碾压后混合料的压实度，试验过程中采取进退错距法开展碾压，相邻碾迹重叠宽度 10～20cm。通过分析试验数据获取本试验条件下摊铺厚度对压实度的影响规律。

（4）现场记录和试验检测

碾压试验记录的内容包括运输设备类型、卸料方式、稳定土拌和遍数、铺料及平料的方法、碾压遍数，以及碾压过程中是否有弹簧、黏碾、剪切破坏等现象。

碾压过程中测定压实后土层厚度，并观察压实土层底部有无虚土层、上下面结合是否良好、有无光面及剪切破坏现象等。试验过程中分层钻芯取样，开展压实度检测。

4. 试验结果

（1）拌和关键参数优化试验

本试验条件下翻拌遍数与均匀度之间的试验数据如表 7-10 所示，试验结果显示，采用本项目研制的拌和设备至少要翻拌 6 遍，黄土固化剂混合料的拌和均匀度才能实现中等以上，达到可施工应用水平。

表 7-10　拌和关键参数优化试验数据表

翻拌遍数	采样点 1 均匀度	采样点 2 均匀度	采样点 3 均匀度	采样点 4 均匀度	采样点 5 均匀度	整体拌和情况
2	差	差	差	差	差	差
4	差	差	中	差	中	差
6	中	中	良	中	良	中
8	良	良	优	良	优	良
10	优	优	优	优	优	优

（2）振动碾压和静碾压对黄土固化剂混合料压实度的影响规律试验

图 7-45 显示的是平铺厚度为 30cm 的黄土固化剂混合料振动碾压遍数与压实度的关系曲线，图 7-46 显示的是斜坡摊铺 30cm 厚度的黄土固化剂混合料振动碾压遍数与压实度的关系曲线，图 7-47 显示的是平铺工况下同等摊铺厚度黄土固化剂混合料静碾遍数与压实度的关系曲线，图 7-48 显示的是斜坡摊铺工况下同等摊铺厚度黄土固化剂混合料静碾遍数与压实度的关系曲线。试验结果显示，当采用振动碾压时，平铺工况与斜坡摊铺工况混合料压实度与碾压遍数的关系曲线均呈“逆抛物线”型，振动碾压 6 遍，黄土固化剂混合料的压实度即可超过 0.96，满足工程应用。当采用静碾压时，平铺工况与斜坡摊铺工况混合料压实度与碾压遍数的关系曲线均呈“线型”，碾压 10 遍，平铺工况下黄土固化剂混合料的压实度才能超过 0.96，斜坡工况下黄土固化剂混合料的压实度仍不能满足工程应用。从试验结果可知，本试验条件下，振动碾压均可将混合料压实，斜坡工况下静碾压 10 遍后黄土固化剂混合料的压实度也不能达到工程应用要求。振动碾压的效果要显著优于静碾压的效果。

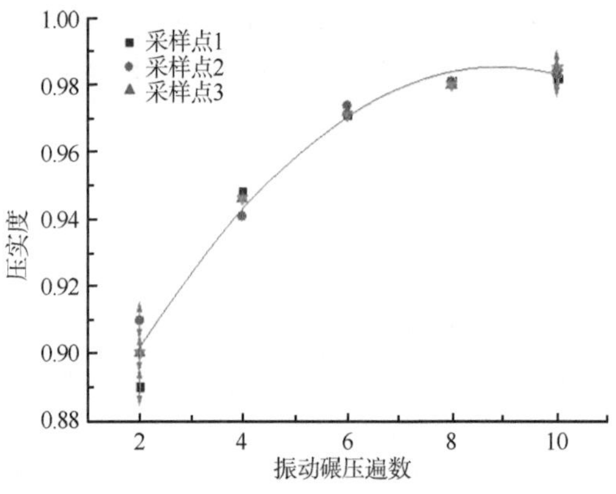

图 7-45　混合料平铺振动碾压遍数与压实度的关系曲线

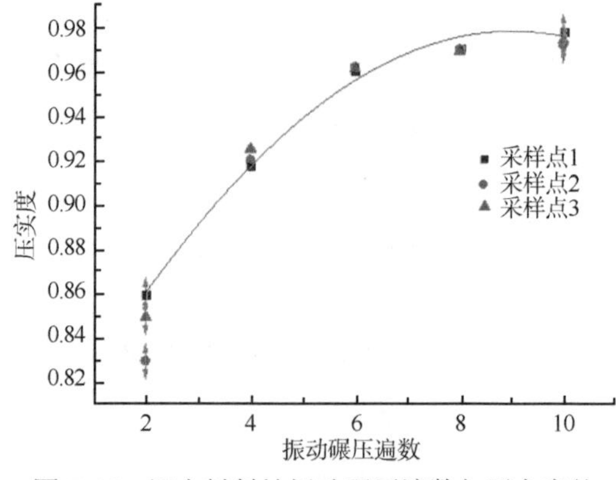

图 7-46　混合料斜坡振动碾压遍数与压实度的关系曲线

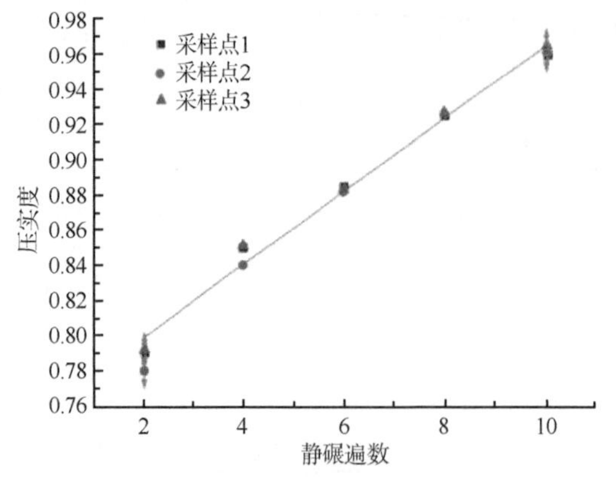

图 7-47　混合料平铺静碾遍数与压实度的关系曲线

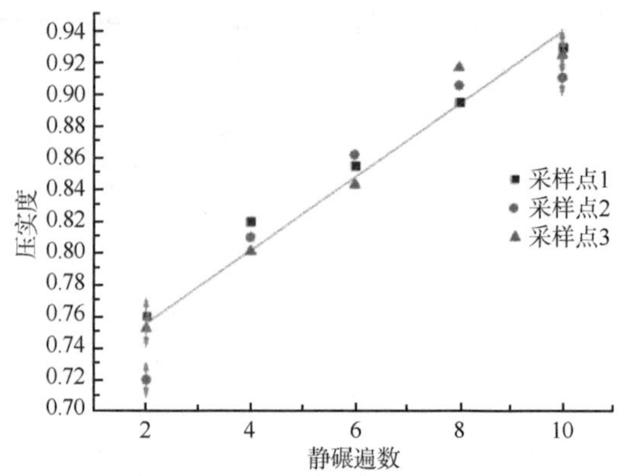

图 7-48　混合料斜坡静碾遍数与压实度的关系曲线

（3）混合料摊铺厚度对压实度的影响规律试验

图 7-49 显示的是平铺 10cm、20cm、30cm、40cm、50cm 厚的混合料在振动碾压 6 遍后的压实度数据，图 7-50 显示的是斜坡摊铺 10cm、20cm、30cm、40cm、50cm 厚的混合料在振动碾压 6 遍后的压实度数据，试验结果显示，无论是平铺工况还是斜坡摊铺工况，当黄土固化剂混合料摊铺厚度为 10cm、20cm、30cm 时，混合料的压实度均满足工程施工需求（≥0.96），当黄土固化剂混合料摊铺厚度为 40cm、50cm 厚时，混合料压实度不满足要求，同等摊铺厚度下，平铺工况的压实度要优于斜坡工况的压实度。

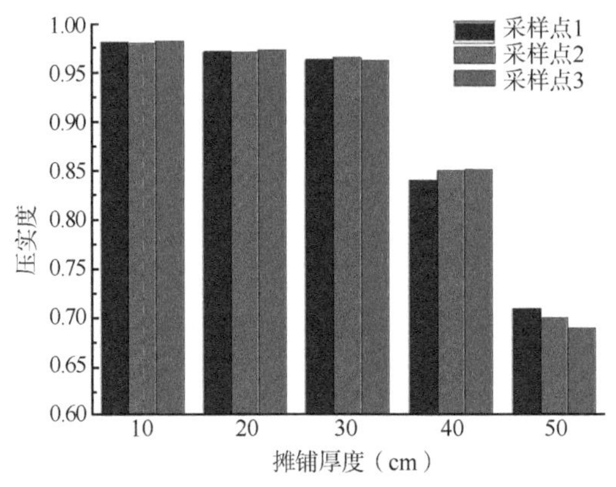

图 7-49　混合料平铺厚度与压实度之间的关系柱状图

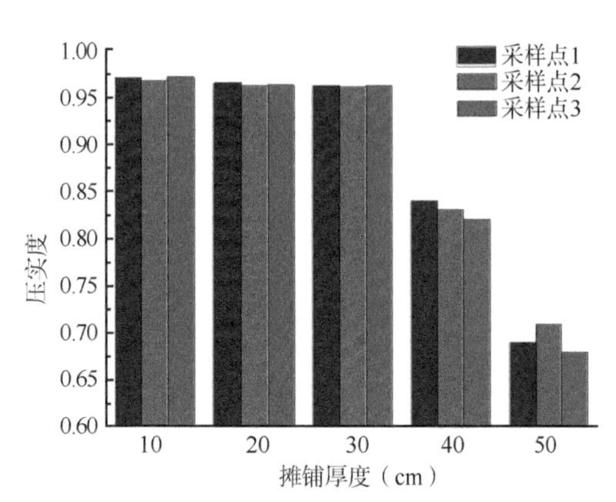

图 7-50　混合料斜坡摊铺厚度与压实度之间的关系柱状图

5. 新型淤地坝施工质量控制参数体系

本项目为保证新型淤地坝施工质量，结合上述试验结果，制定了新型淤地坝施工质量控制参数体系，如表 7-11 所示。

表 7-11　新型淤地坝施工质量控制体系

固化剂检测指标		水检测指标		拌和控制指标		摊铺控制指标		碾压控制指标	
细度	80μm	pH	6.5～7.5	设备类型	拌和设备	设备类型	布摊机	设备类型	振动碾
含水率	3%～5%	可溶物	≤4000mg/L	最优含水率	参照击实试验	摊铺厚度	单次 20～30cm	碾压方式	静振交互
初凝时间	134min	不溶物	≤4000mg/L	初拌时间	动态控制	行走速度	0.2～0.5m/s	碾压速度	0.2～0.4m/s
7d 抗压强度	2.75MPa	氯含量	≤250mg/L	堆积时间	30min			碾压遍数	≥6 遍
28d 抗压强度	4.83MPa	硫酸盐含量	≤600mg/L	拌和遍数	≥6 遍	摊铺方式	摊-平一体	压实度	≥0.96

7.5.4　新工艺施工效益分析

新工艺先后在延安宝塔区老沟新型材料试验淤地坝工程、富县陈家沟新型材料试验淤地坝工程、甘肃庆阳西峰新型材料示范淤地坝工程应用，项目组统计分析了三个项目从厂家采购固化剂与施工现场生产固化剂的单价和总体费用情况（图 7-51、图 7-52）、施工阶段用工量的情况（图 7-53）、施工工期情况（图 7-54）、综合成本情况（图 7-55）。统计结果显示，采用施工现场生产固化剂这种方式，可使固化剂的单价降低 140～150 元，降幅 22%左右，采用新工艺施工用工量降低 9.5%～12.5%，工期缩短 5%左右，综合成本降低 21%～29%。

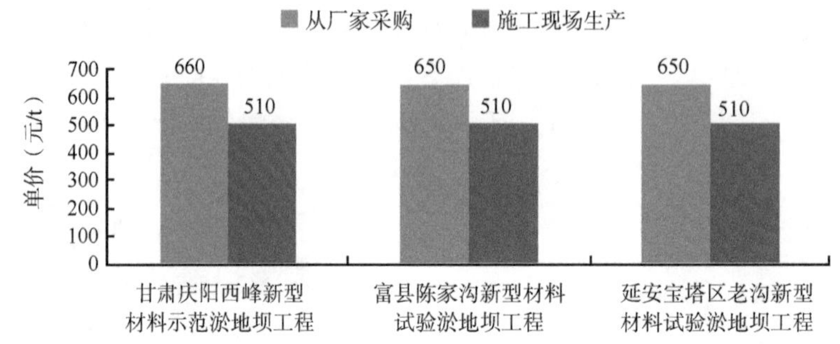

图 7-51　从厂家采购固化剂与施工现场生产固化剂单价对比图

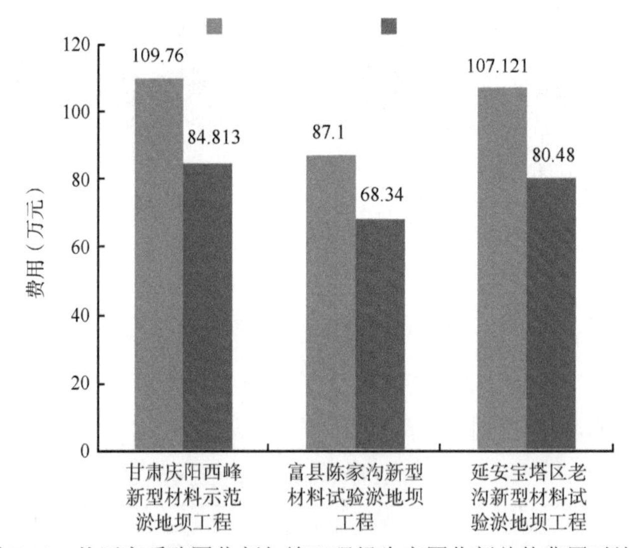

图 7-52　从厂家采购固化剂与施工现场生产固化剂总体费用对比图

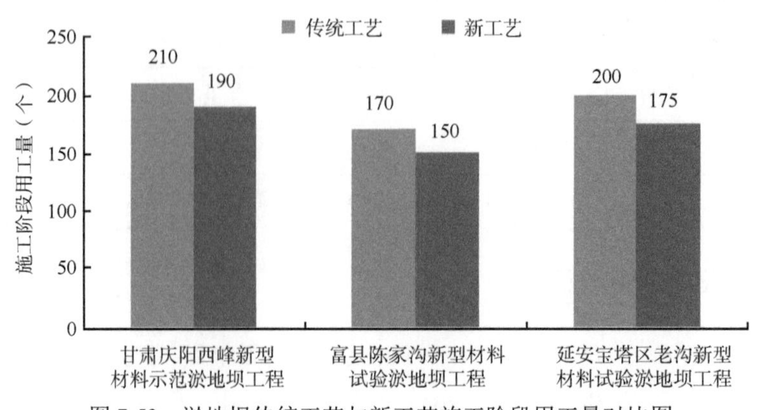

图 7-53　淤地坝传统工艺与新工艺施工阶段用工量对比图

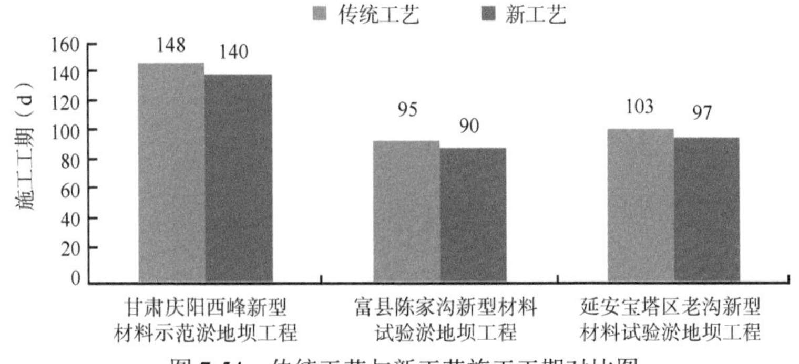

图 7-54 传统工艺与新工艺施工工期对比图

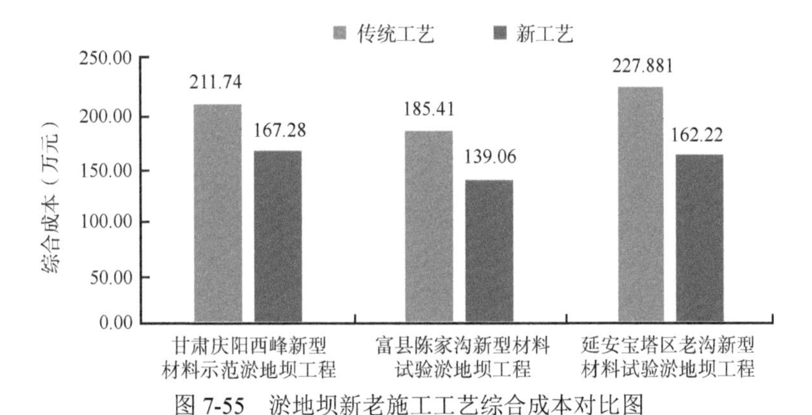

图 7-55 淤地坝新老施工工艺综合成本对比图

7.6 新型淤地坝建设实践

基于新型淤地坝坝工设计和固化黄土材料的室内试验研究，开展新型淤地坝建设实践研究，为防溃决多拦沙新型淤地坝的设计和施工提供理论依据，实现防溃决、多拦沙、降造价的目标，更好地发挥淤地坝的综合效益，支撑黄河流域生态保护和高质量发展。

7.6.1 甘肃省庆阳市西峰淤地坝

1. 工程概况

西峰淤地坝位于黄河水土保持西峰治理监督局南小河沟水土保持试验场，距庆阳市 22km。南小河沟属黄土高原沟壑典型区，流域面积 38.93km^2，海拔 1050～1423m，流域长 13.6km，平均比降 14.38‰，主沟相对高差 150～200m。西峰淤地坝距离花果山水库左岸 500m 左右，坝长 50m，坝高约 10m，下游坡度约 1∶1.7，淤地坝示意图见图 7-56。

根据西峰气象站 40 余年的观测统计，南小河沟年平均降水量 520.0mm，年最大降水量 750.2mm，年最小降水量 344.6mm，流域年平均气温 9.3℃，最高气温 39.6℃，最低气温–22.6℃，最大日温差 23.7℃，年温差 62.2℃，无霜期 155d。

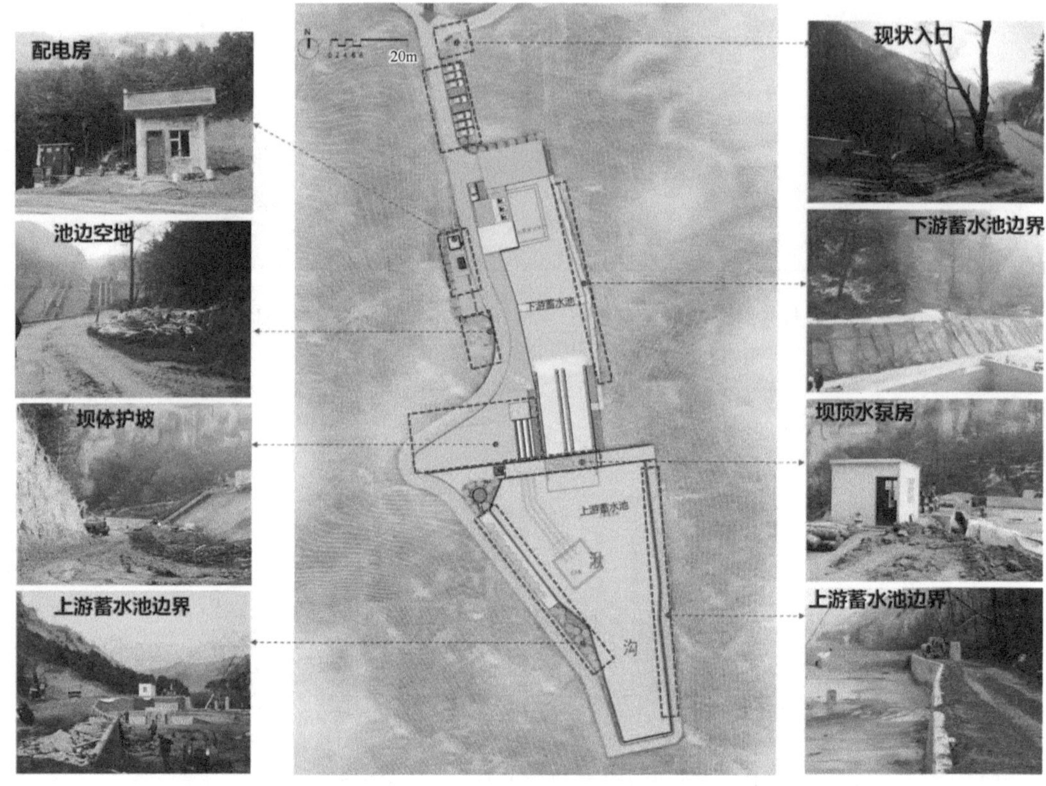

图 7-56　西峰淤地坝示意图

流域表层土壤的基本性质为黄土覆盖，南小河沟黄土属于砂质土壤。流域地层组成较为简单，从老到新主要为下更新统午城黄土（Q1w）、离石黄土（Q2l）、第四系全新统坡积（Q4dl）及第四系全新统冲、洪物（Q4al+pl）等，岩性主要是中、重粉质壤土及少量黏土。未发现断层通过，地质构造不发育。

2. 西峰淤地坝设计参数

下游坝坡全部采用防冲刷材料进行护坡，下游坝面设 3 个泄流通道，宽度分别为 6m、1.5m、6m，防冲刷层厚 1m。1.5m 宽泄流通道冲刷段坡及消力池固化剂掺量为 30%，两侧 6m 宽泄流通道固化剂掺量分别为 30%和 20%。施工时先将原下游坝面清基 50cm，清理树根及杂物，并用斜坡碾或蛙夯夯实基础。泄流通道以下设排水孔，排水孔沿坡面方向间距为 2m，梅花形布置，孔径 75cm，孔内回填无砂混凝土。

泄流通道两侧设 0.5m 厚边墙，坝下 2.90m 至坝下 3.67m 边墙高 3m，坝下 3.67m 至坝下 9.23m 边墙高度由 3m 渐变为 1m，坝下 9.23m 至消力池边墙高度为 1m。

3. 施工方法

（1）拌和

在备料场标定挖掘机一挖斗土料的质量，用标定的挖掘机摊铺一挖斗土料后，按照固化剂掺量计算并摊铺固化剂，依次进行土料和固化剂互层摊铺，达到预估方量后，用挖掘机进行翻拌，检测含水率并调整确定翻拌遍数。

（2）摊铺

将拌和均匀的黄土固化剂混合料倒入布料机装载斗，由坝顶可移动牵引平台作为动力源牵引布料机在坡面上自由行走，布料机在搅动机构作用下平稳布料，布料厚度为30cm，宽度为3m。

（3）碾压

利用6t单钢轮振动光面碾，在可移动牵引平台牵引下采取进退错距法碾压，碾压宽度为 1～2m，错距宽度 0.5m，在振动压实机构作用下，采取静压—弱振—强振的碾压方式，碾压6～8遍至达到压实度要求。

工程施工工期为50d，免管护淤地坝西峰坝项目实际完成土方开挖6600m^3，坡面碾压 1000m^3，墙体砌筑 744m^3，钢筋制作及安装 152.91t，模板安装 2418.5m^2，混凝土浇筑2113m^3，钢管焊接完成342m，道路硬化450m，护栏制作及安装完成251.28m，主要施工机械见表7-12。西峰淤地坝如图7-57所示。

表 7-12　主要施工机械汇总表

设备名称	型号或规格	数量（台/套）	运行情况	备注
挖掘机	SY155	3	良好	
装载机	ZL50	1	良好	
空压机	6m^3	1	良好	
拌和设备	JS750	1	良好	
布料机	自制	1	良好	
可移动牵引平台	自制	1	良好	
振动压路机	自制	1	良好	
多级离心泵	80m^3	1	良好	
振捣器	插入、平板式	3	良好	
钢筋切割机	BY3-500	1	良好	
钢筋切断机	/	1	良好	
滚丝机	/	1	良好	
钢筋调直机	/	1	良好	
电焊机	QJ5	6	良好	
等离子切割机	/	1	良好	
空压机	0.3m^3	1	良好	
汽车起重机	12t	1	良好	
自卸汽车	EQ3228G	2	良好	
水准仪	/	1	良好	
全站仪	/	1	良好	

图 7-57 西峰淤地坝

4. 西峰淤地坝运行安全检验

（1）防护结构抗冲刷性能检验

综合考虑洪水冲刷边界条件和流道布设情况，从边界外包的角度，设置不同流道模拟工况和冲刷历时（表 7-13）。

表 7-13 各流道冲刷历时设计情况

溢洪道	组次	单次冲刷时长设计
左侧（20%固化剂掺量，6m 宽）	3	9h+9h+9h
右侧（30%固化剂掺量，6m 宽）	2	9h+9h
中间（30%固化剂掺量，1.5m 宽）	2	3.5h+4h

左侧和右侧流道（6m 宽）：设计标准时，最大冲刷历时为 8.6h，校核标准时，最大冲刷历时为 17.9h，经综合考虑，左侧和右侧流道分别设置两个组次冲刷检验，每个组次冲刷历时 9h，总冲刷历时 18h，第一组次冲刷模拟洪水条件设计标准工况下的冲刷情况，第二组次冲刷模拟洪水条件校核标准工况下的冲刷情况。

20%固化剂掺量下防冲刷保护层校核标准时，最大冲刷历时为 26.9h，因此，左侧流道再增加一个组次（冲刷历时 9h）的冲刷检验，设计累计冲刷历时为 27h。

中间流道（1.5m 宽）：用以模拟洪水条件下 30%固化剂掺量防冲刷保护层的冲刷情况，设计标准时，最大冲刷历时为 4.4h，校核标准时，最大冲刷历时为 7.5h，经综合考虑，中间流道分别设置两个组次冲刷检验，第一组次冲刷历时 4.5h，第二组次冲刷历时 3h，总冲刷历时 7.5h，第一组次冲刷模拟洪水条件设计标准工况下的冲刷情况，第二组次冲刷模拟洪水条件校核标准工况下的冲刷情况。

按照前期设计，完成相应的水力学要素的监测，然后进行坡面冲刷形态监测。图 7-58 展示了各项水力要素监测前的设备和仪器的准备及安装工作。经前期校验和调试准备，各项功能完备正常，完全满足检验所需条件。

安装横梁　安装电线　安装横梁
安装流速仪　安装压力传感器　安装流速仪
安装压力传感器　安装上游液位计　安装流道水尺
调试扫描仪　调试传感器　调试激光测速仪
调试电机　选择合适测点　配套设备

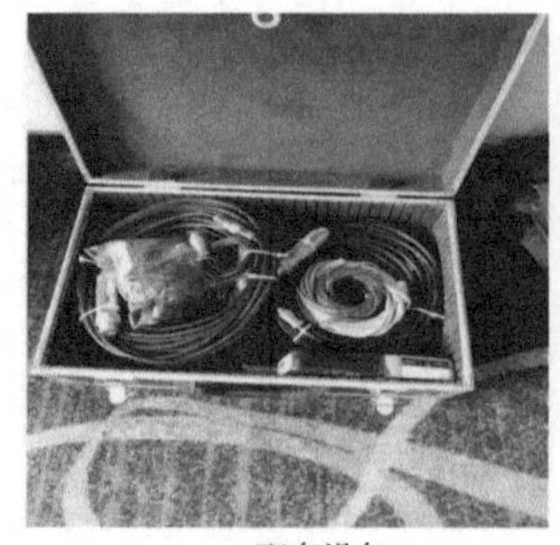
配套设备

固定钢架

图 7-58 检验前期准备过程

（A）流速监测

采用两套流速监测设备，其一为 LS300-A-Ⅱ型高精度流速仪，布置在坡面和消力池水面的交界部位，如图 7-59 左一所示，在上游放水过程中，通过终端电机控制调节探头位置以更好地进行流速测量；其二为非接触式红外线激光测速仪，如图 7-59 右二所示，用于监测上游泄流过程中坡面的流速大小及变化情况。在 2m 水头工况下，泄流过程中的流速变化如图 7-60 所示。结果表明，在 2m 水头工况下，下游最大流速为 11.13m/s，坡面最大流速为 6.04m/s。

图 7-59 流速监测过程

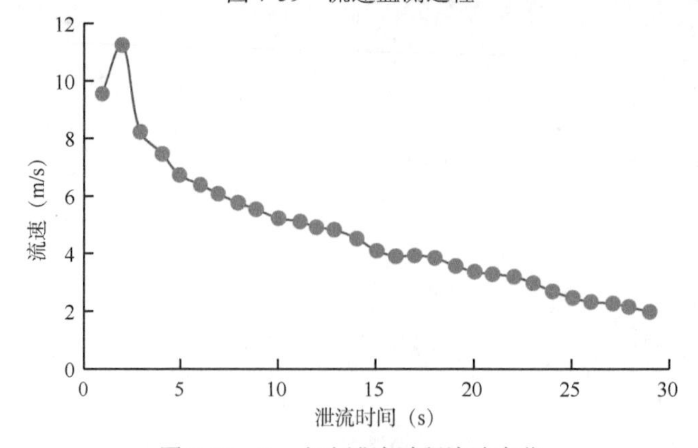

图 7-60 2m 水头泄流过程流速变化

（B）液位监测

液位监测采用 CKDP-200 超声波液位计，液位计的布设位置如图 7-61 图所示，左中右流道各一个，流道泄流则打开相应流道的测量开关进行测量，在不同工况、不同闸门的开度下，泄流过程中上游水头变化如图 7-62 所示，闸门间歇性表示闸门的间歇性放下，闸门一次性表示闸门在一次过程中完全放下。

图 7-61　液位计布设

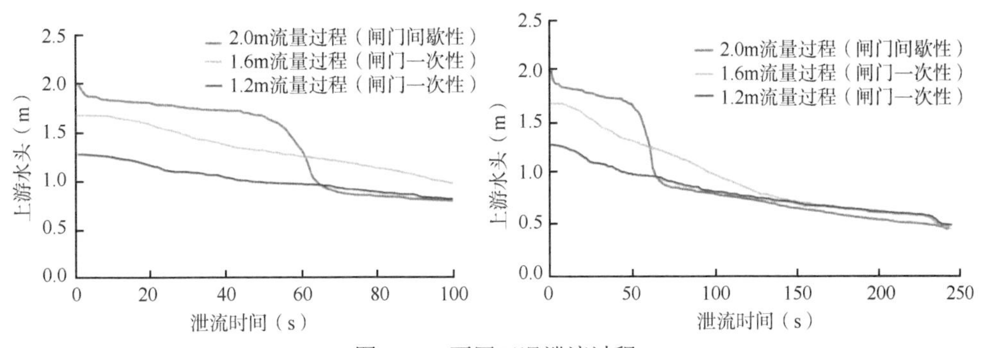

图 7-62　不同工况泄流过程

（C）脉动压力监测

脉动压力监测采用 HM-90 高频动态脉动压力传感器，该传感器的布设位置为坡脚侧墙处，距坡面为 20cm，距消力池底部为 10cm，实际安装位置如图 7-63 所示。1.2m 工况和 2m 工况下游消力池底板压力分别见图 7-64 和图 7-65。在最不利工况下，上游 2m 水头的泄流过程中，瞬间捕获到最大压力约 31kPa，最小压力约为–15kPa。

图 7-63　脉动压力传感器布设位置

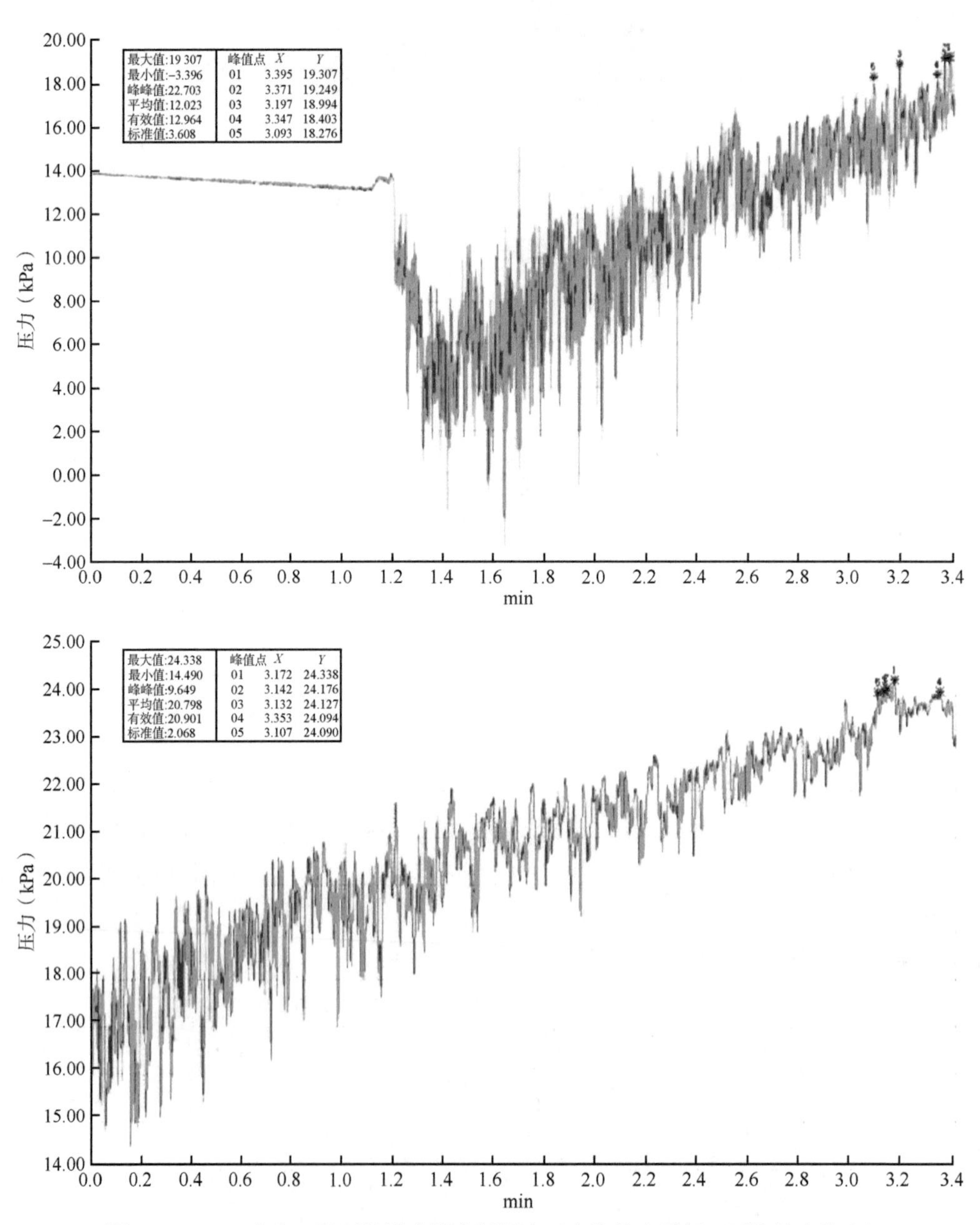

图 7-64　1.2m 水头工况下游消力池底板压力（上为放水瞬间，下为放水稳定）

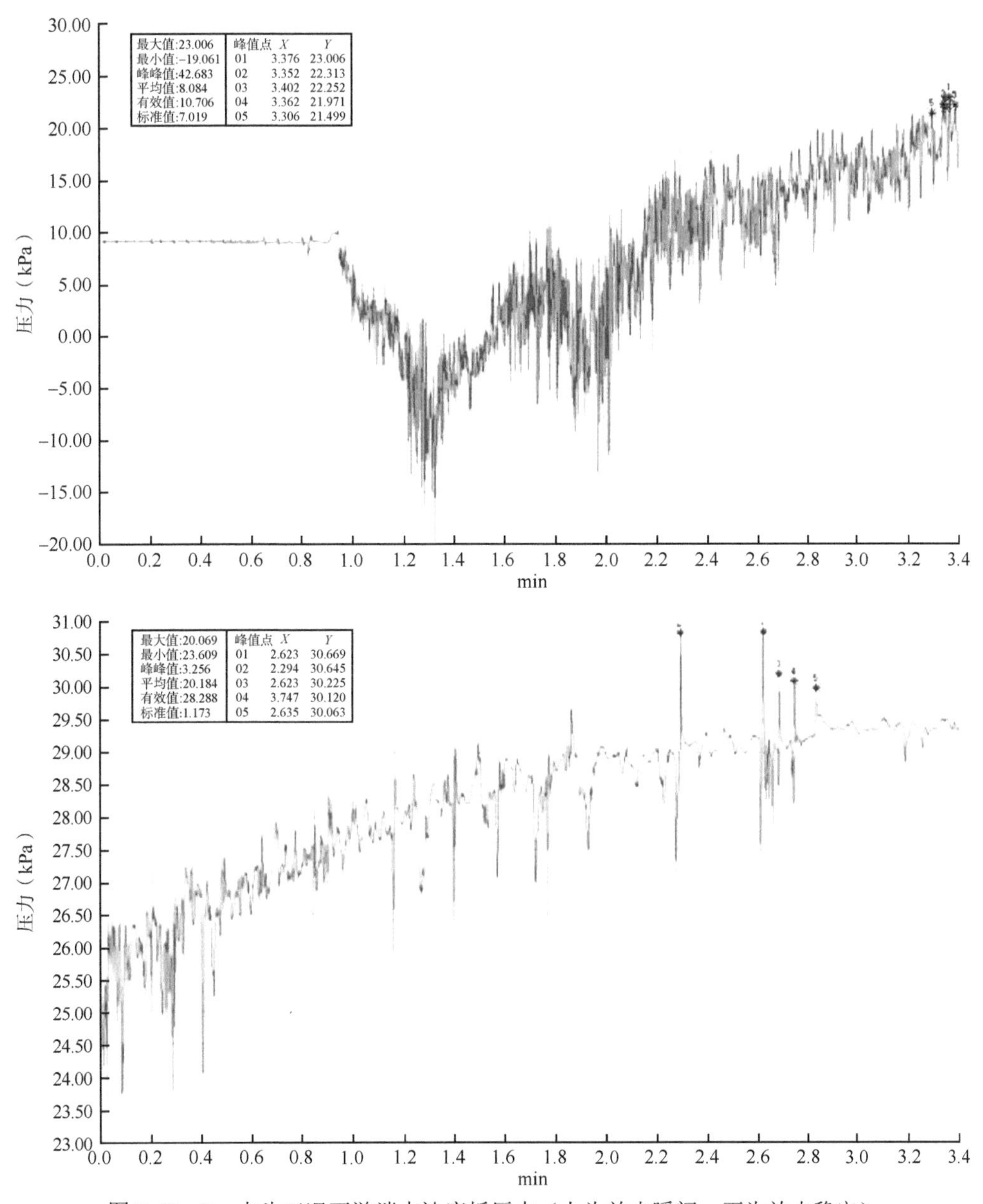

图 7-65　2m 水头工况下游消力池底板压力（上为放水瞬间，下为放水稳定）

（D）地形监测

地形监测采用 FARO 公司生产的 Focus 3D 三维激光扫描仪，坝体坡面及扫描仪布设如图 7-66 所示。

左流道坡面高度变化见图 7-67。取 $y=-1$cm 平面作为截面去切割高度变化图的三维图层，定义为三维注水图。由图 7-68 左流道坡面高度变化注水图可知，冲刷深度大于 1cm 的区域显示为水层的蓝色，蓝色区域集中于中部小坑及左下角水面交接处，初步判定中部冲刷坑为土质粒径不均匀所造成，而左下角水面交接处为空蚀现象所导致，因此判定左流道掺量固化剂材料的可靠性。

图 7-66　坝体坡面及扫描仪布设

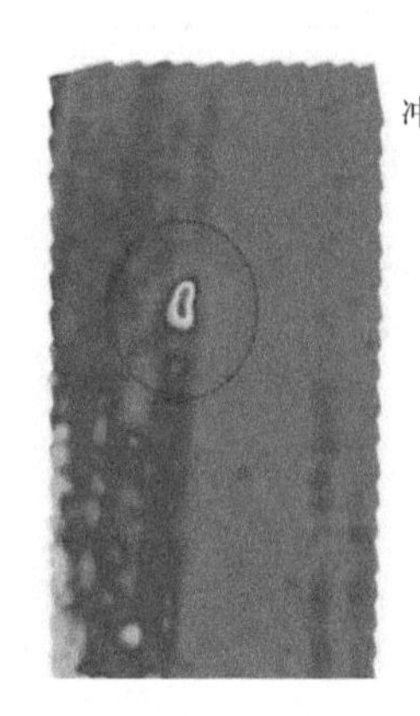

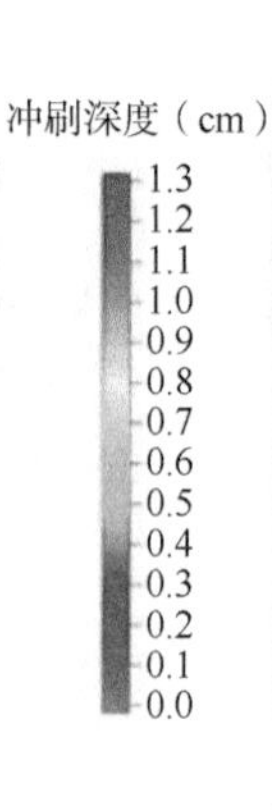

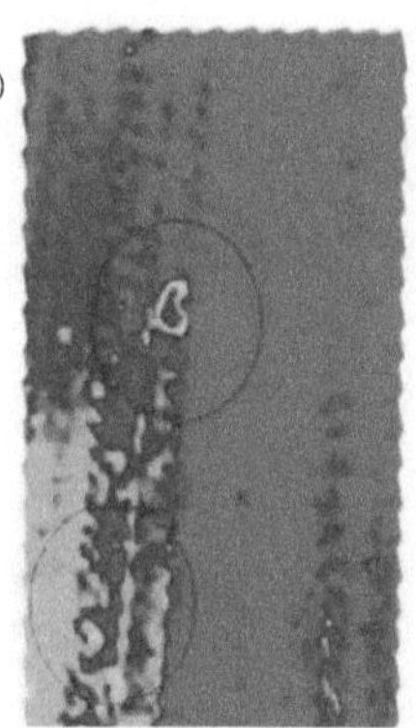

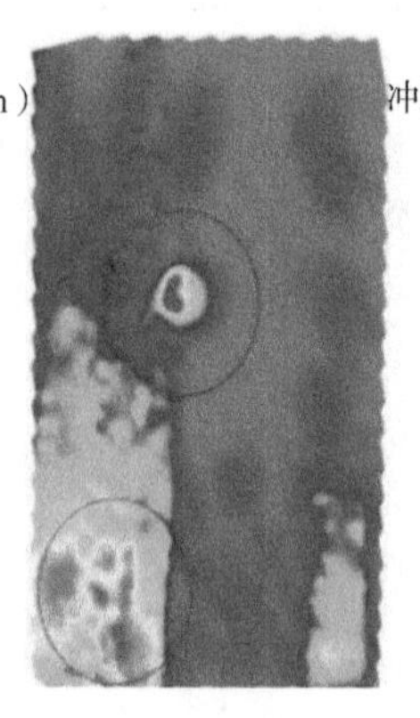

冲刷深度（cm）
2.0
1.8
1.6
1.4
1.2
1.0
0.8
0.6
0.4
0.2
0.0

图 7-67　左流道坡面高度变化图

切片高度：-1cm

示意图

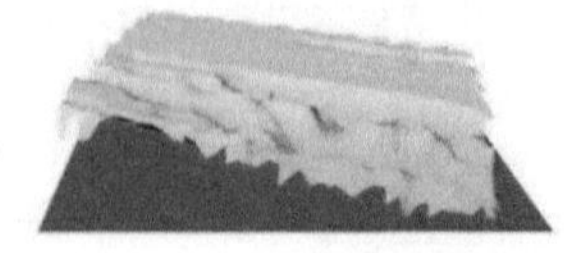

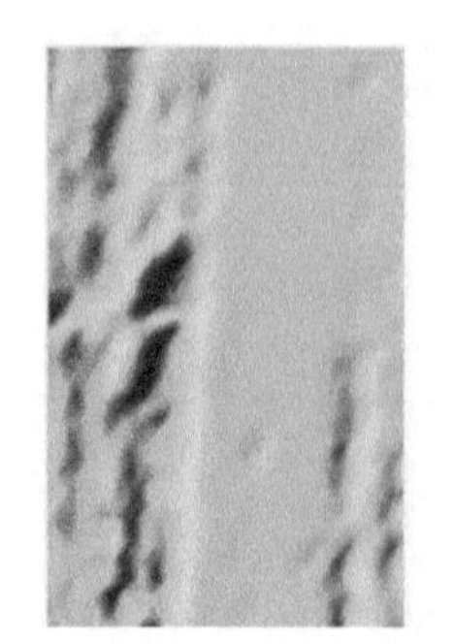

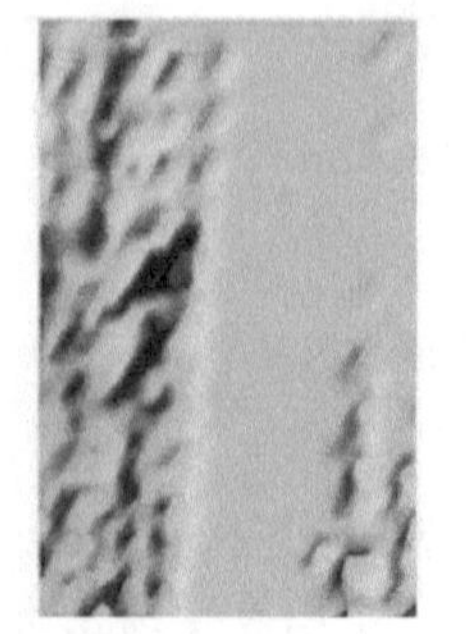

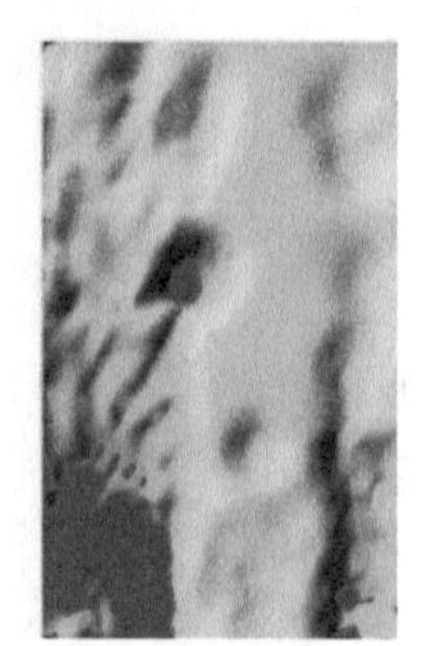

图 7-68　左流道坡面高度变化注水图

右流道坡面高度变化见图 7-69。取 $y=-5$mm 平面作为截面去切割高度变化图的三维图层。由图 7-70 右流道坡面高度变化注水图可知，冲刷深度大于 5mm 的区域显示为水层的红色，红色区域集中于闸门流道下部第一层坡面与第二层坡面的交接处，以及左下角的空蚀区域，节理明显，且有逐步发育的趋势。通过左下角冲刷坑的 GRD（格式）图可知，冲刷坑的冲刷范围小且深度垂向发育显著，纵向发育并不明显，这是土质粒径不均匀而瞬间剥落导致的 Z 值变化的典型特征，亦初步判定右流道掺量固化剂材料的可靠性。

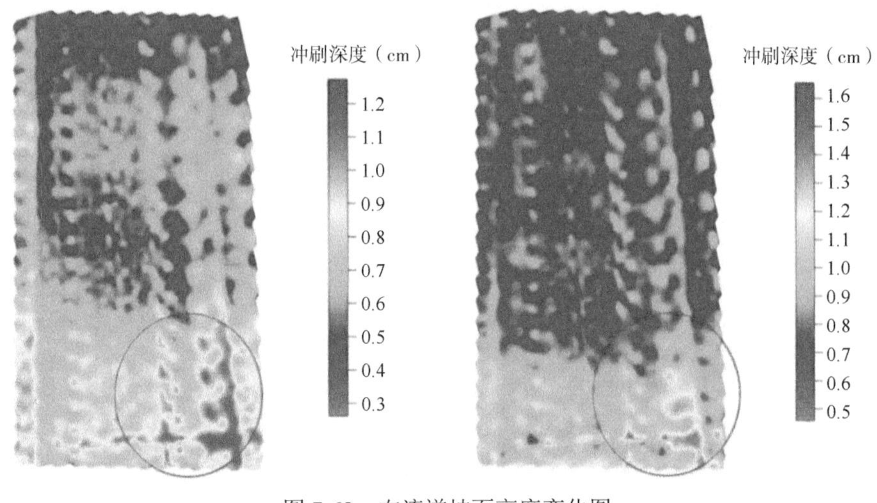

图 7-69　右流道坡面高度变化图

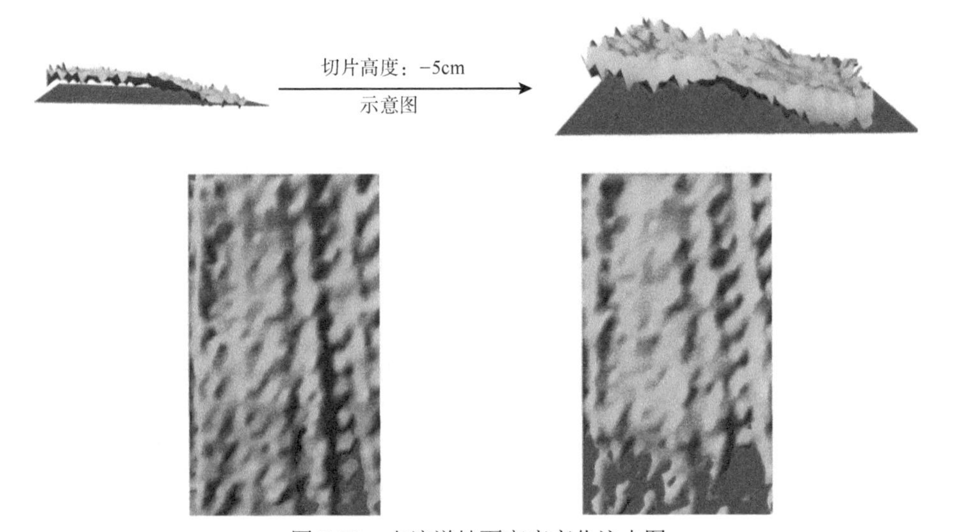

图 7-70　右流道坡面高度变化注水图

对中间流道而言，冲刷 7.5h 后整体变化并不明显，破坏区域仅局限于中部一小冲刷坑，最大冲刷深度为 1.24cm，如图 7-71 所示，冲刷坑的冲刷范围小且深度垂向发展，纵向发展并不显著，认定为冲刷过程中的大土粒脱落而非正常冲刷所导致，验证了混合掺量固化剂材料的可靠性。

通过相关的数据筛选与定位，坡面的最大冲刷深度分布如图 7-72 红圈所示，结合图 7-73 的原始坡面对比，破损区域为施工早期的修补区域，痕迹范围明显，而非一体化施工的区域，且冲刷较严重区域并未连接成片，位置分布乱序，冲坑的垂向发育显著，纵向发育极少，且集中于空蚀区域，受冲刷影响较少而受汽蚀等非相关因素影响居多，则冲刷区域受土质粒径的不均匀性影响极大，且以中间流道为典型代表。总体各项参数总结如表 7-14 所示。

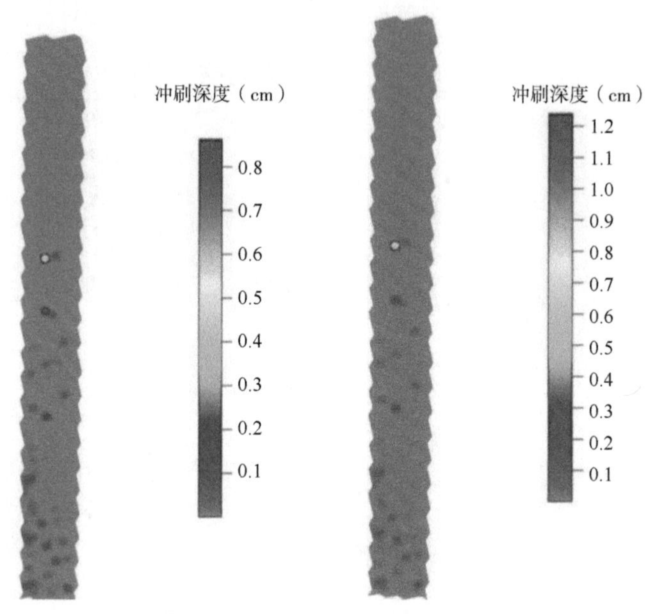

图 7-71　中间流道坡面高度变化图

图 7-72　最大冲刷深度分布

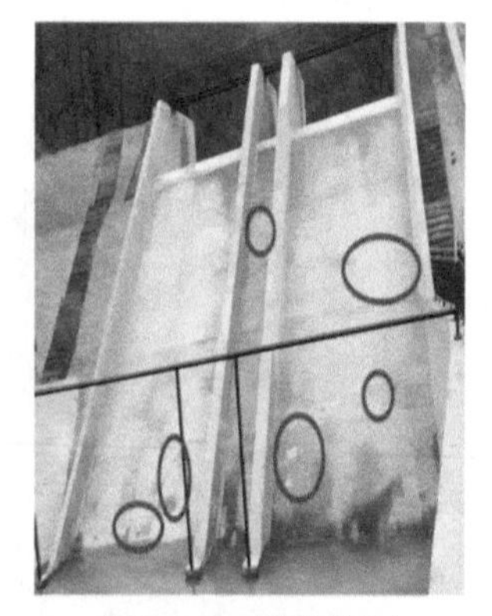

图 7-73　原始坡面

表 7-14　冲刷参数汇总

参数	左流道			右流道		中间流道	
固化剂掺量（%）	30			20		20～30 混合	
冲刷时间（h）	9	18	27	9	18	3.5	7.5
最大冲刷深度（cm）	1.221	1.65	2.032	1.253	1.722	0.863	1.241
平均冲刷深度（cm）	0.089	0.252	0.349	0.565	0.726	0.05	0.142
体积丢土率（%）	1.12			1.41		0.35	
冲坑情况	未出现连片现象			未出现连片现象		未出现连片现象	
质量等级排序	1			3		2	

西峰淤地坝过流检验结果表明，坡面抗冲刷效果显著，冲刷严重区域集中于层与层的交接处和近水面的空蚀区，抗冲刷水平表现为——左流道（30%）＞中间流道（20%～30%）＞右流道（20%），破坏面积及体积均未超过整体的 2%，与实验室得出的结论极为一致，进一步验证了材料的安全可靠性。

下游消力池底板在最不利工况下最大脉动压力约为 31kPa，最小脉动压力约为 –15kPa。在 2m 水头工况下，下游最大流速为 11.13m/s，坡面最大流速为 6.04m/s，泄流过程的液位变化符合概化后的小流域洪水过程。

综上所述，新型淤地坝在安全性能、过流能力、抗冲刷水平等各方面均取得较好的结果，检验结果很好地支撑了防溃决高标准新型淤地坝的推广及应用。

（2）坝体及防护结构过流安全检验

通过使用地质雷达探测技术开展对下游坝坡防冲刷保护层的监测，查明下游坝坡防冲刷材料护坡与原下游坝面之间是否存在脱空情况及其他缺陷，评价防冲刷保护层的施工质量。

根据现场监测的资料分析，分别使用 200MHz、400MHz 天线对西峰淤地坝下游坝坡防冲刷保护层进行监测。依据《土石坝安全监测技术规范》（SL 551—2012），结合西峰淤地坝工程实际情况，共布设 3 个监测基准点及工作基点，且在垂直坝轴线方向布设 2 个监测横断面，在平行坝轴线方向布设 4 个监测纵断面，纵横监测断面交点部位共设 8 个监测墩，拟采用前方交会法进行表面垂直位移及水平位移监测。坝体表面变形监测频率应分阶段确定，在施工期，监测频率应为 1～4 次/月；初蓄期，监测频率应为 1～10 次/月；运行期，监测频率应为 2～6 次/年。泄洪道坝坡测线天线雷达监测结果如图 7-74～图 7-77 所示。W4-3 测点监测数据汇总见表 7-15。

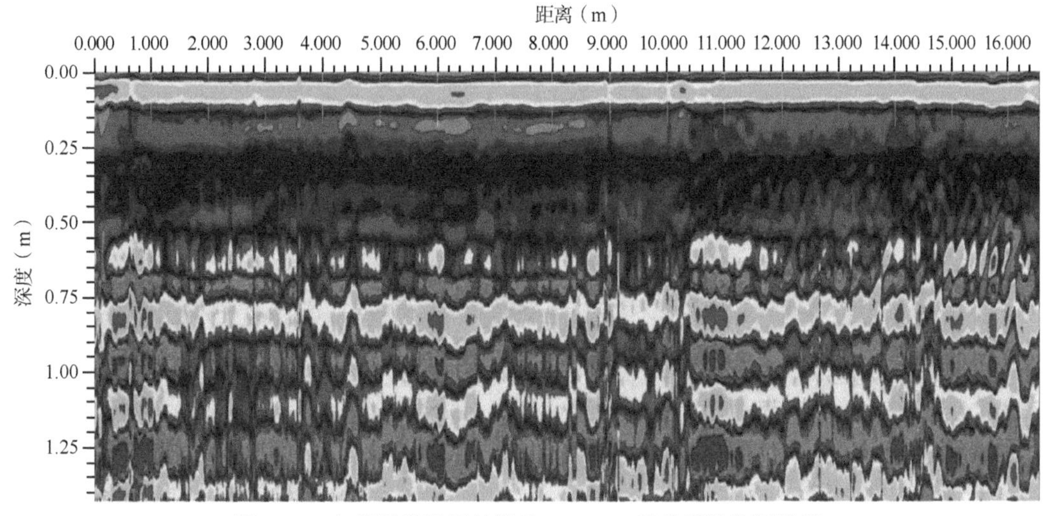

图 7-74　左岸泄洪道坝坡测线 400MHz 天线雷达监测结果

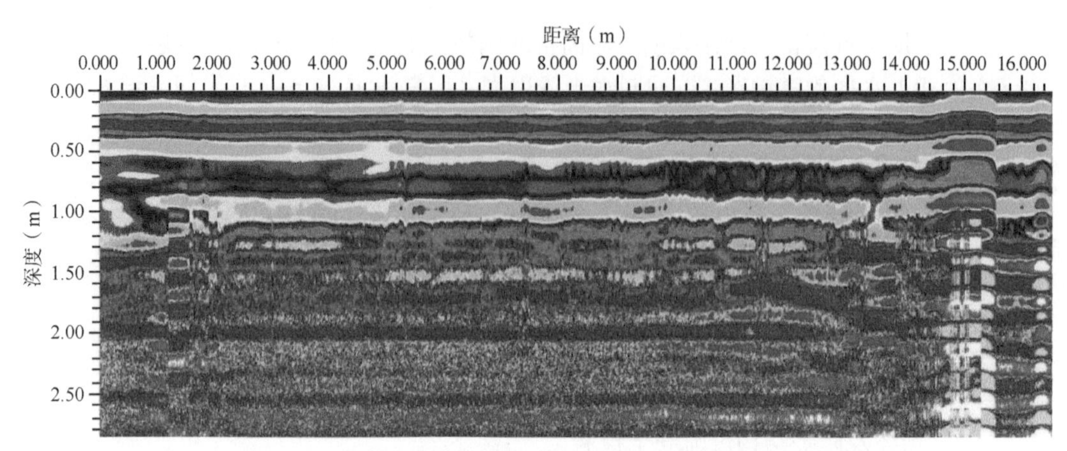

图 7-75　左岸泄洪道坝坡测线 200MHz 天线雷达监测结果

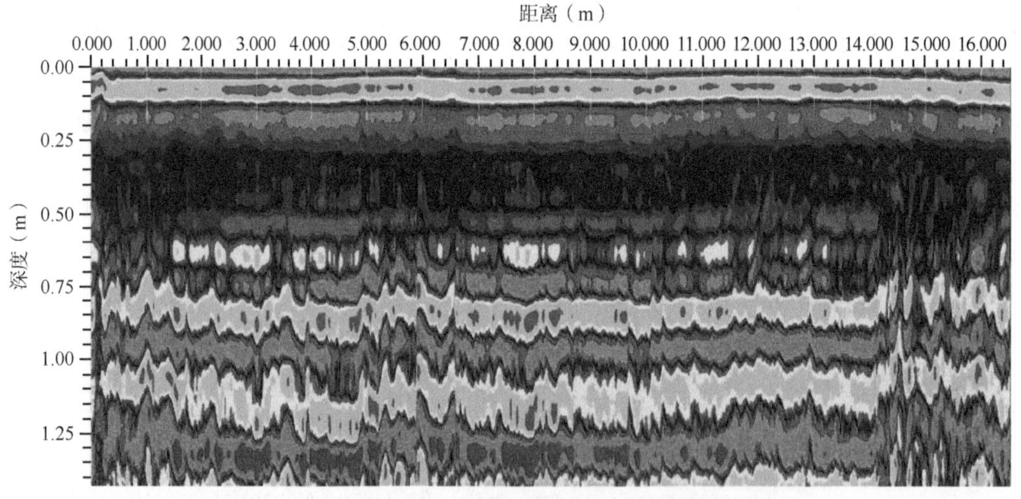

图 7-76　右岸泄洪道坝坡测线 400MHz 天线雷达监测结果

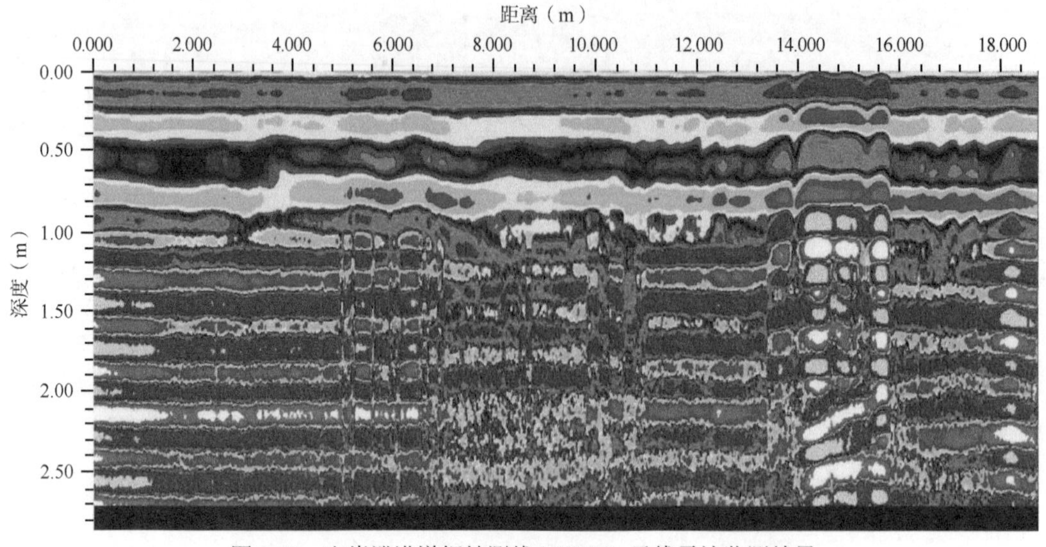

图 7-77　右岸泄洪道坝坡测线 200MHz 天线雷达监测结果

表 7-15　W4-3 测点监测数据汇总表

监测项目	测点编号	变形最大值（mm）	最大变形速率（mm/d）	累计变形最大值（mm）	结论
水平位移	W4-3	2.30	0.29	2.30	正常
竖向位移	W4-3	–3.70	–0.46	–3.70	正常

（1）水平位移综合评述及曲线图

共测取 9 次数值，变形为–0.60mm（W4-3）至 2.30mm（W1-3），平均变化速率为–0.07～0.29mm/d；累计变化量为–0.60mm（W4-3）至 2.30mm（W1-3）；累计变化量及变化速率正常。水平位移监测结果如图 7-78 所示。

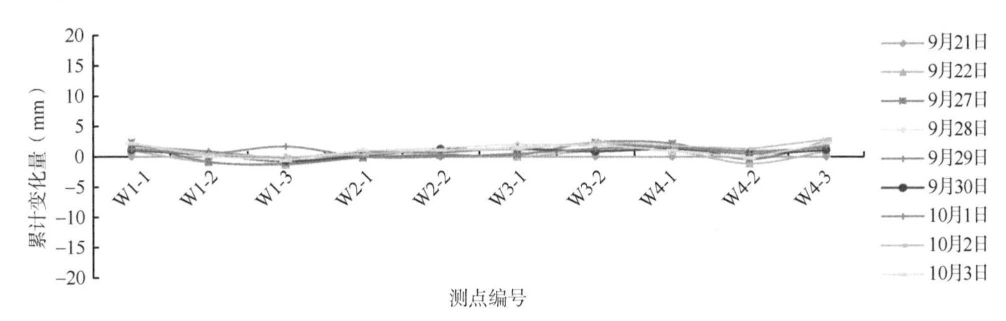

图 7-78　水平位移监测结果

（2）竖向位移综合评述及曲线图

共测取 9 次数值，变形为–3.70mm（W4-3）至 2.70mm（W1-3），平均变化速率为–0.46～0.34mm/d；累计变化量为–3.70mm（W4-3）至 2.70mm（W1-3）；累计变化量及变化速率正常。竖向位移监测结果如图 7-79 所示。

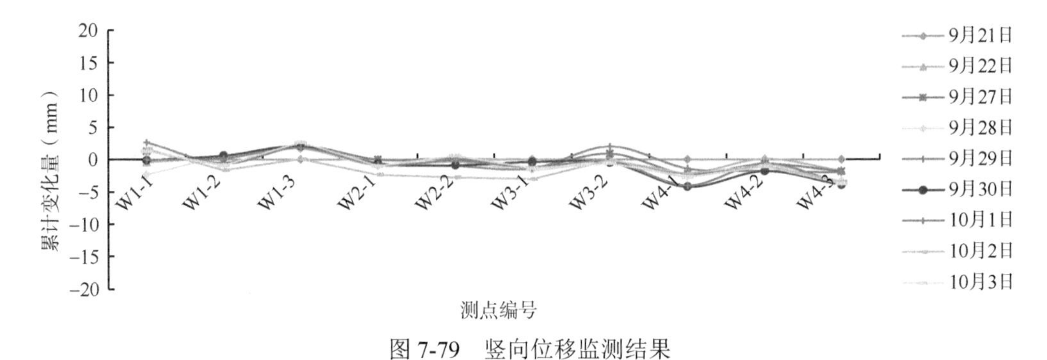

图 7-79　竖向位移监测结果

7.6.2　陕西省蓝田县唐沟淤地坝

1. 工程概况

唐沟淤地坝位于西安市蓝田县洩湖镇唐沟村，位于渭河流域灞河右岸支流，流域属秦岭山前台塬区，流域内植被覆盖条件尚可，流域下垫面覆盖有厚层黄土。蓝田县属暖温带半湿润大陆性季风气候，冬寒干燥，夏热多雨有伏旱，秋凉气爽阴雨多。区内多年平均气温 13℃，极端最高气温 43.3℃（1966 年 6 月 21 日），极端最低气温–17.4℃（1977 年 1 月 30 日），平均无霜期 211d，冻土最大深度 25cm。多年平均降水量 833.3mm，6～9 月降水量占全年降水量的 58.4%（根据罗李村水文站实测资料统计）。唐沟淤地坝所在沟道无实测水文资料，该区径流洪水由降水形成，因此雨洪同期，径流洪水主要集中在 6～9 月，非汛期沟道内有少量径流，一般年份不会断流。

唐沟淤地坝在泥沙淤满之前可少量满足当地的用水需求；后期可运用全部库容拦蓄泥沙，淤积坝地，用以增产粮食；唐沟淤地坝还可抬高沟道的侵蚀基准点，改善当地生态环境；连接沟道两岸的过河道路，兼作连接两岸村庄的道路。

2. 大坝及防护结构设计

考虑到沟道内长年有径流，一般不会断流，因此该工程采用全断面固化材料防护的结构形式。

根据现场地形条件，坝址区右岸有一道路，高程为 514～516m，考虑到大坝坝顶道路兼作两岸通行道路，坝顶高程确定为 515.0m，库容为 1.165 万 m^3。下游消力池顶面高程为 508.8m，坝高 6.2m。

大坝整体及消力池采用黄土固化新材料填筑，整个坝体按刚体考虑，按照刚体的抗滑稳定计算，确定上游坡比为 1∶1.25，下游坡比为 1∶1.25。在下游坝坡与两岸边坡相交处，同样采用黄土固化新材料进行护坡，范围为沿两岸边坡向上 1m。

黄土固化新材料渗透性比均质土渗透性低，大坝主要依靠黄土固化新材料实现防渗坝体内浸润线快速下降，故不设置排水棱体等。

7.6.3 陕西省富县陈家沟淤地坝

1. 工程概况

陈家沟淤地坝位于富县茶坊镇陈家沟村大申号水库库区右岸支沟内，属北洛河流域，流域属黄土高原丘陵沟壑区，梁峁相间，地形破碎，现状条件下流域内植被尚可。坝址位于半干旱区，属大陆性暖温带季风气候，光照充足，四季分明，春季多风，夏季炎热，秋季多雨，冬季干寒，年平均气温 8～9℃，多年平均降水量 561mm，降水量年际变化大，年内分配不均，多集中在 7～9 月，约占全年降水量的 60%。

工程建设的主要目的是为大申号水库清淤提供泥沙淤放场所，将大申号水库的部分淤积泥沙抽蓄至陈家沟淤地坝内，以恢复大申号水库的部分兴利、防洪库容。因工程建设后，坝体内库容很快就会被清淤所占，故不设放水设施，仅在坝身上布置泄水建筑物，使洪水能安全过坝即可。

2. 大坝设计

根据现场地形条件，坝址区左岸有一道路，高程约为 1008m，为了不影响该道路，坝顶高程确定为 1004m，库容为 19.2 万 m^3，最大坝高 18.5m。坝顶长 85m，上游坡比为 1∶2.0，下游坡比为 1∶1.5。

为降低坝体内浸润线，在坝基部位设条状排水体。在坝轴线下游 10m 处布置一纵向排水体，在 D0+37.00、D0+47.00、D0+57.00、D0+67.00 四处设横向排水体。排水体为倒梯形断面，厚 0.6m，上下底长分别为 2.6m、1.4m，排水体为连续级配碎石，外包土工布。

3. 防护结构设计

该工程采用局部坝面防护的结构形式，采用正槽式开敞泄流，由进口段、泄槽段、消能段组成。在确定控制单宽的基础上，根据宽顶堰泄流公式确定堰上水深，考虑一定的超高后，在尽可能不改变坝高的情况下确定堰顶高程，然后根据调洪反算溢洪道的宽度。布置于坝身的溢洪道单宽控制为 $3m^3/(s \cdot m)$，设计成宽浅式溢洪道，通过调洪计算得到泄流宽度为 26m。

（1）工程布置及结构形式

结构形式为局部坝面防护，无坎宽顶堰泄流，堰顶高程 1001.00m。整个结构由进口段、泄槽段、消能段组成。

（A）进口段（0-008.00～0+002.90）

进口段采用固化材料，底坡水平，梯形断面，底宽 26m，高度 3.0～2.4m，两侧坡度 1∶1，底板高程 1001.00m，厚度 1.5m，边墙水平宽 2.0m。桩号 0-004.00 和 0+000.00 堰顶下做深 0.5m、宽 0.8m 的固化材料齿墙。

（B）泄槽段（0+002.90～0+026.90）

泄槽段采用直线布置，全长 24m，底坡 1∶1.5。泄槽采用底宽相等的梯形断面，宽度为 26m，两侧坡度 1∶1，底板厚度 1.5m，泄槽边墙设置成变高度，0+002.90～0+024.16 段泄槽边墙高度由 2m 渐变为 1.55m，0+024.16～0+026.90 段泄槽边墙高度由 1.55m 渐变为 3m，边墙水平宽度 2m。

（C）消能段（0+026.90～0+045.40）

消力池采用梯形断面，池长 18.5m，池深 1.5m。底宽为 26m，两侧边墙坡度 1∶1，底板厚度 2m，边墙高度 3m，边墙水平宽度 2.0m。

（2）进口段设计

控制段采用宽顶堰，断面采用梯形，底宽 26m，宽顶堰泄流能力根据相关公式计算。

在保证下游消能设施安全的前提下，坝身溢洪道控制单宽为 $3m^3/(s \cdot m)$，对应堰上水深为 1.5m，考虑 1.5m 的安全超高，故堰顶低于坝顶 3.0m，起调水位 1001.00m。

设计采用 20 年一遇标准，校核采用 50 年一遇标准，对应洪峰流量分别为 $71m^3/s$ 和 $86m^3/s$。根据水文调洪计算结果，在校核标准洪水下，溢洪道宽度为 26m，对应最大泄量为 $84m^3/s$；设计标准最大泄量为 $70m^3/s$。

（3）泄槽设计

泄槽设计成等宽梯形断面，底宽 26m，坡比 1∶1。泄槽纵坡 1∶1.5，底板厚度 1.5m，边墙水平宽度 2m。

首先进行特征水深计算，判断水流形态，具体可参考《水力学手册》，此处不再赘述。经计算，坡度为陡坡，水流为急流。

然后进行泄槽水面线计算，确定边墙高度。泄槽水面线根据能量方程，用分段求和法计算，具体可参考《溢洪道设计规范》（SL253—2018），此处不再赘述。经计算，泄槽边墙采用变高度，首端墙高 2m，末端墙高 1.55m。

泄槽底部设置碎石垫层排水，高度 6.0m，厚度 30cm。设排水孔，预埋 Φ70 镀锌钢管，间排距 3m，排水孔需穿过黄土固化新材料层。

（4）消能防冲设计

因溢洪道设在坝身，故消力池按照校核洪水标准 2%设置，相应溢洪道泄量为 84m^3/s，采用底流消能。计算公式参照《淤地坝技术规范》（SL/T 804—2020），具体不再赘述。经计算，跃后水深 2.94m，消力池深 1.5m，池长 18.3m。

故对消力池进行如下设计：消力池底板厚度 2m，长度 18.5m，消力池边墙采用贴坡设计，坡比 1∶1，高度 3m。

7.6.4 内蒙古自治区哈拉哈图 13#淤地坝

1. 工程概况

哈拉哈图 13#淤地坝位于窟野河流域上游的乌兰木伦河支流哈拉哈图小流域，地处内蒙古自治区鄂尔多斯市伊金霍洛旗阿勒腾席热镇柳沟村。地貌类型为黄土丘陵沟壑区，整体地势较高，地形较平缓，两岸坡面及主沟道均为砒砂岩基底，其上覆盖沙土及砂砾土。坝址位于干旱半干旱大陆性季风气候区，该地区多年平均气温 6.2℃，极端最高气温 36.9℃，极端最低气温–31.4℃，无霜期 153d。封冻期为 11 月至次年 3 月，解冻期为 4～10 月。该地区多年平均降水量为 358.2mm，年最大降水量 642.7mm（1961 年），年最小降水量 100.8mm（1962 年），多年平均蒸发量为 2800mm，最大冻土深度为 2.1m。

《内蒙古伊金霍洛旗哈拉哈图小流域 13#骨干坝扩大初步设计》于 2005 年由鄂尔多市水利勘测设计院完成，2006 年 4 月开建，2006 年 6 月完工。原工程设计洪水标准为 30 年一遇，校核洪水标准为 300 年一遇，设计淤积年限为 20 年，原设计总库容 168.49 万 m^3，拦泥库容 94 万 m^3，滞洪库容 74.49 万 m^3，淤地面积 17.12hm^2，设计最大坝高约 17m，坝顶长约 339m，平均坝顶宽度 4.0m。

此次工程改建采用新型淤地坝技术，对哈拉哈图 13#淤地坝采用新型材料进行工程技术改造，采用新材料、新工艺在坝身布设泄流设施的技术，为坝体岸边无布设泄流设施条件时提供解决方案。

原工程主要由大坝和放水工程组成，原设计总库容 168.49 万 m^3。根据黄河勘测规划设计研究院有限公司实测工程区 1∶2000 地形图，目前剩余库容 111.73 万 m^3，现状坝高 16.7m，坝顶长 270m，坝顶宽 5.0m，坝顶兼作乡间道路（图 7-80，图 7-81），淤泥面距坝顶 13m，坝体上游坡比 1∶2.9，下游坡比 1∶3.0。此次工程建设主要任务是在老坝的基础上新建坝身泄水建筑物，同时需考虑保留坝顶交通。

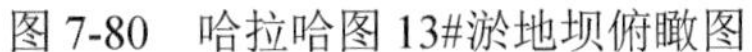

图 7-80　哈拉哈图 13#淤地坝俯瞰图

图 7-81　哈拉哈图 13#淤地坝现状坝顶

2. 防护结构布置

防护结构布置于坝身，采用正槽式开敞泄流，由进口段、泄槽段、消能段及海漫段组成。采用固化材料新建防护结构，为保证下游消能设施的安全性，根据已有的成果，坝身过流时单宽不宜超过 $5m^3/(s \cdot m)$。在确定控制单宽的基础上，根据宽顶堰泄流公式确定堰上水深，考虑一定的超高后，在尽可能不改变坝高的情况下确定堰顶高程，然后根据调洪反算溢洪道的宽度。布置于坝身的溢洪道单宽控制为 $5m^3/(s \cdot m)$，设计成宽浅式溢洪道，通过调洪计算得到泄流宽度为 32m。

3. 防护结构设计

该工程采用局部坝面防护，过流断面为梯形断面，底宽 32m。

（1）工程布置及结构形式

采用开敞式，无坎宽顶堰泄流，堰顶高程 1394.50m。整个过水设施由进口段、泄槽段、消能段及海漫段组成。

（A）进口段（0-010.75～0+006.00）

考虑到坝顶有交通需求且溢流宽度较大，做交通桥代价较大，采用放缓坡做成过水路面。进口段 0-010.75～0-004.45 采用混凝土过水路面，梯形断面，底坡水平，底宽 32m，高度 3.2m，两侧坡度 8%，路面最低处高程 1394.50m，偏向上游，路面采用 20cm 厚 C25 混凝土路面，下铺 40cm 厚固化材料。进口段 0-004.45～0+006.00 采用固化材料，底坡水平，梯形断面，底宽 32m，高度 3.2～2.06m，两侧坡度 1∶1，底板高程 1394.50m，厚度 1.0m，边墙厚 1.0m。桩号 0+000.00 和 0+004.00 堰顶下做深 0.5m、宽 0.8m 固化材料齿墙。

（B）泄槽段（0+006.00～0+051.90）

泄槽段采用直线布置，全长 45.9m，底坡 1∶3.0。泄槽采用底宽相等的梯形断面，宽度为 32m，两侧坡度 1∶1，底板厚度 1.0m，泄槽边墙设置成变高度，0+006.00～0+044.70 段泄槽边墙高度由 1.95m 渐变为 1.33m，0+044.70～0+051.90 段泄槽边墙高度由 1.33m 渐变为 3.8m，边墙厚度 1m。

（C）消能段（0+051.90～0+075.20）

消力池采用梯形断面，池长 20m，池深 1.8m。底宽为 32m，两侧边墙坡度 1∶1，底板厚度 1.5m，边墙高度 3.8m，边墙厚度 1.0m。

（D）海漫段（0+075.20～0+085.20）

为了将消能后的水流安全送入下游河道，布设长 10m、宽 38.2m、厚 0.5m 的铅丝石笼，将水安全送入下游河道。

（2）进口段设计

（A）过水道路设计

根据《公路路基设计规范》（JTG D30—2015），路基土应满足回弹模量≥40MPa，压实度≥95%。回填模量按《公路路基设计规范》（JTG D30—2015）附录 A 通过试验获得。根据《公路水泥混凝土路面设计规范》（JTG D40—2011），水泥混凝土路面弯拉强度不应小于 4.5MPa，在季节性冰冻地区，路面结构层的总厚度不应小于最小防冻厚度。该地区最大冻土厚度 2.1m，路面结构层最小防冻厚度 0.6m。

综上，道路采用 20cm 水泥混凝土面层+40cm 固化材料基层，路床土回弹模量和压实度应满足要求。

因过水路面后接控制段，过水路面为底宽 32m、两侧坡比 8%的梯形断面，控制段为底宽 32m、两侧坡比 1∶1 的梯形断面。故道路靠下游侧非溢流部分采用固化材料做一厚度 0.5m 的贴坡挡墙用于挡水。

为防止水流对进口处边坡的冲刷，对溢洪道进口处的边坡进行防护，用水泥混凝土做一层 20cm 厚的衬砌，范围自过水路面向下 2m。

（B）控制段设计

控制段采用宽顶堰，断面采用梯形，底宽 32m，宽顶堰泄流能力根据相关公式计算。

该工程是为推广新工艺、新材料而进行的淤地坝改建工程，基于室内试验、现场实践，在保证下游消能设施安全的前提下，坝身溢洪道控制单宽为 $5m^3/(s\cdot m)$，对应堰上水深为 2.2m，考虑 1m 的安全超高，故堰顶低于坝顶 3.2m，起调水位 1394.50m。

设计采用 30 年一遇标准，校核采用 300 年一遇标准，对应洪峰流量分别为 $158m^3/s$ 和 $343m^3/s$。根据水文调洪计算结果，在校核标准洪水下，溢洪道宽度为 32m，对应最大泄量为 $162.5m^3/s$；设计标准最大泄量为 $53.1m^3/s$。

（3）泄槽设计

泄槽设计成等宽梯形断面，底宽 32m，坡比 1∶1。原坝体下游坡比 1∶3，故泄槽纵坡同为 1∶3，底板厚度 1m，边墙厚度 1m。

首先进行特征水深计算，判断水流形态。经计算，坡度为陡坡，水流为急流。

然后进行泄槽水面线计算，确定边墙高度。泄槽水面线根据能量方程，用分段求和法计算。经计算，泄槽边墙采用变高度，首端墙高 1.95m，末端墙高 1.33m。

泄槽底部设置碎石垫层排水，高度 6.8m，厚度 30cm。设ϕ100 排水孔，梅花形布置，间排距 2m，内填无砂混凝土，排水孔需穿过黄土固化新材料层。

（4）消能防冲设计

消力池按照校核洪水标准 0.33%设置，相应溢洪道泄量为 162.5m^3/s，采用底流消能。计算公式参照《淤地坝技术规范》（SL/T 804—2020），具体不再赘述。经计算，跃后水深 3.71m，消力池深 1.8m，池长 20m。

故对消力池进行如下设计：消力池底板厚度 1.5m，长度 20m，消力池边墙采用贴坡设计，坡比 1∶1，高度 3.8m。

参 考 文 献

卜思敏. 2016. 纳米硅溶胶固化黄土的强度特性及其固化机理. 兰州大学硕士学位论文.

陈瑞锋, 田高源, 米栋云, 等. 2018. 赤泥改性黄土的基本工程性质研究. 岩土力学, 39(S1): 89-97.

陈湘亮. 2007. 泰然酶(TerraZyme)固化土技术在乡村公路中的应用研究. 湖南大学硕士学位论文.

程佳明. 2014. 新型固化剂加固黄土边坡技术试验研究. 太原理工大学硕士学位论文.

丁瑞甫. 1958. 过水土坝. 清华大学学报(自然科学版), (S3): 3-32.

樊恒辉, 高建恩, 吴普特, 等. 2010. 水泥基土壤固化剂固化土的物理化学作用. 岩土力学, 31(12): 3741-3745.

房纯纲, 葛怀光, 刘树棠, 等. 1997. 斜坡碾压质量的实时控制. 水利水电技术, (2): 46-50, 63.

冯忠绪, 赵利军. 2004. 智能化搅拌设备. 长安大学学报(自然科学版), 24(6): 77-79.

冯忠绪. 2001. 混凝土搅拌理论与设备. 北京: 人民交通出版社.

何慧贞, 丁瑞甫. 1958. 过水土坝. 水力发电, (18): 30-47.

贺智强, 樊恒辉, 王军强, 等. 2017. 木质素加固黄土的工程性能试验研究. 岩土力学, 38(3): 731-739.

侯鑫, 马巍, 李国玉, 等. 2017. 木质素磺酸盐对兰州黄土力学性质的影响. 岩土力学, 38(3): 18-26.

胡琳琳. 2014. 暴雨衰减指数在短历时可能最大暴雨研究中的应用. 浙江水利科技, 194(4): 26-27, 30.

华家鹏, 黄勇, 杨惠, 等. 2007. 利用统计估算放大法推求可能最大暴雨. 河海大学学报(自然科学版), 35(3): 255-257.

黄宝成. 2016. 斜坡碾压技术在某水库施工中的应用. 黑龙江水利科技, 44(1): 105-106.

黄河水利委员会黄河上中游管理局. 2020. 淤地坝技术规范(SL/T 804—2020). 北京: 中国水利水电出版社: 7-9.

兰平, 林炳章, 陈晓旸, 等. 2018. 基于改进的统计估算法与暴雨移置法的香港地区 4h 可能最大降水估算. 水电能源科学, 36(9): 6-9, 142.

李国民. 2016. 斜坡碾压技术在某水库施工中的应用. 黑龙江科技信息, (6): 194.

刘东生. 1966. 黄土的物质成分和结构. 北京: 科学出版社.

刘世皎, 樊恒辉, 史祥, 等. 2014. BCS 土壤固化剂固化土的耐久性研究. 西北农林科技大学学报(自然科学版), 42(12): 214-220.

刘祖典. 1996. 黄土力学与工程. 西安: 陕西科学技术出版社.

彭宇, 张虎元, 林澄斌, 等. 2017. 抗疏力固化剂改性黄土工程性质及其改性机制. 岩石力学与工程学报, 36(3): 762-772.

彭韵, 何想, 刘志明, 等. 2016. 低温条件下微生物诱导碳酸钙沉积加固土体的试验研究. 岩土工程学报, 38(10): 1769-1774.

曲永新, 关文章, 张永双, 等. 2000. 炼铝工业固体废料(赤泥)的物质组成与工程特性及其防治利用研究. 工程地质学报, (3): 296-305.
单志杰. 2010. EN-1 离子固化剂加固黄土边坡机理研究. 中国科学院大学博士学位论文.
世界气象组织. 2011. 可能最大降水估算手册. 王国安, 王煜, 王春青, 等, 译. 郑州: 黄河水利出版社.
水利部水土保持司, 黄河上中游管理局. 2003. 水土保持治沟骨干工程技术规范(SL 289—2003). 北京: 中国水利水电出版社: 7-10.
水利部长江水利委员会水文局. 2006. 水利水电工程设计洪水计算规范(SL 44—2006). 北京: 中国水利水电出版社: 17-19.
水利水电科学研究院过水土坝研究小组. 1982. 关于我国过水土坝的调查和初步分析. 水利水电技术, (11): 21-28.
王国安. 1999. 可能最大暴雨和洪水计算原理与方法. 北京: 中国水利水电出版社; 郑州: 黄河水利出版社.
王卫中. 2004. 双卧轴搅拌机工作装置的试验研究. 长安大学硕士学位论文.
王银梅, 高立成. 2012. 黄土化学改良试验研究. 工程地质学报, 20(6): 1071-1077.
王银梅, 杨重存, 湛文武, 等. 2005. 新型高分子材料 SH 加固黄土强度及机理探讨. 岩石力学与工程学报, (14): 2554-2559.
巫志辉, 谢定义, 余雄飞. 1994. 洛川黄土的动变形和强度特性. 水利学报, (12): 67-71.
薛日芳. 2014. 斜坡碾压技术在东石湖水库枢纽调蓄水池堆石坝施工中的应用. 山西水利科技, (4): 12-14.
杨金平. 2014. 斜坡碾压技术在东石湖水库施工中的应用. 山西水利, (8): 39-40.
张丽娟, 李渊, 刘洪辉. 2016. 复合 BTS 固化剂加固黄土的试验研究. 路基工程, (6): 125-128.
张丽萍, 张兴昌, 孙强. 2009. EN-1 固化剂加固黄土的工程特性及其影响因素. 中国水土保持科学, 7(4): 60-65.
Kong R, Zhang F, Wang G, et al. 2018. Stabilization of loess using nano-SiO_2. Materials, 11(6): 1014.
Li P, Xie W L, Ronald Y S P, et al. 2019. Microstructural evolution of loess soils from the loess plateau of China. Catena, 173: 276-288.
Lii Q, Chang C, Zhao B, et al. 2018. Loess soil stabilization by means of SiO_2 nanoparticles. Soil Mechanics and Foundation Engineering, 4(6): 409-413.
Medows A, Meadows P S, Wood D M, et al. 1994. Microbiological effects on slope stability: an experimental analysis. Sedimentology, (3): 423-435.
Wan J H, Sun H H, Wang Y Y, et al. 2009. Effect of red mud on mechanical properties of loess-containing aluminosilicate based cementitious materials. Materials Science Forum, 610: 155-160.
Zhang H Y, Peng Y, Wang X W, et al. 2016. Study on water loss ability of loess modified by anti-hydrophobic curing agent. Rock and Soil Mechanics, 37(Sl): 19-26.

第8章　黄土高原小流域综合治理关键技术

人民治黄 70 多年来，针对水土流失防治进行了大量的实践，积累了丰富的经验并取得了显著的成果。20 世纪七八十年代，开始较大规模地建设淤地坝，自 80 年代总结提出小流域综合治理后，在理论、实践、技术、体制机制等方面不断创新和发展。小流域综合治理历经 40 多年的发展，取得了显著的经济、生态和社会效益。但是，目前黄土高原水土流失综合防治体系仍不够完善、质量有待提高、成效尚不稳固，针对治理不均衡、不系统等现实问题，在黄河流域生态保护和高质量发展重大国家战略的大背景下，黄土高原治理目标应由单一的水土保持向流域高质量发展进行根本性转变，小流域综合治理模式和技术亟待创新。

针对当前水土流失治理存在的问题，将水土保持高质量发展与乡村振兴战略深度结合，以小流域为单元，统筹发展与保护，开展山、水、林、田、湖、草、沙、人统一规划，综合实现水土保持的生态效益，促进小流域有机产品供给、碳汇、风光利用和藏粮于田，创新水土流失治理的自循环、自持模式，根据小流域特点，以高标准免管护新型淤地坝为统领，构建沟底、沟坡、沟缘、坡（塬）面立体化水土流失综合治理体系。在沟底新建一批高标准免管护新型淤地坝、改建一批老旧病险淤地坝，形成干支沟、上下游统一规划，小多成群、骨干控制的淤地坝系，利用大型淤地坝蓄洪拦沙，合理利用降水资源，利用中小型淤地坝淤地造田，结合川台地、沟台地平整，建设高标准农田；在沟坡营造水土保持林，提高植被覆盖率，减小沟坡失稳引起的滑坡、崩塌等重力侵蚀；在沟缘线附近实施沟头防护工程，防止沟头延伸和沟岸扩张；在坡（塬）面做好植被保护和修复、坡耕地水土流失综合治理，大力建设旱作梯田，因地制宜地种植林果等经济林，加强雨水集蓄利用和径流排导；结合水土流失综合治理，在人口相对聚集的区域，强化农业面源污染和农村生活污染防治，开展农村人居环境整治，发展生态农业和文化旅游，实现山上有林果、坡上有梯田、沟底有坝系、坝上有水有田、村村有产业，实现水土保持功能系统性增强，以及水源涵养、防风固沙、碳固定等复合生态系统服务功能全面提升，打造山青、水美、岸绿、村融、低碳、高效，人与自然和谐相处的生态产业型、生态宜居型、生态旅游型等“小流域+”。

要实现黄土高原小流域综合治理创新模式的建设治理高效能、投资多元有保障、盈利稳定可持续，需要系统性的模式技术体系支撑，以下是各项关键技术介绍。

8.1　水土资源与生态系统格局优化配置技术

8.1.1　水土资源配置目标与流程

水土资源作为小流域自然资源的重要组成部分，是重要的物质基础。小流域水土资源的数量、质量和组合状态影响一个地区的经济社会发展和生态可持续发展。水资源和土地资源之间存在相互匹配与均衡的关系，水资源的丰缺程度影响土地利用类型及土地资源优势的发挥，土地资源影响着水资源的开发与利用，合理匹配水土资源可提高水土资源的综合利用效率。

黄河流域是我国重要的经济地带，沿岸分布有河套灌区、汾渭平原、黄淮海平原等农产品产区，粮食和肉类产量占全国的三分之一左右；黄河流域亦是我国重要的能源、化工、原材料和基础工业基地。但是由于特殊的自然地理和水沙条件，以及人类活动和气候变化等的影响，黄河流域水资源短缺问题突出。黄河流域构成我国北方重要的生态屏障，是连接青藏高原、黄土高原、华北平原的重要生态廊道，也是国家“两屏三带”生态安全战略的重要组成部分，区内分布有青藏高原生态屏障、黄土高原—川滇生态屏障、北方防沙带等。黄河流域生态状况直接关系到我国中长期生态演变格局，但黄河流域生态环境脆弱，高强度的人类活动给流域生态系统带来了较大压力，部分区域生态环境问题突出。因此，在黄河流域生态保护和高质量发展的战略背景下，开展水土资源优化配置和生态系统格局优化具有重要意义。

水土资源优化配置是指综合调查分析研究区域的土壤、地质、水文、气象、水土资源的分布和流失程度及社会经济情况后，为达到最优的生态与经济效益，依据水土资源的特性和系统原理，通过调整农业内部结构和布局，制定合理的农业开发计划，并辅以各种先进的技术手段，对区域有限的水资源和土地资源在时空上进行安排、设计、组合和布局，以提高水土资源利用效益，维持土地生态系统的相对平衡，实现水土资源的可持续利用。由于水土复合系统受自然、社会、经济、技术等多种动态变化因素的影响，内部要素之间存在非线性、高阶次的相互关联和影响，具有复杂性、动态性、非线性、有限性和不确定性等特点。因此，在宏观尺度上进行流域水土资源优化配置，不仅需要考虑水、土两种自然资源，还需要综合考虑由经济、社会、生态、环境、资源、人口、技术、政策等诸多方面共同组成的因子众多、复杂的反馈系统，通过土地利用结构、用水结构、产业结构等的调整和优化，促进区域水资源和土地资源耦合。水土资源配置最终要实现经济效益、社会效益和生态效益目标的协调和统一，即在水土资源有限供给的前提下生产出更多社会需要的产品和提供更多的劳务，同时不导致生态环境质量下降，从而达到改善生态环境和实现生态区域经济可持续发展的目标。但这并非几种目标的均衡或同时获得几种目标的最大化，而是要根据具体的地区、层次和配置目的选择一种主导性目标，同时统筹兼顾其他目标。

水土资源优化配置过程中，水土资源的匹配格局及其演变过程是水资源科学有效管理和分配，以及土地利用方式和格局优化的基础。水土资源的格局匹配，可基于宏观视角，采用自上而下的方法，通过分析区域单位耕地面积所拥有的水资源量或可利用水资源量进行评价；也可从广义的农业水土资源匹配概念出发，基于农业用水分析框架，采用水足迹方法进行分析，以“蓝水”（指农作物生长发育实际蒸散量中来源于江河等地表水和地下水的灌溉用水部分）和“绿水”[来源于有效降水（由降水转化的土壤水）]为中心构建水土资源匹配系数来评价。

采用科学的方法测算水土资源的承载力是保证区域进一步发展的基础，如模糊综合评价方法、背景分析法、多因素综合评价分析法、多目标规划方法、多目标决策分析方法、密切值法等。在分析水土资源匹配程度和确定水土资源承载力的基础上，对水土资源进行优化配置，以期实现水土资源的综合高效、可持续利用。从数学方法来看，水土资源联合优化配置模型分为基于系统工程的方法、基于系统动力学的方法和基于“3S”技术的方法。

8.1.2　生态系统格局优化方法

生态系统是自然界的一定空间内，生物与环境构成的统一整体，其内部组成因子如山、水、林、田、湖、草、沙、冰等相互影响、相互制约。自然生态系统可产生对人类生存和发展起着支持作用的一系列资源和条件，即提供生态系统服务，包括水源涵养、土壤保持、防风固沙、洪水调蓄、多样性保护等。生态系统服务价值可作为衡量水土资源生态安全的指标。在小流域综合治理中，生态系统服务功能和价值的核算可定量分析土地利用生态效益，可将生态系统服务价值提升作为小流域治理的生态效益目标。基于小流域生态安全的要求，流域生态系统格局优化通过保护与修复受损生态系统结构、提高生态系统保护能力，以及维护和增强生态系统的生物多样性维持、水源涵养、水土保持、养分循环和气候调节等服务功能，实现物质流和能量流循环有序，并对长期或突变的自然或人为扰动保持弹性和稳定性。

小流域综合治理中，景观格局优化建立在对不同景观类型、景观的空间格局与景观过程及功能之间的关系深入理解的基础上，首先找到景观格局对过程的影响方式，建立起数量关系，其次利用景观生态学的原理，优化土地利用，多层次、多角度、多学科进行流域生态安全格局优化。小流域生态安全格局优化应遵循可持续性、针对性、生态功能完整优先、等级性和多目标性的原则，可采用数量优化方法、空间优化方法和综合优化方法。

（1）数量优化方法

数量优化方法包括最优化技术法和系统动力学模型。最优化技术法也称运筹学方法，把管理问题抽象为一个模型，通过求解模型获得问题最优解。常用的最优化技术法有线性规划模型、灰色线性规划模型、多参数平衡法、多目标规划法等。最优化技术法的一般步骤为：明确水土资源配置目标，构建生态和经济等方面的约束条件，如生态约束条件可采用生态服务功能值、森林覆盖率、碳排放量、生态足迹等，设置优化问题的可控变量和参数，优化模型和求解方案。这类模型是静态模型，无法体现土地利用优化受环境、社会经济、政策等影响的动态演变过程。系统动力学模型能够反映复杂系统的结构、功能和动态行为间的相互作用关系，通过将结构、功能和历史数据结合，可以灵活地进行决策模拟和方案比选。

（2）空间优化方法

空间优化方法基于生态学理论的景观格局优化模型，基本思想是通过对格局的调整影响区域生态过程，从而实现对生态环境的持续改善。优化过程主要运用景观生态学理论，识别景观格局汇总的关键组分（如生态源地、生态廊道和生态节点），通过点、线、面的空间组合，提升区域的生态健康度，保护或恢复生态多样性。采用最小累积阻力（minimum cumulative resistance，MCR）模型优化景观格局时，首先基于MCR模型对土地利用现状格局进行评价，确定某种土地利用类型扩散和维持的原点（即“源”），从生态属性、生态胁迫、生态风险等方面结合专家打分法确定阻力因子体系和阻力分级，生成阻力面，得到不同生态系统类型的生态安全分区；然后基于生态安全分区，结合土地利用生态适应性和生态服务功能的大小，确定土地利用调整规则。

元胞自动机作为一种时间和空间均离散的动力学模型，通过一定的规则控制局部元胞的演化状态，经由自上而下的分布式模拟过程，获得全局的演化规律。元胞所在的空间可具象化成土地利用格局，通过构建一定的转换规则，可对土地利用空间格局进行优化。

智能群算法是一种基于概率的搜索算法，基本思想是通过模拟自然界生物群的行为来构造算法，模型自组织性良好，规则简单，采用分布式控制实现个体与个体、个体与环境之间的交互作用，可有效缩短系统运行时间。由于土地利用格局优化问题本质上是一个最优化问题，因此可采用智能群算法来求解土地利用格局。

（3）综合优化方法

土地利用变化及效应模型（conversion of land use and its effects model，CLUE 模型）及其改进模型如CLUE-S（conversion of land use and its effects at small region extent，CLUE-S）模型，综合描述社会、经济和生态等因素，可从土地利用类型演变驱动力识别与分析、土地利用空间适宜性分布、土地需求数量估算、土地利用转移规则、土地政策和限制区域等方面，结合多种情景分析模型，评估土地利用变化对生态系统服务价值等的影响，从而优选小流域土地利用空间配置格局，引导用地规划。

各种模型由于基本思想不同，在解决不同的问题时具有独特的优势，但是同时也存在局限性，因此，可以构建出多种模型有机结合的集成模型，充分发挥每个模型的优势。当前，随着云计算、分布式计算、GIS技术、遥感技术、现代数学方法等先进手段的不断发展和完善，复杂模型的求解成为可能，集成模型的任务可以得到有效处理，因此，可根据空间配置问题和目标，综合多种相关模型，全面、系统、科学地评估不同水土资源配置方法的综合效益，为小流域综合治理提供科学依据。

8.2 “坡-沟-塬”联合治理技术

8.2.1 坡面综合治理

坡面是小流域径流和泥沙的策源地。影响坡面水土流失的因素较多，只有采取综合治理措施，才能有效控制坡面水土流失。坡面治理措施必须起到以下作用：减少雨滴对地表物质（土壤岩土分化物、堆积物等）的打击，增加地面覆盖物；尽可能做到降水就地拦蓄、就地入渗；建立坡面径流聚散工程；截短坡长、减缓坡度；改变微地形，增加降水入渗时间，改变径流汇集通道；改良土壤，提高土壤的抗蚀性和可蚀性；改变坡面土地利用方式和生产经营方式，减少人为破坏。

坡面综合治理可为小流域农业生态系统创造良好的生态环境，提供有利的水、肥、气、热条件，以获得最大的生态经济效益为目的。坡面综合治理要做到坡面径流最大限度地就地蓄渗、就地利用，提高土壤含水率，增强农林牧地的抗旱能力，在符合设计保证率的前提下达到雨水不下坡。为此，要根据土质、土地类型等特点，通过修填开挖等办法，用田间道路、盘山渠和林草带等，把农用梯田、林草整地与饮水、用水、拦水和蓄水工程有机联系起来，形成蓄、引、灌、排相结合的坡面工程。在进行坡面工程设计时，要注意各单项工程之间的连接，本着因势利导、距短省工和运用灵活的原则，使之有机配合，达到避害趋利的目的。在布置工程设计的基础上，要根据立地条件、农林牧业用地的需要及工程措施的特点，采取草、灌、乔相结合，集中连片与见缝插针相结合等办法，因地制宜地选择高产、优质、抗旱、耐瘠薄和速生的树种，营造防护林、护坡林、梯田地坎造林、经济林等林种，布设牧场和封山育林，形成网、片、带综合的生物治理措施。

在小流域内，坡面治理措施应相互联系、相互补充，共同发挥作用。各项措施的配置和布设，必须依据不同部位侵蚀发生时的强度和分布，考虑小流域内的环境条件，使措施发挥最大的效益。

8.2.2　沟道综合治理

沟道是小流域综合治理的最后一道防线。根据影响沟道侵蚀的主要因素，沟道治理措施必须起到以下几方面的作用：控制和抬高侵蚀基准面；拦蓄坡面和沟道上游的泥沙；防止沟谷扩张和沟头延伸；防止沟岸冲蚀、掏蚀；防止沟坡崩塌、滑坡、泻溜等；保护好沟道防洪堤、道路和农田；提高土地生产率。

小流域沟道综合治理措施配置的原则是：①工程措施与植物措施结合；②上游和下游兼顾，控制性工程和一般性工程结合；③最大限度地发挥沟道工程的经济效益；④治沟工程与交通、防洪、蓄水工程结合；⑤沟道治理工程与水土资源开发利用结合；⑥调节拦蓄洪水径流；⑦保护沟道水源；⑧改造劣质土地资源，提高土地生产力。

沟道治理措施的设计，要从上游到下游，从沟头到沟口，从支沟到干沟，从沟岸到沟底，全面布置，层层设防，分类施治，因沟制宜，通过削、垫、筑、淤等办法，改造并消除破碎沟坡、陷穴暗洞和活动塌方，逐级修筑沟头防护、蓄水池、谷坊、小水库、塘坝、淤地坝、截潜流和排灌渠系等相结合的沟道工程。同时，以工程治理为基础，根据立地条件，本着乔、冠、草结合，一年生和多年生结合，水生和旱生结合，长远利益和近期利益结合，提高土地利用率和提高劳动生产率结合等原则，因地制宜地选择优良树种、灌木和草种，从分水岭到沟口，由高到低，营造乔灌混交的防风林、林草间作的防冲林、果粮间作的经济林、绿化四旁的用材林、巩固工程的防护林等，形成沟道生物治理体系，发挥群体优势，最大限度地控制水土流失。

8.2.3 塬面综合治理

在塬面，做好植被保护和修复、坡耕地水土流失综合治理，大力建设高质量旱作梯田，因地制宜地种植林果等经济林，加强雨水集蓄利用和径流排导。要因地制宜地对窄幅、配套设施不完善、跑土跑水跑肥、产量低、效益较差的老旧梯田进行改造。结合农村人口转移、生态移民和相关政策，有计划地对符合条件的坡耕地实施退耕还林还草。淤地坝与塬面旱作梯田可联合建设利用，结合淤地坝蓄水，提高梯田作物和林果产量。大力推广农业蓄水保水技术，坡面上结合梯田改造，配套田间生产道路、排灌沟渠、水窖、蓄水池、植物护埂等措施，加强雨水集蓄利用，在沟道中建设坝的同时考虑小水库或塘坝等措施开辟新的水源。

塬面旱作梯田建设主要包括坡耕地改造和低标准梯田改造两部分内容，要紧紧围绕促进乡村振兴、防治水土流失、满足人民新需求、服务区域高质量发展，充分考虑自然、社会等各种因素，科学综合布局，实现生态-经济-社会协同发展，使旱作梯田更具活力、更具生命力。旱作梯田建设主要遵循以下几种原则。

1）尊重规律，因地制宜。坡度与降水等自然条件是影响小流域梯田建设的重要因素，建设过程中应通过尽可能小的土方工程量来实现最大田面宽度，保证土地利用率。不同区域建设标准要因地制宜，0°～5°属台地与旱平地，25°以上应强制退耕还林，对5°～15°的缓坡耕地应按照就近、就缓、就路的原则，在降水量大于400mm的旱作梯田建设适宜区内，优先选择村镇、道路周围的缓坡耕地进行改造。

2）需求引领，科学布局。建设旱作梯田不是宜修全修，而是要以人民群众的需求确定建设规模。应坚持新修梯田与旧梯田提质增效相结合，将以往建设的低标准、损毁严重梯田一并升级改造。

3）生态保护与高质量协同发展。黄土高原旱作梯田建设项目应向水土流失区倾斜，积极支持流域农业提质增效，发展“梯田+”现代农业新模式，优化优势资源配置，为退耕还林还草等生态建设让出土地资源，让良好生态环境成为人民生活质量的增长点。

8.3 林草植被结构定向调控技术

8.3.1 林草植被结构定向调控技术的意义

林草复合是指林地和草地在空间上有机结合形成的复合人工植被。植被生长过程中会改变地表粗糙度和反射率、提高土壤有机质含量、改良土壤结构，从而改变区域生态水文过程，增强土壤保水能力，为生态系统的恢复和重建奠定基础。

黄土高原是我国水土流失最为严重的地区，恶劣的生态环境严重制约着当地的社会经济发展。资料表明，黄土高原干旱和半干旱地区面积占该地区总面积的68.8%，长期的土壤侵蚀和水土流失导致当地植被稀疏、环境恶化、农业生产力低下，人民生活水平不高，因此，改善当地生态条件、将生态治理和经济发展结合是黄土高原治理工作的重中之重。黄土高原降水较少，季节性明显，夏季易出现暴雨，冬季易干旱，水资源极为短缺。结合当地的地貌特征，林草植被结构定向调控技术是该地区治理水土流失的主要措施。林草植被可以对降水进行再分配，植物根系能固结土壤，提高土壤的抗蚀性和保水能力，涵养水源可有效减少表面径流产生，从而大幅度减少水土流失。

林草植被结构定向调控技术在水土保持方面的作用显著。黄土高原大规模的林草植被建设始于 20 世纪中期，到现在已有 70 多年的历史。经过多年治理，黄土高原植被建设取得了显著成效：与 1999 年相比，2017 年黄土高原的林草覆盖率从 31.6%增加到 65.2%，水土保持林、草和封禁面积共超过 24 万 km^2，水土流失面积由最严重时的 45 万 km^2 显著降低到 21 万 km^2，其中黄河流域中游的陕西榆林和延安等地作为植被建设的重点试点区域，积极践行“绿水青山就是金山银山”的发展理念，实现了植被建设总体好转，为国内推行林草植被建设提供了宝贵的经验和模板。

林草植物的遮阴作用可以减少太阳辐射，对区域内的风速和温度都有影响，进而改善局部的气候环境，调节当地的水热情况。夏季林地内部温度低于外部温度，湿度较大；冬季林木可以阻挡寒风，降低牲畜热量散失，促进畜牧业的发展。此外，局部小气候的改变可以延长牧草青绿期，防止草本植物出现日灼现象，提高牧草质量。

林草植物根系发达，既能固结土壤，又能在腐解时提高土壤有机质和营养元素含量，增加土壤孔隙度，增强土壤的透气性和保水能力；同时，土壤中营养元素的活性也得到增强，有利于植物对营养元素的吸收，促进林木生长。国外的研究表明，林草植被结构定向调控技术除了可以提高土壤有机质含量，还可以提高土壤中微生物的活性及土壤氮的矿化率。

林草植被结构定向调控技术充分利用空间和自然资源，通过调整生态系统内部的食物链构成，提高有害昆虫的天敌种类数量，以及增强生物间的互生互利作用，增加边际效益，进而增加生物的物种多样性和生态系统的稳定性。已有的研究表明，林草植被调控系统中节肢动物的丰富度、多样性系数、均匀性系数及害虫天敌数量都明显增加。

因此，造林种草、恢复植被的林草植被结构定向调控技术是改善小流域生态环境的必要措施，对小流域水土流失综合防治具有显著的生态效益和社会经济效益。

8.3.2　林草植被结构定向调控技术的配置原则

林草植被配置受多种因素限制，只有合理利用土地，结合小流域土质、水文、气候的具体条件制定合适的配置方案，才能保证造林种草工作的最终效果。林草植被配置需要遵循因地制宜配置、生态经济配置和多样化配置的原则，以恢复植被为前提，结合生态、经济、社会效益需求，探索符合自然规律和经济规律的配置模式。

（1）因地制宜配置原则

因地制宜是林草植被配置首要遵循的原则。植物的类别、生长习性、种植要求等都是林草植被配置过程中需要考虑的因素，而土壤、水分是影响黄土高原开展林草植被配置的关键因素，在配置过程中需要遵循水分因素和生物因素相互作用的规律，以保持土壤水分平衡为核心，根据不同植被类型、立地条件科学配置林草结构，保证林草植被的良好生长。

水分不足是限制黄土高原半干旱地区植被建设和生态修复的主要因子，林草植被配置必须以水量平衡为基础，科学选择林木种类及林分密度。降水量超过 500mm 的区域为森林地带，林木成活率高，可遵循宜林则林、宜灌则灌的原则；降水量低于 500mm 时可遵循宜灌则灌、宜草则草，兼顾适地适树、适地适林的原则。

在树种的选择上，以本土植物为主，严格控制外来物种。黄土高原林草植被应多选取耐旱、耐贫瘠、抗逆性强和易于养护的物种，常用的造林树种为刺槐、油松、侧柏、核桃树、杨树、辽东栎、苹果树、杏树、梨树等，草种主要为苜蓿、冰草、黄芩、甘草、紫花地丁、益母草等。

武思宏等（2008）根据水量平衡的原理，结合林木生长季耗水量及土壤水分动态变化的情况，提出了适合黄土高原地区林分合理密度的计算公式，有

$$N \leqslant A \times (P - E) / T$$

式中，N 表示单位林地面积林木株数（株/hm^2）；P 表示降水量（mm）；E 表示林地土壤蒸发量（mm）；T 表示单株林木蒸腾需水量（m^3/株）；A 表示单位林地面积（m^2），通常 A 取 1hm^2（或 10000m^2）。

但目前为止，关于林分密度的研究方法并不统一，研究要素不够全面，缺乏系统地对水分、土壤、生物量、水土保持效益等多个因素进行综合考虑的研究。结合社会的发展，对社会及经济效益进行耦合分析并建立林分密度的综合调控模型是今后需要进行深入研究的方向。

（2）生态经济配置原则

生态经济配置原则是指对林草植被进行合理化选择，对多种林草植被进行混合种植，按照乔、灌、草的复合模式进行配置，增加系统的复杂性；多种植物搭配建设，强调多种乔木树种在水平空间上的阴阳混交、针阔混交，同时注重地被层、中间层、冠层在垂直空间上的混搭，保证林草植被相互促进生长，充分利用空间资源，逐渐扩大林草植被占地面积，形成合理的乔、灌、草复层植被结构，维持植被复杂性、整体性和健康状态。

另外，在林草植被的配置过程中也需要考虑整体成本与生态效益、社会效益，重视林草植被种类的选择，在林草植被配置前开展实地勘察工作，结合前期调研的数据，科学合理地进行林草植被配置，改善当地自然环境，并带来良好的社会效益、生态效益和经济效益。例如，可种植文冠果、长梗扁桃、麻黄、华中五味子、连翘、沙棘、枣树、山杏、核桃树、花椒等多种油用、药用或食用价值高的品种，增加当地的经济效益。

（3）多样化配置原则

目前黄土高原地区群落主要以洋槐、杨树、油松等为建群种，植被结构种类单一，对植食性昆虫缺乏抑制因子，因此易受到虫害威胁。林草植被配置需要考虑植被建设后的稳定性、科学性，避免单一物种成林现象，同时也要考虑后续的日常管理工作，如种植管理、病虫害防治、肥水管理、整形修剪管理等，多角度、全方面地入手，保证山坡地林草植被配置的合理性。

8.4　黄土高原现代化农业生产技术

黄土高原是中华文明的重要发祥地，也是中国典型的生态环境脆弱区和自然灾害频发区。黄土高原农业生产与生态状况直接关系到该区群众的生存和发展。1999 年，国家提出实施西部大开发战略和退耕还林（草）政策，使黄土高原的生态环境得到了举世瞩目的改善，但迄今仍未能从根本上改变区域生态的脆弱性和重大灾害的风险性。

黄土高原是我国九大农业区之一，是连接中国传统农耕区与畜牧区的核心区域，亦是中国中东部地区重要的生态屏障。但是，黄土高原多为半干旱的生态脆弱区和自然灾害频发区，干旱缺水与水土流失严重的现象并存，是中国经济欠发达地区，也是黄河流域生态保护与高质量发展障碍最多的区域。黄土高原农业生产以谷类作物生产为主，畜牧业产值仅占农业总产值的 25%左右。该区自然资源利用效率低下，农民人均收入不到东部地区的 40%，发展农业生产与改善生态环境的矛盾尖锐。自中华人民共和国成立以来，虽然黄土高原地区粮食生产发展较快，但相对于全国其他粮食主产区，该区粮食在全国粮食供给中的份额却一直在下降；该区粮食生产多处在低水平阶段性的口粮自给状态，如何破解黄土高原耕地-粮食-人口-生态之间的尖锐矛盾成为社会各界较为关注的问题。

针对黄土高原现有问题，集成人畜禽粪污与秸秆高效协同资源化、盐碱贫瘠耕地微生物综合改良、水肥一体化等多项技术，形成适用于黄土高原的高效现代化农业生产技术体系，在改善生态环境的基础上，进一步促进黄土高原地区现代化农业生产发展，激活农村经济的快速增长，对以提高农民收入为目的的农业生产活动和加快农业可持续发展进程有重要意义。

8.4.1　人畜禽粪污与秸秆高效协同资源化技术

20 世纪 90 年代以来，随着沼气技术体系日臻完善，涌现出了多种多样的以沼气为纽带的生态农业模式，如北方“四位一体”模式和南亚热带丘陵草地畜牧业优化生产模式等，这些模式在我国农村地区得到了广泛应用，取得了显著的经济、社会和生态效益。

人畜禽粪污与秸秆混合原料厌氧发酵，具有可稀释抑制物与有毒组分、增加有机质含量、充分利用反应器的体积调节 C/N 比、增强厌氧反应过程稳定性、提高厌氧发酵效果等诸多优点。当前，厌氧发酵产沼气或提纯生物天然气技术，已成为人畜禽粪污与秸秆协同资源化高效处理的主流技术，在世界范围内得到了推广和应用。针对黄土高原水资源匮乏、环境污染和耕地质量差等问题，因地制宜地生产沼气和生物有机肥，提高资源的循环利用效率。

以人畜禽粪污、农作物秸秆等有机物料为原料堆积发酵而成的有机肥俗称“农家肥”，经好氧发酵精制而成的有机肥为商品有机肥，它们富含植物所需的各种营养元素和有机质，养分全面、肥效持久，安全环保，具体的生产工艺见图 8-1。

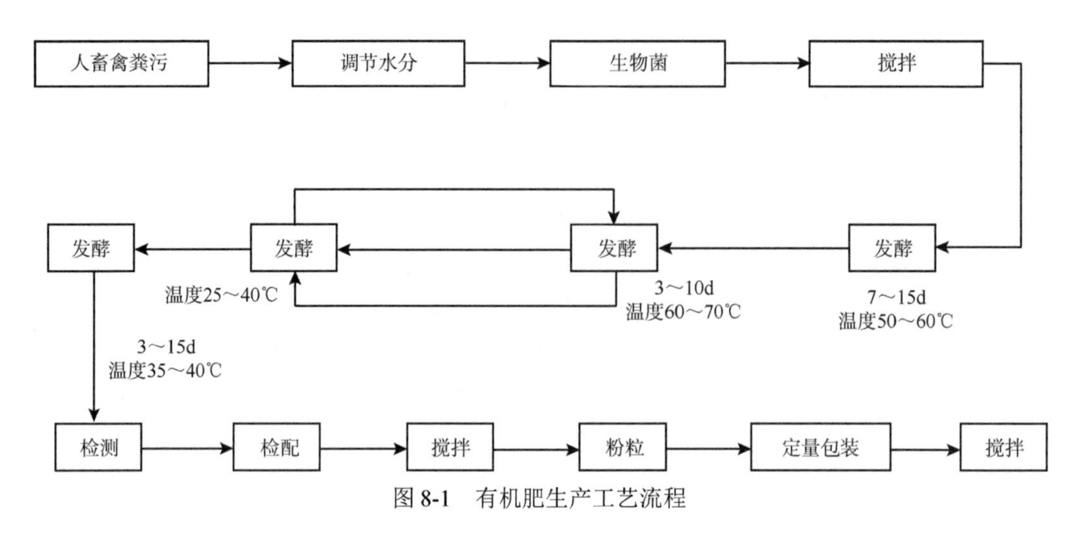

图 8-1 有机肥生产工艺流程

为避免二次污染环境，采用专用车辆到各个养殖场定时收集人畜禽粪污，并将其直接运至肥料厂进入发酵区，先进行发酵除臭。按生产工艺要求添加适当的秸秆粉等，调节人畜禽粪污的含水量，同时，加入生物发酵菌、除臭菌进行充分发酵。将发酵腐熟的物料输送至混合系统搅拌、破碎后，通过自动灌包设备进行包装、入库。人畜禽粪污和农作物秸秆经过混配翻抛、好氧堆制，最终转化成有机肥和生物有机肥的主要原料，达到废物利用、节能减排、生态环保的效果。

在较为分散的村庄普及“四位一体”沼气池，主要利用人畜禽粪污，通过厌氧发酵将其转化为可利用的沼气、沼液和沼渣资源（图 8-2）。沼气是对环境无污染的新能源，可作为用户的生活燃料。根据农业部门统计，一个 $8m^3$ 的户用沼气池，年均可产沼气 $385m^3$，相当于替代 605kg 的标准煤，相当于 3～5 口之家一年 80%的生活燃料。沼液是一种富有营养的高效有机肥和饮料添加剂。沼气将畜牧业发展与种植业发展连接起来，促进了能量高效转化和物质高效循环利用。

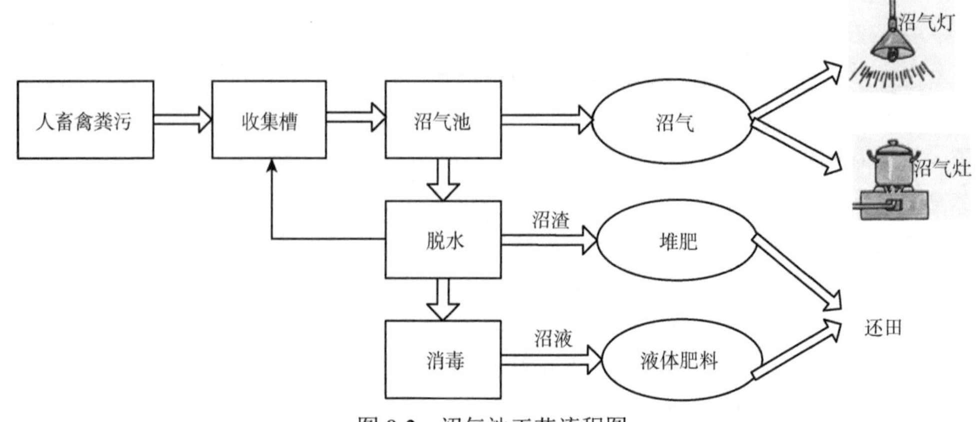

图 8-2 沼气池工艺流程图

对人口密度较大、养殖较多的地区，可以实施规模化集中沼气处理（图 8-3），来降低粪便的收集和处置成本，并且将沼气、沼液和沼渣产品化回馈给用户，起到一点带动一片的规模效应。

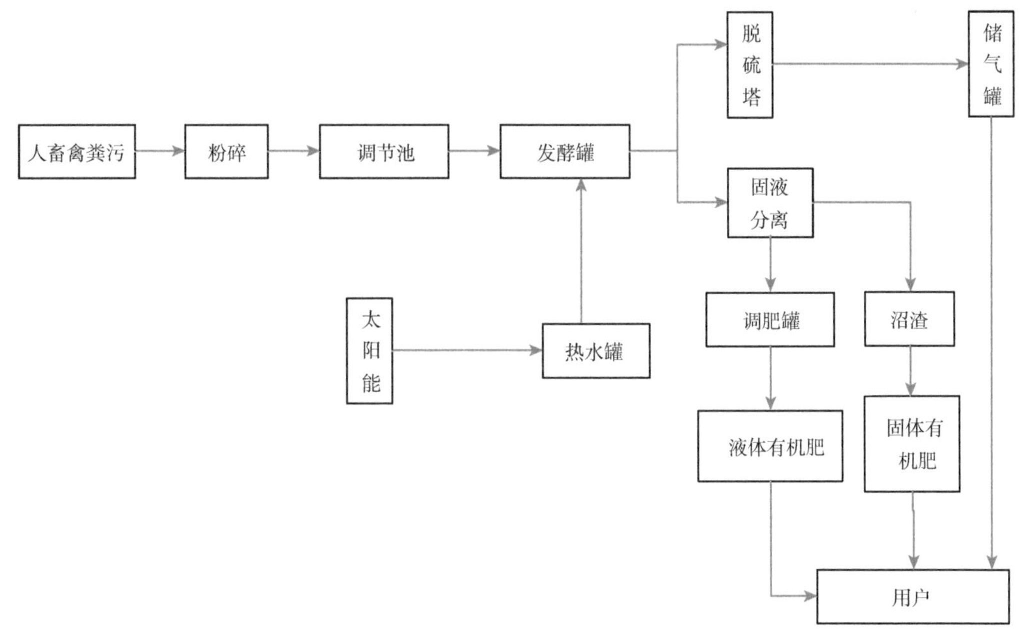

图 8-3　集中沼气站工艺流程

8.4.2　盐碱贫瘠耕地微生物综合改良技术

微生物菌剂是指从土壤和植物根际分离得到有效菌，经筛选、分离甚至基因重组，进行菌种的优化组合，经发酵培养与有机物混合而制备的微生物制剂。目前，中国微生物菌剂的发展十分迅速，随着对其研究的日益深入，这种绿色环保、高效节能的产品也越来越多地应用于人们的生活中。微生物菌剂最重要的应用之一体现在农业生产中的广泛应用。

在黄土高原淤地造田、水平梯田改造、全域土地综合整治背景下，针对大量耕地存在的盐碱化、肥力低等问题，通过以微生物为核心的土壤改良技术，改善耕地条件，促进小流域高标准农田建设，其改良原理见图 8-4。

（1）降低土壤酸度

微生物肥料进入土壤生态系统后，好氧菌、厌氧菌等微生物益生菌通过自身的生物反应，降低土壤的酸度，提高土壤的 pH，从而减少土壤中有害重金属的毒害作用；同时，通过微生物益生菌的繁殖与代谢活动可以将重金属固定，促使土壤中的活性重金属变为有机结合态，形成过滤层和隔离层，降低作物对土壤中重金属的吸收，从而避免了土壤中重金属等有害物质或其分解产物通过“土壤—植物—人体”或“土壤—水—人体”间接被人体吸收，避免损害身体健康。

（2）增加土壤有效养分

微生物菌剂中大量益生菌的繁殖和代谢活动可有效分解土壤中的各种矿物营养，提高土壤的有机质含量，促进土壤团粒结构生成，活化土壤，增强土壤的保肥保水能力，促进作物根系生长，提高抗性，并可充分活化土壤磷钾，优化碳氮比，增进肥效，显著恢复地力，促进作物增产，提升品质，提高效益。

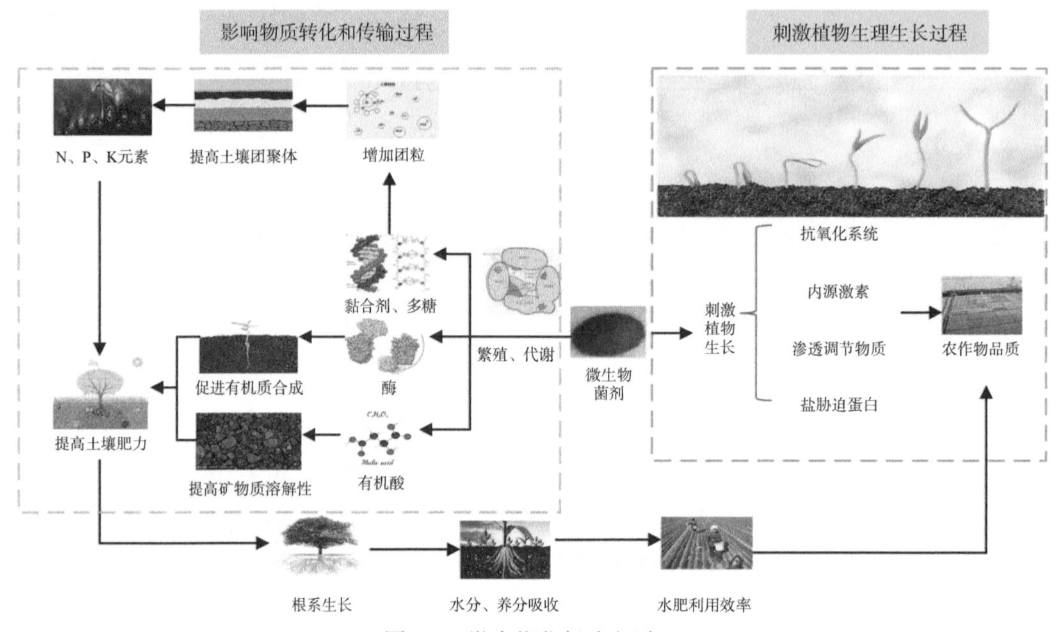

图 8-4 微生物菌剂改良原理

（3）增强作物抗性

一方面，微生物益生菌能改变土壤耕作层的微生物区系，在作物根系周围形成优势菌落，从而强烈抑制病原菌繁殖，降低病虫害发生次数；另一方面，微生物在其生命活动过程中产生多种物质，如激素类、腐殖酸类及抗生素类，这些物质能刺激作物生长健壮，增强作物自身的抗病害能力。

8.4.3 水肥一体化技术

水肥一体化技术是水和肥同步供应的一项农业应用技术，它是根据土壤养分含量和作物种类的需肥规律与特点，以及作物根系可耐受的肥液浓度，将可溶性固体或液体肥料稀释配制成的肥液，借助压力系统，与水一起灌溉，均匀、定时、定量输送到作物根系发育生长区域的技术（图 8-5）。该技术充分利用可控管道系统供水、供肥，通过管道和滴头形成滴灌，使水肥相融后，根据不同作物的需肥特点，把水分、养分定时、定量、按比例直接提供给作物根系，满足作物不同生长期对水分、养分的需求，使根系土壤始终保持疏松和适宜的含水量；同时通过不同生育期的需求设计，提高作物产量与品质，从而实现增产增收。水肥一体化技术要点如下。

1）适用范围：该项技术可在黄土高原小流域具备蓄水淤地坝、水库、涝池等固定水源，并且有条件建设微灌设施、水质好、符合微灌要求的区域推广应用，适用于果园栽培、设施农业栽培和大田经济作物栽培，以及经济效益较好的其他作物栽培。

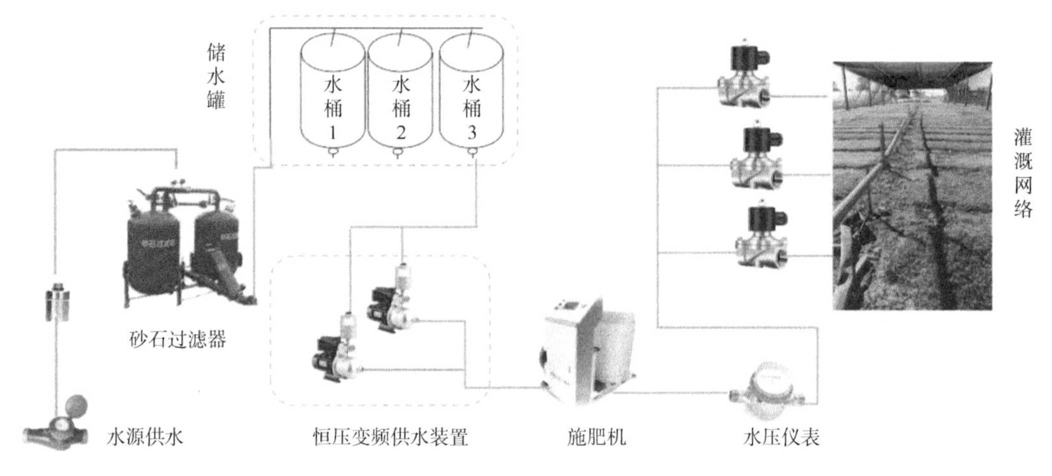

图 8-5　水肥一体化技术示意图

2）微灌施肥系统选择：微灌施肥系统应当根据地形、水源、作物种类、种植面积进行选择。

3）肥料的选择：微灌施肥系统施用的底肥包括多种化肥和有机肥。在追肥方面，宜依据作物需肥特点，可选择符合行业标准或国家标准的作物专用尿素、冲施肥、氯化铵、碳酸氢铵、硫酸钾、硫酸铵、氯化钾、磷酸二氢钾等可溶性肥料，应当注意微灌追肥的肥料品种必须是可溶性肥料。

4）施肥制度：由于微灌施肥技术和传统施肥技术存在显著的差别，微灌施肥的用肥量为常规施肥的 50%～60%。整地前施入底肥，追肥次数和数量则按照不同作物生长期的需肥特性而确定，实施微灌施肥可使肥料利用率提高 40%～50%。

5）微灌制度：保护地微灌施肥的灌溉用水定额应比大棚畦灌减少 30%～40%；露地微灌施肥的灌溉用水定额应比大水漫灌减少 50%。灌溉用水定额确定后，灌水时期、次数和每次的灌水量应当依据降水情况、作物需水规律及土壤墒情而定。

6）微灌施肥操作：微灌施肥的程序有一定的先后顺序。先用清水进行湿润，再灌溉肥液，最后还要用不含肥的清水清洗灌溉系统。施肥时要掌握剂量，控制施肥量，以灌溉流量的 0.1%左右作为注入肥液的浓度为宜，过量施用可能会使作物致死及环境污染。施肥过程中，注意必要时要分离，固态肥料需要与水充分混合搅拌成液态肥，确保肥料溶解与混匀，而施用液态肥料时也要搅动或混匀，避免出现沉淀堵塞出水口等问题。

7）配套技术：为挖掘生产潜能、充分发挥节水节肥优势，应用生态调控、优良品种、病虫害绿色防控、二氧化碳施肥、生物反应堆、膜下滴灌、土壤消毒等新技术，作为水肥一体化技术实施的配套技术，从而有效改善作物品质、提高作物产量、增加经济效益。

8.5　农村人居环境整治技术

改善农村人居环境，是实施乡村振兴战略的重点任务，也是小流域综合治理重要的落脚点，对于小流域生态环境整体改善和农业农村高质量发展具有重要意义。

小流域农村人居环境整治改善目标为：农村卫生厕所普及率稳步提高，厕所粪污基本得到有效处理；农村生活污水治理率不断提升，乱倒乱排得到管控；农村生活垃圾无害化处理水平明显提升，有条件的村庄实现生活垃圾分类、源头减量；农村人居环境治理水平显著提升，长效管护机制基本建立。

8.5.1 农村厕所革命

逐步普及农村卫生厕所，新改户用卫生厕所基本入院，有条件的地区要积极推动厕所入室，新建农房应配套设计建设卫生厕所及粪污处理设施设备；推动农村户厕改造；合理规划布局农村公共厕所，加快建设乡村景区旅游厕所，落实公共厕所管护责任，强化日常卫生保洁。户厕改造主要技术模式包括以下几种。

（1）农村集中下水道收集户厕

农村集中下水道收集户厕基本结构由厕屋、卫生洁具、户用化粪池等部分组成，经排水管将厕所污水排入污水收集管网。厕屋若基于原有房屋改造，应保留房屋主体结构，不应破坏房屋原有基础。厕屋基础埋深不应小于冻土层厚度；砖砌化粪池要做好防水防腐处理，保证池体整体及相邻间隔不渗漏。避免厕坑积水施工，化粪池回填时，应选择素土回填。

此种改造模式适用于经济条件较好、居住密度较大的城市近郊区、集镇等地区，已经建设集中污水处理设施的村庄优先考虑。

（2）三格式户厕

三格式户厕基本结构由三格化粪池和独立的厕屋及便器、排气管组成。

厕屋应有门、照明、通风及防蚊蝇等设施，地面应进行硬化和防滑处理，墙面及地面应平整；净面积不应小于 1.2m^2；独立式厕屋净高不应小于 2m，地面应高出室外地面 100mm 以上，在寒冷和严寒地区厕屋应采取保温措施；附建式厕屋应具备通向室外的通风设施。坐便器或蹲便器应合理选用，冲水量和水压应满足冲便要求，宜采用微水冲等节水型便器；便器排便孔或化粪池进粪管末端应采取防臭措施。

三格化粪池：第一池、第二池、第三池的容积比宜为 2∶1∶3，粪便平均停留时间分别应不少于 20d、10d、30d；过粪管应内壁光滑，内径应不小于 100mm，设置成“I”形或倒“L”形；连接第一池至第二池的过粪管入口距池底高度应为有效容积高度的 1/3，过粪管上沿距池顶宜大于 100mm，第二池至第三池的过粪管入口距池底高度应为有效容积高度的 1/2，过粪管上沿距池顶宜大于 100mm；两个过粪管应交错设置。

此种改造模式适用范围广，大部分地区可以使用，寒冷地区应增加防冻保温措施。对于供水保障充分的村庄，优先推荐选择应用。

（3）双瓮（双格）式户厕

双瓮（双格）式户厕基本结构由厕屋、便器、排气管、瓮形贮粪池等组成。

前后瓮的瓮体大小、形状一致，瓮体中部内径不小于 900mm，瓮体上口内径不应小于 360mm，瓮体底部内径不小于 450mm，瓮深不小于 1650mm，有效容积不小于 $1.5m^3$。后瓮的上口应高出地坪 100mm 以上，并密闭加盖。进粪管及过粪管可采用塑料、水泥等管件，要求内壁光滑，管内径为 100mm，长度可根据实际需要而定。采用节水型便器或节水型高压水冲装置。

此种改造模式在寒冷地区应采取深埋等防冻保温措施，施工要求高，容易出现瓮体沉陷等，从而导致过粪管脱落、渗漏等问题。

（4）粪尿分集式户厕

粪尿分集式户厕基本结构由厕屋、粪尿分集式便器、贮粪池、贮存尿池等组成。

便器首选粪尿分集式便器，便器分别有粪、尿两个收集口。在寒冷和严寒地区，室外户厕便器排尿口内径应不小于 50mm，在潮湿闷热地区排尿口内径宜为 30mm；排粪口内径宜为 160～180mm；便器长度宜为 500mm。尿收集管应与排尿口器紧密相接，可选用塑料、陶瓷等管材，寒冷地区的管材直径应不小于 100mm。贮尿池容积约为 $0.5m^3$，应建于阳光非直射面，并在冰冻线以下。贮粪池应依据地下水位的高低选择建于地上、地下或半地上。

此种改造模式适用于干旱缺水地区、寒冷地区。

（5）沼气池式户厕

沼气池式户厕基本结构主要由户用沼气池、厕所组成。

要与用户原有沼气池相结合进行卫生厕所改造，不建议新建沼气池式户厕。沼气池的进粪口与出粪口应有盖板，粪便不应暴露。厕屋应有门、照明、通风及防蚊蝇等设施，地面应进行硬化和防滑处理，墙面及地面应平整；净面积不应小于 $1.2m^2$；独立式厕屋净高不应小于 2m，地面应高出室外地面 100mm 以上，在寒冷和严寒地区厕屋应采取保温措施；附建式厕屋应具备通向室外的通风设施。

此种改造模式适用于气候温暖地区，对原有户用沼气池进行改造。

（6）双坑交替式户厕

双坑交替式户厕基本结构由厕屋、带蹲口或便器的贮粪坑及排气管组成。

由于屋内设置两个蹲位，厕屋面积宜在其他类型基础上增加至 $2.0m^2$。贮粪坑应建于地平面上，由两个互不相通，但结构完全相同的方形厕坑组成。两坑轮换交替使用，一坑使用时另一坑为粪便封存坑。在每个厕坑上部预制板上设置一个长方形蹲口，也可以设置为直排便器结构。两个蹲口分别设有盖板，一个是长时间封闭厕坑的固定盖板，另一个是方便如厕的活动盖板。活动盖板有手柄，宜为木制或塑料等材质；固定盖板可采用混凝土板、厚木板等制成。

此种改造模式适用于干旱缺水和寒冷地区。

（7）粪污集中处理式户厕

对原有户用旱厕的贮粪池进行防渗漏检测或防渗漏改造并封闭，对厕屋进行卫生化改造，增加完善卫生洁具，安装便器及贮粪池通风管，配套建设粪污集中运输、处理设备、设施。

原有户厕主体结构不满足规范要求的部分，进行门窗、照明、通风、排臭等工程改造及设备配套；新建户厕的厕屋可采用粉煤灰砖、石材、混凝土或彩钢保温板结构。地面宜使用 100～120mm 厚的钢筋混凝土板密封，地面可选择水泥、防滑地板砖或其他便于清洁的材料；墙面或顶面表面材料应选择宜保持整洁干净卫生的材料。便器排便孔、贮粪池进粪管末端应采取防臭措施。

化粪池应与村内畜禽粪污处理设施统一规划设计，应结合农村户厕使用实际，科学测算粪污量，合理布局建设，防止出现设施建成后闲置、利用率不高的问题；户厕距离地下取水构筑物不得小于 30m；池外壁距建筑物外墙不宜小于 5m，且不得影响其他建筑物的安全；均应设置通气管，及时排出有害气体；化粪池必须设置安全警示标识或安全警示语；化粪池最高液面应在冻土层以下。化粪池有效容积可参考表 8-1 选取。

表 8-1　化粪池有效容积选用参考表

		化粪池服务人数（人）			
		300	500	800	1000
有效容积（m^3）	清掏周期 60d	151	252	403	504
	清掏周期 90d	226	378	604	756
	清掏周期 180d	453	756	1209	1512

此种改造模式适用于供水保障有困难、干旱缺水的村庄。

以上户厕改造技术模式应至少经过一个周期试点试验，成熟后再逐步推广。严格执行标准，把标准贯穿于农村改厕全过程，科学选择改厕技术模式，宜水则水、宜旱则旱。此外，加强厕所粪污无害化处理与资源化利用。加强农村厕所革命与生活污水治理有机衔接，因地制宜地推进厕所粪污分散处理、集中处理与纳入污水管网统一处理。积极推进农村厕所粪污资源化利用，统筹使用畜禽粪污资源化利用设施设备，逐步推动厕所粪污就地就农消纳、综合利用。

8.5.2　农村生活污水治理

农村生活污水造成的环境污染不仅是农村水源地潜在的安全隐患，还会加剧淡水资源的危机，使耕地灌溉得不到有效保障，危害农民的生存发展。因此，加强农村生活污水收集、处理与资源化设施建设，避免因生活污水直接排放而引起的流域水体、土壤和农产品污染，确保小流域农村水源的安全和农民身心健康，是新农村建设中加强基础设施建设、推进村庄整治工作的重要内容，也是农村人居环境改善迫切需要解决的问题。

农村污水的主要特点，一是主要为生活污水和以农产品为原料的加工污水的混合体，基本上不含重金属和有毒有害物质，含有一定量的氮和磷，可生化性好，但水质水量变化较大；二是黄土高原地区人口居住分散，大部分没有排水管网，污水集中收集处理难度较大。

（1）厌氧沼气池处理技术

在我国农村生活污水处理的实践中，最通用、节俭、能够体现环境效益与社会效益的生活污水处理方式是厌氧沼气池。它将污水处理与其合理利用有机结合，实现了污水的资源化。污水中的大部分有机物经厌氧发酵后产生沼气，发酵后的污水被去除了大部分有机物，达到了净化目的；产生的沼气可作为浴室和家庭炊用能源；厌氧发酵处理后的污水可用作浇灌用水和观赏用水。农村有大量可以生产沼气的原材料，包括农作物秸秆和人畜粪便等。研究表明，农作物秸秆通过沼气发酵可以使其能量利用效率比直接燃烧提高 4～5 倍；沼液、沼渣用作饲料可以使其营养物质和能量的利用率增加 20%；经过厌氧发酵的粪便（沼液、沼渣），碳、磷、钾的营养成分没有损失，并且转化为可直接利用的活性态养分农田施用沼肥，可替代部分化肥。沼气池工艺简单，成本低，运行费用基本为零，适合农民家庭采用。此外，结合农村改厨、改厕和改圈，可将猪舍污水和生活污水在沼气池中进行厌氧发酵后作为农田肥料，沼液经管网收集后，集中净化出水水质，达到国家标准后排放。

沼气池和生活污水厌氧净化池可有效解决人畜粪便、生活污水、垃圾污染等农村环境难题，呈现家园清洁和村容整洁的新面貌。

（2）稳定塘处理技术

在我国缺水干旱地区，稳定塘是实施污水资源化利用的有效方法，近年来成为我国着力推广的一项技术。与传统的二级生物处理技术相比，高效藻类塘具有很多独特的性质，对于土地资源相对丰富，但技术水平相对落后的农村地区来说是一种较具推广价值的污水处理技术。

（3）人工湿地处理技术

人工湿地处理是在一定长宽比及底面坡降的洼地中，由土壤和按一定坡度充填的一定级别的填料（如砾石、碎石等）混合组成填料床，并在床体表面种植具有处理性能好、成活率高、抗水性能强、生长周期长、美观且具有经济价值的水生植物（如芦苇、香蒲等），它们与在水中、填料中生存的动物、微生物形成独特的动植物生态环境，当污水流经床体表面和床体填料缝隙时，通过过滤、吸附、沉淀、离子交换、植物吸收和微生物分解等实现对污水的净化处理，是一种具有良好选择性的生活污水处理系统。此项污水处理技术应用到农村污水处理中能取得较好的效果。

（4）土壤渗滤技术

土壤渗滤处理系统利用自然系统的净化功能，将污水有控制地投配到土层中，通过土壤-植物系统生物、化学、物理的吸附、固定作用，对污水资源及 N、P 等营养元素再利用，对污水中可降解的污染物进行净化，将复杂的有机污染物变成可利用的简单有机物，从有害到无害，防止食物链和地下水的污染。同时，将污水净化，可以再利用。地下渗滤处理系统具有不影响地面景观和基建、运行管理费用低、氮磷去除能力强、处理出水水质好、可用于污水回用等特点。

分区分类推进农村生活污水治理，以资源化利用、可持续治理为导向，选择符合农村实际的生活污水治理技术，优先推广运行费用低、管护简便的治理技术，鼓励居住分散地区探索采用人工湿地、土壤渗滤等生态处理技术，积极推进农村生活污水资源化利用。此外，要加强农村黑臭水体治理，采取控源截污、清淤疏浚、生态修复、水体净化等措施综合治理，基本消除较大面积的黑臭水体。

8.5.3 农村生活垃圾处理

就农村垃圾整治工作而言，基础设施建设情况无法支持大范围施工变化，农村住宅周围建设可用面积较小。所以，进行农村生活垃圾整治时，对于已有规模的垃圾堆整治，要事先进行调查及成分分析，明确其垃圾成因后，选择相对应的治理方案进行环境修复。农村生活垃圾处理应从两个方面着手，一是健全生活垃圾收运处置体系，根据当地实际，统筹县、乡、村三级设施建设和服务，完善农村生活垃圾收集、转运、处置设施和模式，因地制宜地采用小型化、分散化的无害化处理方式，降低收集、转运、处置设施建设和运行成本，构建稳定运行的长效机制，加强日常监督，不断提高运行管理水平；二是推进农村生活垃圾分类减量与利用，加快推进农村生活垃圾源头分类减量，积极探索符合农村特点和农民习惯、简便易行的分类处理模式，降低垃圾出村处理量，有条件的地区基本实现农村可回收垃圾资源化利用、易腐烂垃圾和煤渣灰土就地就近消纳、有毒有害垃圾单独收集储存和处置、其他垃圾无害化处理。协同推进农村有机生活垃圾、厕所粪污、农业生产有机废弃物资源化处理利用，以乡（镇）或行政村为单位建设一批区域农村有机废弃物综合处置利用设施，就地就近就农处理和资源化利用。扩大农村再生资源回收利用网络服务覆盖面，积极推动再生资源回收利用网络与环卫清运网络合作融合；协同推进废旧农膜、农药肥料包装废弃物回收处理；积极探索农村建筑垃圾等就地就近消纳方式，鼓励用于村内道路、入户路、景观等建设。

参 考 文 献

毕华兴, 李笑吟, 李俊, 等. 2007. 黄土区基于土壤水平衡的林草覆被率研究. 林业科学, 43(4): 17-23.

曹全意. 1998. 黄土高原地区可持续发展的探讨. 干旱区研究, (1): 87-89.

陈广锋, 杜森, 江荣风, 等. 2013. 我国水肥一体化技术应用及研究现状. 中国农技推广, 29(5): 39-41.

陈祥, 梁芳, 盛奎川, 等. 2012. 沼气净化提纯制取生物甲烷技术发展现状. 农业工程, (7): 38-42.

陈怡平, 傅伯杰. 2019. 关于黄河流域生态文明建设的思考. 中国科学报, 2019-12-20(6).

党维勤. 2013. 黄土高原综合治理小流域可持续探讨. 中国水土保持科学, 5(4): 85-89.

杜怀玉. 2008. 基于 GIS 的张掖市水土资源空间匹配格局及承载力研究. 西北师范大学硕士学位论文.

杜祥运, 梁永哲, 夏振尧, 等. 2017. 碎石土坡地不同植被配置下的养分流失途径. 水土保持学报, 31(1): 61-67.

方卉, 赵剑斐, 彭道平, 等. 2019. 秸秆混合厌氧发酵研究进展. 四川环境, (3): 187-192.

高远修. 2015. 浅谈乡村景观建设. 西北农林科技大学硕士学位论文.

耿艳辉, 闵庆文, 成升魁. 2007. 流域水土资源优化配置的几种方法比较. 资源科学, 29(2): 188-193.

郭海强. 2016. 农村生活垃圾污染现状及对策探讨. 能源与节能, (6): 110-111.

郭艳. 2016. 面向生态系统服务的水土资源优化配置研究——以郑州市为例. 郑州大学博士学位论文.
胡自治. 1995. 世界人工草地及其分类现状. 国外畜牧学: 草原与牧草, (2): 1-8.
康玲玲, 王云璋, 王霞, 等. 2001. 黄土高原沟壑区水土保持综合治理关键措施与组合研究. 水土保持学报, (4): 59-62.
孔令桥, 郑华, 欧阳志云. 2019. 基于生态系统服务视角的山水林田湖草生态保护与修复——以洞庭湖流域为例. 生态学报, 39(23): 8903-8910.
李阜憬, 董卫民, 王增法, 等. 1995. 低山丘陵地区林草结合立体开发模式调查浅析. 草业科学, 12(6): 68-70.
李茂权, 朱帮忠, 赵飞, 等. 2011. “水肥一体化”技术试验示范与应用展望. 安徽农学通报, 17(7): 100-101.
李生宝. 2002. 宁夏南部山区生态农业建设技术研究. 银川: 宁夏人民出版社: 275-329.
李宗善, 杨磊, 王国梁, 等. 2019. 黄土高原水土流失治理现状、问题及对策. 生态学报, 39(20): 7398-7409.
刘国彬, 上官周平, 姚文艺, 等. 2017. 黄土高原生态工程的生态成效. 中国科学院院刊, (1): 11-19.
刘国彬, 杨勤科, 郑粉莉. 2004. 黄土高原小流域治理与生态建设. 中国水土保持科学, 2(1): 11-15.
刘晶, 鲍振鑫, 刘翠善, 等. 2019. 国内外区域水土资源匹配研究综述. 华北水利水电大学学报(自然科学版), 40(6): 20-24, 74.
刘利年. 2004. 黄土高原小流域水土流失综合治理研究. 长安大学博士学位论文.
刘世梁, 董玉红, 孙永秀, 等. 2019. 基于生态系统服务提升的山水林田湖草优先区分析——以贵州省为例. 生态学报, 39(23): 8957-8965.
刘威尔, 宇振荣. 2016. 山水林田湖生命共同体生态保护和修复. 国土资源情报, (10): 37-39, 15.
刘宇宁, 寇涛. 2021. 黄土高原水土保持生态系统管理与服务功能成效研究. 黑龙江粮食, (9): 101-102.
栾福超, 张郁, 刘岳琪. 2018. 水足迹视角下三江平原地区农业水土资源配置效率研究. 中国农业资源与区划, 39(4): 30-35, 82.
罗鑫勋. 2021. 分散式农村生活污水处理技术现状与问题研究. 节能环保, 25(2): 25-26.
蒙吉军, 燕群, 向芸芸. 2014. 鄂尔多斯土地利用生态安全格局优化及方案评价. 中国沙漠, 34(2): 590-596.
庞强强, 蔡兴来, 周曼, 等. 2018. 微生物菌肥对设施白菜生长、品质和土壤酶活性的影响. 热带农业科学, (4): 20-23.
任杨俊, 赵光耀, 李建牢, 等. 2001. 黄土丘陵沟壑区(III)山坡地林草植被配置模式研究. 水土保持学报, 15(6): 78-80.
上官周平, 王飞, 昝林森, 等. 2020. 生态农业在黄土高原生态保护和农业高质量协同发展中的作用及其发展途径. 水土保持通报, 40(4): 335-339.
苏冰倩, 王茵茵, 上官周平. 2017. 西北地区食物结构及其安全现状评估. 水土保持研究, 24(6): 354-359.
谭勇, 王长如, 梁宗锁, 等. 2006. 黄土高原半干旱区林草植被建设措施. 草业学报, 15(4): 4-11.
童芳, 赵静, 金菊良, 等. 2017. 区域水土资源联合优化配置理论框架体系探讨. 人民黄河, 39(7): 92-95.
王晶, 冯伟, 杨伟超, 等. 2018. 黄土高原区和南方红壤区小流域综合治理成本研究. 中国水土保持, (10): 4-7.
王秋梅, 付强, 孙楠, 等. 2010. 区域水土资源优化配置的研究现状及存在问题分析. 水资源与水工程学报, 21(2): 68-71.
王雅舒, 李小雁, 石芳忠, 等. 2019. 退耕还林还草工程加剧黄土高原退耕区蒸散发. 科学通报, 64(Z1): 588-599.
王长胜. 2021. 不同区域农村生活污水处理技术层次分析——以新疆维吾尔自治区为例. 环境影响评价, 43(2): 61-65.

吴建军, 李全胜, 严力蛟. 1996. 幼龄桔园间作牧草的土壤生态效应及其对桔树生长的影响. 生态学杂志, 15(4): 10-14.
武思宏, 朱清科, 余新晓, 等. 2008. 晋西黄土区主要造林树种合理林分密度计算与分析. 水土保持研究, 15(1): 83-86.
夏纯迅. 2021. 西洞庭湖地区农村生活垃圾的处理与利用研究. 环境科学与管理, 46(6): 87-90.
姚青, 朱红惠, 陈杰忠. 2004. 果园杜花草刈割处理对其与柑橘养分竞争的影响. 园艺学报, (1): 11-15.
余新晓, 张晓明, 武思宏, 等. 2006. 黄土区林草植被与降水对坡面径流和侵蚀产沙的影响. 山地学报, 24(1): 19-26.
袁和第. 2020. 黄土丘陵沟壑区典型小流域水土流失治理技术模式研究. 北京林业大学硕士学位论文.
袁和第, 信忠保, 侯健, 等. 2021. 黄土高原丘陵沟壑区典型小流域水土流失治理模式. 生态学报, 41(16): 6398-6416.
岳德鹏, 于强, 张启斌, 等. 2017. 区域生态安全格局优化研究进展. 农业机械学报, 48(2): 1-10.
张雪松, 朱建良. 2004. 秸秆的利用与深加工. 化工时刊, 18(5): 1-5.
赵东晓, 蔡建勤, 土小宁, 等. 2020. 黄土高原水土保持植被建设问题及建议. 中国水土保持, (5): 7-9, 19.
赵粉侠, 李根前. 1996. 林草复合系统研究现状. 西北林学院学报, 11(4): 81-86.
赵玲, 王聪, 田萌萌, 等. 2015. 秸秆与畜禽粪便混合厌氧发酵产沼气特性研究. 中国沼气, 33(5): 35-40.
赵燕昊, 彭星木, 张鲲. 2022. 桐庐县作物秸秆、畜禽粪污加工生产有机肥模式分析. 浙江农业科学, 63(1): 186-188.
郑向群, 陈明. 2015. 我国美丽乡村建设的理论框架与模式设计. 农业资源与环境学报, 32(2): 106-115.
朱晓琳. 2020. 浅析微生物制剂对农业土壤改良的作用. 实用技术, (2): 81.
朱永光, 杨柳, 张火云, 等. 2004. 微生物菌剂的研究与开发现状. 四川环境, 23(3): 5-8
祝虹钰, 刘闯, 李蓬勃, 等. 2017. 微生物菌剂的应用及其研究进展. 湖北农业科学, 56(5): 805-808.
邹长新, 王燕, 王文林, 等. 2018. 山水林田湖草系统原理与生态保护修复研究. 生态与农村环境学报, 34(11): 961-967.
Grover M, Ali S Z, Sandhya V, et al. 2011. Role of microorganisms in adaptation of agriculture crops to abiotic stresses. World Journal of Microbiology & Biotechnology, 27(5): 1231-1240.
Sierra J, Dulormne M, Desfontaines L. 2002. Soil nitrogen as affected by *Gliricidia sepium* in a silvopastoral system in Guadeloupe, French Antilles. Agroforestry Systems, 54(2): 87-97.
Veldkamp A, Fresco L O. 1996. CLUE: A conceptual model to study the conversion of land use and its effects. Ecological Modelling, 85(2): 253-270.
Wu M, Ren X Y, Che Y, et al. 2015. A coupled SD and CLUE-S model for exploring the impact of land use change on ecosystem service value: A case study in Baoshan District, Shanghai, China. Environmental Management, 56(2): 1-18.

第 9 章　变化背景下黄河水沙变化趋势与调控

9.1　黄河水沙特性及变化

9.1.1　水沙特性

（1）输沙量大，水流含沙量高，水沙关系不协调

黄河以泥沙多而闻名于世。在我国的大江大河中，黄河的流域面积仅次于长江而居第二位，但由于大部分地区处于半干旱和干旱地带，流域水资源极为贫乏，与流域面积很不相称。1956～2010 年黄河年均天然水量为 482.4 亿 m^3，1919～1959 年人类活动影响较小时期潼关站的年均输沙量为 15.92 亿 t，年均含沙量为 37.36kg/m^3。实测干流最大含沙量达 911kg/m^3（1977 年）。黄河的来水量不及长江的 1/20，而来沙量却为长江的 3 倍。世界多泥沙河流中（图 9-1），恒河年输沙量为 14.50 亿 t，与黄河相近，但年水量达 3710 亿 m^3，是黄河的 7 倍左右，而含沙量较低，只有 3.9kg/m^3，远小于黄河；科罗拉多河年均含沙量为 27.5kg/m^3，与黄河相近，而年输沙量仅有 1.35 亿 t。由此可见，黄河沙量之多，含沙量之高，在世界大江大河中是绝无仅有的。黄河水沙关系不协调，主要表现为干支流含沙量高和来沙系数（含沙量和流量之比）大，头道拐至龙门区间的来水含沙量高达 123kg/m^3，来沙系数高达 0.52kg·s/m^6，黄河支流渭河华县的来水含沙量达 50kg/m^3，来沙系数为 0.22kg·s/m^6。黄河干支流主要站区水沙特征值见表 9-1。

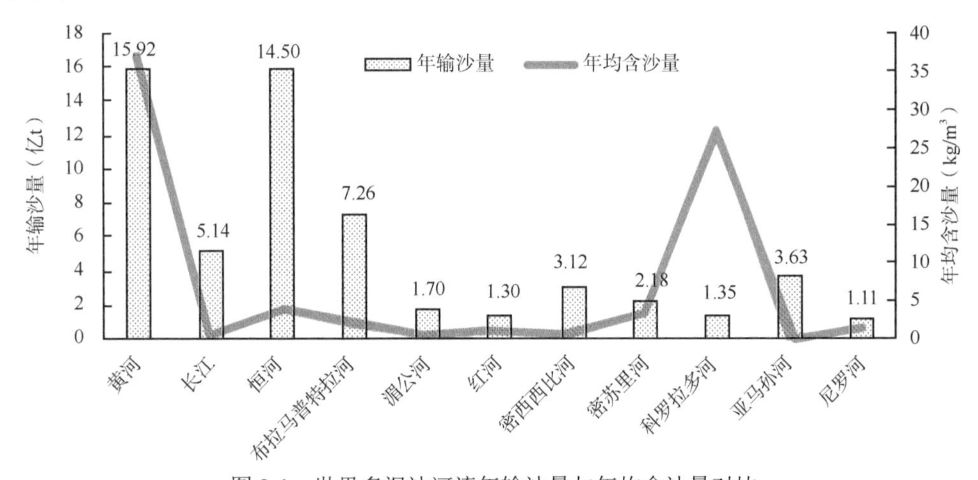

图 9-1　世界多泥沙河流年输沙量与年均含沙量对比

表 9-1　黄河主要站区水沙特征值统计表

站区		1919～1959 年									1956～2000 年天然水量（亿 m³）	1956～2010 年天然水量（亿 m³）
		水量（亿 m³）			沙量（亿 t）			含沙量（kg/m³）				
		7～10 月	11 月至次年 6 月	7 月至次年 6 月	7～10 月	11 月至次年 6 月	7 月至次年 6 月	7～10 月	11 月至次年 6 月	7 月至次年 6 月	1～12 月	1～12 月
上游	唐乃亥	111.4	74.1	185.5	0.05	0.02	0.07	0.46	0.22	0.37	205.1	200.6
	兰州	187.4	123.1	310.4	0.91	0.20	1.10	4.85	1.60	3.56	329.9	320.8
	下河沿	184.3	115.7	300.1	1.61	0.24	1.85	8.74	2.08	6.17	330.9	316.7
	头道拐	155.9	94.8	250.7	1.17	0.25	1.42	7.51	2.64	5.67	331.7	313.5
	湟水	29.4	18.5	47.9	0.20	0.03	0.24	6.80	1.6	5.0	49.5	49.9
	祖厉河	1.3	0.4	1.6	0.66	0.09	0.76	507.7	225.0	475.0	/	/
	宁蒙支流	4.1	2.5	6.6	0.43	0.03	0.46	104.90	12.50	70.10	/	/
中下游	龙门	196.7	128.7	325.4	9.35	1.25	10.60	47.53	9.73	32.58	379.1	352.5
	头龙区间	40.8	33.9	74.7	8.18	1.00	9.18	200.26	29.57	122.84	47.4	39.0
	渭洛汾河	64.4	37.7	102.1	5.20	0.41	5.61	80.71	10.97	54.94	108.4	90.6
	四站	261.1	166.5	427.6	14.54	1.67	16.21	55.71	10.02	37.92	487.5	443.1
	潼关	259.0	167.1	426.1	13.40	2.52	15.92	51.72	15.11	37.36	/	/
	三门峡	259.6	167.3	426.9	13.47	2.59	16.06	51.87	15.50	37.61	482.7	435.1
	伊洛沁河	32.5	16.9	49.4	0.34	0.03	0.37	10.36	1.89	7.46	41.3	40.3
	三黑武	292.1	184.2	476.3	13.80	2.62	16.43	47.25	14.25	34.49	524.0	475.4
	花园口	295.8	184.1	480.0	12.82	2.34	15.16	43.32	12.73	31.59	532.8	480.8
	利津	298.7	164.9	463.6	11.45	1.70	13.15	38.34	10.29	28.36	534.8	482.4

注：①表中数据经过了数值修约，存在舍入误差；②“头龙区间”是指头道拐至龙门区间；③“渭洛汾河”是指渭河、洛河、汾河之和；④“四站”是指黄河干流龙门站、渭河华县站、汾河河津站、北洛河状头站之和；⑤“伊洛沁河”是指伊洛河黑石关站、沁河武陟站之和；⑥“三黑武”是指黄河干流三门峡站、伊洛河黑石关站、沁河武陟站之和；⑦上游的宁蒙支流包括清水河、十大孔兑等，统计时段由于资料条件限制，上游支流均采用 1968 年以前的数据；⑧“/”表示无数据。

（2）地区分布不均，水沙异源

黄河流经不同的自然地理单元，流域地形、地貌和气候等条件差别很大，受其影响，黄河具有水沙异源的特点。黄河水量主要来自上游，而中游是黄河泥沙的主要来源区（图 9-2）。

上游头道拐以上流域面积为 38 万 km²，占全流域面积的 51%，天然年水量占全河的 62%，而年沙量仅占全河的 9%。上游径流又集中来源于流域面积仅占全河流域面积 18%的兰州以上，天然年水量占头道拐以上的 99%，是黄河水量的主要来源区，而上游兰州以下祖厉河、清水河、十大孔兑等支流来沙量及入黄风积沙量所占比例超过上游来沙量的 50%，因此上游水沙也是异源的。

中游头道拐至龙门区间（简称“头龙区间”）流域面积为 11 万 km²，占全流域面积的 15%，该区间有黄甫川、无定河、窟野河等众多支流汇入，天然年水量占全河的 9%，而年沙量却占全河的 56%，是黄河泥沙的主要来源区；龙门至三门峡区间（简称

“龙三区间”）流域面积为 19 万 km^2，该区间有渭河、泾河、汾河等支流汇入，天然年水量占全河的 19%，年沙量占全河的 33%，该区间部分地区也属于黄河泥沙的主要来源区。

三门峡以下的伊河、洛河和沁河是黄河的清水来源区之一，年水量占全河的 8%，年沙量仅占全河的 2%。

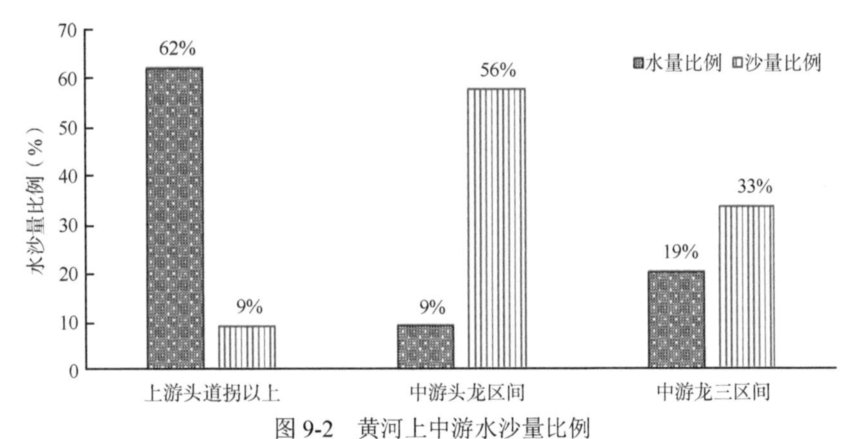

图 9-2　黄河上中游水沙量比例

“头龙区间”是指头道拐至龙门区间；“龙三区间”是指龙门至三门峡区间

（3）年内分配集中，年际变化大

黄河水沙年内分配集中，主要集中在汛期(以下如无特别说明，汛期均指 7～10 月)。天然情况下，黄河汛期水量占年水量的 60%左右，汛期沙量占年沙量的 80%以上（图 9-3），沙量集中程度更甚于水量，并且主要集中在暴雨洪水期，往往 5～10d 的沙量可占年沙量的 50%～90%，支流沙量的集中程度又甚于干流。例如，龙门站 1961 年最大 5d 沙量占年沙量的 33%；三门峡站 1933 年最大 5d 沙量占年沙量的 54%；支流窟野河 1966 年最大 5d 沙量占年沙量的 75%；西柳沟 1989 年最大 5d 沙量占年沙量的 99%。

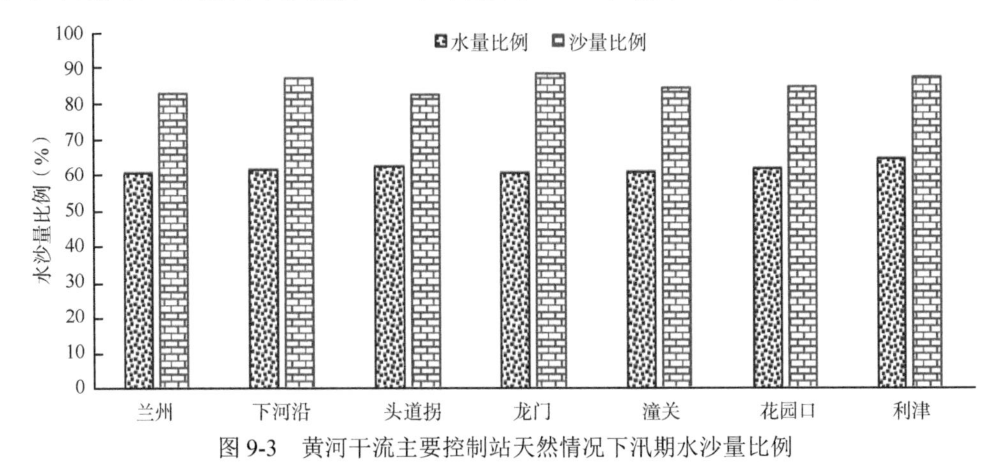

图 9-3　黄河干流主要控制站天然情况下汛期水沙量比例

黄河水沙年际变化大。以潼关站为例，实测年水量最大为 659.1 亿 m^3（1937 年），年水量最小仅为 120.3 亿 m^3（2002 年），丰枯极值比为 5.5；潼关站年沙量最大为 37.26

亿 t（1933 年），年沙量最小为 1.11 亿 t（2008 年），丰枯极值比为 33.57。径流丰枯交替出现，实测系列中出现过连续丰水段和连续枯水段，如黄河 1922～1932 年出现 11 年连续枯水段，潼关站该时段平均径流量仅占天然情况下长系列平均径流量的 70%。泥沙往往集中在几个大沙年份，20 世纪 80 年代以前，各年代 3 年最大沙量所占比例在 40%左右；1980 年以来，黄河来沙进入一个长时期枯沙时段，潼关站年沙量最大为 14.44 亿 t，多年平均沙量为 5.86 亿 t，但大沙年份所占比例依然较高，年来沙量大于 10 亿 t 的 1981 年、1988 年、1994 年和 1996 年 4 年沙量约占 1981～2019 年 39 年总沙量的 25%。

（4）不同地区泥沙颗粒组成不同

黄河上中游来沙组成中，头道拐站以上除流经沙漠地区的十大孔兑来沙和两岸入黄风沙的颗粒较粗外，其他地区的来沙颗粒相对较细，头道拐站泥沙中值粒径平均为 0.018mm；头道拐至龙门区间是黄河多沙、粗沙区，来沙颗粒粗，区间主要支流除昕水河、三川河的泥沙颗粒相对较细外，其他支流泥沙中值粒径多在 0.03mm 以上，龙门站泥沙中值粒径平均达 0.029mm；龙门站以下渭河来沙颗粒相对较细，华县站泥沙中值粒径与上游泥沙中值粒径比较接近，为 0.018mm（表 9-2）。

表 9-2　黄河上中游干支流泥沙颗粒组成统计表

站（河）名		分组泥沙沙重比例（%）			中值粒径（mm）
		＜0.025mm	0.025～0.05mm	＞0.05mm	
干流	兰州	61.9	21.1	17.0	0.017
	下河沿	62.5	21.8	15.7	0.017
	头道拐	59.5	21.6	18.9	0.018
	龙门	45.6	26.5	27.9	0.029
	潼关	52.2	26.5	21.3	0.023
支流	湟水	63.1	19.9	16.9	0.017
	祖厉河	44.7	23.6	31.7	0.029
	清水河	62.0	24.0	14.0	0.018
	黄甫川	35.9	14.8	49.3	0.041
	孤山川	41.6	20.9	37.5	0.033
	窟野河	34.1	15.0	50.9	0.045
	秃尾河	26.8	19.2	53.9	0.057
	三川河	53.2	26.7	20.0	0.023
	无定河	39.0	27.6	33.4	0.034
	清涧河	45.2	30.0	24.7	0.028
	昕水河	60.3	24.4	15.3	0.019
	延河	44.0	28.5	27.5	0.029
	渭河华县	62.2	25.1	12.7	0.018
	北洛河	48.8	33.2	18.0	0.026

注：考虑各支流已有资料情况，统计开始时间为 1966 年。表中数据经过了数值修约，存在舍入误差。

9.1.2　水沙变化

对黄河主要水文站实测水量、沙量资料的统计分析表明，由于气候降水及人类活动加剧的影响，黄河水沙量及其过程发生了显著变化。黄河上游的下河沿站是宁蒙河段干流的进口站，头道拐站是进入中游的控制站，也是宁蒙河段的出口控制站，潼关站是中游干流的重要代表站，以这些站点为主进行干流水沙变化分析。黄河主要干流控制站实测水量和沙量不同时段（水文年）对比见表 9-3。

表 9-3　黄河主要干流控制站实测水量和沙量不同时段（水文年）对比

		不同时段水量（亿 m^3）、沙量（亿 t）							不同时段对比（%）		
		1919～1959 年（①）	1950～1968 年	1969～1986 年	1987～1999 年（②）	2000～2017 年（③）	1987～2017 年（④）	1919～2017 年	②较①少	③较①少	④较①少
小川	水量	/	291.8	286.9	227.7	227.4	227.4	263.8	22	22	22
	沙量	/	0.82	0.16	0.2	0.07	0.13	0.14	76	91	84
下河沿	水量	300.1	336.4	318.3	250.8	261.2	256.8	296.3	16	13	14
	沙量	1.85	2.09	1.07	0.88	0.37	0.58	1.31	52	80	69
头道拐	水量	250.7	264	238.4	164.4	160.0	162.2	224.1	34	36	35
	沙量	1.42	1.75	1.1	0.45	0.40	0.42	1.10	68	72	70
龙门	水量	325.4	334	283.5	205.4	181.3	191.4	278.5	37	44	41
	沙量	10.6	11.67	6.99	5.31	1.42	3.05	7.66	50	87	71
潼关	水量	426.1	447.7	366.5	260.6	227.4	241.3	361.9	39	47	43
	沙量	15.92	15.86	10.85	8.07	2.54	4.86	11.38	49	84	69
利津	水量	/	499.1	312.1	148.2	166.2	158.9	292.5	70	67	68
	沙量	/	12.4	7.96	4.15	1.24	2.52	6.62	67	90	80

注：小川站和利津站资料统计始于 1950 年，利津站资料统计终于 2018 年；水文年为当年 7 月至次年 6 月，如水文年 2014 年是指 2014 年 7 月至 2015 年 6 月，下同；小川站和利津站的①利用 1950～1968 年代替。

（1）水沙量大幅度减少

黄河干流下河沿站、头道拐站、潼关站 1919～1959 年年均水量分别为 300.1 亿 m^3、250.7 亿 m^3、426.1 亿 m^3，1987～1999 年年均水量分别为 250.8 亿 m^3、164.4 亿 m^3、260.6 亿 m^3，与 1919～1959 年相比分别减少了 16%、34%、39%，2000 年以来黄河中下游水量继续减少（上游来水与 1987～1999 年基本相当），以上各站 2000～2017 年年均水量分别为 261.2 亿 m^3、160.0 亿 m^3、227.4 亿 m^3，与 1919～1959 年相比分别减少了 13%、36%、47%。

与水量变化趋势基本一致，沙量也大幅度减少。下河沿站、头道拐站、潼关站 1919～1959 年年均沙量分别为 1.85 亿 t、1.42 亿 t、15.92 亿 t，1987～1999 年年均沙量分别减至 0.88 亿 t、0.45 亿 t、8.07 亿 t，与 1919～1959 年相比分别减少了 52%、68%、49%，2000 年以来黄河沙量尤其是中游沙量大幅度减少，2000～2017 年潼关站年均沙量为 2.54 亿 t，与 1919～1959 年相比减少了 84%，为历史上实测最枯沙时段。

（2）水沙量减少程度在空间上分布不均

近期黄河泥沙减少主要集中在中游尤其是头道拐至龙门区间。潼关站沙量由1919～1959年年均15.92亿t减少到1987～2017年的4.86亿t，年均减少的11.06亿t泥沙中，头道拐至龙门区间减少了6.55亿t，占59.22%；龙门至潼关区间减少了3.51亿t，占31.74%；头道拐以上减少了1.00亿t，仅占9.04%，见图9-4。

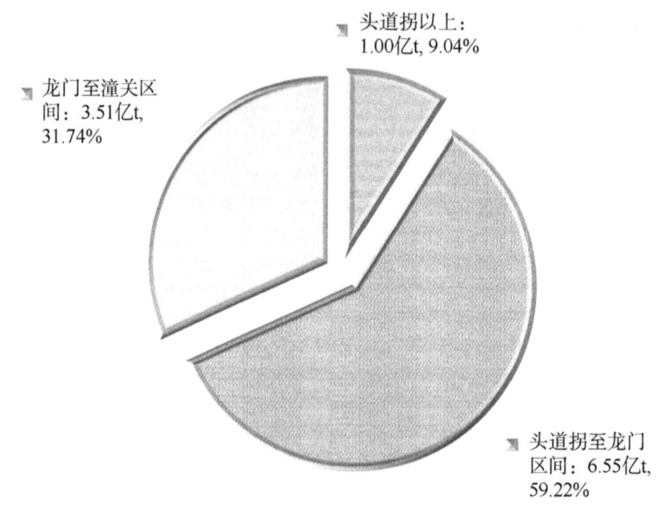

图9-4　1987～2017年与1919～1959年相比黄河沙量减少的区间分布

黄河水量减少和沙量减少的空间分布有所不同，黄河水量减少主要集中在头道拐以上。与1919～1959年相比，1987～2017年潼关站减少的184.8亿m^3水量中，头道拐以上减少了88.5亿m^3，占47.89%；头道拐至龙门区间减少了45.5亿m^3，占24.62%；龙门至潼关区间减少了50.8亿m^3，占27.49%，见图9-5。

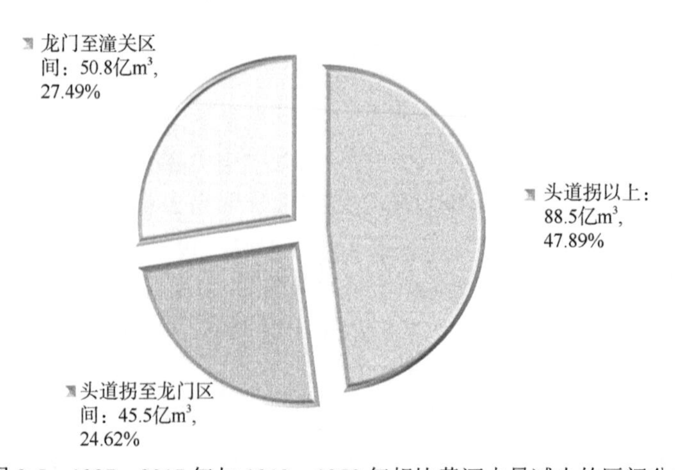

图9-5　1987～2017年与1919～1959年相比黄河水量减少的区间分布

（3）水量年内分配比例发生变化，汛期比例下降

水量年内分配比例发生变化，汛期比例下降，非汛期比例上升，年内水量月分配趋于均匀。

图 9-6 给出了黄河干流主要控制站不同时期汛期水量比例变化，可以看出，黄河干流花园口站以上，1950～1968 年汛期水量一般可占年水量的 60%左右，1968 年刘家峡水库建成后，汛期水量比例开始降低，1986 年龙羊峡水库运用以后，汛期水量比例进一步降低，普遍降到了 47%以下，多数在 40%左右，并且最大月水量与最小月水量比值也逐步缩小。2000 年小浪底水库投入运用以来，下游花园口站汛期水量比例仅为 38.3%，考虑小浪底水库调节的影响，6～10 月水量比例为 52.5%，与 1987～1999 年这一时段基本相同。

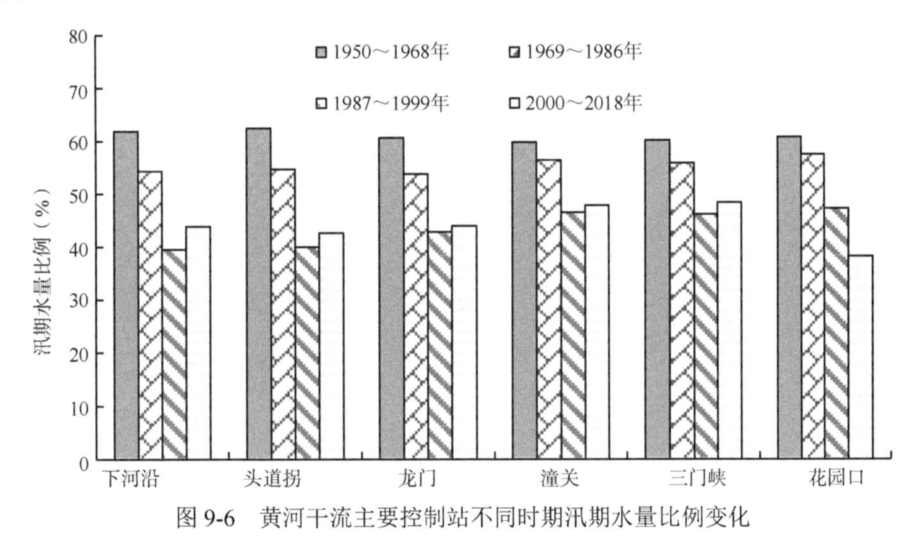

图 9-6　黄河干流主要控制站不同时期汛期水量比例变化

（4）汛期有利于输沙塑槽的大流量历时明显缩短，相应水沙量比例降低

黄河不但径流量、泥沙量大大减少，而且水沙过程也发生了很大变化，汛期有利于输沙的大流量历时明显缩短、水量明显减少。

黄河中游潼关站 1960～1968 年汛期日均流量大于 2000m^3/s 的天数为 78.3d，占汛期的比例为 63.7%，相应水量为 229.86 亿 m^3、沙量为 10.47 亿 t，相应水沙量占汛期的比例分别为 81.9%、85.4%；1969～1986 年汛期日均流量大于 2000m^3/s 的天数减少至 47.4d，占汛期的比例为 38.5%，相应水量为 129.86 亿 m^3、沙量为 6.44 亿 t，相应水沙量占汛期的比例分别为 63.3%、71.1%；1986 年以后，大流量出现天数减少更加明显，1987～1999 年汛期流量大于 2000m^3/s 的天数为 15.1d，占汛期的比例为 12.3%，相应水量为 36.48 亿 m^3、沙量为 3.19 亿 t，相应水沙量占汛期的比例分别为 30.5%、52.1%；2000～2018 年汛期流量大于 2000m^3/s 的天数为 14.2d，占汛期的比例为 11.6%，相应水量为 34.10 亿 m^3、沙量为 0.71 亿 t，相应水沙量占汛期的比例分别为 30.1%、37.5%。潼关站不同时期汛期不同流量级、2000m^3/s 以上流量级水沙特征值分别见表 9-4、图 9-7。

表 9-4 潼关站不同时期汛期（7～10 月）不同流量级水沙特征值

时段（日历年）	流量级（m^3/s）	天数（d）	水量（亿 m^3）	沙量（亿 t）	出现概率（%）	水量比例（%）	沙量比例（%）
1960～1968 年	0～1000	11.3	6.54	0.18	9.2	2.3	1.5
	1000～2000	33.4	44.14	1.61	27.2	15.7	13.1
	2000～3000	33.8	73.04	2.88	27.5	26.0	23.5
	＞3000	44.5	156.82	7.59	36.2	55.9	61.9
	合计	123.0	280.54	12.26	100.0	100.0	100.0
	＞2000	78.3	229.86	10.47	63.7	81.9	85.4
1969～1986 年	0～1000	30.1	17.80	0.51	24.5	8.7	5.6
	1000～2000	45.5	57.56	2.11	37.0	28.0	23.3
	2000～3000	24.9	52.31	2.34	20.2	25.5	25.8
	＞3000	22.5	77.55	4.10	18.3	37.8	45.3
	合计	123.0	205.22	9.06	100.0	100.0	100.0
	＞2000	47.4	129.86	6.44	38.5	63.3	71.1
1987～1999 年	0～1000	66.5	32.67	0.62	54.1	27.4	10.1
	1000～2000	41.4	50.27	2.31	33.7	42.1	37.7
	2000～3000	10.7	22.36	1.63	8.7	18.7	26.6
	＞3000	4.4	14.12	1.56	3.6	11.8	25.5
	合计	123.0	119.42	6.12	100.0	100.0	100.0
	＞2000	15.1	36.48	3.19	12.3	30.5	52.1
2000～2018 年	0～1000	71.9	35.50	0.50	58.4	31.4	26.3
	1000～2000	36.9	43.53	0.69	30.0	38.5	36.2
	2000～3000	9.7	20.27	0.47	7.9	17.9	24.6
	＞3000	4.5	13.83	0.24	3.7	12.2	12.9
	合计	123.0	113.13	1.90	100.0	100.0	100.0
	＞2000	14.2	34.10	0.71	11.6	30.1	37.5

注：表中数据经过了数值修约，存在舍入误差。

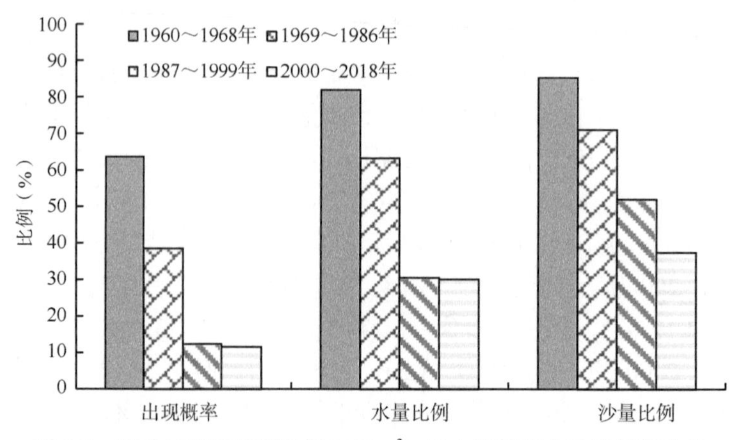

图 9-7 潼关站不同时期汛期 $2000m^3/s$ 以上流量级水沙特征值分析

黄河上游下河沿站 1951～1968 年汛期日均流量大于 $2000m^3/s$ 的天数为 54.0d，占汛期的比例为43.9%，相应水量为128.67亿m^3、沙量为1.18亿t，相应水沙量占汛期的比例分别为61.4%、68.9%；1969～1986年汛期日均流量大于2000m^3/s的天数减少至30.5d，占汛期的比例为24.8%，相应水量为75.79亿m^3、沙量为0.37亿t，相应水沙量占汛期的比例分别为44.8%、40.9%；1986年以后，大流量出现天数减少更加明显，1987～1999年汛期流量大于2000m^3/s的天数为4.2d（主要集中在1989年），占汛期的比例为3.4%，相应水量为10.09亿m^3、沙量为0.05亿t，相应水沙量占汛期的比例分别为9.6%、7.9%；2000～2018年汛期流量大于2000m^3/s的天数为6.1d，占汛期的比例为5.0%，相应水量为14.06亿m^3、沙量为0.06亿t，相应水沙量占汛期的比例分别为11.9%、18.2%（表9-5）。下河沿站不同时期不同流量级、2000m^3/s以上流量级水沙特征值分别见表9-6、图9-8。

表9-5　下河沿站不同时期汛期（7～10月）不同流量级水沙特征值

时段（日历年）	流量级（m^3/s）	天数（d）	水量（亿m^3）	沙量（亿t）	出现概率（%）	水量比例（%）	沙量比例（%）
1951～1968年	0～1000	14.2	9.93	0.03	11.5	4.7	1.8
	1000～2000	54.8	70.88	0.50	44.6	33.8	29.3
	2000～3000	39.6	83.08	0.85	32.2	39.7	49.8
	＞3000	14.4	45.59	0.33	11.7	21.8	19.1
	合计	123.0	209.47	1.71	100.0	100.0	100.0
	＞2000	54.0	128.67	1.18	43.9	61.4	68.9
1969～1986年	0～1000	31.8	21.88	0.09	25.8	12.9	9.9
	1000～2000	60.7	71.42	0.44	49.4	42.2	49.2
	2000～3000	20.1	42.82	0.20	16.4	25.3	22.3
	＞3000	10.4	32.96	0.17	8.4	19.5	18.7
	合计	123.0	169.09	0.89	100.0	100.0	100.0
	＞2000	30.5	75.79	0.37	24.8	44.8	40.9
1987～1999年	0～1000	80.6	54.49	0.22	65.5	51.7	32.3
	1000～2000	38.2	40.86	0.42	31.0	38.8	59.8
	2000～3000	2.2	4.54	0.04	1.8	4.3	5.3
	＞3000	2.0	5.55	0.02	1.6	5.3	2.6
	合计	123.0	105.44	0.69	100.0	100.0	100.0
	＞2000	4.2	10.09	0.05	3.4	9.6	7.9
2000～2018年	0～1000	58.3	40.04	0.10	47.4	34.0	30.3
	1000～2000	58.6	63.72	0.17	47.7	54.1	51.5
	2000～3000	4.6	9.72	0.05	3.7	8.2	15.2
	＞3000	1.5	4.34	0.01	1.2	3.7	3.0
	合计	123.0	117.82	0.33	100.0	100.0	100.0
	＞2000	6.1	14.06	0.06	5.0	11.9	18.2

注：表中数据经过了数值修约，存在舍入误差。

（5）泥沙组成变化不大，各分组泥沙量减少

黄河泥沙组成变化不大（表9-6），但是由于沙量减少，各分组泥沙量包括粗沙量也相应减少。

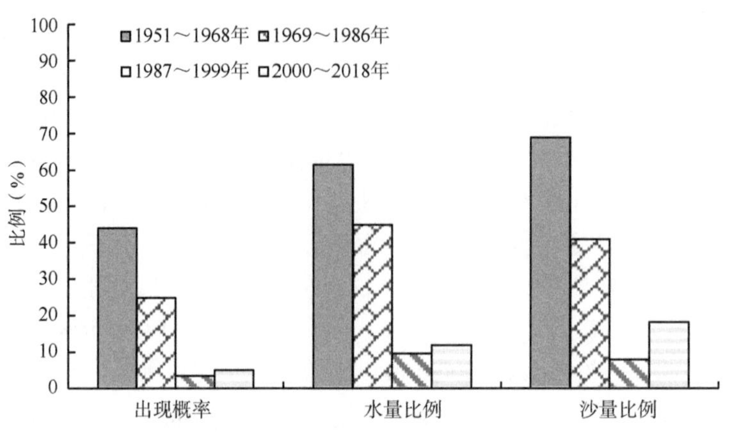

图 9-8 下河沿站不同时期汛期 2000m^3/s 以上流量级水沙特征值分析

表 9-6 黄河中游主要控制站不同时期悬移质颗粒组成

站名	时段（日历年）	年均沙量（亿 t）	分组泥沙沙重比例（%）			＞0.05mm 粗沙量（亿 t）	中值粒径（mm）
			≤0.025mm	0.025～0.05mm	＞0.05mm		
下河沿	1965～1968 年	1.839	62.1	24.3	13.6	0.251	0.019
	1969～1986 年	1.069	62.8	22.1	15.1	0.161	0.017
	1987～1999 年	0.871	62.4	20.7	16.9	0.147	0.017
	2000～2018 年	0.432	62.2	19.7	18.1	0.078	0.017
	1965～2018 年	0.854	62.5	21.7	15.8	0.135	0.017
头道拐	1958～1968 年	1.990	63.6	21.6	14.8	0.294	0.016
	1969～1986 年	1.092	59.2	22.3	18.5	0.202	0.018
	1987～1999 年	0.445	64.3	16.8	18.9	0.084	0.013
	2000～2018 年	0.428	53.8	20.7	25.5	0.109	0.022
	1958～2018 年	0.920	60.7	21.2	18.1	0.166	0.018
龙门	1957～1968 年	12.273	43	27.8	29.2	3.584	0.031
	1969～1986 年	7.025	46	26.3	27.7	1.945	0.028
	1987～1999 年	5.305	46.4	27.4	26.2	1.387	0.028
	2000～2018 年	1.510	50.4	22.9	26.7	0.403	0.025
	1957～2018 年	5.987	45.2	26.8	27.9	1.672	0.029
潼关	1961～1968 年	15.103	52.3	27.9	19.8	2.990	0.023
	1969～1986 年	10.896	53.2	26.5	20.3	2.213	0.023
	1987～1999 年	8.058	50.7	26.5	22.8	1.833	0.024
	2000～2018 年	2.638	57.9	22.6	19.5	0.514	0.020
	1961～2018 年	8.196	52.9	26.5	20.6	1.691	0.023
三门峡	1956～1968 年	14.328	55.7	24.0	20.3	2.903	0.021
	1969～1986 年	11.821	50.6	27.0	22.4	2.652	0.025
	1987～1999 年	7.932	51.2	27.1	21.7	1.723	0.024
	2000～2018 年	2.867	49.7	24.5	25.8	0.740	0.025

续表

站名	时段（日历年）	年均沙量（亿 t）	分组泥沙沙重比例（%）			＞0.05mm 粗沙量（亿 t）	中值粒径（mm）
			≤0.025mm	0.025～0.05mm	＞0.05mm		
三门峡	1956～2018 年	17.108	63.6	20.8	15.6	2.666	0.015
花园口	1956～1968 年	11.898	60.3	23.0	16.7	1.981	0.018
	1969～1986 年	10.401	57.4	25.1	17.5	1.823	0.020
	1987～1999 年	7.110	52.9	25.1	22.0	1.567	0.023
	2000～2018 年	0.944	62.3	15.5	22.2	0.209	0.016
	1956～2018 年	7.296	57.4	24.2	18.5	1.348	0.020

注：表中数据经过了数值修约，存在舍入误差。

黄河中游潼关站 1961～1968 年、1969～1986 年、1987～1999 年、2000～2018 年 4 个时段悬移质中值粒径分别为 0.023mm、0.023mm、0.024mm、0.020mm，粒径小于等于 0.025mm 的细沙占全沙的比例分别为 52.3%、53.2%、50.7%、57.9%，粒径大于 0.05mm 的粗沙占全沙的比例分别为 19.8%、20.3%、22.8%、19.5%，相应粗沙量分别为 2.990 亿 t、2.213 亿 t、1.833 亿 t、0.541 亿 t。

黄河上游下河沿站 1965～1968 年、1969～1986 年、1987～1999 年、2000～2018 年 4 个时段悬移质中值粒径分别为 0.019mm、0.017mm、0.017mm、0.017mm，粒径小于等于 0.025mm 的细沙占全沙的比例分别为 62.1%、62.8%、62.4%、62.2%，粒径大于 0.05mm 的粗沙占全沙的比例分别为 13.6%、15.1%、16.9%、18.1%，相应粗沙量分别为 0.251 亿 t、0.161 亿 t、0.147 亿 t、0.078 亿 t。

9.1.3　水沙变化趋势

（1）有关未来沙量预测成果

近期完成的黄河水沙变化研究成果，在分析黄河近期水沙变化原因的基础上，考虑未来气候降水和人类活动的影响，均预估了黄河未来水沙变化趋势。不同研究成果对黄河流域近期水沙变化原因及各因素影响程度的认识尚有分歧，因此对黄河未来水沙变化的认识也存在差别。

“十一五”国家科技支撑计划重点课题“黄河流域水沙变化情势评价研究”认为，2020～2050 年黄河来水来沙具有较为明显的阶段性特点，其中 2020 年、2030 年、2050 年的年来水量分别为 229 亿～236 亿 m^3、236 亿～244 亿 m^3 和 234 亿～241 亿 m^3，年输沙量分别为 9.96 亿～10.88 亿 t、8.61 亿～9.56 亿 t 和 7.94 亿～8.66 亿 t。

“十二五”国家科技支撑计划项目“黄河水沙调控技术研究与应用”根据对黄河近期水沙变化原因的认识，提出在 2007～2014 年下垫面和 1966～2014 年平均降水情况下，如果黄河李家峡和洮河九甸峡以下没有坝库拦沙，潼关年来沙量应为 5 亿 t，花园口天然年径流量在 460 亿 m^3 左右。

黄委会联合中国水利水电科学研究院开展的“黄河水沙变化研究”预估，在黄河古贤水库投入运用后，未来 30～50 年潼关站年均径流量为 210 亿～220 亿 m^3，年均输沙量为 3 亿～5 亿 t，未来 50～100 年潼关站年均径流量为 200 亿～210 亿 m^3，年均输沙量为 5 亿～7 亿 t；若未来 30～50 年不考虑古贤水库投入运用，潼关站来沙量为 6 亿～9 亿 t。

2013 年国务院批复的《黄河流域综合规划（2012—2030 年）》认为，未来黄河流域降水条件不会发生大的变化，规划期天然年沙量仍采用 16 亿 t。现状（2007 年）水利水土保持措施年均减沙量为 4 亿 t 左右，到 2030 年适宜治理的水土流失区将得到初步治理，流域生态环境明显改善，多沙粗沙区拦沙工程及其他水利水土保持措施年均可减少入黄泥沙 6.0 亿～6.5 亿 t。在正常的降水条件下，2030 年水平年年均入黄沙量为 9.5 亿～10 亿 t。考虑远景（2050 年水平年）黄土高原水土流失得到有效治理，进入黄河下游的泥沙量仍有 8 亿 t 左右，水沙关系仍然不协调。

胡春宏（2016）采用实测资料与理论分析，预计未来 50～100 年潼关站年均径流量稳定在 210 亿 m^3 左右，年均输沙量稳定在 3 亿 t 左右。

王光谦等（2020）从宏观角度分析了黄河潼关站年输沙量与气象气候要素之间的关系，分析了水土保持措施对入黄沙量的影响，对 CMIP5-RCP4.5 情景下未来 50 年黄河潼关站径流、泥沙变化趋势进行了分析，认为潼关站输沙量在 2020 年左右到达最低点后会有所回升，但增长幅度不大，未来 10 年、20 年、50 年平均输沙量分别为 2.83 亿 t、3.13 亿 t 和 4.12 亿 t。

综合以上研究成果可以看出，由于影响水沙变化的因素极其复杂，现有的研究成果还难以对远景黄河输沙量作出准确的判断，但是总体上未来黄河输沙量为 3 亿～10 亿 t。从 20 世纪 80 年代以来黄河实测输沙量变化情况来看，由于黄土高原地区水利水土保持措施的持续实施，黄河来沙量呈现减少的趋势，但关于未来黄河输沙量的减少程度仍有分歧。

（2）黄河来沙量设计

根据对黄河输沙量减少原因的分析成果，黄河近期实测来沙量减少主要是降水和下垫面条件共同作用的结果，2000 年以来黄土高原主要产沙区降水强度减小、过程均匀化，并且水利水土保持措施大规模发挥作用，因此，入黄泥沙明显减少，而水库拦沙、淤地坝拦沙作用具有时效性，根据水保法成果，考虑未来水库拦沙、淤地坝拦沙的不可持续性，以及气候降水因素变化的周期性（2000～2015 年水库年均拦沙 1.89 亿 t，淤地坝年均拦沙 2.34 亿 t，多年平均降水因素减沙约 2.58 亿 t），预估在多年平均降水情况下现状黄河年均来沙量仍可达 9.8 亿 t 左右。与设计径流成果相协调，依据《黄河流域水文设计成果修订》提出的近期下垫面黄河各控制断面天然水量过程，按“八七分水”方案打折配置断面以上工农业用水量，考虑水库的调节和河道断面生态流量要求，计算断面径流过程，并利用径流-泥沙关系方法，得到现状下垫面条件下黄河四站（龙门站、华县站、河津站和状头站）年均沙量为 9.50 亿 t。

考虑到今后水土保持措施进一步发挥作用，四站沙量将会有所减少。目前黄河流域水土保持率为 66%，根据《黄河流域生态保护和高质量发展水安全保障规划》，2035 年将达到 70%以上。基于水土保持率阈值研究成果，黄河流域水土保持率在 2050 年后将稳定在 73%左右。根据 1998 年遥感普查成果，黄河流域水土保持率为 46.5%，到 2020 年水土保持率增加到 66%，其间坡面措施年均减沙量为 4.3 亿 t，据此按水土保持率增长速率估算，当水土保持率达到稳定后，新增的水土保持坡面措施将增加减沙 1.5 亿 t 左右，由此，预估黄河未来年均来沙量为 8 亿 t 左右。

近期已有水沙变化研究成果大部分针对黄河未来 30～50 年的来沙量预测，提出的黄河未来 30～50 年来沙量为 3 亿～10 亿 t。黄土高原自然侵蚀背景值研究成果表明，在黄土高原人类活动影响较少的情况下，黄河来沙量为 6 亿～11 亿 t。三门峡水利枢纽工程是黄河干流建设的第一座大型水利枢纽工程，工程于 1960 年 9 月开始蓄水运用，由于工程设计对水土保持减沙前景的估计过于乐观，原预计 1967 年能减少三门峡入库泥沙量的 50%，实际情况远未达到这一预定目标，至 1964 年汛后，335m 以下库容已损失 43%，年平均损失库容近 10 亿 m^3（原设计年损失库容 3.7 亿 m^3），水库泥沙淤积严重，失去调节作用，并且严重威胁关中地区以西安为中心的工农业基地安全，是泥沙问题估计不足的惨痛经验教训。当前黄河流域水土流失尚未得到有效控制，不能对水土保持减沙作用估算过于乐观。未来沙量是黄河治理与保护的重要基础数据，江河治理规划、重大战略工程建设要着眼于黄河长治久安、永续利用，时间尺度在百年以上，对未来沙量预测应慎重决策，留有余地。

9.2　入黄泥沙调控

入黄泥沙调控的重点是坚持山水林田湖草沙综合治理、系统治理、源头治理，科学推进水土流失综合防治，提升全流域水土保持水平，提升生态系统质量和稳定性，减少入黄泥沙，改善黄土高原生态面貌。

9.2.1　加强重点预防保护区自然修复

充分发挥生态自然修复作用，保护林草植被和治理成果，巩固退耕还林还草成果，鼓励有条件的地区对 20°以上的陡坡地采取禁止开垦种植农作物的措施，促进自然修复，全面预防水土流失。

在黄河源区、子午岭—六盘山林区、祁连山、吕梁山、秦岭北麓、贺兰山东麓，以及湟水、洮河、祖厉河、渭河、泾河、北洛河、清水河、大黑河、无定河、伊洛河、汾河、沁河、大汶河等重点支流的源头区，以禁牧封育等措施为主，对有潜在侵蚀危险的地区积极开展封山育林，对局部水土流失严重地区加强水土流失综合治理，以治理促保护，着力创造条件实现生态自我修复。加强冰川融雪径流造成的侵蚀沟治理，控制水土流失。

对深山远山区实施封育保护，减少人为因素对自然生态系统的干扰破坏。对草原区实施退牧还草、轮封轮牧，防止草原退化；对已退化草地采取禁牧休牧、轮牧、种草改良等措施。对中低山丘陵区实施以林草植被建设为主的小流域综合治理，在近库（湖、河）及村镇周边建设清洁小流域，减少入库（湖、河）泥沙。因地制宜地实施生态移民，加强已有治理成果的管理、维护、巩固和提升。

在内蒙古高原南部、宁夏中部、贺兰山东麓、黄土高原土地沙化区等水蚀风蚀交错区加大生态修复力度，大面积实施封禁治理和管护，保护现有植被、巩固退耕还林还草成果。对局部流动、半流动沙丘配置沙障并种植灌草；对水蚀相对严重的区域采取小流域综合治理措施；在条件相对恶劣、不适宜治理的水蚀区域和沙漠戈壁等无人区进行全面封禁，发挥大自然的自我修复能力，促进植被恢复。

9.2.2　科学推进水土流失综合治理

以小流域为单元，开展山、水、林、田、路、村统一规划，优化配置工程措施、植物措施、农业技术和农业耕作管理措施，创新水土流失治理模式，突出地域特点实施以淤地坝、旱作梯田和林草植被建设为主要措施的立体综合治理体系。

（1）加强中游多沙粗沙区治理

以支流为骨架，以小流域为单元，沟坡兼治，以沟促坡，综合治理。在加强以淤地坝为主的沟道工程建设的同时，结合坡面林草植被建设和坡耕地整治，在砒砂岩地区，开展沙棘生态建设，有效拦沙减蚀、保土蓄水、改善生态环境。对部分区域存在人畜饮水、灌溉和生态环境等蓄水利用需求的，可适当提高淤地坝建设标准，在确保安全的前提下非汛期适当蓄水。工程建设考虑新工艺、新材料应用。

（2）加强淤地坝建设

健全淤地坝登记（销号）、安全鉴定、除险加固、提升改造、标准制定、技术推广等工作机制。加强对淤地坝建设的规范指导，推广应用新标准、新技术、新工艺，以晋陕蒙甘（粗沙集中来源区）等为重点，在沟壑发育活跃、重力侵蚀严重、水土流失剧烈的黄土丘陵沟壑区，以支流为骨架，以小流域为单元，大力开展淤地坝建设，建设一批高标准、高质量的淤地坝。在黄甫川、清水川、孤山川、窟野河、秃尾河、佳芦河、无定河、清涧河和延河 9 条主要支流，优先安排建设黄河粗沙集中来源区拦沙工程，抬高沟道侵蚀基准面，发挥固土拦沙作用。组织开展淤地坝风险隐患排查，加强病险淤地坝除险加固，提升改造老旧淤地坝，提高管护能力，确保安全。构建跨区域淤地坝监测体系，开展水土保持专项监测，为协调黄河水沙关系、精准调整区域综合治理策略、促进区域经济社会高质量发展提供关键基础数据支撑。

（3）加强旱作梯田建设

以陕、甘、晋、宁、青的山地丘陵沟壑区等为重点，围绕乡村振兴和美丽乡村建设，在降水量达 400mm 以上地区，选择面积占比大、坡度为 5°～15°、近村近水近路集中连片且正在耕种的坡耕地，以坡耕地水土流失综合治理为主要手段，大力开展高标准旱作梯田建设，积极推广应用旱作农业新技术、新模式，发展高附加值种植业。大力推广农业蓄水保水技术，配套田间生产道路、排灌沟渠、水窖、蓄水池、植物护埂等措施，加强雨水集蓄利用，减少水土流失。因地制宜地对窄幅、配套设施不完善、跑土跑水跑肥、产量低、效益较差的老旧梯田进行改造。结合农村人口转移、生态移民和相关政策，有计划地对符合条件的坡耕地实施退耕还林还草，禁止开垦荒山、荒坡修建梯田。

（4）做好植被保护和修复

遵循黄土高原植被带分布规律，在科学评估水资源植被承载力的基础上，按照宜林则林、宜草则草的原则，开展植被保护和修复。在降水量为 200mm 以下的地区，以自然恢复为主；在降水量为 200～400mm 的半干旱地区，以种植灌草、封育保护为主，在沟底或水分条件较好的区域因地制宜地种植乔木；在降水量达 400mm 以上的半湿润地区，实施乔、灌、草相结合的措施，在生态脆弱区域减少人为破坏，对现有植被进行保护。结合地貌、土壤、气候和技术条件，适地适树，科学选育人工造林树（草）种，改善林相结构，提高造林成活率和保存率。适度发展经济林和林下经济，提高生态效益和经济效益。在砒砂岩地区，开展沙棘生态建设，结合淤地坝、谷坊等拦沙工程建设，治理砒砂岩区水土流失，减少入黄泥沙，改善生态环境，促进区域经济发展。

（5）推进固沟保塬工程建设

在黄土高塬沟壑区，以陇东董志塬、晋西太德塬、陕北洛川塬、关中渭北台塬等塬区为重点，突出“保塬固沟，以沟养塬”，实施黄土高塬沟壑区固沟保塬项目，建设塬面、沟头、沟坡、沟道水土流失综合治理“四道防线”，遏制塬面萎缩趋势，保护优质耕地资源。在塬面修筑梯田埝地，充分利用地埂栽植经济植物，建立中小型雨水集蓄利用与径流排导相结合的径流调控体系；在沟头修筑防护工程和涝池；在沟坡上部实行条田台田化，大力营造经济林，在沟坡下部营造水土保持林；在沟道修建淤地坝、谷坊和防冲林，减少重力侵蚀。

（6）强化水土保持监管监测

优化完善水土保持监测站点布局，完善水土保持监管平台，创新监管模式，建立健全水土保持监管监测体系，全面提高水土保持监管监测能力。

9.3　本 章 小 结

黄河是世界上输沙量最大、含沙量最高的河流，黄河水沙具有水沙异源、地区分布不均，水沙年际变化大，水沙年内分配不均匀，水沙关系不协调等特点。近期黄河水沙大幅度减少，径流量年内分配比例发生变化，干流主要水文站汛期径流量占年径流量的比例由 1986 年以前 60%左右普遍降到了 40%左右，同时汛期小流量历时增加，有利于输沙的大流量历时缩短、水量明显减少。

近期已有水沙变化研究成果大部分针对黄河未来 30～50 年的来沙量预测，提出的黄河未来 30～50 年来沙量为 3 亿～10 亿 t。当前黄河流域水土流失尚未得到有效控制，不能对水土保持减沙作用估算过于乐观。未来沙量是黄河治理与保护的重要基础数据，江河治理规划、重大战略工程建设要着眼于黄河长治久安、永续利用，时间尺度在百年以上，对未来沙量预测应慎重决策，留有余地。

入黄泥沙调控的重点是坚持山水林田湖草沙综合治理、系统治理、源头治理，科学推进水土流失综合防治，提升全流域水土保持水平，提升生态系统质量和稳定性，减少入黄泥沙，改善黄土高原生态面貌。

参 考 文 献

胡春宏. 2016. 河水沙变化与治理方略研究. 水力发电学报, 35(10): 11.

胡春宏, 张晓明. 2018. 论黄河水沙变化趋势预测研究的若干问题. 水利学报, 49(9): 12.

牛玉国, 王煜, 李永强, 等. 2021. 黄河流域生态保护和高质量发展水安全保障布局和措施研究. 人民黄河, 43(8): 6.

王光谦, 钟德钰, 吴保生. 2020. 黄河泥沙未来变化趋势. 中国水利, (1): 5.

王思远, 王光谦, 陈志祥. 2004. 黄河流域生态环境综合评价及其演变. 山地学报, 22(2): 7.

姚文艺, 焦鹏. 2016. 黄河水沙变化及研究展望. 中国水土保持, (9): 9.

第3篇

黄河水库泥沙控制

第 10 章　水库工程泥沙研究现状

水库工程是重大国家战略实施和生态文明建设的重要基础设施，是复苏河湖生态环境、提升水旱灾害防御能力、实现水资源节约集约利用和推动区域高质量发展的强力保障。依据入库含沙量大小，可将水库工程划分为少沙河流水库、多沙河流水库，多沙河流水库又可划分为高含沙河流水库（入库含沙量＞10kg/m^3）、超高含沙河流水库（入库含沙量＞100kg/m^3）、特高含沙河流水库（入库含沙量＞200kg/m^3）。为解决水库工程设计及运用过程中存在的泥沙问题，分析泥沙淤积及河道冲刷等问题对水库工程造成的影响，估计其危害程度，并提出相应防治措施，尽可能减少泥沙问题对工程的影响，以期更长久地发挥水库工程的正常效益，我国水利科技人员进行了长久的探索与实践工作，积累了大量的宝贵经验。我国多沙河流水库设计运用理论技术的发展历程大体上可划分为三大阶段、四种运用实践。

10.1　水库“蓄水拦沙”设计运用

20 世纪 50～60 年代，以三门峡水利枢纽为代表，水库采取“蓄水拦沙”运用。这一时期多沙河流水库设计运用多参考清水河流水库，处理泥沙采用以“拦”为主的思路。在水库设计时预留了一定的堆沙库容，水库排沙泄流规模设计偏小，甚至不设置专门的排沙设施；在运用方式上，水库通常不设置专门的排沙期，常年蓄水运用，以库容换时间，当堆沙库容淤满后，水库随即丧失设计寿命。

三门峡水利枢纽是中华人民共和国成立后兴建的第一座大型水利枢纽工程，是黄河干流上兴建的第一座以防洪为主，兼顾防凌、灌溉、发电、供水等综合利用的大型工程，也是国家“一五”计划时期苏联援建中国 156 项重点工程中唯一的水利项目。

三门峡水利枢纽位于河南省三门峡市和陕西省平陆县交界处，水库设计正常高水位 360.0m，总库容 647 亿 m^3，淹没耕地 325 万亩，移民 87 万人。水库原设计也意识到泥沙淤积是影响水库使用年限及效益的关键，考虑水库保持在 1967 年水平减沙 20%，50 年后减沙 50%，考虑 50 年淤积，预留了 336 亿 m^3（占原设计总库容的 51.9%）的堆沙库容，以保证水库在 50～100 年不至于失效。为了确保陕西省西安市安全和减小先期淹没损失，确定三门峡水利枢纽工程采用分期修筑、分期移民和分期抬高水位运用。

三门峡水利枢纽第一期工程按照正常高水位 350.0m 施工，运用水位 340.0m，大坝实际浇筑高程 353.0m，相应库容 354 亿 m^3。枢纽于 1957 年 4 月开工，1960 年 9 月下闸蓄水，在水库运用初期（1960 年 9 月至 1962 年 3 月），坝前运用水位较高，库水位保持在 330.0m 以上的天数超过 220d。这一时期由于对泥沙问题的预估过于乐观，对黄河来沙量的设计、水库排沙泄流规模、水库调度运用及库区泥沙淤积等问题考虑不够，库区发生了严重的泥沙淤积，93%的入库泥沙淤积在库区，导致库容损失严重，达15.9亿m^3，水库运用两年330.0m高程以下库容减少26%，水库淤积速率和部位都超出预计，库尾出现强烈的“翘尾巴”现象，潼关高程（潼关站1000m^3/s相应水位）急剧抬升了4.4m。渭河口形成拦门沙，使得作为渭河和黄河小北干流河道侵蚀基准面的潼关高程快速淤积抬高，渭河下游防洪能力迅速降低，严重威胁关中平原乃至西安市防洪安全，两岸地下水位抬高，渭河下游两岸农田被浸没，土地盐碱化面积增大。

由于我国黄河流域及北方大部分河流的水库为多沙河流水库，与三门峡水库类似，20世纪六七十年代，大量水利工程因规划设计未充分考虑排沙，泥沙淤积严重。例如，山西省对全省43座大型、中型水库进行了统计，水库总库容为22.3亿m^3，到1974年已淤损31.5%，即损失了7亿m^3；据陕西省1973年统计，全省库容100万m^3以上的水库有192座，总库容为15亿m^3，已淤损31.6%，即损失了4.7亿m^3，其中1970年以前建成的120座水库已损失53.3%的库容，有43座水库完全淤满。这些水库通常只能带病运行，甚至被迫改建。

10.2 水库“滞洪排沙”设计运用

以三门峡水利枢纽为例，为了减缓水库淤积和减轻渭河洪涝灾害，三门峡水利枢纽经历了两次工程改建，为了适应水沙和工程条件运用方式也进行过几次调整。三门峡水利枢纽第一次改建本着“确保西安、确保下游”的原则，主要工程为：增建了2条泄流隧洞和改建了4条发电引水钢管作为泄流排沙管道。第一次改建工程于1968年8月全部建成并投入运用，在库水位为315.0m高程时，枢纽的泄流能力由原来的3084m^3/s增加至6102m^3/s。三门峡水利枢纽第二次改建本着“合理防洪、排沙放淤、径流发电”的原则，主要工程包括：挖开1～8号原施工导流底孔；改建水电站坝体1～5号机组的进水口，将发电进水口高程由原来的300.0m下降至287.0m，安装5台轴流转桨式水轮发电机组，总装机容量为25万kW。第二次改建工程于1971年10月完成并投入运用，在库水位为315.0m高程时，枢纽的泄流能力达9060m^3/s。

1962年水利电力部在郑州召开会议，并经国务院批准，三门峡水库由“蓄水拦沙”运用转为“滞洪排沙”运用，汛期闸门全开，只保留防御大洪水的任务。1962年3月至1973年10月，水库汛期闸门全开敞泄运用，只保留防御特大洪水的任务。

1969年6月在三门峡召开的由晋、陕、豫、鲁四省及水利电力部、黄委会、黄河三门峡工程局参加的会议（后称“四省会议”），讨论并通过了《关于三门峡水利枢纽工程改建和黄河近期治理问题的报告》。报告确定三门峡水利枢纽的改建原则是“……在确保西安、确保下游的前提下，合理防洪，排沙放淤，径流发电”；改建规模是“……在坝前315.0m高程时，下泄流量达到10 000m^3/s……”；改建后三门峡水利枢纽的运用原则是“当上游发生特大洪水时，敞开闸门泄洪。当下游花园口可能发生超过22 000m^3/s洪水时，应根据上、下游来水情况，关闭部分或全部闸门。增建的泄水孔原则上应提前关闭，以防增加下游负担。冬季应继续承担下游防凌任务，发电的应用原则是在不影响潼关淤积的前提下，初步计算，汛期控制水位305.0m，必要时降到

300.0m，……，在运用中应不断总结经验加以完善”。

三门峡水利枢纽于 1965～1969 年和 1969～1973 年先后两次对泄洪排沙设施进行增建和改建，以扩大泄流能力。此阶段，坝前最高运用水位为 327.9m（1968 年 2 月 29 日），水库库区淤积速率得以减缓，但由于泄流规模不足，当发生大洪水时，水库仍以壅水排沙为主，造成大量泥沙淤积，其间累计淤积泥沙 21.2 亿 m^3，1974 年 6 月高程 335.0m 相应库容进一步减小至 59.64 亿 m^3。该时期，潼关高程仍在抬升，但已明显变缓。

10.3　水库“蓄清排浑”设计运用

高坝大库的原设计方案、较小的枢纽泄流规模、“蓄水拦沙”的运用方式导致三门峡水利枢纽发生严重淤积，我国水利工作者逐渐认识到针对多沙河流水库，采用 20 世纪 50～60 年代以“拦”为主的设计运行思路，通过被动拦沙赋予水库短暂的使用寿命是不可行的。鉴于黄河流域水土流失治理的长期性、库区泥沙疏浚的昂贵费用和巨大工程量，专家学者自然地将注意力转移到了水库调度运用方式。

1973 年 11 月，三门峡水利枢纽进行了第二次运用方式调整，水库采取“蓄清排浑”控制运用，即在来沙少的非汛期抬高水库水位，蓄水防凌、春灌、发电，而在来沙多的汛期降低水库水位，防洪排沙，把非汛期淤积在库内的泥沙调节到汛期，特别是在洪水期排出水库。

1973～1993 年，三门峡水利枢纽汛期降低水位进行防洪排沙，除承担防御下游大洪水任务外，还要排走非汛期淤积在库区的泥沙，以长期保持有效库容，发挥水库的综合利用效益。防洪运用的原则是只防御超过下游堤防标准的大洪水，不拦截中小洪水，以减小抬高水位拦洪概率。水库最初几年排沙运用时，不分洪水、平水，运用水位一般控制在 305.0m，有时降到 300.0m。1980 年因水电站机组磨损严重，同时为降低潼关高程，汛期水库一度实行敞泄排沙。此后，在总结前几年运用经验的基础上，汛期排沙采用“平水控制、洪水敞泄”的运用方式，即在平水流量较小时期控制水位 300.0～305.0m，特别是汛初运用水位稍高，防止非汛期的淤积物集中在小水时期排向下游，当入库流量大于 3000m^3/s 时，打开全部泄水建筑物，尽量降低洪水时的库水位，充分发挥洪水的排沙作用。三门峡水利枢纽在非汛期承担下游防凌和春灌蓄水任务，运用方式分为两个阶段，1979 年前防凌运用蓄水位一般在 320.0m，春灌蓄水水位多在 324.0m 以上；为减轻蓄水对潼关高程产生的不利影响，1979 年后降低蓄水位，防凌运用一般在 315.0m 左右，最高不超过 317.0m；春灌蓄水水位一般不超过 324.0m，为充分发挥桃汛洪水冲刷潼关河床的作用，防凌结束后泄放部分水量，桃汛开始时库水位降至 318.0m 以下，桃汛结束后再逐步蓄水至 324.0m。5～6 月水库向下游补水，6 月下旬水库泄水至 305.0～310.0m，迎接汛期到来。该时期三门峡水库运用不断改善，基本上保持了水库有一定的长期可用库容，控制了水库淤积上延，并在保证防洪作用的前提下，发挥了一定的综合利用效益。

1994～1999 年三门峡水利枢纽开展了汛期发电原型试验，汛期运用原则为“洪水排沙、平水兴利”，运用方式为：汛初含沙量较低、流量较平稳的时期，控制库水位 305.0m 进行发电；当入库流量大于 2500m^3/s 时，停止发电，充分利用洪水进行排沙，库水位降至 298.0m 排沙运用，在北村站 1000m^3/s 流量相应水位下降至 309.0m，并且洪水过后含沙量低于 30kg/m^{3}时（考虑调沙库容的调沙作用，为出库含沙量），可以抬高水位至 305.0m 进行发电，发电过程中，当北村站水位超过 310.0m 时，为避免库区泥沙淤积上延，则不论入库流量大小，均应降低水位至 298.0m 排沙运用，待北村站水位降至 309.0m 后再进行发电。同时，根据三门峡水库“蓄清排浑”运用阶段实测资料统计结果，入汛后入库流量大于 3000m^3/s 的情况在 7 月 15 日前第一次出现的概率仅有 45.7%，即一般年份 7 月 15 日以前不来洪水，为此规定在洪水没有来之前，维持 305.0m 发电运用，如果枯水时期过长，则为减轻水库淤积，8 月也应降低库水位强迫排沙，待北村站水位降至 309.0m 才开始发电。汛末如没有大于 2500m^3/s 的洪峰入库，则继续发电，并逐步抬高水位向非汛期运用水位过渡。非汛期按最高蓄水位不超过 322.0m 运用。1994～1999 年汛期发电原型试验期间，由于非汛期运用水位较低，高水位运用时间较短，淤积三角洲顶点一般在北村或北村以下，只有 1997～1998 年因 320.0～322.0m 水位历时较长，顶点在老灵宝（距坝约 51km）附近，淤积影响范围达古夺附近，对潼关高程没有影响，对潼关至古夺河段的淤积也基本没有影响。汛期利用“洪水排沙、平水兴利”，合理地处理了水库排沙与水电站发电的关系，既满足了排沙要求，使北村 1000m^3/s 流量水位降到 308.56m，较浑水发电试验时期下降了 0.85m，较 1980～1988 年汛期不发电时期下降了 1.66m，取得了显著效果，又为水电站发电创造了较好的运行条件，延长了发电时间，提高了时间和水量利用率，增加了发电效益。

为了验证三门峡水库运行水位与潼关高程的关系，2002 年 11 月水利部在郑州组织召开协调会，决定开展三门峡水库非汛期 318.0m 原型试验。2002 年 11 月至 2007 年 11 月水库进行了 5 年原型试验，非汛期严格控制库水位在 318.0m 以下运用，桃汛洪水入库前及时降低水位，试验期间，桃汛期平均起调水位 313.15m。汛期、平水期库水位不超过 305.0m，当发生洪水时，按敞泄方式运用。在水库运用过程中，适当进行调水调沙、防洪蓄水及应急调度运用。其中，防洪运用参照 2005 年国家防汛抗旱总指挥部批文《黄河中下游近期洪水调度方案》，防洪运用水位为 335.0m，汛期（7 月 1 日至 10 月 31 日）限制水位为 305.0m，必要时降到 300.0m，从 10 月 21 日起可以向非汛期水位过渡。敞泄排沙运用时，汛期在洪水入库前 8 h 即开始降低库水位，在洪水到达坝址前，将所有泄水孔洞全部打开，实现“空库迎洪”，充分发挥洪水的排洪能力。总体来看，该期间三门峡水库每年敞泄运用时段主要分两种情况：一是调水调沙期间配合小浪底水库塑造异重流，时间一般在每年的 6 月下旬或 7 月初；二是汛期入库流量大于 1500m^3/s 时，水库敞泄排沙运用。另外，当渭河出现含沙量大于 300kg/m^3 的洪水或龙门发生高含沙洪水，且洪水到达潼关后的含沙量大于 150kg/m^3 时，即使入库洪峰流量小于 1500m^3/s，水库也应根据上次排沙及库容恢复情况，及时进行敞泄排沙。

2008 年原型试验以后，黄河防汛抗旱总指挥部又对上述运用原则进行了优化。敞泄排沙时机主要看潼关站来水来沙情况、三门峡水库淤积情况和黄河调水调沙需求，同时兼顾洪水资源化利用，调度更为灵活、更贴近实际需要。

《黄河洪水调度方案》指出，三门峡水库调度运用方式为：预报花园口站洪水流量小于等于 10 000m^3/s 时，视潼关站来水来沙情况，原则上按敞泄运用；预报花园口站洪水流量大于 10 000m^3/s 时，若洪水主要来源于三门峡以上，按敞泄运用，当水库水位达到本次洪水最高蓄水位时，视小浪底水库蓄水情况适时进行进出库平衡运用，若洪水主要来源于三花间（三门峡至花园口区间），视潼关站来水情况，原则上按敞泄运用，当小浪底水库水位达到 263.1m 时，按照小浪底水库泄量进行控制运用。

三门峡水库“蓄清排浑”运用至 21 世纪初，汛期运用水位较低，非汛期淤积的泥沙在汛期排出。这次运用方式调整使库区年内泥沙冲淤基本平衡，且潼关高程相对稳定，维持在 328.0m 左右。三门峡水库月均排沙比为 50.77%，其中汛期平均排沙比为 117.28%，非汛期平均排沙比为 17.51%。三门峡水库实测不同时段排沙比见表 10-1。水库汛期排沙、非汛期蓄水兴利，使库区基本冲淤平衡，从而使得库区 335.0m 高程以下有 58 亿 m^3 左右的有效库容得到长期保持。

表 10-1　三门峡水库实测不同时段排沙比（%）

时段	11 月至次年 6 月	7～10 月	11 月至次年 10 月
1960.11～1964.10	62.6	33.3	38.0
1964.11～1973.10	148.7	105.2	112.2
1973.11～1986.10	20.7	123.1	106.2
1986.11～2002.10	22.3	122.5	97.4

至此，多沙河流“蓄清排浑”设计运用方式逐渐形成并在实践中取得了一定的效果。所谓“蓄清排浑”运用，就是从长期保持水库有效库容的基本要求出发，要求水库死水位具有较大的泄流规模，同时设置专门的排沙期，在水库冲淤平衡形态上进行库容配置和回水计算，水库有效库容是相应于冲淤平衡形态的库容。根据水库运用对泥沙调节形式的不同，该运用方式又可分为汛期滞洪运用、汛期控制低水位运用和汛期控制蓄洪运用。前文提到的三门峡水库属于汛期控制低水位运用。

尽管“蓄清排浑”较好地解决了含沙量在百千克级以下河流水库的泥沙问题，使三门峡水库等已建水库的库容得以长期保持，但仍然存在一些问题。例如，水库库容分布和回水设计基于“高滩深槽”冲淤平衡形态，但水库进入冲淤平衡状态后，水库主汛期调水调沙运用、非汛期蓄水运用，随着来水来沙的丰、平、枯变化，库区会有冲有淤，存在泥沙淤积短期侵占防洪库容的风险；此外，水库进入“蓄清排浑”正常运用期后，遇不利水沙条件或淤积严重时，必须进行强迫排沙以保库容，强迫排沙期间，下游“小水带大沙”等现象不可避免，会导致进入下游的水沙关系更加不协调，面临水库有效库容保持和下游水沙关系协调有机统一的矛盾，综合效益也难以保全，水库“蓄清排浑”设计运用虽保住了库容，但保不全效益。当时的三门峡水库，汛期洪水期敞泄运用，平水期运用水位为 305.0m，调节库容仅有 0.5 亿 m^3 左右，基本不具备调节能力，只能实现部分开发目标。

10.4　水库“蓄清调浑”设计运用

随着人类对工程泥沙认识的不断加深，早在 20 世纪 60～70 年代后期，王开荣等

（2002）就意识到黄河“水少沙多、水沙不平衡”，对黄河下游河道淤积具有重要影响，提出要利用大型水库进行“调水调沙”以减轻下游河道淤积的设想。20 世纪 90 年代，小浪底水利枢纽的设计过程在充分汲取三门峡水库“蓄清排浑”运用经验的基础上，详细论证了小浪底水库以防洪减淤运用为中心、可操作的综合利用调度方式，同时考虑了调水调沙运用与设计。90 年代末，张金良等结合三门峡水库运用实践提出，多沙河流水库通过调水调沙长期保持有效库容的同时，还要尽可能调节出库水沙搭配关系，有利于下游河道减淤，这一时期水库运用研究正由“蓄清排浑”向“蓄清调浑”发展。小浪底水库 1999 年建成后，黄河调水调沙的工程条件已具备，围绕小浪底水库调水调沙和运用方式优化研究，在“蓄清排浑”设计运用阶段水库利用“拦”“排”处理泥沙的思想基础上，全面发展了调水调沙理念，对水库群人工塑造异重流排沙技术、水库群联合调水调沙调度模式、多沙河流滩槽同步塑造、拦沙库容再生与多元化利用等进行了深入研究，逐步形成了以尽可能长期提高下游水沙关系协调度为核心的“蓄清调浑”运用技术。自 2002 年调水调沙首次原型试验至 2021 年，黄委会已开展 3 次原型试验和 16 次生产实践，2018～2021 年开展了 3 次“一高一低”调度实践，取得了显著成就。

在多沙河流水库规划设计及运用层面，继小浪底水库之后，也面临着新的技术挑战。例如，黄河古贤水利枢纽年均入库含沙量 28kg/m^3，是高含沙河流上以侧向进沙为主的超长水库，侧向进沙淤积形态和库容分布设计是前所未有的难题；泾河东庄水利枢纽年均入库含沙量 140kg/m^3，超高含沙河流水库蛇形弯道输沙、有效库容保持和库容再生利用问题也属于世界性难题；甘肃马莲河水利枢纽年均入库含沙量 280kg/m^3，特高含沙河流供水水库开发汛期有供水任务时有效库容保持和供水调节之间难以协调，传统开发模式难以实现开发目标。为了解决上述难题，通过长期研究，逐步形成了多沙河流水库“蓄清调浑”运用方式及其设计技术。

所谓“蓄清调浑”运用，就是根据水库开发任务要求，充分考虑多沙河流来水来沙过程中场次洪水和年际丰、平、枯变化，统筹调节泥沙对水库淤积形态和有效库容的影响，以尽可能提高下游河道水沙关系协调度为核心，设置合适的拦沙库容和调水调沙库容，通过“拦”“调”“排”全方位协同调控，实现有效库容长期保持和部分拦沙库容的再生利用、拦沙库容与调水调沙库容一体化使用，更好地发挥水库的综合利用效益。与“蓄清排浑”运用相比，“蓄清调浑”运用不仅考虑水库的“拦”“排”运用，更加注重“调”的运用，指导思想更加主动、灵活，要求水库结合开发任务、运用阶段和入库水沙条件等灵活确定调度方式，不仅要“拦”“排”，还要在“调”中“拦”“排”，“拦”“排”中“调”。拦沙期水库按照“小水拦沙，大水排沙，适时造峰，淤滩塑槽”运用，实现滩槽同步塑造和拦沙库容多元化利用，正常运用期水库按照水沙分级分类调度，辅以非常规排沙调度，实现协调水沙关系再造和拦沙库容再生利用。同时为更好地满足“调”的要求，“蓄清调浑”运用在水库设计上也有不同要求，首先，水库要设置足够的调水调沙库容，包括调水库容和调沙库容两部分，调水库容主要满足大流量过程塑造的需要，调沙库容主要满足水沙过程丰、平、枯变化及水沙关系不协调带来的泥沙年际和年内调节的需要；其次，库容分布设计要考虑水库“调”沙过程中水库淤积形态的动态变化，水库正常运用期调水调沙运用，库区泥沙冲淤具有死滩活槽的特点，存在高滩深槽、高滩中槽、高滩高槽三种淤积状态，拦沙库容、调水调沙库容、兴利库容、防洪库容、生态库容分布设计要考虑和淤积形态变化的耦合，按照深槽调沙、中槽兴利、高槽调洪的规则进行水库库容配置，减免正常运用期泥沙动态调节侵占有效库容，进而带来的水库强迫排沙的风险；再次，对于超高含沙河流水库，采用“正常+非常”双泥沙侵蚀基准面和非常规排沙技术，在水库正常泄流排沙孔以下增设非常排沙底孔，结合非常规排沙调度方式，可在长期保持有效库容的前提下，进一步实现部分淤“死”拦沙库容的复活，并和调水调沙库容一体化永续利用；最后，对特高含沙河流水库，有效库容保持和供水调节之间的矛盾难以协调，要采用水沙分置开发方式。“蓄清排浑”与“蓄清调浑”运用方式及设计技术比较见表 10-2。

表 10-2　“蓄清排浑”与“蓄清调浑”运用方式及设计技术比较

	比较项	“蓄清排浑”	“蓄清调浑”
运用方式	泥沙调节理念	“拦”“排”结合，长期保持有效库容	“拦”“调”“排”结合，注重“调”，以尽可能提高下游河道水沙关系协调度为核心，长期保持有效库容
	拦沙期	拦沙期“拦粗排细”，库区只淤不冲，先形成高滩高槽，拦沙期结束后再集中冲刷形成高滩深槽；拦沙库容只用于拦沙	拦沙期“小水拦沙，大水排沙，适时造峰，淤滩塑槽”运用，实现库区有冲有淤，滩槽同步塑造，避免集中排沙；拦沙库容多元化利用
	正常运用期	以兴利调节为主，需要多次强迫排沙以保库容	水沙分级分类，宜拦则拦，宜排则排，以调促排，塑造协调水沙关系，实现拦沙库容再生，基本避免强迫排沙以保库容
设计技术	调水调沙库容	规模小，一般只考虑调水库容	规模大，考虑调水、调沙两部分库容
	拦沙库容	淤死后无法重复利用	部分拦沙库容淤死后可再生，实现拦沙库容和调水调沙库容一体化永续利用
	淤积形态	采用一种形态，如“高滩深槽”平衡形态	考虑调沙运用，采用高滩深槽、高滩中槽、高滩高槽三种状态
	库容分布	以单一淤积形态及相应的库容曲线为基底设置各项特征库容	以高滩深槽、高滩中槽、高滩高槽三种淤积状态及相应的库容曲线为基底，按照深槽调沙、中槽兴利、高槽调洪设置各项特征库容
	水库排沙	单一泥沙侵蚀基准面排沙	双泥沙侵蚀基准面，设“正常＋非常”排沙底孔排沙
	开发模式	单一水库	特高含沙河流采用并联水库水沙分置

10.5　本 章 小 结

水库工程存在的泥沙问题影响深远，涉及水库设计及运用过程中的方方面面，我国水利科技工作者对此进行了长期的探索与实践。我国多沙河流水库设计运用理论技术的发展历程大体上可划分为三大阶段、四种运用实践。

(1)20 世纪 50～60 年代，三门峡水库按“蓄水拦沙”运用，泥沙处理理念以“拦”为主，水库设计时水库预留了一定的堆沙库容，排沙泄流规模设计偏小，甚至不设置专门的排沙设施；在运用方式上，水库不设置专门的排沙期，常年蓄水运用，以库容换时间，当堆沙库容淤满后，水库即丧失设计寿命。这一阶段还没有提出水库要长期保持有效库容的设计运用理念和要求。我国大量水利工程因规划设计未充分考虑排沙，泥沙淤积严重，只能带病运行，甚至被迫改建。

（2）20 世纪六七十年代，三门峡水库由“蓄水拦沙”运用转为“滞洪排沙”运用，汛期闸门全开，只保留防御大洪水的任务，在一定程度上减缓了库区泥沙淤积速率，但泥沙问题依然严峻。

（3）20 世纪 70 年代至 21 世纪初，三门峡水库按“蓄清排浑”运用，泥沙处理采用“拦”“排”结合的处理理念，水库正常运用期进入冲淤平衡状态。设计上要求水库死水位具有较大的泄流规模，同时设置专门的排沙期，在水库冲淤平衡形态上进行库容配置和回水计算，水库有效库容是相应于冲淤平衡形态的库容。“蓄清排浑”阶段较好地解决了含沙量在百千克级以下河流水库的泥沙问题，使三门峡水库等已建水库的库容得以长期保持，在小浪底水库中得到了较好的应用和发展，但仍然存在泥沙淤积短期可能侵占防洪库容、只能实现水库部分开发目标等问题。

（4）21 世纪初，随着小浪底水库的建成投运，我国水利科技工作者在充分汲取三门峡水库运用经验的基础上，逐步探索出“蓄清调浑”设计与运用技术，为多沙河流工程泥沙治理提供了强有力的技术保障。

参 考 文 献

安新代, 石春先, 余欣, 等. 2002. 水库调水调沙回顾与展望——兼论小浪底水库运用方式研究. 泥沙研究, (5): 36-42.

陈效国, 吴致尧. 2000. 小浪底水库运用方式研究的回顾与进展. 人民黄河, (8): 1-2, 14.

崔玉茜. 2015. 调水调沙十年黄河口河道演变及其影响机制分析. 中国海洋大学硕士学位论文.

付健, 刘继祥, 侯红雨, 等. 2013. 东庄水库开发任务和建设时机分析. 人民黄河, 35(10): 48-50.

韩其为. 2003. 水库淤积. 北京: 科学出版社: 1-2.

胡春宏. 2016. 我国多沙河流水库“蓄清排浑”运用方式的发展与实践. 水利学报, 47(3): 283-291.

胡春宏. 2019. 从三门峡到三峡我国工程泥沙学科的发展与思考. 泥沙研究, 44(2): 1-10.

胡春宏, 陈建国, 郭庆超. 2008. 三门峡水库淤积与潼关高程. 北京: 科学出版社.

刘继祥, 刘红珍, 付健, 等. 2020. 黄河中下游洪水泥沙分类管理研究. 郑州: 黄河水利出版社.

刘欣, 刘远征. 2019. 小浪底水库调水调沙以来黄河下游游荡河段河床演变研究. 泥沙研究, 44(5): 56-60.

龙毓骞, 张启舜. 1979. 三门峡工程的改建和运用. 人民黄河, (3): 1-8.

粟宗嵩. 1974. 国外近代治水的教训及从中得到的启示. 灌溉排水学报, (1): 3-10.

孙养俊. 2006. 多泥沙河流上水利枢纽的泄流排沙设计. 水电站设计, 22(1): 98-101.

童思陈, 周建军. 2006. “蓄清排浑”水库运用方式与淤积过程关系探讨. 水力发电学报, 25(2): 27-30.

万新宇, 包为民, 荆艳东. 2008. 黄河水库调水调沙研究进展. 泥沙研究, (2): 77-81.

万占伟, 安催花. 2003. 黄河古贤水库淤积平衡形态分析计算. 北京: 中国水力发电工程学会水文泥沙专业委员会第四届学术讨论会.

万占伟, 李福生. 2013. 古贤水库建设的紧迫性和建设时机. 人民黄河, 35(10): 33-35.

王开荣, 李文学, 郑春梅. 2002. 黄河泥沙处理对策的发展、实践与认识. 泥沙研究, 47(6): 26-30.

余光夏. 1990. 论陕西省泾河东庄水库工程. 西北水电, (2): 1-10.
张金良, 付健, 韦诗涛, 等. 2019. 变化环境下小浪底水库运行方式研究. 郑州: 黄河水利出版社.
张金良, 胡春宏, 刘继祥. 2022. 多沙河流水库"蓄清调浑"运用方式及其设计技术. 水利学报, 53(1): 1-10.
张金良, 乐金苟, 季利. 2006. 三门峡水库调水调沙(水沙联调)的理论和实践. 北京: 黄河三门峡工程泥沙问题研讨会.
张金良, 乐金苟, 王育杰. 2001. 关于三门峡水库若干问题认识与思考. 泥沙研究, (2): 66-69.
张金良, 练继建, 万毅. 2007. 基于多库优化调度的人工异重流原型试验研究. 人民黄河, 29(2): 1-2, 5.
张金良, 索二峰. 2005. 黄河中游水库群水沙联合调度方式及相关技术. 人民黄河, 27(7): 7-9, 63.
张俊华, 李涛, 马怀宝. 2016. 小浪底水库调水调沙研究新进展. 泥沙研究, (2): 68-75.

第 11 章　水库"蓄清调浑"关键技术

在多沙河流上，泥沙问题作为关键和核心问题，贯穿于多沙河流水库设计和运用的全过程。在设计过程中，水库的入库水沙条件、水库的调度运行方式、库区泥沙的淤积形态、有效库容分布、水库回水的淹没范围及枢纽工程防沙等均需要开展深入的研究论证。根据多沙河流水库工程建成投入运行后可能存在的泥沙问题，在设计时要进一步分析相关泥沙问题带来的影响，提出相关解决措施，进而保证水库的库容规模、特征水位和泄流排沙设施等设计布局均建立在合理的运用方式上。从 20 世纪五六十年代起，随着治黄实践不断深入，对黄河水沙演变规律的认知不断加强，多沙河流水库的设计运用方式先后经历了"蓄水拦沙""滞洪排沙""蓄清排浑"三个阶段，"蓄清调浑"运用是对"蓄清排浑"运用的继承和对"调水调沙"的全面发展。

11.1　水库"蓄清调浑"理论

11.1.1　"水库-河道"能耗机理及水沙交互模式

当前的工程泥沙设计以经验设计为主，通过探明"水库-河道"联动机制、输沙能量转换机理，以边界能耗最小为原则，构建水库拦沙能力计算新方法，同时构建库区泥沙冲淤能耗最小临界形态计算公式，使工程泥沙设计从经验设计提升为理论设计。

1. 最小能耗率原理与最小能耗率

（1）河流最小能耗率理论

河流是一个具有能量紊动黏性热耗散结构的开放系统，河流挟沙水流的运动过程是水沙浑水的动能和势能通过水流紊动黏性转换为热能耗散的过程，因此河流又属于热能耗散结构系统，遵循耗散结构基本理论。关于能耗理论的代表性研究成果是将最小能耗率原理分别表达为最小单位能耗率、最小单位河段能耗率、最小河流功、最小比降和最小输沙率。前人的大量研究在数学上完整表达了河床演变的基本原理，具有重大的理论意义和广泛的应用价值，不仅可以封闭河床演变方程组，还是河流河型成因和转化及河床演变分析的基础。

最小能耗率的概念最早是由德国物理学家亥姆霍兹（Helmholtz）于 1868 年提出的，只适用于固壁、清水、无旋、均匀流，其基本观点是：在质量力场中，若忽略不可压缩黏性流体运动方程中的惯性项，那么流体运动所消耗的能量比在同体积和同流速分布情况下其他所有的运动形式所消耗的能量要小。维利坎诺夫（Великанов М. А.）在 20 世纪 50 年代将亥姆霍兹（Helmholtz）提出的最小能耗率原理应用到河流动力学领域，但还不确切。直到 70 年代初，美籍华裔学者杨志达（C. T. Yang）和张海燕（H. H. Chang）等又对最小能耗率开展了进一步深入研究。

最小能耗率原理的基本概念是：当一个系统处于平衡状态时，其能耗率应为最小值，但是该最小值取决于施加给该系统的约束。如果系统比较大，其局部最小能耗率可为最小值，从整个系统来看，应该是极小值。杨志达关于最小能耗率的原理推导过程如下。

根据不可压缩流体的 Navier-Stokes 运动方程导出的雷诺（Reynolds）平均运动方程为

$$\rho\left(\frac{\partial \overline{u_i}}{\partial t}+u_j\frac{\partial \overline{u_i}}{\partial x_j}\right)=-\frac{\partial\left(\gamma\bar{h}\right)}{\partial x_i}+\frac{\partial \sigma_{ij}}{\partial x_j}\qquad i=1,2,3,\ j=1,2,3 \tag{11-1}$$

式中，ρ 为流体密度；t 为时间；$\overline{u_i}$ 为时均流速；$\gamma\bar{h}$ 为时均重力势能，其中 γ 为流体容重；$\bar{h}$ 为平均水深；σ_{ij} 为雷诺总应力张量，用下式表示：

$$\sigma_{ij}=-\bar{p}\delta_{ij}+\overline{\tau_{ij}}-\rho\overline{u_i'u_j'} \tag{11-2}$$

式中，$\bar{p}$ 为时均压强；δ_{ij} 为二阶单位张量，定义如下：

$$\delta_{ij}=\begin{cases}1 & i=j\\0 & i\neq j\end{cases} \tag{11-3}$$

$\overline{\tau_{ij}}$ 为黏滞应力张量，定义如下：

$$\overline{\tau_{ij}}=\rho\upsilon\left(\frac{\partial \overline{u_i}}{\partial x_j}+\frac{\partial \overline{u_j}}{\partial x_i}\right) \tag{11-4}$$

$-\rho\overline{u_i'u_j'}$ 为雷诺紊流应力张量，定义如下：

$$-\rho\overline{u_i'u_j'}=\rho\varepsilon\left(\frac{\partial \overline{u_i}}{\partial x_j}+\frac{\partial \overline{u_j}}{\partial x_i}\right) \tag{11-5}$$

式中，υ 为水流运动黏滞系数；ε 为紊流动量传递系数，因而有

$$\sigma_{ij}=-\bar{p}\delta_{ij}+\rho\left(\upsilon+\varepsilon\right)\left(\frac{\partial \overline{u_i}}{\partial x_j}+\frac{\partial \overline{u_j}}{\partial x_i}\right) \tag{11-6}$$

对于弗劳德数（Froude number）较小的明渠恒定渐变流，式（11-1）中左边的惯性项可以忽略，将式（11-6）代入（11-1）可得

$$\frac{\partial}{\partial x_i}\left(\gamma\bar{h}+\bar{p}\delta_{ij}\right)=\rho\frac{\partial}{\partial x_j}\left[\left(\upsilon+\varepsilon\right)\left(\frac{\partial \overline{u_i}}{\partial x_j}+\frac{\partial \overline{u_j}}{\partial x_i}\right)\right] \tag{11-7}$$

不可压缩流体的连续方程为

$$\frac{\partial \overline{u_i}}{\partial x_i}=0 \tag{11-8}$$

与层流情况类似，定义紊流单位体积的能耗率为

$$\Phi=\frac{1}{2}\rho(\upsilon+\varepsilon)\left(\frac{\partial\overline{u_i}}{\partial x_j}+\frac{\partial\overline{u_j}}{\partial x_i}\right)^2 \tag{11-9}$$

将式（11-6）表达的雷诺应力张量代入，可得

$$\Phi=\frac{1}{2}\left(\sigma_{ij}+\overline{p}\delta_{ij}\right)\left(\frac{\partial\overline{u_i}}{\partial x_j}+\frac{\partial\overline{u_j}}{\partial x_i}\right) \tag{11-10}$$

通过对研究水流区域的能耗率进行积分，得到总能耗率：

$$\begin{aligned}E&=\iiint_{\forall}\Phi\mathrm{d}\forall=\frac{1}{2}\iiint_{\forall}\left(\sigma_{ij}+\overline{p}\delta_{ij}\right)\left(\frac{\partial\overline{u_i}}{\partial x_j}+\frac{\partial\overline{u_j}}{\partial x_i}\right)\mathrm{d}\forall\\&=\iiint_{\Omega}\left(\sigma_{ij}+\overline{p}\delta_{ij}\right)\frac{\partial\overline{u_i}}{\partial x_j}\mathrm{d}\forall\\&=\iint_{\forall}\frac{\partial}{\partial x_j}\left[\left(\sigma_{ij}+\overline{p}\delta_{ij}\right)\overline{u_i}\right]\mathrm{d}\forall-\iint_{\forall}\overline{u_i}\frac{\partial}{\partial x_j}\left(\sigma_{ij}+\overline{p}\delta_{ij}\right)\mathrm{d}\forall\\&=\iint_{\forall}\left(\sigma_{ij}+\overline{p}\delta_{ij}\right)\overline{u_i}n_j\mathrm{d}s_{\mathrm{b}}-\iint_{\forall}\overline{u_i}\frac{\partial}{\partial x_j}\left(\sigma_{ij}+\overline{p}\delta_{ij}\right)\mathrm{d}\forall\end{aligned} \tag{11-11}$$

式（11-11）推导过程中，由体积分变换到面积分应用了数学中的高斯公式，其中 n_j 为面积元 $\mathrm{d}s_{\mathrm{b}}$ 的外法线方向单位矢量 $\vec{n}$ 的分量；$\forall$ 为研究的水流区域。根据边界条件可知，$\overline{u_i}n_j=0$，即式（11-11）中第一项曲面积分为零。将式（11-6）和式（11-7）代入式（11-11）中的第二项积分，得

$$E=-\iint_{\forall}\overline{u_i}\frac{\partial}{\partial x_j}\left(\sigma_{ij}+\overline{p}\delta_{ij}\right)\mathrm{d}\forall=-\iint_{\forall}\overline{u_i}\frac{\partial}{\partial x_j}\left(\gamma\overline{h}+\overline{p}\right)\mathrm{d}\forall \tag{11-12}$$

式中，有

$$\frac{\partial}{\partial x_j}\left(\gamma\overline{h}+\overline{p}\right)=\gamma J_i \tag{11-13}$$

对于一维水流，有

$$E=\iiint_{\forall}\overline{u}\gamma J\mathrm{d}\forall \tag{11-14}$$

式中，J 为水力比降，如果河流断面水力要素沿全断面均匀分布，比降主要沿纵向变化，则式（11-14）可写为

$$E=\gamma\int_L A\overline{u}J\mathrm{d}x=\gamma\int_L QJ\mathrm{d}x \tag{11-15}$$

在河长为 L 的河段，对于恒定均匀流，式（11-15）可以简化为

$$E=\gamma QJ \tag{11-16}$$

式中，Q 为流量。

（2）流体能量方程基本理论

能量方程源于热力学第一定律。热力学第一定律表述为：对某一系统所做的功和加给该系统的热量，等于该系统的能量增加值。需要指出，热力学第一定律是在系统处于平衡态时成立，而一般来说，流体系统在不断运动着。实际上，由于流体松弛时间即调整到平衡态的时间很短（大约在 10^{-10}s 左右），可以假设，流体是处于一种局部平衡态，即离平衡态只有极小偏差的状态，流体将很快趋于平衡态。

对某一系统单位时间所做的功用 $\mathrm{d}W/\mathrm{d}t$ 表示，单位时间加给该系统的热量用 F 表示，则系统能量 E 的变化率为

$$\frac{\mathrm{d}E}{\mathrm{d}t}=\frac{\mathrm{d}W}{\mathrm{d}t}+F \tag{11-17}$$

将热力学第一定律应用于流体运动，把式（11-17）中的各项用有关的流体物理量表示出来，即能量方程，得

$$\frac{\mathrm{d}E_{\mathrm{s}}}{\mathrm{d}t}=\left(\frac{\mathrm{d}E_{水体}}{\mathrm{d}t}+\frac{\mathrm{d}E_{悬浮}}{\mathrm{d}t}+\frac{\mathrm{d}E_{碰撞}}{\mathrm{d}t}+\frac{\mathrm{d}W_{边界}}{\mathrm{d}t}\right)+F \tag{11-18}$$

式中，E_{s} 为单位河段单位质量水沙浑水储存的能量；$E_{水体}$ 为单位河段单位质量水体的紊动耗能；$E_{悬浮}$ 为单位河段单位质量水体中泥沙有效悬浮功耗能；$E_{碰撞}$ 为单位河段单位质量水体中沙体碰撞耗能；$W_{边界}$ 为单位河段单位质量水体克服边界所做的功。

（3）泥沙有效悬浮功

1959 年，王尚毅提出泥沙有效悬浮功原理不仅适用于明渠紊流，同时还能用于明渠层流，并在这一基础上阐述了挟沙中不同于悬移质和推移质的“流移质”的输沙概念（1959 年天津水运学会年会上的报告稿），利用泥沙“势能速度”概念阐明了有效悬浮功原理，并应用该原理研究了挟沙明流对数流速分布公式中卡门常数的变化性质和区分造床质与非造床质的标准，以及黄河“接底冲刷”和普埃科河（Puerco River）泥沙等问题。

在阐述泥沙有效悬浮功原理方面，对泥沙悬浮功的能量来源问题的认识尚有不同观点，王尚毅认为，泥沙有效悬浮功直接取自水流的有效势能，属于挟沙水流在克服摩阻做功时各种耗能的一部分。

图 11-1 所示为平衡挟沙明流，A 点上单位体积内的泥沙淹没质量为$(\gamma_{\mathrm{s}}-\gamma_{\mathrm{w}})C$，其中 C 为该点上的含沙量（相对体积比），γ_{s}、γ_{w} 分别为泥沙、清水的容重。从统计特性上分析，这些泥沙随水流下行，1s 后与周围水流共同到达相应点 A'（$Z=h'$）上。

在重力作用下，泥沙相对于周围水体具有一个向下的势能速度 ω（通常是泥沙在各种因素作用下的静水沉速）。为方便解析，可将这一速度分解为两个分量，即沿流向的分量 ωJ 和垂直于流向的分量 $\omega\sqrt{1-J^2}$，其中 J 为水力比降。

为维持 A 点上泥沙的平衡运动，需要周围水体对其做功，对于单位体积内的泥沙而言，其值应为

$$W_1 = (\gamma_s - \gamma_w) C\omega\sqrt{1-J^2} \tag{11-19}$$

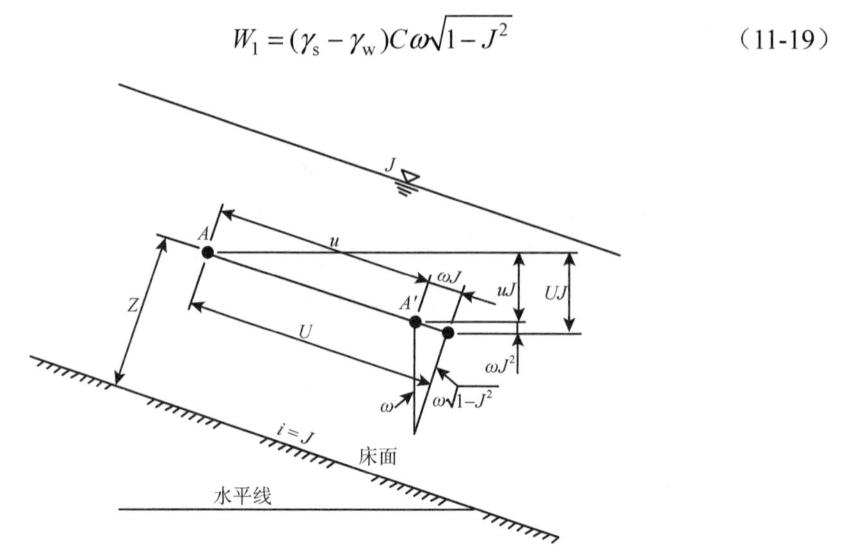

图 11-1　挟沙水流中泥沙有效悬浮功说明

这些泥沙在随水流下行的过程中，也对其周围水体提供一部分有效势能。根据前面的分析，A 点上泥沙沿流向的速度（包括动能速度 u 与势能速度 ωJ 两部分）为

$$U = u + \omega J \tag{11-20}$$

单位体积内泥沙每秒所提供的有效势能为

$$W_2 = (\gamma_s - \gamma_w) CUJ \tag{11-21}$$

对于 A 点单位淹没质量的泥沙而言，其净功（率）为

$$W_e = W_1 - W_2 = \omega\sqrt{1-J^2} - UJ \tag{11-22}$$

或为

$$W_e = \omega\sqrt{1-J^2} - (u + \omega J) J \tag{11-23}$$

式中，W_e 为泥沙的有效悬浮功，表示任意点 A 上单位淹没质量泥沙作平衡运动时，所需水流做的净功（率）。不难看出，当 $W_e = 0$ 时，泥沙有效悬浮运动不需要其周围水流做功；当 $W_e < 0$ 时，泥沙还提供给水流一部分有效势能。这种情况下，泥沙在水流中呈自身悬浮状态。

（4）河流边界最小耗能原理

天然河流在行进过程中会受到不同形式的阻力（图 11-2），包括河床阻力、水面空气阻力、河流平面形态阻力及成形堆积体的阻力等，这些阻力统称为河流动床阻力。其中，河床阻力由河底阻力和河岸阻力叠加而成，有如下关系：

$$\tau_0 \chi = \tau_b \chi_b + \tau_w \chi_w \tag{11-24}$$

式中，τ_0、τ_b、τ_w 分别为河床平均剪切力、河底及河岸剪切力；χ、χ_b、χ_w 分别为河床、河底及河岸湿周。

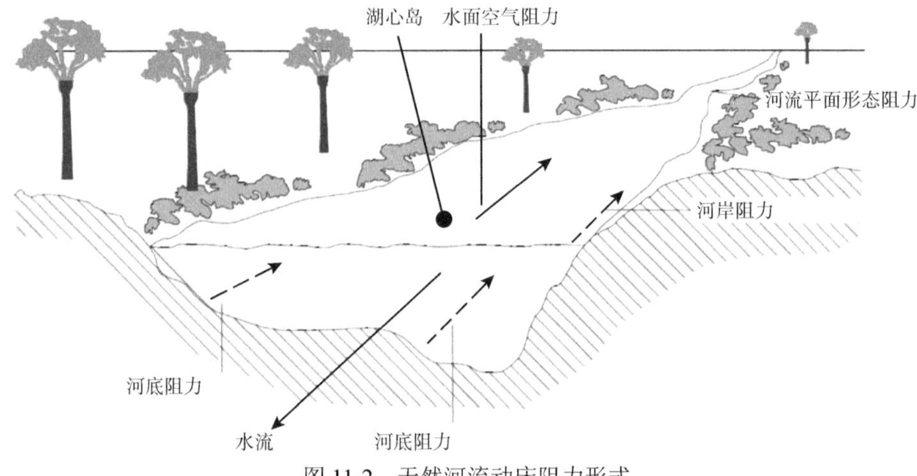

图 11-2　天然河流动床阻力形式

天然明渠挟沙水流在向下游行进过程中必然消耗部分能量用于克服河床阻力，其表现形式为

$$\mathrm{d}W_{边界}=\vec{F}\mathrm{d}s=\left(\tau_0\chi\mathrm{d}s\right)\mathrm{d}s \tag{11-25}$$

式中，τ_0 为河床平均剪切力，根据水力学得知 $\tau_0=\gamma RJ$，其中 γ 为浑水容重。则单位时间单位长度边界能耗为

$$\frac{\mathrm{d}W_{边界}}{\mathrm{d}s\mathrm{d}t}=\tau_0\chi\frac{\mathrm{d}s}{\mathrm{d}t}=\tau_0\chi U \tag{11-26}$$

1）对于恒定均匀流（河床断面形态不发生变化，断面面积 A 稳定）：

$$\tau_0=\gamma RJ \tag{11-27}$$

则单位时间单位长度内河床边界耗能为

$$\frac{\mathrm{d}W_{边界}}{\mathrm{d}s\mathrm{d}t}=\left(\gamma RJ\right)\chi U=\gamma AUJ=\gamma QJ \tag{11-28}$$

单位时间河床边界耗能为

$$\frac{\mathrm{d}W_{边界}}{\mathrm{d}t}=\gamma QJL \tag{11-29}$$

2）对于非恒定水流：

$$\tau_0=J_{\mathrm{w}}\gamma R-\frac{1}{g}\frac{\mathrm{d}u}{\mathrm{d}t}\gamma R=\left(J_{\mathrm{w}}-\frac{1}{g}\frac{\mathrm{d}u}{\mathrm{d}t}\right)\gamma R \tag{11-30}$$

式中，J_{w} 为水力比降；$\frac{1}{g}\frac{\mathrm{d}u}{\mathrm{d}t}\gamma R$ 为不平衡、不稳定项，其中 $\frac{\mathrm{d}u}{\mathrm{d}t}$ 为加速度项，涨水时为正，落水时为负，有

$$\frac{\mathrm{d}u}{\mathrm{d}t}=\frac{\partial u}{\partial t}+u\frac{\partial u}{\partial x}=\frac{\partial u}{\partial t}+\frac{\partial u^2}{2\partial x} \tag{11-31}$$

可得

$$\frac{\mathrm{d}W_{边界}}{\mathrm{d}s\mathrm{d}t}=\tau_0\chi U=\left(J_{\mathrm{w}}-\frac{1}{g}\frac{\mathrm{d}u}{\mathrm{d}t}\right)\gamma R\chi U=\left[J_{\mathrm{w}}-\frac{1}{g}\left(\frac{\partial u}{\partial t}+\frac{\partial u^2}{2\partial x}\right)\right]\gamma Q \tag{11-32}$$

因此，最终单位时间单位长度边界做功为

$$\frac{\mathrm{d}W_{边界}}{\mathrm{d}s\mathrm{d}t}=\gamma Q\left[J_{\mathrm{w}}-\frac{1}{g}\left(\frac{\partial u}{\partial t}+\frac{\partial u^2}{2\partial x}\right)\right] \tag{11-33}$$

式中，Q为造床流量；γ为浑水容重；J_{w}为水面比降；g为重力加速度；U为水流流速。

对式（11-33）在沿程x上进行积分，可得单位时间内的河流功率：

$$\varPhi=\int\frac{\mathrm{d}W_{边界}}{\mathrm{d}x\mathrm{d}t}\mathrm{d}x=\int\gamma Q\left[J_{\mathrm{w}}-\frac{1}{g}\left(\frac{\partial u}{\partial t}+\frac{\partial u^2}{2\partial x}\right)\right]\mathrm{d}x \tag{11-34}$$

其物理意义为单位时间内含沙水流在向下游流动过程中沿程对河床边界做功所损耗的能量。对于天然河流，其来水来沙过程是一个非恒定过程，当来水来沙条件改变后，在新的水沙条件下河床形态重新调整，如果水沙条件不断地变化，河床演变就很难达到一个均衡稳定形态，难以形成稳定断面形态，也就不存在边界最小耗能之说。所以，河床边界最小耗能应该是在恒定流情况下存在的，来水来沙恒定情况下含沙水流通过不断调整沿程流速和能坡，使河床达到一种动平衡状态，实现河床边界耗能最小，而水流挟沙力最大。综上所述，河床边界最小耗能理论公式形式如下。

单位时间内河流功率为

$$\boldsymbol{\varPhi}=\int\gamma QJU\ \mathrm{d}x=\gamma QJL=最小值 \tag{11-35}$$

单位时间单位长度内河流功率为

$$\boldsymbol{\varPhi}_l=\gamma QJU \tag{11-36}$$

式中，Q为造床流量；γ为浑水容重；J为水力比降；U为水流流速。

2. 基于最小能耗率原理的河相关系

河相关系所表达的是河道处于均衡状态时，所研究的河段上水动力因子（包括泥沙因子）和河道断面形态之间的定量因果关系。

基于最小能耗率原理，在河床动平衡状态下边界耗能最小。以水流连续方程、动床阻力公式、水流挟沙力公式作为约束条件，通过对目标函数$\boldsymbol{\varPhi}=\gamma QJU$求极值，分别推导出以悬移质造床为主的河相关系。

水流连续方程：

$$Q=BhU \tag{11-37}$$

式中，Q为断面流量；B为水面宽度；h为平均水深；U为断面平均流速。

动床阻力公式：

$$U = C\sqrt{RJ}\ ,\quad C = \frac{1}{n}\sqrt[6]{R} \tag{11-38}$$

式中，C 为谢齐（Chezy）系数；R 为水力半径；J 为水力比降；n 为糙率。可得

$$J = \frac{n^2U^2}{h^{4/3}}\ \text{（宽浅河流 } R\approx h\text{）} \tag{11-39}$$

将方程（11-37）代入，可得

$$J = \frac{n^2Q^2}{B^2h^{10/3}} \tag{11-40}$$

将其代入 $\boldsymbol{\Phi} = \gamma QJU$，可得

$$\boldsymbol{\Phi} = \gamma\frac{n^2Q^4}{B^3h^{13/3}} \tag{11-41}$$

式中，γ 为浑水密度。

对式（11-41）进行时间求导，其中 Q、n 为恒定值，不随时间变化，故可得

$$\frac{\mathrm{d}\boldsymbol{\Phi}}{\mathrm{d}t} = -\frac{3\gamma n^2Q^4}{B^4h^{13/3}}\frac{\mathrm{d}B}{\mathrm{d}t} - \frac{13\gamma n^2Q^4}{3B^3h^{16/3}}\frac{\mathrm{d}h}{\mathrm{d}t} \tag{11-42}$$

可以看出，河流功率随时间分为两部分，一部分是河流功率在河宽变化的调整，另一部分是河流功率在水深变化的调整，令

$$P_1 = \left(-\frac{3\gamma n^2Q^4}{B^4h^{13/3}}\frac{\mathrm{d}B}{\mathrm{d}t}\right)\Bigg/\frac{\mathrm{d}\boldsymbol{\Phi}}{\mathrm{d}t} \tag{11-43}$$

$$P_2 = \left(-\frac{13\gamma n^2Q^4}{3B^3h^{16/3}}\frac{\mathrm{d}h}{\mathrm{d}t}\right)\Bigg/\frac{\mathrm{d}\boldsymbol{\Phi}}{\mathrm{d}t} \tag{11-44}$$

式中，P_1、P_2 分别为河流功率在河宽变化和水深变化调整的概率，有 $P_1 + P_2=1$，当河流调整到动平衡状态时，有

$$P_1=P_2 \tag{11-45}$$

则有

$$\frac{3\gamma n^2Q^4}{B^4h^{13/3}}\frac{\mathrm{d}B}{\mathrm{d}t} = \frac{13\gamma n^2Q^4}{3B^3h^{16/3}}\frac{\mathrm{d}h}{\mathrm{d}t} \tag{11-46}$$

化简可得

$$\frac{9}{13}\frac{\mathrm{d}B}{B} = \frac{\mathrm{d}h}{h} \tag{11-47}$$

对式（11-47）两端同时求积分，整理可得

$$\frac{B^{9/13}}{h} = \eta \tag{11-48}$$

式（11-48）与阿尔图宁整理中亚、西亚河流资料时提出的公式 $B^j/h = \eta$ 结构相同，指数 j 由定值改为 0.5～1.0，平原河段取较小值，山区河段取较大值。河相系数 η 的变幅也

相应增大，河岸不冲和难冲的河流为 3～4，平面稳定的冲积河流为 8～12，河岸易冲的河流为 16～20。

在此基础上，联解水流连续方程、水流运动方程、河相关系公式和挟沙力公式，进一步推导得到河床比降公式。

悬移质水流挟沙力公式：

$$S_*=k\left(\frac{U^3}{\omega gh}\right)^m \tag{11-49}$$

式中，S_*为悬移质水流挟沙力；k 为挟沙力系数；m 为挟沙力指数，联解式（11-37）、式（11-40）、式（11-48）、式（11-49）求得河床比降公式：

$$J_{\mathrm{c}}=n^2\left(\frac{g\omega Q_{\mathrm{s}}}{k\lambda}\right)^{56/75}\left(\frac{\eta^{13/9}}{Q}\right)^{6/25} \tag{11-50}$$

式中，J_{c} 为河床比降；ω 为泥沙沉速；Q_{s} 为输沙率；η 为河相系数。最后，得到以悬移质为主的河相关系：

$$B_{\mathrm{c}}=\left(\eta^{4/3}Q\right)^{13/25}\left(\frac{k\lambda}{g\omega Q_{\mathrm{s}}}\right)^{13/75} \tag{11-51}$$

$$h_{\mathrm{c}}=\left(\frac{Q}{\eta^{13/9}}\right)^{9/25}\left(\frac{k\lambda}{g\omega Q_{\mathrm{s}}}\right)^{3/25} \tag{11-52}$$

3. 基于边界最小耗能的河道输沙能力

利用河流边界最小耗能理论推导封闭水流连续方程、动床阻力公式、输沙公式，构建基于边界耗能的输沙模型，并利用该模型计算河床稳定时的断面河相关系和输沙最优的临近指标，模型框架见图 11-3。

（1）水流连续方程

天然河道可概化为矩形断面，其水流连续方程可表达为

$$Q=BhU \tag{11-53}$$

式中，B 为水面宽度（m）；h 为平均水深（m）；U 为断面平均流速（m/s）。

（2）动床阻力公式

对于恒定、均匀的明渠流动，利用水流的能坡、断面平均流速、水力半径（宽浅河流一般用水深近似代替）及反映边壁粗糙状况的阻力系数这 4 个变量就可以得到断面平均流速公式，也可称为阻力方程。常用公式有以下几种。

1）谢齐（Chezy）公式：

$$U=C\sqrt{RJ} \tag{11-54}$$

式中，C 为谢齐系数（$\mathrm{m}^{1/2}/\mathrm{s}$）；$R$ 为水力半径（m）；J 为水力比降（无量纲）。

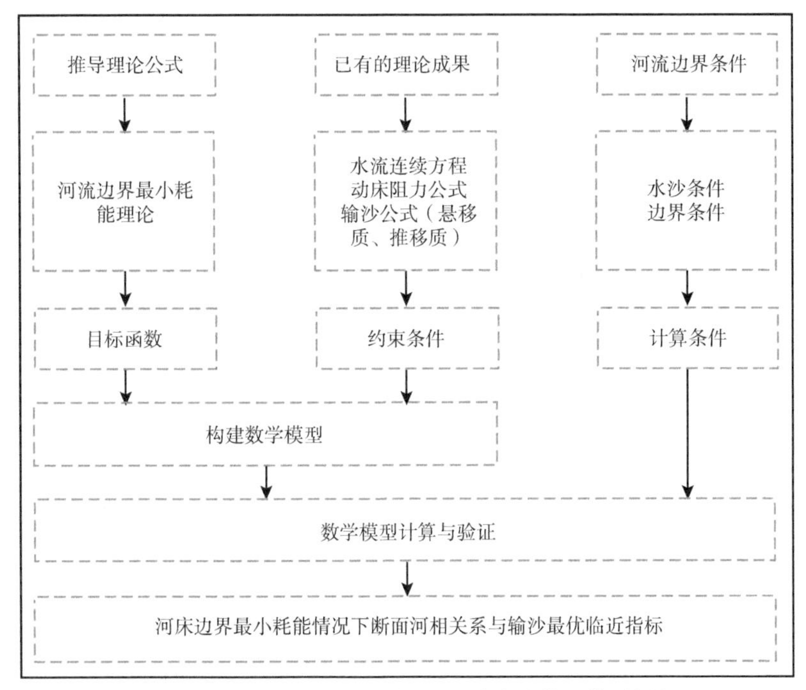

图 11-3　基于边界最小耗能的河道输沙数学模型框架

2）曼宁（Manning）公式：

$$U=\frac{1}{n}R^{2/3}J^{1/2} \tag{11-55}$$

式中，n 为糙率。

利用式（11-54）和 $C=\frac{1}{n}\sqrt[6]{R}$ 可得

$$J=\frac{n^2U^3}{h^{4/3}} \tag{11-56}$$

（3）悬移质水流挟沙力公式

在平原河流中，输沙量以悬移质为主，推移质一般可以忽略不计，采用张瑞瑾公式来近似计算水流的挟沙力，有

$$S_*=k\left(\frac{U^3}{\omega gh}\right)^m \tag{11-57}$$

（4）悬移质浑水沉速公式

由于黄河下游悬移质粒径普遍偏小，可以直接采用斯托克斯公式计算沉速，有

$$\omega=\frac{1}{18}\frac{\gamma_s-\gamma}{\gamma}g\frac{d^2}{\upsilon} \tag{11-58}$$

式中，ω 为泥沙沉速；d 为泥沙粒径；g 为重力加速度；υ 为清水运动黏滞系数。

根据上述公式，按照矩形河床断面推导出输沙能力表达式：

$$Q_s = k\left(\frac{J^{21/16}}{g\omega n^{21/8}}\right)^m Q^{(3/8m+1)} \tag{11-59}$$

4. 库区干支流水沙交互模式及模拟方法

水库库区干支流交汇，干流与支流水流相互作用，交汇处及附近河段的水流和泥沙运动复杂，入汇模式、入汇角度、干支流汇流比、含沙量、底坡坡降等均是干支流交汇处水沙运动和淤积形态的影响因素。多沙河流水库库坝区输沙流态和冲淤模式十分复杂，现有模型考虑不全面，难以适应高、超高、特高不同含沙量水库的冲淤模拟。为此，我们调查了 40 余座水库（大中型水库见表 11-1），深入研究了库坝区的泥沙冲淤规律，识别出库区干支流水沙交互存在沿程入汇、分层倒灌、侧向驱动、蓄泄吐纳四种基本模式，建立了冲淤模拟方法，研发了库坝区耦合水沙全交互模型，经过对三门峡、小浪底、刘家峡、巴家咀等水库的参数率定，计算精度提高了 10%以上。

表 11-1　本次调研的大中型水库

序号	水库名称	省（区）	河流	库容（亿 m³）
1	小浪底	河南	黄河	126.50
2	三门峡	河南	黄河	97.50
3	刘家峡	甘肃	黄河	57.20
4	红山	辽宁	老哈河	25.60
5	官厅	河北	永定河	22.70
6	万家寨	山西、内蒙古	黄河	8.96
7	汾河	山西	汾河	7.00
8	青铜峡	宁夏	黄河	6.07
9	巴家咀	甘肃	蒲河	2.57
10	盐锅峡	甘肃	黄河	2.20
11	王瑶	陕西	杏子河	2.03
12	新桥	陕西	红柳河	2.00
13	龙口	山西、内蒙古	黄河	1.96
14	张家湾	宁夏	清水河	1.19
15	三盛公	内蒙古	黄河	0.80
16	天桥	山西、陕西	黄河	0.67
17	旧城	陕西	芦河	0.58
18	镇子梁	山西	浑河	0.36
19	张家庄	山西	孝河	0.34
20	黑松林	陕西	冶峪河	0.14

（1）沿程入汇

沿程入汇模式的形成条件是：干流和支流均有来流，支流水沙汇入干流之后向下游输移，干流对支流水沙无影响。

一般情况下，不考虑干流对支流的影响，支流汇入干流后按照干支流叠加考虑，支流含沙量按照泥沙运动方程进行计算。

将悬移质分为 M 组，以 S_k 表示第 k 组泥沙的含沙量，则悬移质不平衡输沙方程为

$$\frac{\partial(AS_k)}{\partial t}+\frac{\partial(QS_k)}{\partial x}=-\alpha\omega_k B(S_k-S_{*k})+q_{\mathrm{ls}} \tag{11-60}$$

式中，Q 为流量；A 为过水面积；B 为河宽；t 和 x 分别为时间和空间坐标；α 表示恢复饱和系数；ω_k 表示第 k 组泥沙颗粒的沉速；S_{*k} 表示第 k 组含沙水流挟沙力；q_{ls} 表示单位时间单位河长汇入（流出）的沙量。

计算出断面含沙量后，根据河床变形方程即可求出干支流交汇处的河床冲淤变形情况。河床变形方程为

$$\gamma'\frac{\partial A}{\partial t}=\sum_{k=1}^{M}\alpha\omega_k B(S_k-S_{*k})-\frac{\partial(Bq_{\mathrm{b}})}{\partial x} \tag{11-61}$$

式中，γ' 为泥沙干容重；q_{b} 为单宽输沙率。

（2）分层倒灌

分层倒灌模式的形成条件是：支（干）流高含沙洪水汇入干流时，干（支）流蓄有清水，高含沙水流在汇入点的弗劳德数满足式（11-62），并且汇入点的水深满足式（11-63），即可形成分层倒灌。

$$Fr_0=U_0\bigg/\left(\frac{\Delta\rho}{\rho'\gamma}gh_0\right)^{0.5}=0.78 \tag{11-62}$$

式中，Fr_0 为汇入点的弗劳德数；U_0 为流速；$\Delta\rho$ 为高含沙水流与清水的密度差；ρ'为高含沙水流的密度；γ 为清水容重；g 为重力加速度；h_0 为水深。

$$h'\geqslant\left(\frac{\lambda' q^2}{8\eta_0 g i_0}\right)^{1/3} \tag{11-63}$$

式中，h'为汇入点的水深；λ' 为阻力系数；i_0 为底坡；q 为单宽流量；η_0 为河相系数。

分层倒灌是指在水库（或河道）干支流交汇区，在重力和惯性作用下，高含沙异重流改变运行方向，由干流进入支流或由支流进入干流，形成“逆流而上”的泥沙输移方式。支流对干流倒灌淤积或干流对支流倒灌淤积，在交汇处淤积面要高于倒灌淤积区的淤积面，交汇口形成淤积沙坎，自交汇口沙坎处以倒坡形式与倒灌淤积区淤积面衔接。

自 2002 年起，小浪底库区支流畛水泥沙在入汇处淤积形成了拦门沙坎（图 11-4），大峪河、石井河、西阳河、允西河、亳清河和板涧河等支流在河口均形成了河床倒坡，究其原因，均由小浪底库区黄河干流倒灌引起支流口门淤积造成。刘家峡水库下游支流洮河含沙量较高，汇入黄河后形成异重流，自交汇处分别向黄河干流上游和下游两个方向流动，向黄河上游倒灌使河床形成倒比降（图 11-5）。

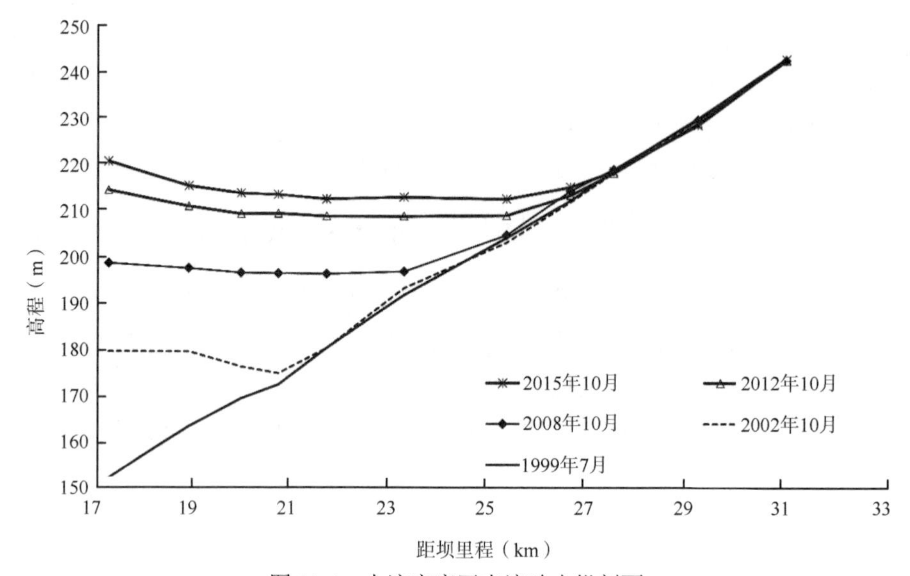

图 11-4　小浪底库区支流畛水纵剖面

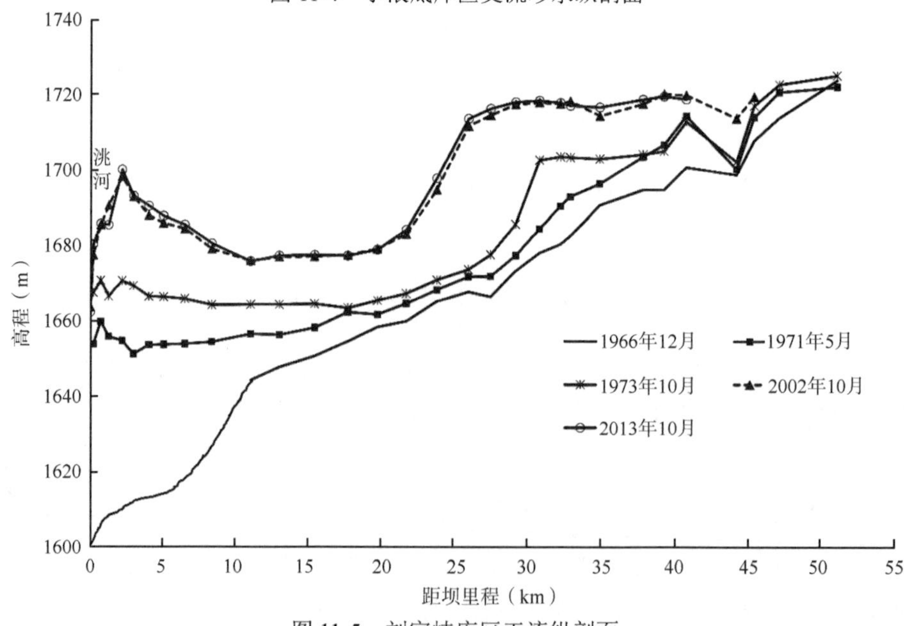

图 11-5　刘家峡库区干流纵剖面

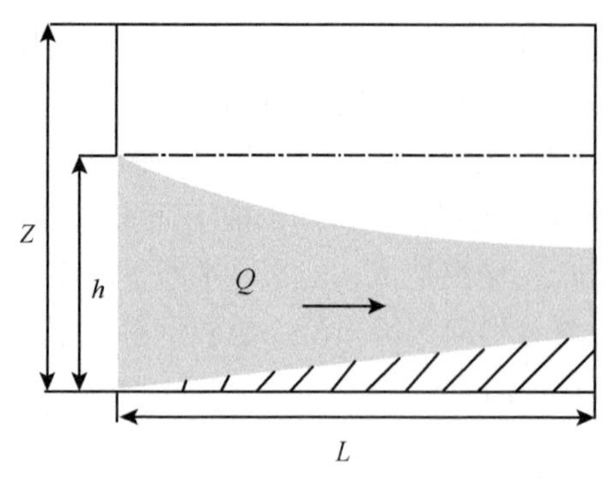

图 11-6　异重流倒灌示意图

异重流分层倒灌是三维两相流问题，一维模型以断面平均要素为待求变量，无法从机理上描述异重流倒灌问题。根据韩其为（2008）的异重流倒灌成果，异重流从干流倒灌支流或从支流倒灌干流后，将沿着与水流相反的方向流动，由于是超饱和输沙，沿程将不断淤积。图 11-6 为异重流倒灌示意图。

异重流倒灌长度为

$$L=\frac{\left(1+0.5Fr_l'^2\right)}{i_0+\frac{\lambda_0}{8}Fr_l'^2}h \tag{11-64}$$

式中，$Fr_l'^2$ 为潜入后的修正弗劳德数，取值 0.247；λ_0 为阻力系数，取值 0.03；h 为潜入后的水深；i_0 为底坡。

假定异重流倒灌流动是恒定的，则单位时间内进出微元 $b\Delta x$ 的沙量平衡方程为

$$QS-\left(Q+\frac{\mathrm{d}Q}{\mathrm{d}x}\Delta x\right)\left(S+\frac{\mathrm{d}S}{\mathrm{d}s}\Delta x\right)-\alpha\omega\left(S-S_*\right)b\Delta x-U_0Sb\Delta x=0 \tag{11-65}$$

式中，Q 为流量；S 为含沙量；Δx 为微元长度；U_0 为异重流上升速度；b 为异重流河宽。令 $\Delta x\to 0$，则有

$$\frac{\mathrm{d}\left(QS\right)}{\mathrm{d}x}=-\alpha\omega\left(S-S_*\right)b-U_0Sb \tag{11-66}$$

沿程异重流输沙率：

$$G=QS=Q_1S_1\mathrm{e}^{-\left(1+\frac{\alpha\omega}{U_0}\right)\beta x} \tag{11-67}$$

式中，Q_1、S_1 分别为潜入断面的异重流流量和含沙量。

沿程异重流输沙率减少：

$$\Delta G=Q_1S_1-QS=Q_1S_1\left[1-\mathrm{e}^{-\left(1+\frac{\alpha\omega}{U_0}\right)\beta x}\right] \tag{11-68}$$

减少的输沙率，一部分为淤积在河底的泥沙：

$$\Delta G_1=\left(\frac{\alpha\omega}{v_0}\right)\Big/\left(1+\frac{\alpha\omega}{U_0}\right)Q_1S_1\left[1-\mathrm{e}^{-\left(1+\frac{\alpha\omega}{U_0}\right)\beta x}\right] \tag{11-69}$$

另一部分为返回水流带出的泥沙：

$$\Delta G_2=\frac{Q_1S_1}{1+\frac{\alpha\omega}{U_0}}\left[1-\mathrm{e}^{-\left(1+\frac{\alpha\omega}{U_0}\right)\beta x}\right] \tag{11-70}$$

式中，β 根据实测资料确定；ΔG_1 和 ΔG_2 满足以下关系式：

$$\Delta G=\Delta G_1+\Delta G_2 \tag{11-71}$$

由于河宽和流量均是按指数衰减的，因此 $b=b_1\mathrm{e}^{-\beta x}$，$Q=Q_1\mathrm{e}^{-\beta x}$。

（3）侧向驱动

库区支流上游无水沙或流量很小，类似于盲肠河道，若干流流量或流速较大，经过支流口门时由于边界脱离对支流来流产生紊动剪切力，形成侧向回流，干流扩散挟带的

泥沙在回流区沉积落淤。因此，侧向驱动的形成条件是：支流为盲肠河段，无来流或流量较小，接近于静水，并且河底比降较小，而干流流量、流速、含沙量都比较大，干流在经过支流口门时与边壁脱离，产生动量扩散，为支流提供水沙运动的动力。

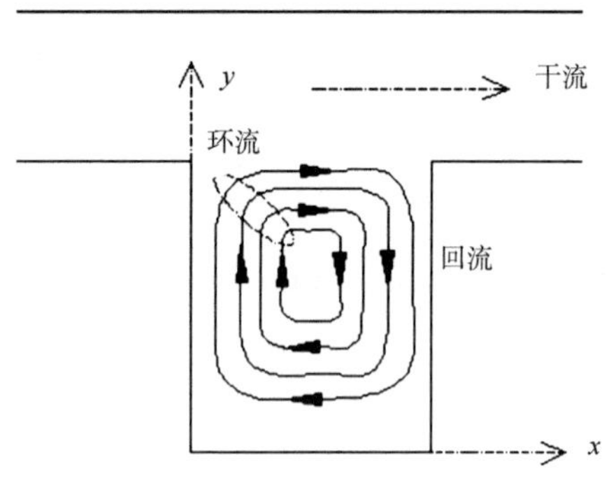

图 11-7　侧向驱动水流结构示意图

侧向驱动模式下，支流与干流交汇处的平面形态类似于椭圆形，垂线平均流速在各处相差较大，由回流中心沿矢径向外流速逐渐增大，围绕回流中心的流线上，流速呈交替增减的变化规律。回流在平面上作环形曲线流动，在回流区内存在较强的径向环流运动，使表层水流斜向回流周围界面，而底层水流则斜向回流中心，因此可将回流运动概化为平面上的竖轴环流与剖面上的径向环流的叠加运动，如图 11-7 所示。

干流挟带的泥沙向支流扩散，形成回流区泥沙运动，该部分泥沙运动在惯性力和重力、离心力的共同作用下，将床面泥沙汇集于回流中心，在回流中心又受到沿中心向上运动的水流作用而发生二次筛选，使细颗粒泥沙再次回到回流中，经过多次筛选，不同粒径的泥沙落淤于不同区域。干流与支流口门交界处存在较大的流速梯度和含沙量梯度，干流泥沙通过紊动扩散在回流区落淤，回流中心流速较小的区域最先淤积形成沙包，而后随着回流向周围落淤。

侧向驱动模式中支流泥沙主要来源于干流紊动扩散，因此不考虑泥沙在回流区内的复杂运动过程，假定泥沙通过干流扩散后穿过干支流交界面进入回流区的量即为淤积量。根据刘青泉（1996）的研究，影响回流淤积的因素主要有支流口门宽度 B、水深 H、含沙量 S、干流流速 U_{m}、淤积时间 T，将支流口门的水流运动近似看作沿垂线平均的二维运动，认为通过口门扩散进入支流的泥沙全部淤积在支流，有

$$\varphi = \varepsilon_y \frac{\partial S}{\partial y} \tag{11-72}$$

式中，ε_y 为支流口门法线方向 y 的泥沙扩散系数；$\partial S / \partial y$ 为法线方向 y 的含沙量梯度。单位时间进入支流口门的泥沙量为

$$G = H\int_0^{B_0} \varepsilon_y \frac{\partial S}{\partial y} \mathrm{d}x \tag{11-73}$$

且有

$$\varepsilon_y = 0.004\,55 U_{\mathrm{m}} x \tag{11-74}$$

$$\frac{\partial S}{\partial y} = 5.17 x^{-1} (S_{\mathrm{m}} - S_{\mathrm{r*}}) \tag{11-75}$$

$$S_{\mathrm{r*}} = K_0 \left(\frac{U_{\mathrm{r*}}^3}{g B_0 \omega} \right)^m \tag{11-76}$$

式中，B_0 为主流口门宽度；$U_{\mathrm{r*}}$ 为回流强度，即回流横轴上的平均流速；S_{m}、$S_{\mathrm{r*}}$ 分别

为干流含沙量和回流的饱和挟沙力；ω 为泥沙沉速；K_0 为系数。

将式（11-74）、式（11-75）代入式（11-76），可得淤积量：

$$G = 0.0235 U_m B_0 H (S_m - S_{r*}) P \tag{11-77}$$

式中，P 为回流挟沙力所能悬浮的大于临界粒径的泥沙所占悬浮级配的比例，根据回流区河床组成情况确定。考虑到支流入汇角度的影响，结合岳建平（1986）提出的干支流交角影响函数 $f(\theta)$，改进侧向驱动淤积量计算公式：

$$G = 0.0235 f(\theta) U_m B_0 H (S_m - S_{r*}) P \tag{11-78}$$

式中，$f(\theta) = C_1 + C_2\left(\frac{1}{2} + \frac{2}{\pi}\theta\right)(\pi - \theta)\sin^2\theta$，其中 θ 为干支流交角，C_1、C_2 为口门边界变化系数。

（4）蓄泄吐纳

水库蓄泄过程中，支流口门外水位涨落，会引起干支流交汇处河床发生冲淤变化。干流受坝前壅水作用的影响，对支流的顶托作用增强，支流水面比降减小，流速沿程衰减，泥沙沉积落淤，甚至形成拦门沙坎。水库泄水时，坝前水位降低，支流口门水位高于干流且形成一定水位差时，干支流交汇处将发生冲刷。因此，蓄泄吐纳模式的形成条件是：支流无来流或流量较小，口门外干流水位升降时，支流口门内水位也随之变化，在干流来高含沙洪水时，水库蓄泄的同时坝前水位上升或降落，向上游逐步传递，到达支流口门处引起淤积或冲刷。

水库蓄水水位升高，随后保持高水位运行，库区水动力条件最弱，干支流交汇处流速减小。水库蓄水后，高水位运行时干流对支流的顶托作用明显，流速减小的同时水面比降减小，造成支流入汇口泥沙淤积。水库坝前水位下降时，干流水位沿程迅速降低，支流受顶托作用减弱，淤积减弱或转入冲刷状态。

水库蓄泄过程中的干支流水动力差异是不同水沙运动交互的驱动力，结合水位、含沙量、流量等，对水库蓄泄时干支流交汇处的输沙量进行分析。

单位时间内支流冲淤量：

$$G = \int_0^T 2\phi A S \frac{\partial H}{\partial t} \mathrm{d}t \tag{11-79}$$

式中，S 为含沙量；A 为水面面积；T 为水位升降过程历时；H 为水深；ϕ 为泥沙落淤概率，不同时刻计算公式如下：

$$\phi = \phi_0 + \frac{K}{\omega}\left(\frac{h}{S}\frac{\Delta S}{\Delta t} + \frac{\Delta h}{\Delta t}\right) \tag{11-80}$$

式中，ϕ_0、K 为系数，分别取值 0.65 和 0.4；ω 为泥沙沉速；Δt 为划分的时段；Δh 为不同时段的水深变化；S 为不同时段的含沙量；ΔS 为不同时段的含沙量变化。

结合非恒定流一维不平衡输沙方程，求出冲淤量 G：

$$G = \int_0^T 2\phi A (S - S_*) \frac{\partial H}{\partial t} \mathrm{d}t \tag{11-81}$$

11.1.2 “蓄清调浑”理念内涵

多沙河流来水来沙主要集中于汛期，汛期是水沙调控的关键时期，水库一般会利用汛限水位以下库容通过合理的水位和泄量控制对入库水沙进行调节。多沙河流水库一般要考虑设置一定的拦沙库容和调水调沙库容，水库运用分拦沙阶段和正常运用阶段。在拦沙阶段，水库有一定的淤积量，但设计拦沙库容尚未淤满，汛期可以利用汛限水位以下扣除淤积体后的库容进行水沙调控。在正常运用阶段，即设计拦沙库容淤满时，汛期只能利用汛限水位到死水位之间的库容，以及再生利用库容进行水沙调控，见图 11-8。随着入库水沙条件变化和水库淤积边界条件变化，水库汛期水沙调控能力大小也在不断变化。

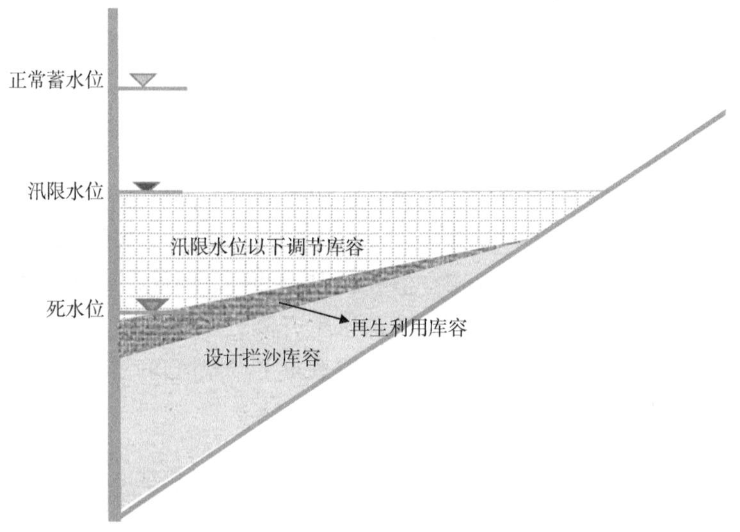

图 11-8　水库调节库容示意图

根据黄河水沙调度实践，“水沙调控度”是水库对入库水沙过程调控能力大小的度量，当单纯度量以“水”为主的调控能力时称之为“径流调控度”，当单纯度量以“沙”为主的调控能力时称之为“泥沙调控度”。对多沙河流水库汛期径流调控度和泥沙调控度分别定义，径流调控度是指水库汛期汛限水位以下的平均蓄水量除以汛期多年平均入库径流量，泥沙调控度是指水库汛限水位以下调节库容加上再生利用库容除以汛期多年平均入库泥沙量，具体公式如下。

径流调控度：

$$R_{\mathrm{fw}} = \frac{V_{\mathrm{fw}}}{W_{\mathrm{fw}}} \tag{11-82}$$

泥沙调控度：

$$R_{\mathrm{fs}} = \frac{V_{\mathrm{r}} + V_{\mathrm{h}}}{W_{\mathrm{fs}}} \tag{11-83}$$

式中，R_{fw} 为水库汛期径流调控度；R_{fs} 为水库汛期泥沙调控度；W_{fw} 为汛期多年平均入库径流量；W_{fs} 为汛期多年平均入库泥沙量；V_{fw} 为水库汛期汛限水位以下的平均蓄水量；

V_r为水库汛限水位以下调节库容；V_h为水库再生利用库容，要根据水库设计水沙条件，按照设计功能和运用方式分析确定。

由以上公式可以看出，在水库拦沙期，随着库区泥沙淤积，汛期水沙调控度是在不断减小的，库容淤积达到设计拦沙库容后趋于稳定。汛期水沙调控度越大，表示汛期水库对水沙调控的能力越大，反之则越小。

11.2　水库淤积形态设计技术

11.2.1　水库淤积形态分类

水库淤积形态一般包括纵向和横向两个方面。

1. 水库纵向淤积形态

水库纵向淤积形态主要有 3 种基本类型：三角洲淤积、带状淤积、锥体淤积。实际水库的纵向淤积形态既有单一形式，又有复合形式，并且在一定条件下淤积形态会发生转型。

（1）三角洲淤积

三角洲淤积形态比较广泛地出现在相对库容较大、来沙组成较粗、水库蓄水位变幅较小、库区地形开阔（如湖泊型水库）的水库中，修建在永定河上的官厅水库便是一个典型，见图 11-9。根据纵剖面外形及淤积物粒径的沿程变化特点，可将淤积区分为五段：三角洲尾部段、三角洲顶坡段、三角洲前坡段、异重流淤积段和坝前淤积段。

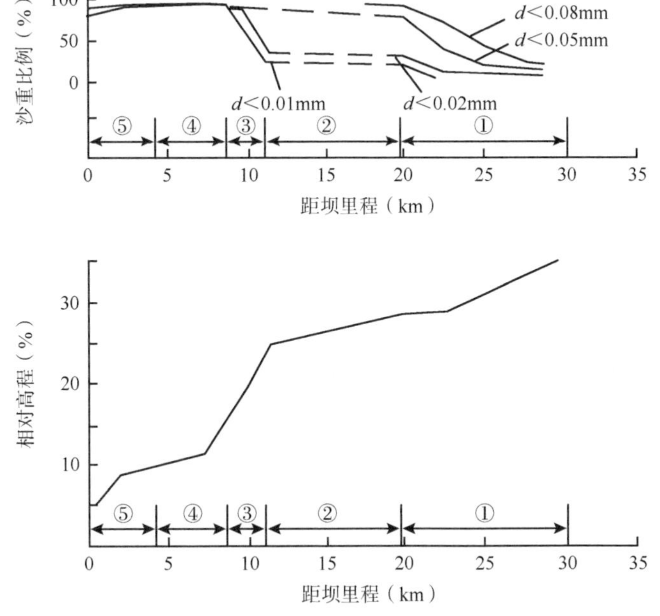

图 11-9　官厅水库淤积纵剖面及淤积物粒径沿程分布

①三角洲尾部段；②三角洲顶坡段；③三角洲前坡段；④异重流淤积段；⑤坝前淤积段

三角洲尾部段是天然河流进入壅水区的第一段，此处的主要特点是：挟沙水流处于超饱和状态，水流对泥沙的分选作用比较明显，淤积物主要是推移质和悬移质中的较粗部分。实测资料表明，淤积物中 d<0.08mm 的泥沙在此段起点处仅占 10%，在此段终点处则占 90%左右，说明此段具有明显的床沙沿程细化现象。

三角洲顶坡段的主要特点是：挟沙水流已趋近于饱和状态，顶坡坡面一般与水面线接近平行，水流接近均匀流。与水流条件相适应，顶坡上的床沙组成沿程变化不大，无明显的床沙沿程细化现象。三角洲顶坡段的平均比降可作为水库的淤积平衡比降，一般要比原河床比降小。根据美国 31 座水库及我国 14 座水库的实测资料，平衡后的坡降约相当于原河床比降的二分之一。

三角洲前坡段的主要特点是：水深陡增，流速剧减，水流挟沙力也大大减小，挟沙水流又一次处于超饱和状态，泥沙在此段再一次发生淤积和分选，使三角洲不断向坝前推移，河床沿程细化。官厅水库 1956～1958 年的资料表明，三角洲向坝前推进的速度是每年 3km 左右。由图 11-9 可看出，d<0.01mm 的沙重比例沿程明显加大。

异重流淤积段的主要特点是：异重流潜入后，因进库流量减小或其他原因，部分异重流未能运行到坝前便发生滞留现象，造成淤积。官厅水库的资料表明，淤积的泥沙组成较细，80%以上的泥沙粒径小于 0.02mm，粒径沿程几乎无变化，基本上不存在分选作用。淤积分布比较均匀，其淤积纵剖面大致与库底平行。

坝前淤积段的主要特点是：不能排往水库下游的异重流在坝前形成浑水水库，泥沙几乎以静水沉降的方式慢慢沉淀，淤积的泥沙全为细颗粒，淤积物表面往往接近水平。

根据官厅水库的实测资料分析，淤积的泥沙大量分布在三角洲，其淤积量占进库总泥沙量的 60%左右，而异重流淤积段只占 10%左右，其余 30%淤积在坝前或排往下游。

必须指出，三角洲淤积形态并非只在多沙河流的湖泊型水库出现，在多沙河流的河道型水库中也有出现。例如，红山水库为典型的河道型水库，位于西辽河的主要支流之一老哈河中游，多年平均含沙量为 44kg/m^3，悬移质中值粒径为 0.02mm，含沙量高而泥沙组成细，水沙条件与官厅水库较为接近。自 1965 年红山水库运用以来，年内库水位变幅较小，为 6～8m，汛期水位相对稳定，变幅仅 4m 左右，在此条件下，库区形成了三角洲淤积形态（图 11-10）。此外，在少沙河流的上述两种类型的水库中，尽管进库含沙量不高，但只要库水位年内变幅不是太大，库区也会出现三角洲淤积形态。例如，山东省的冶源水库为湖泊型水库，其进库多年平均含沙量为 2.21kg/m^3，库水位年内变幅为 5～10m，汛期蓄水，枯季需水时放水灌溉，在这种条件下，库区出现三角洲淤积形态；江西省的上犹江水库是典型的河道型水库，进库多年平均含沙量仅为 0.12kg/m^3，但其支流营前水也出现了三角洲淤积形态。

（2）带状淤积

带状淤积形态多出现在河道型水库中，以丰满水库为例说明这种淤积形态的现象和特点。

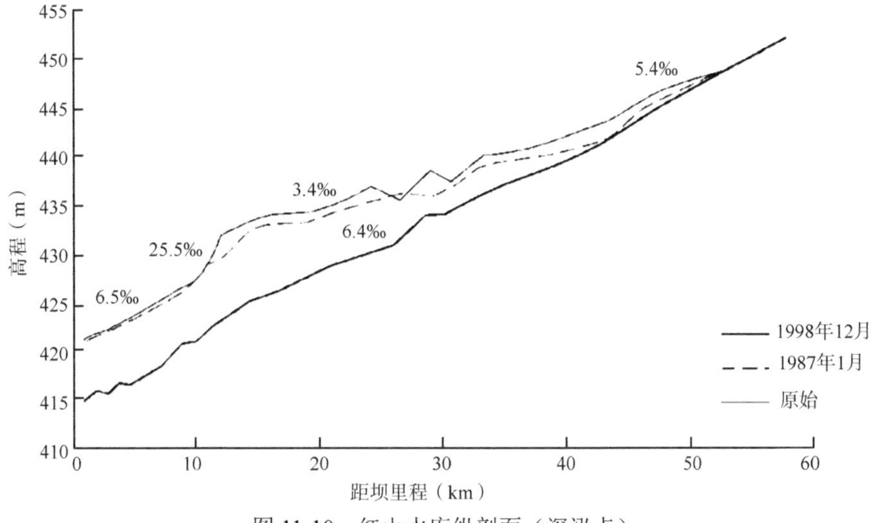

图 11-10 红山水库纵剖面（深泓点）

丰满水库为修建在少沙河流上的一个典型的河道型多年调节水库，位于松花江干流上，该水库进库泥沙少，多年平均含沙量仅为 $0.24kg/m^3$，进库泥沙较细，粒径小于 0.01mm 的泥沙平均占 50%，汛期进库泥沙中值粒径为 0.01～0.02mm，库水位变幅较大，正常运用时变幅为 10～20m，与此相应，回水变动范围也较长。上述水库形态、水沙特点和运用条件所造成的水库淤积特点是：淤积自坝前一直分布到正常高水位的回水末端，呈带状均匀淤积（图 11-11）。根据水库运用情况和水流泥沙运行特点，可以将淤积地区分为三段：变动回水区、常年回水区行水段和常年回水区静水段。

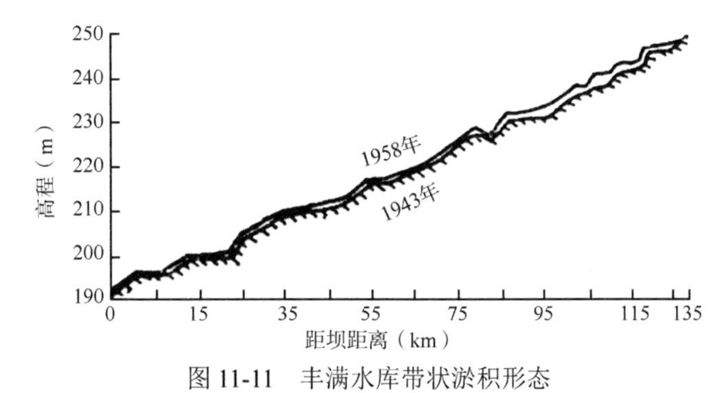

图 11-11 丰满水库带状淤积形态

变动回水区是指最高和最低库水位的两个回水末端范围内的库段。在此范围内，淤积的泥沙较粗，绝大部分是推移质和悬移质中的较粗部分，淤积分布也较均匀。在此段，由于水库的多年调节作用，水位变化具有周期性，水流条件也发生相应的变化。当库水位较高时，回水末端位于上游，较粗泥沙便开始在此淤积；当库水位下降后，回水末端向下游移动，原来高水位淤积的泥沙被冲到下游，并在下游回水末端淤积，这样便形成了比较均匀的带状淤积。因为淤积的泥沙甚少，而泥沙组成又很细，高水位时淤积的泥沙在降低水位时能被水流冲到下游，所以未能形成三角洲淤积。此外，由于水流条件的周期性变化，不同运用时期不同水流条件对泥沙的分选作用不同，在横断面上形成了粗细泥沙沿垂线方向分层交错的现象。库水位下降时，回水末端以上的河段恢复成天然河道，河床发生冲刷，形成一定宽度的主槽。

常年回水区行水段是指最低库水位回水末端以下具有一定流速的库段。此段除首端略有少量推移质淤积外，主要是悬移质淤积。因为含沙量低，泥沙细，而水流沿程变化又较小，所以淤积范围长，分布也较均匀，仅为一很薄的淤积层，不足以形成三角洲淤积。

常年回水区静水段是指坝前水流几乎为静水的库段。此段全为悬移质中的极细泥沙，以静水沉降的方式沉淀到库底形成淤积，其淤积分布极为均匀，基本上沿湿周均匀薄淤一层。

（3）锥体淤积

在多沙河流上修建的小型水库，比较普遍地出现锥体淤积形态。图 11-12 为陕西省黑松林水库的淤积纵剖面，属于典型的锥体淤积。这种淤积形态的主要特点是坝前淤积多，泥沙淤积很快发展到坝前，形成淤积锥体，与大型水库先在上游淤积，然后向坝前推进发展的淤积形式完全不同。当水库淤满后，河床比降比原河床比降小，此后淤积继续向上游发展。

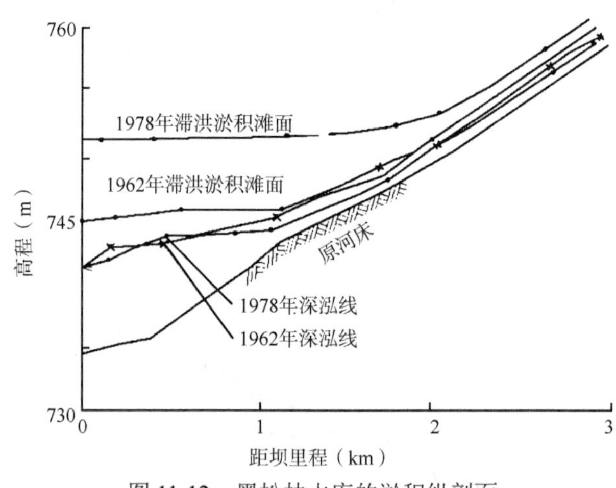

图 11-12　黑松林水库的淤积纵剖面

上述锥体淤积的特点主要是水库壅水段短、底坡大、坝高小、进库含沙量高等因素综合造成。因为底坡大、坝高小，所以水流流速较大，能将大量泥沙带到坝前淤积；又因为进库含沙量高，所以坝前淤积发展很快。此外，异重流淤积也是重要的原因之一，因为水库壅水段短、底坡大，异重流常常能运行到坝前；由于水库小，异重流到坝前之后即逐渐排挤清水，并和清水相混合，使水库的清水完全变浑，异重流随之消失，挟带的泥沙便在坝前大量淤积。

多沙河流上的大型水库，在一定条件下也会出现锥体淤积形态。例如，黄河干流上的三门峡水库在滞洪运用时期，因库水位较低，库区流速较大，大量泥沙被带到坝前淤积，因而出现了锥体淤积形态（图 11-13）。有些少沙河流上的水库（如山东省的七一水库），尽管含沙量不大，但由于坡陡流急、回水短，也会出现锥体淤积形态。

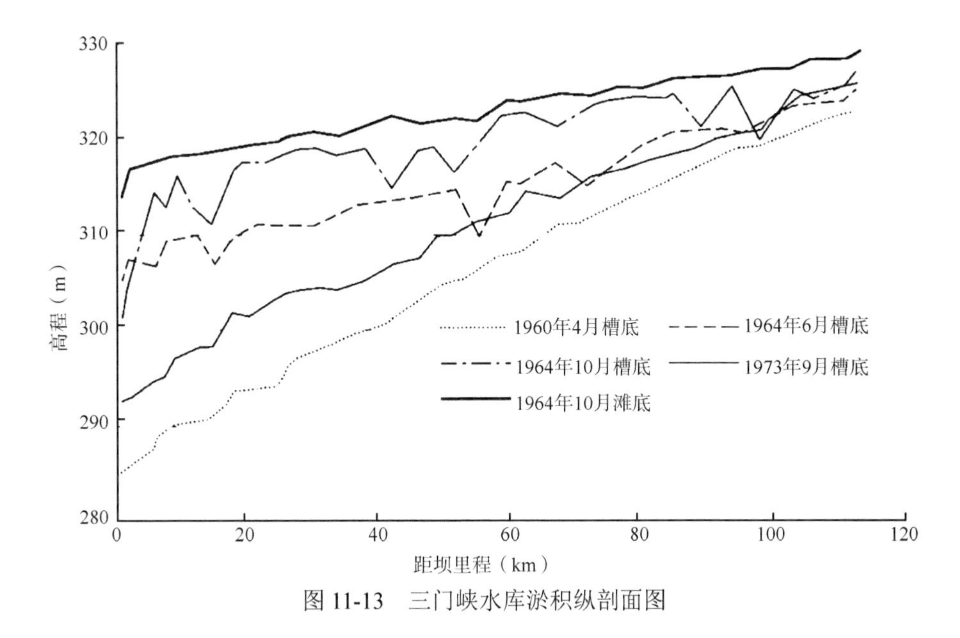

图 11-13　三门峡水库淤积纵剖面图

另外，库区支流倒灌淤积干流，会在干流形成拦门沙坎的倒锥体淤积形态，如刘家峡库区支流洮河倒灌淤积黄河干流的形态（图 11-14），呈典型的三角洲淤积形态，干流淤积三角洲逐渐向前推进，2001 年 4 月三角洲顶点距坝址约 28km。通过三角洲输送下来的泥沙，一部分在三角洲前坡段淤积，使三角洲前坡段基本上平行推移，另一部分在前坡段下游淤积。由于受到洮河倒灌淤积黄河干流形成的倒锥体沙坎阻碍，干流泥沙来不到坝前排出水库。

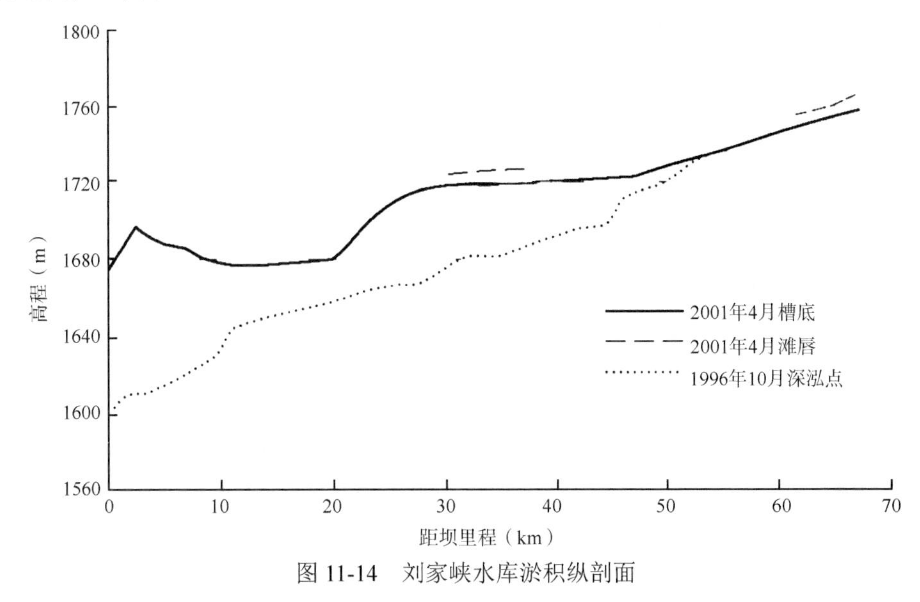

图 11-14　刘家峡水库淤积纵剖面

水库 3 种类型的纵向淤积形态都具有过渡的性质，对于能够达到淤积平衡的水库，最终过渡到形成锥体淤积平衡形态。水库初期淤积过程中，在不同的条件下，会出现不同类型的过渡淤积形态。多沙河流水库向淤积平衡过渡时间较短，而少沙河流水库向淤积平衡过渡时间较长。3 种类型的纵向淤积形态以三角洲淤积形态最为复杂，包括三角洲尾部段、三角洲顶坡段、三角洲前坡段、异重流淤积段和坝前淤积段，当异重流排沙受阻时又形成近坝段浑水水库，呈现近坝段水平淤积并向上游延伸。

2. 水库横向淤积形态

水库横向淤积形态一般有 4 种基本类型：淤槽为主（图 11-15）、淤滩为主（图 11-16）、沿湿周淤积（图 11-17）和淤积面水平抬高（图 11-18）。

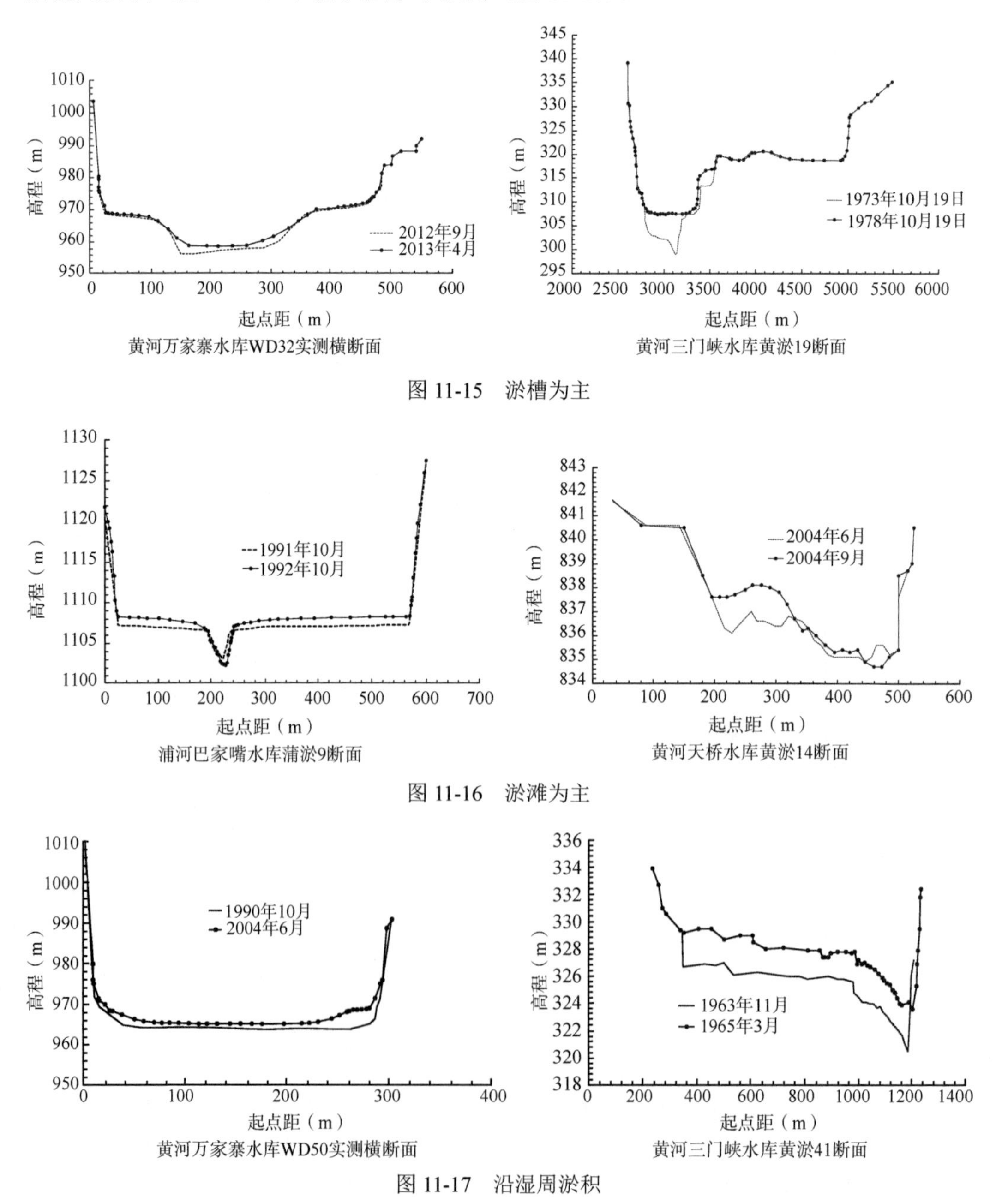

图 11-15　淤槽为主

图 11-16　淤滩为主

图 11-17　沿湿周淤积

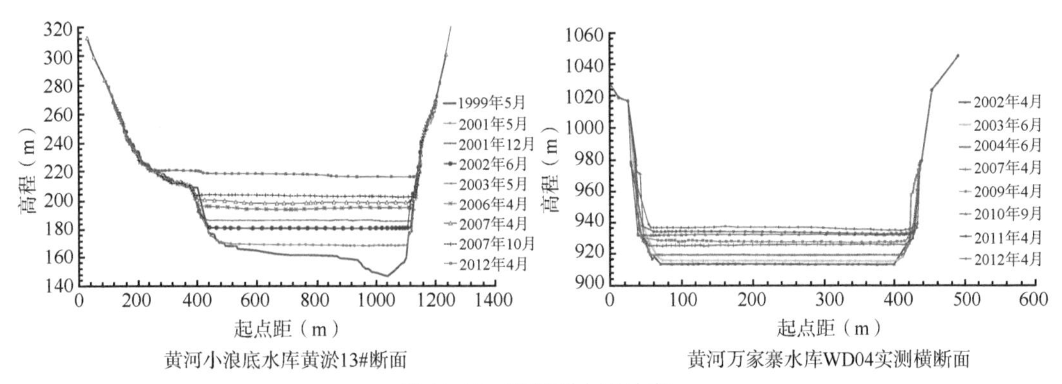

图 11-18　淤积面水平抬高

上述是单纯淤积条件下的水库横向淤积形态。实际上水库在一定时间间隔中不仅会发生淤积，还可能发生冲刷，从而使淤积形态复杂化。另外，由于水位升降，同一个断面不同高程点的淹没时间是不一样的，高程低的点淤积时间长，高程高的点淤积时间短，这也造成了横断面淤积形态的复杂性。因此，除了这 4 种横向淤积形态，还有不少横断面淤积是介于两种类型之间或兼有两种及以上类型。例如，冲刷时冲槽不冲滩，可能使淤积以淤槽为主变为累计后的沿湿周等厚淤积，甚至以淤滩为主。图 11-19 绘出了丹江口水库的一个横断面，可以看出，1974 年 12 月测量时，表现为以淤槽为主，但到 1976 年 12 月测量时，由于经过了冲刷，主槽淤积物被大量冲走，相对于 1966 年 12 月而言，则表现为沿湿周等厚淤积。当水位变幅很大时，主槽淤积时间长，淤得厚，而两岸淤积时间短，淤得薄，可能使淤积时的沿湿周等厚淤积变为累计后的以淤槽为主，见图 11-20。

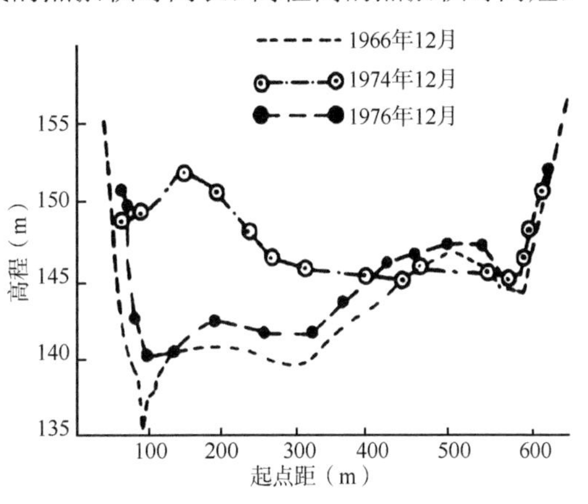

图 11-19　丹江口水库横断面冲淤后的形态

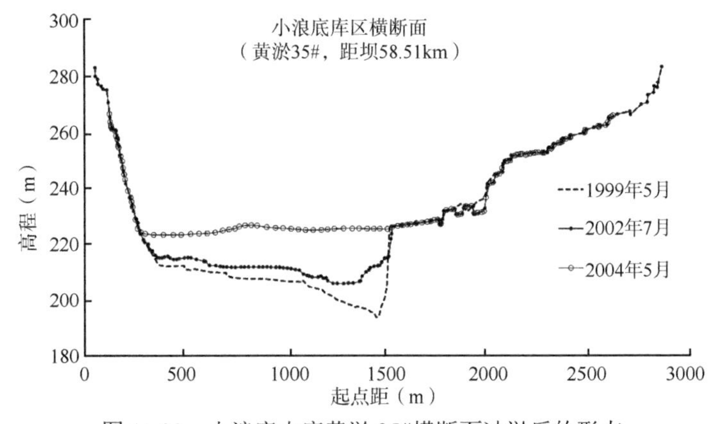

图 11-20　小浪底水库黄淤 35#横断面冲淤后的形态

11.2.2 水库淤积形态的主要影响因素

1. 水库纵向淤积形态的主要影响因素

水库纵向淤积形态的主要影响因素有：库区地形条件、来水来沙条件、水库运用方式、水库的泄流规模等。

（1）库区地形条件

库区地形一般可分为湖泊型、河道型及介于两者之间的形状。库区地形对淤积量和淤积分布影响甚大。湖泊型水库由于水流入库后的突然扩散，水流挟沙力锐减，大量泥沙淤积在库首，往往形成三角洲淤积形态；河道型水库因库形狭长，水流挟沙力处于缓变过程，泥沙淤积量小且沿程分布相对较均匀，一般呈带状淤积形态；库区地形复杂、宽窄相间的水库，在展宽处泥沙大量淤积，而在束窄处泥沙淤积较少，形成比较复杂的不均匀淤积状态。中小型水库由于坝低、库短、沙多，则易形成锥体淤积形态。

（2）来水来沙条件

来水来沙量较大、泥沙颗粒较细时，水库蓄水后容易形成浑水水库而呈锥体淤积形态；来水来沙量较小、泥沙颗粒较粗时，易形成三角洲淤积形态；来水来沙量较小、泥沙颗粒较细时，水库多形成带状淤积形态。

（3）水库运用方式

水库运用方式直接反映在坝前水位的变化上，它影响水库回水末端位置的变化。蓄水运用的水库，库水位变幅不大，一般形成三角洲淤积形态；“蓄清排浑”运用或“调水调沙”运用的水库，库水位变幅大，淤积容易发展到坝前，形成锥体淤积形态；“滞洪运用”的水库，当泄流规模较大时，一般易形成锥体淤积形态或带状淤积形态。

（4）水库的泄流规模

泄流规模大的水库，库区流速大，在“蓄清排浑”运用时，易形成锥体淤积形态或带状淤积形态；在“滞洪排沙”运用时，易形成带状淤积形态。泄流规模小的水库，库区流速小，在“蓄洪”运用时，一般形成三角洲淤积形态；在“滞洪排沙”运用时，有利于形成锥体淤积形态或三角洲淤积形态。

此外，水库泄流规模大时，淤积的泥沙在水库泄水时可能被冲走一部分，冲刷作用可能改变水库原有的淤积形态；水库泄流规模小时，冲刷作用甚弱，往往难以改变水库原来的淤积形态。

2. 水库横向淤积形态的主要影响因素

影响水库横向淤积形态的因素很多，包括水库运用方式、含沙量及悬移质级配、流速、水深、附近的河势、断面形态及水库纵剖面形态等。结合小浪底水库横断面淤积形态分析，横向淤积形态主要受水库运用方式、入库水沙条件等边界条件的影响。

（1）水库运用方式

我国多沙河流上水库的运用方式可以概括为 4 种类型：蓄洪运用、蓄清排浑运用、自由滞洪或控制缓洪运用及多库联合运用。

蓄洪运用，即水库的蓄水、放水等调度完全根据各用水兴利部门的要求确定，不受河道来沙情况的制约，根据调节径流处理泥沙方式的不同，蓄洪运用方式又可分为蓄洪拦沙与蓄洪排沙两类。蓄清排浑运用，就是水库在主要来沙期降低运用水位，采取空库迎洪方式，滞洪排沙，或控制低水位运用，利用异重流浑水水库排沙。自由滞洪运用，就是水库泄流设施不设闸门控制，泄流规模较大，水库对洪水起削峰滞沙作用，一般水流“穿堂”而过；而控制缓洪运用是有控制地蓄一部分洪水。多库联合运用，就是上下游水库进行调节与反调节，充分利用、合理开发水利资源。

无论水库采用哪种运用方式，水库淤积平衡趋向性都是一致的，水库淤积建立起与来水来沙及河床组成相适应的平衡河床以后，淤积就达到了极限状态。对于蓄洪运用的水库，横向淤积形态比较平坦，淤积面平行抬高，在回水末端附近才出现滩槽。对于蓄清排浑运用的水库，横向淤积形态有明显的滩槽，对具有空库运行阶段的水库，其滩槽淤积变化规律为：滩面只淤不冲，逐渐抬高，主槽冲淤交替，相对稳定。对于自由滞洪运用的水库，横向淤积形态有明显的滩槽，滩槽淤积变化规律同蓄清排浑运用。

小浪底水库运用分初期“拦沙、调水调沙”运用和后期“蓄清排浑、调水调沙”运用两个时期。初期采取逐步抬高主汛期（7～9 月）水位拦粗排细和调水调沙运用，调节期（10 月至次年 6 月）采取高水位蓄水拦沙和调节径流运用。

小浪底水库运用初期，随着蓄水时间的增加和运用水位的抬高，三角洲逐渐向坝前推进，在水库运用初期，淤积形态主要表现为三角洲的推进及洲面的抬高。图 11-21 为小浪底水库黄淤 49#断面的冲淤形态，2002 年 6 月小浪底水库平均运用水位为 233.67m，2003 年 5 月水库平均运用水位为 228.01m，水位降低了 5.66m，主槽发生冲刷，最大冲刷深度为 0.9m；2003 年 10 月小浪底水库平均运用水位为 262.07m，最高水位达 265.4m（2003 年 10 月 15 日），导致 2003 年 10 月库区淤积三角洲顶点上移至距坝 72.06km 处，泥沙主要淤积在距坝 50～110km，这是水库 2003 年淤积部位靠上的主要原因之一，也导致了 2003 年 10 月横断面淤积抬升较高，最大淤积厚度达 25.5m；2004 年 5 月小浪底水库平均运用水位降低了 5.63m，横断面出现淤滩刷槽现象，并形成了明显的滩槽；2004 年 10 月小浪底水库平均运用水位又大幅下降，较汛前水位降低了 15.86m，导致横断面全断面冲刷，河槽基本恢复到原始河床；随着运用水位的逐渐抬升，2005 年及 2006 年汛前河槽又逐渐淤积抬高。上述小浪底水库的横断面冲淤形态变化反映了水库运用水位对横断面形态的影响，水位升高时，基本沿全断面淤积；当水位降低幅度较小时，主要冲刷主槽，当水位降低幅度较大时，全断面冲刷。

（2）入库水沙条件

2000 年 7 月至 2010 年 6 月，小浪底水库年平均入库水量为 198.55 亿 m^3，其中汛期水量为 86.43 亿 m^3，占年水量的 43.5%；年平均入库沙量为 3.391 亿 t，其中汛期沙量为 3.064 亿 t，占年沙量的 90.4%；年平均含沙量为 17.08kg/m^3，汛期平均含沙量为 35.45kg/m^3。

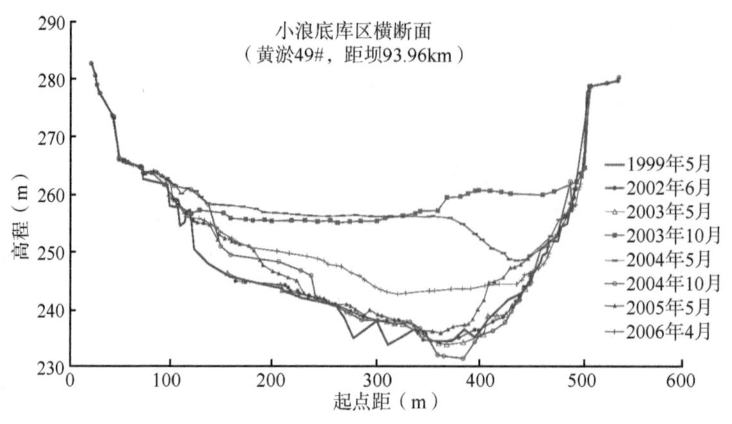

图 11-21 小浪底水库黄淤 49#断面的冲淤形态图

图 11-22 为小浪底水库黄淤 45#断面的冲淤形态。从历年水沙量过程看，自小浪底水库运用以来，除 2003 年和 2005 年受秋汛洪水的影响入库水量相对较丰外，其余年份水沙量均较枯。2003 年小浪底入库水量、沙量分别为 260.05 亿 m^3、7.76 亿 t，大于自 2000 年以来的多年平均值，沙量超过多年平均沙量 128.7%，导致 2003 年 5 月至 2004 年 5 月水库淤积严重，2004 年 5 月黄淤 45#断面淤积面达到最高。

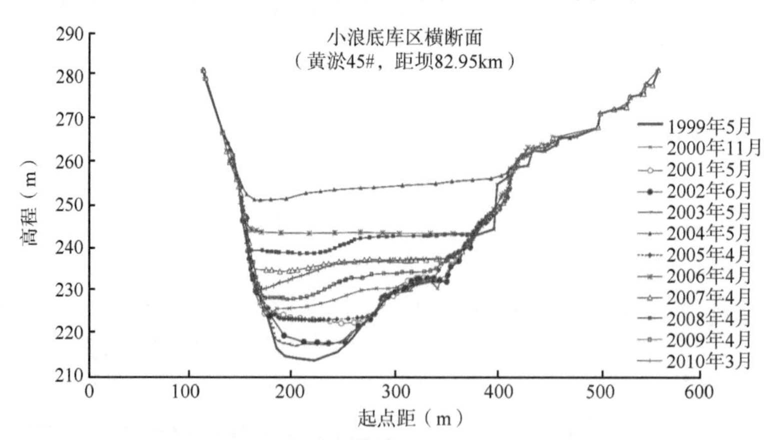

图 11-22 小浪底水库黄淤 45#断面的冲淤形态图

2004 年小浪底入库水沙量减少，水量减少了 35%，沙量减少了 59%，加上洪水作用，小浪底水库在距坝 55～110km 的河段发生了明显的冲刷，2004 年 5 月至 2005 年 4 月，黄淤 45#断面冲刷深度达 30m；2005 年小浪底入库水量为 238.22 亿 m^3，沙量为 3.86 亿 t，沙量增加了 21%；2005 年 4 月至 2006 年 4 月，在距坝 105km 内基本全程淤积，黄淤 45#断面平行抬升了 20m。上述小浪底水库的横断面冲淤形态变化反映了入库水沙条件对横断面形态的影响，沙量增加的幅度越大，淤积面抬升越多。

11.2.3 水库淤积形态判别条件

水库纵向淤积形态是淤积形态设计关注的焦点。关于水库纵向淤积形态的判别，国内不少单位曾在分析水库实测资料的基础上，提出了不少判别公式，可供水库规划设计时结合实际情况参考应用。

（1）陈文彪、谢葆玲公式

根据对 8 座少沙河流水库实测资料的分析，以 $\frac{h}{\Delta h}$ 表征对纵向淤积形态起主要作用的水库运用方式的影响，以 $\frac{W_s}{W}$ 表征入库水沙条件的影响，建立淤积形态的判别式：

$$\frac{h}{\Delta h}\left(\frac{W_s}{W}\right)^{0.5}>0.04，表现为三角洲淤积形态 \tag{11-84a}$$

$$\frac{h}{\Delta h}\left(\frac{W_s}{W}\right)^{0.5}<0.04，表现为带状淤积形态 \tag{11-84b}$$

式中，Δh 为水库历年平均坝前水位变幅（m）；h 为水库历年平均坝前水深（m）；W_s 为多年平均入库悬移质输沙量（亿 m^3）；W 为多年平均入库水量（亿 m^3）。

（2）清华大学水利系及水利部西北水利科学研究所公式

水库纵向淤积形态的一种判别式为

$$\frac{V}{W}>0.3，表现为三角洲淤积形态 \tag{11-85a}$$

$$\frac{V}{W}<0.3，表现为锥体淤积形态 \tag{11-85b}$$

式中，V 为库容（m^3），对一场洪水而言，就是相应于这场洪水中的最大库容，对较长时期而言，则是汛期平均库水位以下的库容；W 为入库水量（m^3），对一场洪水而言，就是这场洪水的洪量，对较长时期而言，则是汛期平均来水量。

水库纵向淤积形态的另一种判别式为

$$\frac{V}{W_s i_0}>2.2，表现为三角洲淤积形态 \tag{11-86a}$$

$$\frac{V}{W_s i_0}<2.2，表现为锥体淤积形态 \tag{11-86b}$$

式中，V 为时段平均库容（m^3），对长时期的淤积而言，是指总库容；W_s 为入库沙量（m^3），对长期淤积而言，是指多年平均入库沙量；i_0 为原河道比降（‱）。

（3）罗敏逊公式

水库纵向淤积形态的判别式为

$$5.3<\left(\frac{W_s}{V\gamma_0}\right)^{1/3}\Delta H\leqslant 43.8，表现为锥体淤积形态 \tag{11-87a}$$

$$1.11<\left(\frac{W_s}{V\gamma_0}\right)^{1/3}\Delta H\leqslant 3.94，表现为带状淤积形态 \tag{11-87b}$$

$$0.777 < \left(\frac{W_s}{V\gamma_0}\right)^{1/3} \Delta H \leqslant 1.75，表现为三角洲淤积形态 \tag{11-87c}$$

式中，W_s 为多年平均入库沙量（t）；γ_0 为淤积物干容重（t/m^3）；ΔH 为水库汛期坝前水位变幅（m）。

（4）焦恩泽公式

水库纵向淤积形态的判别式为

$$\frac{V}{W_s} \geqslant 2.0，\frac{\Delta H}{H_0} \leqslant 0.15，表现为三角洲淤积形态 \tag{11-88a}$$

$$\frac{V}{W_s} < 2.0，\frac{\Delta H}{H_0} \geqslant 0.15，表现为锥体淤积形态 \tag{11-88b}$$

式中，V 为相应于汛期平均库水位的库容（m^3）；W_s 为汛期平均入库总沙量（t）；H_0 为水库汛期坝前泄流底坎高程以上平均水深（m）；ΔH 为水库汛期坝前水位变幅（m）。

（5）水利电力部第十一工程局勘测设计院公式

水利电力部第十一工程局勘测设计院（现中国水利水电第十一工程局有限公司）分析了 7 座水库的实测资料（其中 5 座为多沙河流水库），提出了如下经验判别式：

$$\frac{SV}{Q} > 1，\frac{\Delta H}{H_0} < 0.1，表现为三角洲淤积形态 \tag{11-89a}$$

$$\frac{SV}{Q} < 0.25，\frac{\Delta H}{H_0} > 1，表现为锥体淤积形态 \tag{11-89b}$$

$$1 > \frac{SV}{Q} > 0.25，1 > \frac{\Delta H}{H_0} > 0.1，表现为带状淤积形态 \tag{11-89c}$$

式中，Q、S 分别为入库汛期平均流量（m^3/s）和含沙量（kg/m^3）；V 为水库汛期平均水位以下库容（亿 m^3）；ΔH 为水库汛期坝前水位变幅（m）；H_0 为水库汛期坝前泄流底坎高程以上平均水深（m）。

（6）韩其为的研究

韩其为提出水库淤积具有三角洲趋向性。资料表明，当坝前水位和来水来沙不发生变化时，水库淤积沿程是不均匀的，即中间某段淤积最厚，其余的地方淤积较薄。决定水库纵向淤积形态的指标是泥沙淤积比例，可以按是否能淤下三角洲的淤积比例来表示，不能淤下的就会形成锥体，能淤下的则只能形成带状和三角洲形态。因为水库长度、壅水程度、水库形状、来沙颗粒粗细及单宽流量的大小，都会影响水库的淤积比例，所以采用这个指标就可以间接反映这些因素对水库纵向淤积形态的影响。可以根据泥沙级配，绘出淤积时的分选曲线，由该曲线查出平均沉速开始接近于常数的淤积比例，作为从入库断面至三角洲前坡脚的淤积比例，即作为三角洲淤积比例。锥体淤积形成的基本条件是淤积比例小，而要满足这个条件，则要求壅水很低，或者壅水虽略高，但坝前水位起伏大，有时不蓄水。为了定量计算，求出锥体淤积的临界比例 λ_k，当水库淤积比例

$\lambda=\left(\frac{S_0-S}{S_0}\right)\leqslant\lambda_k$时，形成锥体淤积。对于三角洲淤积，必须壅水较高，使水库淤积比例等于或大于三角洲淤积比例（一般为 0.6～0.85），并且坝前水位变幅必须小于某个数值。对于带状淤积，除淤积比例要较大外，变动回水区的长度一般要达水库长度的 50%～60%。

需要指出的是，这些经验判别式都受所用实测资料的限制，所得判别结果仅具有参考意义。有些水库的淤积形态十分复杂，由复杂的水库地形条件或其他特定条件决定，便不能用经验判别式简单地识别了，而应结合不同水库的具体条件加以分析。

11.2.4　库区泥沙冲淤能耗最小临界形态计算

水库淤积形态设计关系到水库库容规模论证、水库兴利计算等环节，是水库工程泥沙设计的关键环节，宜考虑实际情况，采用多种方法分析计算，相互校验。水库泥沙淤积的研究在实践过程中不断发展。20 世纪 50 年代初，仅估算死库容淤满年限，后来认识到水库呈三角洲、锥体、带状等淤积形态，用三角洲法和平衡比降法进行水库冲淤计算；80 年代，先后建立了饱和、非饱和输沙计算法，在分析实测资料的基础上，建立了水库泥沙冲淤过程的物理图形绘制和计算方法；进入 21 世纪以后，随着人们认识水平的提高和计算机技术的发展，水沙数学模型成为研究库区水流泥沙运动及库区冲淤演变的有力工具，并得到了广泛应用。以下介绍基于能耗原理的库区冲淤形态计算分析方法。

水库淤积达到平衡后，在一个较长时间内，河槽没有朝着同一个方向变形，即可以说库区泥沙处于冲淤临界形态。结合实际来说，所谓的平衡实际上是一种动平衡，天然河流泥沙随着时间不断地变动，因季节不同河床发生的波动甚大，年际差异也非常明显，这种情况下的平衡一般是指在一个较长的时期，河床冲淤互补，没有明显的地形变化，是一种宏观概念上的平衡。

影响水库淤积平衡的主要因素包括造床流量、河道糙率、河床组成、水流挟沙力、河槽形态及侵蚀基准面的抬高等。从能量方程出发，联解水流挟沙力公式 $S_*=K\lambda U^3/g\omega h$、河相关系公式 $B^{0.6}/h=\eta$、水流连续方程 $Q=BhU$ 和水流运动方程 $J=n^2Q^2/B^2h^{10/3}$，可以得到相关的河床比降、河宽和水深公式。河床比降公式为

$$J_{\mathrm{c}}=n^2\left(\frac{g\omega S_*}{K}\right)^{20/27}\left(\frac{\eta^{5/3}}{Q}\right)^{2/9} \tag{11-90}$$

以悬移质为主的河宽和水深计算公式分别为

$$B_{\mathrm{c}}=\left(\eta^{4/3}Q\right)^{5/9}\left(\frac{K}{g\omega S_*}\right)^{5/27} \tag{11-91}$$

$$h_{\mathrm{c}}=\left(\frac{Q}{\eta^{5/3}}\right)^{1/3}\left(\frac{K}{g\omega S_*}\right)^{1/9} \tag{11-92}$$

11.3 库容分布设计技术

多沙河流水库运用根据库区泥沙淤积发展情况，一般分为拦沙期和正常运用期两个时期。在拦沙期，库区蓄水体大，壅水程度高，水库通过合理调节水沙，减缓水库和下游河道淤积，同时满足供水需求，充分发挥水库的综合利用效益。在正常运用期，水库拦沙库容淤满，在长期保持防洪库容的前提下，主汛期利用槽库容进行调水调沙和供水运用，使水库多年内冲淤平衡。相对于少沙河流水库，多沙河流水库入库沙量大、槽库容易淤损、临界状态摸不清，如果库容分布设计不合理，水库建成后泥沙淤积将侵占有效库容，导致水库调节能力不足，无法满足开发任务要求。

当前多沙河流水库水利枢纽工程规划设计研究，结合入库水沙条件和水库运用方式，分别探讨了基于正常运用期高滩深槽形态设置调水调沙库容，以及基于高滩高槽、高滩中槽形态设置防洪库容等的库容配置模式，但目前并未形成一套系统的技术方法。本书基于多沙河流水库运用中存在的高滩高槽、高滩深槽、高滩中槽 3 种临界状态，提出了泥沙冲淤与库容分布耦合设计技术。

11.3.1 多沙河流水库库容配置技术

根据多沙河流水库开发任务及综合利用要求，应合理配置拦沙库容、调水调沙库容、兴利库容、防洪库容、调洪库容和生态专属库容，确定水库总库容，并通过合理的调度方式保持水库长期有效库容。多沙河流水库拦沙期和正常运用期水库泥沙淤积的程度不同，由于各库容利用特性不同，泥沙淤积会对库容配置的时空变化产生影响。

水库拦沙库容为水库正常运用后泥沙淤积平衡线以下的库容，是达到设计淤积形态平衡后的斜体淤积库容，水库拦沙库容主要由死水位决定，死水位越高，按相同的设计淤积形态水库的拦沙库容也就越大。多沙河流水库为充分发挥拦沙减淤作用，在技术经济合理的前提下应尽可能取得较大的拦沙库容，发挥更大的拦沙减淤效益。设计拦沙库容包括死库容及死水位以上的斜体淤积库容，被泥沙淤积占用。在水库运用拦沙期，拦沙库容逐渐淤损，至拦沙期结束时，拦沙库容淤满，水库运用进入正常运用期，水库拦沙减淤任务完成。鉴于多沙河流水库汛期一般利用汛限水位以下库容对入库水沙进行调节，水库设计一般设置拦沙库容、调水调沙库容，水库运用一般分为拦沙阶段、正常运用阶段，受入库水沙条件和库容淤积变化情况的影响，水库汛期的水沙调控度也发生变化。

调水调沙库容设计不仅要满足下游河道减淤和中水河槽长期维持的要求，还要保持水库有效库容的长期维持，保证兴利库容不被泥沙淤积。在水库运用拦沙期，调水调沙库容在拦沙库容尚未淤满的泥沙淤积体以上，水库当年的汛限水位随着泥沙淤积逐年抬高。在水库正常运用期，调水调沙库容设置在死水位以上（拦沙库容以上），汛限水位以下，即在高滩深槽形态上设置。库区泥沙冲淤平衡后，利用调水调沙库容，对来水来沙过程进行多年调节，当遇到不利的来水来沙条件时，可利用调水调沙库容拦蓄部分泥沙，塑造协调的水沙关系，当遇到合适的来水流量时，可充分利用水流挟沙力冲刷恢复调水调沙库容，因此，正常运用期的调水调沙库容属于动态库容，是允许泥沙淤积的。

根据水库的设计资料，小浪底水库设计 10 亿 m^3 调水调沙库容淤沙量一般达到 3 亿～5 亿 m^3，最大可达到 8 亿 m^3；古贤水库设计 20 亿 m^3 调水调沙库容最大淤沙量可达到 12 亿 m^3；东庄水库设计 3 亿 m^3 调水调沙库容在正常运用期可淤满。

水库兴利库容为正常运用期死水位与正常蓄水位之间的有效库容。多沙河流水库为满足供水保证率要求，大多在供水区内设置调蓄工程与水库联合供水。水库兴利库容设计时，不仅要考虑与供水区内调蓄工程进行联合调节，还要考虑汛期兴利调节与调水调沙调度。水库汛期遇到合适的水流条件进行排沙调度时，由调蓄水库供水，其余时段和非汛期由水库和调蓄水库按照满足用水需求联合调度运行，水库向调蓄水库充水。为满足汛期蓄水时段和非汛期的兴利调节不受汛期泥沙淤积侵占兴利库容的影响，考虑多沙河流泥沙和水库调水调沙的特殊性，水库的兴利库容应包含调水调沙库容。

防洪库容是水库下游有防洪要求时，为满足下游防护对象的设计标准洪水要求从汛限水位至防洪高水位之间的库容。根据多沙河流水库对下游河道的防洪要求，水库需在库区泥沙淤积体达到平衡后于汛限水位以上设置防洪库容。由于正常运用期可能出现调蓄河槽内淤满泥沙的高滩高槽形态，为确保防洪安全，防洪库容在高滩高槽泥沙淤积体以上设置。

调洪库容是校核洪水位至汛限水位之间的库容。校核洪水位是按水库正常运用期的有效库容曲线和泄流曲线经校核洪水调洪计算推求的，而不是在水库初始运用未淤积时用校核洪水调洪计算推算。调洪库容在调水调沙库容以上，包含防洪库容。与防洪库容相同，调洪库容同样在高滩高槽淤积形态以上设置。

水库库容设置中不设置生态专属库容，该库容可以与兴利库容、防洪库容、调洪库容结合在一起，包含在兴利库容、防洪库容、调洪库容中。例如，泾河东庄水库在调节库容 5.78 亿 m^3 中设置生态专属库容 0.23 亿 m^3。

水库原始总库容即校核洪水位以下的原始库容。根据库区泥沙淤积形态设计，某些水库库尾段泥沙淤积体在校核洪水位以上，该部分库容不包括在总库容内。

一般河流水库库容配置中，防洪库容和兴利库容不结合或部分结合，见图 11-23、图 11-24。多沙河流水库库容配置中，防洪库容与兴利库容部分结合，见图 11-25。

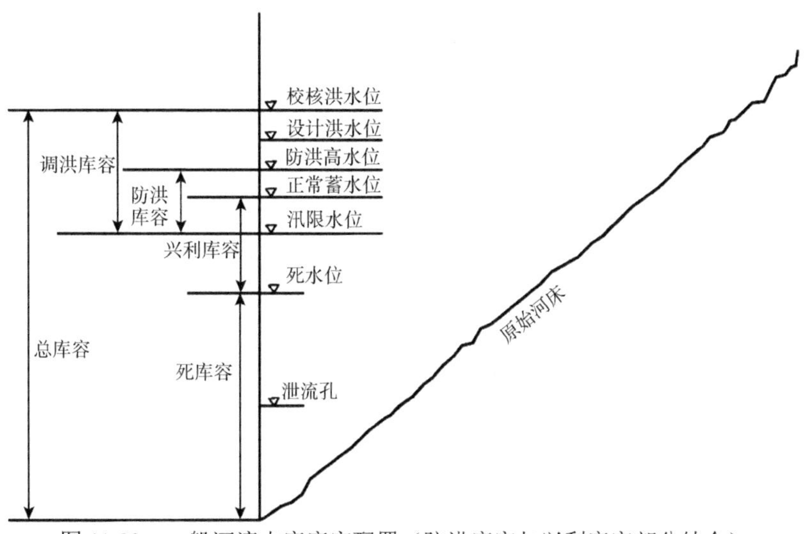

图 11-23　一般河流水库库容配置（防洪库容与兴利库容部分结合）

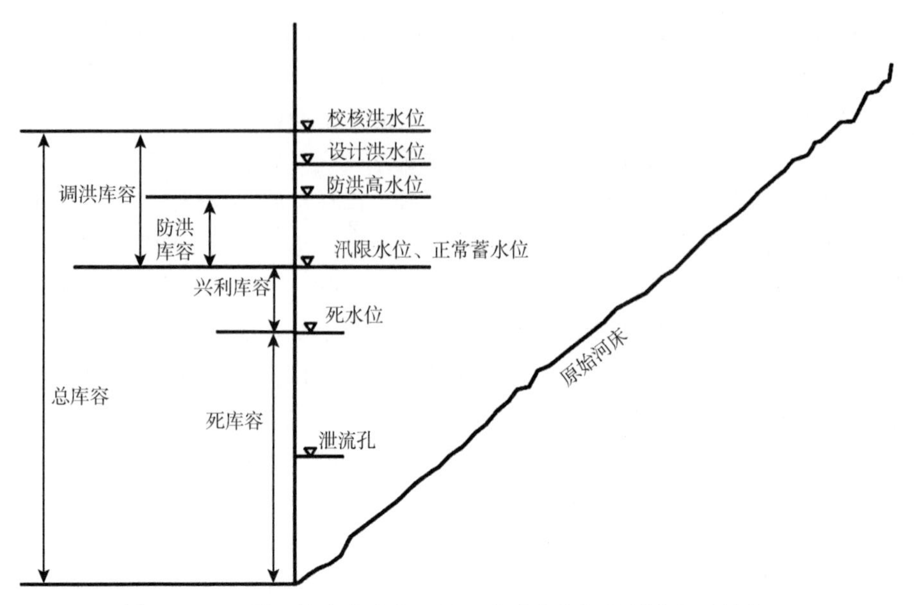

图 11-24　一般河流水库库容配置（防洪库容与兴利库容不结合）

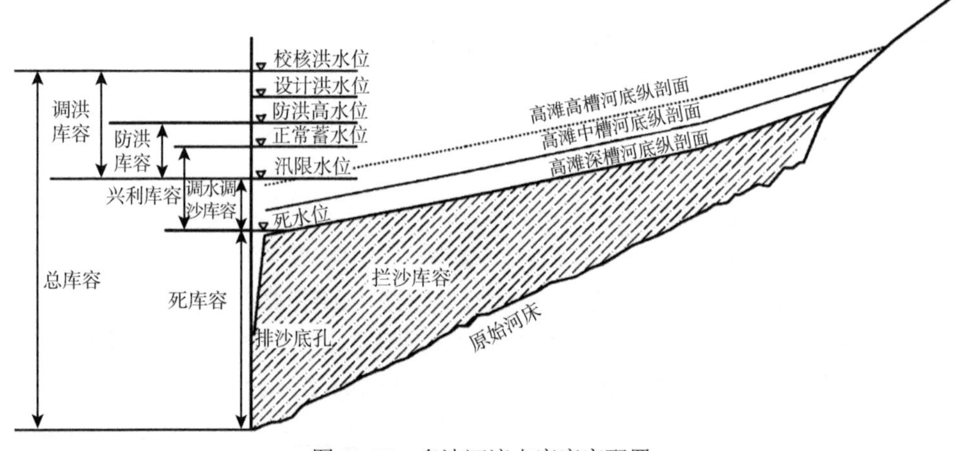

图 11-25　多沙河流水库库容配置

11.3.2　库容变化对水库设计水面线的影响

河流上修建水库后，水库回水会造成大坝上游地区的水位升高，对库区产生淹没影响，需要根据库区可能涉及的淹没对象及淹没标准开展水库回水计算。水库回水计算即水库蓄水后在各种标准下库区沿程水位壅高情况的计算，其任务是为确定库区淹没范围、淹没损失与淹没影响，拟定防护、迁移、迁建方案，进行库区航道及引水渠道规划，研究水库消落区土地利用和上游城市的排水问题等提供依据。

影响水库回水计算成果和精度的主要因素是入库流量、起调水位、河道初始地形条件、沿程糙率等。为进行某一洪水标准下的水库回水计算，通常可采用入库洪水过程线为其上边界条件，根据拟定的防洪运用方式进行调洪计算，对最高坝前水位相应入库流量和最大入库流量相应坝前水位两种情况分别进行不同频率回水计算。此外，水库淤积将使库区沿程过水断面减小，引起回水上延。

受泥沙淤积影响严重的水库，通常先求出不同淤积水平（年限）的库区淤积量与分布位置，求得淤积后的河道断面，然后再按上述方法推求淤积后的水库回水线。水库淤积后的糙率由于河床质细化应略小于建库以前，可通过试验或其他已建水库的观测资料综合分析选定。根据《水利水电工程可行性研究报告编制规程》（SL/T 618—2021），应考虑不同淤积年限的库区淤积沿程分布，分析对回水的影响。根据《水利水电工程建设征地移民安置规划设计规范》（SL 290—2009），回水计算需要考虑 10～30 年的泥沙淤积影响。但目前相关规范针对多沙河流水库回水计算的基底边界均不明确，可能导致移民回水超出设计范围，诱发社会问题。

多沙河流水库进入正常运用期后，主汛期一般情况下在汛限水位和死水位之间调水调沙运用，来洪水时防洪运用。当水库年来沙量与调水调沙库容相差不大时，水库正常运用过程中的冲淤平衡形态将会出现两种极端状态，一种为在水库降低水位至死水位排沙时达到平衡后形成的对应于坝前死水位的“高滩深槽”状态，另一种为在水库调水调沙运用和防洪运用过程中平衡河槽逐渐淤高形成的“高滩高槽”状态，见图 11-26。库区回水计算时，应充分考虑泥沙淤积的影响，采用“高滩高槽”状态的河道边界条件。

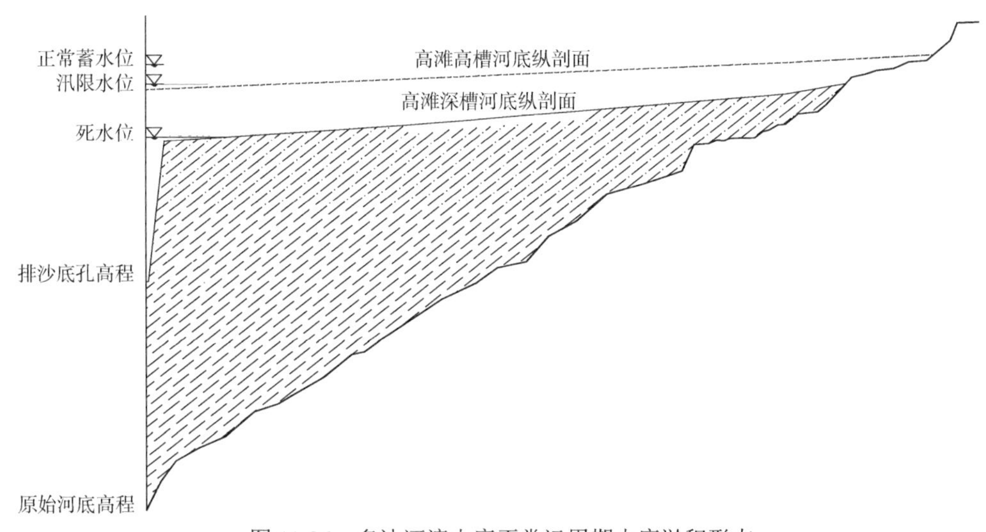

图 11-26　多沙河流水库正常运用期水库淤积形态

“高滩高槽”状态与水库年来沙量、库容相关。当水库年来沙量与调水调沙库容相差不大时，水库正常运用过程中，平衡河槽逐渐淤高将会形成对应于汛限水位的“高滩高槽”状态；当水库年来沙量小于调水调沙库容且相差较大时，水库正常运用过程中，平衡河槽逐渐淤高可能形成不了对应于汛限水位的“高滩高槽”状态，而是对应于介于死水位和汛限水位之间的“高滩高槽”状态。库区回水计算时，要充分考虑泥沙淤积的影响，精准捕捉水库淤积形态，避免移民回水超出设计范围或移民回水线过高而浪费投资。

11.4 拦沙库容再生利用技术

11.4.1 拦沙库容再生利用设计理念

在河床累积性淤积抬高的多沙河流上，防洪是突出的问题，河道防洪和减淤问题联系在一起。黄河的长期治理实践表明，通过修建骨干水库拦沙和调水调沙，一方面提高水库对入库水沙的调节能力，另一方面协调进入下游的水沙关系，提高下游河道输沙能力，兴建水库是减缓下游河道淤积抬升，维持适宜中水河槽最直接、最有效的措施。多沙河流上适宜修建拦沙和调水调沙水库的坝址资源非常有限，并且水库修建后，随着库区泥沙淤积，在一定年限内拦沙库容将逐渐淤满。

多沙河流水库在拦沙库容淤满后进入正常运用期，库区将形成高滩深槽和高滩高槽两种形态（图 11-27），其中高滩深槽形态以水库死水位为侵蚀基准面，该形态以下的库容为水库的拦沙库容。高滩深槽和高滩高槽之间的槽库容为调水调沙库容。按照设定的运用方式，水库拦沙期满进入正常运用期后，库区泥沙冲淤处于动态平衡状态，高滩深槽和高滩高槽之间的槽库容有冲有淤，水库有效库容能够得到长期维持。但是拦沙库容是不可恢复的。因此，通过设置非常排沙措施，充分利用有限的入库洪水过程，快速降低库水位，在库区形成低于死水位的泥沙侵蚀基准面，通过剧烈的溯源冲刷，破坏库区形成的淤积平衡形态，是实现拦沙库容重复利用的有效措施。

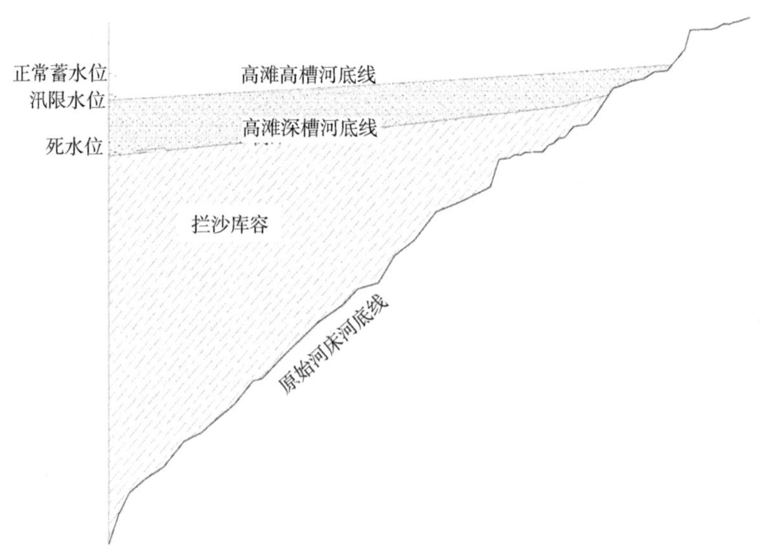

图 11-27 多沙河流水库淤积形态示意图

11.4.2 非常排沙孔洞设计技术

针对多沙河流水库拦沙库容淤损后无法重复利用的世界级难题，提出在正常泄流排沙孔以下增设非常排沙底孔，发明了孔洞空间布置、泄流规模等设计技术，为在死水位以下快速形成非常泥沙侵蚀基准面、实现拦沙库容再生利用创造了工程条件。

非常排沙底孔的闸底板高程要低于死水位和排沙泄洪深孔的底板高程，以便水库非常排沙运用时能够起到恢复拦沙库容的作用，同时需避免非常排沙底孔因泥沙淤积而被淤堵。可通过物理模型试验确定非常排沙底孔的闸底板高程，一般来讲，非常排沙底孔的闸底板高程低于排沙泄洪深孔的底板高程 10～20m。图 11-28 为非常排沙底孔示意图。

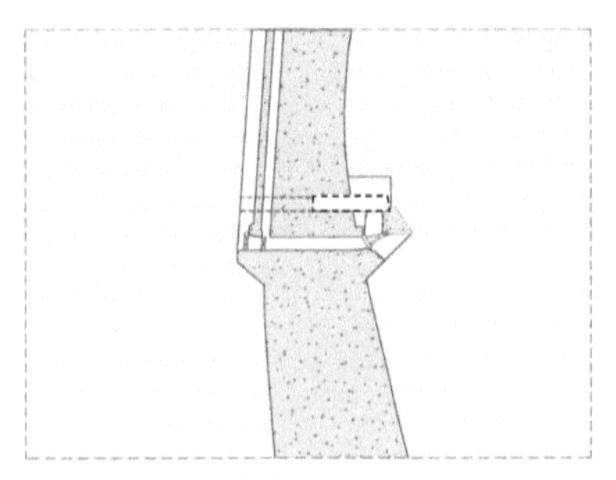

图 11-28　非常排沙底孔示意图

水库运用进入正常运用期后，遇到合适的洪水条件时，开启非常排沙底孔增强水库排沙能力，可有效恢复水库库容，提高水库的调控能力，进而实现水库拦沙库容的重复利用，最大可能地发挥水库的综合利用效益。非常排沙底孔高程为

$$H_{低}=H_{死水位}-H_z-h/2 \tag{11-93}$$

式中，$H_{死水位}$为死水位；h 为非常排沙底孔出口处孔道高度，即非常排沙底孔出口处孔道最高点到最低点之间的距离；H_z 为自由出流时非常排沙底孔中心处的作用水头，有

$$Q=\mu A_k\sqrt{2gH_z} \tag{11-94}$$

式中，μ 为流量系数，为 0.82～0.88；g 为重力加速度，取值 9.8N/kg；Q 为泄流能力，对于普通河流来说，泄流能力为 2～3 年一遇的洪峰流量，对于多沙河流来说，泄流能力为 3～5 年一遇的洪峰流量；A_k 为非常排沙底孔出口处孔道横截面的面积。非常排沙底孔出口处孔道横截面为圆形、长方形或正方形，当非常排沙底孔出口处孔道横截面为圆形时，半径宜选取 2.5～3m；当非常排沙底孔出口处孔道横截面为正方形时，边长宜选取 4～6m；当非常排沙底孔出口处孔道横截面为长方形时，高度宜选取 4～6m，宽度也宜选取 4～6m。

排沙泄洪深孔的高程为

$$H_{高}=H_{低}+H_{允许}+H_{冲刷} \tag{11-95}$$

式中，$H_{低}$为非常排沙底孔高程；$H_{允许}$为孔前允许淤沙高度；$H_{冲刷}$为孔前冲刷深度。

非常排沙底孔和排沙泄洪深孔的孔道平行，非常排沙底孔位于排沙泄洪深孔的下方，可充分发挥排沙泄洪深孔对非常排沙底孔的保护作用。

非常排沙底孔泄流规模的确定要针对不同泄流规模进行库区泥沙冲淤计算，计算分析不同泄流规模的水库库容恢复情况。非常排沙底孔的泄流规模需满足工程投资与恢复拦沙库容效益的技术经济比较的要求。非常排沙底孔的泄流规模可按不小于水库坝址处一年一遇洪峰流量确定。

针对不同水沙条件下非常排沙底孔运用进行库区泥沙冲淤计算，协调闸门启用时机、排沙水量和水库排沙效果之间的关系，确定最优的闸门启用水沙条件。

11.4.3 库容多元化利用技术

在传统的多沙河流水库的设计运用过程中，拦沙库容仅用于拦沙，功能单一，因此结合下游滩区群众的防洪保安需求，将小浪底水库拦沙库容用于下游中小洪水防洪，很好地解决了新形势下黄河下游滩区防洪保安的重大难题。库容多元化利用技术通过深入剖析黄河中下游不同来源区、不同水沙组合的300余场洪水特性，分别根据洪水的流量、历时、形状、组成和频次等特性，结合泥沙相关的含沙量、粒径组成、流态、时间、水流强度等指标，建立了洪水泥沙多种分类指标体系，构建了洪水泥沙联合分类分级方法，将洪水分为上大高含沙、上大一般含沙、共同来水高含沙、共同来水一般含沙、下大一般含沙洪水等多个种类，如图11-29所示。

图11-29 水沙分类分级管理调度运用技术示意图

水库不同运用阶段拦沙库容用于防洪的动态配置方法如图11-30所示，考虑滩区不同量级洪水的淹没风险，创建拦沙库容用于防洪的水沙分类管理调度运用技术。

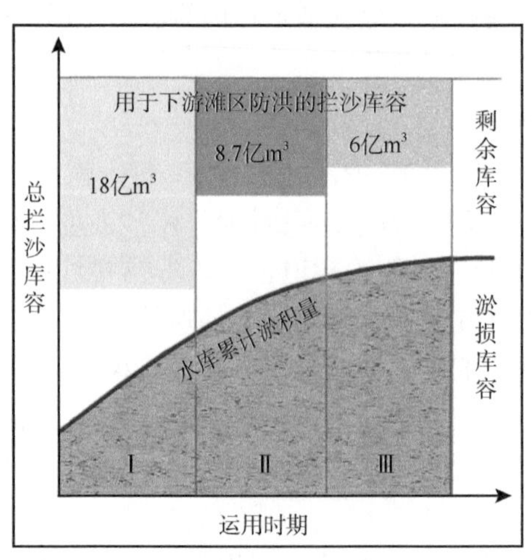

图11-30 拦沙库容动态配置方法示意图

11.5　水沙分置开发技术

11.5.1　多沙河流水库通过合理运用可长期保持有效库容

在河流上修建水库后，由于水位抬高，流速减小，必然造成泥沙在水库中的淤积，我国已建水库的库容每年以 1%左右的速度不断减小。据统计，我国松花江、辽河、海河、黄河、淮河、长江、珠江七大江河的年输沙量高达 23 亿 t，其中黄河的年输沙量最高，居世界大江大河之首，天然年均输沙量高达 16 亿 t。黄河流域水库的淤积速率之快、淤积量之大令人震惊。据不完全统计，全国 1373 座大中型水库的总库容为 1750 亿 m^3，淤损库容 218 亿 m^3，占总库容的 12.5%。黄河流域 260 座大中型水库的总库容为 384 亿 m^3，淤损库容 125 亿 m^3，占总库容的 32.6%。现今，绝大部分水库淤损库容占总库容的一半以上，大大制约了水库效能的发挥，有的甚至失去了应有的作用。例如，黄河干流第一座水利枢纽三门峡水库，建成不久就因泥沙淤积严重而被迫进行多次改建，并改变运用方式，使水库原设计功能至今无法充分发挥。

我国兴建了大量的大中型水库，由于黄河流域和北方一些河流含沙量极高，加之缺乏控制淤积的经验，水库在建库初期就淤积严重。自 1962 年以来，我国北方多沙河流部分水库开始摸索着控制淤积。例如，陕西黑松林水库自 1962 年起将原来的“拦洪蓄水”运用改为空库迎洪运用，收到了明显效果；闹德海水库于 1973 年将单纯的滞洪运用改为汛后蓄水运用，三门峡水库（1973 年）、青铜峡水库（1974 年）、直峪水库（1975 年）、恒山水库（1975 年）等均改变运用方式为蓄清排浑运用，基本控制了泥沙淤积，实现或接近实现水库长期使用，特别是三门峡水库加大泄洪规模而改建成功的经验，从实践方面初步证实了综合利用水库是可以长期保持有效库容的。

多沙河流上的水库，要长期保持有效库容，必须具有一定的泄流排沙规模，并制定合理的运用方式，使得因蓄水、滞洪而淤积的泥沙能顺利排出水库，达到一定时期内冲刷在数量和部位的相对平衡。这种平衡在一个年度内实现的称为泥沙年调节，在多年内实现的称为泥沙多年调节。由于多沙河流水沙年际和年内变化很大，部分水库在大部分年份能实现泥沙年调节，部分水库需要多年才能实现冲淤平衡。

根据多沙河流已建水库长期保持有效库容的经验，水库处于壅水状态下时，利用异重流、浑水水库和低壅水的壅水明流输沙流态可以尽量多排沙，但无法冲刷恢复库容，水库仍然持续淤积；而冲刷恢复并长期保持水库库容，不仅要将入库的泥沙排出，还要把前期水库淤积的泥沙冲刷出库，使得可利用库容得以增大，但要达到增大库容的目的只有水库处于均匀明流输沙流态下才有可能实现。在不利的水沙条件下，采用“蓄清排浑”运用方式，也不能从根本上解决水库持续淤积问题，只有在来大水时相机敞泄排沙运用，才能恢复并保持水库的长期可利用库容。

11.5.2　特高含沙河流供水水库难以实现汛期供水和库容保持

对于多沙河流上汛期有供水任务的水库而言，实现水库供水量最大化，并且保证水库有效库容长期保持是水库运行的目标，尤其是水流平均含沙量大于 200kg/m^3 的特高含沙河流，库区泥沙淤积更为严重，需要更高的畅泄排沙的概率来长期保持水库有效库容。若水库汛期蓄水不排沙，就会导致库区淤积严重，水库有效库容难以得到长期有效保持，影响综合利用效益的发挥。水库排沙期泄流排沙时很难保证水资源量，无法满足供水任务的要求，水库汛期水沙调控能力较为有限。因此，如何处理好水库蓄水和排沙的关系，如何利用汛期有限的水资源最大限度地发挥水库的综合效益，对多沙河流水库运用提出了新的要求。

特高含沙河流修建水利枢纽工程有两种开发模式，一种是在干流上修建一个水利枢纽工程，另一种是考虑到单个水库排沙运用时供水安全得不到保障，因此在干流上修建一个水库，同时新建调蓄水库来调节供水，形成干流水库调控泥沙、调蓄水库调节供水的并联水库模式。由于特高含沙河流汛期来沙量大，来水含沙量高，水库汛期需要利用大流量排沙来实现有效库容的长期保持。在排沙期，干流水库不调蓄径流，由支流调蓄水库供水；在非排沙期，干流水库调蓄径流，并由干流水库充蓄支流调蓄水库，同时经支流调蓄水库调蓄后向用水对象供水。两库联合运用，兴利库容联合配置应满足设计供水量和供水保证率要求，同时干流水库的兴利库容选择还需满足降低引水含沙量的要求，尽量延长调蓄水库淤沙库容的使用年限。

11.6　滩槽同步塑造技术

多沙河流水库的传统运用技术，通常是水库拦沙库容淤满后，开始集中排沙，进而恢复槽库容，形成高滩深槽，但是存在水库拦沙期库区只淤不冲、拦沙年限短、减淤效果差、支流沟口存在拦门沙坎导致支流库容无法充分利用等问题。因此，通过滩槽同步塑造技术，改变水库拦沙期只淤不冲的传统拦沙模式，解决拦沙库容淤损快、支流沟口形成拦门沙坎导致部分库容无法利用的难题。

滩槽同步塑造技术针对水库拦沙后期库区水流泥沙运动特性开展深入分析，研究库区滩槽形态形成、演变的机理，提出拦沙后期分阶段运用的理念。以临界水沙关系协调度为调控对象，以水库淤积量、淤积形态、泥沙固结程度、排沙条件及下游淤积水平作为阶段划分要素，确定各阶段的划分原则和运用思路，并根据滩槽控制水位与水库淤积形态、综合利用效益的多维响应关系，采用“动态控制、分级抬高”的滩槽同步塑造的运用水位调整模式，确立滩槽同步塑造的水位边界，以此作为拦沙期库区滩槽同步塑造的运用水位动态调整方法，确立了库区塑槽流量、塑槽历时等调控指标，提出了“小水拦沙，大水排沙，适时造峰，淤滩塑槽”的调控方式（图 11-31）。运用滩槽同步塑造技术基本可以避免库区支流拦门沙坎形成，使得支流库容得到充分利用，同时协调进入黄河下游的水沙搭配关系。

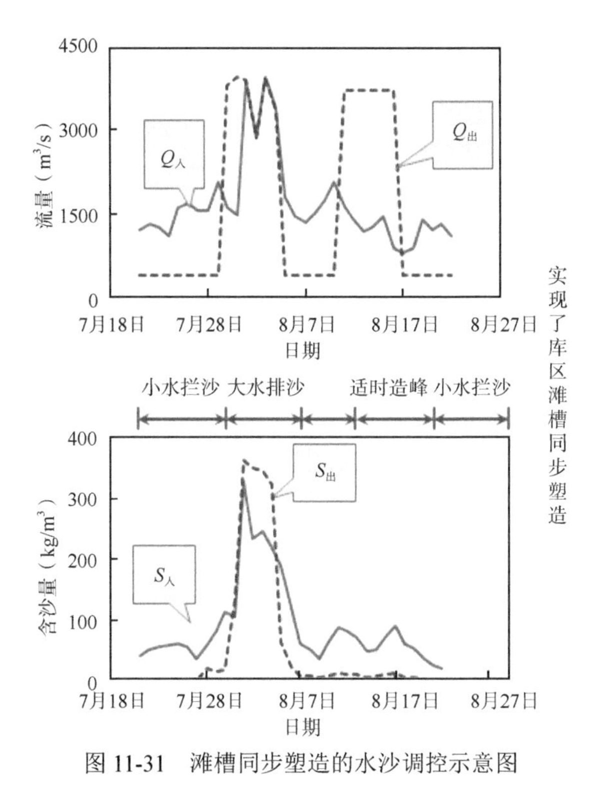

图 11-31　滩槽同步塑造的水沙调控示意图

11.7　本章小结

“蓄清调浑”运用，即根据水库开发任务要求，充分考虑多沙河流来水来沙过程中场次洪水和年际丰、平、枯变化，统筹调节泥沙对水库淤积形态和有效库容的影响，以尽可能提高下游河道水沙关系协调度为核心，设置合适的拦沙库容和调水调沙库容，通过“拦”“调”“排”全方位协同调控，实现有效库容长期保持和部分拦沙库容的再生利用、拦沙库容与调水调沙库容一体化使用，更好地发挥水库的综合利用效益。“蓄清调浑”运用不仅考虑水库的“拦”“排”运用，更加注重“调”的运用，指导思想更加主动、灵活，要求水库结合开发任务、运用阶段和入库水沙条件等灵活确定调度方式，不仅要“拦”“排”，更要在“调”中“拦”“排”，“拦”“排”中“调”。拦沙期水库按照“小水拦沙，大水排沙，适时造峰，淤滩塑槽”的滩槽同步塑造和拦沙库容多元化利用，正常运用期水库按照水沙分级分类调度，辅以非常规排沙调度，实现协调水沙关系再造和拦沙库容再生利用。同时，为更好地满足“调”的要求，“蓄清调浑”运用在水库设计上也有不同要求。首先，为满足提升水库汛期水沙调控度的需求，水库要设置足够的调水调沙库容，包括调水库容和调沙库容两部分，调水库容主要满足大流量过程塑造的需要，调沙库容主要满足水沙过程丰-平-枯变化及水沙关系不协调带来的泥沙年际和年内调节的需要。其次，库容分布设计要考虑水库“调”沙过程中水库淤积形态的动态变化，水库正常运用期调水调沙运用，库区泥沙冲淤具有死滩活槽的特点，存在“高滩深槽、高滩中槽、高滩高槽”3 种淤积状态，拦沙库容、调水调沙库容、兴利库容、防洪库容、生态专属库容分布设计要考虑和淤积形态变化的耦合，按照“深槽调沙、中槽兴利、高槽调洪”的规则进行水库库容配置，减免正常运用期泥沙动态调节侵占有效库容进而带来的水库强迫排沙的风险。再次，对超高含沙河流水库，采用“正常+非常”双泥沙侵蚀基准面和非常规排沙技术，在水库正常泄流排沙孔以下增设非常排沙底孔，结合非常规排沙调度方式，可在长期保持有效库容的前提下，进一步实现部分淤“死”拦沙库容的再生并和调水调沙库容一体化永续利用。最后，对于特高含沙河流水库，有效库容保持和供水调节之间的矛盾难以协调，要采用水沙分置开发方式。

参 考 文 献

安新代, 石春先, 余欣, 等. 2002. 水库调水调沙回顾与展望——兼论小浪底水库运用方式研究. 泥沙研究, (5): 36-42.

曹如轩, 陈景梁. 1974. 关于我省水库规划布局和运用方式的初步意见. 陕西水利科技, (3): 21-34.

陈翠霞, 安催花, 罗秋实, 等. 2019. 黄河水沙调控现状与效果. 泥沙研究, 44(2): 69-74.

陈效国, 吴致尧. 2000. 小浪底水库运用方式研究的回顾与进展. 人民黄河, (8): 1-2, 14.

戴定忠. 1991. 中国的河流泥沙问题//钱正英. 中国水利. 北京: 水利电力出版社.

杜殿勖, 朱厚生. 1992. 三门峡水库水沙综合调节优化调度运用的研究. 水力发电学报, (2): 12-24.

付健, 刘继祥, 侯红雨, 等. 2013. 东庄水库开发任务和建设时机分析. 人民黄河, 35(10): 48-50.

郭玲. 2011. 巴家咀水库除险加固后运用方式探讨. 甘肃水利水电技术, 47(8): 47-48, 51.

韩其为. 1995. 论水库的三角洲淤积. 湖泊科学, 7(2): 107-118.

韩其为. 2003. 水库淤积. 北京: 科学出版社.

韩其为. 2008. 小浪底水库初期运用及黄河调水调沙研究. 泥沙研究, (3): 1-18.

韩其为, 向熙珑. 1981. 异重流的输沙规律. 人民长江, (4): 76-81.

韩其为, 杨小庆. 2003. 我国水库泥沙淤积研究综述. 中国水利水电科学研究院学报, 1(3): 169-177.

胡春宏. 2016. 我国多沙河流水库“蓄清排浑”运用方式的发展与实践. 水利学报, 47(3): 283-291.

胡春宏, 陈建国, 陈绪坚. 2010. 论古贤水库在黄河治理中的作用. 中国水利, (18): 1-5.

胡春宏, 陈建国, 郭庆超. 2008. 三门峡水库淤积与潼关高程. 北京: 科学出版社.

胡春宏, 方春明, 许全喜. 2019. 论三峡水库“蓄清排浑”运用方式及其优化. 水利学报, 50(1): 2-11.

胡春宏, 王延贵, 张世奇, 等. 2003. 官厅水库泥沙淤积与水沙调控. 北京: 中国水利水电出版社.

黄河水利委员会科技外事局, 三门峡水利枢纽管理局. 2001. 三门峡水利枢纽运用四十周年论文集. 郑州: 黄河水利出版社.

姜乃森, 傅玲燕. 1997. 中国的水库泥沙淤积问题. 湖泊科学, 9(1): 1-8.

焦恩泽. 1981. 可用库容问题的研究. 泥沙研究, (3): 57-66.

焦恩泽, 姜乃迁, 黄伯鑫. 1983. 青铜峡水库泥沙运动规律分析. 人民黄河, (5): 22-25.

李国英. 2002. 黄河调水调沙. 人民黄河, 24(11): 1-5.

李国英. 2006. 基于水库群联合调度和人工扰动的黄河调水调沙. 水利学报, 37(12): 1439-1446.

梁艳洁, 谢慰, 赵正伟, 等. 2016. 东庄水库运用方式对渭河下游减淤作用研究. 人民黄河, 38(10): 131-136.

林一山. 1978. 水库长期使用问题. 人民长江, (2): 1-8.

刘继祥. 2008. 水库运用方式与实践. 北京: 中国水利水电出版社; 郑州: 黄河水利出版社.

刘继祥, 刘红珍, 付健, 等. 2020. 黄河中下游洪水泥沙分类管理研究. 郑州: 黄河水利出版社.

刘青泉. 1996. 回流饱和挟沙力. 水利学报, (6): 39-47.

龙毓骞, 张启舜. 1979. 三门峡工程的改建和运用. 人民黄河, (3): 1-8.

陆大璋. 1987. 青铜峡水库的排沙措施及效果. 人民黄河, (4): 18-21.
罗秋实. 2009. 基于非结构网格的二维及三维水沙运用数值模拟技术研究. 武汉大学博士学位论文.
钱宁, 张仁, 赵业安, 等. 1978. 从黄河下游的河床演变规律来看河道治理中的调水调沙问题. 地理学报, 33(1): 13-24.
钱胜, 付健, 盖永岗, 等. 2013. 渭河下游洪水冲淤特性对东庄水库运用要求分析. 陕西水利, (6): 131-133.
钱意颖, 程秀文, 华正本, 等. 1988. 三门峡水库蓄清排浑运行与泥沙问题的总结. 水利水电技术, (8): 1-7.
陕西省水利科学研究所河渠研究室水库组. 1973. 陕西省百万方以上水库淤积情况调查. 陕西水利科技, (1): 27-35.
水利部黄河水利委员会. 2003. 黄河首次调水调沙试验. 郑州: 黄河水利出版社.
水利水电科学研究院河渠研究所. 1959. 水库淤积问题的研究. 北京: 水利电力出版社.
粟宗嵩. 1974. 国外近代治水的教训及从中得到的启示. 灌溉排水学报, (1): 3-10.
涂启华, 扬赉斐. 2006. 泥沙设计手册. 北京: 中国水利水电出版社.
万新宇, 包为民, 荆艳东. 2008. 黄河水库调水调沙研究进展. 泥沙研究, (2): 77-81.
万占伟, 安催花. 2003. 黄河古贤水库淤积平衡形态分析计算. 北京: 中国水力发电工程学会水文泥沙专业委员会第四届学术讨论会.
万占伟, 李福生. 2013. 古贤水库建设的紧迫性和建设时机. 人民黄河, 35(10): 33-35.
王开荣, 李文学, 郑春梅. 2002. 黄河泥沙处理对策的发展、实践与认识. 泥沙研究, 47(6): 26-30.
王延红. 2010. 黄河古贤水利枢纽的作用与效益分析. 人民黄河, 32(10): 119-121.
王育杰. 2018. 三门峡水库“蓄清排浑”运用实践及展望//贾金生, 尚宏琦, 张利新. 水库大坝高质量建设与绿色发展: 中国大坝工程学会 2018 学术年会论文集. 郑州: 黄河水利出版社.
王煜, 李海荣, 安催花, 等. 2015. 黄河水沙调控体系建设规划关键技术研究. 郑州: 黄河水利出版社.
余光夏. 1990. 论陕西省泾河东庄水库工程. 西北水电, (2): 1-10.
岳建平. 1986. 港渠口门回流淤积概化模型试验和研究. 泥沙研究, (2): 41-50.
张金良. 2008. 黄河调水调沙实践. 天津大学学报, (9): 1046-1051.
张金良. 2016. 黄河古贤水利枢纽的战略地位和作用研究. 人民黄河, 38(10): 119-121, 136.
张金良. 2019. 多沙河流水利枢纽工程泥沙设计理论与关键技术. 郑州: 黄河水利出版社.
张金良, 付健, 韦诗涛, 等. 2019. 变化环境下小浪底水库运行方式研究. 郑州: 黄河水利出版社.
张金良, 胡春宏, 刘继祥, 等. 2021. 多泥沙河流水库汛期水沙调控度研究. 人民黄河, 43(11): 1-5.
张金良, 胡春宏, 刘继祥. 2022. 多沙河流水库“蓄清调浑”运用方式及其设计技术. 水利学报, 53(1): 1-10.
张金良, 乐金苟, 季利. 2006. 三门峡水库调水调沙(水沙联调)的理论和实践. 北京: 黄河三门峡工程泥沙问题研讨会.
张金良, 练继建, 万毅. 2007. 基于多库优化调度的人工异重流原型试验研究. 人民黄河, 29(2): 1-2, 5.
张金良, 练继建, 张远生, 等. 2020. 黄河水沙关系协调度与骨干水库的调节作用. 水利学报, 51(8): 897-905.
张金良, 索二峰. 2005. 黄河中游水库群水沙联合调度方式及相关技术. 人民黄河, 27(7): 7-9.

第 12 章　多沙河流水库的“蓄清调浑”设计运用实践

本章以黄河小浪底、黄河古贤、泾河东庄、马莲河贾咀、蒲河巴家咀等水利枢纽为例，详细阐述“蓄清调浑”设计运用理念、理论和技术在工程设计、运行中的实际运用，以期更好地阐明“蓄清调浑”理论技术体系的贡献和价值，为今后多沙河流水库设计、调度运用实践提供借鉴。

12.1　高含沙河流水库“蓄清调浑”设计运用实践

12.1.1　小浪底水利枢纽

1. 枢纽概况

黄河小浪底水利枢纽位于河南省洛阳市以北 40km 处的黄河干流，地处黄河中游最后一个峡谷段的出口，上距三门峡水利枢纽 130km，下距花园口水文站 128km，控制流域面积 69.4 万 km^2，占黄河流域总面积（不包括内陆区）的 92.3%，占花园口以上流域面积的 95.1%，控制了约 90%的黄河径流和几乎全部的泥沙，开发任务是以防洪（防凌）、减淤为主，兼顾供水、灌溉、发电，除害兴利，综合利用，是黄河干流的关键控制性骨干工程，在黄河治理开发中具有十分重要的战略地位。工程于 1997 年 10 月截流，1999 年 10 月下闸蓄水运用。水库设计正常蓄水位 275.0m（黄海标高），千年一遇设计洪水位 274.0m，万年一遇校核洪水位 275.0m，设计汛限水位 254.0m，死水位 230.0m。设计总库容 126.5 亿 m^3，包括拦沙库容 75.5 亿 m^3、防洪库容 40.5 亿 m^3 和调水调沙库容 10.5 亿 m^3。发电系统安装了 6 台 300MW 发电机组，总装机 1800MW，单机满发流量 $296m^3/s$，设计年发电量 51 亿 kW·h。

小浪底水利枢纽主要包括挡水建筑物、泄洪排沙设施、发电引水系统和灌溉供水系统等，共同运用完成工程开发任务。为了满足工程开发任务需要，在小浪底水利枢纽共设置了 3 条孔板洞、3 条排沙洞、3 条明流洞、6 条发电洞和 1 条灌溉洞，共 16 条洞，安排了 47 个不同高程的进水口以控制进水。3 条孔板洞、3 条排沙洞进水口高程最低，24 个进水口底坎高程都是 175.0m，3 条明流洞进水口底坎高程依次抬高，分别为 195.0m、209.0m、225.0m，6 条发电洞的 18 个进水口底坎高程分别为 190.0m（5 号、6 号）和 195.0m（1 号至 4 号）。所有进水口集中布置在“一字形”排列的 10 座进水塔内，根据各隧洞不同要求设有工作、事故、检修闸门，控制各条泄水洞的进水“咽喉”，担负着完成枢纽任务和确保工程安全的重要使命。

2. 工程运行情况

与清水河流水库不同的是，多沙河流上的水库一般会设置一定的拦沙库容，依据调度运用规则，小浪底水库运用期大致分为拦沙初期、拦沙后期、正常运用期三个阶段，而拦沙后期淤积过程复杂，又可细分为拦沙后期第一阶段、拦沙后期第二阶段和拦沙后期第三阶段，具体划分见表 12-1。

表 12-1　小浪底水库不同运用阶段划分

运用阶段		特征条件
拦沙初期		淤积量 21 亿～22 亿 m^3
拦沙后期	第一阶段	淤积量 21 亿～22 亿 m^3 至 42 亿 m^3
	第二阶段	淤积量 42 亿～75.5 亿 m^3
	第三阶段	淤积量 75.5 亿 m^3 至坝前淤积滩面达到 254m 及高滩深槽形成
正常运用期		高滩深槽形成，水库达到冲淤平衡

小浪底水库自运用以来，在防洪（防凌）、减淤、供水、灌溉、生态、发电等方面发挥了巨大作用，与已建三门峡、陆浑、故县、河口村等水库联合调度运用，提高了黄河下游河道的设防标准，基本解除了下游河道凌汛威胁；通过水库拦沙和调水调沙使下游河道持续冲刷，河道最小平滩流量由 2002 年汛前的 1800m^3/s 增加至 2020 年汛前的 4350m^3/s 左右；通过水库调节，基本满足了黄河下游灌溉、供水、生态等需要，还多次向河北、天津等省（市）应急供水，缓解了当地的用水危机；同时，充分发挥水电站的发电潜能，有效缓解了河南电网用电紧张局面，为促进区域经济社会发展做出了重大贡献。下文将重点介绍枢纽调度运行方面的情况。

小浪底水库自 1999 年 10 月蓄水运用以来，前汛期汛限水位在 2001 年、2002 年、2013 年、2019 年先后经历了四次调整，由 215m 逐步抬高至 235m；后汛期汛限水位在 2002 年由 235m 抬高至 248m 后运用至 2020 年。2020 年，小浪底水库开展拦沙后期第一阶段后汛期汛限水位调整研究，拟定于后汛期第一阶段（9 月 1～30 日）汛限水位仍维持 248m，后汛期第二阶段（10 月 1～20 日）汛限水位调整为 252m，从 10 月 21 日起可以向正常蓄水位过渡。

（1）水库坝前水位变化

小浪底水库自投入运用至 2021 年汛前，最高坝前水位为 270.10m，出现在 2012 年 11 月 19 日。小浪底水库年内各月平均运用水位变化过程见图 12-1，10 月至次年 5 月平均运用水位相对较高，各月平均运用水位均在 245m 以上；7 月、8 月平均运用水位相对较低，分别为 221.86m 和 225.01m；6 月、9 月运用水位基本相当，分别为 238.79m 和 238.56m。

小浪底水库 2000～2019 年汛期坝前水位变化过程见图 12-2。2000～2001 年，小浪底水库汛期基本处于初期蓄水运用状态，受移民搬迁工作影响，后汛期汛限水位暂定为 235m。2002 年，水库后汛期汛限水位调整到了 248m，同年进行了黄河首次调水调沙试验，试验结束后黄河持续干旱少雨，水库运用水位较低。2003～2008 年，水库一般从 8 月 21 日转入蓄水运用，向后汛期水位过渡，9 月、10 月运用水位逐步抬高，2003 年由于秋汛防洪水位最高抬升至265.40m。2009～2015年，水库调度逐渐强调洪水资源利用，在确保防洪安全的前提下，库水位向后汛期过渡时机提前至8月上中旬，至9月15日左右基本达到后汛期限制水位，部分年份10月上中旬水位超过248m。2016～2017年，小浪底水库开展汛限水位动态控制试验，前汛期汛限水位上限分别按238.5m、240m控制，汛期平均增蓄水量15亿m^3，后汛期蓄水运用，水位也略偏高。2018～2019年，黄河上游来水较多，小浪底水库前汛期多次排沙运用，最低水位降至210m附近，后汛期蓄水运用，其中2018年后汛期水库于10月10日开始向正常蓄水位过渡，2019年后汛期则基本严格按照汛限水位248m控制运用。

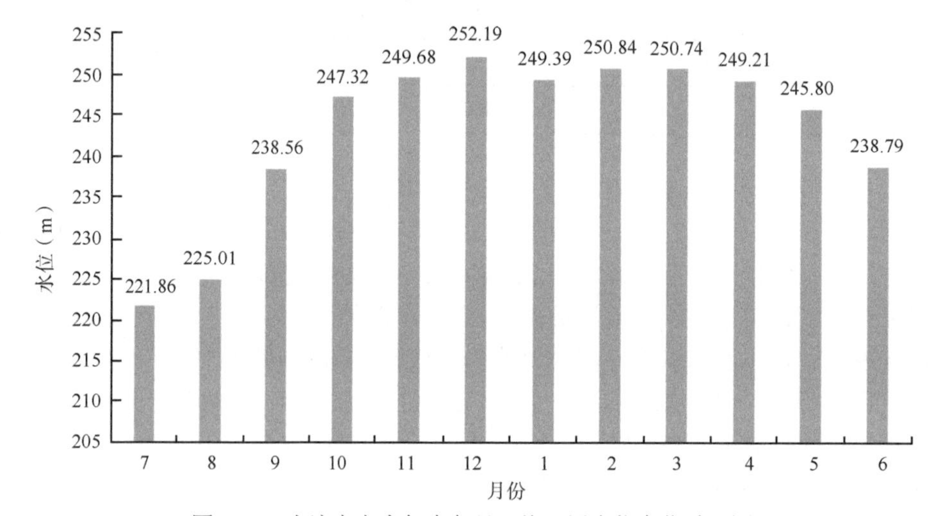

图12-1 小浪底水库年内各月平均运用水位变化过程图

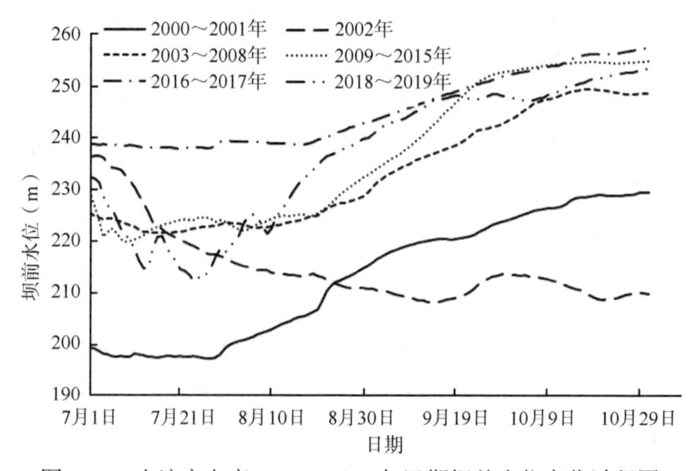

图12-2 小浪底水库2000～2019年汛期坝前水位变化过程图

（2）库区泥沙淤积变化

截至2021年4月，小浪底水库库区累计淤积泥沙32.01亿m^3（断面法），其中干流淤积24.75亿m^3，占总淤积量的77.3%；支流淤积7.26亿m^3，占总淤积量的22.7%。小浪底水库干流库容及总库容变化过程见图12-3，小浪底水库干流及库区累计淤积量变化过程见图 12-4，当前库区累计淤积量已达水库设计拦沙库容（75.5 亿 m^3）的 42.24%，水库运用处于拦沙后期第一阶段。

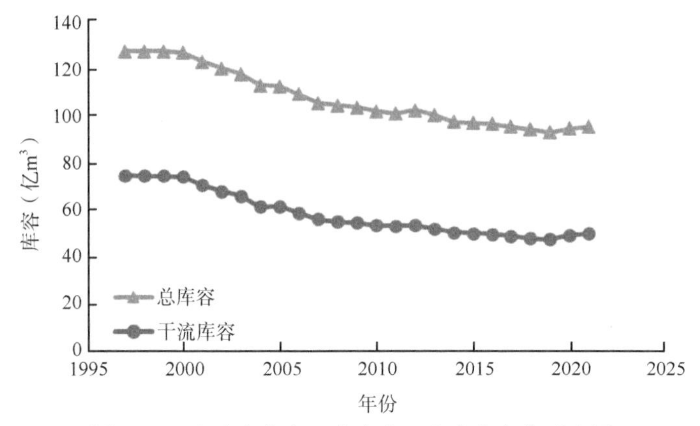

图 12-3 小浪底水库干流库容及总库容变化过程图

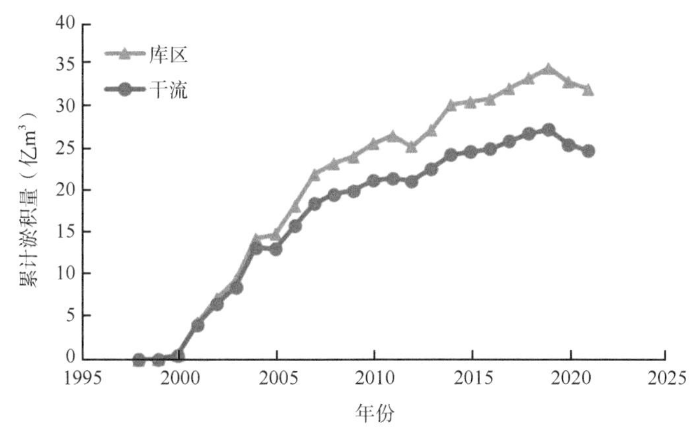

图 12-4 小浪底水库干流及库区累计淤积量变化过程图

（3）库区泥沙淤积形态变化

小浪底库区干流淤积纵剖面变化见图 12-5，反映了库区干流沿程各断面深泓点的变化。可以看出，小浪底库区干流主要为三角洲淤积形态。库区淤积纵剖面的变化与坝前水位的变化幅度、异重流产生及运行情况、来水来沙条件等因素有密切关系。水库运用水位高，则三角洲顶点距坝较远，高程较高，泥沙淤积部位相对靠上；水库运用水位低，则三角洲顶点距坝较近，高程较低，泥沙淤积部位相对靠下。随着水库的持续淤积，三角洲的顶点是逐渐向坝前推进的，由 2002 年汛前的距坝 62.9km 推进至 2020 年汛前的距坝 4.55km。水库实际运用情况还表明，由于小浪底库区河谷上窄下宽，水库 67km 以上库段河谷底宽仅为 200～400m，具有非常好的排沙条件，在适当的水流动力和河床边界条件下，水流能够将淤积的泥沙向坝前输移。

2000 年汛前，小浪底水库前汛期汛限水位为 215m，至 11 月，小浪底库区淤积纵剖面表现出明显的三角洲淤积形态；三角洲顶点距坝 69.4km，顶点高程为 225.20m。

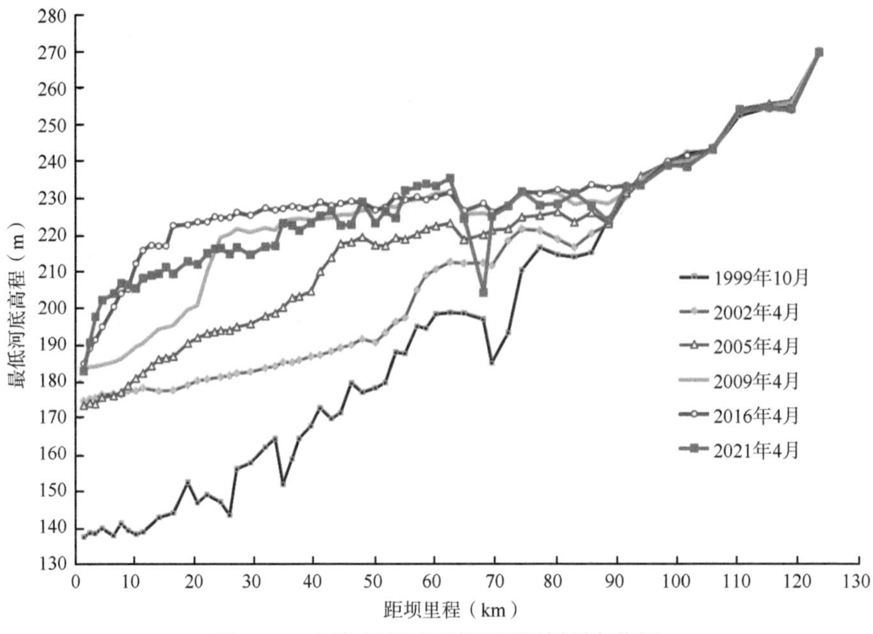

图 12-5　小浪底库区干流淤积纵剖面变化图

2001 年汛前，小浪底水库前汛期汛限水位由 215m 提高至 220m。由于前汛期入库水量偏枯，平均流量为 312.20m³/s，水库运用水位低，为 191.50～213.81m，平均水位为 200.18m。淤积三角洲顶点下移至距坝 58.5km，相应高程为 208.90m。

2002 年汛前，小浪底水库前汛期汛限水位由 220m 提高至 225m。7 月 4～15 日，小浪底水库开展了首次调水调沙试验，其间最大日均流量为 2320m³/s，水位由 236.18m 降至 223.81m。7 月 16 日至 10 月 31 日，水库一直保持低水位运行，最低降至 208.32m，平均水位为 212.76m。由于运用水位低，汛末三角洲顶点进一步推至 48km 处，相应高程为 207.30m。可见，汛限水位是汛期水库调水调沙调度的最高水位，受实际调度过程中低水位的影响，淤积三角洲反而向前移动，顶点高程相应降低。

2003 年，小浪底水库前汛期汛限水位与 2002 年一样。但是，8 月 27 日至 10 月 15 日，入库流量较大，平均为 2461m³/s，最大达到 4020m³/s，考虑到当时下游河道最小平滩流量为 2000m³/s 左右，为减小滩区淹没损失，水库进行了蓄洪运用，日均最高水位达到 265.40m。汛末三角洲顶点则上移至 72km 处，相应高程为 244.40m，即运用水位的大幅度抬升使得三角洲顶点上移。

2002 年汛前至 2013 年汛前，三角洲顶点逐步前移，其中 2005 年、2010 年、2013 年三角洲顶点位置分别距坝 48km、18.8km 和 10.3km，相应顶点高程分别为 233.56m、215.61m 和 208.91m。

2013 年汛前至 2019 年汛前，小浪底水库前汛期汛限水位由 225m 提高至 230m。其中，2013～2015 年三角洲顶点逐步上移至距坝 16.4km 处，相应顶点高程抬高至 222.35m。2016～2017 年，入库沙量少，虽然汛期水库实施了动态汛限水位控制试验，前汛期汛限水位分别抬高至 238m 和 240m 左右，但入库沙量较少，年沙量分别为 1.12 亿 t 和 1.17 亿 t，泥沙主要淤积在距坝 25～98km 处，对淤积三角洲顶点位置及高程基本无影响。

2018 年 7 月，小浪底水库利用入库大洪水过程降低水位排沙，其间最低水位降至 211.7m，受溯源冲刷的影响，距离大坝 40km 以下河段冲刷明显，使得淤积三角洲顶点下移至距坝 7.74km 处，相应顶点高程为 213.87m。2020 年汛后，受两个汛期坝前低水位运行的影响，三角洲顶点进一步下移至距坝 4.55km 处，而距坝 67.99km 断面受桥墩局部冲刷的影响，深泓点进一步冲刷下切。

综合来看，虽然经历了 2018～2020 年三个汛期来水偏丰的年份，小浪底库区大桥桥墩河床部分局部冲刷较为明显，但纵向冲淤形态变化规律并未发生明显变化，即库区纵向淤积形态变化，特别是三角洲顶点位置及高程变化，与水库运用水位关系最为密切。水位抬升，则三角洲顶点上移，高程相应抬升；水位降低，则三角洲顶点下移，高程相应降低。同时，三角洲淤积也受入库水沙量的影响，若入库沙量少，即便运用水位抬高，也只是增加三角洲顶坡段淤积量，三角洲顶点未必会发生变化。当三角洲顶点抵近大坝时，上游淤积泥沙会不断推向大坝，使得坝前河底淤积高程逐步抬高，最终达到设计死水位高程 230m。

图 12-6～图 12-8 分别为小浪底库区畛水、石井河、亳清河三大支流历年实测淤积纵剖面形态图。由于支流所在库区位置不同（畛水距坝 17km，石井河距坝 22km，亳清河距坝 57km），淤积形态存在一定的差别。其中，畛水有些时段形成一定高度的支流拦门沙坎，但随着时间的推移，拦门沙坎内部又逐渐被泥沙淤平，反复变化，2019～2020 年畛水拦门沙坎因冲刷高程降低，由 2019 年 4 月的 217.75m 降低至 2020 年 10 月的 212.15m，降低 5.60m；石井河和亳清河的拦门沙坎则不明显，亳清河 2019～2020 年拦门沙坎高程与 2017 年相比有所降低，由 2017 年 10 月的 234.50m 降低至 2020 年 10 月的 232.64m。

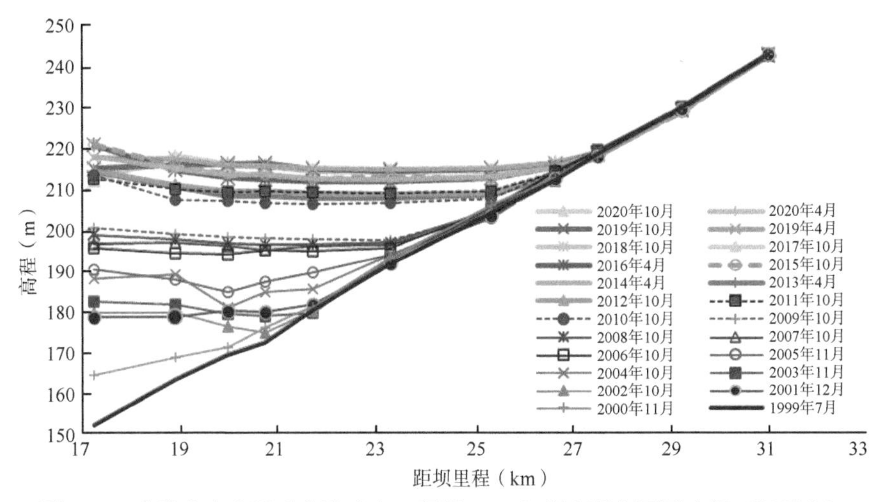

图 12-6　小浪底水库汛后支流畛水（距坝 17km）淤积纵剖面形态图（深泓点）

3. 水库排沙机理

水库的输沙流态主要分为两种，即壅水输沙流态和均匀明流输沙流态。其中，壅水输沙流态又分为壅水明流输沙流态、异重流输沙流态和浑水水库输沙流态。一般情况下，水库排沙是库区多种输沙流态共同作用的结果，即库区脱离回水的库段处于均匀明流输沙流态，坝前壅水段处于壅水输沙流态。当水库以壅水输沙流态作用为主时，库区一定是发生淤积的，而当水库以均匀明流输沙流态作用为主时，根据入库的水沙条件和河床前期边界条件不同，可能发生淤积，也可能发生冲刷。

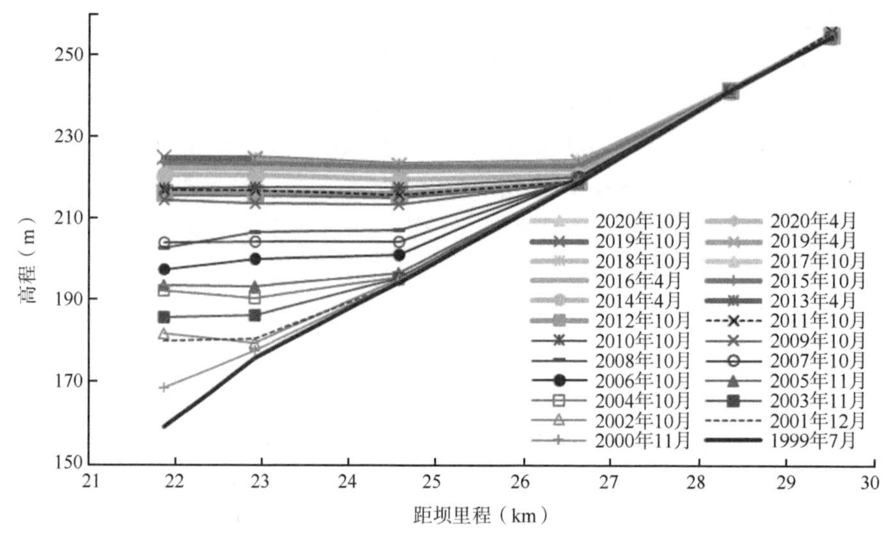

图 12-7　小浪底水库汛后支流石井河（距坝 22km）淤积纵剖面形态图（深泓点）

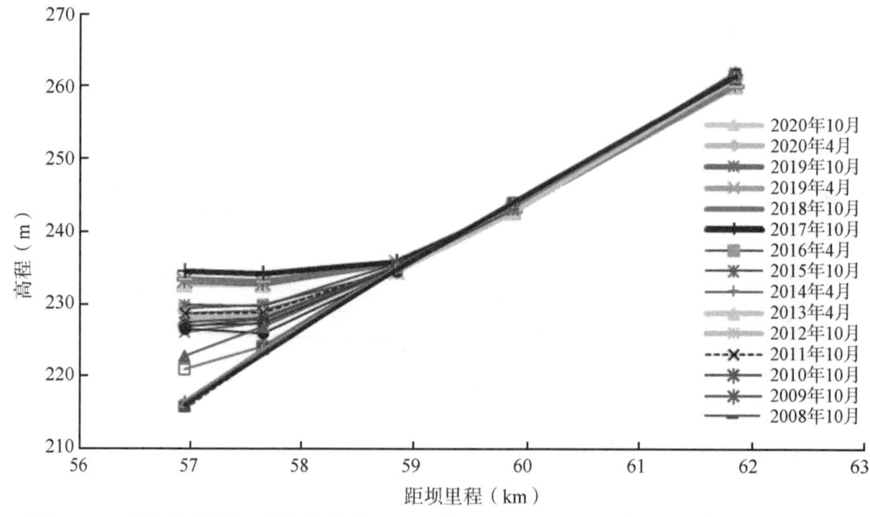

图 12-8　小浪底水库汛后支流亳清河（距坝 57km）淤积纵剖面形态图（深泓点）

壅水明流输沙主要受库区的壅水程度及流量大小的影响，根据以往对黄河流域三门峡、青铜峡、天桥和小浪底等已建水库实测资料的研究成果，水库处于壅水明流输沙流态下，水库排沙比与蓄水量和流量的比值存在一定的关系，具体见表 12-2。异重流排沙则主要与入库流量、含沙量、沿程河床糙率、库区地形及排沙洞是否及时开启等因素相关。均匀明流输沙主要受入库水沙条件、河床糙率及沿程比降变化等因素的影响，当水位下降至蓄水量与流量的比值 V/Q 低于某一数值（蓄水拦沙期为 1.8×10^4，正常运用期

为 2.5×10^4，其中 V 的单位为 m^3，Q 的单位为 m^3/s）时，库区随即开始发生冲刷。

表 12-2　水库排沙比、蓄水量及流量的关系表　（单位：亿 m^3）

流量（m^3/s）		排沙比（%）								
		20	30	40	50	60	70	80	90	100
水库拦沙初期	1 000	5.01	1.30	0.98	0.74	0.56	0.42	0.32	0.24	0.18
	2 000	10.01	2.59	1.96	1.48	1.12	0.85	0.64	0.48	0.36
	3 000	15.02	3.89	2.94	2.22	1.68	1.27	0.96	0.73	0.54
	4 000	20.03	5.18	3.92	2.96	2.24	1.69	1.28	0.97	0.72
	5 000	25.04	6.48	4.90	3.70	2.80	2.12	1.60	1.21	0.90
	6 000	30.04	7.78	5.88	4.44	3.36	2.54	1.92	1.45	1.08
	7 000	35.05	9.07	6.86	5.19	3.92	2.96	2.24	1.69	1.26
	8 000	40.06	10.37	7.84	5.93	4.48	3.39	2.56	1.94	1.44
	9 000	45.07	11.66	8.82	6.67	5.04	3.81	2.88	2.18	1.62
	10 000	50.07	12.96	9.80	7.41	5.60	4.23	3.20	2.42	1.80
水库正常运用期	1 000	18.92	1.77	1.34	1.01	0.76	0.58	0.44	0.33	0.25
	2 000	37.83	3.53	2.67	2.02	1.53	1.16	0.87	0.66	0.50
	3 000	56.75	5.30	4.01	3.03	2.29	1.73	1.31	0.99	0.75
	4 000	75.66	7.06	5.34	4.04	3.06	2.31	1.75	1.32	1.00
	5 000	94.58	8.83	6.68	5.05	3.82	2.89	2.18	1.65	1.25
	6 000	113.49	10.59	8.01	6.06	4.58	3.47	2.62	1.98	1.50
	7 000	132.41	12.36	9.35	7.07	5.35	4.04	3.06	2.31	1.75
	8 000	151.32	14.12	10.68	8.08	6.11	4.62	3.50	2.64	2.00
	9 000	170.24	15.89	12.02	9.09	6.87	5.20	3.93	2.97	2.25
	10 000	189.15	17.65	13.35	10.10	7.64	5.78	4.37	3.30	2.50

不同的水库调度运用阶段，库区的主要输沙流态不同，水库输沙流态分类见图 12-9。对于多沙河流水库而言，库容是实现一切目标的基础和根本。长期保持库容，指的是在一定时期内库区有冲有淤，维持冲淤平衡。水库库容长期保持的迫切需求主要集中在正常运用期，拦沙期水库调度以减缓库区泥沙淤积、延长水库拦沙年限为主要目的。不同运用阶段，水库应采取不同的措施来尽可能长期保持有效库容，从而充分发挥水库的综合利用效益。在水库拦沙初期，坝前水位相对高，库区蓄水体较大，壅水程度高，水库排沙以异重流和浑水水库输沙为主，当异重流产生并运行到坝前时，应及时打开排沙洞将浑水排出，从而达到减缓水库淤积的目的。在水库拦沙后期，库区达到一定的淤积水平，蓄水体相对于拦沙初期逐渐减小，壅水程度也随之降低，具备降低水位冲刷的条件，水库的输沙流态也逐渐转为以壅水明流和均匀明流输沙为主，以异重流、浑水水库输沙为辅。所以，当水沙条件有利，入库流量较大时，水库应提前降低水位或泄空蓄水，利用均匀明流输沙流态冲刷恢复库容；当入库水沙条件较为不利时，水库应适当蓄水，利用壅水明流进行排沙，若形成异重流和浑水水库输沙流态也要及时打开排沙洞。利用这些措施，使得这一时期库区有冲有淤，冲淤交替，滩槽同步形成，达到减缓水库淤积的

目的。在正常运用期，水库拦沙库容已经淤满，基本形成高滩深槽形态，库区蓄水体较小，利用槽库容进行调水调沙运用，以壅水明流和均匀明流输沙为主，应尽量在有利水沙条件时，泄空水库冲刷排沙，以抵消不利水沙条件时造成的库区泥沙淤积，从而实现库区的冲淤平衡，长期保持水库的有效库容。

- 水库输沙流态
  - 壅水输沙流态
    - 壅水明流输沙流态 ⇒ 多发生在回水范围上段，特别是淤积三角洲顶坡段
    - 异重流输沙流态 ⇒ 主要发生在淤积三角洲前坡段
    - 浑水水库输沙流态 ⇒ 主要发生在坝前段
  - 均匀明流输沙流态 ⇒ 多发生在回水末端以上

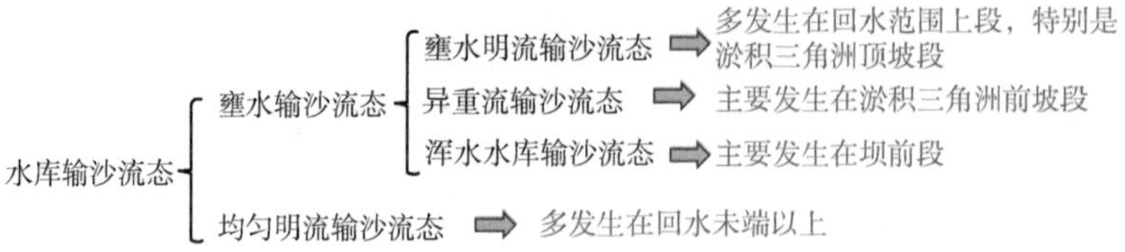

图 12-9　水库输沙流态分类图

综上，拦沙期减缓水库淤积和正常运用期长期保持水库的有效库容的主要手段就是尽量多排沙。拦沙初期要充分利用异重流和浑水水库排沙，拦沙后期则在异重流、浑水水库排沙的基础上，增加大水时相机降低水位或泄空蓄水冲刷排沙，正常运用期则主要利用有利水沙条件降低水位冲刷，以抵消来不利水沙时所造成的库区淤积。当水库淤积到一定水平时，水库降低水位，逐渐泄空蓄水，库区水面比降增大，水流输沙能力增强，水流就有可能由饱和状态转变为次饱和状态，库区就会发生冲刷，从而恢复库容。根据水流挟沙力公式 $S^* = k\left(\frac{U^3}{gR\omega}\right)^m$，水流挟沙力与流速的高次方成正比，在大洪水时期，水流的流速大，则挟沙力强，有利于库区冲刷；同时水流的挟沙力与水力半径成反比，而水力半径的大小在壅水情况下相当程度上取决于水库的蓄水量大小和水位的高低。水库的冲淤平衡状态是一种动平衡状态，随着冲淤变化而不断调整，要想获得较好的冲刷效果，需要选择较大的流量过程，尽量降低坝前水位，并且冲刷历时不宜过长。因此，水库可以利用洪水期大流量短时降低水位冲刷排沙，恢复并长期保持有效库容。

水库经过长时期的拦沙和调水调沙运用后，库区泥沙淤积会越来越多，为了继续发挥水库的综合效益和延长水库的使用年限，需要采取一定的措施恢复部分淤积的库容，使得水库有效库容得以长期保持。根据水库库区输沙流态的特性，只有水库以均匀明流输沙流态作用为主时，水库才有可能发生冲刷，因此，水库进入拦沙后期后，在有利的水沙条件下，通过合理调度，相机利用大水降低水位泄空蓄水运用，可恢复部分前期淤积的库容；在不利水沙条件下，水库蓄水淤积，库区保持冲淤交替，虽然总趋势是淤积的，但这样可以延长水库的拦沙年限，同时塑造和谐的水沙关系，以减轻下游河道的淤积；而进入正常运用期后，水库可以利用有利水沙条件实现冲淤交替，长时段内保持一定的有效库容不变。通过对水库的合理科学和精准调度，恢复并长期保持水库的有效库容，从理论到实践均证明是可行的。

4. 典型技术应用

根据多沙河流已建的三门峡、天桥、青铜峡、恒山及王瑶等水库长期保持有效库容的经验，减缓水库淤积和冲刷恢复并长期保持水库的有效库容是两个不同的概念。水库

处于壅水条件下时，利用人工塑造异重流、浑水水库和低壅水的壅水明流输沙流态可以尽量多排沙，达到减缓水库淤积的目的，但无法冲刷恢复已淤积库容，水库仍将持续淤积；而冲刷恢复并长期保持水库的有效库容，不仅能将入库的泥沙排出，还能把前期水库淤积的泥沙冲刷出库，使得水库后期可利用库容得以增大，而要达到增大库容的目的，只有水库处于均匀明流输沙流态下才有可能实现。在不利的水沙条件下，采用传统的“蓄清排浑”运用方式，也不能从根本上解决水库泥沙持续淤积的问题，只有在来大水时相机敞泄排沙运用，才能恢复并保持水库的长期可利用库容。因此，水库能否恢复并保持有效库容的关键在于，是否有效抓住利好条件通过降低水位泄空冲刷库区淤积的泥沙。

降低水位冲刷恢复库容有两种基本运用方式。方式一特点为：库水位变幅小，滩槽同步上升，形成高滩高槽后再降低水位敞泄排沙冲刷，从而形成高滩深槽，即“先淤后冲”。方式二特点为：遇到有一定持续时间的较大流量洪水时，及时降低水位冲刷，实现水库“冲淤交替”。从长期保持有效库容的过程和效果来看，方式二相对较好，而方式一存在以下不利因素：一是，根据官厅、三门峡等已建水库淤积物特性分析，淤积物的干容重随泥沙淤积厚度的增加而变大，即淤积深度越大，淤积物的干容重越大，淤积体长时间受力固结，泥沙已不是颗粒与颗粒之间没有联系的松散状态，而是固结成整体，泥沙的抗冲性能显著增大，不容易被水流冲刷，从恢复库容的角度而言，水库若长时间先淤后冲，不如水库运用到一定时间后，冲淤交替为好；二是，随着经济社会的发展，工农业用水增加，许多多沙河流水库存在汛期入库水量减小的趋势，因此，在水库淤积量较大时再降低水位冲刷恢复库容的做法风险较大。

水库正常运用期，应利用来水较丰的年份泄空冲刷排沙，以抵消来水较枯年份蓄水造成的淤积，使库区冲淤交替，从而达到较长时间内的冲淤平衡。同时，水库前期淤积要达到一定的水平，有淤积物可冲，形成有利于冲刷的地形条件；入库为较大的流量洪水过程，水库拥有较大的泄流规模，并且水库冲刷排沙的历时和次数均要得以保证。

水库不同运用时期，水库排沙或降低水位冲刷对于水库运用的要求是不同的，应该区别对待。水库投入运用的初期，库区淤积量还较少，相同水位下水库蓄水体积较大，较难达到水库冲刷的临界条件，即使在汛期水库泄空运用，在淤积体形态还未形成适合溯源冲刷的条件时，冲刷效率也比较低。因此，确定合适的降水冲刷时机是制定多沙河流水库降水冲刷运用方式时需要考虑的重要问题。多沙河流水库降低水位冲刷时机是指水库可以泄空冲刷的起始时间，用水库淤积量达到一定数值来表示，也就是说，当水库淤积量达到这个数值以后，主汛期来连续大水即可降低水位泄空冲刷。为了延长水库拦沙期使用年限、防止库区淤积物固结形成抗冲性和珍惜大洪水的冲刷机遇，水库开始冲刷的时机不宜过晚，需要结合每个具体水库的河床边界条件和设计水沙条件进行模拟计算分析。

当水库淤积量达到一定数值后，根据水文预报，入库来连续大水时，提前泄空水库前期蓄水，利用大水冲刷库区，在干流形成河槽，同时支流沟口局部高程也随库水位的降低和干流河槽的形成而降低；入库水沙条件不利时，水库再次蓄水，滩地可继续淤高，支流可继续倒灌淤积，抬高沟内淤积面高程，如此反复进行淤积冲刷过程，将使高滩深槽同步形成，这种水库调度运用方式称为“滩槽同步塑造技术”。其不仅保持水库有一定的库容，还适时排沙，避免了连续清水下泄冲刷下游河道，避免河道大冲大淤，使下游河道的水流挟沙力得到恢复和提高，减轻滩地坍塌和工程险情，有利于河势的稳定。

具体到小浪底水利枢纽，对降水冲刷时机论证了 2 个调控流量（2600m^3/s 和 3700m^3/s）和 4 个冲刷时机（水库淤积量分别为 32 亿 m^3、42 亿 m^3、58 亿 m^3 和 78.6 亿 m^3），水库调节各项指标分析结果表明，调控流量为 2600m^3/s 和 3700m^3/s 时表现出基本相同的规律：①冲刷时机为 78.6 亿 m^3 与其他 3 个冲刷时机相比，整个拦沙期运用年限缩短 7～8 年；无论是前 10 年还是整个拦沙期，花园口流量大于 2600m^3/s 洪水的水沙量和漫滩（花园口流量大于 4000m^3/s）洪水的水沙量都明显偏小；花园口流量大于等于 2600m^3/s 和大于等于 3700m^3/s 连续 4d、5d 和 6d 出现的天数和水量都明显偏小；水库的淤积速率偏快。此外，冲刷时机为 78.6 亿 m^3 时，坝前淤积面高程达 247～248m 才开始执行降水泄空冲刷，这使降水冲刷恢复库容的做法风险太大，虽然发电量略高，但总体来看冲刷时机 78.6 亿 m^3 不占优势。②冲刷时机为 32 亿 m^3、42 亿 m^3 和 58 亿 m^3 相比，冲刷时机越早，水库的淤积速率越慢，大流量冲刷挟带的沙量越多，整个拦沙期运用年限越长，延长约 1 年，定量分析差别不大。但冲刷时机为 32 亿 m^3 时，坝前淤积面低，仅 200m，三角洲顶点还在距坝大约 10km 处，尚未到达坝前，降水冲刷尤其是溯源冲刷效率低，并且水库坝前淤积面高程低于最低运用水位 210m，不具备降水冲刷恢复库容的条件。冲刷时机为 58 亿 m^3 时，水库淤积物需要沉积较长的时间才能开始执行降水泄空冲刷，而水库淤积物沉积时间长将形成抗冲性，并且没有充分利用本来机遇就不多的大水进行排沙，使得降水冲刷恢复库容的做法也有较大风险。冲刷时机为 42 亿 m^3 时，坝前淤积面已达 221～222m，可提高降水冲刷尤其是溯源冲刷的效率。所以，从水库调节分析认为，冲刷时机采用 42 亿 m^3 为宜。根据下游河道减淤成果，从前 10 年下游河道减淤情况看，降水冲刷时机较晚时，全下游及高村以下河段主槽和全断面减淤量呈增大趋势，水库拦沙减淤比也呈增大趋势；从整个拦沙后期下游河道减淤情况看，降水冲刷时机较晚时，全下游及高村以下河段主槽和全断面减淤量呈减小趋势，水库拦沙减淤比呈增大趋势。从下游河道平滩流量变化看，冲刷时机为 42 亿 m^3 时，拦沙后期下游河道整体平滩流量基本能维持在 4000m^3/s 以上。综合考虑，选择水库淤积量为 42 亿 m^3 时开始进行降水冲刷。

多沙河流水库在降水冲刷运用过程中往往存在限制条件，如库水位下降速率和最低冲刷水位。对小浪底水库而言，根据水库运用以来的安全运行资料，坝前水位不宜骤升骤降，水位变幅应有限制，库水位为 250～275m 时，连续 24h 下降最大幅度不应大于 4m；库水位在 250m 以下时，连续 24h 下降最大幅度不应大于 3m；当库水位连续下降时，7d 内最大下降幅度不应大于 15m；库水位在 260m 以上时，连续 24h 上升幅度不应大于 5.0m。小浪底水库起始运行水位为 210m，正常运用期正常死水位为 230m，非常死水位为 220m。分析小浪底水库减淤要求的拦沙库容和调水调沙库容、防洪要求的防洪库容和综合利用要求的调节库容，以及枢纽的设计思想，综合考虑，小浪底水库拦沙期最低运用水位为 210m，正常运用期最低运用水位为 230m。

小浪底水利枢纽在 2018～2020 年汛期进行了滩槽同步塑造技术的应用，库区干流淤积纵剖面变化见图 12-10，可以看出，自滩槽同步塑造技术应用以来，库区泥沙冲刷效果明显，坝前三角洲顶点由距坝 16.4km 逐渐下移至距坝 4.55km，三角洲顶点高程由 222.36m 下降至 196.59m，符合水库运用水位与库区泥沙淤积形态三角洲顶点的响应关系：水库运用水位较高，则三角洲顶点距坝较远，高程较高，泥沙淤积部位相对靠上；水库运用水位较低，则三角洲顶点距坝较近，高程较低，泥沙淤积部位相对靠下。小浪底库区干流两个典型横断面变化见图 12-11 和图 12-12，可以看出，自滩槽同步塑造技术运用以来，小浪底库区干流横断面主槽在此过程中有冲有淤，不再是单一的淤积形态，库区拦沙初期形成的支流拦门沙坎也基本消失，水库淤积形态控制良好。

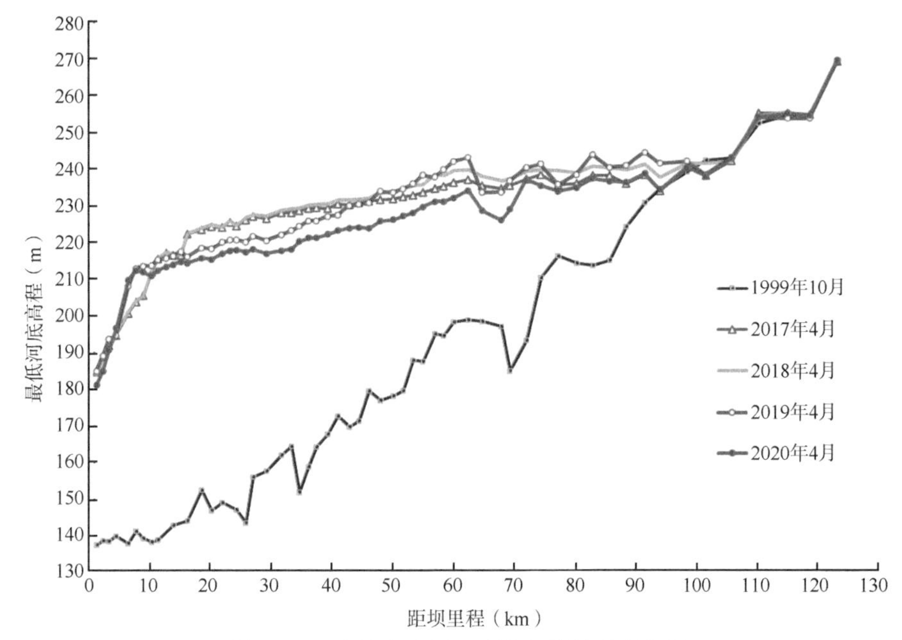

图 12-10　小浪底库区干流淤积纵剖面变化图

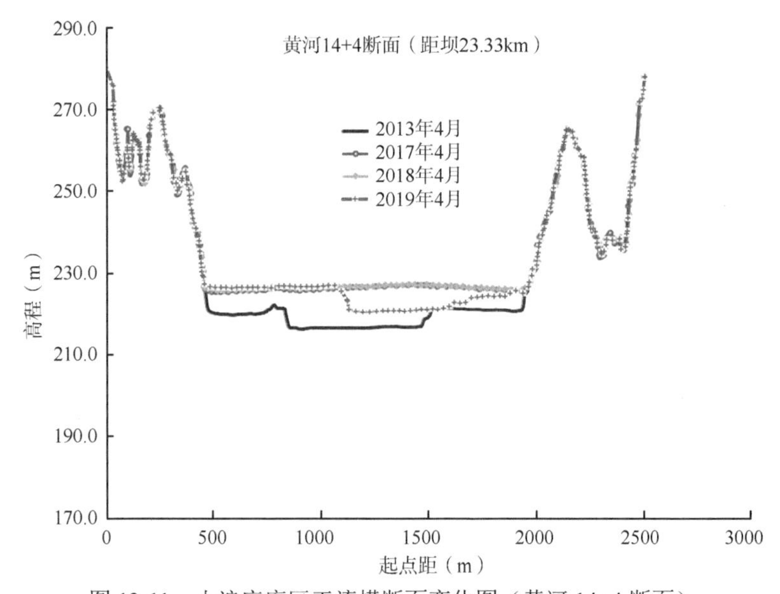

图 12-11　小浪底库区干流横断面变化图（黄河 14+4 断面）

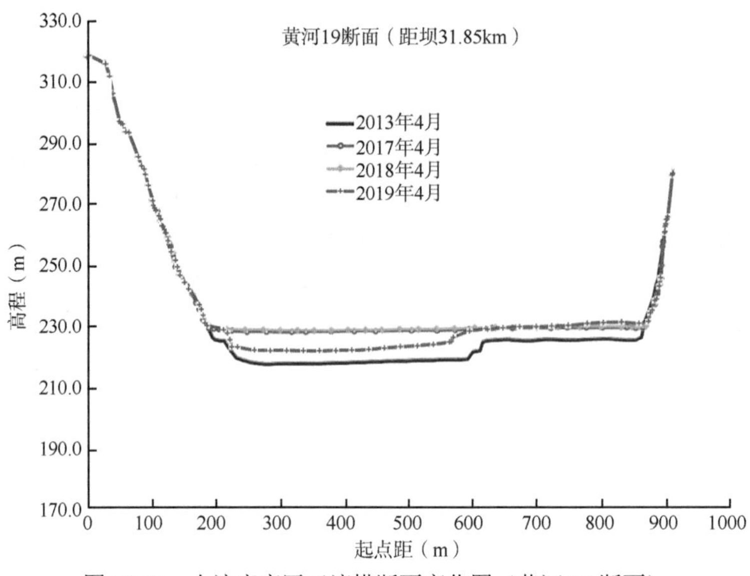

图 12-12 小浪底库区干流横断面变化图（黄河 19 断面）

12.1.2 古贤水利枢纽

1. 枢纽概况

黄河中游河口镇至禹门口河段（也称大北干流河段）为 725km 的连续峡谷，河段落差 607m，平均比降为 8.4‱。该河段流域面积约 11 万 km^2，其中多沙粗沙区面积为 5.99 万 km^2，流域面积大于 1000km^2 的支流有 22 条，并且绝大部分来自水土流失严重的黄土丘陵沟壑区，区间来沙占全河泥沙的 56%，是黄河泥沙特别是粗沙的主要来源区，龙门站实测（1919 年 7 月至 2017 年 6 月）多年平均沙量为 7.73 亿 t，控制了全河粗沙量（d>0.05mm）的 80%。

碛口至禹门口河段位于大北干流河段的下段，河道长 310km，落差 288m，平均比降为 9.3‱。两岸多为悬崖陡壁，河谷深切，崖壁高出水面数十米至一二百米，河谷底宽一般为 400～600m。壶口瀑布位于峡谷出口以上约 65km 处。该河段流域面积为 6.7 万 km^2，其中多沙粗沙区面积约 3.7 万 km^2，主要地貌类型为黄土丘陵沟壑区，水土流失极为严重，是黄河洪水泥沙的主要来源区之一。按照黄河治理开发的总体布局，该河段布置有古贤和碛口两座控制性骨干水利枢纽工程。

禹门口至潼关河段处于黄河中游，是内蒙古托克托至潼关北干流的下段部分，称小北干流，全长 132.5km。黄河为山西、陕西两省的天然界河，左岸为山西省运城市所属河津、万荣、临猗、永济、芮城五县（市），右岸为陕西省渭南市所属韩城、合阳、大荔、潼关四县（市）。黄河出龙门后，骤然放宽，河床由 100m 的峡谷展宽为 4km 以上，两岸分布有大量滩地，黄河在潼关河宽收缩为 850m，折向东流，沿程有汾河、涑水河、渭河、北洛河等支流汇入。河道穿行于汾、渭地堑谷凹地区，两岸为高出河床 50～200m 的黄土台塬。该河段属淤积性游荡型河道，洪水具有峰高量大、含沙量高的特点。泥沙大量淤积，河道宽浅，水流散乱，主流游荡不定，历史上素有“三十年河东，三十年河西”之说。

古贤水利枢纽工程的开发任务为：以防洪减淤、调水调沙为主，兼顾供水、灌溉和发电等综合利用。坝址位于龙门水文站上游 72.5km 处，上距碛口坝址 238.4km，下距壶口瀑布和禹门口铁桥分别为 10.1km 和 74.8km。坝址右岸为陕西省宜川县，左岸为山西省吉县，控制流域面积 489 948km^2，占三门峡水库控制流域面积的 71%。库区河谷上窄下宽，河谷底宽 400～600m，坝址河底高程为 463m，河谷底宽 455m，天然河道平均比降为 8.55‱。库区两岸支流众多，流域面积大于 1000km^2 的入黄支流有 6 条，其中左岸有三川河、屈产河和昕水河，右岸有无定河、清涧河、延河。这些支流沟深坡陡，河道比降达 25‱～54‱，横断面窄深，含沙量高，泥沙粒径较大，无定河、清涧河、延河泥沙中值粒径分别达到 0.035mm、0.029mm、0.031mm，是黄河粗沙的主要来源区。

古贤水利枢纽工程拟采用古贤坝址，碾压混凝土重力坝为代表坝型，推荐水电站厂房集中布置为工程总布置方案。枢纽主要建筑物包括：1 座碾压混凝土重力坝，结合坝身布置的 8 个排沙底孔、4 个泄洪中孔和 3 个溢流表孔及其配套设置的坝下 3 组消能防冲水垫塘，1 座安装 6 台水轮发电机组、总装机规模为 2100MW 的坝后地面厂房及其发电引水系统，1 条水电站右侧、安装间下布置的冲沙孔及其下游底流消力池消能防冲系统，2 个左岸、右岸坝段布置的灌溉供水取水口。

可行性研究阶段，现状水平年为 2015 年，设计水平年为 2030 年。城镇生活和工业供水保证率为 95%，水电站发电设计保证率为 90%，农业供水设计保证率为 50%。工程筹建期 3 年，总工期 9.5 年，其中准备期 2 年 4 个月，主体工程施工期 6 年 5 个月，完建期 9 个月。本阶段推荐古贤水库死水位为 588m，正常蓄水位为 627m，设计洪水位为 627.52m，校核洪水位为 628.75m，起始运用水位为 560m。

2. 水库调度运用方式

（1）水库运用阶段划分

多沙河流水库运用方式有一次性抬高水位蓄水拦沙和逐步抬高主汛期水位拦沙两种运用方式，考虑古贤水库的来水来沙特点及提高水库拦沙和调水调沙对黄河下游和小北干流的减淤效益，水库采用逐步抬高主汛期水位拦沙和调水调沙运用方式。根据水库拦沙和调水调沙的运用特点，将水库运用分为三个时期，即拦沙初期、拦沙后期和正常运用期。

拦沙初期是指水库起始运用水位以下拦沙库容淤满前。该时期水库蓄水拦沙和调水运用，水库以异重流排沙为主，库区河床处于水平淤积状态。主汛期水库在起始运用水位以上调水运用，并滞蓄洪水；调节期（10 月至次年 6 月，下同）蓄水拦沙，调节径流，满足河道生态、发电和工农业供水等要求。根据数学模型计算结果，水库拦沙初期结束时，水库拦沙量在 32 亿 m^3 左右，因此，水库处于拦沙初期的判别条件为水库拦沙量达到 32 亿 m^3 以前。

水库拦沙初期结束后，即进入拦沙后期运用。主汛期水库逐步抬高水位拦沙（拦粗排细）和调水调沙运用，库区河床逐步平行淤高，库水位有升降变化，水库排沙方式为异重流排沙和壅水明流排沙，排沙比较拦沙初期明显增大。主汛期控制水位不超过正常运用期汛限水位，当水库坝前淤积面达到588m时，水库利用有利的水沙条件逐步淤高滩地、冲刷主槽，并继续拦沙与调水调沙运用，遇大洪水时，水库防洪运用，库区滞洪淤积逐步抬高滩面高程，逐步形成具有高滩深槽的纵横断面形态。调节期水库兴利调节运用同拦沙初期。水库处于拦沙后期的判别条件为水库达到设计的高滩深槽淤积形态之前，相应水库拦沙量达到93.42亿m^3。

水库拦沙后期结束后进入正常运用期，利用汛限水位以下的20亿m^3槽库容进行调水调沙运用，长期发挥对下游河道的减淤作用。主汛期水库运用水位在死水位至汛限水位之间；汛限水位至防洪高水位之间的12亿m^3库容，供水库下游防洪之用。调节期水库蓄水拦沙、调节径流兴利运用，水位在正常蓄水位以下。

（2）水库调度运用原则

可行性研究阶段推荐古贤水库和小浪底水库联合运用，其中古贤水库采用逐步抬高主汛期水位拦沙和调水调沙的运用方式。古贤水库不同阶段的调度运用原则如下。

（A）汛期运用原则

拦沙初期：水库起始运用水位以下拦沙库容淤满前，主汛期古贤水库与小浪底水库联合调水调沙运用时，水库按照两极分化的原则进行流量调控，对不利的流量过程进行调蓄，泄放形成有利于输沙的水沙过程。古贤水库主要对入库水沙进行调节，避免下泄600～2000m^3/s的水沙过程；当入库为高含沙洪水且小浪底水库累计淤积量小于75亿m^3时，水库利用异重流排沙，并控制出库流量不大于10 000m^3/s，否则仍蓄水运用。小浪底水库对古贤至小浪底区间的水沙进行调节，平水期按下游供水、灌溉及生态要求凑泄断面流量；当入库为高含沙洪水时，维持出库流量等于入库流量，利用异重流排沙；当小浪底槽库容淤积严重时，维持低水位壅水排沙；当小浪底水库蓄水位接近汛限水位时，维持水库蓄水位不变。在两水库蓄水和预报河道来水满足一次调水调沙大流量泄放的水量要求时，根据下游河道平滩流量变化和小浪底水库槽库容淤积情况，尽可能下泄有利于下游河道输沙的水沙过程（上限调控流量为4000m^3/s左右），冲刷恢复下游河道主槽过流能力或冲刷恢复小浪底水库有效库容。

拦沙后期：水库起始运用水位以下拦沙库容淤满后至水库拦沙库容淤满前，根据黄河下游平滩流量和小浪底水库库容变化情况，古贤水库和小浪底水库联合调水调沙运用，适时蓄水（原则同拦沙初期）或利用天然来水冲刷黄河下游河道和小浪底库区的泥沙。当黄河下游平滩流量大于4000m^3/s时，古贤水库和小浪底水库原则上不进行大量蓄水，主要采用低壅水拦粗排细运用，当遇较大流量低含沙洪水而小浪底水库槽库容淤积严重时，小浪底水库敞泄排沙以恢复库容。当黄河下游平滩流量小于4000m^3/s时，古贤水库和小浪底水库共同蓄水运用，联合泄放大流量过程冲刷恢复下游过流能力，小浪底水库可根据槽库容淤积情况，适当控制水库蓄水量，遇合适水沙条件时冲刷恢复库容。两水库蓄水和预报河道来水满足一次调水调沙大流量泄放的水量要求时，即按照调控指标要求联合下泄洪水过程，冲刷恢复下游河道主槽过流能力或冲刷恢复小浪底水库有效库容。

正常运用期：水库拦沙库容淤满后，当古贤水库槽库容淤积不严重时，古贤水库和小浪底水库联合调水调沙运用原则同拦沙后期；当古贤水库槽库容淤积较严重时，充分利用入库流量冲刷排沙，恢复槽库容。

（B）非汛期运用原则

拦沙初期及拦沙后期：古贤水库汛末水位一般在汛限水位或以下，水库以汛末水位开始蓄水调节运用，在山西、陕西两省供水区配套工程建成前，水库按满足供水区已建扬黄灌区用水、河道内生态基流、壶口瀑布景观流量等坝下综合利用用水要求，等流量调节下泄；水库日内调节运用原则为在保证已建扬黄灌区用水、生态基流的前提下，兼顾壶口瀑布景观要求，多余水量调峰发电。在山西、陕西两省供水区配套工程建成后，两省供水区由坝上引水，水库主要满足河道内生态基流和壶口瀑布景观等综合利用用水要求，多余水量调峰发电，当库区蓄水量不满足供水区用水要求时，减少农业灌溉用水量，优先满足坝下生态基流要求。在拦沙期的非汛期一般保持两台机组基荷运行，其他机组调峰发电。

正常运用期：水库正常运用期的非汛期运用与拦沙期的非汛期运用基本类似。正常运用期水库拦沙已经完成，水库汛末水位按汛限水位 617m 控制，汛后以汛限水位 617m 开始蓄水调节运用，考虑山西、陕西两省供水区由坝上引水后，水库主要满足河道生态基流、壶口瀑布景观等坝下综合利用用水要求，等流量调节下泄，当库区蓄水量不满足供水区用水要求时，减少农业灌溉用水量，优先满足坝下生态基流要求。水库日内调节运用原则为在保证坝下生态基流的前提下，兼顾壶口瀑布景观要求，多余水量进行调峰发电。一般保持两台机组基荷运行，其他机组调峰发电。

3. 典型技术应用

（1）水库淤积形态设计技术

古贤水库进入正常运用期后，主汛期利用 20 亿 m^3 的调水调沙库容与三门峡、小浪底等水库联合调水调沙运用，遇大洪水时防洪运用。水库调水调沙多年运用，当遇到长时段不利水沙条件时，调水调沙库容将会被泥沙淤积侵占，根据水库数学模型计算成果，在不利水沙条件下，古贤水库正常运用期水库最大淤积泥沙量约 12 亿 m^3。由此，水库正常运用期的河槽冲淤形态考虑两种状态，一种为水库降至死水位冲刷过程中形成的对应于死水位 588m 的河槽形态，称为“深槽”状态；另一种为在水库调水调沙运用过程中河槽严重淤积时（考虑淤积 12 亿 m^3）的形态，称为“高槽”状态。

（A）纵剖面形态设计

“深槽”状态下，库区干流河槽淤积比降采用计算的平衡比降，坝前段、第二段和第三段比降分别为 1.7‱、2.1‱、3.0‱（表 12-3），整个库段“深槽”的平均比降为 2.34‱。“高槽”状态下，河槽比降由主汛期中小洪水逐步淤积形成，其比降应介于“深槽”比降与滩地淤积比降之间，参照已建三门峡、青铜峡等水库槽库容淤积严重时的观测资料，古贤水库“高槽”状态下河槽淤积比降按“深槽”比降的 60%～70%取值，坝前段、第二段和第三段比降分别为 1.2‱、1.4‱、1.8‱（表 12-4），整个库段“高槽”

的平均比降为1.5‱。

表 12-3 正常运用期干流淤积形态计算成果表（“深槽”形态）

死水位（m）	坝前滩面高程（m）	项目		坝前段		第二段		第三段		距碛口坝址（km）
588	625.5	断面		上	下	上	下	上	下	37.4
		距坝里程（km）		0	60	60	120	120	201	
		比降（‱）	河底	1.7		2.1		3.0		
			滩面	1.0		1.2		无滩地		
		高程（m）	河底	584.5	594.7	594.7	607.3	607.3	631.6	
			滩面	625.5	631.5	631.5	638.7	无滩地	无滩地	

表 12-4 正常运用期干流淤积形态计算成果表（“高槽”形态）

死水位（m）	坝前滩面高程（m）	项目		坝前段		第二段		第三段		距碛口坝址（km）
588	625.5	断面		上	下	上	下	上	下	37.4
		距坝里程（km）		0	60	60	120	120	201	
		比降（‱）	河底	1.2		1.4		1.8		
			滩面	1.0		1.2		无滩地		
		高程（m）	河底	600.5	607.7	607.7	616.1	616.1	631.6	
			滩面	625.5	631.5	631.5	638.7	无滩	无滩	

考虑到黄河北干流的洪水特性及古贤水库的防洪运用方式，大洪水时古贤库区很容易滞洪淤积，造成滩库容损失，影响水库的防洪效益。为了长期保持水库的防洪库容及兴利库容，参考多沙河流水库淤积形态设计经验，库区滩面高程按50年一遇洪水不上滩设计，根据水库调洪计算成果，50年一遇洪水防洪库容约为12亿m^3，因而设计坝前滩面高程625.5m。

根据古贤水库正常运用期干流河槽冲淤比降计算成果，设计的古贤水库两种状态（“深槽”状态、“高槽”状态）纵剖面形态见图12-13。

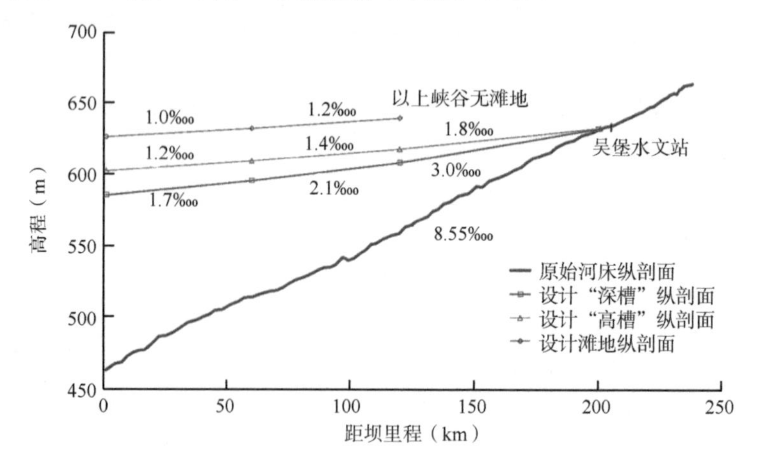

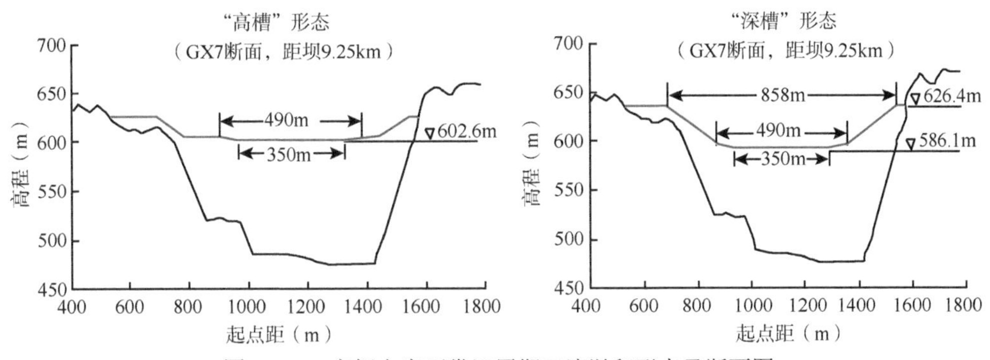

图 12-13 高坝方案正常运用期干流淤积形态及断面图

水库正常运用期“深槽”形态下，死水位为 588m，坝前滩面高程为 625.5m，库区坝前段、第二段、第三段各河段长度分别为 60km、60km、81km，形成滩地的前两段比降为 1.0‱、1.2‱，水库淤积末端距碛口坝址 37.4km，距吴堡县城下端猴桥断面 1.6km，汛期水库淤积末端不影响吴堡县城。

水库正常运用期“高槽”形态，是调水调沙库容淤积严重情况下的形态，为水库淤积的最不利形态，该形态位于“深槽”淤积形态之上，淤积末端距坝 201km，距吴堡县城下端猴桥断面 1.6km。

（B）横断面形态设计

深槽状态下，从横断面上看，平衡河槽具有高滩深槽的特征，它由死水位以下的造床流量河槽和调蓄河槽两部分组成。古贤水库设计造床流量为 3600m^3/s。造床流量河槽水面宽 490m，梯形断面水深 3.5m，边坡为 1∶20，河底宽 350m。造床流量河槽以上为调蓄河槽，岸坡采用 1∶5。

在峡谷库段，实际的河谷宽度小于设计河槽宽度，则按实际河谷断面计算。

水库形成平衡横断面“深槽”形态时，坝前段上断面滩面高程为 625.5m，河底高程为 584.5m，河底宽 350m；588m 高程河槽宽 490m，625.5m 高程河槽宽 865m；死水位 588m 以下槽深 3.5m，水下边坡 1∶20，死水位 588m 以上槽深 37.5m，水上边坡 1∶5，直至滩面。

水库形成平衡横断面“高槽”形态时，坝前段上断面滩面高程为 625.5m，河底高程为 600.5m，河底宽 350m，604m 高程河槽宽 490m、滩面宽 650m，边坡 1∶5，625.5m 高程河槽宽 860m。

（2）水库库容设计技术

多沙河流水库库容涉及拦沙库容、调水调沙库容、兴利库容、防洪库容、调洪库容、生态专属库容等。与少沙河流水库相比，拦沙库容和调水调沙库容是多沙河流水库工程设计需要特殊考虑的。黄河古贤水库开发任务以防洪减淤、调水调沙为主，兼顾供水、灌溉和发电等综合利用。根据古贤水利枢纽开发任务及综合利用要求，古贤水库的库容设置如下。

（A）死库容及最大拦沙库容

古贤水库的首要开发任务为防洪减淤，在技术经济合理的前提下应尽可能取得较大的拦沙库容，发挥更大的拦沙减淤效益。根据水库死水位选择及淤积形态设计，古贤水库的死水位为588m，设计最大拦沙库容为93.42亿m^3，其中死水位以下为60.50亿m^3，死水位以上为32.92亿m^3。

（B）调水调沙库容

根据黄河下游河道的洪水冲淤特性和古贤水库在黄河中游水沙调控子体系中所承担的任务，古贤水库和小浪底水库联合运用不仅要满足黄河下游减淤和长期维持中水河槽高效行洪输沙的要求，在小浪底水库槽库容淤积严重时，古贤水库还需要下泄大流量过程以冲刷恢复小浪底水库的库容。古贤水库在汛限水位以下设置20亿m^3的库容作为调水调沙库容，可以满足古贤水库和小浪底水库联合调水调沙的要求，并能取得较好的减淤效益。

（C）防洪库容

古贤水库的防洪保护对象为三门峡水库滩库容，根据分析论证，防洪标准为50年一遇洪水，需要防洪库容12亿m^3。

（D）兴利库容

按一般概念，水库兴利库容为水库正常运用期死水位与正常蓄水位之间的有效库容。按照古贤水库防洪减淤要求，水库淤积平衡后，死水位以上汛限水位以下设置有20亿m^3调水调沙库容，对来水来沙过程进行多年调节，当遇到不利的来水来沙条件时，可利用调水调沙库容拦蓄部分泥沙，塑造协调水沙关系，当遇到合适的来水流量时，可充分利用水流挟沙能力冲刷恢复调水调沙库容，因此，20亿m^3调水调沙库容属于动态库容，是允许泥沙淤积的。根据小浪底水库设计资料，其10亿m^3调水调沙库容淤沙量一般达到3亿～5亿m^3，最大可达到8亿m^3。因此，为满足非汛期的兴利调节不受汛期泥沙淤积对兴利库容的影响，考虑黄河泥沙和水库调水调沙的特殊性，将古贤水库的兴利库容设置在调水调沙库容以上，即在汛限水位以上设置兴利库容，其对应的水位为正常蓄水位。根据正常蓄水位比较结果，水库正常蓄水位为627.0m，相应兴利库容为15亿m^3。

（E）调洪库容

水库淤积平衡后，校核洪水位至汛限水位之间的库容为调洪库容。古贤水库推荐坝型采用混凝土重力坝，设计洪水标准为1000年一遇，校核洪水标准为10 000年一遇，根据水库调洪计算成果，校核洪水位为629.27m，与汛限水位之间的调洪库容约为18.71亿m^3。

（F）总库容

水库总库容为校核洪水位以下的原始库容。古贤水库校核洪水位为629.27m，总库容为130.59亿m^3。

需要说明的是，设计拦沙库容包括死库容及死水位以上的斜体淤积库容，被泥沙淤积占用。根据库区泥沙淤积形态设计，库尾段泥沙淤积体在校核洪水位以上，该部分库容不包括在总库容内。

古贤水库各库容分布见图12-14。

（3）库容变化对水库设计水面线的影响

古贤水利枢纽工程是黄河水沙调控体系的七大控制性骨干工程之一，控制了黄河60%的泥沙和 80%的粗沙，年均入库含沙量为 28kg/m^3，坝高 215m，总库容为 130.59 亿 m^3。将库容变化对水库设计水面线的影响的研究成果应用于古贤水利枢纽工程，实现了拦沙库容、调水调沙库容、兴利库容、防洪库容分布与高滩深槽、高滩中槽、高滩高槽 3 种淤积形态的耦合设计，精确识别出了移民淹没水位，解决了吴堡县城搬迁难题，减少移民投资 33.4 亿元。

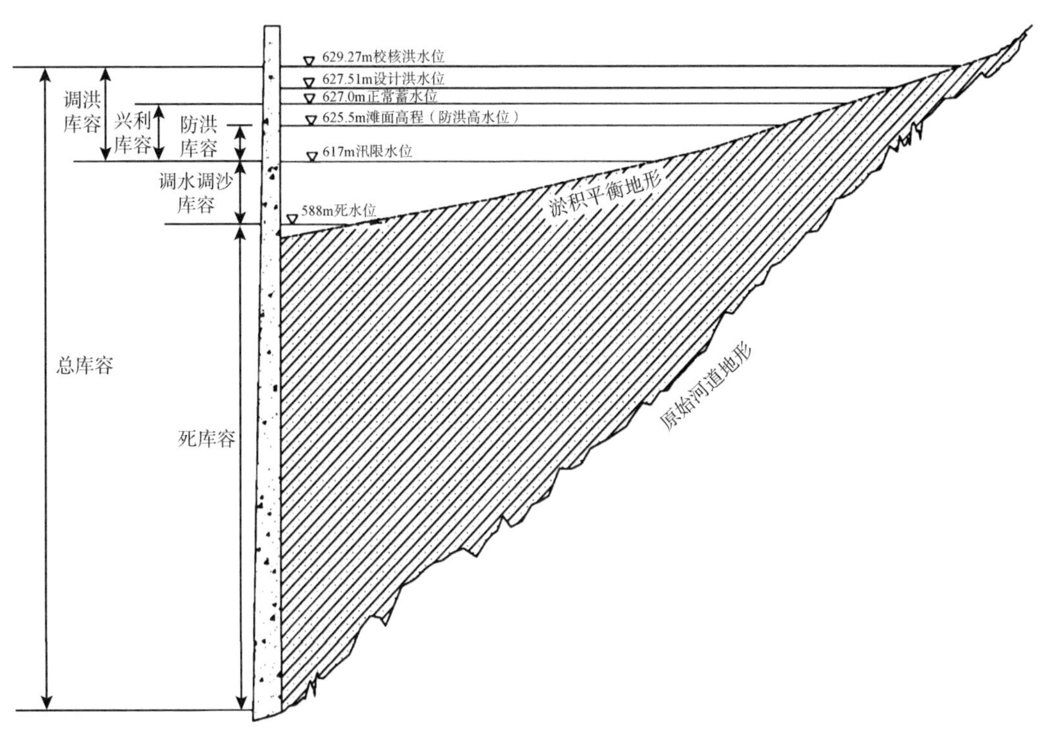

图 12-14 古贤水库各库容分布示意图

12.2 超高含沙河流水库“蓄清调浑”设计运用实践

泾河东庄水利枢纽工程坝址位于泾河干流最后一个峡谷段出口（张家山站）以上29km，坝址控制流域面积 4.31 万 km^2，占泾河流域面积的 95%，占渭河华县站控制流域面积的 40.5%，几乎控制了泾河的全部洪水泥沙。根据张家山站（含泾惠渠）的实测资料，泾河东庄水利枢纽入库的多年平均径流量为 16.92 亿 m^3，多年平均输沙量为 2.37 亿 t，年均含沙量为 140kg/m^3，属于典型的超高含沙河流水库。因此，以泾河东庄水利枢纽工程的设计运用为例，阐述关于超高含沙河流水库的“蓄清调浑”设计运用实践。

12.2.1 东庄水利枢纽工程总布置

东庄水利枢纽工程的开发任务以防洪减淤为主，兼顾供水、发电和改善生态等综合利用。枢纽建筑物包括混凝土双曲拱坝、坝身排沙泄洪孔、水垫塘及二道坝、岸边发电引水进水口及供水取水口、发电引水洞、地下厂房和库区防渗工程等，水库总库容为32.76 亿 m^3，水电站装机规模为 110MW。

混凝土双曲拱坝最大坝高 230m，坝顶高程为 804m，坝顶长度为 456.41m，坝顶宽度为 12.0m。3 个溢流表孔布置在河床坝身中部，堰顶高程为 786m，单孔净宽 11m；4 个排沙泄洪深孔布置在表孔的中闸墩、边闸墩下部，进口高程为 708m，单孔孔身尺寸选用 5.5m×9.0m（宽×高）；2 个非常排沙底孔布置在排沙泄洪深孔两侧下部，进口高程为 693m，单孔孔身尺寸为 3.5m×7.0m（宽×高）；坝下消能防冲水垫塘底板高程为 580m，底部宽度为 40m，底部长度为 335m，末端二道坝坝顶高程为 618m；左岸供水取水口布置在左岸坝前约 80m 处，取水口高程为 745m，设计引水流量为 6.11m^3/s；左岸发电引水进水口下方设置排沙洞，洞径为 4m，排沙流量为 200m^3/s；发电引水进水口与左岸供水取水口联合布置，分层取水口进口高程分别为 745m、757m 和 769m，发电引水洞按 1 洞 4 机布置，额定引水流量为 68.32m^3/s。

12.2.2 东庄水库淤积形态

东庄水库设计正常蓄水位为 789m，汛限水位为 780m，死水位为 756m。东庄水库进入正常运用期后，主汛期一般情况下在汛限水位 780m 和死水位 756m 之间调水调沙运用，来洪水时防洪运用。因此，水库正常运用期的冲淤平衡形态将会出现两种极端状态，一种为在水库降低水位至死水位排沙时达到平衡后形成的对应于坝前死水位 756m 的“深槽”状态，另一种为在水库调水调沙运用和防洪运用过程中平衡河槽逐渐淤高形成的对应于汛限水位 780m 的“高槽”状态。

（1）纵剖面形态设计

考虑东庄水库的库区地形特点，将东庄水库分为三个库段，其中第一段（坝前段）和第二段为悬移质淤积段，第一段长 32km，第二段长 44km，第三段（尾部段）为推移质堆积段，长约 13km。对影响库区淤积形态的各项参数指标进行深入分析论证，确定东庄水库三个库段淤积平衡比降分别为 2.5‱、3.1‱和 6.6‱。滩地比降前两段分别为 1.5‱、1.6‱，尾部段为 2.0‱。“高槽”状态的河槽比降比“深槽”状态的略小，参考滩面比降确定。

（2）横断面形态设计

深槽状态下，从横断面上看，平衡河槽具有高滩深槽的特征，它由死水位以下的造床流量河槽和调蓄河槽两部分组成。东庄水库设计造床流量为 835m^3/s，造床流量河槽水面宽 210m，梯形断面水深 2.5m，边坡为 1∶15，河底宽 135m。造床流量河槽以上为调蓄河槽，岸坡采用 1∶5。在峡谷库段，实际的河谷宽度小于设计河槽宽度，则按实际河谷断面计算。

冲淤平衡后深槽状态的坝前段滩面高程为 789m，河底高程为 753.50m，河底宽 135m；756m 高程河槽宽 210m，780m 高程河槽宽 450m，789m 高程河槽宽 540m；死水位 756m 以下槽深 2.5m，水下边坡 1∶15，死水位 756m 以上槽深 33m，水上边坡 1∶5，直至滩面。

冲淤平衡后高槽状态的坝前段滩面高程为 789m，河底高程为 777.50m，河底宽 135m；780m 高程河槽宽 210m，789m 高程河槽宽 540m；780m 以下槽深 2.5m，水下边坡 1∶15，780m 以上槽深 9m，水上边坡 1∶5，直至滩面。

东庄水库冲淤平衡纵剖面计算成果见表 12-5，冲淤平衡形态见图 12-15。

表 12-5　东庄水库冲淤平衡纵剖面计算成果

项目		坝前段		第二段		尾部段	
距坝里程（km）		0	32	32	76	76	89.3
糙率		0.018		0.020		0.030	
比降（‰）	深槽	2.5		3.1		6.6	
	高槽	1.5		1.6		2.0	
河底高程（m）	深槽	753.50	761.50	761.50	775.14	775.14	783.92
	高槽	777.50	782.30	782.30	789.34	789.34	792.00

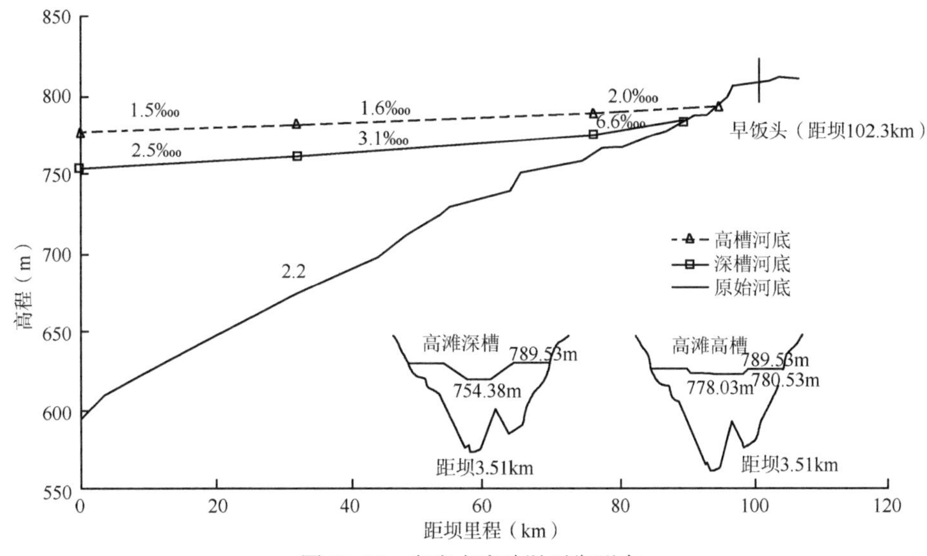

图 12-15　东庄水库冲淤平衡形态

采用东庄水库水沙数学模型进行库区泥沙冲淤计算，由平水平沙的 1968 系列、前期水沙偏丰的 1961 系列、前期水沙偏枯的 1991 系列、实测 2000 系列和平水平沙的原 1968 系列计算得到的东庄水库淤积形态见图 12-16～图 12-20。可以看出，不同水沙系列下东庄水库淤积形态变化过程基本相同。水库运行初期为三角洲淤积形态，随着水库的运用，三角洲顶点逐渐向坝前推进，直至顶点达坝前后，水库变为锥体淤积形态，而后淤积面继续抬升；水库正常运用期，淤积面在汛限水位至死水位之间变化。水库淤积平衡后，河槽比降为 1.5‱～3.5‱。由数学模型计算的冲淤平衡形态与设计冲淤平衡形态比较接近。

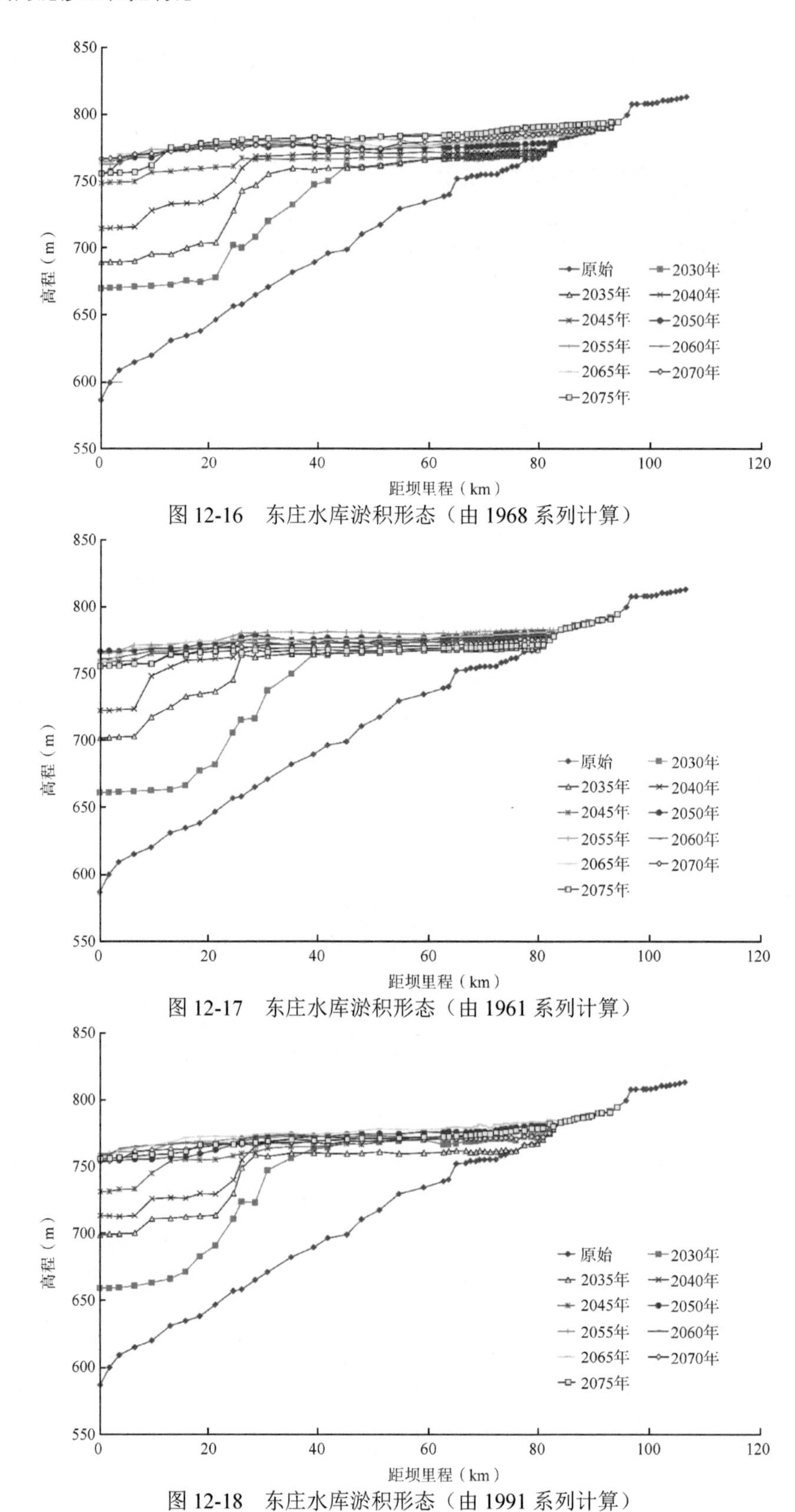

图 12-16　东庄水库淤积形态（由 1968 系列计算）

图 12-17　东庄水库淤积形态（由 1961 系列计算）

图 12-18　东庄水库淤积形态（由 1991 系列计算）

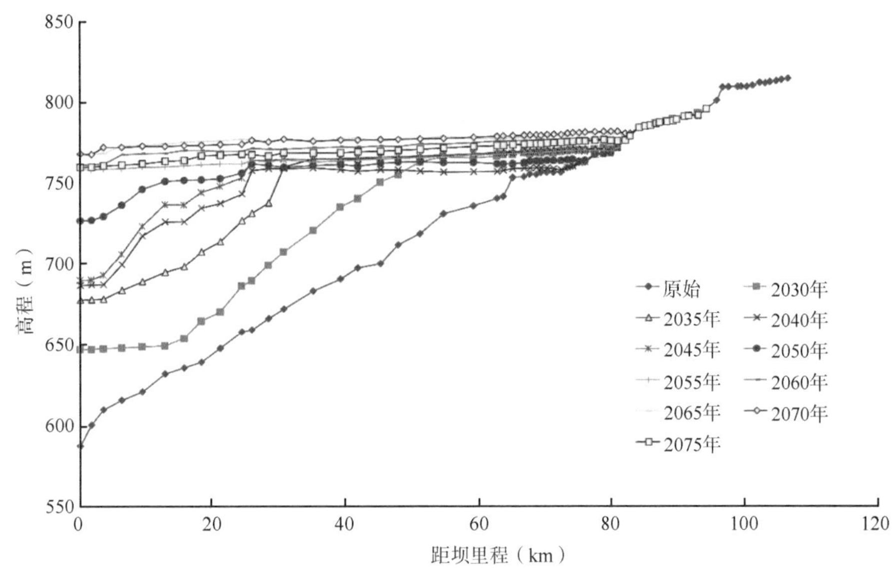

图 12-19　东庄水库淤积形态（由 2000 系列计算）

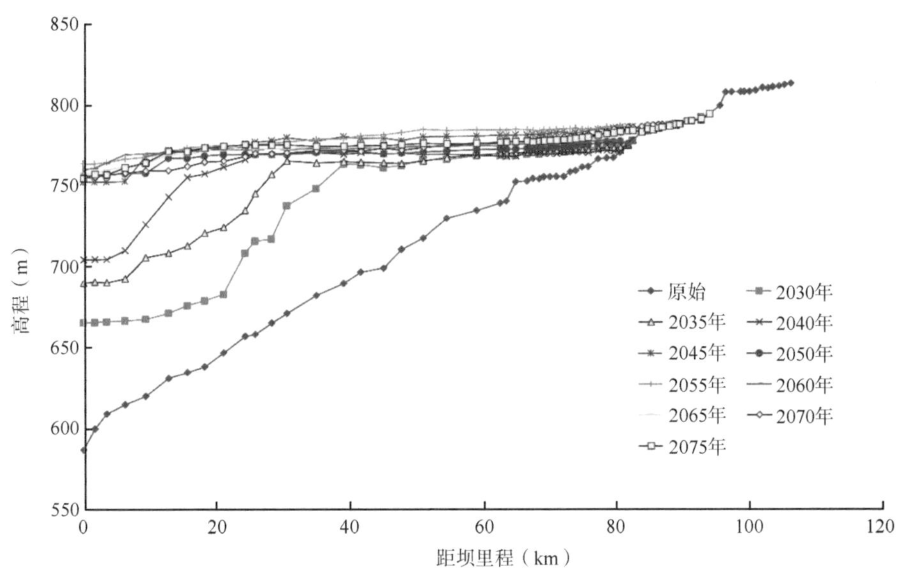

图 12-20　东庄水库淤积形态（由原 1968 系列计算）

12.2.3　非常排沙调度方式

（1）拦沙期非常排沙底孔运用方式

东庄坝址原始河床高程为 587m，排沙泄洪深孔进口底板高程为 708m，非常排沙底孔进口底板高程为 693m。当淤积面高程低于非常排沙底孔进口底板高程时，水库不具备排沙条件；当坝前泥沙淤积面高程达到非常排沙底孔进口底板高程后至坝前泥沙淤积面高程低于排沙泄洪深孔进口底板高程前，水库具备通过非常排沙底孔排沙的条件，可通过水库合理调节水沙，减缓水库和下游河道淤积，同时满足供水需求，充分发挥水库的综合利用效益。

东庄水库处于拦沙期（拦沙量小于 20.53 亿 m^3）时，当坝前淤积面高程为 693m（非常排沙底孔进口底板高程）至 708m（排沙泄洪深孔进口底板高程）时，坝前水位低于 780m，当遇到入库流量大于 300m^3/s 时，开启非常排沙底孔，按进出库平衡泄流排沙。

（2）正常运用期非常排沙底孔运用方式

东庄水库来水含沙量高，来沙量大，洪水期泥沙含量更高。水库运用进入正常运用期（拦沙量大于 20.53 亿 m^3）后，遇到合适的洪水条件时，开启非常排沙底孔，增强水库的排沙能力，可有效恢复水库库容，实现水库拦沙库容的重复利用，最大可能地发挥水库的综合利用效益。因此，东庄水库非常排沙底孔运用应充分利用入库洪水陡涨陡落、峰高量小的特点，相机泄空，实时回蓄。

在水库拦沙期结束后的边界条件基础上，研究水库正常运用期非常排沙底孔的运用条件。根据水库冲淤计算成果，水库拦沙期为 30 年，在拦沙期结束后的河床边界条件基础上，开展水库和渭河下游河道一维泥沙冲淤计算，分析正常运用期 50 年内不同非常排沙底孔运用方案下库区排沙效果、库区冲淤、库容恢复及渭河下游河道冲淤变化等，综合比较确定非常排沙底孔运用条件。

（A）非常排沙底孔运用方案拟定

根据渭河下游河道的洪水冲淤特性，当发生张家山站流量大于 600m^3/s、含沙量大于 300kg/m^3 的非漫滩高含沙洪水时，渭河下游冲刷较为明显，主槽过洪能力增强；当发生咸阳站加张家山站（简称“咸张”）流量大于 1000m^3/s 的洪水时，输沙效率较高，渭河下游主槽发生冲刷，平滩流量扩大。防洪减淤是东庄水利枢纽工程的主要开发任务，非常排沙底孔运用在增强水库排沙效果、恢复水库库容的同时，应避免对渭河下游河道减淤造成不利的影响，并可泄放对渭河下游河道减淤有利的水沙过程，因此，非常排沙底孔运用方案的拟定应选取大流量有利条件，分别考虑入库流量大于 600m^3/s 和大于 1000m^3/s 的方案。

水流由东庄坝址传至渭河入黄口的时间约为 30h，因此东庄水库大流量入库洪水应持续 2d 以上。东庄坝址上距泾河干流杨家坪站 190km，上距泾河干流景村站 101.9km。水流由杨家坪站传至景村站、由景村站传至东庄坝址的时间均接近 1d。杨家坪站至景村站之间有较大支流马莲河和黑河汇入，景村站至东庄坝址无较大支流汇入。因此，拟定的两个非常排沙底孔运用方案为：①当泾河杨家坪站+马莲河雨落坪站+黑河亭口站实测流量大于 600m^3/s，并且景村站实测流量也大于 600m^3/s 时，开启非常排沙底孔，简称“实测流量大于 600m^3/s 方案”；②当泾河杨家坪站+马莲河雨落坪站+黑河亭口站实测流量大于 1000m^3/s，并且景村站实测流量也大于 1000m^3/s 时，开启非常排沙底孔，简称“实测流量大于 1000m^3/s 方案”。

根据工程设计条件，非常排沙底孔不参与泄洪运用。根据下游防洪要求，当东庄水库入库为 5 年一遇以下洪水时，即入库流量小于 3220m^3/s 时，可以敞泄运用；当入库为 5 年一遇及以上洪水时，则需要根据华县断面的流量情况，水库有可能要削峰滞洪。因此，以洪峰流量为判别指标，由于大流量时水库排沙效果较好，在入库 2 年一遇至 5 年一遇洪水之间，又拟定了“景村站发生 2～5 年一遇洪水时开启非常排沙底孔”（简称“2～5 年一遇方案”）和“景村站发生 3～5 年一遇洪水时开启非常排沙底孔”（简称“3～5 年一遇方案”）两个运用方案。

非常排沙底孔泄流排沙时，水库水位最低可降至 715m，比正常死水位 756m 低 41m，当入库平均流量小于 $300m^3/s$ 时关闭非常排沙底孔。

此外，在水库正常运用期，若水库淤积量超过 23.0 亿 m^3，则库区淤积接近高滩高槽形态，槽库容淤积泥沙 2.47 亿 m^3，占设计调水调沙库容 3.27 亿 m^3 的 76%，此时要开启非常排沙底孔强迫排沙。

非常排沙底孔运用方案及其运用条件见表 12-6。

表 12-6　非常排沙底孔运用方案及其运用条件

序号	运用判别指标	非常排沙底孔运用方案	非常排沙底孔运用条件
1	日均流量	实测流量大于 $600m^3/s$ 方案	当泾河杨家坪站+马莲河雨落坪站+黑河亭口站实测流量大于 $600m^3/s$，并且景村站实测流量也大于 $600m^3/s$ 时，开启非常排沙底孔，至入库平均流量小于 $300m^3/s$ 或者库区淤积量达到 23.0 亿 m^3 时结束
		实测流量大于 $1000m^3/s$ 方案	当泾河杨家坪站+马莲河雨落坪站+黑河亭口站实测流量大于 $1000m^3/s$，并且景村站实测流量也大于 $1000m^3/s$ 时，开启非常排沙底孔，至入库平均流量小于 $300m^3/s$ 或者库区淤积量达到 23.0 亿 m^3 时结束
2	洪峰流量	2～5 年一遇方案	东庄水库 2 年一遇洪水设计洪峰流量为 $1230m^3/s$，5 年一遇洪水设计洪峰流量为 $3220m^3/s$。景村站发生 2～5 年一遇洪水时，开启非常排沙底孔，至入库平均流量小于 $300m^3/s$ 或者库区淤积量达到 23.0 亿 m^3 时结束
		3～5 年一遇方案	东庄水库 3 年一遇洪水设计洪峰流量为 $1960m^3/s$，5 年一遇洪水设计洪峰流量为 $3220m^3/s$。景村站发生 3～5 年一遇洪水时，开启非常排沙底孔，至入库平均流量小于 $300m^3/s$ 或者库区淤积量达到 23.0 亿 m^3 时结束

（B）非常排沙底孔运用方案比选

正常运用期 50 年内非常排沙底孔运用期间不同方案计算结果比较见表 12-7。

表 12-7　正常运用期 50 年内非常排沙底孔运用期间不同方案计算结果比较

运用方案	排沙年数（年）	排沙次数（次）	排沙天数（d）	库区冲刷量（亿 t）	库区淤积量小于 20.53 亿 m^3 的年数（年）	拦沙库容累计恢复（亿 m^3）	恢复单方库容耗水量（亿 m^3）	渭河下游河道减淤量（亿 t）
实测流量大于 $600m^3/s$ 方案	11	14	48	10.76	30	4.45	6.11	2.80
实测流量大于 $1000m^3/s$ 方案	6	6	23	5.81	17	2.24	5.79	2.58
2～5 年一遇方案	27	39	109	12.81	29	3.23	9.03	2.70
3～5 年一遇方案	11	11	41	5.73	10	1.02	7.35	2.42

比较实测流量大于 $600m^3/s$ 方案和实测流量大于 $1000m^3/s$ 方案，前者排沙年数为 11 年，排沙次数为 14 次，排沙天数为 48d，其间库区冲刷量为 10.76 亿 t，水库运用过程中库区淤积量小于拦沙库容 20.53 亿 m^3 的年数为 30 年，50 年内可累计恢复拦沙库容 4.45 亿 m^3，恢复单方库容耗水量为 6.11 亿 m^3，渭河下游河道减淤量为 2.80 亿 t；后者排沙年数为 6 年，排沙次数为 6 次，排沙天数为 23d，其间库区冲刷量为 5.81 亿 t，水库运

用过程中库区淤积量小于拦沙库容 20.53 亿 m^3 的年数为 17 年，50 年内可累计恢复拦沙库容 2.24 亿 m^3，恢复单方库容耗水量为 5.79 亿 m^3，渭河下游河道减淤量为 2.58 亿 t。前者非常排沙底孔运用年数、次数和天数均更大，库区冲刷量更大，拦沙库容累计恢复量也更大，对渭河下游河道减淤效果较好，但恢复单方库容耗水量略大。综合考虑水库库区排沙效果、库容恢复及渭河下游河道减淤情况，两方案中推荐实测流量大于 600m^3/s 方案。

比较 2～5 年一遇方案和 3～5 年一遇方案，前者排沙年数为 27 年，排沙次数为 39 次，排沙天数为 109d，其间库区冲刷量为 12.81 亿 t，水库运用过程中库区淤积量小于拦沙库容 20.53 亿 m^3 的年数为 29 年，50 年内可累计恢复拦沙库容 3.23 亿 m^3，恢复单方库容耗水量为 9.03 亿 m^3，渭河下游河道减淤量为 2.70 亿 t；后者排沙年数为 11 年，排沙次数为 11 次，排沙天数为 41d，其间库区冲刷量为 5.73 亿 t，水库运用过程中库区淤积量小于拦沙库容 20.53 亿 m^3 的年数为 10 年，50 年内可累计恢复拦沙库容 1.02 亿 m^3，恢复单方库容耗水量为 7.35 亿 m^3，渭河下游河道减淤量为 2.42 亿 t。前者非常排沙底孔运用年数、次数和天数均更大，库区冲刷量更大，拦沙库容累计恢复量也更大，对渭河下游河道减淤效果较好，但恢复单方库容耗水量略大。综合考虑水库库区排沙效果、库容恢复及渭河下游河道减淤情况，两方案中推荐 2～5 年一遇方案。

比较实测流量大于 600m^3/s 方案和 2～5 年一遇方案，虽然 2～5 年一遇方案水库排沙次数更多，非常排沙底孔运用期间水库库区冲刷量更大，但年均排沙天数和每次排沙的平均天数均小于实测流量大于 600m^3/s 方案，因此每次排沙的冲刷强度和对拦沙库容的恢复效果均不如实测流量大于 600m^3/s 方案，并且恢复单方库容耗水量更大，对渭河下游河道的减淤效果也比实测流量大于 600m^3/s 方案差。

（C）非常排沙底孔运用对供水的影响分析

非常排沙底孔泄流排沙期间，坝前运用水位较低，水库回蓄至死水位 756m 需要一定的时间，在此期间可由调蓄水库对外供水。根据径流调节计算结果，调蓄水库蓄满时水量为 2200 万 m^3，工业生活日需水量为 45.4 万 m^3，调蓄水库可满足工业生活供水 48d。因此，非常排沙底孔降低水位泄流排沙不会对供水造成影响。

（D）非常排沙底孔运用方案推荐

综上所述，非常排沙底孔运用推荐实测流量大于 600m^3/s 方案，即当坝前水位低于 780m 时，当泾河杨家坪站+马莲河雨落坪站+黑河亭口站实测流量大于 600m^3/s，并且景村站实测流量也大于 600m^3/s 时，开启非常排沙底孔以降低库水位，泄空水库蓄水，在死水位以下创造临时泥沙侵蚀基准面，冲刷恢复拦沙库容，当入库流量小于 300m^3/s 时开始回蓄。

12.2.4 超高含沙河流水库拦沙库容再生利用效果

本小节采用库区和渭河下游河道一维水沙数学模型计算分析了长系列水沙条件下设置非常排沙底孔对延长水库拦沙运用年限、恢复拦沙库容的作用；采用库区一维水沙数学模型和坝区立面二维水沙数学模型、实体模型试验研究了典型年洪水过程坝区冲刷效果；当正常运用期水库淤积量超过 23.0 亿 m^3 时，库区淤积接近高滩高槽形态，开启非常排沙底孔强迫排沙，采用数学模型计算分析强迫排沙时期设置非常排沙底孔对恢复水库库容的作用。

（1）设置非常排沙底孔对延长水库拦沙运用年限的作用

东庄水库排沙泄洪深孔进口底板高程为 708m，比原始河床高程 587m 高出 121m。只有当坝前淤积面高程达到一定高度后，才具备排沙出库的条件。非常排沙底孔进口底板高程为 693m，比排沙泄洪深孔进口底板高程低 15m，水库可更早排沙。

模型计算的东庄水库累计淤积量变化过程见图 12-21。设置非常排沙底孔，水库运用第 5 年具备排沙条件，水库库区淤积速率慢，拦沙库容淤满年限为 30 年；不设置非常排沙底孔，水库运用第 8 年具备排沙条件，拦沙库容淤满年限为 27 年。由此可见，设置非常排沙底孔，可提前 3 年排沙，延长水库拦沙库容使用年限 3 年。

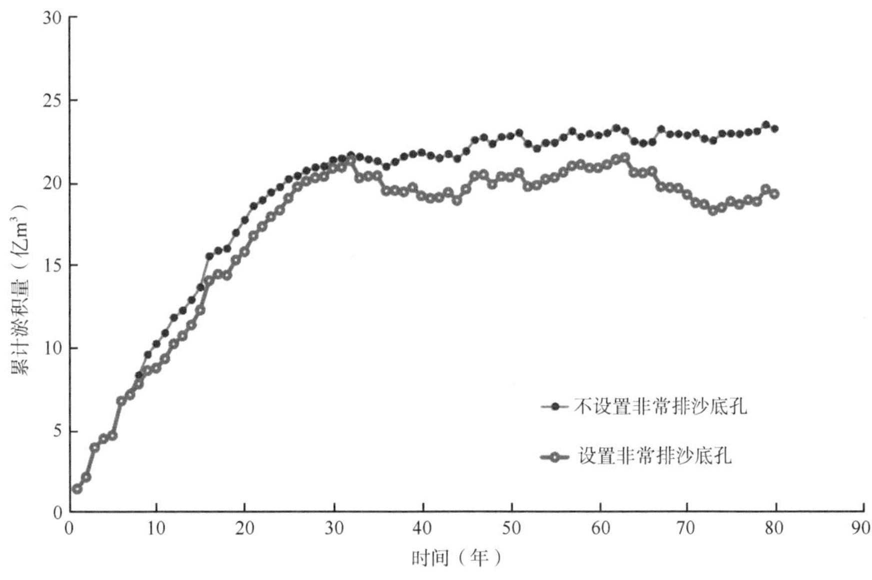

图 12-21 东庄水库累计淤积量变化过程

（2）设置非常排沙底孔对恢复拦沙库容的作用

由东庄水库累计淤积量变化过程可知，不设置非常排沙底孔，正常运用 50 年内库区最大淤积量为 23.51 亿 m^3，槽库容淤积 2.98 亿 m^3，占设计调水调沙库容 3.27 亿 m^3 的 91.13%；库区最小淤积量为 20.97 亿 m^3。水库运用过程中有近 70%的年份淤积量在 22.0 亿 m^3 以上，槽库容淤积量均在设计调水调沙库容 3.27 亿 m^3 的 50%以上；有近 20%的年份淤积量在 23.0 亿 m^3 以上，槽库容淤积量均在设计调水调沙库容 3.27 亿 m^3 的 75%以上。水库运用过程中多年保持库区冲淤平衡，但拦沙库容没有得到恢复。计算期末，库区累计淤积量为 23.26 亿 m^3。

设置非常排沙底孔，正常运用 50 年内库区最大淤积量为 21.60 亿 m^3，槽库容淤积 1.07 亿 m^3，占设计调水调沙库容 3.27 亿 m^3 的 32.7%；库区最小淤积量为 18.36 亿 m^3。水库运用过程中累计淤积量小于设计拦沙库容 20.53 亿 m^3 的年份为 30 年，50 年内可累计恢复拦沙库容 4.45 亿 m^3，占设计拦沙库容的 21.7%。计算期末，库区累计淤积量为 19.34 亿 m^3。

由此可知，设置非常排沙底孔方案增强了水库的排沙能力，库区累计淤积量小于不设置非常排沙底孔方案，可快速恢复槽库容，实现拦沙库容的恢复和重复利用。

（3）典型场次洪水水库坝区冲刷效果

根据东庄水库入库张家山站实测水沙过程，选取 1992 年典型场次洪水，来水计算时间为 10d，洪峰流量为 2380m^3/s。进入库区的水沙条件和坝前水位见图 12-22，其中进入库区的水沙条件经库区一维水沙数学模型计算得到。第 3 天水库入库流量为 780m^3/s，提前 1d 开启了非常排沙底孔敞泄排沙，根据非常排沙底孔的泄流能力，第 2 天坝前水位降低至 715m。第 8 天随着入库流量的减小，关闭非常排沙底孔，水位逐渐回升。

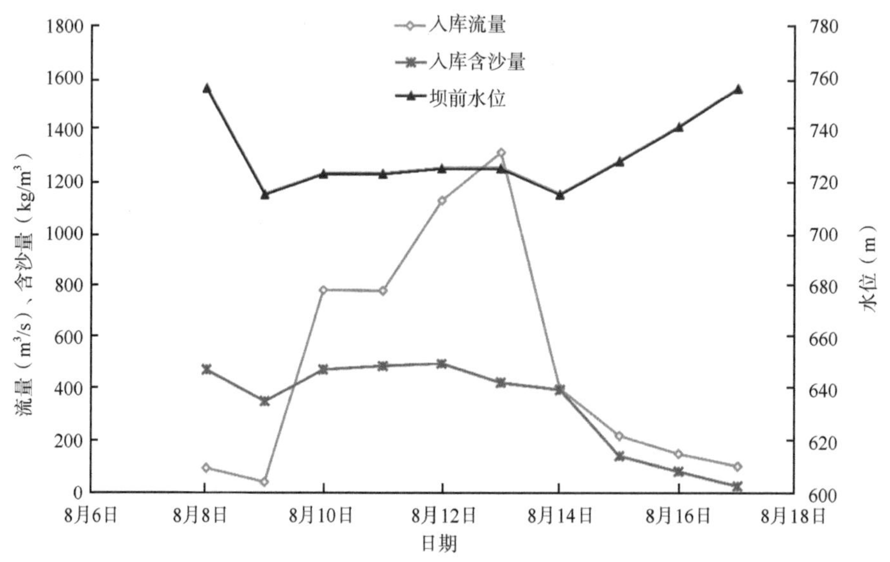

图 12-22 进入库区的水沙条件和坝前水位（1992 年典型场次洪水）

（A）数学模型计算结果

（a）高滩深槽边界

非常排沙底孔开启后，第 2 天坝前水位降低，库坝区冲刷以溯源冲刷的形式向上游发展，第 3 天末时溯源冲刷范围扩展至坝前 30.0km，坝址处淤积面高程为 695.30m，坝前 1.5km 处冲刷降低 47.26m，坝前 5.0km 处冲刷降低 20.35m，坝前 10.0km 处冲刷降低 10.21m，库坝区累计冲刷泥沙 2709 万 t。随着水库持续敞泄排沙，溯源冲刷逐渐向上游发展，同时库区沿程发生冲刷。

第 4 天末溯源冲刷范围扩展至坝前 45.0km，坝址处淤积面高程为 694.15m，坝前 1.5km 处冲刷降低 57.40m，坝前 5.0km 处冲刷降低 41.68m，坝前 10.0km 处冲刷降低 24.15m，坝前 40.0km 处冲刷降低 2.39m，库坝区累计冲刷泥沙 5454 万 t。

第 7 天末溯源冲刷范围扩展至坝前 60.0km，坝址处淤积面高程为 693.35m，坝前 1.5km 处冲刷降低 59.36m，坝前 5.0km 处冲刷降低 47.73m，坝前 10.0km 处冲刷降低 37.15m，坝前 40.0km 处冲刷降低 5.61m，库坝区累计冲刷泥沙 8115 万 t。第 8 天随着入库流量的减小，关闭非常排沙底孔，水库水位逐渐回升。总体而言，溯源冲刷作用大于沿程冲刷作用，库区下段冲刷量大于上段。

高滩深槽条件下 1992 年典型场次洪水河床纵剖面变化见图 12-23，库坝区沿程冲刷高程和冲刷厚度见表 12-8。可以看出，非常排沙底孔运用实现了库坝区沿程冲刷和溯源冲刷，较大幅度地降低了坝前泥沙淤积面，有效地恢复了水库拦沙库容 6242 万 m^3。

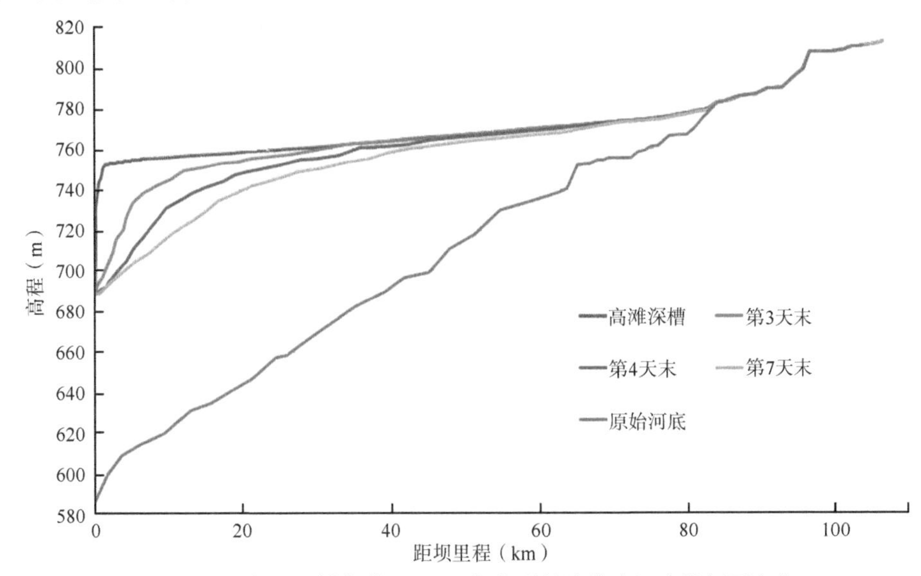

图 12-23　高滩深槽条件下 1992 年典型场次洪水河床纵剖面变化

表 12-8　高滩深槽条件下库坝区沿程冲刷高程和冲刷厚度

时间	坝址		坝前 1.5km		坝前 5.0km		坝前 10.0km		坝前 40.0km		累计冲刷量（万t）
	高程（m）	冲刷厚度（m）	高程（m）	冲刷厚度（m）	高程（m）	冲刷厚度（m）	高程（m）	冲刷厚度（m）	高程（m）	冲刷厚度（m）	
第 0 天	705.00		752.62		754.48		756.00		763.74		
第 3 天末	695.30	9.70	705.36	47.26	734.13	20.35	745.79	10.21	763.74	0.00	2709
第 4 天末	694.15	10.85	695.22	57.40	712.80	41.68	731.85	24.15	761.35	2.39	5454
第 7 天末	693.35	11.65	693.26	59.36	706.75	47.73	718.85	37.15	758.13	5.61	8115

（b）高滩高槽边界

非常排沙底孔开启后，第 2 天坝前水位降低，库坝区冲刷以溯源冲刷的形式向上游发展，第 3 天末溯源冲刷范围扩展至坝前 20.0km，坝址处淤积面高程为 695.45m，坝前 1.5km 处冲刷降低 62.08m，坝前 5.0km 处冲刷降低 29.13m，坝前 10.0km 处冲刷降低 11.23m，库坝区累计冲刷 3764 万 t。随着水库持续敞泄排沙，溯源冲刷逐渐向上游发展，同时库区沿程发生冲刷。

第 4 天末，溯源冲刷范围扩展至坝前 30.0km，坝前淤积面高程为 694.35m，坝前 1.5km 处冲刷降低 70.70m，坝前 5.0km 处冲刷降低 48.01m，坝前 10.0km 处冲刷降低 28.18m，坝前 40.0km 处冲刷降低 1.48m，库坝区累计冲刷泥沙 6878 万 t。

第 7 天末溯源冲刷范围扩展至坝前 55.0km，坝址处淤积面高程为 693.39m，坝前 1.5km 处冲刷降低 74.76m，坝前 5.0km 处冲刷降低 63.74m，坝前 10.0km 处冲刷降低

40.60m，坝前 40.0km 处冲刷降低 3.89m，库坝区累计冲刷泥沙 10 588 万 t。第 8 天随着入库流量的减小，关闭非常排沙底孔，水库水位逐渐回升。总体而言，溯源冲刷作用大于沿程冲刷作用，库区下段冲刷量大于上段。

高滩高槽条件下 1992 年典型场次洪水河床纵剖面变化见图 12-24，库坝区沿程冲刷高程和冲刷厚度见表 12-9。可以看出，非常排沙底孔运用实现了库坝区沿程冲刷和溯源冲刷，较大幅度地降低了坝前泥沙淤积面，有效地恢复了水库库容 8144 万 m^3。由此可见，高滩高槽边界条件下的库容恢复效果大于高滩深槽边界。

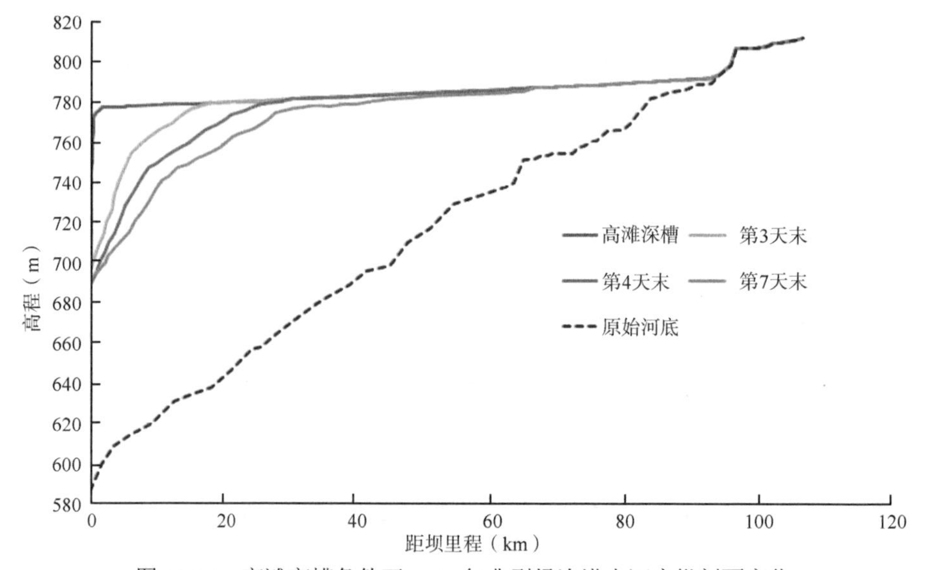

图 12-24 高滩高槽条件下 1992 年典型场次洪水河床纵剖面变化

表 12-9 高滩高槽条件下库坝区沿程冲刷高程和冲刷厚度

时间	坝址		坝前 1.5km		坝前 5.0km		坝前 10.0km		坝前 40.0km		累计冲刷量（万 t）
	高程（m）	冲刷厚度（m）	高程（m）	冲刷厚度（m）	高程（m）	冲刷厚度（m）	高程（m）	冲刷厚度（m）	高程（m）	冲刷厚度（m）	
第 0 天	705.00		777.08		778.25		779.01		783.86		
第 3 天末	695.45	9.55	715.00	62.08	749.12	29.13	767.78	11.23	783.51	0.35	3 764
第 4 天末	694.35	10.65	706.38	70.70	730.24	48.01	750.83	28.18	782.38	1.48	6 878
第 7 天末	693.39	11.61	702.32	74.76	714.51	63.74	738.41	40.60	779.97	3.89	10 588

（B）实体模型试验结果

东庄水利枢纽工程初步设计阶段，开展了坝区泥沙实体模型试验，试验范围为坝址上游约 4.2km，模型设计为正态模型，平面比尺和垂直比尺均为 1∶100。实体模型试验研究了 1992 年典型场次洪水条件下非常排沙底孔的排沙效果。试验初始地形条件为高滩高槽边界和高滩深槽边界，坝前泥沙淤积面高程为 725m。试验结果表明，两种河床边界条件下，开启非常排沙底孔坝区冲刷效果显著，坝区 1.3km 范围内库区河床下降了 30～50m（图 12-25）。

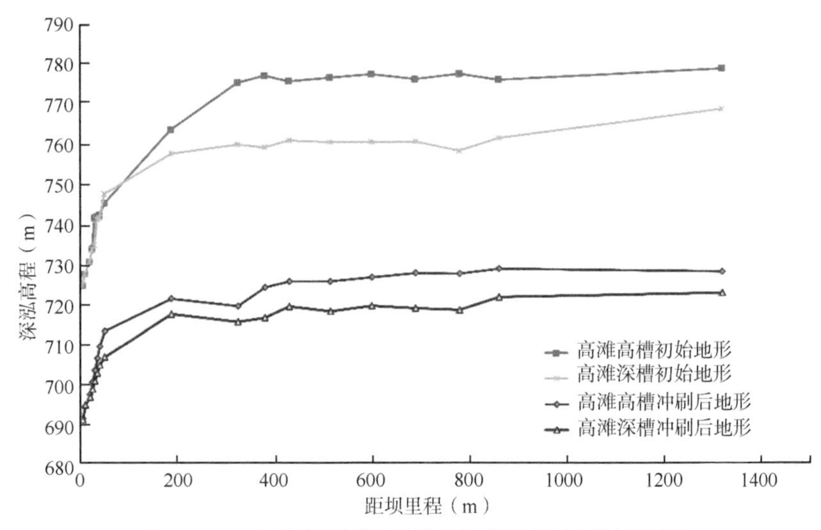

图 12-25　实体模型试验非常排沙底孔开启后冲刷情况

（4）强迫排沙时期设置非常排沙底孔对恢复水库库容的作用

东庄水库来沙量大，拦沙库容淤满后进入正常运用期，槽库容被淤满的情况可能发生，从而使水库失去调节能力。若遇丰水年份，应及时开启非常排沙底孔，增强水库低水位的排沙能力，恢复淤积的槽库容，并可使部分拦沙库容重复利用。

采用库区一维水沙数学模型计算分析开启非常排沙底孔对恢复水库库容的作用，采用槽库容淤满后的地形作为初始地形条件，采用丰水年份（1966 年）和一般来水年份（2010 年）实测水沙过程作为水沙条件，按照主汛期 7～8 月敞泄运用进行库区泥沙冲淤计算，论证设置非常排沙底孔的作用。

库区初始淤积量为 23.87 亿 m^3，正常蓄水位 789m 以下库容为 2.08 亿 m^3，死水位 756m 以下库容为 0.002 亿 m^3。在丰水年份（1966 年），设置或不设置非常排沙底孔，水库 7～8 月冲刷量分别为 3.83 亿 m^3 和 2.23 亿 m^3，设置非常排沙底孔比不设置多冲刷 1.60 亿 m^3；敞泄排沙运用后正常蓄水位以下库容分别为 5.93 亿 m^3 和 4.31 亿 m^3；死水位以下库容分别为 1.40 亿 m^3 和 0.63 亿 m^3。在一般来水年份（2010 年），设置或不设置非常排沙底孔，7～8 月水库累计冲刷量分别为 2.81 亿 m^3 和 1.63 亿 m^3，设置非常排沙底孔比不设置多冲刷 1.18 亿 m^3；敞泄排沙运用后正常蓄水位以下库容分别为 4.91 亿 m^3 和 3.71 亿 m^3；死水位以下库容分别为 1.04 亿 m^3 和 0.46 亿 m^3（表 12-10）。

表 12-10　设置或不设置非常排沙底孔水库敞泄排沙前后淤积量变化

方案		7～8 月来水量（亿 m^3）	水库淤积量（亿 m^3）		正常蓄水位以下库容（亿 m^3）		死水位以下库容（亿 m^3）		7～8 月冲刷量（亿 m^3）
			敞泄排沙前	敞泄排沙后	敞泄排沙前	敞泄排沙后	敞泄排沙前	敞泄排沙后	
1966 年	设置	13.06	23.87	20.04	2.08	5.93	0.002	1.40	3.83
	不设置	13.06	23.87	21.64	2.08	4.31	0.002	0.63	2.23
2010 年	设置	7.20	23.87	21.06	2.08	4.91	0.002	1.04	2.81
	不设置	7.20	23.87	22.24	2.08	3.71	0.002	0.46	1.63

注：表中“设置”代表设置非常排沙底孔方案；“不设置”代表不设置非常排沙底孔方案。

12.3 特高含沙河流水库“蓄清调浑”设计运用实践

12.3.1 贾咀水利枢纽

1. 水库淤积形态

（1）纵剖面形态设计

根据马莲河贾咀水库的运用方式，水库正常运用期河槽冲淤形态考虑两种状态，一种为水库降至死水位冲刷过程中形成的对应于死水位的河槽形态，称为“平衡形态”；另一种为水库运用过程中调沙河槽淤积时（考虑汛期调沙库容淤积 0.4 亿 m^3）的形态，称为“淤积形态”。由于马莲河为泥沙淤积影响严重的水库，从安全角度出发，水库调洪计算、回水计算采用淤积形态库容和断面。

调沙河槽淤积主要由汛期小流量高含沙洪水及非汛期洪水造成，其淤积比降应该介于汛期冲淤平衡比降与滩地淤积比降之间，参照已建三门峡水库、青铜峡水库及巴家咀水库槽库容淤积时的观测资料，贾咀水库调沙库区淤积比降按河槽平衡比降的 75%考虑，取值分别为 2.0‱、2.4‱。

根据以上分析，设计的贾咀水库正常运用期水库淤积形态见表 12-11、表 12-12 和图 12-26。

表 12-11 贾咀水库正常运用期干流淤积形态成果表（平衡形态，死水位 982m）

项目		坝前段		第二段		尾部段	
距坝里程（km）		0	14	14	29	29	37
糙率		0.02		0.022		0.03	
比降（‱）	河槽	2.6		3.2		6.8	
	滩地	1.6		1.8			
高程（m）	河槽	980.2	983.84	983.84	988.64	988.64	994.76
	滩地	999	1001.24	1001.24	1003.94		

表 12-12 贾咀水库正常运用期干流调沙库容淤积时形态成果表（淤积形态，死水位 982m）

项目		坝前段		第二段		尾部段	
距坝里程（km）		0	14	14	29	29	37
糙率		0.02		0.022		0.03	
比降（‱）	河槽	2.0		2.4		2.4	
	滩地	1.6		1.8			
高程（m）	河槽	987.4	990.2	990.2	993.8	993.8	995.72
	滩地	999	1001.24	1001.24	1003.94		

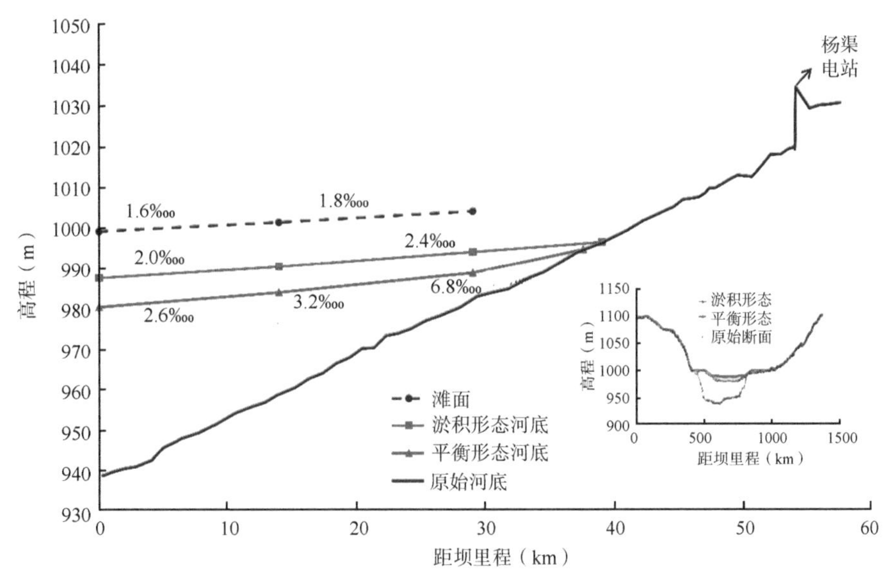

图 12-26　贾咀水库正常运用期干流淤积形态图

（2）横断面形态设计

贾咀水库设计造床流量为 413m³/s。造床流量河槽水面宽 170m，梯形断面水深 1.8m，边坡为 1∶15，河底宽 116m。在造床流量河槽以上为调蓄河槽，岸坡采用 1∶5。在峡谷库段，实际的河谷宽度小于设计河槽宽度，则按实际河谷断面计算。

采用贾咀水库水沙数学模型进行了库区泥沙冲淤计算，结果表明，水库悬移质淤积比降为 2.5‰左右，与设计冲淤平衡形态比较接近，见图 12-27。

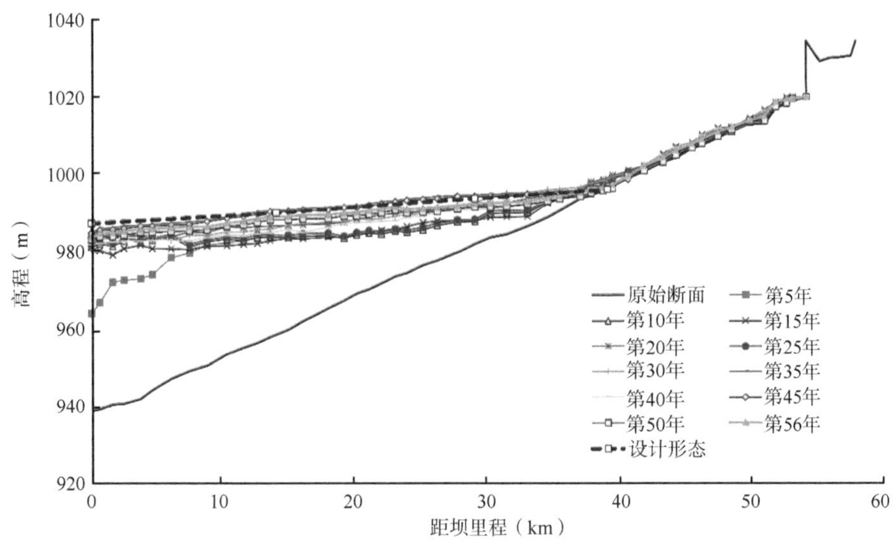

图 12-27　贾咀水库纵向淤积形态变化过程图

2. 开发模式比选

根据马莲河雨落坪站实测资料统计，雨落坪站实测多年平均径流量为 4.24 亿 m³，多年平均输沙量为 1.19 亿 t，年均含沙量为 281kg/m^3，汛期 6～9 月平均含沙量高达 406kg/m^3，属典型的特高含沙河流。贾咀水利枢纽开发任务以供水、灌溉和拦沙为主，并为改善区域生态环境创造条件。在特高含沙河流上修建水利枢纽工程，实现长期保持水库有效库容并充分发挥水库的综合利用效益，不仅需要合理的运用方式，还需要妥善处理水沙问题。

（1）总体布局方案拟定

贾咀水利枢纽工程开发确定了两个总体布局方案，见图 12-28。

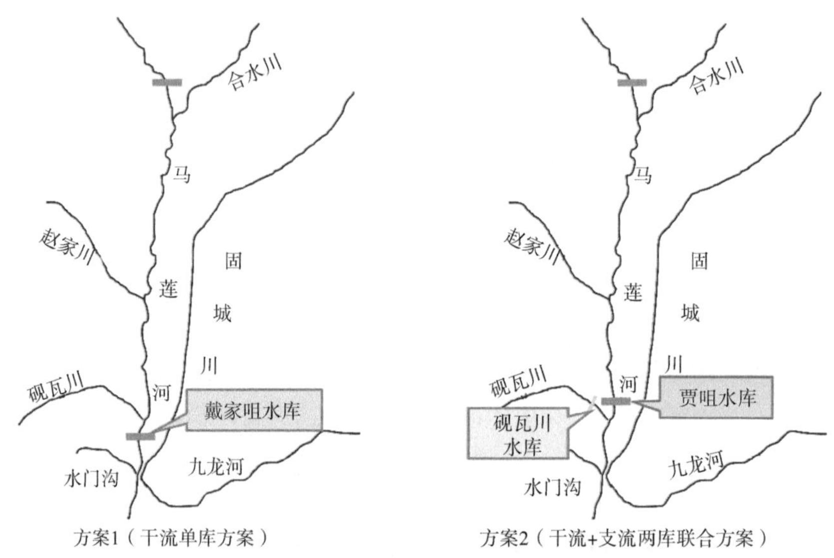

图 12-28　贾咀水利枢纽工程总体布局方案

方案 1：马莲河干流单库方案。该方案仅在马莲河干流上修建一个水库工程。为争取尽量大的拦沙库容，在支流砚瓦川沟口下游 0.5km 处的戴家咀建设水库工程。水库建成后拦沙运用，并以管道和泵站等方式向附近地区供水。

方案 2：马莲河干流+支流两库联合方案。由于马莲河水流含沙量较高，考虑到单个水库排沙运用时供水安全得不到保障，为了更好地利用马莲河水资源，该方案考虑在马莲河干流新建一个水库，同时在支流新建调蓄水库，通过引水渠道（隧洞）和泵站将干流贾咀水库的水引至砚瓦川水库存蓄，由砚瓦川水库向供水区供水。该方案工程组成包括马莲河干流水库工程、调蓄水库工程及两库间的引水隧洞和泵站工程三部分。

（2）总体布局方案比选

马莲河水库工程建设以不影响店子坪水库坝址以上区域为原则。店子坪水利枢纽工程位于马莲河干流上段，下距庆城县城约 9km，是一座以发电为主的中型水利枢纽工程。杨渠电站是店子坪水利枢纽工程的组成部分，1970 年 7 月以公办民助的方式筹建，1975 年 10 月 1 日正式投产运行，为坝后引水式电站。水库大坝包括主坝和副坝，主坝位于左侧，为重力式浆砌石溢流坝；副坝位于右侧，为均质壤土坝。店子坪水库坝址以上属庆城县，区域城镇人口集中，林田广布，青兰高速公路在库区经过，防洪标准为 100 年一遇。以 100 年一遇洪水回水不过店子坪水库坝址（杨渠电站）为原则进行比较论证。

对于拟定的两种总体布局方案，干流单库方案戴家咀坝址距杨渠电站 57.3km，干流+支流两库联合方案干流贾咀坝址距杨渠电站 54.2km，支流调蓄水库为砚瓦川水库。两种方案工程规模指标比较见表 12-13。可以看出，两种方案干流水库设计拦沙库容相差不大，干流单库方案戴家咀水库拦沙库容为 8.58 亿 m^3，干流+支流两库联合方案干流贾咀水库拦沙库容为 7.33 亿 m^3，两方案相差 1.25 亿 m^3；水库拦沙完成后淤地面积差别也较小，为 0.21 万亩。然而，干流单库方案仅靠干流水库调蓄，工业供水保证率最高仅 56.6%，农业供水保证率为 0，不满足供水要求。干流+支流两库联合方案在马莲河干流新建水库，并在支流砚瓦川新建调蓄水库，干流水库排沙运用期间，由支流砚瓦川水库向供水区供水，干流水库蓄水运用期间，由干流水库向砚瓦川水库充水，并由支流砚瓦川水库向供水区供水，该方案工业、农业供水保证率分别达到 96.1%、86.0%，满足水库的开发任务。因此，马莲河流域开发思路确定为干流+支流两库联合方案。

表 12-13　马莲河流域水利枢纽工程总体布局方案工程规模指标比较

项目	干流单库方案	干流+支流两库联合方案	
	戴家咀水库	干流贾咀水库	支流砚瓦川水库
死水位（m）	1004	1005	994
正常蓄水位（m）	1017	1020	1010
设计防洪水位（m）	1017.23	1021.27	1010.44
校核防洪水位（m）	1018.88	1023.99	1011.08
死水位以下原始库容（亿 m^3）	5.41	4.28	0.279
正常蓄水位以下原始库容（亿 m^3）	9.25	8.01	0.729
调节库容（亿 m^3）	1.20	1.14	0.45
拦沙库容（亿 m^3）	8.58	7.33	0.279
淤地面积（万亩）	2.53	2.32	—
供水保证率（%）	56.6（工业）、0（农业）	96.1（工业）、86.0（农业）	

3. 供水水库兴利库容联合配置设计技术

马莲河多年平均含沙量为 281kg/m^3，其中汛期 6～9 月多年平均含沙量高达 406kg/m^3。贾咀坝址多年平均悬移质来沙量为 1.1 亿 t，其中汛期 6～9 月来沙量占 96.8%，而 7～8 月来沙量则占全年来沙量的 83.0%。根据水库的运用方式，主汛期 7 月 1 日至 8 月 31 日当坝址来水流量大于 20m^3/s 时为排沙期，其余时段和非汛期为非排沙期。排沙期，贾咀水库不调蓄径流，由砚瓦川水库供水。非排沙期，贾咀水库调蓄径流，并由贾咀水库充蓄砚瓦川水库，同时经砚瓦川水库调蓄后向用水对象供水。

干流贾咀水库在排沙期时要不低于死水位敞泄排沙运用，故贾咀水库只能对非排沙期时段内的径流进行调节。而支流砚瓦川水库承担多年调节任务，蓄丰补枯，兴利库容大小对供水量和供水保证率影响较大。

根据两库的运行特点，分别以贾咀水库兴利库容、砚瓦川水库兴利（调节库容）库容为决策变量进行试算，通过两库联合调节，拟定两库不同兴利库容组合方案，分析成果见表 12-14。

表 12-14　马莲河水库兴利库容组合方案分析成果表

项目			方案 1	方案 2	方案 3	方案 4	方案 5
兴利库容（亿 m^3）	砚瓦川水库		0.00	0.27	0.45	0.49	0.53
	贾咀水库		0.30	0.30	0.30	0.26	0.22
	合计		0.30	0.57	0.75	0.75	0.75
供水保证率（%）	工业	月	56.6	94.4	96.1	96.4	96.4
		年	0.0	66.7	75.4	77.2	77.2
	农业	年	0.0	66.7	86.0	86.0	86.0
实际供水量（万 m^3）	工业		—	5458	5499	5501	5506
	农业		—	2677	2810	2816	2825
	合计		—	8135	8309	8317	8331
引入砚瓦川水库的沙量（万 t）			—	55.83	59.99	66.79	71.15
砚瓦川水库年均引水含沙量（kg/m^3）			—	6.15	6.49	7.24	7.72

1）当砚瓦川水库兴利库容小于 0.45 亿 m^3 时，无论贾咀水库兴利库容多大，均不能满足供水保证率要求。要满足设计供水量和供水保证率要求，所需砚瓦川水库最小兴利库容为 0.45 亿 m^3。此时，对应的贾咀水库兴利库容为 0.30 亿 m^3，且贾咀水库兴利库容继续增加，供水量不变。也就是说，在满足供水要求下，所需砚瓦川水库最小兴利库容为 0.45 亿 m^3，贾咀水库最大兴利库容为 0.30 亿 m^3。

2）贾咀水库兴利库容增加，引沙量相应减少，从尽量减少引沙量考虑，在满足供水要求下，方案 3 比较合理。贾咀水库保持 0.3 亿 m^3 蓄水体可使入库含沙量为 100kg/m^3 的水流到坝前降低到 10kg/m^3 以下，可显著降低引水含沙量。

3）贾咀水库设置 0.3 亿 m^3 兴利库容，在非常情况下可单独发挥应急供水的作用。

综上所述，方案 3 中砚瓦川水库和贾咀水库兴利库容相对适中，既能满足设计供水要求，又能兼顾实现最小的引水引沙量，对工程运行管理十分有利。另外，该方案下，贾咀水库保持一定的调节库容对调蓄非汛期连续含沙量大于 100kg/m^3 的径流也是必要的，同时也能满足贾咀水库临时单独供水要求。因此，干流贾咀水库调节库容为 0.30 亿 m^3，支流砚瓦川水库调节库容为 0.45 亿 m^3。

在初步选取两库联合调节的基础上，分别以贾咀水库兴利库容、砚瓦川水库兴利库容为决策变量进一步试算，通过两库联合调节，分析组合方案的合理性。

首先，在砚瓦川水库兴利库容一定的情况下，拟定不同的贾咀水库兴利库容方案，分析计算贾咀水库合理的兴利库容，见表 12-15。从方案 1 至方案 4 对比可以看出，贾咀水库正常蓄水位由 996m 升高至 999m，兴利库容从 0 增加至 2970 万 m^3，工业供水保证率从 70.6%达到 96.1%，农业供水保证率从 26.3%达到 86.0%，供水保证率满足设计要求。从方案 4 至方案 6 可以看出，正常蓄水位从 999m 升高至 1001m，兴利库容从 2970

万 m^3 增加至 5589 万 m^3，但水库实际供水量及供水保证率均不再增加，由此可见方案 4 较优。

表 12-15　贾咀水库兴利库容方案比选

项目			方案 1	方案 2	方案 3	方案 4	方案 5	方案 6
正常蓄水位（m）			996	997	998	999	1 000	1 001
死水位（m）			982	982	982	982	982	982
调沙库容（万 m^3）			8 000	8 000	8 000	8 000	8 000	8 000
兴利库容（万 m^3）			0	856	1 818	2 970	4 084	5 589
调节库容（万 m^3）			8 000	8 856	9 818	10 970	12 084	13 589
设计供水量（万 m^3）			8 545	8 545	8 545	8 545	8 545	8 545
供水保证率（%）	工业	年	70.6	95.0	96.0	96.1	96.1	96.1
	农业	年	26.3	80.7	84.2	86.0	86.0	86.0
实际供水量(万 m^3）	工业		4 665	5 470	5 492	5 499	5 499	5 499
	农业		1 817	2 766	2 805	2 810	2 810	2 810
	合计		6 482	8 236	8 297	8 309	8 309	8 309
砚瓦川水库调节库容（万 m^3）			4 499	4 499	4 499	4 499	4 499	4 499
生态水量（万 m^3）			6 104	6 104	6 104	6 104	6 104	6 104

其次，在贾咀水库兴利库容和充蓄流量一定的情况下，拟定不同的砚瓦川水库兴利库容方案，分析计算砚瓦川水库合适的兴利库容，各方案计算结果见表 12-16。从方案 1 可以看出，砚瓦川水库在无兴利库容的情况下，工业供水保证率为 56.0%，农业供水保证率为 0，远低于设计供水保证率。因此，贾咀水库单独运用不能满足供水要求，需要砚瓦川水库设置一定的兴利库容，通过联合调蓄，增加供水量和提高供水保证率。从方案 1 至方案 7 对比可以看出，砚瓦川水库正常蓄水位由 994m 升高至 1010m，兴利库容从 0 增加至 4499 万 m^3，工业、农业供水保证率分别从 56.0%、0 升高至 96.1%、86.0%，供水保证率满足设计要求。从方案 7 至方案 9 可以看出，砚瓦川水库正常蓄水位从 1010m 升高至 1012m，兴利库容从 4499 万 m^3 增加至 5327 万 m^3，兴利库容增加了 828 万 m^3，但实际供水量仅增加了 30 万 m^3，由此可见，随着砚瓦川水库兴利库容的继续增加，实际供水量增幅较小，因此方案 7 较优。

表 12-16　砚瓦川水库兴利库容方案比选

方案			方案 1	方案 2	方案 3	方案 4	方案 5	方案 6	方案 7	方案 8	方案 9
正常蓄水位（m）			994	998	1002	1006	1008	1009	1010	1011	1012
死水位（m）			994	994	994	994	994	994	994	994	994
兴利库容（万 m^3）			0	833	1842	3048	3740	4120	4499	4913	5327
设计供水量（万 m^3）			8545	8545	8545	8545	8545	8545	8545	8545	8545
供水保证率（%）	工业	年	56.0	88.1	92.7	94.1	95.8	96.1	96.1	96.4	96.9
	农业	年	0	42.1	57.9	71.9	80.7	82.5	86.0	86.0	86.0

续表

方案		方案1	方案2	方案3	方案4	方案5	方案6	方案7	方案8	方案9
实际供水量（万 m^3）	工业	—	5317	5419	5459	5482	5497	5499	5506	5511
	农业	—	2353	2555	2735	2776	2780	2810	2819	2828
	合计	—	7670	7974	8194	8258	8277	8309	8325	8339
贾咀水库兴利库容（万 m^3）		2970	2970	2970	2970	2970	2970	2970	2970	2970
生态水量（万 m^3）		6104	6104	6104	6104	6104	6104	6104	6104	6104

通过上述分析可以看出，在砚瓦川水库兴利库容不变的情况下，增加贾咀水库兴利库容，实际供水量和供水保证率均不增加，减小贾咀水库兴利库容，实际供水量减少，并且供水保证率达不到要求。同理，在贾咀水库兴利库容不变的情况下，增加砚瓦川水库兴利库容，实际供水量和供水保证率均增加，但幅度较小，减小砚瓦川水库兴利库容，供水量减少，并且供水保证率达不到要求。因此，砚瓦川水库和贾咀水库兴利库容分别为 0.45 亿 m^3 和 0.30 亿 m^3 的组合能够达到供水最优，方案较合理。

4. 水沙分置技术效果

马莲河水利枢纽工程按传统的单库开发模式，工农业用水无法保障，采用干流贾咀水库+支流砚瓦川水库的联合开发方案，工程年均供水量为 8309 万 m^3，其中工业供水量为 5499 万 m^3，供水保证率为 96.1%，农业供水量为 2810 万 m^3，供水保证率为 86.0%，满足供水任务要求。两库联合开发方案使工业供水保证率由 56.0%提高到 96.1%，农业供水保证率由 0%提高到 86.0%。在满足供水任务的同时，水库进入正常运用期后库区有冲有淤，可长期保持有效库容，见图 12-29。

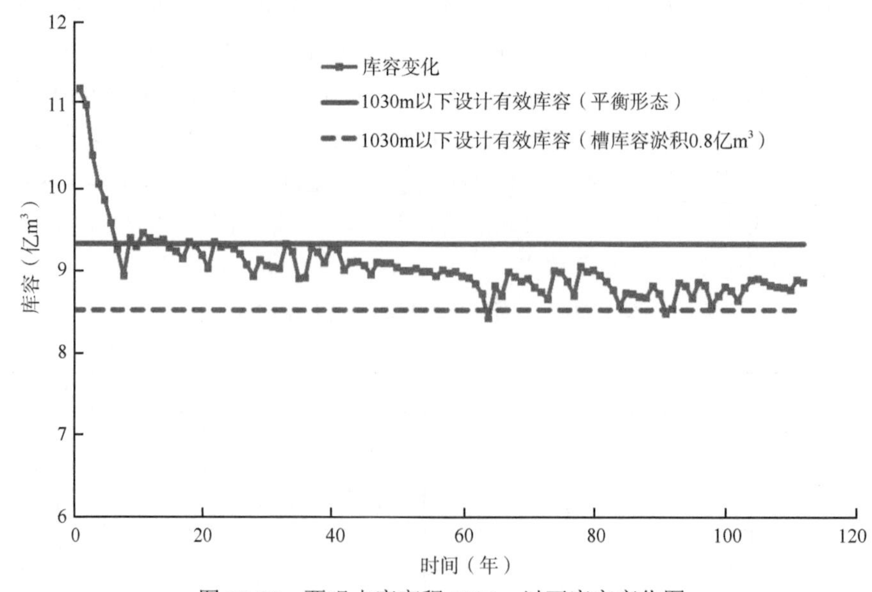

图 12-29 贾咀水库高程 1030m 以下库容变化图

12.3.2　巴家咀水利枢纽

1. 枢纽概况

巴家咀水库位于甘肃省庆阳市西峰区，属于泾河支流蒲河中下游的黄土高原地区，水库坝址以上蒲河干流长约 105km，控制流域面积 3478km^2，占蒲河流域面积的 46.5%。水库于 1958 年 9 月开始兴建，1960 年 2 月截流，1962 年 7 月建成，初建坝高 58.0m，坝顶高程为 1108.7m，库容为 2.57 亿 m^3。1964 年、1974 年曾两次加高坝体，坝高 74.0m，坝顶高程为 1124.7m，校核洪水位为 1124.4m，原始总库容为 5.11 亿 m^3。巴家咀水库为年调节水库，属大（2）型工程。第二次加高大坝的同时，又改建了泄洪洞与输水洞，泄洪洞进口底坎高程抬升到 1085.5m，输水洞进口底坎高程抬升到 1087m。泄洪洞最大泄流能力为 101.9m^3/s（1124m 高程）。1992 年 9 月增建泄洪洞工程正式开工，1998 年汛前投入运用。2004 年巴家咀水库进行了除险加固设计，增建 3 孔溢洪道，并加固了坝体，并未增加坝高。巴家咀水库是一座集防洪保坝、供水、灌溉及发电于一体的水利枢纽工程，由一座黄土均质大坝、一条输水发电洞、2 条泄洪洞、2 孔开敞式溢洪道、两级发电站和电力提灌站等组成。

巴家咀水库入库水沙量主要来自干流蒲河和支流黑河，巴家咀水库入库径流量与输沙量为两个入库站（姚新庄站、太白良站）加上区间入汇的总和。入库多年平均水量为 13 059 万 m^3，多年平均沙量为 2848 万 t，年平均含沙量为 218kg/m^3，其中汛期 7 月、8 月平均含沙量分别为 381kg/m^3 和 366kg/m^3，为全年最高的 2 个月，其次为 6 月的 241kg/m^3 和 9 月的 154kg/m^3。

2. 工程运行情况

（1）库区淤积情况

根据巴家咀水库的运用情况，可划分为五个运用阶段：①1960 年 2 月至 1964 年 5 月，水库蓄水运用，此阶段总淤积量为 0.528 亿 m^3，年均淤积量为 0.124 亿 m^3，由于坝前淤积厚度已超过 30m，防洪库容锐减，为满足防洪需要，进行坝体加高；②1964 年 5 月至 1969 年 9 月，水库自然滞洪运用，敞开全部闸门泄水，此阶段总淤积量为 0.626 亿 m^3，年均淤积量为 0.117 亿 m^3，因为水库泄流能力不足，又加上 1964 年为大水大沙年，因此这一阶段水库淤积仍较为严重；③1969 年 9 月至 1974 年 1 月，水库又转为蓄水运用，此阶段总淤积量为 0.708 亿 m^3，年均淤积量为 0.163 亿 m^3，至 1974 年初库区总淤积量已达 1.862 亿 m^3，为此进行第二次坝体加高；④1974 年 1 月至 1977 年 8 月，水库自然滞洪运用，总淤积量为 0.089 亿 m^3，年均淤积量为 0.025 亿 m^3，这一时段进库水沙偏枯，除 1977 年外，沙量也都小于多年平均沙量，因此，第二次自然滞洪运用时期库区淤积量比第一次自然滞洪运用时期减少较多；⑤1977 年 8 月以后，水库运用方式改为“蓄清排浑”运用，即非汛期蓄水，汛初降低水位，洪水进库后将闸门全部开启泄洪，但因泄流能力小，遇洪水时水库仍然严重滞洪淤积，1977 年 8 月至 1992 年 10 月共淤积 0.712 亿 m^3，年均淤积 0.047 亿 m^3，1992 年 10 月至 1997 年 10 月为增建泄洪洞施工期，共淤积 0.548 亿 m^3，年均淤积 0.110 亿 m^3。从 1960 年 2 月至 1997 年 10 月，水库累计淤积已达 3.211 亿 m^3，年均淤积量为 0.085 亿 m^3。

1998年巴家咀水库新建泄洪洞投入运用后，泄流能力有所增强，1997年10月至2004年6月，库区淤积1327万m^3，年均淤积199万m^3，淤积速率减小；1960年2月至2004年6月，水库总淤积量为约3.34亿m^3。2004年6月至2019年10月，校核洪水位1125.94m以下淤积0.766亿m^3，年均淤积500万m^3。1960年2月至2019年10月，水库累计淤积已达4.11亿m^3，年均淤积689万m^3。

巴家咀水库采用蓄水运用和自然滞洪排沙运用时，库区均发生大量淤积，而1977年8月以后改为蓄清排浑运用，但因泄流能力小，遇洪水时水库仍然严重滞洪淤积，排沙比仅能达到60%～80%。巴家咀水库只有采用自然滞洪排沙的运用方式才能长期保持有效库容，如果蓄水运用，将会造成严重淤积。近年来，为了保证庆阳市供水，在主汛期巴家咀水库仍按蓄水运用，造成泥沙严重淤积。根据水利部批复的《巴家咀水库除险加固工程初步设计报告》，除险加固工程完成后，水库正常蓄水位确定为1115m，设计淤积34年+100年一遇洪水后水库总淤积量为7710万m^3，相应校核洪水位以下有效库容为13 674万m^3，正常蓄水位1115m以下库容为2030万m^3，汛限水位1111m以下库容为635万m^3。根据2019年10月库区测验成果，水库剩余总库容为13 728万m^3，正常蓄水位1115m以下剩余库容为539万m^3，汛限水位1111m以下剩余库容为64万m^3，相应水库淤积量达7660万m^3，水库运用16年已经达到设计淤积量，总库容也与设计总库容相差无几。由于水库快速淤积，目前调节库容仅相当于设计调节库容的26.5%，防洪库容仅剩余1.366亿m^3，与设计防洪库容1.304亿m^3相比仅高出620万m^3，水库库容曲线变化见图12-30。巴家咀水库作为庆阳市城区目前的主供水源，已不能满足调蓄要求，并且泥沙淤积侵占防洪库容，威胁防洪安全，同时，由于有效库容减小，汛期洪水资源不能得到有效调节利用，难以稀释降低库水矿化度，因此水库水质逐年变差。按照多年平均来沙情况，现有调节库容将在十余年的时间里损失殆尽，而巴家咀水库作为庆阳市城区目前的主供水源，失去兴利库容的后果将非常严重。

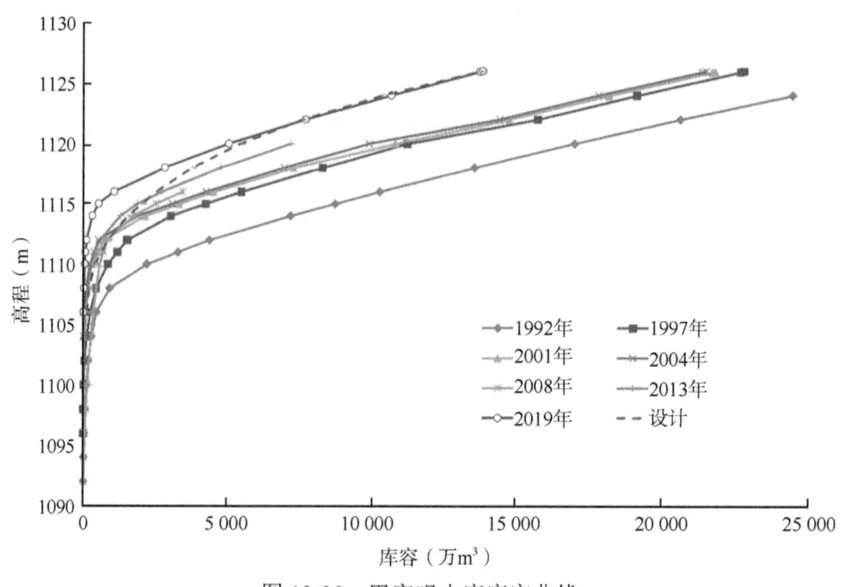

图12-30　巴家咀水库库容曲线

（2）水库淤积形态

（A）水库淤积纵剖面

巴家咀水库天然河道河床纵剖面平均比降为 22.6‰。水库纵剖面淤积形态为锥体淤积形态。图 12-31、图 12-32 分别是巴家咀水库干流和支流黑河淤积纵剖面形态变化，可以看出，库区河床纵剖面在水库运用的过程中基本上是平行淤积抬高，但在水库蓄水、滞洪排沙、蓄清排浑、降水冲刷的不同运用方式下，河床纵剖面局部亦有不同的变化。库区冲淤平衡比降约为 2.6‰，冲刷平衡比降约为 4.7‰，由于水库近期汛期运用水位较高，未进行排沙运用，坝前段大量淤积，河床纵比降减小为 2.0‰，

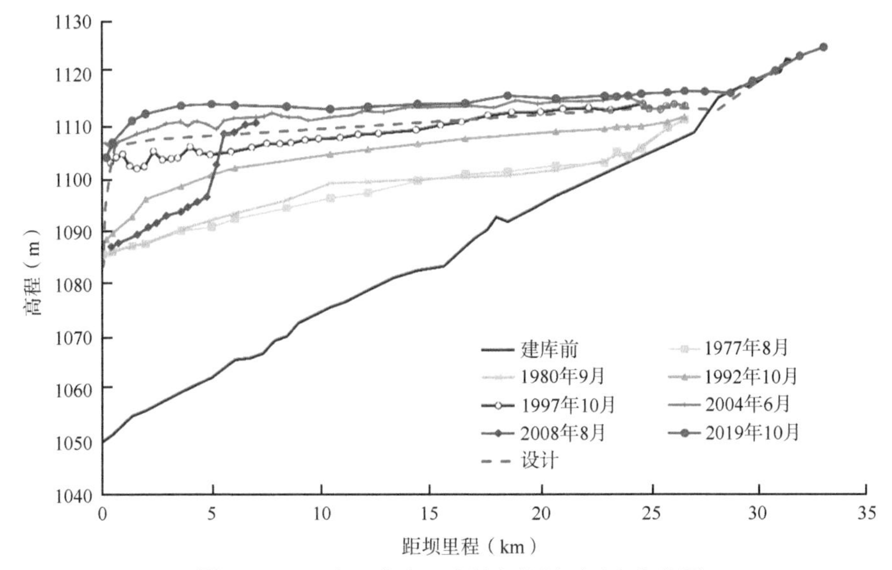

图 12-31　巴家咀水库干流淤积纵剖面形态变化图

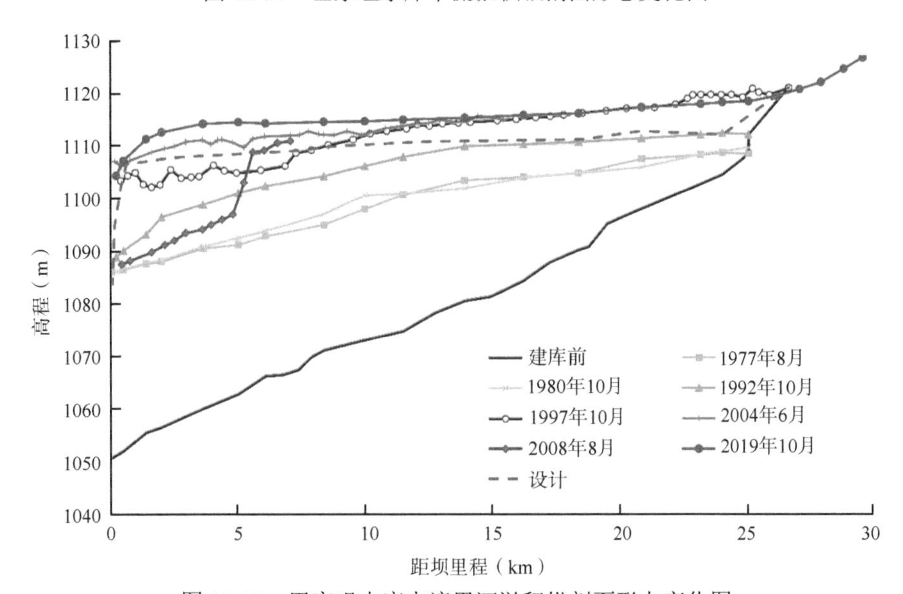

图 12-32　巴家咀水库支流黑河淤积纵剖面形态变化图

现状河床深泓点较 2004 年除险加固工程初步设计提出的设计纵剖面高 3～6m；由于水库滩、槽不断淤积抬高，水库淤积末端不断向上游延伸，现状蒲河淤积末端距坝约 28km，随着水库淤积库区河床继续抬高，淤积末端将继续上延。黑河为蒲河的最大支流，与蒲河汇合于距坝 8.4km 左右处，黑河淤积比降较小，淤积平衡比降约为 2.35‱，淤积纵剖面变化过程与蒲河的基本一致，现状河床深泓点较 2004 年除险加固工程初步设计提出的设计纵剖面高 4～5m，水库淤积末端距坝约 27km。

（B）水库淤积横断面

由图 12-33～图 12-36 蒲河、黑河淤积断面可以看出，蒲河、黑河的滩地、主槽均是平行淤高，滩地宽阔且近似为水平淤积，主槽淤积萎缩严重，自库尾至坝前，宽度由窄变宽。

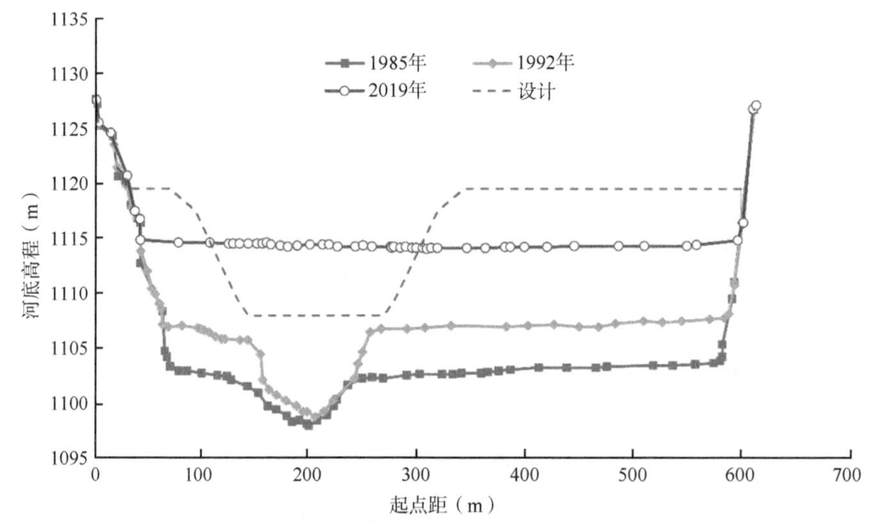

图 12-33　巴家咀库区蒲淤 5 断面（距坝 3.69km）

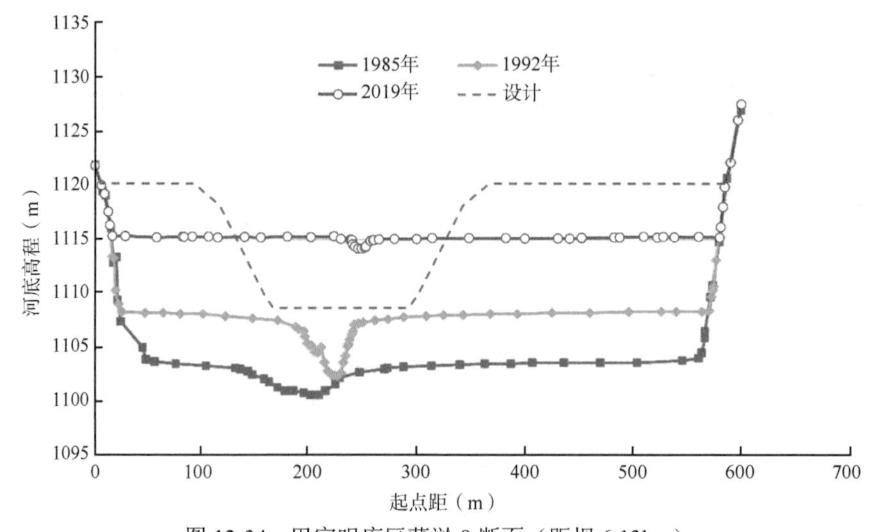

图 12-34　巴家咀库区蒲淤 9 断面（距坝 6.13km）

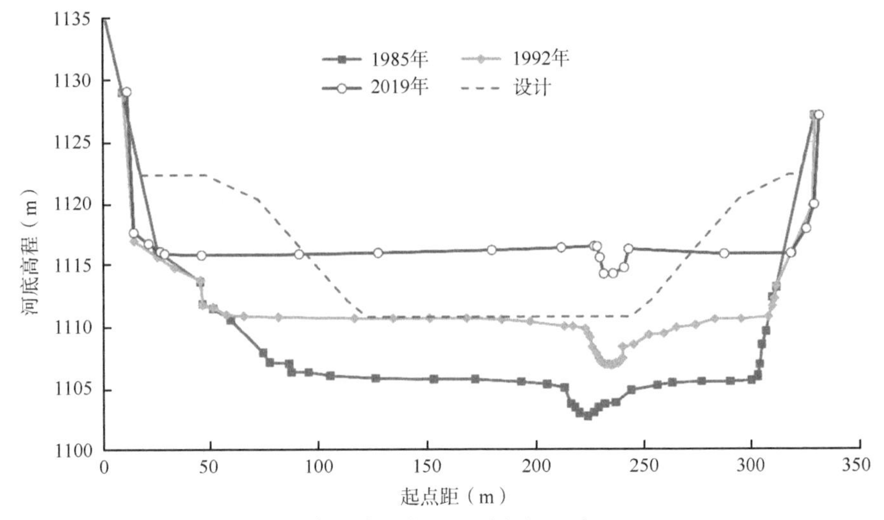

图 12-35　巴家咀库区蒲淤 23 断面（距坝 16.62km）

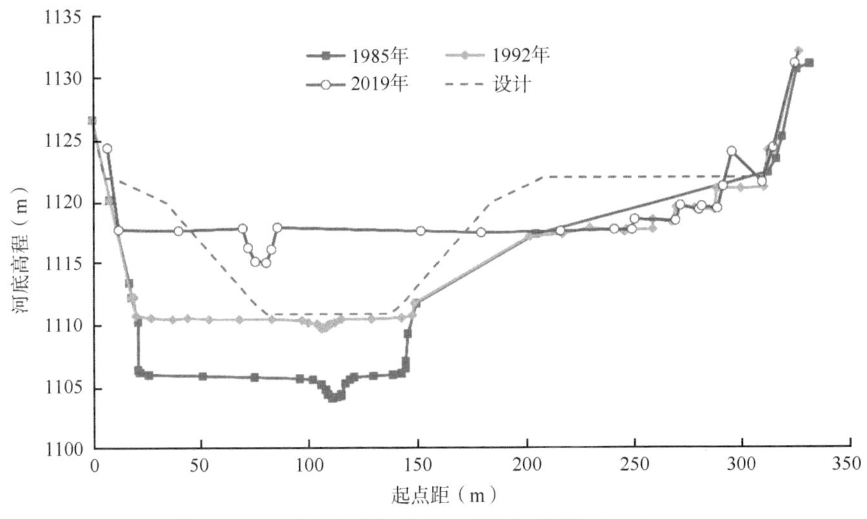

图 12-36　巴家咀库区黑淤 9 断面（距坝 13.95km）

为了解决用水和排沙之间的矛盾，庆阳市于 2008 年修建了南小河沟水库，调节库容为 50 万 m^3，非汛期从巴家咀水库自流引水，在主汛期巴家咀水库基流冲沙期间代替巴家咀水库向城市供水。而随着城市的发展，用水量急剧增加，现状巴家咀水库供水量达到了 3.04 万 m^3/d，主汛期 7 月、8 月需水量接近 200 万 m^3。并且随着经济社会的发展，设计水平年用水量将进一步增加，在主汛期巴家咀水库无法正常蓄水、南小河沟水库调节库容有限的情况下，已不能满足城市供水需求。

3. 典型技术应用

按照特高含沙河流供水水库水沙分置设计技术，为控制巴家咀水库淤积，长期保持巴家咀水库的兴利库容，保证正常的生产生活供水，需要修建调蓄水库。

五台山水库作为巴家咀水库新增调蓄水库，位于巴家咀水库下游约 2.4km 处的蒲河右岸支流东咀沟内，其开发任务是在汛期 7 月、8 月巴家咀水库敞泄运用期内，与南小河沟水库联合运用，必要时辅以地下水作为抗旱应急补充水源，保障庆阳市城区主汛期 7 月、8 月生产生活用水。

五台山水库的供水范围是庆阳市城区，依据《室外给水设计标准》（GB 50013—2018）和水库开发任务，庆阳市城区生产生活的供水保证率采用 95%。巴家咀灌区是一个以旱作物为主的干旱地区，根据《灌溉与排水工程设计标准》（GB 50288—2018），设计农业供水保证率取值为 50%～75%，考虑到该地区为严重缺水地区，故设计农业供水保证率取 50%。

根据庆阳市需水预测和可供水量分析，规划水平年 2020 年庆阳市城区需水量为 4580 万 m^3，扣除中水回用、雨水集蓄可利用水量 1106 万 m^3，需要巴家咀水库提供水量 3474 万 m^3，汛期 7 月、8 月城市需水量为 580 万 m^3，南小河沟水库引用巴家咀水库水量为 50 万 m^3，因此汛期 7 月、8 月需要五台山水库提供的水量为 530 万 m^3。

巴家咀水库多年平均入库水量为 12 985 万 m^3，多年平均水库蒸发渗漏损失 733 万 m^3，在保证坝下生态基流 1217 万 m^3 的前提下，9 月至次年 6 月巴家咀水库可向庆阳市城区提供生活和工业用水 2852 万 m^3，非汛期的供水保证率为 95.25%。7～8 月由五台山水库和南小河沟水库联合供水，两库多年平均提供生活和工业用水 494 万 m^3，其中五台山水库供水 450 万 m^3，南小河沟水库供水 44 万 m^3，7 月、8 月供水保证率为 63.04%；在枯水年辅以地下水作为抗旱应急水源，多年平均地下水汛期补充供水 87 万 m^3，可以保证庆阳市城区用水需求，年保证率达到 97.82%。巴家咀水库全年可向农业供水 1619 万 m^3，年供水保证率接近 50%。

应用创建的特高含沙河流水库水沙分置开发技术后，新建了五台山水库作为调蓄水库，并联合巴家咀水库供水的改造方案，主汛期巴家咀水库空库排沙时由五台山水库供水，破解了汛期供水和泄洪排沙的矛盾，保障了水库和供水安全。巴家咀水库-五台山水库联合供水工程于 2015 年 7 月开工建设，当前已建成投入运用。工程效益计算期内，水库新增供水量为 24.75 亿 m^3。

12.4 本章小结

通过 20 余年的持续攻关，我国多沙河流水库设计运用已从“蓄清排浑”发展到“蓄清调浑”新阶段，在我国多个多沙河流水库工程应用实践中，取得了较好的技术效果，对于成果进一步推广应用具有积极作用。

1）小浪底水库调度实践采用滩槽同步塑造与库容多元化利用技术，拦沙期库区有冲有淤，实现了库区滩槽同步塑造，消除了支流拦门沙坎，使 40.8 亿 m^3 的支流库容得以充分利用，拦沙库容恢复 4.0 亿 m^3，使黄河下游连续 20 年免遭洪灾损失。

2）古贤水库设计实践采用淤积形态与库容分布设计、双泥沙侵蚀基准面构建技术，避免了吴堡县城搬迁，实现了 25%的拦沙库容重复利用，新增下游河道减淤量 12.9 亿 m^3。

3）东庄水库设计实践采用淤积形态与库容分布设计、双泥沙侵蚀基准面构建技术，破解了 60 多年来制约工程立项的世界级难题，使 20%以上拦沙库容得以重复利用，增加下游减淤量 0.94 亿 m^3。

4）贾咀水库设计实践采用水沙分置开发技术，破解了水库有效库容保持和供水调节之间难以协调的技术难题，开辟了特高含沙河流重大水利工程开发新途径，使工业供水保证率由 56.6%提高到 96.1%，农业供水保证率由 0 提高到 86.0%，新增供水量为 41.55 亿 m^3。

5）巴家咀水库设计实践采用水沙分置开发技术，破解了汛期供水和泄洪排沙的矛盾，保障了庆阳市居民供水安全，新增供水量为 24.75 亿 m^3。

参 考 文 献

白玉川, 徐海珏. 2008. 高含沙水流流动稳定性特征的研究. 中国科学, (2): 135-155.

白玉川, 王令仪, 杨树青. 2015. 基于阻力规律的床面形态判别方法. 水利学报, 46(6): 707-713.

柏威, 鄂学全. 2003. 基于非结构化同位网格的 SIMPLE 算法, 计算力学学报, 20(6): 702-710.

曹志先. 1991. 水沙两相流立面二维数学模型及数值方法研究. 武汉水利电力大学博士学位论文.

程永华, 张志恒, 谢水生. 2001. 中小型水库的增容与保持库容. 水利水电技术, 32(1): 60-70.

崔占峰. 2006. 三维水流泥沙数学模型. 武汉大学博士学位论文.

邓坚. 2012. 中国水文发展现状与展望//邓坚. 中国水文科技新发展——2012 中国水文学术讨论会论文集. 南京: 河海大学出版社.

方春明, 韩其为, 何明民. 1997. 异重流潜入条件分析及立面二维数值模拟. 泥沙研究, (4): 68-75.

郭玲. 2011. 巴家咀水库除险加固后运用方式探讨. 甘肃水利水电技术, 47(8): 47-48, 51.

韩其为. 2003. 水库淤积. 北京: 科学出版社.

韩其为, 向熙珑. 1981. 异重流的输沙规律. 人民长江, (4): 76-81.

韩其为, 陈绪坚, 薛晓春. 2010. 不平衡输沙含沙量垂线分布研究. 水科学进展, 21(4): 512- 523.

胡涛, 郑方帆. 2013. 库区清淤方式探讨和应用. 浙江水利科技, (1): 27-28, 40.

胡涛, 吴红雨, 李聪. 2012. 悬移质含沙量沿垂线分布理论研究综述与检验. 广东水利水电, (8): 1-3.

槐文信, 赵明登, 童汉毅. 2004. 河道及近海水流的数值模拟. 北京: 科学出版社: 204.

黄河勘测规划设计研究院有限公司. 2017. 黄河流域水文设计成果修订. 郑州: 黄河勘测规划设计研究院有限公司.

黄河勘测规划设计研究院有限公司. 2018a. 黄河水沙变化及古贤入库水沙设计专题报告. 郑州: 黄河勘测规划设计研究院有限公司.

黄河勘测规划设计研究院有限公司. 2018b. 泾河东庄水利枢纽初步设计报告. 郑州: 黄河勘测规划设计研究院有限公司.

黄哲, 白玉川. 2017. 渗流作用下的泥沙运动研究综述. 泥沙研究, (6): 73-80.

贾恩红. 2002. 青铜峡水库泥沙冲淤分析. 西安理工大学硕士学位论文.

姜乃森, 傅玲燕. 1997. 中国的水库泥沙淤积问题. 湖泊科学, (1): 1-8.

焦恩泽. 1987. 巴家咀水库泥沙的几个特殊问题. 泥沙研究, (2): 42-52.

李景宗. 2006. 工程规划. 北京: 中国水利水电出版社; 郑州: 黄河水利出版社.

李昆鹏, 马怀宝, 王瑞, 等. 2012. 三门峡水库降水冲刷机理与规律研究. 人民黄河, 34(10): 37-40.

李立刚. 2005. 黄河小浪底水库库区泥沙冲淤规律及减淤运用方式研究. 河海大学硕士学位论文.

李立刚. 2006. 小浪底水库减少泥沙淤积的调度运行方式探讨. 大坝与安全, (1): 32-34.

李敏, 张耀哲. 2011. 不同输沙流态对多沙河流水库水沙调节计算结果影响的分析研究. 水利与建筑工程学报, 9(1): 121-124.

梁在潮, 刘士和, 张红武. 1994. 多相流与紊流相干结构. 武昌: 华中理工大学出版社.

梁忠民, 钟平安, 华家鹏. 2006. 水文水利计算. 北京: 中国水利水电出版社.
刘晓燕, 等. 2016. 黄河近年水沙锐减成因. 北京: 科学出版社.
罗琳, 李冲, 李香云, 等. 2021. 小浪底水利枢纽工程运行管理的经验和启示. 水利发展研究, (11): 96-99.
梅锦山, 侯传河, 司富安. 2014. 水工设计手册: 第2卷 规划、水文、地质. 2版. 北京: 中国水利水电出版社.
彭杨, 李义天, 槐文信. 2000. 异重流潜入运动的剖面二维数值模拟. 泥沙研究, (6): 25-30.
钱宁, 张仁, 周志德. 1987. 河床演变学. 北京: 科学出版社.
水利部黄河水利委员会. 2015. 人民治黄70年黄河治理开发与保护成就及效益. 郑州: 水利部黄河水利委员会.
水利部黄河水利委员会, 中国水利水电科学研究院. 2015. 黄河水沙变化研究.
宋彩朝. 2013. 水土保持综合治理对闹德海水库径流泥沙特性的影响. 水土保持应用技术, (2): 43-44.
宋晓龙, 白玉川. 2018. 基于河流阻力规律的河型统计与分类. 水力发电学报, 37(1): 49-61.
涂启华, 杨赉斐. 2006. 泥沙设计手册. 北京: 中国水利水电出版社.
万占伟, 安催花. 2003. 黄河古贤水库淤积平衡形态分析计算. 北京: 中国水力发电工程学会水文泥沙专业委员会第四届学术讨论会.
万占伟, 安催花, 李庆国. 2013. 黄河水沙变化及设计水沙条件. 人民黄河, 35(10): 26-29.
王婷, 马迎平, 张俊华, 等. 2014. 小浪底水库降水冲刷效果影响因素试验研究. 人民黄河, 36(8): 4-6.
王延贵, 刘茜, 史红玲. 2014. 江河水沙变化趋势分析方法与比较. 中国水利水电科学研究院学报, 12(2): 190-195, 201.
王左, 何惠, 魏新平. 2016. 我国水文站网建设与发展. 水文, 26(3): 42-44.
吴腾. 2005. 坝区水沙立面二维数学模型研究. 武汉大学硕士学位论文.
吴巍, 周孝德, 王新宏, 等. 2010. 多泥沙河流供水水库水沙联合优化调度的研究与应用. 西北农林科技大学学报(自然科学版), 38(12): 221-229.
夏迈定, 程永华, 程建民. 1997. 黑松林水库泥沙处理技术的研究及应用. 泥沙研究, (4): 7-13.
夏云峰. 2002. 感潮河道三维水流泥沙数值模型研究与应用. 河海大学博士学位论文.
夏云峰, 薛鸿超. 2002. 非正交曲线同位网格三维水动力数值模型. 河海大学学报(自然科学版), 30(6): 74-78.
谢鉴衡, 丁君松, 王运辉. 1990. 河床演变及整治. 北京: 水利电力出版社.
解河海, 张金良, 郝振纯, 等. 2008. 水库异重流研究综述. 人民黄河, 30(5): 28-30.
辛玮琰. 2018. 基于河流阻力参数与活动指标的河型判别法. 水力发电学报, 37(4): 90-100.
徐海珏, 熊润东, 白玉川, 等. 2014. 基于两相流模式的水流挟沙力研究. 泥沙研究, (5): 48-53.
杨桂红, 沈英浩. 2007. 闹德海水库水沙特性分析. 东北水利水电, (2): 37, 70.
杨国录. 1993. 河流数学模型. 北京: 海洋出版社.
杨乃衡. 2012. 浅析解决水库淤积问题的途径. 中国东盟博览, (7): 172.
杨庆安, 龙毓骞, 缪凤举. 1995. 黄河三门峡水利枢纽运用与研究. 郑州: 河南人民出版社.
杨向华, 陆永军, 邵学军. 2003. 基于紊流随机理论的航槽三维流动数学模型. 海洋工程, 21(2): 38-44.
姚文艺, 冉大川, 陈江南. 2013. 黄河流域近期水沙变化及其趋势预测. 水科学进展, 24(5): 607-616.
余明辉, 吴腾, 杨国录. 2006. 剖面二维水沙数学模型及其初步应用. 水力发电学报, 25(4): 66-69.
张楚汉, 王光谦. 2017. 水利科学与工程前言(上). 北京: 科学出版社: 208-223.
张跟广. 1993. 水库溯源冲刷模式初探. 泥沙研究, (3): 86-94.
张家军, 刘彦娥, 王德芳. 2013. 黄河流域水文站网功能评价综述. 人民黄河, 35(12): 21-23.
张金良. 2016. 黄河古贤水利枢纽的战略地位和作用研究. 人民黄河, 38(10): 119-121, 136.
张金良. 2017. 黄河泥沙入黄的机理及过程探讨. 人民黄河, 39(9): 8-12.

张金良, 郜国明. 2003. 关于建立黄河泥沙频率曲线问题的探讨. 人民黄河, 25(12): 17-18.

张金良, 刘继祥, 万占伟, 等. 2017. 黄河 2017 年第 1 号洪水雨洪泥沙特性分析. 人民黄河, 39(12): 14-17.

张俊华, 马怀宝, 夏军强, 等. 2018. 小浪底水库异重流高效输沙理论与调控. 水利学报, 49(1): 62-71.

张瑞瑾. 1998. 河流泥沙动力学. 北京: 中国水利水电出版社.

张耀新, 吴卫民. 1999. 剖面二维非恒定悬移质泥沙扩散方程的数值方法. 泥沙研究, (2): 40-45.

赵世来. 2007. 基于两相流理论的低浓度挟沙水流运动数值模拟. 武汉大学博士学位论文.

朱鉴远. 2016. 水利水电工程泥沙设计. 北京: 中国水利水电出版社.

Bai Y C, Xu H J. 2010. Hydrodynamic instability of hyperconcentrated flows of the Yellow River. Journal of Hydraulic Research, 48(6): 742-753.

Huang Z, Bai Y C, Xu H J, et al. 2017. A theoretical model to predict the critical hydraulic gradient for soil particle movement under two-dimensional seepage flow. European Journal of Soil Science, 72(3): 1395-1409.

Mellor G, Blumberg A. 2003. Modeling vertical and horizontal diffusivities with the sigma coordinate system. Monthly Weather Review, (113): 1379-1383.

Phillips B C, Sutherland A J. 1989. Spatial lag effects in bed load sediment transport. Journal of Hydrodynamics, 27(1): 115-133.

Rodi W. 1993. Turbulence models and their application in hydraulics. 3rd ed. Rotterdam: Balkema.

Sinha S K, Sotiropoulos F, Odgaard A J. 1998. Three-dimensional numerical model for flow through natural rivers. Journal of Hydraulic Engineering, 124(1): 13-24.

Van Rijn L C. 1984. Sediment Transport part Ⅲ: bed form and alluvial roughness. Journal of Hydraulic Engineering, 110(12): 1733-1754.

Van Rijn L C. 1987. Mathematical Modeling of morphological processes in the case suspended sediment transport. Delft Hydraulics Communication, 382: 1-244.

Wellington N W. 1978. A sediment-routing model for alluvial streams. Melbourne: University of Melbourne.

Wu W M, Rodi W, Wenka T. 2000. 3D numerical model for suspended sediment transport in open channels. Journal of Hydraulic Engineering, 126(1): 4-15.

Xin W, Xu H, Bai Y. 2018. River pattern discriminant method based on resistance parameter and activity indicators. Geomorphology, 303: 210-228.

Xu H, Bai Y, Li C. 2018. Hydro-instability characteristics of Bingham fluid flow as in the Yellow River. Journal of Hydro-environment Research, 20: 22-30.

第 4 篇

黄河河道泥沙控制

第 13 章 黄河下游河道治理现状与调控需求

黄河下游河道面积为 4860.3km^2，其中滩区面积为 3154.0km^2，河道上宽下窄，以陶城铺断面为界，上段堤距一般为 1.4～10km，最大堤距 20.0km，下段堤距一般为 1～2km，最窄处 0.4 km。河道比降上大下小，上段平均为 0.02%，下段平均为 0.01%。陶城铺以上宽河段滩区面积占 78.7%，其中高村以上是典型的游荡型河段，平面上受自然地形和工程建设等因素影响沿程河宽一放一收，形态犹如粗茎及细节相间的藕节一般。发生大洪水时，自窄段进入宽段，含沙水流由主槽漫入滩地，泥沙在滩地大量落淤分选，然后自宽段进入下一个窄段时，由于泥沙在上一段滩地落淤后水流含沙量有所降低、平均粒径变细，此时从滩地归槽的水流挟沙能力提升，如此反复，自上而下滩槽水沙交换频繁，充分发挥了宽河段滩区滞洪、削峰、沉沙、协调水沙关系的功能（黄河中游小北干流宽河段对水沙调节作用原理与下游宽河段类似），因此黄河下游河道宽滩河段的河相系数、平滩流量等指标对于发挥滞洪削峰、沉沙落淤的作用至关重要。河道子系统在黄河泥沙工程控制系统中发挥着极其重要的作用，因此下游河道始终要以维持行洪输沙能力和平面形态为控制目标，进而保障下游河道对泥沙的调控作用。

13.1 黄河下游河道基本特性

13.1.1 河道基本情况

黄河干流在河南省洛阳市孟津区白鹤镇由山区进入平原，经华北平原，于山东省东营市垦利区注入渤海，河长 878km。黄河自桃花峪至入海口为下游，流域面积为 2.27 万 km^2，仅占全流域面积的 3%，干流河道全长 786km，落差 94m，比降上陡下缓，平均为 0.12‰，汇入的较大支流有金堤河、天然文岩渠、汶河三条，干流河道高悬于地面之上，为举世闻名的地上“悬河”，除东平湖至济南河段右岸外，全靠大堤束水行洪。上段流经河南，河道宽阔，堤距上段 1.4～10km，河道槽蓄作用较大；下段流经山东，河道狭窄，堤距下段 1～2km。由于进入黄河下游的水少沙多，河床不断淤积抬高，主流摆动频繁，现状下游河床普遍高出两岸地面 4～6m，部分地段达 10m 以上，成为淮河和海河流域的天然分水岭。黄河下游河道基本情况统计见表 13-1。

表 13-1 黄河下游河道基本情况统计表

项目河段	河型	河道长度（km）	宽度（km）			平均比降（‰）	滩槽高差（m）
			堤距	河槽	滩地		
全下游		878					
白鹤镇至铁桥	游荡型	98	4.1～10.0	3.1～10.0	0.5～5.7	0.256	0.1～3.1
铁桥至东坝头	游荡型	131	5.5～12.7	1.5～7.2	0.3～7.1	0.203	0.6～3.1

续表

项目河段	河型	河道长度（km）	宽度（km）			平均比降（‰）	滩槽高差（m）
			堤距	河槽	滩地		
东坝头至高村	游荡型	70	5.0～20.0	2.2～6.5	0.4～8.7	0.172	
高村至陶城铺	过渡型	165	1.4～8.5	0.7～3.7	0.5～7.5	0.148	0.3～2.6
陶城铺至渔洼	弯曲型	349	0.4～5.0	0.3～1.5	0.4～3.7	0.101	1.8～2.6
渔洼以下	弯曲型	65	6.5～15.0			0.12	

白鹤镇至河口，除南岸郑州以上的邙山和东平湖至济南的山麓外，其余全靠大堤控制洪水，按其特性可分为四段：①高村以上河段，河道长 299km，河道宽浅，水流散乱，主流摆动频繁，为游荡型河段，两岸大堤之间的距离平均为 8.4km，最宽处达 20.0km；②高村至陶城铺河段，河道长 165km，该河段修建了大量的河道整治工程，主流趋于稳定，属于由游荡型向弯曲型转变的过渡型河段，两岸堤距平均为 4.5km；③陶城铺至宁海河段，现状为受到工程控制的弯曲型河段，河势比较规顺，河道长 322km，两岸堤距平均为 2.2km；④宁海以下河段，由于进入河口的沙量较多且海洋动力较弱，河口长期处于淤积、延伸、摆动、改道的频繁变化状态。现行流路为 1976 年改道的清水沟流路，由于进行了一定的治理，1996 年改走清 8 汊以来，河道基本稳定。

黄河下游河道多为复式断面，一般有滩槽之分。主槽糙率小、流速大，是排洪的主要通道，主槽过流能力占全断面过流能力的比例在夹河滩以上大于 80%，夹河滩至孙口为 60%～80%。滩地糙率大、流速低，过流能力小，但对洪水有很大的滞洪沉沙作用，陶城铺以上河宽滩大，削减洪峰流量的作用十分明显，例如，1958 年花园口站最大洪峰流量为 22 300m^3/s，孙口站的洪峰流量仅为 15 900m^3/s。1950 年至小浪底水库下闸蓄水，下游河道共淤积泥沙约 92 亿 t，其中滩地淤积泥沙 65 亿 t，滩地沉沙对保证黄河下游堤防安全、保证黄淮海平原安全发挥了巨大作用。

13.1.2 河道冲淤情况

黄河下游河道的冲淤变化主要取决于来水来沙条件、河床边界条件及河口侵蚀基准面，其中来水来沙条件是河道冲淤的决定性因素。每遇暴雨，来自黄河中游的大量泥沙就随洪水一起进入下游，导致下游河道发生严重淤积，发生高含沙洪水时下游河道淤积更为严重。黄河下游河道冲淤年际变化较大，总体呈现“多来、多淤、多排”和“少来、少淤（或冲刷）、少排”的特点。根据多年观测资料分析，天然情况下，黄河下游河道多年平均淤积 3.61 亿 t，河床每年以 0.05～0.1m 的速度抬升。黄河下游各河段年均冲淤量及其分布见表 13-2 和表 13-3。

表 13-2 黄河下游各河段年均冲淤量及其纵向分布表

时段（年.月）	冲淤量（亿 t）					单位河长冲淤量（万 t/km）				
	铁谢—花园口	花园口—高村	高村—艾山	艾山—利津	铁谢—利津	铁谢—花园口	花园口—高村	高村—艾山	艾山—利津	铁谢—利津
1950.7～1960.6	0.62	1.37	1.17	0.45	3.61	56.4	76.0	63.8	16.1	47.9

续表

时段（年.月）	冲淤量（亿 t）					单位河长冲淤量（万 t/km）				
	铁谢—花园口	花园口—高村	高村—艾山	艾山—利津	铁谢—利津	铁谢—花园口	花园口—高村	高村—艾山	艾山—利津	铁谢—利津
1960.9～1964.10	–1.90	–2.31	–1.25	–0.32	–5.78	–172.9	–128.2	–68.2	–11.4	–76.8
1964.11～1973.10	0.95	2.02	0.74	0.68	4.39	86.5	112.1	40.4	24.3	58.3
1973.11～1980.10	–0.22	0.87	0.70	0.46	1.81	–20.0	48.3	38.2	16.5	24.0
1980.11～1986.10	–0.26	–0.58	0.41	–0.15	–0.59	–23.7	–32.2	22.4	–5.4	–7.8
1986.11～1997.10	0.50	1.36	0.40	0.30	2.55	45.5	75.5	21.8	10.7	33.9
1973.11～1997.10	0.10	0.73	0.48	0.23	1.54	9.1	40.5	26.2	8.2	20.5
1997.11～1999.10	0.08	0.34	0.18	0.13	0.72	7.3	18.6	9.8	4.5	9.6
1999.11～2017.10	–0.46	–0.68	–0.22	–0.20	–1.57	–42.0	–37.4	–12.0	–7.0	–20.9

注：表中数据经过了数值修约，存在舍入误差。

表 13-3　黄河下游各河段年均冲淤量及其横向分布表

时段	断面	冲淤量（亿 t）					占全断面冲淤量的比例（%）				
		铁谢—花园口	花园口—高村	高村—艾山	艾山—利津	铁谢—利津	铁谢—花园口	花园口—高村	高村—艾山	艾山—利津	铁谢—利津
1950.7～1960.6	主槽	0.32	0.30	0.19	0.01	0.82	51.6	21.9	16.2	2.2	22.7
	滩地	0.30	1.07	0.98	0.44	2.79	48.4	78.1	83.8	97.8	77.3
	全断面	0.62	1.37	1.17	0.45	3.61	100.0	100.0	100.0	100.0	100.0
1964.11～1973.10	主槽	0.47	1.25	0.58	0.64	2.94	49.5	61.9	78.4	94.1	67.0
	滩地	0.48	0.77	0.16	0.04	1.45	50.5	38.1	21.6	5.9	33.0
	全断面	0.95	2.02	0.74	0.68	4.39	100.0	100.0	100.0	100.0	100.0
1973.11～1980.10	主槽	–0.18	0.04	0.13	0.03	0.02	81.8	4.6	18.6	6.5	1.1
	滩地	–0.04	0.83	0.57	0.43	1.79	18.2	95.4	81.4	93.5	98.9
	全断面	–0.22	0.87	0.70	0.46	1.81	100.0	100.0	100.0	100.0	100.0
1980.11～1986.10	主槽	–0.21	–0.43	–0.09	–0.12	–0.86	80.7	74.1	–22.6	81.0	145.6
	滩地	–0.05	–0.15	0.50	–0.03	0.27	19.3	25.9	122.6	19.0	–45.6
	全断面	–0.26	–0.58	0.41	–0.15	–0.59	100.0	100.0	100.0	100.0	100.0
1986.11～1997.10	主槽	0.29	0.91	0.27	0.29	1.76	58.7	67.0	67.4	97.3	69.0
	滩地	0.21	0.45	0.13	0.01	0.79	41.3	33.0	32.6	2.7	31.0
	全断面	0.50	1.36	0.40	0.30	2.55	100.0	100.0	100.0	100.0	100.0
1973.11～1997.10	主槽	0.04	0.33	0.14	0.11	0.62	40.0	45.2	29.2	47.8	40.3
	滩地	0.06	0.40	0.34	0.12	0.92	60.0	54.8	70.8	52.2	59.7
	全断面	0.10	0.73	0.48	0.23	1.54	100.0	100.0	100.0	100.0	100.0
1997.11～1999.10	全断面	0.08	0.34	0.18	0.13	0.72	100.0	100.0	100.0	100.0	100.0
1999.11～2017.10	全断面	–0.40	–0.69	–0.23	–0.21	–1.53	100.0	100.0	100.0	100.0	100.0

注：表中数据经过了数值修约，存在舍入误差。

1. 天然情况

1950 年 7 月至 1960 年 6 月为三门峡水库修建前的情况，即天然情况，年均水量和年均沙量分别约 480 亿 m^3 和 18 亿 t，平均含沙量为 37.5kg/m^3，黄河下游河道年均淤积量为 3.61 亿 t。随着水沙条件的变化，淤积量年际变化大，发展趋势是淤积的，但并非单向的淤积，而是有冲有淤，总的来看，具有下列特性。

（1）沿程分布不均，宽窄河段淤积差异大

铁谢—花园口、花园口—高村、高村—艾山、艾山—利津的年均淤积量分别为 0.62 亿 t、1.37 亿 t、1.17 亿 t、0.45 亿 t，淤积强度（单位河长淤积量）分别为 56.4 万 t/km、76.0 万 t/km、63.8 万 t/km、16.1 万 t/km，可见艾山以上宽河段淤积量和淤积强度均明显大于艾山以下窄河段，艾山以下窄河段年均淤积量占全下游年均淤积量 3.61 亿 t 的 12.5%，艾山以上宽河段年均淤积量占全下游年均淤积量 3.61 亿 t 的 87.5%。

（2）主槽淤积量小，滩地淤积量大，滩槽同步抬升

1950 年 7 月至 1960 年 6 月发生洪水次数多，大漫滩机遇多，大漫滩洪水一般滩地淤高、主槽刷深，不漫滩洪水、平水和非汛期主槽淤积。受来水来沙条件的影响，滩地年均淤积量为 2.79 亿 t，主槽年均淤积量为 0.82 亿 t。该时期滩地淤积量大于主槽淤积量，但由于滩地面积大，淤积厚度基本相等，因此滩槽同步抬高。

2. 三门峡水库运用后至小浪底水库运用前

三门峡水库运用后至小浪底水库运用前，根据三门峡水库的运用方式可分为如下三个阶段。

（1）三门峡水库蓄水拦沙运用阶段

1960 年 9 月至 1964 年 10 月为三门峡水库蓄水拦沙运用阶段，下游河道发生较为明显的持续冲刷，下游年均冲刷泥沙 5.78 亿 t，冲刷主要集中在主槽，其中高村以上游荡型河段年均冲刷泥沙 4.21 亿 t，占下游冲刷总量的 73%。从沿程的冲刷强度看，艾山以上宽河段，尤其是高村以上河段的冲刷强度明显大于艾山以下窄河段的冲刷强度。

（2）三门峡水库滞洪排沙运用阶段

1964 年 11 月至 1973 年 10 月为三门峡水库滞洪排沙运用阶段，由于前期淤积在三门峡库区的泥沙大量排出，下游河道相应出现了淤积最为严重的历史时期。此时段下游年均淤积量达到 4.39 亿 t，为天然情况下年均淤积量的 1.2 倍，主槽淤积量占全断面淤积量的 67.0%，高村以上游荡型河段的年均淤积量为 2.97 亿 t，为天然情况下年均淤积量的 1.49 倍，占下游淤积总量的 68%。

（3）三门峡水库蓄清排浑运用阶段

（A）1973 年 11 月至 1986 年 10 月

水沙条件较为有利，汛期水量丰沛、来沙少、含沙量低，中常洪水较多，其中 1975

年、1976 年和 1982 年汛期洪水较大，下游河道发生了较大范围的漫滩，高村以上游荡型河段发生了以“淤滩刷槽”为主要特征的冲淤调整，河道淤积量不大，甚至是冲刷的。其中，1973 年 11 月至 1980 年 10 月高村以上游荡型河段只淤积了 0.65 亿 t，并且全部集中在滩地上，主槽略有冲刷；1980 年 11 月至 1986 年 10 月游荡型河段年均冲刷泥沙 0.84 亿 t，其中主槽年均冲刷 0.64 亿 t，占全断面的 76%。

（B）1986 年 11 月至 1997 年 10 月

1986 年 11 月至 1997 年 10 月，进入下游的水沙条件发生了较大变化，主要表现在汛期来水比例减小，非汛期来水比例增加，洪峰流量减小，枯水历时增长，下游河道主要演变特性如下。

1）河道冲淤量年际变化较大。1986 年 11 月至 1997 年 10 月下游河道总淤积量为 28.03 亿 t，年均淤积量 2.55 亿 t。与天然情况和三门峡水库滞洪排沙期相比，年均淤积量相对较小，该时段淤积量较大的年份有 1988 年、1992 年、1994 年和 1996 年，年淤积量分别为 5.01 亿 t、5.75 亿 t、3.91 亿 t 和 6.65 亿 t，四年淤积量占时段总淤积量的 76.1%。1989 年来水量为 400 亿 m^3，而来沙量仅为长系列的一半，年内河道略有冲刷，河道演变仍遵循丰水少沙年河道冲刷或微淤、枯水多沙年则严重淤积的基本规律。

2）横向分布不均，主槽淤积严重，河槽萎缩，行洪断面面积减小。该时段由于枯水历时较长，前期河槽较宽，主槽淤积严重。从滩槽淤积分布看，主槽年均淤积量为 1.76 亿 t，占全断面淤积量的 69.0%。滩槽淤积分布与天然情况相比发生了很大变化，该时段全断面年均淤积量为天然情况年均淤积量的 70.6%，而主槽淤积量却是天然情况年均淤积量的 2 倍。

3）漫滩洪水期间，滩槽泥沙发生交换，主槽发生冲刷，对增加河道排洪有利。近期下游低含沙中等洪水及大洪水出现概率减小，使黄河下游主槽淤积加重，河道排洪能力明显降低。1996 年 8 月花园口洪峰流量为 7860m^3/s 的洪水过程中，下游出现了大范围的漫滩，淹没损失大，但从河道演变角度看，发生大漫滩洪水对改善下游河道河势及增强过洪能力是非常有利的。

4）高含沙洪水出现概率提高，主槽及嫩滩严重淤积，对防洪威胁较大。1986 年以来，黄河下游来沙更为集中，高含沙洪水频繁发生。高含沙洪水具有以下演变特性：①河道淤积严重，淤积主要集中在高村以上河段的主槽和嫩滩上；②洪水水位涨率偏高，易出现高水位；③洪水演进速度慢等。

3. 小浪底水库运用后

小浪底水库 1997 年截流、1999 年 10 月下闸蓄水运用。1997 年截流至 2018 年 4 月，小浪底库区累计淤积泥沙 33.31 亿 m^3。水库下闸蓄水运用后的蓄水拦沙和调水调沙作用使黄河下游河道持续冲刷（图 13-1）。1999 年 11 月至 2017 年 10 月，黄河下游累计冲刷量达到 28.202 亿 t，主槽展宽、冲深，河道平滩流量逐步恢复，各河段冲淤量统计见表 13-4。

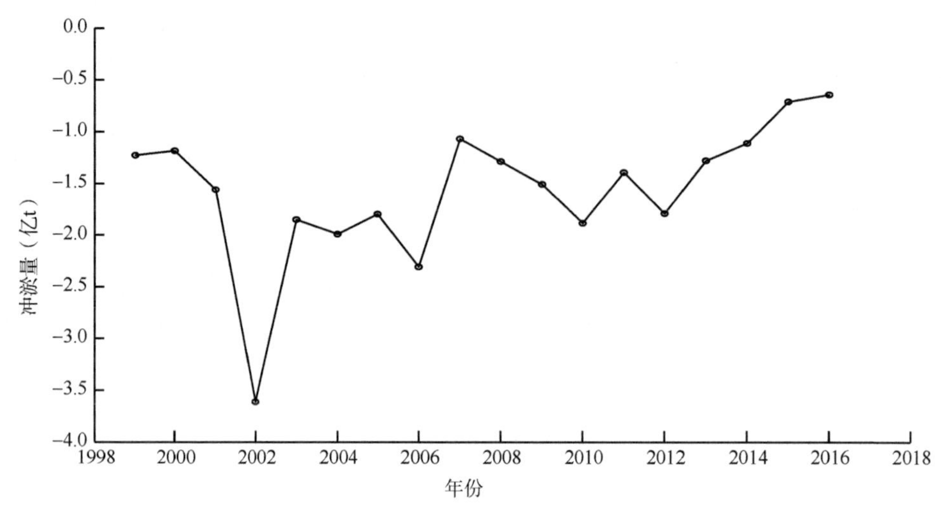

图 13-1　1999～2017 年黄河下游河道冲淤过程

表 13-4　1999 年 11 月至 2017 年 10 月黄河下游各河段冲淤量统计　（单位：亿 t）

时间	花园口以上	花园口—高村	高村—艾山	艾山—利津	利津以上
汛期	–3.943	–5.093	–3.845	–4.840	–17.722
非汛期	–4.347	–7.206	–0.109	1.181	–10.481
全年	–8.290	–12.299	–3.955	–3.659	–28.202

注：表中数据经过了数值修约，存在舍入误差。

从冲刷量的沿程分布来看，高村以上河段冲刷较多，高村以下河段冲刷较少。其中，高村以上河段冲刷 20.589 亿 t，占利津以上河段总冲刷量的 73.0%；高村至艾山河段冲刷 3.955 亿 t，占利津以上河段总冲刷量的 14.0%；艾山至利津河段冲刷 3.659 亿 t，占利津以上河段总冲刷量的 13.0%。

从冲刷量的时间分布来看，冲刷主要发生在汛期。汛期利津以上河段共冲刷 17.722 亿 t，各河段均为冲刷；非汛期利津以上河段共冲刷 10.481 亿 t，艾山以上河段均呈现出冲刷，其中冲刷主要发生在高村以上河段，冲刷量为 11.553 亿 t，冲刷向下游逐渐减弱，艾山至利津河段则淤积 1.181 亿 t。

13.2　黄河下游河道治理现状及存在的问题

13.2.1　黄河下游河道治理现状

1. 黄河下游防洪工程体系建设

黄河流域按照“上拦下排、两岸分滞”调控洪水和“拦、调、排、放、挖”综合处理泥沙。黄河下游河道的功能在两大策略中的“排”，即通过黄河下游各类河防工程建设，充分利用河道的排洪输沙能力，确保进入河道的洪水泥沙排泄入海。“放”则是在下游滩区结合“二级悬河”治理、三滩分区治理、引洪淤灌与土壤改良等综合治理措施处理和利用一部分泥沙。

按此洪水泥沙调控处理思路，构建包含水土保持、水沙调控体系、河防工程、防洪非工程措施等六大体系的黄河防洪减淤的总体布局。黄河下游防洪工程建设总体布局为：在黄河下游，建成标准化堤防约束洪水；大力开展河道整治，控导河势，结合调水调沙，稳定中水河槽；配套完善分滞洪工程，分滞洪水；搞好滩区安全建设，对漫滩洪水淹没损失实行政策补偿；开展“二级悬河”治理，逐步消除“槽高滩低堤根洼”的不利河槽形态；结合挖河淤背固堤，淤筑“相对地下河”。

黄河下游河道是具有防洪运用、经济发展和生态保护等多功能的复合空间，多功能相互约束，矛盾长期存在。自 2000 年以来，为满足经济社会的发展，黄委会提出黄河下游河道治理方略为“稳定主槽、调水调沙、宽河固堤、政策补偿”，即通过河道整治和水沙调控体系建设协调水沙关系、塑造和维持中水河槽，通过宽河固堤防御黄河下游大洪水、保证防洪安全。同时，稳定一定过流能力的中水河槽、加快滩区安全建设，保证滩区群众在中常洪水时安居乐业；通过滩区补偿政策，在大洪水过后帮助群众恢复生产。这一方略发挥了滩区的行洪滞洪沉沙作用，在一定程度上实现了滩区人水和谐相处，促进了经济可持续发展。

黄河下游防洪工程建设按照上述总体布局，主要对堤防工程、控导工程、险工及防护坝工程、堤河（顺堤行洪）治理工程等河防工程进行建设。

（1）堤防工程

目前，黄河下游堤防长 1448.693km，其中左岸 796.71km，由于支流沁河、天然文岩渠和金堤河汇入，以及保护对象不同，左岸堤防分为三大段、三小段；右岸 651.983km，受东平湖至济南的山麓分隔，右岸堤防分为两大段、十二小段[①]。黄河下游堤防工程现状统计见表 13-5。

表 13-5　黄河下游堤防工程现状统计表

岸别	序号	堤段	桩号范围	堤防长度（km）	级别
左岸	一	上段：孟州中曹坡至封丘鹅湾	0+000～200+880	171.051	1
		其中孟州中曹坡至温县黄庄段	0+000～15+430	15.430	4
	二	中段：长垣大车集至濮阳张庄闸	0+000～194+485	194.485	1
	三	下段：濮阳张庄闸至利津四段	3+000～355+264	350.123	1
	四	第一小段：贯孟堤	0+000～9+320	9.320	1
	五	第二小段：太行堤	0+000～22+000	22.000	1
	六	第三小段：利津四段至孤东南围堤末端	0+000～49+731	49.731	1
	左岸合计			796.71	
右岸	一	孟津堤	0+000～7+600	7.600	2
	二	上段：郑州邙山根至梁山徐庄	负 1+172～336+600	340.183	1
	三	河湖两用堤	徐十堤 0+000～7+245 国十堤 7+245～10+471	10.471	1
	四	东平湖附近 8 段临黄山口隔堤		8.854	1
	五	下段：济南宋家庄至垦利二十一户	负 1+980～255+160	257.14	1
	六	垦利二十一户至防潮坝	0+000～27+735	27.735	2
	右岸合计			651.983	
总计				1448.693	

① 十二小段指孟津堤、河湖两用堤中 2 段、东平湖附近 8 段临黄山口隔堤、垦利二十一户至防潮坝，共 12 段。

（2）控导工程

控导工程是在滩岸前沿修建的坝垛护岸工程，主要用以控导河势、保护堤防的安全，并对局部滩地有保护作用。经过多年建设，截至 2015 年黄河下游已建成控导工程 233 处、坝垛 5112 道，工程长度为 483.493km，加上《黄河下游“十三五”防洪工程可行性研究报告》安排的新续建 19.068km，以及《黄河下游“十四五”防洪工程可行性研究报告》安排的新续建 35.470km，规划至 2025 年控导工程总长度为 538.031km。

（3）险工及防护坝工程

险工是紧邻大堤修建的由丁坝、垛、护岸组成的护堤建筑物，并和控导工程共同控制河势变化，保护堤防安全。截至 2017 年底，黄河下游已有险工 147 处、坝垛 5413 道，工程长度为 333.985km，裹护长度为 277.851km；还有防护坝 97 处、坝垛 461 道，工程长度为 101.888km，裹护长度为 43.218km。

2. 黄河下游滩区治理与开发现状

黄河下游滩区既是行洪滞洪沉沙的重要区域，又是防洪减淤体系的重要组成部分，还是滩区群众赖以生存的家园。从管理实际上来说，滩区土地由地方政府进行管理，涉水建设等由河务部门管理，由于涉水审批管理对社会经济发展有强约束作用，因此滩区治理和开发顶层设计一直存在较大争议，不能得到贯彻落实，处于相对滞后、矛盾交织的境地。

（1）黄河下游滩区治理规划

2000～2010 年，黄委会组织编制了《黄河下游滩区综合治理规划》《黄河下游滩区安全建设规划》，主要成果通过了水利部水利水电规划设计总院的审查，并被纳入《黄河流域综合规划（2012—2030 年）》，为解决黄河下游治理存在的突出问题，提出了长治久安的策略与研究方向，是一定时期指导黄河下游滩区治理和安全建设的上位规划依据。

《黄河下游滩区综合治理规划》在宽河固堤治河方略的前提下，推荐逐步废除生产堤方案：在目前的黄河下游河道滩区治理格局下，逐步废除生产堤可以更好地发挥宽滩区的滞洪沉沙作用，有利于滩槽水沙交换，也有利于洪水的管理和调度，通过“二级悬河”治理，完善安全建设，结合滩区运用补偿政策和河防工程建设，实现“稳定主槽、调水调沙、宽河固堤、政策补偿”，为下游河道治理和滩区群众生产发展共赢创造条件。

《黄河下游滩区安全建设规划》分析了滩区的滞洪沉沙作用与社会经济发展的矛盾，对安全建设现状及存在的问题进行了深入分析，形成了“黄河决口改道是目前滩区人口众多的重要原因”“滩区群众为黄河下游防洪安全大局做出了牺牲，滩区安全建设是保证滩区群众生命财产安全的重要手段”“滩区洪灾风险程度不一，安全建设宜区别对待，为规避风险应鼓励高风险区群众外迁，一劳永逸地解决洪水威胁问题”“滩外土地资源不富裕，安全建设应立足于滩区土地的充分利用”“滩外安置容量是制约滩区群众大规模外迁安置的重要因素，近一段时期内安置容量分析应立足于县内就近安置的原则”“滩区安全建设要统筹考虑安全与发展问题”等关键认识，对外迁安置、滩内就地就近安置、临时撤离安置等三种方案开展了全面规划分析，得出了相关安置标准和安置规模。

（2）“二级悬河”治理试验工程

“二级悬河”治理试验工程作为一项尝试性的科学研究工作，主要目的为：疏浚河道主槽，增大过流断面面积，增强河道的行洪能力；降低主槽河底平均高程，减缓“二级悬河”的发展；利用疏浚泥沙淤填堤河，防止顺堤行洪威胁堤防安全；通过试验工程的现场实施、观测和分析，研究疏浚的方法和效果，以及疏浚设备的适应性，为以后开展“二级悬河”治理工作积累经验。

2003 年 6 月，在濮阳开展了“二级悬河”治理试验工程。通过观测分析，“二级悬河”治理试验工程取得了初步成效，增强了试验河段过洪能力，减缓了“二级悬河”发展趋势，获得了一定的施工经验，为大规模实施奠定了一定的基础。虽然“二级悬河”治理试验工程取得了良好的效果，但是由于投资主体单一，与高标准农田整治项目结合不足等，并未全面推广实施。

（3）滩区安全建设进程

滩区安全建设问题由来已久，建设模式也随着经济社会发展和对滩区的认识及定位不断演进，从废除生产堤、修筑避水台、实行“一水一麦，一季留足群众全年口粮”的政策，到外迁、修筑避水村台和撤退道路，根据以往滩区安全建设各种措施的成功经验和教训，目前黄河下游滩区安全建设工程措施主要采用三种方式，即外迁安置、滩内就地就近安置、临时撤离安置，其中河南省以分期分批外迁安置为主，山东省以滩内就地就近安置为主，以外迁安置和临时撤离安置为辅。2020 年底，两省三年迁建规划实施完成后，仍有近百万群众生活在洪水威胁中，尚无可解决问题的实施性规划。

（4）基础设施建设

自 1998 年以来，滩区的基础设施建设以地方政府投入为主，但由于滩区受政策限制，农田水利、生产道路等基础设施建设严重滞后，滩内外差距集聚程度增加。同时，由于缺少统筹组织和涉水建设审核审批，基础设施建设在一定程度上形成了阻水建筑物，不仅影响防洪安全，还形成了采砂场、砖瓦窑等“四乱”现象。

（5）政策补偿制定

2012 年，财政部、发展改革委、水利部联合印发了《黄河下游滩区运用财政补偿资金管理办法》，对滩区运用后区内居民遭受洪水淹没所造成的农作物和房屋损失给予一定补偿。但由于近年来洪水并未上滩，该办法还未实际运用。

13.2.2　黄河下游河道治理存在的问题

黄河下游是连通黄土高原和渤海的生态廊道，黄河下游广袤的滩区具有防洪减淤功能、经济社会发展功能、生态功能和景观文化载体功能等。在大力推进生态文明建设、建设黄河幸福河的大背景下，滩区特殊的河道形态、滩区功能需求的多样性及各功能对应空间的高度重叠性使得黄河下游面临诸多问题与矛盾，主要体现在以下四个方面。

（1）生态安全屏障尚存在短板

安澜的黄河下游河道是黄淮海平原的生态安全屏障和生命线，是国家战略实施的基础和支撑。人民治理黄河以来，按照“宽河固堤”的思路，经过 70 余年坚持不懈的治理，基本形成了以中游干支流水库、下游河防工程、蓄滞洪区工程为主体的“上拦下排、两岸分滞”的黄河下游防洪工程体系，并取得了连续半个多世纪伏秋大汛不决口的安澜成就。目前，黄河下游河势游荡、“二级悬河”发育，洪水威胁依然存在，特别是“二级悬河”发育严重问题，已成为下游防洪体系的突出短板。

（2）滩区人水矛盾突出

黄河下游滩区既是行洪滞洪沉沙的场所，又是广大群众赖以生存的家园，是居民安居乐业的场所，也是地方经济发展的有效组成部分。滩内安置仍然是未来滩区人口安置的主要方式，滩区行洪滞洪沉沙功能严重制约了滩区经济社会发展，滩区无序发展，严重影响黄河下游防洪调度。

（3）滩区生态供给与需求失衡

黄河下游是连接贯穿华北平原的生态廊道，是我国重要的生态屏障，承载着生态空间、保护生物多样性、生态休闲体验等多种功能。随着城市的发展、规模扩张，生产生活空间不断扩大，城市发展面临水土资源和生态空间的瓶颈制约问题，逐步向黄河扩展，滩区已成为探索跨河发展、携河发展或傍河发展等战略的桥头堡和试验田，近郊生态旅游、黄河文化感知、滨水生态空间等需求成为人民对美好生活向往的重要组成部分。发挥下游滩区的生态廊道作用，以及其对沿黄城市发展的生态支撑作用，满足沿黄人民日益增长的优美生态环境需求，对滩区治理提出了更高的要求，面临着诸多挑战。

（4）文化保护传承和弘扬不足

黄河是中华民族的母亲河，孕育了古老而伟大的中华文明。九曲黄河奔流入海，以百折不挠的磅礴气势塑造了中华民族自强不息的伟大品格，成为民族精神的重要象征。系统保护黄河文化遗产，深入传承文化基因，讲好新时代黄河故事，打造具有国际影响力的黄河文化旅游带是新时代对黄河文化保护传承和弘扬的要求。黄河下游干流及周边城市文化资源内容丰富、价值高，分布广泛。但黄河“善淤、善决、善徙”，文化保护传承还存在文化遗产资源挖掘、保护力度不大，文旅融合发展带动弱，城水融合联系不紧密，低影响、高品质的生态旅游开发缺失等问题。

13.3　黄河下游河道泥沙调控需求

13.3.1　新形势下黄河下游河道功能定位

黄河下游自洛阳市孟津区白鹤镇至郑州市京广铁路桥河段为禹王故道，有近千年的历史；自郑州市京广铁路桥至兰考县东坝头河段为明清故道，已有约 500 年的历史；兰考县东坝头以下河段是 1855 年铜瓦厢决口后，从东坝头改道东北流向，穿运河夺大清河以后形成的。黄河夺大清河入海之后，洪水漫流达 20 余年，沿河各地为限制水灾蔓延，顺河筑堰，遇湾切滩，堵截支流，修筑民埝，后在民埝的基础上陆续修建形成现状大堤，构成了目前黄河下游滩区格局。

从防洪减淤功能定位上看，黄河下游滩区既是行洪滞洪沉沙的重要区域，又是防洪减淤体系的重要组成部分。黄河下游滩区洪水淹没较频繁、淹没概率高，洪水漫滩后，滩区成为洪水的宣泄通道，是漫滩洪水的行洪区。黄河下游河道的行洪能力上大下小，在艾山卡口形成约束，黄河下游一旦发生大洪水，在满足防洪安全的要求下，需要广大滩区起到蓄洪、滞洪的作用。滩区的行洪滞洪沉沙作用在历史上为保障黄河下游的防洪安全发挥了较大作用，滩区沉沙的同时，也对提高黄河下游河道的行洪能力具有作用。当黄河下游发生漫滩洪水后，滩槽水流泥沙交换强烈，洪水从主槽进入滩区，经过滩区滞蓄后的洪水，泥沙大量落淤，清水回归主槽，主槽则发生冲刷，这种现象使得涨水过程中主槽迅速扩大，河道排洪能力不断增强。

从经济社会发展功能定位上看，黄河下游滩区是滩区群众赖以生存的家园，但滩区现状经济是典型的农业经济，基本无工业，由于受到自然地理条件的限制，滩区经济社会发展受到严重制约，下游广大滩区已成为贯穿豫鲁两省、高质量发展的短板。近年来，在黄河流域生态保护和高质量发展重大国家战略的大背景下，滩区地方政府、企业和群众对加快滩区经济社会发展、进行滩区开发的需求日益强烈，要求黄河治理既要着眼于黄河长治久安，又要着眼于流域经济社会的可持续发展。因此，滩区群众赖以生存的家园，不仅要求实现居民安居乐业，还要成为地方经济发展的有效组成部分。

从生态功能定位上看，黄河下游滩区涉及 2 个国家级自然保护区、3 个省级自然保护区及黄河鲤国家级水产种质资源保护区，有丰富的湿地生态资源。根据《河南省生态功能区划》，河南省黄河下游滩区生态系统主要服务功能包括水源涵养、湿地生态补水、补充地下水、削减洪峰、防止洪涝灾害、湿地生物多样性保护、防风固沙、农业及林果生产等。黄河下游两岸分布有郑州、开封、济南等 30 余座大中城市，涉及 5000 多万人，贯穿河南、山东两省经济发展的中心地带。国家生态文明建设的大力推进，要求人与自然和谐共生，对人水和谐的需求越来越高。因此，黄河下游滩区是黄河中下游重要的生态安全屏障，也是沿黄城市居民的生态空间的重要组成部分，对保障国家生态安全具有独特的作用。

从景观文化载体功能定位上看，黄河文化厚重，内涵丰富，以自身为名的载体是景观文化载体功能必不可少的。沿黄城市旅游、滨河空间需求很多，下游滩区正在逐步承担部分功能。为支撑黄淮海平原经济社会高质量发展，促进黄河下游滩区群众生活改善、致富，发挥黄河下游河道生态功能、景观文化载体功能，满足两岸人民日益增长的对美好生态环境、感知黄河文化等精神层次的需求，黄河下游河道的防洪减淤功能、经济社会发展功能、生态功能、景观文化载体功能不但不能削弱，反而应进一步强化，是黄河下游河道必须承担的、是黄河治理开发与保护必须满足的最小简化功能体系。

综上，黄河下游滩区既是行洪滞洪沉沙的重要区域，又是防洪减淤体系的重要组成部分，在处理黄河洪水、泥沙问题上具有重要的战略地位；同时也是广大群众赖以生存的家园，是黄河中下游地区经济社会良性健康发展的重要组成部分；是黄河中下游重要的生态安全屏障，对保障国家生态安全具有独特的作用。此外，黄河下游生态廊道文化资源丰富，风景资源种类多样，具有重要的景观文化载体功能。

13.3.2 防洪保安的需求

1. 发挥黄河下游滩区的滞洪沉沙作用

黄河下游河道形态上宽下窄（最宽处达 24km，最窄处仅 275m），河道比降上陡下缓（河南河段约为 2‱，山东河段约为 1‱），排洪能力上大下小（花园口 22 000m^3/s，孙口 17 500m^3/s，艾山 11 000m^3/s）。黄河下游河道，特别是陶城铺以上宽河段，是一个相当大的自然滞洪区。1958 年和 1982 年花园口站洪峰流量分别为 22 300m^3/s、15 300m^3/s，花园口至孙口河段的槽蓄量分别为 25.89 亿 m^3、24.54 亿 m^3，相当于故县水库和陆浑水库的总库容，起到了明显的滞洪作用，大大减轻了窄河段的防洪压力，艾山以下窄河段堤防的设防标准正是建立在滩区及东平湖滞洪区滞洪削峰能力的基础上的。

黄河下游滩区不仅有滞洪作用，还有沉沙作用。根据实测资料统计，1950 年 7 月至 1998 年 10 月，黄河下游共淤积泥沙 92.02 亿 t，其中滩地淤积 63.70 亿 t，占全断面总淤积量的 69.2%。黄河下游滩区的滞洪沉沙区主要位于花园口至孙口河段，该河段滩区的沉沙量为 55.19 亿 t，占下游滩区沉沙量的 86.7%。由此可见，黄河泥沙在横断面和沿程纵断面的分布不一样。

滩区的行洪滞洪沉沙作用在历史上为保障黄河下游的防洪安全发挥了较大作用，应继续坚持稳定主槽、宽河固堤。在中小洪水及调水调沙期间，充分利用主槽的行洪排沙能力，将洪水及泥沙输送入海；在大洪水期间，在主槽发挥主要行洪能力的同时，洪水上滩落淤沉沙，发挥滩区的行洪滞洪沉沙作用。

2. 提升下游河道的行洪输沙能力

平滩流量是反映河道主槽排洪能力的重要指标，在洪水不漫滩的情况下与主槽的冲淤演变有直接的关系。自小浪底水库投入运用以来，水库蓄水拦沙，下游河道总体上发生了持续冲刷，因而河段主槽平滩流量均有不同程度的增大。2002 年后黄河下游河道平滩流量变化见表 13-6。

表 13-6　2002 年后黄河下游河道平滩流量变化　　（单位：m^3/s）

	花园口	夹河滩	高村	孙口	艾山	泺口	利津
2002 年	3600	2900	1800	2070	2530	2900	3000
2017 年	7200	6800	6100	4350	4250	4600	4650
累计增加	3600	3900	4300	2280	1720	1700	1650

《黄河古贤水利枢纽工程可行性研究报告》采用 2017 年汛前的地形资料，根据规划期设计水沙条件，采用数学模型对设计水平年内（2017～2030 年）黄河下游河道冲淤

变化过程进行了分析计算。计算结果表明，设计水平年内黄河下游河道的年均冲刷量为 0.475 亿 t，其中高村以上河段年均冲刷量为 0.347 亿 t，占下游年均总冲刷量的 72.7%，高村以下河段冲刷较少，年均冲刷量为 0.128 亿 t，占下游年均总冲刷量的 27.3%。由于该时段处于小浪底水库拦沙期，进入下游的水流含沙量较低，有利于主槽的冲刷，并且河道平滩流量较大，冲淤变化集中在主槽内。设计水平年内黄河下游河道年均冲淤量及年均冲淤厚度见表 13-7。

表 13-7　设计水平年内黄河下游河道年均冲淤量及年均冲淤厚度

项目	花园口以上	花园口至高村	高村至艾山	艾山至利津	利津以上
年均冲淤量（亿 t）	–0.140	–0.207	–0.067	–0.061	–0.475
年均冲淤厚度（m）	–0.050	–0.048	–0.034	–0.034	

黄河下游河道平滩流量不断增大对于增强河槽的行洪输沙能力、减轻防洪压力、维持河流的健康意义重大，应坚持水沙调控体系建设与调水调沙运用，持续保持下游河道冲刷，提高主槽过流能力及平滩流量，提升下游河道行洪输沙能力。

3. 开展“二级悬河”治理，补齐下游防洪短板

黄河下游“地上悬河”的形成是来水来沙和边界条件共同作用的结果，人类活动加速了悬河的发展。进入 21 世纪以前，黄河下游水少沙多，致使主槽严重淤积萎缩、平滩流量显著减小、滩唇高程和主槽河底高程明显抬高，形成了滩唇高仰、大堤临河滩面低洼、低洼的滩地高于大堤背河地面的“二级悬河”；生产堤的存在也在一定程度上减少了漫滩洪水的次数，使生产堤与大堤间的滩地淤积量减少，加剧了“二级悬河”的发展；嫩滩淤积幅度增大，与嫩滩大量垦殖也存在一定的关系。目前，滩唇一般高于黄河大堤临河地面 3m 左右，最大达 5m，其中东坝头至陶城铺河段滩面横比降达 1‰～2‰，是河道纵比降 0.14‰的 7 倍至 14 倍，是“二级悬河”最严重的河段。

“二级悬河”对黄河下游堤防安全造成了严重威胁。由于“二级悬河”滩唇高仰、堤根低洼的河道特性，漫滩洪水进入滩区后流量较大，洪峰回落后，堤根积水不能及时排出，导致洪水退水缓慢，堤防长时间被浸泡，增加了堤防溃决的可能性，威胁堤防安全。同时，滩区串沟、堤河众多，洪水上滩后易发生横河、斜河顶冲堤防，增加堤防冲决的威胁。“二级悬河”导致的堤防溃决及冲决险情均可能造成堤防决口，一旦决口将给黄淮海平原造成重大生态灾难。总之，“二级悬河”对滩区人民群众经济社会发展构成重大威胁，容易形成“小流量、高水位、大漫滩”的灾害情况。

针对不同河段“二级悬河”发育的不同特点，结合来水来沙条件、滩区安全建设措施、土地利用、滩区生态保护和高质量发展等，提出综合淤填方案、分区治理方案、利用滩区道路方案、防护林带方案、堤防防护方案等工程方案。“二级悬河”的各种治理方案均需要对泥沙进行调控。

考虑到“二级悬河”治理较复杂，综合考虑上述各方案的优缺点，建议下一步对滩区综合淤填方案、分区治理方案、利用滩区道路方案、防护林带方案、堤防防护方案等开展深入分析，因地制宜、因滩施策，在保证防洪安全的基础上提出技术可行、经济合理、生态环保的治理方案，改善不利的水沙条件及河床断面，消除“二级悬河”对防洪的危害；远景期，进一步深入研究完善水沙调控体系，通过调水调沙长期保持黄河下游河道冲刷，河槽下切，结合清淤疏浚、采砂规划、泥沙资源化利用等措施，逐步消除地上悬河态势，实现黄河的长治久安，岁岁安澜。

13.3.3 生态保护需求

1. 河槽形态稳定与保障生态安全屏障

近年来，由于来水来沙条件变化较大，现有控导工程尚不能彻底地起到稳定河势的作用，河势动荡多变，上提下挫，坐湾淘刷，常有塌岸、塌地发生，导致沿岸植被群落遭到极大破坏。在黄河河势没有得到有效控制之前，水流散乱、主流游荡多变，很难在两岸形成稳定的滩区湿地。黄河滩地在不受洪水冲刷的情况下，会沿着草地—灌丛—林地的演替序列进行正向演替，但受到洪水冲刷后，滩地上的植被大部分消失，变为泥滩或水体，大大削弱了生态系统的生态功能。河槽形态稳定后，可有效减少这种自然扰动，加速滩地植被的正向演替过程，对提升区域的生态环境质量是非常有利的。

在完善控导工程稳定河势的同时，加强水沙调控，维持河槽形态稳定，避免在黄河中常洪水期间主流冲刷侵蚀两岸的滩涂湿地，从而使两岸湿地范围保持相对稳定。不利河势的调整、塌岸现象的减少，在维持湿地稳定、保护珍稀水禽栖息地、改善水生生物生存环境、减少水土流失、保障下游生态环境安全等方面将起到积极作用。同时，应加强水沙调控系统工程建设，持续推进调水调沙，结合滩区综合治理、清淤疏浚与生态航道建设、河道采砂与泥沙资源化利用等多项举措，确保下游河槽形态稳定及行洪安全，保障其生态安全屏障功能。

2. 嫩滩生态修复与生境营造

嫩滩由分散的破碎化形成自组织的连续化，从空间结构及生态功能上完善和加强了黄河下游生态系统重要的一环，嫩滩滨水缓冲带和湿地是黄河下游生态廊道的重要组成部分。嫩滩生态系统水热资源充沛，生境条件优良，是湿地生态修复、自然生境营造的理想区域，同时也是河流生态系统服务价值贡献的重要区域。

根据黄河下游的实际情况，黄河下游滩区共分布有嫩滩 1056km^2，其中河南嫩滩面积为 611km^2，山东嫩滩面积为 445km^2。河南宽滩区较多，因此嫩滩地块较大且完整，其面积占滩区嫩滩总面积的 58%；山东嫩滩面积占滩区嫩滩总面积的 42%，其中东坝头—陶城铺河段地块较完整，陶城铺—渔洼河段除了长平滩以外，其他嫩滩地块零散且较小。

嫩滩应维持自然形成的湿地生态，通过继续实施黄河调水调沙，建设完善的水沙调控体系、加强河道整治等，长期维持黄河下游中水河槽。由于嫩滩经常行洪，可通过适当修建通往嫩滩的道路，适度发展休闲旅游。结合已有的湿地自然保护区，塑造人工湿地，发展湿地旅游、科普教育、观光摄影等产业，并根据实际情况选择性开发湿地公园，由过去单纯的生态修复转变为多元化利用。

13.3.4　经济社会发展需求

1. 滩区安全建设及经济发展

滩区是滩区群众世代赖以生存的家园，滩区现状经济是典型的农业经济。由于以往受滩区定位、政策、环境等多重因素的影响，滩区安全建设滞后，经济发展落后，依然以传统农业为主，现代化农业、生态观光农业占比较小。

通过三滩分区治理方略，在黄河大堤临河侧利用河道丰富的泥沙资源淤筑高滩，打造美丽乡村和特色小镇，为人民群众提供安全的生活之所、生态的宜居之地和经济的小康之家；二滩的治理紧密结合黄河下游“二级悬河”的治理，淤筑滩面，消除“二级悬河”威胁。二滩还通过挖取主槽泥沙，淤高低凹滩区地面，发展高效农业、绿色牧业、观光采摘林果业，根据“宜水则水、宜耕则耕”的原则对二滩的工程规模进行优化。

2. 生态航道建设

黄河下游河道贯穿河南、山东两省 14 个地市，既是行洪输沙的重要通道，又是重要的生态廊道和水路运输通道，由于泥沙淤积和河势游荡多变，长期无法通航。随着黄河流域生态保护和高质量发展重大国家战略的实施，黄河防洪减淤体系和水沙调控体系不断完善，黄河下游河道淤积萎缩的局面和游荡型河段河势将逐步得到控制，下游全线复航将面临前所未有的历史机遇。建设黄河下游生态航道，打造从河南郑州到山东东营长约 800km 的入海水路通道，对完善河南、山东两省交通运输体系，促进流域社会经济协调发展，发展黄河生态旅游，弘扬黄河文化、讲好黄河故事具有重要意义。

自小浪底水库运用以来，黄河下游河道实现了全线冲刷，河槽平均冲刷下切 2.5m 左右，适宜规模的中水河槽基本形成。从满足通航要求来看，目前黄河下游 250m^3/s 左右的通航流量相应河槽宽度已经达到 120～300m，水深达到 1.0～2.5m，只需要对通航河槽稍加整治即可满足航道建设要求。对于因泥沙淤积而形成的碍航段，可采用“挖河扩槽”的放淤方式，疏浚航道或碍航浅滩泥沙并输送至滩区用以改造良田，在综合处理黄河泥沙的同时，实现生态航道的长期运营。

3. 泥沙资源化综合利用

黄河河道泥沙资源丰富，结合生态航道建设中的清淤疏浚、黄河下游采砂规划、“二级悬河”治理中的引洪放淤等措施，将泥沙资源进行调控分配，不仅可用作建筑材料，还可用于堤防加固、低洼地改造、引洪淤灌与改良土壤和泥沙造地等方面，不断促进泥沙资源化利用规模化、产业化，变废为宝、兴利除害，同时可以满足提高当地经济发展水平的需求。

13.4 本章小结

1）黄河下游河南段河道宽阔，堤距上段 1.4～10km，河道槽蓄作用较大，山东段河道狭窄，堤距下段 1～2km。河道多为复式断面，主槽部分糙率小、流速大，是排洪的主要通道；滩地糙率大、流速小，过流能力小，但对洪水有很大的滞洪沉沙作用。三门峡水库建成以前，天然情况下，黄河下游河道年均淤积泥沙 3.61 亿 t，河床每年以 0.05～0.1m 的速度抬升；1999 年小浪底水库下闸蓄水运用后的蓄水拦沙和调水调沙作用使黄河下游河道断面持续冲刷，主槽展宽、冲深，河道平滩流量逐步得到了恢复。

2）经过多年来不懈努力，黄河下游基本形成了以中游干支流水库、下游河防工程、蓄滞洪区工程为主体的“上拦下排、两岸分滞”的防洪工程体系。对滩区的综合治理在治理规划、安全建设、“二级悬河”治理及政策补偿等方面有了一定的认识，积累了大量经验。但由于滩区特殊的河道形态、功能需求的多样性及各功能对应空间的高度重叠性，黄河下游面临诸多问题与矛盾，主要表现在下游生态安全屏障尚存在短板、人水争地矛盾突出、生态供给与需求失衡、文化保护传承和弘扬不足等方面。

3）黄河下游河道是居民、水、沙共享的空间，具有防洪减淤、社会经济发展、生态、景观文化载体等多重功能，其中首要功能是防洪减淤。黄河下游滩区既是行洪滞洪沉沙的重要区域，又是防洪减淤体系的重要组成部分；既是广大群众赖以生存的家园，又是黄河中下游地区经济社会良性健康发展的重要组成部分；既是黄河中下游重要的生态安全屏障，又对保障国家生态安全具有独特的作用。此外，黄河下游生态廊道文化资源丰富，风景资源种类多样，具有重要的景观文化载体功能。

4）黄河下游河道泥沙调控需求主要表现在防洪保安、生态保护及经济社会发展 3 个方面。坚持稳定主槽，宽河固堤，防洪是滩区的首要任务，要保障其滞洪沉沙功能；不断完善水沙调控体系，通过调水调沙长期维持黄河下游主槽冲刷下切，提升其行洪输沙能力；完善河道整治工程，维持河道形态稳定及行洪安全，保障生态安全屏障功能；通过三滩分区治理，结合“二级悬河”整治、生态航道建设、泥沙资源化利用等措施，充分利用下游河道丰富的泥沙资源，保障滩区群众防洪安全，提高滩区经济社会发展水平。

第 14 章　黄河下游河道生态治理新策略

黄河下游滩区既是行洪滞洪沉沙的场所，又是滩区广大群众赖以生存的家园，还是具有防洪运用、经济发展和生态保护等多功能的复合空间，多功能相互约束，矛盾长期存在。自 2000 年以来，为满足经济社会的发展，黄委会提出了“稳定主槽、调水调沙、宽河固堤、政策补偿”的黄河下游河道治理方略。这一方略发挥滩区的行洪滞洪沉沙作用，实现滩区人水和谐相处，实现滩区经济可持续发展。

新时期黄河流域生态保护和高质量发展、生态文明建设及乡村振兴等多项国家战略对黄河下游滩区治理提出了新要求，要求从着眼于流域经济社会可持续发展、促进人水和谐发展的战略高度，综合考虑满足下游防洪减淤、经济社会发展、生态景观文化载体等多种功能需求，创新黄河下游治理方略，破解人水矛盾，实现区域高质量发展。

14.1　黄河下游河道治理方案回顾

近年来，黄委会先后组织开展了黄河下游河道治理战略研究、黄河下游滩区综合治理规划、黄河下游河道改造与滩区治理研究等，对黄河下游河道治理进行了系统的规划研究。

14.1.1　黄河下游河道治理战略研究

《黄河流域综合规划（2012—2030 年）》修编工作开展了基于“宽河固堤”和“窄河固堤”的黄河下游河道治理方案专题研究。研究水沙条件为：黄河中游水库拦沙结束后进入黄河下游的水量、沙量分别为 290.49 亿 m^3、8 亿 t 左右。研究结果表明，黄河中游水库拦沙结束后宽河、窄河方案的平均淤积速率分别为 0.046m/a、0.073m/a，夹河滩—高村河段、高村—孙口河段窄河方案的淤积速率分别为 0.083m/a、0.125m/a，宽河方案的淤积速率分别为 0.029m/a、0.059m/a，可见窄河方案的淤积速率大于宽河方案。处理进入下游的泥沙是治黄的关键所在，规划从稳妥角度考虑，将宽河固堤方案作为黄河下游河道治理的推荐方案，同时提出抓紧开展滩区安全建设、落实有关补偿政策和措施、研究废除生产堤的条件和时机。

14.1.2　黄河下游滩区综合治理规划

黄河下游滩区综合治理规划基于宽河固堤治河方略，提出了 3 个滩区治理方案：一是逐步废除生产堤方案；二是低标准防护堤方案（5000m^3/s）；三是分区运用方案，京广铁路桥—陶城铺河段自然滩共分为 14 个滞洪沉沙区，最大分洪量为 16.70 亿 m^3，分洪区相机滞洪沉沙。

研究认为：低标准防护堤方案在一定程度上会加速河道的淤积抬升，加剧“二级悬河”发育，同时工程出险部位多，抢险难度大，调度、管理也十分不便，山东窄河段淹没概率增加。分区运用方案，5年一遇左右的洪水即需全部分区分洪运用，根据模型试验分析，“96.8”洪水嫩滩平均淤高0.59m、滩地平均淤高0.19m，分沙效果差，加剧“二级悬河”发育，修建围堤壅高洪水位，增加堤防威胁，泥沙分区运行管理调度十分复杂。逐步废除生产堤方案，与生产堤方案相比，主槽淤积厚度自上而下降低0.4m左右，滩地淤积厚度相对有所增加，可以更好地发挥宽滩区的滞洪沉沙作用，也有利于洪水的管理和调度，通过“二级悬河”治理，完善安全建设，为下游河道治理和滩区群众生产发展共赢创造条件，因此规划推荐逐步废除生产堤方案。该规划的有关成果被纳入《黄河流域综合规划（2012—2030年）》。

14.1.3 黄河下游河道改造与滩区治理研究

针对社会各界有关专家提出的“新修防护堤、改造河道”等观点，黄委会组织开展了有关防护堤方案的研究，设置的方案有：①防护堤（10 000m^3/s）+不设滞洪区；②防护堤（8000m^3/s）+多个滞洪区；③防护堤（10 000m^3/s）+原阳滩（部分区域）分洪；④防护堤（10 000m^3/s）+中牟滩分洪。中国水利水电科学研究院、黄河水利科学研究院、黄河勘测规划设计研究院有限公司、清华大学四家单位同时对方案进行分析。研究水沙条件为：考虑古贤等骨干水库进入正常运用期，水沙代表系列长度考虑50年，下游平均水量、沙量则分三种情景考虑，分别为①241.36亿m^3、3.47亿t，②262.84亿m^3、6.06亿t，③272.78亿m^3、7.70亿t。

经分析，“82·8”洪水条件下，修建滞洪区且有围堤时，嫩滩、滩地平均淤高分别为0.41m、0.33m；不修建滞洪区但有围堤时，嫩滩、滩地平均淤高分别为0.23m、0.44m。防护堤+滞洪区方案加重主槽嫩滩淤积，而且分沙效果较差，调度运用产生的社会影响大，防护堤+不设滞洪区方案优于防护堤+滞洪区方案。

同时，研究重点对防护堤方案进行了分析，结论如下。来沙约3亿t的情景：滩区防护堤方案能够有效减少10～20年一遇中常洪水的漫滩淹没损失，基本保障滩区居民生产生活安全，具有显著的社会效益和经济效益。若未来来沙年均约3亿t，则滩区防护堤方案对河道冲淤及防洪的影响都相对较小，滩区防护堤方案可行性较大。

来沙约6亿t、8亿t的情景：中游水库拦沙结束的50年内，在现状河道条件下（规划废除生产堤），下游河道淤积厚度将分别达到约1.5m、约2.0m，“二级悬河”程度将进一步加剧，下游河道防洪减淤形势可能与小浪底水库运用前（2000年）的情况较为接近，甚至更加严峻。防护堤方案能减少下游河道淤积，但减淤量有限，仅11%～13%，四家单位中有三家单位计算出主槽淤积比增加，防护堤方案进一步加剧“二级悬河”发育形势。当遭遇防护堤溃口或10年一遇以上洪水时，上滩洪水势能大、河势难以预测，易加剧横河、斜河顶冲堤防，增加堤防威胁。同时，防护堤方案花园口—夹河滩河段千年一遇设计洪水水位可能会多抬升0.6～1.2m，加重河道的防洪负担；当发生流量超

10 000m^3/s 的大洪水时，进出口门爆破、防护堤损毁等问题突出，运行管理复杂；河南宽河段防护堤修建后，山东窄河段滩区洪水淹没概率增加，防洪形势恶化。

14.1.4　“二级悬河”和下游滩区综合提升治理对策研究

“‘二级悬河’和下游滩区综合提升治理对策研究”是《黄河流域生态保护和高质量发展水安全保障规划》的专题之一。该研究梳理了以往的研究成果，结合有关单位和专家对黄河下游滩区治理的意见与建议，分析提出了三个研究方案：①三滩分区治理方案；②防护堤（8000m^3/s）+临堤筑连台方案；③防护堤（10 000m^3/s）+分洪区方案，设原阳分洪区，保证其他滩区防洪标准达到 20 年一遇。研究水沙条件为：160 年内黄河来沙 8 亿 t 时进入下游的年均水量、沙量分别为 276.84 亿 m^3、7.17 亿 t。

三滩分区治理方案在加固黄河大堤的同时，有利于河道输沙减淤，减轻防洪压力；通过二滩治理，解决滩区“二级悬河”危害问题；临堤筑高滩，解决滩区群众安全建设问题的同时，可为黄河下游遭遇大洪水时防洪安全及防汛抢险增加保障。该方案积极响应国家生态治理，与滩区沿黄城市群生态空间需求相结合，可为地方经济发展提供新的经济增长极，但该方案投资成本较高，需分期逐步实施。三滩分区治理方案主槽淤积比由现状 67%降低至 65%，防护堤方案（8000m^3/s、10 000m^3/s）主槽淤积比分别由 67%提高到 69%、70%，且防护堤方案加剧“二级悬河”发育。三滩分区治理方案千年一遇洪水条件下高村站水位降低 0.37m，防护堤方案（8000m^3/s、10 000m^3/s）高村站水位分别抬高 0.45m、0.49m，增加了防洪负担。两个防护堤方案增加黄河下游防洪负担，不利于“二级悬河”治理，且遭遇防护堤溃口或 20 年一遇以上洪水后，“二级悬河”无法消除，上滩洪水河势难以预测，易发生横河、斜河顶冲堤防，增加堤防防洪威胁。同时，当发生流量超 10 000m^3/s 的大洪水时，进出口门爆破、防护堤损毁等问题突出，运行管理复杂。确保防洪安全是治黄的第一要务，统筹考虑黄河水沙关系复杂性、下游防洪安全、“二级悬河”治理和经济社会发展等因素，根据国家和地方及群众的财力，考虑分期分步实施，黄河下游陶城铺以上宽河段滩区河道和滩区综合提升治理方案推荐采用三滩分区治理方案。

14.2　黄河下游“三滩分治”生态治理新策略

黄河下游河道治理是一个复杂的系统工程，在治理过程中，不仅受系统外社会、环境的约束，还受系统内滩槽关系的强力约束。依照新时期治水方针和生态文明建设、乡村振兴及黄河流域生态保护和高质量发展等多项国家战略，以黄河下游河道系统治理理论为基础，统筹考虑河道的滩槽关系，提出了“洪水分级设防、泥沙分区落淤、三滩分区治理”的河道治理新策略。该策略采用生态疏浚稳槽、泥沙淤筑塑滩的方法，形成主槽、嫩滩、二滩、高滩的空间格局（图 14-1），以维护黄河的健康生命，促进流域人水和谐。

（1）洪水分级设防、泥沙分区落淤

陶城铺以上河段继续采取宽河固堤方案，按照现有堤防工程布局继续加固大堤，建成标准化堤防，防御大洪水。同时，通过河道整治工程建设，塑造对不同量级洪水泥沙具有高适应性的过流通道，采取调水调沙措施，长期维持中水河槽行洪排沙能力，尽量使发生中常洪水时不漫滩。通过堤防及河道整治工程建设，形成河道和中水河槽两条不同的水沙通道。中小洪水时主要通过塑造的中水河槽排洪输沙，大洪水时通过堤防约束形成的河道排泄洪水，泥沙进入滩区沉淀，清水退入主槽，产生滩槽水沙交换，使滩区落淤沉沙。

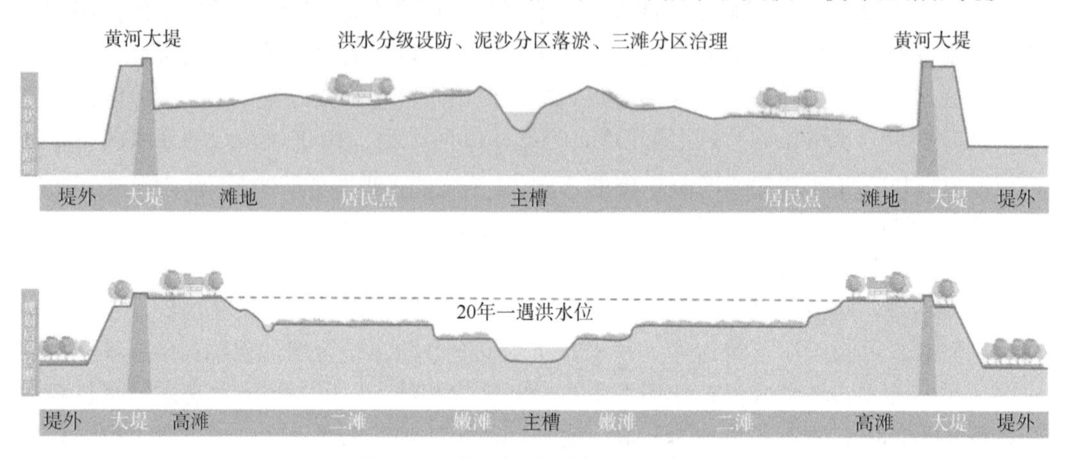

图 14-1　滩区断面规划前后示意图

（2）三滩分区治理

对主槽至大堤之间的滩区依次划分为嫩滩、二滩和高滩（图 14-2），作为生态、生产、生活的基底。嫩滩为河道生态修复保育区，在优先保护现有湿地自然保护区的同时，结合生态疏浚等手段，打破生态孤岛，修复提升下游湿地生态系统，发展湿地旅游、科普教育、观光摄影等产业，由过去单纯的生态保护转变为修复、保护和多元化利用。二滩为高滩和控导工程之间的区域，结合“二级悬河”治理构建低碳牧草、高效农田、绿色果园等复合生态系统，调整滩区农业生产结构，引导洪水风险适应性高的产业入驻，发展高效生态农业、旅游观光产业，助推滩区经济发展。高滩指的是从河道和滩区抽取泥沙沿大堤临河侧淤筑形成的居住区，建设生态特色小镇作为移民安置区，引导当前滩区居民就近集聚迁建，以乡村振兴战略为指引，解决全部滩区群众防洪安全问题。

图 14-2　三滩结构示意图

14.3　“三滩分治”的创新性及优越性

“三滩分治”策略创建了多沙宽滩河流生态治理理论，以河流演变学、空间规划理论及生态学等原理为基础，从生态视角解析出河道形态和人水混居是生态问题的症结，对河道形态和空间结构进行人工干预是破解问题负循环的根本途径，从空间视角揭示了宽滩河流空间的城镇功能、农业功能及生态功能属性，分别按照消除“二级悬河”、重组生态空间、增效生态过程的目标提出了相应的生态治理措施与对策，形成多功能融合的宽滩河流生态廊道。黄河下游滩区再造三滩分布示意图见图 14-3。

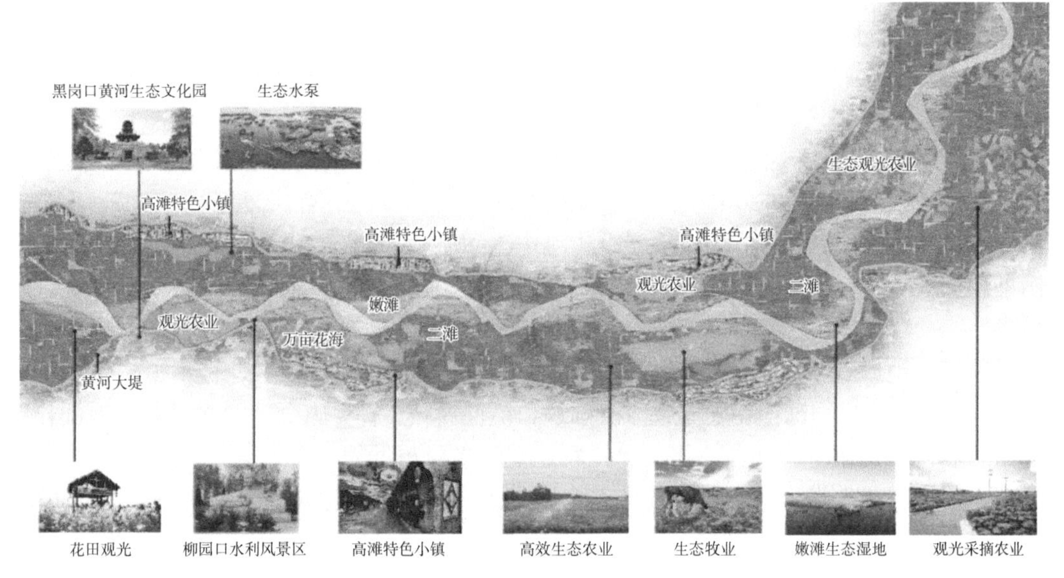

图 14-3　黄河下游滩区再造三滩分布示意图

“三滩分治”策略不仅创建了多沙宽滩河流生态治理理论，还提出了宽滩河流形态重构、宽滩河流生态空间构建与沿河城镇群与河流生态空间深度融合三大技术。

（1）宽滩河流形态重构

宽滩河流形态重构指采用有利于行洪输沙的河道形态塑造技术，确立滩槽格局和形态指标；分析挖河疏浚控制指标，提出疏浚泥沙配置方法；研究“主流控导、岸滩防护”措施及工程布局方案，提出利用输沙通道结合水沙调控相机排沙减淤、适时挖河扩槽的排洪输沙通道的长期运行方式；研发排洪输沙效果评估技术，评价滩槽再造实施效果。

通过河道整治和嫩滩、二滩、高滩重塑，促进河道滩槽断面重塑。主槽、嫩滩的重构以平衡高滩和二滩淤筑土方量为主。此外，还需结合河道行洪需求，对有需求的嫩滩实施清淤。二滩重塑是结合“二级悬河”治理、土地整理及生态修复，通过挖取主槽泥沙，淤高低凹的滩区。高滩重塑主要是沿大堤临河侧宽 300～500m 的区域，结合疏浚主槽泥沙淤筑高滩，边坡采用植草防护。

采用自然引洪放淤和机械放淤的方式来加强河道滩槽协同再造，确立滩槽格局。自然引洪放淤指的是通过有计划地修建引洪闸，开挖输沙渠，利用滩面横比降，借助洪水的自然力量，引洪入滩淤积泥沙。机械放淤则是利用挖泥船或泥浆泵等施工机械，结合疏浚主槽或挖取嫩滩泥沙并输送至滩区，从而将泥沙淤积在滩区。

通过控导主流、保护岸滩，维持输沙通道平面形态。建设干流骨干水库拦沙并进行调水调沙，充分利用黄河下游河道的输沙能力多排沙入海，有针对性地“挖”沙疏浚以提高河槽的排洪、排沙、排凌能力。通过将“拦”“调”“排”“挖”有机结合起来，利用输沙通道结合水沙调控机制排沙减淤，适时挖河扩槽，实现排洪输沙通道规模的长期维持。

（2）宽滩河流生态空间构建

综合“河-滩-人”复合生态系统的结构、格局与过程，优化河流与人的生态关系，统筹生态、农业、城镇三大功能空间的有机融合，通过嫩滩生态修复、二滩农业集成、高滩移民建镇，构建宽滩河流生态功能空间。

实施作用于全流域的生态调度，建立黄河水生态监测体系，重点监测湿地、水生生物及其生境要素；对生态功能低下、生态结构不合理的湿地进行康复修补、改良、再造，修复河流湿地生境；构建河岸缓冲带，增加植被种植，减少水土流失，控制农业非点源污染。从空间结构和生态功能上完善湿地生态系统，为生物多样性维护提供优良的生境条件。

进行土地综合修复与整治，提高土地可持续利用质量，增强植被和动物层次结构复杂性，丰富田间食物链；依托智能种植技术和植保新技术，实施合理的水旱轮作或间作，提高农业化信息水平和产业水平，优化农业空间格局与过程，充分发挥滩区生态产品供给功能；推广节水灌溉，建设高效生态鱼塘，兼顾有机肥和生物炭等使用，促进资源节约与再生循环利用。

科学规划布局，打造美丽乡村和特色小镇。因地制宜，合理绿化，提高植被覆盖率，改善小气候；从结构保护角度出发，对建筑屋面进行保温隔热及防水处理，提高环境承载力，建设低碳交通建筑网络、清洁卫生保障系统和宜居优美生活环境；完善村镇“双供双排”体系，建设分质供水的给水系统，保障饮用水安全。

（3）沿河城镇群与河流生态空间深度融合

沿河城镇群与河流生态空间深度融合技术完整识别出了滩区与沿河城镇群融合发展的产业链-供应链-价值链-区块链，使得滩区生态治理规划与沿河城镇群城市总体规划得以有效衔接，不仅切实提高了滩区群众生产、生活水平，还进一步提升了滩区的土地使用价值。

对引黄灌区滩区农事活动进行合理调控。明确地下水的分布及流动方式，调节地下水开采过程，对黄河下游滩区农事活动优化管理；评估阻碍滩区农事发展的风险情况，制定合理决策方案，对黄河下游风险防范优化管理；在部分灌区率先开展作物种植结构优化试点，调整农作物的种植结构，合理规划配置种植灌溉面积，一定程度上缓解用水紧张的情况，增加滩区群众收入。

探索滩区产业与沿河城镇群融合发展最佳模式。探明滩区产业与沿河城镇群经济、社会等诸多方面的联系，确定滩区土地的开发和定位；综合考虑政府部门的制度创新、政策调控、价值引导和配套支持等多方面因素，预测最优发展模式。坚持生态一产、绿色二产、低碳三产，严格在资源环境约束下布局产业，以技术创新推动产业结构转型升级。

黄河下游生态廊道格局构建从空间功能冲突分析入手，在河道形态塑造的基础上，对河道和滩区空间基地进行系统重塑，形成高滩、二滩、嫩滩和主槽的河道横断面形态格局，从根本上消除“二级悬河”、游荡性河势等不利河道形态，解决复杂交织的滩区矛盾。

首先，解决滩区群众防洪安全的问题。在鼓励优先外迁的基础上，考虑淤筑高滩安置。自 2013 年以来，河南省开展的滩区迁建实践均采用外迁的方式，从根本上解决了人洪同居的空间矛盾，群众满意度高，幸福感强。但若全部采用外迁方式，投资体量大，县级财政负担重，给县城城镇化带来较大冲击，社会资本参与滩区居民迁建也较为有限。在应迁尽迁的基础上，沿大堤临河侧淤筑高滩，也可以从根本上解决滩区群众防洪安全问题，同时又治理了堤根河洼地、补强黄河大堤防线短板，还保留了滩区生态发展用地基底和人力资源，为中央财政资金、社会资本协同发力以促进滩区生态综合整治提供了平台和契机。

其次，解决生态保护和行洪安全的问题。控导工程以内区域为嫩滩，以生态保护修复为目的，承担高效行洪输沙廊道功能与核心生态空间功能，构成生态连廊。

再次，解决滩区高质量发展的问题。高滩和嫩滩之间的广大区域为二滩，以基本消除“二级悬河”反向断面解决防洪威胁、恢复河道自然生态功能为目的，结合河道疏浚、引水淤滩、高标准农田整治等人为可控修复，既能提高主槽行洪能力、降低滩区漫滩概率、提高滩区生产保障程度，又能解决农业空间与生态空间耦合难题，还能使引黄水资源水沙分离，构建河湖水系，涵养滩区优质水源，为发展生态农业、绿色养殖业及生态旅游业等高附加值产业形态提供基底。最终，实现河道防洪与生态同治，生态、生产和生活分区，破解下游滩区长期存在的复杂交织的矛盾。

通过对三滩分区治理，结合国土空间规划统筹解决滩区群众防洪安全、农业生产、生态保育等矛盾冲突问题，对滩区空间功能进行丰富延展，从而实现对滩区空间的科学管理，实现水沙关系、人水关系和谐及生态要素之间的和谐共生。

14.4　本章小结

近年来，黄委会对黄河下游河道治理进行了系统的规划研究。研究认为，“宽河固堤”较“窄河固堤”在黄河下游泥沙治理方面更有优势；逐步废除生产堤方案与生产堤方案相比，可以更好地发挥宽滩区的滞洪沉沙作用，也有利于洪水的管理和调度；针对有关专家提出的“新修防护堤、改造河道”等观点，研究认为防护堤+不设滞洪区方案优于防护堤+滞洪区方案；“二级悬河”治理历来是黄河下游滩区综合治理的一大难题，而三滩分区治理方案在“二级悬河”治理方面较防护堤（8000m^3/s）+临堤筑连台和防护堤（10 000m^3/s）+分洪区方案更具有优势，三滩分区治理方案在加固黄河大堤的同时，有利于河道输沙减淤，减轻防洪压力，而两个防护堤方案增加了黄河下游防洪负担，不利于“二级悬河”治理。

综合比较黄河下游河道治理方案，在“宽河固堤”的规划前提下，结合新时期治水方针及黄河流域生态保护和高质量发展等国家战略，提出“洪水分级设防、泥沙分区落淤、三滩分区治理”的河道治理新策略。该治理策略创建了多沙宽滩河流生态治理理论，并以此理论为基础，以宽滩河流形态重构技术、宽滩河流生态空间构建技术及沿河城镇群与河流生态空间深度融合技术为支撑，建立完整的“河-滩-人”复合系统，实现水沙关系、人水关系和谐及生态要素之间的和谐共生。

第 15 章　黄河下游复合生态廊道构建技术

按照宽滩河流形态重构、宽滩河流生态空间构建、沿河城镇群与河流生态空间深度融合的方法，消除黄河下游“二级悬河”，重组下游河道空间格局，恢复自然河流健康的断面形态，破解黄河下游滩区防洪运用、经济发展和生态保护的矛盾，增效生态过程，保障“河-滩-人”复合系统的结构完整，提高宽河滩生态系统的生态效率。

依照“洪水分级设防、泥沙分区落淤、三滩分区治理”的河道治理新策略，采用生态疏浚稳槽、泥沙淤筑塑滩，形成主槽、嫩滩、二滩、高滩的空间格局，规划建设黄河下游生态廊道，作为生态、生产、生活的基底，维持黄河健康生命，促进流域人水和谐。

15.1　高滩生态建镇技术

15.1.1　高滩选址技术

1. 高滩选址原则

综合考虑黄河下游滩区现状条件和未来发展需求，确定高滩选址原则如下。

1）地形条件良好，优先选择地势平坦、坡度较小的区域，考虑堤防防洪安全因素，优先选择堤沟河比较严重的区域。

2）交通条件便利，有利于生产，方便生活，优先选择距离公路、主干道等较近的区域，方便居民日常出行，也有利于产品运输和产业发展。

3）供水条件好，优先选择距离渠系或水源较近，或者供水设施配套完善、水质良好的区域，以满足城镇生产、生活及生态用水需求。

4）公共设施条件便利，优先选择距离优质公共资源（如学校、医院等）较近的区域，以便于居民享受良好的公共社会资源，提高生活质量。

5）行政区位良好，优先选择距离行政中心较近的区域，发挥行政中心的积极带动作用，促进城镇经济发展。

6）城镇建设占地应优先占用原建设用地，尽量少占耕地，以减少对优质耕地资源的破坏，保障农业生产发展。

2. 高滩选址分析

（1）地形分析

运用 ArcMap 对黄河下游滩区第三次土地调查的高程点数据进行处理分析，建立下游滩区数字高程模型（DEM），得到下游滩区的高程分析图和坡度分析图，从而得到区域内的地形分布，考虑到下游滩区靠近黄河河道，“二级悬河”态势明显，滩内城镇建设受洪水威胁严重，现状高程条件不能满足滩区安全建设要求。因而，论证采用淤筑高滩的形式，把建设用地高程提高到黄河下游滩区防洪安全建设标准以上，以保障城镇居民生命及财产安全。

（2）区位分析

根据确定的高滩选址原则，按照城市规划思路，运用地理信息系统（GIS）对黄河下游滩区进行区位优势评价，选择距城镇中心距离、交通便利性、供水便利性、基础设施便利性和距现状居民点距离作为评价因子，确定权重值，综合计算得到区位条件评价值。

运用 ArcMap 对黄河下游滩区的行政中心、主要道路、渠系、公共基础设施、现状农村居民点数据进行基础地理信息处理，选择距城镇中心距离、距主要道路距离、距渠系距离、距公共基础设施距离和距现状居民点距离这 5 个空间影响因子，运用 Spatial Analyst 工具计算各空间影响因子的欧氏距离，将数值标准化为 0～1，得到黄河下游滩区距城镇中心距离分析图、交通便利性分析图、供水便利性分析图、基础设施便利性分析图和现状居民点分析图。

结合规划区社会、经济等方面的现状情况和发展需求，采用层次分析法确定各空间影响因子的权重值，然后运用 ArcMap 的 Raster Calculator 工具进行规划区地理空间叠加分析，计算黄河下游滩区每个地块（30m×30m）的区位条件综合评价值，得到区域的城镇建设区位分析图，从而得出靠近大堤内侧、有重要国省道和渠系发达的城镇建设区位优势明显，适宜进行城镇开发建设。

（3）高滩位置确定

经综合分析，在大堤内侧以淤筑高台的形式建设村台，总体呈条带状。通过淤筑村台形成高滩，可以大大降低洪水威胁，保障居民生命财产安全；能够发挥区位优势，拉近与滩区所在区域行政中心的距离，促进区域协同发展；使得居民出行更加便利，产业发展运输成本降低；使得居民能够更便利地享受外部公共服务资源，增加就业机会。

15.1.2 高滩建设标准和规模

1. 高滩建设防洪标准

参照《黄河下游滩区综合治理规划》，村台按防御花园口 20 年一遇洪水标准建设。本次规划沿大堤临河侧淤筑高滩（台）按防御 20 年一遇洪水标准建设，即台顶高程为 20 年一遇设计洪水位加 1m 超高。

2. 人均面积分析

结合滩区地形，沿大堤临河侧宽 300～500m 的区域，结合疏浚主槽泥沙淤筑高滩。高滩顶部高程按照 20 年一遇设计洪水位加 1m 超高设计，台顶面积按人均 80m^2 安置标准（含公共设施占地）考虑，由于黄河下游滩内临堤多分布有堤河，结合堤河治理不占用耕地，高滩（台）顶面积可以突破人均 80m^2 的标准，为特色小镇建设预留一定空间。

淤筑宽度 300～500m，高滩淤成后包边、盖顶（包边、盖顶土采用清基土），包边水平厚 1m，盖顶厚 0.5m。边坡采用 1∶3，植草防护。

3. 工程规模

2019 年高滩区规划安置居民共计 91.58 万人。在高滩沿堤建设大型社区，实施生态移民建镇。滩区居民仍拥有原土地使用权，原村庄拆迁后的土地经过复垦，由村委会统一开发使用。生态移民安置规模见表 15-1。

表 15-1　生态移民安置规模表（2019 年）　　（单位：万人）

省份	总人口	试点安排人口	2017～2019 年计划安排外迁（筑堤保护）人口	温孟滩及亚洲开发银行贷款项目涉及人口	封丘倒灌区人口	本次规划居民安置人口
河南	130.92	5.68	24.32	9.63	33.21	58.08
山东	64.87	1.30	30.07			33.50
合计	195.79	6.98	54.39	9.63	33.21	91.58

根据生态移民人口安置规模分析，本次规划高滩安置区主要分布在面积较大的滩区，结合滩区地形条件和人口安置需求，自上而下，河南段高滩区分别为左岸原阳滩、长垣滩、习城滩、陆集滩、清河滩和右岸中牟滩、开封滩，山东段高滩区分别为右岸东明滩、银山滩、平阴滩、长清滩、高青滩和左岸滨州滩、利津滩，见表 15-2。

表 15-2　黄河下游滩区高滩分布表（2019）

省份	地市或县（市、区）	高滩位置	宽度（m）	备注	省份	地市或县（市、区）	高滩位置	宽度（m）	备注
河南	温县			本次高滩淤筑不考虑温孟滩区	山东	梁山			滩区人口规划全部搬迁
	武陟	原阳滩	300m	主要为原阳滩区		东平	银山滩	300	
	原阳	原阳滩	300～420m			平阴	平阴滩	300	安置除搬迁和筑堤保护外的人口
	封丘			滩区人口规划全部搬迁		长清	长清滩	300	安置除搬迁和筑堤保护外的人口
	长垣	长垣滩	400m			槐阴			滩区人口全部筑堤保护
	濮阳	习城滩	300m	部分居民安置在长垣滩		天桥			滩区人口规划全部搬迁
	范县	陆集滩	300km			章丘			滩区人口规划全部搬迁
	台前	清河滩	300～500m			济阳			滩区人口规划全部搬迁
	郑州	中牟滩	300m			高青	高青滩	300	
	开封	开封滩	300～400m			滨州	滨州滩	300	
山东	东明	东明滩	300m			利津	利津滩	300	
	牡丹			滩区人口规划全部搬迁	注：京广铁路桥以上温孟滩区，人口主要分布在移民安置区及新蟒河堤以北区域，防洪标准已达到 20 年一遇，因此本次高滩淤筑不考虑温孟滩区				

本次规划淤筑高滩面积 7326.4 万 m^2，其中河南段面积 4646.4 万 m^2，山东段面积

2680 万 m^2。规划高滩沿堤防临河侧顺堤淤筑至 20 年一遇设计洪水位加超高 1m 高程，淤筑高台工程量 3.85 亿 m^3。黄河下游滩区再造高滩淤筑规模见表 15-3。

表 15-3　黄河下游滩区再造高滩淤筑规模表

河段		岸别	高滩名称	涉及安置地市或县（市、区）	安置人口（万人）	高滩面积（万 m^2）	20 年一遇工程量（亿 m^3）
河南段	京广铁路桥—东坝头	左岸	原阳滩	武陟、原阳	19.98	1598.4	0.79
		右岸	中牟滩	郑州	0.63	50.4	0.01
			开封滩	开封	9.05	724	0.18
	东坝头—高村	左岸	长垣滩	长垣	10.49	839.2	0.59
	高村—陶城铺	左岸	习城滩	濮阳	6.76	540.8	0.43
			陆集滩	范县	3.75	300	0.24
			清河滩	台前	7.42	593.6	0.51
	小计				58.08	4646.4	2.75
山东段	东坝头—高村	右岸	东明滩	东明	12.9	1032	0.29
	高村—陶城铺	右岸	葛庄滩	鄄城	3.3	264	0.13
			左营滩	鄄城	1.3	104	0.04
			银山滩	东平	3.6	288	0.13
	陶城铺以下	右岸	平阴滩	平阴	7.9	632	0.32
			长清滩	长清	2.7	216	0.12
			高青滩	高青	0.1	8	0.01
		左岸	滨州滩	滨州	0.8	64	0.03
			利津滩	利津	0.9	72	0.03
	小计				33.5	2680	1.10
合计					91.58	7326.4	3.85

15.1.3　高滩发展模式

高滩生态开发的核心是人水共荣、构筑千里黄河滩上的生态家园，是由嫩滩-自然生态系统、二滩-农业生态系统到高滩-城镇生态系统的系统延展和空间递进，在防洪保安的基础上，集中滩地居民，打造美丽乡村和特色小镇，为人民群众提供安全的生活之所、生态的宜居之地和经济的小康之家。

滩区作为沿黄经济带上较为薄弱的地区，一直以来的发展桎梏就是防洪之危和资源之危。高滩生态建镇是创新、协调、绿色、开放、共享的新发展理念的集中体现：对几代治黄人治黄经验和当代科学技术进行融合创新，实现黄河下游长治久安；协调水利规划与城市规划、景观规划、农业规划、环境规划，实现滩区水土资源再分配；利用生态文明建设理念、生态修复技术、环境保护技术，实现滩区绿色发展；采取开放包容的态度吸纳各方政策规划、行业技术和利益相关方的诉求，实现滩区治理的集思广益；坚持发展为了人民、发展依靠人民和发展由人民共享，惠及广大滩区群众，从根本上践行治河与惠民的双赢。

在黄河下游高滩建设美丽乡村和特色小镇是沿黄农村地区落实生态文明建设的重要举措，是加快转变农业发展方式、深化农村改革、实现城乡一体化发展的有效途径，是实现农村经济可持续发展的必然要求。坚持实事求是、因地制宜的方针，根据黄河下游滩区经济条件和生态本底，选择适宜的建设模式，初步规划以下 4 种模式。

1）生态保护型模式：选择在自然保护区、生态湿地等生态优美、环境污染较少地区附近的高滩建镇，利用相对优越的自然条件，特别是湿地资源、林地资源和草地资源，利用传统的田园风光和乡村特色，把生态环境优势转变为经济优势，打造滩区生态保护与旅游区。

2）高效农业型模式：利用粮食主产区的资源优势，以发展农业作物生产为主，进一步完善滩区农田水利基础设施，提高农产品商品化率和农业机械化水平，重点推动农业资源优质化和差异化，将“高、精、尖、新”农业技术与农业科普式、农业体验式观光有机结合，打造滩区农业科技示范区。

3）休闲旅游型模式：选择在风景名胜区、森林公园、地质公园等适宜发展旅游的地区周边建镇，依托当地丰富的旅游资源，完善住宿、餐饮、康体休闲等设施的建设，进一步发挥现有交通优势，规划建设休闲农场、家庭农舍、企业乡村会所等，打造滩区乡村休闲旅游区。

4）文化传承型模式：在具有特殊人文景观，包括古村落、古建筑、古风俗及传统文化的地区建镇，利用保存较为完好的优秀民俗文化及非物质文化遗产，开展文化传承与示范，打造滩区文化传承区。

以上 4 种模式各有侧重，但并非绝对独立，而是在特定地区和经济发展条件下有机融合。

15.1.4　高滩环境保护技术

美丽乡村和特色小镇建设在夯实农业生产力、实施质量兴农、融合一二三产业的基础上，还应着重推进乡村绿色发展，打造人与自然和谐共生的发展新格局。

一是统筹滩区山水林田湖草系统治理。把山水林田湖草作为一个生命共同体，进行统一保护、统一修复。实施滨水缓冲带和生态湿地的系统保护与修复。健全耕地草原森林与滩地水系河湖休养生息制度，分类有序退出超载的边际产能。扩大耕地轮作休耕制度试点。开展河湖水系连通和农村河塘清淤整治，全面推行河长制、湖长制。开展村镇绿化行动，推进滩区盐碱化和水土流失综合治理。实施生物多样性保护工程，有效防范外来生物入侵。

二是加强农村突出环境问题综合治理。加强农业面源污染防治，开展农业绿色发展行动，实现投入品减量化、生产清洁化、废弃物资源化、产业模式生态化。推进有机肥替代化肥、畜禽粪污处理、农作物秸秆综合利用、废弃农膜回收、病虫害绿色防控。加强农村水环境治理和农村饮用水水源保护，实施农村生态清洁小流域建设。加强高滩建镇的污水集中收集和处理，推行农村污水连片整治。推进重金属污染耕地防控和修复，开展土壤污染治理与修复技术应用试点。严禁工业和城镇污染向滩区农业农村转移。

三是构建绿色节水节能型城镇排水系统。水资源短缺一直都是世界各国关注的焦点问题。据相关研究统计，我国目前的人均水量仅为 2400m^3，仅相当于世界人均水量的1/4，低于人均 3000m^3 的轻度缺水标准，被联合国列为 13 个贫水国家之一。黄河流域生态保护和高质量发展重大国家战略明确提出要加强水资源节约集约利用。

随着我国城市化不断推进，供排水系统规模由散户、村落、村镇逐渐过渡为大中型城镇，形成了“统一收集、输送和处理”的供排水系统模式。伴随着城镇化进一步推进，未来城市规模将越来越大，而我国目前形成的“统一收集、输送和处理”的供排水系统模式将面临越来越多的挑战。通过对相关文献和实际工程的调研发现，现阶段城镇给水系统采用“集中处理、统一输送”模式的弊端主要体现为忽略了用户对不同水质的供水需求而采取统一供给，如生活饮用水、生活杂用水、各类冲洗用水和绿化浇洒等。目前，一方面自来水水质达不到直饮水标准，另一方面自来水用于洗涤、冲厕、绿化浇洒等水质过高，造成浪费，导致自来水利用处于高不成、低不就的尴尬境地。现阶段城镇排水系统采用“统一收集、合并处理”模式的弊端主要体现为忽略了分质排放而采取统一排放，即将洗浴、洗涤废水与粪便污水混合后送入污水厂进行统一处理，达到污水排放标准后排放。这不仅影响了天然有机肥资源的循环利用，还增加了污水处理成本，造成资源的浪费。

针对城镇供排水系统存在的问题，构建“分质供水、分类排水、精准处理、循环利用”的绿色节水节能型城镇供排水系统，实行污水源头分类收集排放，精准处理，将粪尿污水单独收集，经无害化、资源化、减量化处理后制作成有机肥料，将其他低负荷废水集中收集，处理后进行中水回用，实现资源回收利用，构建污染物资源化处理利用模式，其原理如图 15-1 所示。

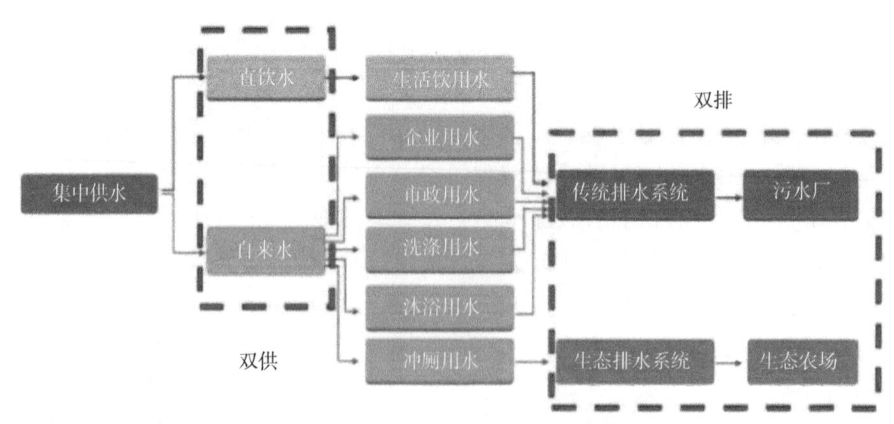

图 15-1　绿色节水节能型城镇供排水系统原理图

建设直饮水和自来水双供水系统。按区域分区建设直饮水处理厂，从自来水管网直接引接自来水，在直饮水处理厂将 10%～15%的自来水进行深度处理，使之达到直饮水标准，新建直饮水管网供居民饮用（图 15-2）。其他用水保持原有的自来水供水系统和处理工艺，水质满足洗涤、淋浴等一般用水要求即可，实行分类处理、分质供水。

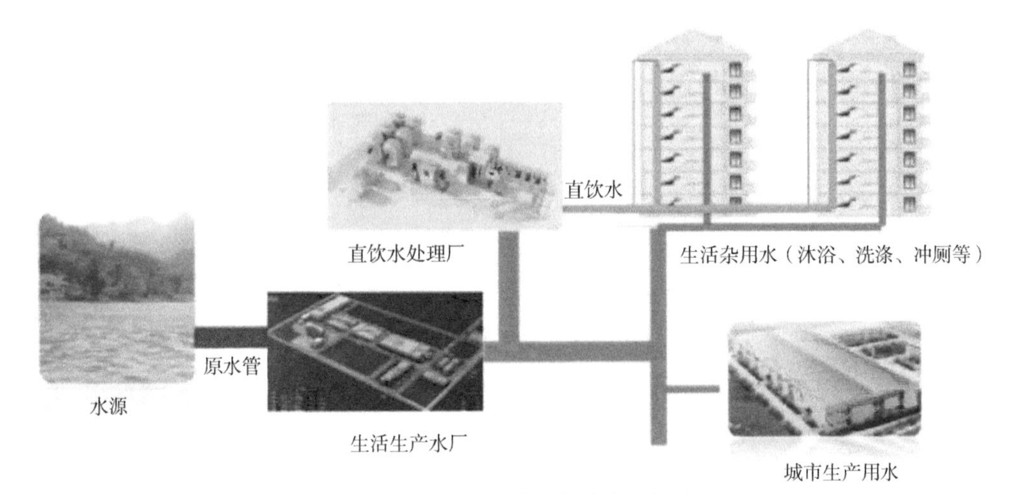

图 15-2　分质供水系统示意图

将粪尿污水（黑水）和其他杂用排水（灰水）分类排放，精准处理。将粪尿污水单独收集，经处理站无害化、资源化、减量化处理后制作成有机肥料、沼气等，可以回用于农田，改良土壤，打造绿色有机农业。将其他杂用排水集中收集，由于其水质较好，有机物含量较低，经物化、生态处理后，达到回用水标准，可用于景观水系回用、浇洒道路、绿化灌溉等，较传统污水处理可明显降低污水处理能耗，实现水资源及污染物的资源化回用（图 15-3）。

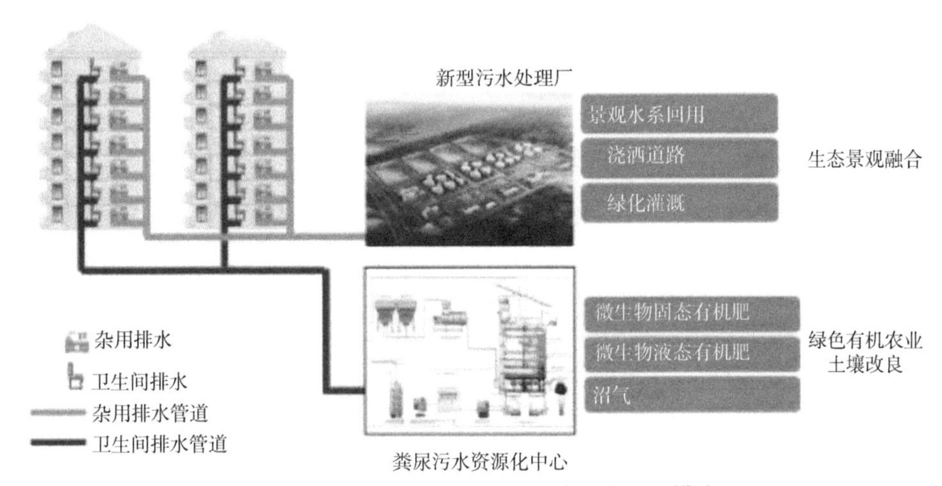

图 15-3　分类排水系统及污染物资源化回用模式

15.2　二滩生态构建与格局重塑技术

15.2.1　结合“二级悬河”治理及土地复垦的国土空间综合整治技术

1. 结合“二级悬河”治理及土地复垦的国土空间综合整治技术意义

《黄河流域生态保护和高质量发展规划纲要》提出，要合理划分滩区类型，因滩施策、综合治理下游滩区，加快低滩区居民迁建，统筹做好高滩区防洪安全和土地利用。关于“二级悬河”的治理，要求加快河段控导工程续建加固，加强险工段和薄弱堤防治理，提升主槽排洪输沙功能，有效控制游荡性河势，开展下游“二级悬河”治理，降低黄河大堤安全风险。

在黄河下游滩区开展生态综合整治、“二级悬河”治理结合土地复垦探索，是践行国家战略的有力抓手，对推动黄河下游滩区生态保护和高质量发展具有重要意义。一是改变黄河下游槽高、滩低、堤根洼的不利断面形态，保证黄河下游防洪安全。二是有效增加耕地面积，提高耕地质量。通过土地复垦，在改善农民生产生活条件和环境的同时，提高耕地质量。整理后将复垦农田建设为高标准农田，可以大大提高耕地质量和农业生产水平。三是可以推广新的农业生产和经营方式。整理后的耕地更加适应农耕机具和专业户的农业生产，也能实施新的农耕措施。田间工程的配套和完善，将为农业产业结构的调整提供更为有利的条件，为发展农村经济和提高农民收入打下坚实的基础。四是提高植被覆盖率，改善周边生态环境。该技术的实施，将使生态环境得到改善，促进整个生态系统的融洽与协调，并保持系统之间的良性循环。林网的建设，将会改善当地气候，涵养水源，降低风速，减少自然灾害，构成稳定性强、生物生产能力高的复合农业生态系统，形成经济合理的物质能量流，有效地防止灾害对农作物的影响。

2. 结合“二级悬河”治理及土地复垦的国土空间综合整治技术方法

在黄河下游滩区这片特殊的国土空间开展土地复垦要统筹谋划、系统治理，在注重土地生态保护修复的同时，还要为滩区未来高质量发展预留一定的韧性空间。土地复垦不仅要统筹建设用地整理、农用地整理，还要考虑乡村低效用地的恢复与利用。由于历史遗留因素，原有村庄村民自发修筑村台，土地复垦过程中村民不同意将多余土方外运，因此土地平整后，地面仍然高于周边大田5～9m，复垦后的土地耕种、浇灌条件较差，道路交通系统不协调，与周边农业设施不配套，整体耕地质量较低，难以支撑滩区未来农业高质量产业发展。滩区的发展不能一蹴而就，土地复垦应当作为最基础的工作，要高标准完成，同时为未来产业发展预留“端口”，紧接着要优化滩区基础设施环境，提升生态环境质量，引入实力企业参与滩区农业产业运营，从而使群众真正受益。

新时期“二级悬河”治理及土地复垦的国土空间综合整治技术方法就是要摒弃土地复垦就是复耕的思想，不单单是简单的土地平整，而是要结合《黄河流域生态保护和高质量发展规划纲要》中关于“二级悬河”治理及滩区综合整治的相关要求，将土地平整与“二级悬河”治理、土壤改良进行融合，将复垦后的耕地转化为高标准农田，将土地复垦工作融入黄河的保护与大治理之中，同时借助社会资本，发展乡村产业，助力乡村振兴。

（1）传统“二级悬河”治理方法

黄河下游“十四五”防洪工程可行性研究中，对东坝头—陶城铺河段“二级悬河”特别严重的濮阳、开封和菏泽段共计95.4km的堤河进行淤填治理。治理方案为：临堤修筑垂直于大堤的格堤，在格堤之间形成淤填区，通过淤填的方式实现治理（图15-4）。

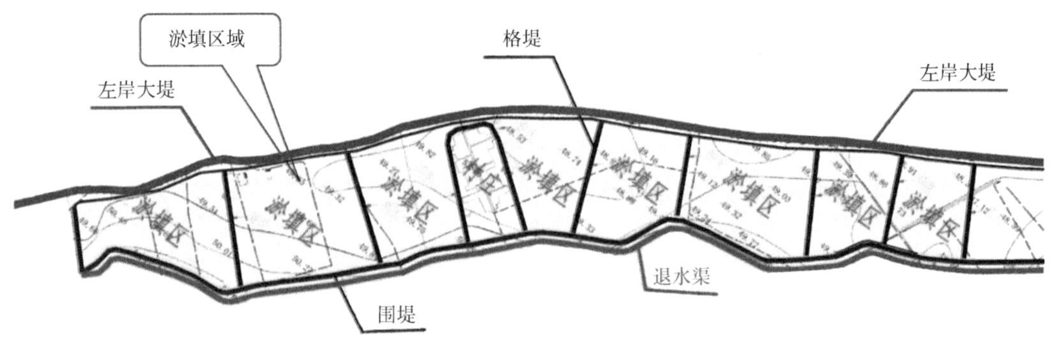

图 15-4　黄河下游“二级悬河”典型平面布置图

（2）新时期“二级悬河”治理和土地复垦结合新思路

现状复垦村庄由村民自发建设的村台较高，土方量较大，村民又不愿意无偿将多余土方外运，并且滩区内取土外运不符合生态环境保护的要求，所以村庄多余土方建议采取村内平衡的方式进行处理。

村庄复垦土地高程设计采用滩唇高程，多余土方可结合滩区路网、水网、林网等向黄河大堤方向扩展，形成若干条平顺的田埂（图 15-5），一定程度上能够切断洪水漫滩后斜河、横河、滚河路线，很大程度上降低堤防安全风险。

图 15-5　“二级悬河”治理和土地复垦结合方法布局图

摒弃土地复垦就是复耕的思想，将村庄复垦区域拆分成填方区和挖方区两部分，挖方区复垦成耕地，设计高程结合“二级悬河”治理采用滩唇高程，多余土方及建筑垃圾采用就地资源化利用的方式运至填方区；填方区保留建设用地属性，高程按照 20 年一遇设计洪水位加 1m 超高进行整合，形成高滩区，结合滨水空间、周边文化资源盘活低效土地资源，用于发展文旅配套产业。土地复垦与生态综合治理结合示意图见图 15-6。

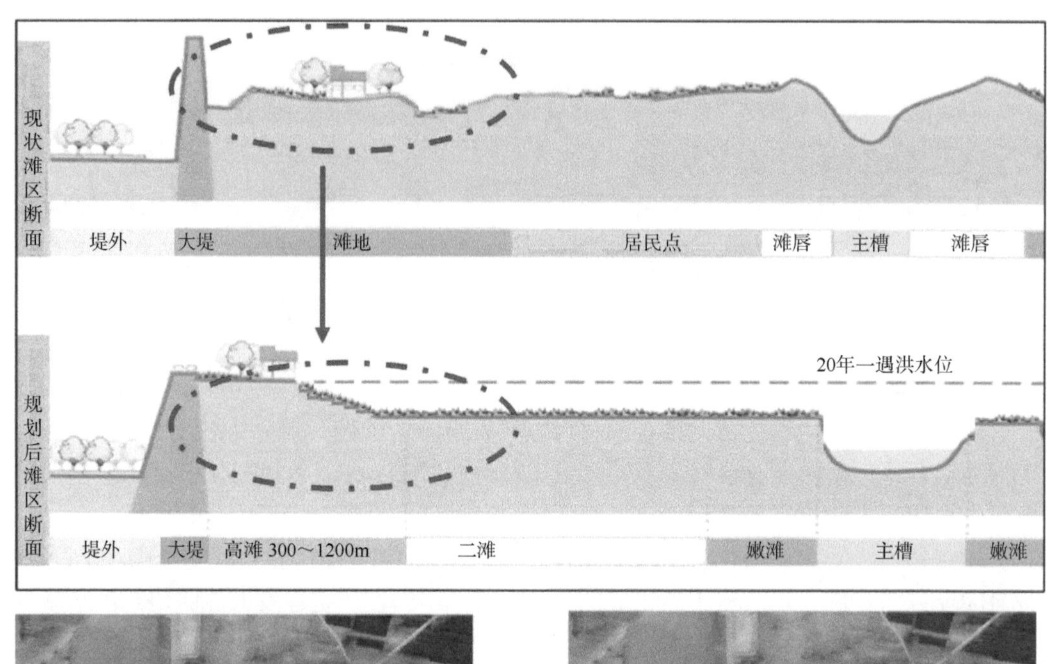

图 15-6　土地复垦与生态综合治理结合示意图

15.2.2　滩区渠系优化布局技术

由于基本农田保护及相关规划总体定位等因素，二滩开展土地整理工作以后，仍需以农业为主。农业用水是黄河水资源的耗用大户，农业用水占黄河用水总量的 80%左右，灌溉水利用系数为 0.53 左右，低于全国平均水平，更低于世界先进水平，农业节水潜力巨大。

黄河下游滩区种植作物以小麦、玉米和大豆等传统作物为主，以花生、西瓜和蔬菜等经济作物为辅，灌溉方式为引黄渠灌和井灌。引黄渠灌采用大水漫灌的方式，田间灌溉水平低，灌溉效率低，水资源浪费比较严重。井灌即地下水抽灌的方式，对地下水有一定危害，对生态环境也有一定影响，在集中灌溉期还会出现引不上水灌溉的情况，灌溉保证率低。为推动水资源节约集约利用和发展高效产业，一方面应减少水资源的浪费，提高利用效率；另一方面应优化水资源配置，使之发挥最大综合效益。针对黄河下游滩区的实际情况，应大力推进农业节水和灌区现代化改造，规模化推进喷灌、微灌、滴灌等精准高效灌溉技术，提高农业灌溉效率和效益。

1. 规划原则

1）尊重自然、顺应自然，坚持节约优先、保护优先、自然恢复为主。

2）通过灌区水系连通工程的实施，新增及改善滩区引黄灌溉功能，改变仅靠地下水灌溉的局面，减少对地下水的开采，提高滩区水源涵养的能力。

3）设置沉沙池和调蓄池，地表水、地下水等作为调整灌区种植结构和实现高效节水灌溉的水源，提高灌溉保证率。

4）滩区以现状干支渠的清淤疏浚、恢复老旧渠道为主，尽量少开挖新渠道，减少占地；滩区新建渠道尽量沿现有或规划道路布设，以减少耕地占用；按灌片划分合理布置调蓄池，选址尽量考虑现状坑塘或村庄，避免占用耕地。

5）规划渠系、沉沙池、调蓄池等工程时，应以保证防洪为前提，不能阻碍行洪；实施水生态、水环境保障措施，杜绝造成任何形式的入黄水源污染。

6）对现状水渠的底泥、河岸垃圾、弃渣等堆积物进行清理，严控生产、生活污水排入水系。

2. 渠系功能

水是生命之源，是滩区生存和发展的命脉。规划生态水系具有灌溉和调蓄功能。水系为野生动植物提供通道和丰富多样的生存与栖息环境，形成生态走廊，为人与其他物种的共生创造条件，是生态系统的重要组成部分。水系各功能之间相互作用、相互影响，使得水系功能得以充分发挥。

（1）灌溉功能

水系担负着灌溉基本农田、经济作物的重要功能。由于该区域水环境要求高，传统农村农业易产生污染，因此在水系规划中首要任务是使得引黄水系的灌溉功能得到充分发挥。

（2）调蓄功能

黄河调水调沙期间，河道过水含沙量较高时无法引水，为解决灌溉引水期与调水调沙期重合时的灌溉需水问题，需建设调蓄池以满足该时段灌溉用水需求。在多雨和涨水的季节，过量的水将被水系存储起来，在数天、数周甚至数月慢慢释放出来，补充渠道水或下渗补充地下水，有效缓解枯水期灌区引水困境。水系是平原地区重要的生态廊道和自然生境，也是示范区重要的自然和人文景观，具有重要的生态服务价值和历史文化价值。在水系规划时应最大限度发挥水系的调蓄功能，充分发挥水系对雨水的蓄渗和缓释作用，减少人类活动对区域水系的干扰。

3. 技术实施策略

以滩区现有水系为主干布局水系网络，完善水系功能，并与各类现状绿地斑块连接，构建生态韧性网络，增强系统缓冲能力，发挥最大的生态效应。通过蓝绿网络连接重要的野生动植物栖息地，增加空间的生物多样性。在城市河流生态廊道的景观建设中，应当注意乡土型河岸带植被的恢复。在修复已受破坏的生境区域时，要避免人工建设对环境的再次破坏。合理布局滩区内的生态湿地、调洪湿地、泄洪通道，同时兼顾滩区景观的营造，有效减缓雨水汇集速度，发挥滩区海绵体系的功能。

针对渠系缺乏、用水粗放的问题，提出滩区水资源节约集约利用规划。构建全域大水网，以黄河干流为主，统筹支流水系、饮用水水源，构建“黄河为源、支流为辅”的大水网格局，保证供水安全。

在滩区规划布置灌溉渠系，调整种植结构，优化灌溉方式，实行高效节水灌溉（喷灌、滴灌）。分别规划灌排渠系，设置沉沙池、调蓄池和渠系等，置换地下水为地表水用以灌溉，提高节水效率，积极推行滴灌和喷灌等。灌排水系水源主要包括滩区引黄水和滩区地下水。居民综合生活用水优先考虑地下水，农业灌溉用水优先考虑引黄水。滩区水资源规划改地下深井灌溉为地表引黄水灌溉。通过布设沉沙池和调蓄池解决黄河含沙量高、引黄时段和用水时段不匹配的问题，实现高效节水灌溉。借助泵站引水解决由黄河调水调沙和现行河道下切导致的引黄闸引水效果差的问题。利用城镇双供双排系统，提高污水处理率。

15.2.3 农业种植结构优化技术

按照“宜水则水、宜泽则泽、宜田则田”的原则，结合“二级悬河”治理，调整滩区农业生产结构，推广高效生态农业，保障灌溉用水安全，修复退化坑塘湿地，发展生态旅游，提高滩区经济发展水平。

1. 发展粮、经、饲三元种植结构

根据《河南省推进种养业供给侧结构性改革专项行动方案（2016—2018 年）》，在2018 年扩大优质专用强筋小麦、弱筋小麦种植面积到 1200 万亩；优质油用花生、食用花生种植快速发展，种植面积超过 2200 万亩；提高优质林果品质，扩大种植面积到 1300 万亩；扩大饲料作物全株青贮玉米面积到 300 万亩，发展苜蓿为主的优质牧草到 50 万亩。因此，为了实现滩区高质量发展，应按照政府提出的稳粮、优经、扩饲的要求，调整和丰富种植结构，增加市场需求强烈的绿色优质品种的种植比重，增加大豆、杂粮杂豆、马铃薯及优质牧草等作物的种植面积，发展粮、经、饲三者协同的三元种植结构。

2. 控制高耗水作物种植面积

根据主要农作物每公顷的需水量可知，排除水田作物水稻外，冬小麦与夏玉米的需水量和节水灌溉量都比较高。若将 $1hm^2$ 冬小麦改种为大豆、花生、谷子将会分别节省 $1034.9m^3$、$546.1m^3$、$872.7m^3$ 的水资源量；若将 $1hm^2$ 的夏玉米改种为以上 3 种作物，也将会分别节约 $812.1m^3$、$323.3m^3$、$649.9m^3$ 的水资源量。因此，应当在保证粮食安全的基础上，控制种植粮油区域内小麦、玉米等耗水量大、对地下水影响大、占比高且经济效益不显著的传统粮食作物的种植面积，扩大种植区域节水潜能。

3. 调优品种结构

随着人民生活水平的日益提高，常规的粮食作物相对收益不再具有突出优势。发展生态种植业，应当转变种植思路，适当减少粮食大宗作物等土地资源密集型农产品的生产，增加具有比较优势农产品的生产，如压缩秋季玉米的播种面积、种植饲料玉米及单位价值高的水果玉米，选种优良高产的小麦抗旱品种等。因地制宜地根据滩区现状资源状况发挥其农业生产的基础优势，在保证粮食安全的基础上为畜牧业提供充足的饲料，并且可以根据畜禽的生理特点提供结构合理、生物量大、蛋白含量高的精饲料、饲草和青绿饲料等，从而促进畜牧业的发展。

4. 以水定产，扛稳粮食安全重任，合理种植高附加值经济作物

加快推进黄河滩区农业现代化，扛稳粮食安全重任，推进农业供给侧结构性改革，提高科技创新支撑能力，打造黄河滩区农业科技创新新格局，进一步完善创新生态体系。

扛稳粮食安全重任。落实最严格的耕地保护制度，开展全域国土综合整治试点，守牢耕地红线和永久基本农田红线。深入实施“藏粮于地、藏粮于技”，开展滩区高标准农田建设和提质改造，持续推进迁建区域土地复垦，加快复垦耕地、沙地等中低产田改造，确保滩区农业种植规模不减小，推动河道临水线范围内等不稳定耕地逐步退出。

推进农业供给侧结构性改革。以滩区现状农业产业为基础，在优化滩区土地空间格局下，因地制宜地配置各农业产业，进一步优化滩区种植结构，明确耕地利用优先顺序。对耕地实行特殊保护和用途管制，永久基本农田要重点用于发展粮食生产，一般耕地应主要用于粮食和棉、油、糖、蔬菜等农产品及饲草饲料生产。围绕二滩各区域本底优势，划定特色种植区域，在追求效益、严把农产品质量的同时追求差异化发展，力争规划末期黄河下游滩区形成集约化、规模化、规范化、结构优、效益好的农业种植片区，包括小麦、红薯、大豆、花生、油菜等粮油作物种植区，西瓜、甜瓜、树莓、葡萄等瓜果种植区，大葱、萝卜、大蒜、菠菜、白菜、青椒、茄子、番茄等蔬菜种植区，牡丹、金银花、丹参、芍药、菊花、玫瑰、射干、黄芩、山药等中药材种植区，紫花苜蓿、黑麦草等饲草种植区，菊花、薰衣草、月季、玫瑰等花卉种植区。提高滩区农业生产专业化、机械化程度，优先开展滩区高标准农田建设，推动滩区土地流转和规模化经营，创新经营机制，探索高效且可持续的家庭农场、农业合作社、企业等利益分配机制。积极推动特色种植资源申请农产品地理标志。推进滩区一二三产融合发展。高标准规划建设一批现代农业产业园，抓好国家级现代农业产业园建设，推动农产品生产、加工、物流、营销等一体化发展，促进农业与旅游、教育、文化、健康养老等产业深度融合，发展休闲农业、观光农业、体验农业、创意农业、中试农业等新业态。培育壮大农业产业化龙头企业、农民合作社、家庭农场等新型农业经营主体，引导农村土地经营权有序流转，发展多种形式的适度规模经营，推进农村一二三产业融合，打造一批全链条、高循环的现代农业产业化基地。

15.2.4 高效生态农业发展模式

1. 发展优质特色产业

目前，粮食产区的供需矛盾正逐步由农产品数量方面向农产品质量方面转变。按照择优汰劣的原则，保留和发展相对优良的畅销品种，削减经济效益较差品种的面积，从过去较为简单的数量要求提升为高层次的质量要求，既满足了市场日益增长的多元化需求，又增强了产品竞争力、提升了产品附加值。

为了实现生态农业的良性发展，需要做大做强优势特色产业，推动知名特色优质新品种的发展，以及特色杂粮、茶叶、烟叶、食用菌、中药材等产业的转型升级；充分发挥地方土特产及小品种的潜能，使之成为增加农民收益的新动能；发展优质特色生产，形成规范化种植、养殖，建立与区域水资源相适应的农业种植结构，从而提高特色农产品的产量与质量。从滩区农业发展的现实情况出发，充分利用品种和资源优势，依托合理结构、科学生产，实现农业生态与自然生态的良性共融，促进和发展品质优良、本地特点鲜明的特色产品，是滩区生态农业发展的重要方式。

2. 发展轮作休耕制度

实行耕地轮作休耕制度，是促进农业可持续发展的有力手段。以往，为追求作物高产，往往只是采取简单的提升种植强度的方法，但过度增加种植强度会严重损耗土地肥力，造成土壤养分和水源枯竭。此外，为追求高产而长期大量使用各种化肥农药，也会破坏土壤生态、污染土壤和水体，致使耕地劣化，不仅严重影响农产品质量，甚至还会因过度种植而致减产。

通过休耕，可使土地得以休养生息，逐步恢复营养储备，蓄积肥力。通过轮作，如粮豆、粮薯、粮油等不同作物间的轮作、水旱轮作甚至草田轮作等方式，可使耕地以更接近自然生态的方式得以休整，不仅生态效益显著，还为经济效益打下了更为坚实的保障基础。因此，发展轮作休耕制度有利于生态农业的可持续发展。

3. 创新生态农业发展理念

传统的农业发展以农产品种植为主，未形成丰富的生态农业发展形式和发展链条。通过树立生态意识和生态发展观，创新农业发展实践方式，改变以往通过单纯的种植作物获得收益的方式，不断探索适合当地发展、可以体现当地实际特色、能够带来更多经济效益的生态农业发展模式，是实现生态农业发展的迫切要求。探索生态农业多样化的发展道路，可以发挥生态农业的文化教育休闲功能，发展特色旅游模式；可以适度开展规模经营、生态农产品加工、延长农业生产产业链条，发掘农民创业增收的积极性；可以积极响应政府的政策引导，使农业发展与资源、环境保护相统一。

为了实现滩区生态保护和高质量发展，需要依托得天独厚的生态环境等自然资源和本地特色风情文化等人文资源，充分发掘农业多方面的功能性，开发“旅游+”“生态+”模式（图 15-7），促进农业与文化创业、娱乐休闲、观光旅游等产业的紧密融合。

图 15-7　生态种植业发展模式示意图

15.2.5　农业面源污染控制技术

黄河下游滩区土壤肥沃、农田种植面积广，并且存在一定规模的水产养殖，面源污染以农业面源污染为主，农田退水流入沟渠，最终汇入附近水体，造成水体污染。因此，需要以源头治理为原则，加强面源污染管控。

源头控制主要从合理规划土地利用及空间布局、采用化肥减量化技术、优化种植制度、大力推行节水灌溉技术和提高农作物秸秆资源化利用水平等方面进行控制。

一是合理规划土地利用及空间布局：土地利用规划与空间布局应符合《土地整治项目规划设计规范》（TD/T 1012—2016）的要求。禁止在 25°以上的陡坡地开垦种植农作物，在 25°以上陡坡地种植经济林的，应当科学选择植物种，合理确定规模，采取水土保持措施，防治水土流失。水源保护区和重要水源地敏感区，禁止发展集约化农业，不提倡发展传统种植业。

二是采用化肥减量化技术：精准化平衡有机肥与无机肥配施技术和养肥施肥技术；多种科学施肥方式相结合，如叶面施肥、分次施肥、基肥与追肥相结合、化肥深施和定点施肥等；大力推广缓释肥料，降低养分向环境排放的风险。

三是优化种植制度：采用间作、套种、轮作、休闲地上种植绿肥等技术可提高植被覆盖率，提高土壤抗侵蚀性能，降低面源污染发生风险。

四是大力推行节水灌溉技术：节水灌溉是解决农作物缺水用水、缓解旱情和防止污染物迁移的有效措施，常见的节水灌溉技术包括喷灌、微灌技术和低压管道灌溉技术。

五是提高农作物秸秆资源化利用水平：以秸秆喂养牲畜，将产生的牲畜粪便放入沼气池中进行厌氧发酵，生产沼气、沼液和沼渣；秸秆可以直接作为培养食用菌的养料；还可以将秸秆热解。

六是加强农膜的减量、替代与回收利用：可采用由植物纤维素、蛋白质、淀粉等可再生资源制成的新型全生物可降解地膜，替代传统不可降解的地膜。全生物可降解地膜在使用约 3 个月后开始降解，大约半年可降解成二氧化碳和水，不会对土壤造成污染。同时，示范推广“一膜两用”“一膜多用”等农膜减量技术。在此基础上，规范农膜回收体系建设，健全农膜回收再利用工作机制，建立专业的废旧农膜收储运体系，提高废旧农膜再利用水平，确保应收尽收、可用尽用；加强宣传培训，向农户广泛宣传地膜污染的危害和加强防控的重要意义，引导地膜生产者、经销者、广大农户和新型农业经营主体规范生产、销售、使用标准地膜，积极参与废旧农膜回收利用。

15.3 嫩滩生态修复与生境营造技术

生物多样的嫩滩是黄河下游滩区可持续发展的生态之脉。在优先保护现有湿地自然保护区的同时，开展滨水缓冲带保护与湿地修复，从空间结构和生态功能上完善嫩滩湿地生态系统，增强嫩滩湿地生态廊道的连通性。嫩滩生态系统水热资源充沛，生境条件优良，是湿地生态修复、自然生境营造的理想区域，是黄河下游特有物种、本土物种和候鸟等动植物栖息的乐土，嫩滩生态廊道的修复与保护可以有效地保育物种、沉沙固土。

15.3.1 嫩滩缓冲带植被恢复技术

河岸带对水陆生态系统间的物流、能流、信息流和生物流能发挥廊道、过滤器和屏障的功能。河岸带生态系统对增加物种种源，提高生物多样性和生态系统生产力与服务价值，稳定河岸，进行水土污染治理和保护，调节微气候和旅游活动均有重要价值。线性连续的河岸带植被带是生物多样性边缘效应区，这里生境复杂、物种繁盛，频繁的水文过程也会对河岸带生态系统的稳定性造成挑战和塑造，是极具保护价值的自然廊道系统。河岸带的草地、灌木和林地，以及天然的河流岸坡，具有极强的营养物质存留和污染物过滤作用，这对水体系统和岸上系统是双向积极的，河岸带土壤和植被既接收了水体和岸上的营养物质用以系统内部的发展，又削减了进入水体的过量营养盐或其他污染物。此外，河岸带还是天然的防侵蚀护岸，往往与水流、泥沙、河岸带性质如物质组成与质地、切向力和抗张力、地下水位、渗透力、地层、河岸几何形态及其上生长的植被等有关。

具有漫滩的大型河流，洪水每年从河流向漫滩发展。洪水脉冲理论强调，河流与漫滩之间的水文连通性是影响河流生产力和物种多样性的一个关键因素。河岸带控制着生物量和营养物的横向迁移与循环。在洪水淹没期，河漫滩适合水生生物生长与繁殖；在平水期或枯水期，河岸带陆生生物会向河漫滩发展延伸。

洪水脉冲不仅是河流洪泛区生态系统的重要驱动力，还显著影响着河流生态系统的结构、功能及其动态特征。河流洪泛过程可以将河流与洪泛区联结成有机物高效利用的生态系统，促进水生生物与陆生生物间的能量交换和物质循环。这种生态水文过程还提高了河流洪泛区的动态连通性，同时为生物提供信息流功能，洪水水位涨落会引发各类生物不同的行为特点，如鱼类洄游及产卵、鸟类迁徙等。

近年来，由于黄河上游来水受气候变化和水利工程的综合影响，加之“二级悬河”效应导致水沙交换受阻，黄河下游滩区嫩滩洪泛过程不显著。自然河流水媒传播过程弱化，先锋植被群落建群难度增加，表土团粒结构的生物改善因为植被稀疏和泥沙落淤过程而受到干扰，综合导致嫩滩植被覆盖率不高、水生/两栖类动物及水鸟生境条件敏感、水陆过渡带生态系统稳定性低。

利用高清卫星影像及现场查勘，结合汛期黄河干流流量和边滩淹没情况，在下游滩区临水线以内构建宽度约 200m 的植被缓冲带，以自然恢复为主、人工修复为辅，通过适时人工播撒进行湿生草地植被带构建和快速恢复，增加交错区的植被覆盖率和生境多样性，提高水陆过渡带净初级生产力，强化湿生植被快速建群和生态系统稳定性。在缓冲带横向范围内，优先保护临近主槽且自然植被状态良好的嫩滩，对植被覆盖率较低的区域进行湿生和陆生植被恢复，采用人工播撒和机械喷播相结合的方式，在大面积平坦土地上使用机械播撒，在其余土地上进行人工播撒和补播（图 15-8）。

图 15-8　缓冲带人工播撒和机械喷播作业实景

嫩滩缓冲带植被恢复应充分参考临近的黄河湿地自然保护区科学考察资料，并结合现状生物群落本底调查成果、黄河水文泥沙情势，遵守《中华人民共和国防洪法》和《中华人民共和国河道管理条例》等的要求，选取适宜的本地植被种。

黄河下游滩区湿生植物优势种主要为湿地广布种，如芦苇、水烛、狐尾藻、金鱼藻、苦草和浮萍等，其次为亚热带至温带分布的眼子菜和茨藻等，以及热带至温带分布的莲、小眼子菜和黑藻等；陆生植物优势科有禾本科、菊科、豆科、莎草科、藜科和蔷薇科，主要属于温带分布和世界广布的科。一些进化程度较高、对环境适应能力强的热带分布种亦扩展到该区，如狗牙根、稗等。各类区系成分的植物在该区都有，体现出该区植物地理成分的多样性。嫩滩缓冲带植被恢复推荐见表 15-4。

表 15-4　嫩滩缓冲带植被恢复推荐表

区域	分区	植被分类	植被名称	简介
嫩滩植被修复区	湿生植物种植区	挺水植物	芦苇（*Phragmites australis*）	多年生，根状茎十分发达。秆直立，高 1～3（8）m，直径 1～4cm，具 20 多节，基部和上部的节间较短，最长节间位于下部第 4～6 节，长 20～25（40）cm，节下被腊粉。产于全国各地。生长在江河湖泽、池塘沟渠沿岸和低湿地。为全球广泛分布的多型种。除森林生境不生长外，在各种有水源的空旷地带，常以迅速扩展的繁殖能力，形成连片的芦苇群落
			水烛（*Typha angustifolia*）	多年生，水生或沼生草本。根状茎乳黄色、灰黄色，先端白色。地上茎直立，粗壮，高 1.5～2.5（3）m。产于黑龙江、吉林、辽宁、内蒙古、河北、山东、河南、陕西、甘肃、新疆、江苏、湖北、云南、台湾等省（区）。生长在湖泊、河流、池塘浅水处，水深达 1m 或更深，沼泽、沟渠亦常见，当水体干枯时可生长于湿地及地表龟裂环境中
			藨草（*Scirpus triqueter*）	匍匐根状茎长，直径 1～5mm，干时呈红棕色。秆散生，粗壮，高 20～90cm，三棱形，基部具 2～3 个鞘，鞘膜质，横脉明显隆起，最上一个鞘顶端具叶片。该种为广布种，我国除广东、海南外，各省（区、市）都广泛分布。生长在水沟、水塘、山溪边或沼泽地，海拔在 2000m 以下

续表

区域	分区	植被分类	植被名称	简介
嫩滩植被修复区	陆生植物种植区	沙生植物	沙蓬（*Agriophyllum squarrosum*）	植株高 14～60cm。产于黑龙江、吉林、辽宁、河北、河南、山西、内蒙古、陕西、甘肃、宁夏、青海、新疆和西藏。喜生于沙丘或流动沙丘的背风坡上，为我国北部沙漠地区常见的沙生植物
			黄河虫实（*Corispermum huanghoense*）	植株高 7～12（20）cm，茎直立，圆柱形，直径约 2mm，绿色，花果期 5～6 月。产于河南（开封市和封丘县）。生长在沙丘或沙岗丛林下
			白茅（*Imperata cylindrica*）	多年生，具粗壮的长根状茎。秆直立，高 30～80cm，具 1～3 节，节无毛。产于辽宁、河北、山西、山东、陕西、新疆等北方地区。生长在低山带平原河岸草地、沙质草甸、荒漠与海滨
		盐生植物	隐花草（*Crypsis aculeata*）	多年生草本，高 10～25cm，根状茎细长。产于黑龙江、吉林、辽宁、内蒙古、河北、山西、山东、河南、陕西、甘肃、宁夏、青海、新疆、安徽、湖北、江苏、四川、贵州、云南和西藏。生长在路边、湖边、河滩、山谷湿地、沙质盐碱地，海拔 30～5100m
			碱茅（*Puccinellia distans*）	多年生。秆直立，丛生或基部偃卧，节着土生根，高 20～30（60）cm，径约 1mm，具 2～3 节，常压扁。产于黑龙江、吉林、辽宁、内蒙古（腾格里沙漠）、山西、河北、山东、江苏（涟水）、河南、陕西、甘肃、青海（民和、格尔木、西宁、柴达木盆地）、新疆（塔克拉玛干沙漠、准噶尔盆地、吐鲁番盆地）。生长在轻度盐碱性湿润草地、田边、水溪、河谷、低草甸盐化沙地，海拔 200～3000m
			碱蓬（*Suaeda glauca*）	一年生草本，高可达 1m。茎直立，粗壮，圆柱状，浅绿色，有条棱，上部多分枝；枝细长，上升或斜伸。产于黑龙江、内蒙古、河北、山东、江苏、浙江、河南、山西、陕西、宁夏、甘肃、青海、新疆南部。生长在海滨、荒地、渠岸、田边等含盐碱的土壤上。种子含油 25%左右，可榨油供工业用

15.3.2 坑塘湿地生态修复技术

黄河下游滩区沿岸分布有面积广大的自然保护区，如新乡黄河湿地鸟类国家级自然保护区、郑州黄河湿地省级自然保护区、开封柳园口湿地省级自然保护区、濮阳黄河湿地省级自然保护区等，这些自然保护区构成了黄河下游生态廊道的重要自然生态组分，是黄河下游生态系统完整性和原真性的重要体现，维护了沿黄生物多样性，保障了区域生态安全，是重要的生态屏障和生态涵养带。

由于自然保护区原来居住居民的农业生产活动及黄河下游河势演变等多重因素的影响，现状自然保护区内大量土地为农业用地，包括相当数量的耕地、园地和养殖坑塘，而本应作为主导生态系统类型的湿地，在自然保护区内受到严重挤压。此外，由于近年来“二级悬河”加剧、水文泥沙过程变化和地下水开采，自然保护区内湿地生态需水量往往难以有效保证。针对自然保护区内湿地稀缺、湿地不湿等现实问题，结合自然保护区退塘还湿的相关要求，选取自然保护区内的清退坑塘进行生态修复，可有效扩大自然湿地面积，遏制生态退化，恢复湿地优质基底，提高黄河下游滩区生态系统质量和稳定性。

（1）湿地生态需水

当湿地生态系统健康程度处在良好状态时，湿地生态系统具有较好的功能效益、用途效益和属性效益。功能效益表现为均化洪水、调节气候、补水和防止盐水入侵、保护生物多样性等；用途效益表现在休闲旅游、生产湿地动植物产品等；属性效益表现在存在价值、景观美学价值、未来价值等。湿地效益的实现在很大程度上取决于生态需水的保障补给。

在湿地地下水、黄河侧渗水不能满足基本湿地生态需水的情况下，可通过农业灌溉渠系延伸进行相机补水，或通过移动泵站应急补水。远期在自然保护区内农田逐步退出、具备引水增湿和扩大湿地面积条件的情况下，可进一步考虑湿地扩容和补水增湿。湿地生态需水主要分为湿地水面蒸发量、渗漏量和植物需水量三部分。

水面蒸发是湿地水量消耗的重要方式之一，需要一定的水量用于维持湿地的正常生态功能。当湿地水面蒸发量高于降水量时，通过水面蒸发量与降水量差值所计算的消耗于蒸发的净水量，称为湿地水面蒸发量，其计算公式为

$$W_E=(E-P)A,\ E>P$$

$$W_E=0,\ E\leqslant P$$

式中，W_E 为湿地水面蒸发量；E 为湿地的蒸发量；P 为湿地的降水量；A 为湿地水面面积。

若湿地底部未做防渗漏层，则需考虑渗漏量，其计算公式为

$$W_b=KV$$

式中，W_b 为湿地渗漏量（m^3）；K 为渗漏系数；V 为湿地常年蓄水量（m^3）。

植物需水量主要包括四部分：植物同化作用耗水及其生命体含水、植物蒸腾作用耗水、植物表面蒸发耗水和土壤蒸发耗水。植物同化作用耗水主要是指植物光合作用耗水；生命体含水是指植物体含水，植物体含水量与植物种类有关；植物蒸腾作用耗水是植物耗水的主要组成部分，一般来说植物蒸腾作用耗水要远远大于植物表面蒸发耗水；土壤蒸发耗水是指植物之间裸露的土壤蒸发耗水。有关研究显示，植物蒸腾作用耗水和土壤蒸发耗水占到了植物需水量的 99%，而其他两项仅占 1%。因此，一般在湿地植物生态需水量计算中，只考虑植物蒸腾作用耗水和土壤蒸发耗水两部分，从理论上可表达为

$$W_p=A_v\mathrm{ET_m}$$

式中，W_p 为湿地植物需水量（m^3）；A_v 为湿地植被面积；$\mathrm{ET_m}$ 为湿地蒸散发量（m^3）。

经计算，黄河下游滩区坑塘湿地生态修复所需水量范围为 600～1200m^3/亩，具体修复范围湿地需水量需根据湿地功能、地貌形态和地下水条件综合确定。

（2）湿地地貌形态修复

湿地地貌形态修复应分析湿地地形演变及其趋势，对现状坑塘地形进行适度人工修复，识别纵向和横向地貌空间异质性和湿地地貌单元多样性特征，确保湿地功能充分发挥，开展近自然工程设计，包括湿地连通、湿地平面形态修复、滨水带修复、断面形状多样性恢复和地貌单元生态重建等。

根据现状坑塘分布和地形，连通原本割裂的坑塘单元，促进水循环与物质交换，有利于湿地水生态系统繁荣和水环境改善。湿地连通要在保证河势稳定、防洪安全的基础上，尽量实现水量存蓄最优、水环境容量扩大和生物栖息地营造。近自然的湿地平面形态可以增加湿地岸线，提高栖息地质量，并通过影响气流和水流的速度优化水文循环和

物质迁移转换。对于地形起伏不大的区域，适宜的平面形态和断面形状能够有效降低水分含量、土壤颗粒物和有机质的流出比例，使其汇流时间延长，多样化的断面形状还能提高水生态系统多样性，促进鱼类和底栖动物繁衍。此外，地形多样性可明显减缓降水后土壤水的消退过程，使土壤水分滞留时间延长，促进地表径流向入渗转化，保障植被需水和提高其应对干旱胁迫的能力。

（3）湿地植被群落构建

（A）挺水植被群落

芦苇群落为自然保护区湿地分布最广、面积最大的植物群落，沿黄河河岸及背河洼地呈带状或片状分布，通常形成单优势种群落，有时与水烛混生，高 2～3m，其下层伴生植物为小眼子菜、竹叶眼子菜及少量的大茨藻、小茨藻等。

水烛（蒲草）群落主要分布在封丘曹岗青龙湖沼泽地，高约 2m，终年处于水中，水深不过 1m，有时与芦苇或藨草混生，生长良好。在靠近农村人为活动频繁的地方，其下层伴生植物主要为黑藻，而向湖心伸展到深处，则逐渐为小眼子菜所代替。该群落是鱼类产卵繁殖和水禽栖息的主要场所。

莲群落为人工栽培的水生植物群落，多分布于沼泽地或池塘、水坑中，莲为多年生根状茎繁殖植物，其叶、花梗挺出水面，有“出淤泥而不染”的美誉，伴生植物常有野慈姑，水面漂浮有浮萍或紫萍，下层有零散生长的黑藻、菹草或狐尾藻等沉水植物。莲是当地重要经济植物之一。

藨草、莎草群落分布于沼泽和低洼湿地，呈小片状分布，高 30～60cm，伴生植物较多，有荆三棱、稗、两栖蓼、水蓼、水毛花和鳢肠等。在枯水期，该群落全裸露地面，为湿生性草甸。

（B）浮水和漂浮植被群落

优势种眼子菜为多年生浮叶草本，有根状茎匍匐固着于泥面，分布于封丘曹岗青龙湖岸浅水处，或见于稻田，呈小片散布，伴生有金鱼藻、黑藻、狐尾藻等，零星散生有慈姑、稗等。该区只有浮萍、紫萍群落分布于池塘、稻田和湖湾积水坑，因其个体微小，不适于大水面多风浪的环境，大塘、湖泊水面多不见其生长，常有无根萍散布而形成多种浮萍的混生群落，其在背风静水池繁殖极快，密集覆盖全水面，其下沉水植物多不能生长，偶见有黑藻伴生。天然生长面积不大，村庄附近池塘常用竹竿浮拦水面以围养浮萍饲鸭或捞取用作猪饲料。

（C）沉水植被群落

黑藻群落分布于封丘曹岗青龙湖沿岸水域，其茎细长，根状茎延伸很远，横卧于淤泥之中，枝叶繁茂，覆盖率可达 90%，伴生植物有金鱼藻、狐尾藻、菹草、小眼子菜、苦草等，有时与轮生狐尾藻混生组成群落。

狐尾藻群落：广布于池塘沼泽水坑或湖岸浅水地，其营养体沉入水中，花葶挺出水面，以便于传粉受精，繁衍后代，伴生植物有狐尾藻、黑藻、金鱼藻、小眼子菜、小茨藻等。

小眼子菜群落：分布于封丘曹岗青龙湖沿岸带，片状密集生长，伴生植物有竹叶眼子菜、黑藻、大茨藻、小茨藻等。

菹草、茨藻群落分布于沼泽积水地和池塘静水域底泥腐殖质深厚处，生长旺盛，覆盖率达 80%，伴生植物有小茨藻、竹叶眼子菜、狐尾藻等，偶见眼子菜茎叶浮于水面，形成多种植物分层混生。

此外，还有金鱼藻群落、狸藻群落，但其分布面积较小，多呈零散块状生长于静水池塘和湖岸浅水域中。

15.3.3　鸟类栖息地及食源区构建技术

黄河下游河滩湿地及湿地自然保护区主要分布在河南段，是我国鸟类迁徙的重要通道和节点，对湿地鸟类保护具有重要意义，结合滩区湿地修复开展鸟类栖息地和食源区构建是十分有必要的。以最具代表性的新乡黄河湿地鸟类国家级自然保护区为例，其主要保护对象为珍稀候鸟和栖息地，以及黄河下游特有的内陆湿地生态系统，保护区内共有鸟类 153 种，隶属 16 目 40 科 95 属。其中，国家一级重点保护鸟类 7 种，国家二级重点保护鸟类 26 种，保护区鸟类组成的最大特点是候鸟（包括夏候鸟、冬候鸟和旅鸟）占有较大比重。在 153 种鸟类中，候鸟有 115 种，占该区鸟类种数的 75.2%。候鸟是指有迁徙行为的鸟类，它们每年春秋两季沿着固定的路线往返于繁殖地和避寒地之间。根据候鸟出现的时间，可以将保护区候鸟分为夏候鸟、冬候鸟、旅鸟等。其中，夏候鸟有 40 种，占 26.1%；冬候鸟有 43 种，占 28.1%；旅鸟有 32 种，占 20.9%。根据鸟类的六大生态类群划分，保护区内涉禽类有 36 种，游禽类有 34 种，陆禽类有 6 种，猛禽类有 18 种，鸣禽类有 49 种，攀禽类有 10 种。由此可见，在保护区内，鸣禽类种数占比最大，其次是涉禽类和游禽类种数，陆禽类种数占比最小。

鸟类栖息地空间需求可以分为迁移空间、觅食空间、繁衍空间和隐蔽空间。迁移空间宏观上指候鸟迁徙的空间，也指鸟类从巢穴移动到取食处或隐蔽地之间的空间。觅食空间即鸟类取食活动需要的空间，此空间内动植物的多样性对鸟类取食难易程度有着重要影响。繁殖空间主要指鸟类筑巢繁衍的空间，巢址的选择取决于与取食空间的距离、种内与种间关系及安全性等，对鸟类栖息繁衍十分关键。隐蔽空间即鸟类逃逸、躲避的空间，是鸟类受到其他个体或种群惊扰后逃离躲藏的空间。

根据保护区内鸟类分析，目前猛禽类、鸣禽类、攀禽类、陆禽类的栖息环境基本满足，而涉禽类和游禽类的湿地资源相对欠缺。因此，鸟类栖息地构建主要采取以下措施。

1）完善从水域至陆域由水生植物、湿生植物、陆生植物覆盖的生境，构建草本、灌木（丛）、乔木的复合纵向空间。

2）营造深潭浅滩的多样化水下地形，同时为水生植物、湿生植物及水生动物、两栖动物的生存提供良好的栖息地，巩固鸟类的食物链完整性。

3）将退塘还湿构建水面与现状水面有机衔接，同时结合黄河滩区自身的自然环境条件，在水面附近规划鸟类食源区，进一步完善鸟类栖息地。

鸟类对食物的依赖性很强，其取食的植物部位也各不相同，主要取食部位为果实和种子，也有嫩茎（枝）、叶、根等。食源区的核心功能是为鸟类提供觅食场地，形成和谐的生态自然循环系统。通过改变种植结构，种植对鸟类有益的农作物，可以为陆禽鸟类提供食源。在水系边缘设计涉禽鸟类食源和浅滩，可以为涉禽鸟类提供觅食和栖息之地。在农作物方面注意季节性食源，防止四季食源不均，同时减少穿行道路，并在周围合理配置乔灌木，保证场地内部的原生状态不受到干扰，使鸟类的栖息、捕食得到保障。

在尊重场地植物现状的基础上，保护和保留原状农作物。原状没有作物种植的，补种大豆、花生、冬小麦等作物；食源区田间和异形小斑种植薰衣草、紫花苜蓿、油菜花等景观植物，提高植被多样性和景观美学价值；周围乔灌草区，选择种植桃、枇杷、山茱萸、女贞、枣、无花果、樱桃等植物。

15.4 主槽稳定及生态航道构建技术

15.4.1 调水调沙

调水调沙就是通过干流骨干工程调节水沙过程，改变黄河水沙关系不协调的自然状态，使之适应河道的输沙特性，减少河道淤积，恢复和维持主槽过洪能力。2002 年 7 月 4 日至 15 日、2003 年 9 月 6 日至 18 日和 2004 年 6 月 19 日至 7 月 13 日，利用现有水库工程，分别进行了调水调沙试验，取得了较好的效果。

2002 年 7 月 4 日至 15 日，利用小浪底水库非汛期末汛限水位以上的蓄水，并结合三门峡以上发生的小洪水，对小浪底、三门峡两库联合调度，进行了首次调水调沙试验。试验期间，小浪底出库水量为 26.06 亿 m^3（其中水库补水 15.9 亿 m^3），出库沙量为 0.319 亿 t，平均出库流量为 $2741m^3/s$，平均出库含沙量为 $12.2kg/m^3$；花园口站 $2600m^3/s$ 以上流量持续了 10.3d，平均含沙量为 $13.3kg/m^3$；艾山站 $2300m^3/s$ 以上流量持续了 6.7d，平均含沙量为 $21.6kg/m^3$；利津站 $2000m^3/s$ 以上流量持续了 9.9d。7 月 21 日，调水调沙试验流量过程全部入海。黄河下游河道全程明显冲刷，净冲刷量为 0.362 亿 t（其中艾山以上河段冲刷 0.137 亿 t，艾山至河口河段冲刷 0.225 亿 t）；下游河道主槽冲刷 1.063 亿 t，滩地淤积 0.701 亿 t。黄河下游河道平滩流量均有一定程度的增加，其中平滩流量最小的夹河滩至孙口河段增大幅度最大，平均增大 300～$500m^3/s$，夹河滩以上河段增大 240～$300m^3/s$，孙口以下河段增大 80～$90m^3/s$，利津至河口河段增大约 $200m^3/s$。与此同时，还取得了 520 多万组测验数据，为研究黄河水沙规律提供了大量的基础资料。

2003 年 9 月 6 日至 18 日，受华西秋雨的影响，三门峡以上的渭河、三门峡至花园口区间的伊洛河和沁河相继发生了不同程度的洪水，进行了第二次调水调沙试验。该试验的最大特点是对小浪底、三门峡、陆浑、故县四库联合调度，实现了小浪底水库下泄的浑水与伊洛河和沁河的清水在花园口断面对接，形成花园口断面协调的水沙关系。试验期间，小浪底入库水量为 24.27 亿 m^3，出库水量为 18.25 亿 m^3，下泄沙量为 0.74 亿 t，平均出库含沙量为 $40.5kg/m^3$。通过与小花间（小浪底至花园口区间）的来水来沙对接，相应花园口站水量为 27.49 亿 m^3，沙量为 0.856 亿 t，平均流量为 $2390m^3/s$，平均含沙量为 $31.1kg/m^3$；利津站水量为 27.19 亿 m^3，沙量为 1.207 亿 t，平均流量为 $2330m^3/s$，平均含沙量为 $44.4kg/m^3$。黄河下游全河段基本上发生了冲刷，达到了下游河道减淤的目的，下游河道总冲刷量为 0.456 亿 t，其中高村以上河段冲刷 0.258 亿 t，占下游河道总冲刷量的 57%；艾山至利津河段冲刷 0.035 亿 t，占下游河道总冲刷量的 8%。黄河下游河道主槽过洪能力增加，试验前后流量为 2000m^3/s 时水位降低 0.2～0.4m，流量为 2500m^3/s 时水位降低 0.1～0.3m，主槽过洪能力（平滩流量）增幅一般为 100～400m^3/s。

2004 年 6 月 19 日至 7 月 13 日，开展了第三次调水调沙试验。这是一次更大空间尺度的调水调沙试验，实际历时 19d。第三次调水调沙试验主要依靠非汛期末汛限水位以上的蓄水，通过精确调度万家寨、三门峡、小浪底等水利枢纽工程，充分而科学地利用自然的力量，在小浪底库区塑造人工异重流，辅以人工扰动措施，调整其淤积形态，同时加大小浪底水库排沙量；利用下游河道水流富余的挟沙能力，在黄河下游“二级悬河”及主槽淤积最为严重的河段实施河床泥沙扰动措施，提高主槽过洪能力。

第三次调水调沙试验过程可分为两个阶段。第一阶段（6 月 19 日 9 时至 6 月 29 日 0 时），利用小浪底水库下泄清水，形成下游河道 2600m^3/s 的流量过程，冲刷下游河槽，并在徐码头、雷口两处卡口河段实施泥沙人工扰动试验，对卡口河段的主槽加以扩展并调整其河槽形态。同时，降低小浪底库水位，为第二阶段冲刷库区淤积三角洲、塑造人工异重流将泥沙排出库创造条件。第二阶段（7 月 2 日 12 时至 7 月 13 日 8 时），当小浪底库水位下降至 235m 时，实施万家寨、三门峡、小浪底三个水库的水沙联合调度。首先，加大万家寨水库的下泄流量至 1200m^3/s，在万家寨水库下泄水量向三门峡库区演进长达 1000km 的过程中，适时调度三门峡水库下泄 2000m^3/s 以上的较大流量，实现万家寨水库、三门峡水库水沙过程的时空对接。利用三门峡水库下泄的人造洪峰强烈冲刷小浪底库区的淤积三角洲，以达到清除占据长期有效库容的设计平衡纵剖面以上淤积的 3850 万 m^3 泥沙，合理调整三角洲淤积形态的目的，并使冲刷后的水流挟带大量的泥沙在小浪底库区形成异重流向坝前推进，进一步为人工异重流补充沙源，提供后续动力，实现利用异重流将小浪底水库泥沙排出库区。整个试验过程中，万家寨水库、三门峡水库和小浪底水库分别补水 2.5 亿 m^3、4.8 亿 m^3 和 39 亿 m^3，进入下游河道的总水量（以花园口断面计）为 44.6 亿 m^3。

第三次调水调沙试验效果主要表现在以下四个方面：①小浪底库区淤积三角洲形态得到了合理调整，冲刷泥沙达 1.329 亿 m^3，设计淤积平衡纵剖面以上淤积的 3850 万 m^3 泥沙尽数冲刷；②卡口河段河槽形态调整扩大，徐码头、雷口两处卡口河段主槽平均冲刷深度为 0.25～0.47m，主槽过流能力达到 2800～2900m^3/s；③下游河道主槽全程冲刷，经初步计算，小浪底出库沙量为 0.0572 亿 t，利津站输沙量为 0.6434 亿 t，小浪底至利津河段冲刷 0.6071 亿 t，各河段均发生冲刷，主槽过洪能力进一步提高；④世界水利史上首次人工异重流塑造成功，到达坝前并排出小浪底库外。第三次调水调沙试验进一步深化了对水库、河道水沙运动规律的认识。

3 次调水调沙试验效果十分显著。2002 年 7 月黄河首次调水调沙试验前，黄河下游主槽最小过洪流量只有 1800m^3/s，第三次调水调沙试验后，主槽最小过洪流量已提高到 3000m^3/s，显著提高了黄河下游主槽过洪能力，充分证明了调水调沙是恢复和维持主槽过洪能力的有效手段。通过持续不断的调水调沙，形成“和谐”的流量、含沙量和泥沙颗粒级配的水沙过程，在河道整治工程控制下，可以逐步塑造并稳定 4000～5000m^3/s

流量的主槽，减少对黄河堤防安全威胁十分严重的横河和斜河形成机遇，并减轻滩地淹没损失。

在小浪底水库将近 20 年来拦沙和调水调沙作用下，黄河下游河道平滩流量增加了 1650～4300m^3/s，其中高村以上河道平滩流量增加最多，平均增加 4000m^3/s 左右，平滩流量已经达到 6100～7200m^3/s。黄河下游河道最小平滩流量已由 2002 年汛前的 1800m^3/s 增加至 4250m^3/s。黄河下游河道平滩流量不断增大对于提高河槽的行洪输沙能力，减轻防洪压力，维持河流的健康生命意义重大。

应继续将调水调沙作为维持黄河健康生命的一项战略措施，长期坚持不懈地实施水库调水调沙，减轻水库及下游河道淤积，塑造并维持黄河下游中水河槽，以逐步实现维持黄河健康生命的目标。

15.4.2 中水整治

黄河下游河道中水整治是指利用小浪底水库拦沙库容拦减泥沙，从而大幅度减少进入下游河道的泥沙，并利用以小浪底为核心的中游干支流水库联合调水调沙，塑造并维持下游河道 4000～5000m^3/s 的中水河槽，长期减轻下游河道淤积。“稳定主槽、调水调沙、宽河固堤、政策补偿”是黄河下游河道治理方略。其中，“稳定主槽”和“调水调沙”联系紧密，相互配合。前者是维持防洪减淤要求的河槽形态，需要通过一系列的河道整治工程措施，不断调整和完善，用来控制游荡多变的河势，逐步塑造一个相对窄深的主槽，且能保持稳定；后者是继续修建干支流控制性骨干水库，逐步完善水沙调控体系，水库群联合调度，调水调沙运用，使下游河道形成 4000～5000m^3/s 的中水河槽，尽可能使水流在主槽中运行并不断刷深主槽，一般情况下不漫滩，也不致影响滩区群众的生产生活。

1. 整治方案

根据多年的治黄实践并结合小浪底水库的运用方式，今后一段时间内黄河下游游荡型河段河道整治应遵循防洪为主、中水整治、洪枯兼顾、以坝护湾、以湾导流、节点控制的微弯整治原则。通过强化弯道的河床边界条件，以湾导流，逐步控制河势，归顺中水河槽，使河道具有曲直相间的微弯形式，以减少对防洪威胁较大的横河、斜河，达到护滩、保堤的目的。采用弯道防护，可以有效减小治理工程量，使对岸着流部位尽量稳定在一个弯道内，对个别畸形河弯采取工程措施调整防护，可以达到归顺主流、控制河势、减少“横河”“斜河”直冲堤防从而造成堤防重大危害的目的，由于防护和调整后弯道属于微弯范畴，因此简称微弯整治。

2. 整治参数

（1）整治流量

近年来，黄河下游游荡型河道河势演变说明，在长期的小流量过程的作用下，原设计的游荡型河段整治工程控导河势的效果有所减弱。小浪底水库建成运用后，黄河发生大洪水的概率降低，但通过水库的调水调沙运用，流量为 2000～4000m^3/s 和 800m^3/s 左右的小流量过程明显增加。根据近几年小浪底水库运用原型观测成果分析和实体模型试验得出的结论为：小浪底水库拦沙初期对河道产生冲刷，主槽过洪能力增大，经过 25 年的运用，平滩流量一般为 4000～5000m^3/s。

从小浪底水库运用后下游河道的实际变化情况看，下游游荡型河道主槽发生了明显冲刷，平滩流量已达到 4000m^3/s 以上。因此，小浪底水库运用以后，黄河下游游荡型河段进一步整治的设计流量选取 4000m^3/s 较为合适。

（2）整治河宽

整治河宽是指与整治流量相应的直河段的水面宽度。对黄河下游河段而言，整治河宽是个虚拟值。由于洪水可以自由漫滩，平滩流量变化较大，其相应河宽也比较大。鉴于整治河宽是确定治导线的需要，结合有关研究成果，经综合分析确定，黄河下游各河段的整治宽度采用《黄河下游近期防洪工程建设可研》的数据，即白鹤镇—神堤河段为 800m，神堤—高村河段为 1000m，高村—孙口河段为 800m，孙口—陶城铺河段为 600m。

（3）排洪河槽宽度

以防洪为主要目的的河道整治，在确定新建工程位置时，左右岸工程之间的最小垂直距离必须满足排洪的要求，这个宽度称为排洪河槽宽度。排洪河槽宽度应满足两个基本条件，一是大洪水时具有宣泄洪水的能力，二是洪水过后河势流路不发生大的变化。

黄河下游河道是洪水的通道，而主槽是洪水的主要通道，洪水期主槽的过流量一般可达全断面的 80%左右。计算排洪河槽宽度时，按排洪河槽宽度范围内通过全部设防流量考虑，若按通过 80%设防流量考虑，则 3 个水文站断面的最小排洪河槽宽度为：花园口站 1912m、夹河滩站 1832m、高村站 1384m。花园口站洪水期主槽宽度为 470～1470m，而主槽过流比均在 80%以上；高村站洪水期主槽过流比在 80%以上时，主槽宽度为 495～1166m。综合以上分析认为，花园口站、夹河滩站排洪河槽宽度需要 1600m 以上，高村站、孙口站排洪河槽宽度需要 1400m 以上。

为安全起见，并与以往实施的控导工程协调一致，黄河下游的排洪河槽宽度采用 2.0～2.5km。

3. 规划治导线

《河道整治设计规范》（GB 50707—2011）规定，治导线应根据整治的目的，因势利导，按河床演变和河势分析得出的结论制定；应利用已有整治工程、河道天然节点和抗冲性较强的河岸；上下游应平顺连接，左右岸应兼顾；上下游相衔接的河段应具有控制作用。

治导线是河道整治工程建设的依据，多年来黄河下游河道整治工程一直是按制定好的规划治导线确定工程位置线。工程位置线采用连续弯道形式，形成了“上平，下缓，中间陡”的特点，每处工程布置时一般分成上段迎流段、中间导流段和下段送流段，迎流段一般长 1000～2000m，导流段一般长 2000～3000m，送流段一般长 500～1000m。

15.4.3 生态航道

1. 总体建设思路

以共同抓好大保护、协同推进大治理为导向，坚持创新、协调、绿色、开放、共享的新发展理念，以防洪保安为前提，统筹生态环境保护、绿色航道建设和沿黄经济发展等需求，在黄河下游河道和滩区综合提升治理的总体布局下，结合“二级悬河”治理及三滩再造，通过生态疏浚打造黄河下游长达800多千米的高效行洪输沙和绿色水运通道，按照“控导主流、稳定河槽、保护岸滩”的总体思路实施航道生态整治，通过相机排沙减淤、适时挖河扩槽实现行洪输沙通道和航运通道的长期维持，最终形成集防洪、生态、经济、文化、航运等功能于一体的黄河下游河道生态体系。

2. 通航标准

（1）航道标准

黄河下游生态航道的通航标准，按照已有航运规划，综合考虑与京杭运河和山东内河水系的联通确定。1988 年、1998 年《黄河水系航运规划报告》提出，2030 年前后，黄河下游航道标准达到Ⅳ级。《海河流域综合规划（2012—2030 年）》将京杭运河黄河北岸至天津段规划为内河III级航道，目前京杭运河黄河以南已经建成II级航道。《山东省综合交通网中长期发展规划（2018—2035 年）》提出，构建以京杭运河、小清河、黄河、徒骇河航道“一纵三横”为主骨架，以济宁港为核心，枣庄港、菏泽港、泰安港为辅助，其他一般港口为补充的航运体系，配合国家开展京杭运河黄河以北段复航研究。

综合考虑黄河水系规划，以及今后与京杭运河和山东内河水系的联通，黄河下游生态航道整体按照Ⅳ级航道建设，局部河段考虑与京杭运河和山东内河水系联通，按照III级航道建设。

（2）航道尺度及代表船舶

根据《内河通航标准》（GB 50139—2014），Ⅳ级航道尺度最大直线段宽度为双线90m，水深为 1.6～1.9m，通航船舶吨级为 500t；III级航道尺度最大直线段宽度为双线110m，水深为 2.0～2.4m，通航船舶吨级为 1000t。

3. 主要措施

（1）航道疏浚

自小浪底水库运用以来，黄河下游河道实现了全线冲刷，河槽平均冲刷下切 2.5m 左右，适宜规模的中水河槽基本形成。从满足通航要求来看，目前黄河下游 250m^3/s 左右的通航流量相应的河槽宽度已经达到 120～300m，水深达到 1.0～2.5m，只需要对通航河槽稍加整治即可满足航道建设要求。从黄河下游生态治理来看，目前黄河下游存在的槽高、滩低、堤根洼的断面形态阻碍了滩槽水沙交换和物质交换与能量循环，是黄河下游“二级悬河”发育、防洪形势严峻、生态系统支离破碎的症结所在，也需要通过河槽疏浚消除“二级悬河”，重塑槽低、滩高的正向断面形态。因此，河道生态疏浚需要考虑通航和生态治理两方面需求。

根据实测资料分析，黄河下游河道断面存在 V 型断面和 U 型断面两种形态。在相同流量条件下，V 型断面的排洪输沙能力要明显强于 U 型断面，疏浚后有利于提高排洪输沙效果；U 型断面流速分布均匀，更容易满足通航水深和通航宽度要求，有利于保障通航安全。综合考虑，黄河下游生态治理中水河槽疏浚将尽可能采用 V 型断面，河相系数应控制在 6～10；航道疏浚主要针对枯水河槽，应尽可能采用 U 型断面，疏浚宽度不小于 90m，考虑到黄河冲淤调整幅度大，疏浚后水深不小于 2.0m。典型疏浚断面概化见图 15-9，该断面河槽紧靠控导工程，为保障控导工程安全，控导工程前留出 50m 的安全距离，疏浚宽度按 140m 考虑，疏浚断面形态采用 U 型断面，疏浚后 250m^3/s 流量下水深达到 3.3m，满足Ⅳ级航道通航水深要求，并有 1.5m 以上的富裕度，该断面疏浚面积为 280m^2，以此推算整个下游疏浚量约为 2.2 亿 m^3。

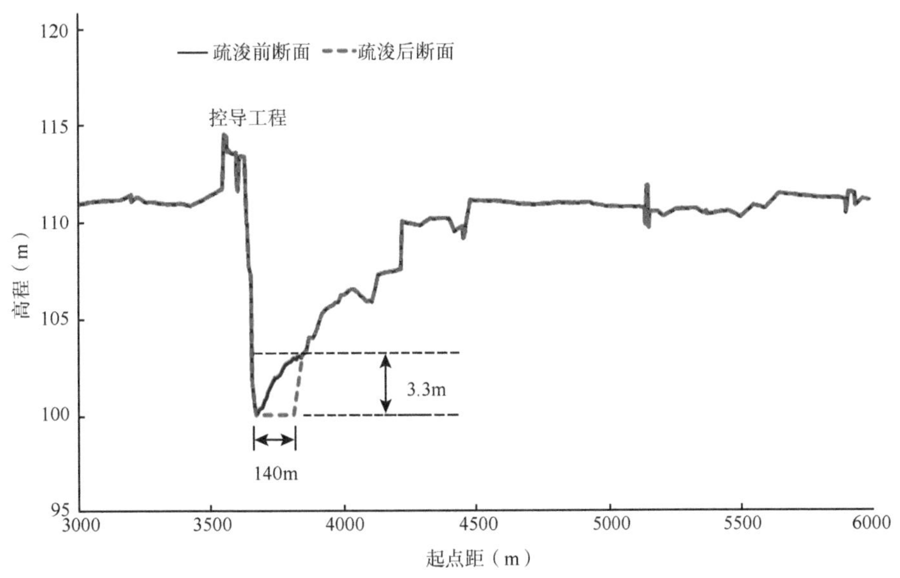

图 15-9　黄河下游典型疏浚断面概化图

（2）河势控制

《黄河下游“十四五”防洪工程可行性研究报告》安排的河道整治工程实施后，黄河下游中水流路将基本得到控制。由于黄河下游河道整治工程是按照 4000m^3/s 中水流量布置的，对长历时的小流量过程适应能力不足。为稳定小流量流路，并满足通航要求，结合现状河道整治工程布局，提出中水、小水兼治的航道治理措施，即沿治导线修筑生态潜坝，与现有控导工程一起控制小水流路，生态潜坝坝顶高程与现状滩面齐平，以此增加小流量送流长度，稳定小水流路。大流量时，水流漫过生态潜坝，滩槽水沙自由交换。开仪至裴峪河段小水流量整治示意图见图 15-10。

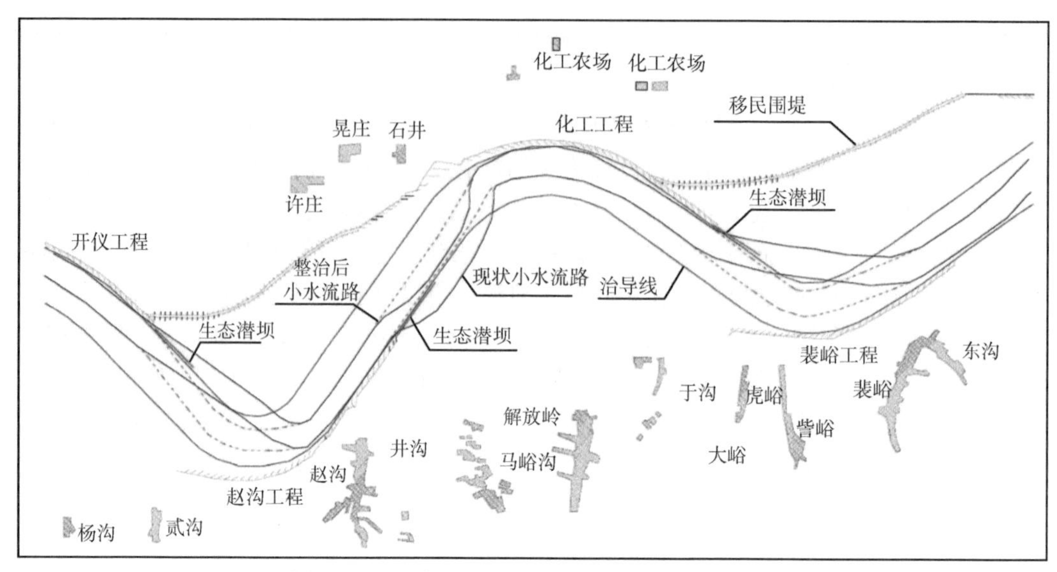

图 15-10 开仪至裴峪河段小水流量整治示意图

生态潜坝设计要求工程结构对河流的生态系统冲击最小化，不仅要对水流的流量、流速、冲淤平衡、环境外观等影响最小，还要适宜创造动植物生存和繁衍的多样性生活空间，应依照岸坡稳定、正常行洪、表面异质、材料自然、内外透水及成本经济等原则来进行。

在工程设计和实施时，根据现场条件选择最优的生态水工技术及材料，如土体生态工程技术、生态砖和鱼巢砖等构件、石笼席、天然材料垫、土工布包裹、混凝土块、土工格室、间插枝条的抛石、椰壳纤维捆、木框墙、三维土工网垫等。生态潜坝工程实施时，结合水体功能区划和周边湿地建设，因地制宜地选择潜坝类型，同时满足通航、景观、生态、游憩等多种功能需求。

（3）碍航建筑物生态改造

为满足黄河下游两岸日益增长的交通需求，各年代修建了大批跨河桥梁，据统计，至 2018 年，下游建成公路大桥 33 座、铁路大桥 15 座，另外还有 65 座浮桥。这些桥梁中浮桥和早期建设的桥梁不能满足Ⅳ级通航标准，需要采取拆除重建或者提升改造等措施改变其碍航现状。

（A）浮桥、跨径不足的桥梁

黄河下游浮桥一般以船体作为桥面支撑浮在主槽上，阻断航道，因此应予以拆除。跨径不足的桥梁一般建成年代久远，限于当时的经济条件、施工技术及设备条件等因素，跨径较小，例如，郑州黄河公路大桥的跨径只有 30m，不能满足Ⅳ级航道功能要求，且此类桥梁一般桥面高程较低，桥下净空也不满足通航要求，此类桥梁应予以拆除重建。

（B）不满足通航净空的桥梁

对于不满足通航净空的桥梁，目前有条件通过技术手段对部分桥梁进行提升改造，使其满足通航所需的桥下净空要求，从而避免拆除重建带来的资源浪费。例如，对于上部结构与下部结构分离，通过支座连接的桥梁，如连续梁桥、矮塔斜拉桥、系杆拱桥等，可通过桥梁整体顶升的技术，在整联桥各墩上布置千斤顶，联动顶升，加高桥墩后落梁就位，这种施工方式造价低廉且工期较短，是解决此类问题的一种较好途径。

（C）对于航道偏离通航孔跨的桥梁

部分黄河大桥建成后，由于河势变化，主流从通航孔跨范围摆动至引桥桥跨范围，导致现状跨径不能满足通航要求。若对桥梁进行重建，代价巨大，可根据桥位河段河势情况，通过修建河道整治工程，将主流导向通航孔跨，从而解决此类桥梁的碍航问题。

（4）码头建设

黄河下游两岸文化旅游资源丰富，河南黄河沿岸分布有清明上河园、龙门石窟、云台山、少林寺等八大地标性景观，以及黄河湿地公园、沁河水利生态公园等 60 多处自然生态资源；山东黄河两岸也分布有孙膑旅游城、东平湖景区等八大地标性景观，以及黛色湖光风景区、观鸟森林公园等 20 多处自然生态资源。黄河下游主要文化旅游资源见表 15-5。

表 15-5　黄河下游主要文化旅游资源

	河南省	山东省
文化旅游资源	清明上河园	孙膑旅游城
	龙门石窟	东平湖景区
	云台山	东阿阿胶养生文化苑
	少林寺	百里黄河风景区
	黄河小浪底景区	天下第一泉
	白马寺	济南八景
	龙亭公园	济宁市明故城三孔旅游区
	焦裕禄纪念园	黄河口生态旅游区

黄河下游码头建设应同时考虑货运和旅游需求，按照沿黄城市的旅游资源禀赋和货运需求，将沿黄城市建设为一级航运城市或二级航运城市。一级航运城市设观光、货运两类码头，二级航运城市主要考虑规划观光码头，在满足下游货运需求的同时，实现全线大河水上观光。黄河下游共规划郑州市区、济南市区等 12 个一级航运城市，以及洛阳市区、聊城市区等 15 个二级航运城市，黄河下游沿黄城市航运分级见表 15-6。黄河下游共计规划货运码头 12 个，旅游观光码头 27 个。

表 15-6　黄河下游沿黄城市航运分级表

	一级		二级	
	河南省	山东省	河南省	山东省
航运城市	郑州市区	东阿县	洛阳市区	聊城市区
	巩义市区	齐河县	孟津区	菏泽市区
	中牟县	济南市区	焦作市区	东明县
	平原示范区	滨州市区	孟州市区	平阴县
	长垣市区	东营市区	温县	济阳区
	开封市区		武陟县	邹平市区
	兰考县		原阳县	淄博市区
			封丘县	

（5）泥沙淤积影响和处置措施

目前小浪底水库仍处于拦沙期，对黄河下游仍有减淤作用。2035 年，古贤水库建成生效后，与小浪底水库联合调控水沙，在黄河年均来沙量 8 亿 t 的条件下，即便遇到不同的来水来沙过程组合，水库对黄河下游河道的减淤量也是相当显著的，且作用比较稳定，对黄河下游航道维持将起到重要作用，水库运用前 50 年左右的时期内，下游河道平滩流量均可保持在 4000m^3/s 以上，其作用不因遇不同水沙系列而明显减弱；在黄河年均来沙量 6 亿 t 的条件下，水库发挥拦沙减淤功能的时间更长，黄河下游河道可以在相当长的时间内保持较低的淤积水平，黄河下游 4000m^3/s 以上中水河槽过流能力能够长期得到维持，对于局部河段泥沙淤积形成的碍航段，可采用“挖河扩槽”的放淤方式，疏浚航道或碍航浅滩泥沙并输送至滩区用以改造良田，在综合处理黄河泥沙的同时，实现生态航道的长期运营。

15.5 试 点 应 用

15.5.1 平原示范区试点实践

黄河滩区生态保护和高质量发展试验区规划，是探索“大河文明新典范，人水共生新模式”的积极尝试。

以平原示范区黄河滩区为试验区，按照“洪水分级设防、泥沙分区落淤、三滩分区治理”的河道治理新策略，开展深入规划，细化规划布局及应对措施，破解黄河下游长期存在的洪水调度与经济发展之间的矛盾，先行先试，探索审批及实施程序，积累经验，可为黄河下游滩区生态保护和高质量发展提供示范和引领作用。

平原示范区黄河滩区规划目标愿景为“大河文明新典范，人水共生新模式”。规划定位为打造与之相适应的黄河特色生态文明先行示范区，可分为生态保护示范区、韧性发展示范区和沿黄经济示范区三个特色示范区。

试点提出了“三滩分区治理”的总体布局。考虑空间均衡发展，对河道内空间进行优化配置，按照不同防御洪水标准和设计泥沙淤积分区，塑造高滩、二滩、嫩滩等不同生态分区，科学布局调整处理洪水、泥沙、人和生态的关系，打造高效行洪输沙廊道的同时，再塑生态乡村廊道、生态产业廊道，形成多功能融合的宽滩河流生态廊道。在确保行洪安全的前提下，实现对下游滩区防洪、生产生活、生态保护空间的重构，从而构建集约高效的开发保护格局，助推乡村振兴，实现滩区高质量发展，最终实现人水和谐。

高滩紧靠黄河大堤临河侧，东西长约 14km，南北宽约 600m，规划安置 5.88 万人；人均建设用地面积为 120m^2，建设规模为 7.056km^2，防洪标准为 20 年一遇以上标准；从进一步提升高滩防洪能力、降低面临的洪水威胁和提高乡镇居民等出入的安全性及便利性等角度考虑，规划高滩顶高程与黄河大堤齐平。通过修筑高滩，打造生态乡镇，解决群众防洪安全和安居问题。

规划二滩为高滩至控导工程之间的滩区，面积为 85.77km^2。对搬迁后的村庄进行土地复耕与高标准农田整治，同时安排调整滩区农业生产结构，发展高效生态农业、低碳牧草等复合生态系统，结合区位优势，发展生态旅游观光产业，引导洪水风险适应性高的产业入驻，助推滩区居民致富，打造滩区高质量发展核心动力。依托现状渠系规划“两横三纵多点”的生态水系，在保障水资源利用的同时，为滩区居民生活及滩内生态文旅产业发展提升整体环境品质，建议部分保留村民搬迁后的房屋并进行改造，作为支撑生态农业的生产用房及支撑生态旅游业的配套设施用房，探索在不影响黄河防洪的前提下，先行先试支撑地方经济发展的新模式。经初步分析，保留的建设用地面积为 $56hm^2$，拆除的面积为 $1815hm^2$，保留的建设用地面积约占现状建设用地总面积的 3%，需按照防洪要求采用架空等措施进行合理布局和优化，改建、修缮时不得增高，进一步降低对黄河下游防洪安全的影响。通过二滩综合治理，统筹协调解决地方经济发展、滩区群众安居乐业及周边城市和居民生态空间问题，实施过程中将结合地方政府的文化产业规划做进一步提升和深化。

嫩滩与主槽共同承担高效行洪输沙廊道功能与核心生态空间功能，主要指控导功能连线以内地区。不做人为扰动，适当发展湿地生态旅游，开展湿地生态修复、野生动植物保护等科研活动，组织科普教育活动，培养市民对大自然的敬畏心、责任感，构建人水和谐的生态关系。

15.5.2　长垣试点实践

（1）高效且富有韧性的行洪输沙廊道

长垣黄河滩区是黄河下游地区最典型的宽河道、浅河床、主流游荡型河段，对保障黄河下游地区行洪安全起着重要的作用，此段又是“二级悬河”态势最严重的地区之一，急需重塑生态安全本底，稳定该段的生态廊道基础。因此，按照“洪水分级设防、泥沙分区落淤、三滩分区治理”的河道治理新策略，采用生态疏浚、泥沙淤筑的方式塑造滩区，形成高滩、二滩及嫩滩的空间格局，科学布局调整处理洪水、泥沙、人和生态的关系，保障河道高效行洪输沙。行洪输沙廊道中的主槽、嫩滩、二滩在面对不同量级洪水时承担的作用各有侧重，从广义上来讲，其都有行洪输沙的功能，从狭义上来讲，主槽和嫩滩更侧重于保障上游来水快速下泄，而二滩空间广阔，更像一个“巨型容器”，其更侧重于洪水的拦截与滞蓄，三者之间相互配合，有弹性地保障黄河河道行洪输沙。因此，在长垣黄河滩区规划中，力求构建一个高效且富有韧性的行洪输沙廊道。

（2）生活、生产、生态紧密联系的“三生”融合发展廊道

目前，黄河下游滩区内各居民点分布散乱，生活空间长期受洪水威胁且品质低下；滩区内基础设施薄弱，运营管理方式落后，生产空间低质低效；滩区内生态环境敏感脆弱，且与生产、生活空间交错分布、矛盾突出，难以得到有效的保护与修复。总之，滩区内“三生”空间之间的关系是复杂矛盾的，难以产生正向的联系。因此，在塑造滩区行洪输沙廊道的基础之上，重新排布滩区的生活、生产、生态空间，构建滩区“三生”融合发展廊道。

利用高滩建镇的模式，实现人水分而不离，既能解决滩区群众的防洪安全问题，又

能节约集约利用土地资源，还能提升群众生活空间的品质。居民迁建后，对滩区废弃民居拆旧复垦，复垦的土地归还于生产、生态空间，实现生活、生产、生态空间的良性交互。

滩区人口向高滩集中，将滩区零碎的生产、生态空间整合，以便于集中运营管理，同时完善生产空间内相关的基础配套设施，提升单位生产空间的产出效益。理顺滩区内的生态空间，在保护与修复生态空间的同时，挖掘生态空间的生态价值，发挥其生态效益。

（3）文化景观保护与传承廊道

黄河是中华民族的母亲河，几千年来哺育和滋养了沿岸的亿万民众，是华夏文明发展的摇篮。早在史前传说中的三皇五帝时期，华夏先民就在河流两岸繁衍生息，从夏、商、周一直到北宋，以关中、河洛地区为主的黄河流域是历代王朝的核心之地，长安、洛阳、开封等名城更是 30 多个朝代的都城。中华民族的发展史就是一部治黄史，黄河河道及沿线区域分布有丰富的历史文化资源及人文景观资源，是地区人文精神的重要载体，更是文化景观保护与传承的廊道。在长垣黄河滩区规划中，梳理滩区历史文化资源的同时，做好保护与传承工作，结合人文景观节点，串联好滩区文化景观资源，理清文化景观脉络，打造好长垣黄河滩区文化景观保护与传承廊道。

15.5.3 开封试点实践

开封黄河滩区生态保护和高质量发展规划试点，依托《黄河流域生态保护和高质量发展规划纲要》与滩区综合提升治理创新思路，是探索“人河城沿黄绿色生态廊道示范区，滩区生态综合整治先行区，黄河下游文旅融合样板区”的积极尝试。

开封黄河滩区规划目标愿景为“人河城沿黄绿色生态廊道示范区，滩区生态综合整治先行区，黄河下游文旅融合样板区”。规划考虑空间均衡发展，对河道内空间进行优化配置，科学布局调整处理洪水、泥沙、人和生态的关系，打造高效行洪输沙廊道的同时，再塑生态产业廊道，形成多功能融合的宽滩河流生态廊道。在确保行洪安全的前提下，实现对下游滩区防洪、生产生活、生态保护空间的重构，从而构建集约高效的开发保护格局，助推乡村振兴，实现滩区高质量发展，最终实现人水和谐。

试点结合《黄河流域生态保护和高质量发展规划纲要》中的“因滩施策”理论和居民安置措施，结合新时期黄河流域生态保护和高质量发展要求，对滩区实施外迁安置措施，居民迁建后对滩区现状村庄拆除后进行土地复垦，对岸线临水线范围外的滩区发展生态农业、文旅产业等，面积约 249.85km^2，对岸线临水线范围内的滩区进行生态保护，面积约 89.89km^2，洪水漫滩自然滞洪沉沙，在保护的基础上多元化利用。

规划以滩区综合提升治理创新思路，开展深入规划，细化规划布局及应对措施，破解黄河下游长期存在的洪水调度与经济发展之间的矛盾，可为整个黄河下游滩区生态保护和高质量发展提供示范和引领作用。按照紧凑布局、底线约束和韧性发展的原则，规划将开封滩区划分为三大产业片区：特色文旅产业片区、特色农旅产业片区、特色种植+红色旅游产业片区。规划对产业分区内农业产业种植品类及农业配套产业进行布设，二滩主要结合文旅产业开展农产品种植，以种植粮油作物、花卉、瓜果蔬菜、饲草、中药材为主，结合滩区生态修复、花田体验、CSA（社区支持农业）共享农业园、研学教育等打造滩区特色农旅产业。嫩滩主要分为湿地生态保育区、湿地科研探索区、湿地滩面拓展区，优先开展滩区生态保育的基础性示范工程。

滩区迁建村庄土地复垦后，将持续推动沙地等中低产田改造，优化滩区土地资源配置，适时开展滩区国土综合整治。以滩区现状农业产业为基础，逐步调整滩区农业产业结构，在优化滩区土地空间格局下，因地制宜地配置各农业产业，进一步优化滩区种植结构，明确耕地利用优先顺序，推动农业从以单一的农副产品生产为主向生产、加工、贸易、观光休闲旅游等全产业链拓展。通过不断的机制创新探索，推动滩区农业产业发展，缩小城乡居民收入差距，增加农民收入，最终实现滩区产业长效发展和乡村振兴战略发展目标。

15.6　本 章 小 结

1）生态移民建镇是指在黄河大堤临河侧淤筑高滩，作为滩区群众的安居场所，建设内容主要包括高滩淤筑及移民安置等。参照《黄河下游滩区综合治理规划》，村台按防御花园口 20 年一遇洪水标准建设。本次规划沿大堤临河侧淤筑高滩（台）按防御 20 年一遇洪水标准建设，即台顶高程为 20 年一遇设计洪水位加 1.0m 超高。高滩生态开发的核心是人水共荣、构筑千里黄河滩上的生态家园，是由嫩滩-自然生态系统、二滩-农业生态系统到高滩-城镇生态系统的系统延展和空间递进，在防洪保安的基础上，集中滩地居民，打造美丽乡村和特色小镇，为人民群众提供安全的生活之所、生态的宜居之地和经济的小康之家。

2）二滩生态构建是指按照“宜水则水、宜泽则泽、宜田则田”的原则，构建河湖水系、沼泽湿地、低碳牧草、高效农田、绿色果园等复合生态系统，对搬迁后的村庄进行“二级悬河”治理、土地复耕与高标准农田整治，调整滩区农业生产结构，引导洪水风险适应性高的产业入驻，按照以水定产的原则从灌溉功能出发，优化滩区渠系布局，发展高效生态农业、旅游观光产业，建设生态化、规模化、品牌化、可持续的生产基地，助推滩区居民致富。

3）嫩滩是排洪河槽至主槽之间的滩区，主要功能为与主槽共同构成行洪排沙通道，洪水漫滩自然滞洪沉沙。在优先保护现有湿地自然保护区的同时，开展滨水缓冲带保护与湿地修复，结合生态疏浚等手段，打破生态孤岛，形成连续的生态廊道，修复提升下游湿地生态系统功能。

第5篇

黄河口泥沙控制

第16章　黄河口治理保护现状与调控需求

河口为河流终点，即河流注入海洋、湖泊或其他河流的地方。黄河口位于渤海湾与莱州湾之间，1855年黄河在铜瓦厢决口改道夺大清河后由此入渤海。黄河泥沙淤积、流路变迁形成了广袤的河口三角洲。近代河口三角洲一般指以宁海为顶点，北起套尔河口，南至支脉沟口，面积6000多平方千米的扇形地区。1953年以后进行了3次人工改道，河道摆动顶点暂时下移至渔洼附近，摆动范围北起车子沟，南至宋春荣沟，扇形面积为2400多平方千米。

黄河水少沙多，河口海洋动力相对较弱，不能将进入河口的泥沙全部输送到外海，致使河口长期处于淤积、延伸、摆动、改道的频繁变化状态。黄河入海流路不断变迁，相对侵蚀基准面抬高或降低，将引起河口及其以上河段的溯源淤积或溯源冲刷，相应地对河口及其以上河段的防洪、防凌产生不利或有利的影响。黄河口演变的宏观反馈影响波及整个下游河道，对泺口以下河道产生比较大的反馈影响。

入海流路的不断变迁、水沙资源空间的分配不但对黄河下游河道的冲淤变化产生影响，而且会对河口地区的经济社会发展、生态环境保护造成一定的影响。由于受河流、海洋、陆地和人类活动等多种动力系统的共同作用，黄河口三角洲是多种物质、能量体系交汇的界面，加之成陆时间较短，植被与土壤发育“年轻”，因此该地区又具有生态脆弱的特点。黄河三角洲是我国暖温带最完整的湿地生态系统，要做好保护工作。黄河流域“三区一廊”的水生态保护格局中，黄河口地区为三区之一，加强黄河口湿地生态系统保护，对维护黄河流域生态安全具有重要的作用。同时，黄河是注入渤海的最大河流，黄河入海水沙是三角洲地区及渤海近海生态系统良性修复的重要物质基础。

黄河口地区北靠京津塘，南连山东半岛，是环渤海经济区和黄河经济带的结合部，也是海陆连接东北和中原两大经济区的重要通道，区内石油、土地、海洋等自然资源丰富，开发潜力巨大。黄河口水沙资源空间分布直接影响经济社会发展布局，做好黄河口治理保护将有利于进一步提升黄河流域对外开放的层次和水平，构建沿黄沿海区域协调发展新格局。

综上，黄河口是一个弱潮、多沙、摆动频繁的堆积性河口，河口水沙调控、科学安排入海流路是新时期保障黄河长久安澜、促进三角洲生态保护修复和地区经济社会高质量发展的重要举措。

16.1　黄河口基本特点

16.1.1　河口水少沙多，水沙年际变化大

黄河以水少沙多闻名于世，黄河口入海的年径流量比国内外其他大河流小得多，但

沙量却大很多。根据 1950～2019 年利津站实测资料统计，进入河口地区的多年平均水量、沙量分别为 292.47 亿 m^3、6.56 亿 t，平均含沙量为 22.44kg/m^3。黄河口多年平均水量仅为长江口的 3.1%，而沙量为长江口的 1.36 倍；黄河口多年平均水量只有密西西比河口的 5.2%，而沙量是密西西比河口的 1.91 倍。

1. 水沙量年际变化

根据利津站 1950～2019 年实测资料统计分析，进入黄河口地区的多年平均水量、沙量分别为 292.47 亿 m^3、6.56 亿 t，含沙量为 22.44kg/m^3。20 世纪 70 年代以来，来水来沙条件发生了较大变化，如表 16-1、图 16-1 所示。

表 16-1 利津站水沙特征值表

时段	水量（亿 m^3）				沙量（亿 t）				含沙量（kg/m^3）		
	汛期（7～10 月）	非汛期（11 月至次年 6 月）	年（7 月至次年 6 月）	汛期占全年的比例	汛期（7～10 月）	非汛期（11 月至次年 6 月）	年（7 月至次年 6 月）	汛期占全年的比例	汛期（7～10 月）	非汛期（11 月至次年 6 月）	年（7 月至次年 6 月）
1950～1959 年	298.70	164.90	463.60	64.40	11.45	1.70	13.15	87.10	38.30	10.30	28.40
1960～1969 年	291.50	221.40	512.90	56.80	8.68	2.32	11.00	78.90	29.80	10.50	21.50
1970～1979 年	187.30	116.80	304.20	61.60	7.57	1.31	8.88	85.30	40.40	11.20	29.20
1980～1989 年	189.70	101.00	290.70	65.30	5.77	0.69	6.46	89.30	30.40	6.80	22.20
1990～1999 年	85.90	45.60	131.50	65.30	3.36	0.43	3.79	88.60	39.10	9.50	28.90
2000～2009 年	73.62	71.07	144.68	50.88	0.92	0.45	1.37	67.24	12.51	6.31	9.46
2010～2019 年	107.71	92.12	199.83	53.90	1.03	0.26	1.28	80.05	9.54	2.78	6.42
2000～2019 年	90.66	81.59	172.26	52.63	0.97	0.35	1.33	73.44	10.74	4.32	7.70
1950～2019 年	176.34	116.13	292.47	60.29	5.54	1.02	6.56	84.43	31.42	8.80	22.44

注：表中数据经过了数值修约，存在舍入误差。

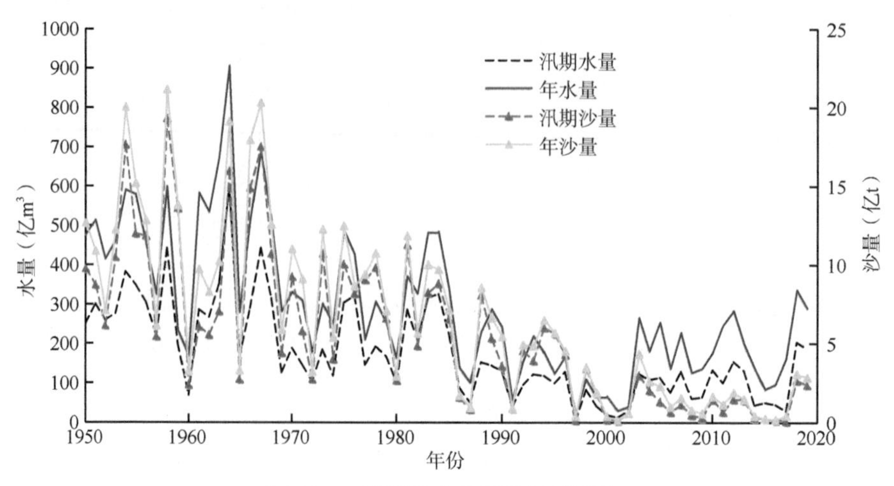

图 16-1 利津站水量和沙量过程线

（1）水量减小幅度较大，出现连续枯水

黄河河道水量 20 世纪 70 年代以来逐渐减小，尤其是 20 世纪 80 年代以来减小幅度更大，表现在下游较上游减小幅度大，进入河口地区的水量减小幅度尤其突出。利津站20 世纪 50 年代、60 年代、70 年代、80 年代、90 年代及小浪底水库运用以来的 21 世纪初和 10 年代年平均水量分别为 463.6 亿 m^3、512.9 亿 m^3、304.2 亿 m^3、290.7 亿 m^3、131.5 亿 m^3 及 144.68 亿 m^3、199.83 亿 m^3（图 16-2）。水沙年际分配极为不均，最大年水量是最小年水量的 47.4 倍，最大年沙量是最小年沙量的 234.3 倍。

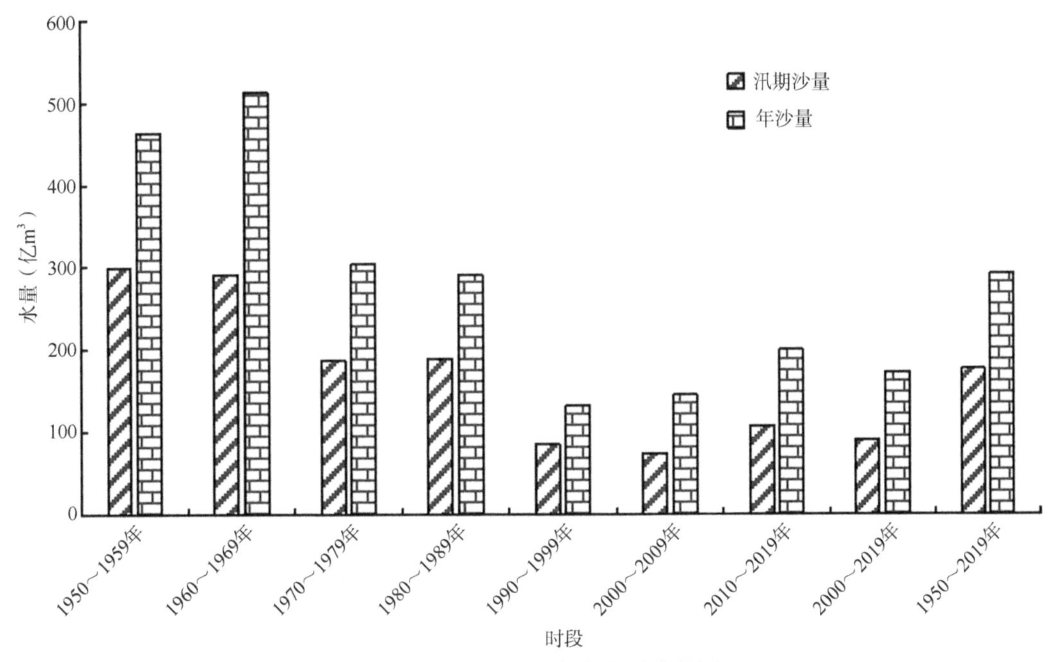

图 16-2　利津站不同年代水量变化图

1987 年以来，黄河口地区连续枯水，多年平均水量为 148.4 亿 m^3，最大年水量为 2018 年的 335.21 亿 m^3，最小年水量为 1997 年的 19.1 亿 m^3。由于黄河下游 20 世纪 80 年代和 90 年代降水一直持续异常减少，加之黄河流域各地区工农业用水和流域水利水保工程措施的不断实施，进入河口地区的水量明显减小。之后，小浪底水库的多目标运用及调水调沙改变了进入黄河口的水量和沙量过程。利津站 21 世纪以来前 20 年平均年水量为 172.26 亿 m^3，仅占 20 世纪 50 年代以来平均年水量的 58.9%。自 2000 年以后，虽然小浪底水库的有效调节和黄河水资源统一调度管理的加强使黄河断流得到遏制，但黄河来水仍持续偏少。

（2）年沙量减小幅度较大，但仍有一些大沙年份出现

实测沙量与水量变化趋势基本一致，沙量自 1970 年以来有减小的趋势，尤其是自 1980 年以来河道泥沙明显减少，利津站 20 世纪 50 年代、60 年代、70 年代、80 年代、90 年代及小浪底水库运用以来的 21 世纪前 20 年的年平均沙量分别为 13.15 亿 t、11.00 亿 t、8.88 亿 t、6.46 亿 t、3.79 亿 t 及 1.33 亿 t，20 世纪 90 年代沙量为 50 年代沙量的 28.8%，但沙量减小并不稳定，在一些黄河中游暴雨强度大、范围大的年份沙量仍较大，其中 1988 年出现该时期的最大年沙量，为 8.52 亿 t。由于小浪底水库的拦沙作用，

水库运用以来 20 年的年平均沙量仅为 50 年代沙量的 10.1%，黄河口沙量持续偏枯，2001 年沙量仅 0.09 亿 t，是 20 世纪 50 年代以来沙量最小的年份。小浪底水库运用以来，沙量有所增加，如图 16-3 所示。

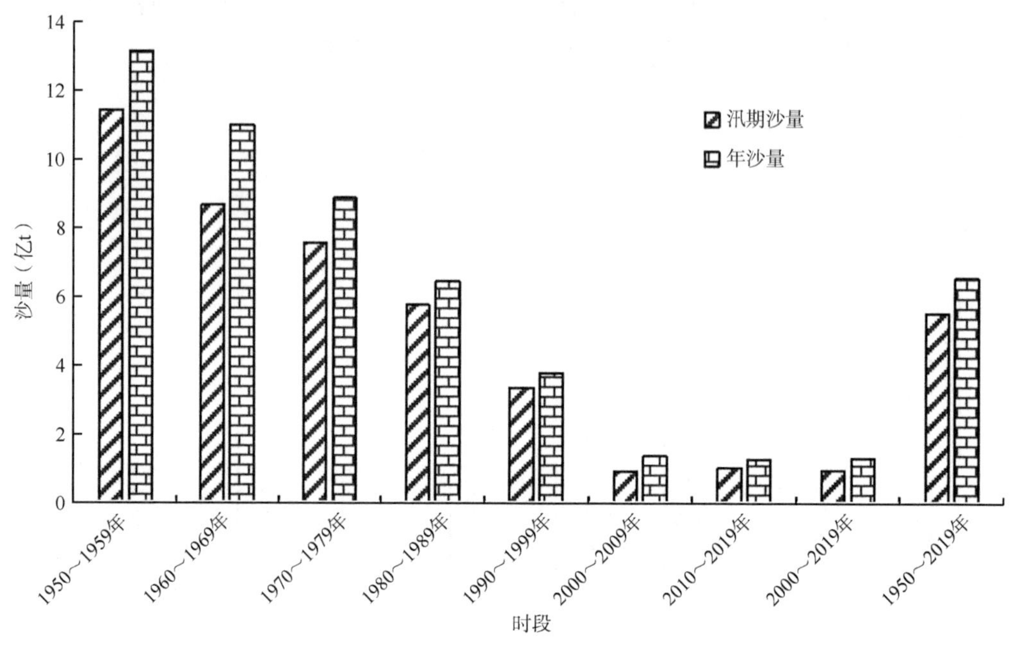

图 16-3 利津站不同年代沙量变化图

从利津站汛期和非汛期水沙分配比例来看，汛期来水来沙比例均减小，2000 年 7 月至 2020 年 6 月来水来沙比例分别下降到 52.63%和 73.44%。1950～2019 年利津站多年平均汛期(7～10 月的 4 个月)的水量、沙量分别占年水量、年沙量的 60.29%和 84.43%，非汛期（其余 8 个月）的水量、沙量分别仅占年水量、年沙量的 39.71%和 15.57%，年内沙量比水量更集中于汛期。汛期输送 1 亿 t 泥沙的水量为 31.82 亿 m^3，而非汛期则高达 113.65 亿 m^3，后者是前者的 3.57 倍。因此，黄河汛期水量减小对黄河下游沙量的减小和河床的淤高比非汛期具有更加重要的影响。

（3）水沙丰枯年变化

由于受降水等自然因素、水利工程建设及土地利用变化和人文因素的影响，1950～2019 年黄河入海水沙量发生了很大变化。由表 16-2 可以看出，水量年代际变化上，20 世纪 50 年代、60 年代和 70 年代的年水量均高于整个水量序列的年平均值，从相对极差和变差系数可以看出，20 世纪 60 年代、90 年代和 21 世纪初年水量变化幅度较大，20 世纪 50 年代、70 年代年水量较平稳，黄河入海年水量总体上经历了增大—减小—再增大的变化过程；沙量年代际变化上，20 世纪 50 年代、60 年代和 70 年代的年沙量均高于整个沙量序列的年平均值，而 20 世纪 80 年代后年沙量低于整个沙量序列的年平均值，20 世纪 60 年代沙量变化幅度较大，而 90 年代沙量较平稳。20 世纪 50 年代、60 年代黄河流域降水丰沛，水利工程稀少，黄河径流接近天然情况，黄河下游水沙量较大；70

年代随着中游和上游干流大中型水利工程的建设运用，对来水的调节作用较大，但这个时期黄河流域降水偏少，再加上引黄用水的增加，进入黄河下游的水沙量相应减小；80 年代在丰水年份水量比较集中，汛期水沙量比重较大；2000 年以后，小浪底水库建成运行，调水调沙作用凸显，黄河口的沙量处于稳定状态。

表 16-2　不同年代的黄河入海水沙量实测统计表

时段	水量			沙量		
	平均值（亿 m^3）	相对极差	变差系数	平均值（亿 m^3）	相对极差	变差系数
1950～1959 年	463.60	0.79	0.24	13.15	15.02	0.35
1960～1969 年	512.90	1.44	0.41	11.00	17.05	0.54
1970～1979 年	304.20	1.02	0.30	8.88	9.28	0.32
1980～1989 年	290.70	1.32	0.44	6.46	10.91	0.54
1990～1999 年	131.50	1.68	0.52	3.79	6.09	0.53
2000～2009 年	144.68	1.63	0.56	1.37	4.19	0.90
2010～2019 年	199.83	1.26	0.41	1.28	2.89	0.78
1950～2019 年	292.47	3.03	0.62	6.56	21.00	0.84

黄河入海水沙变化具有较明显的阶段性特征（丰枯变化），水沙量累积距平曲线如图 16-4 所示，能够反映丰枯变化规律。黄河入海径流整体上经历了丰—丰—枯三个阶段的变化过程，第一个丰水期显著，为 1950～1968 年，第二个丰水期不显著，为 1968～1985 年，1986～2019 年为显著的枯水期；黄河入海沙量整体上经历了丰—枯两个阶段的变化过程，1950～1985 年为显著的多沙期，1986～2019 年为显著的少沙期；黄河入海水沙丰枯变化过程基本一致。

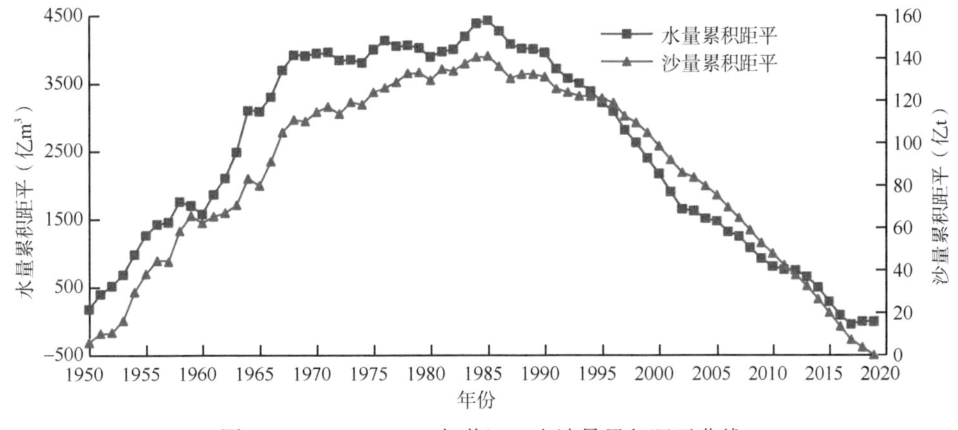

图 16-4　1950～2019 年黄河口水沙量累积距平曲线

2. 含沙量变化

从利津站不同年代含沙量变化过程线可以看出，2000 年以前，由于河口地区的沙量、水量基本同步减小，含沙量无明显的趋势性变化（图 16-5）。利津站 20 世纪 50 年代、60 年代、70 年代、80 年代、90 年代的年平均含沙量分别为 28.4kg/m^3、21.5kg/m^3、

29.2kg/m^3、22.2kg/m^3、28.9kg/m^3。2000 年以后，由于小浪底水库的拦沙作用，河口地区的含沙量减小较多，变化主要在汛期，非汛期变化不大，2000 年 7 月至 2020 年 6 月年平均含沙量为 7.94kg/m^3，年均最大含沙量不超过 20kg/m^3。总体上，利津站年均含沙量自 2003 年以来逐渐减小，2010 年有所增加，其间平均含沙量为 8.95kg/m^3。

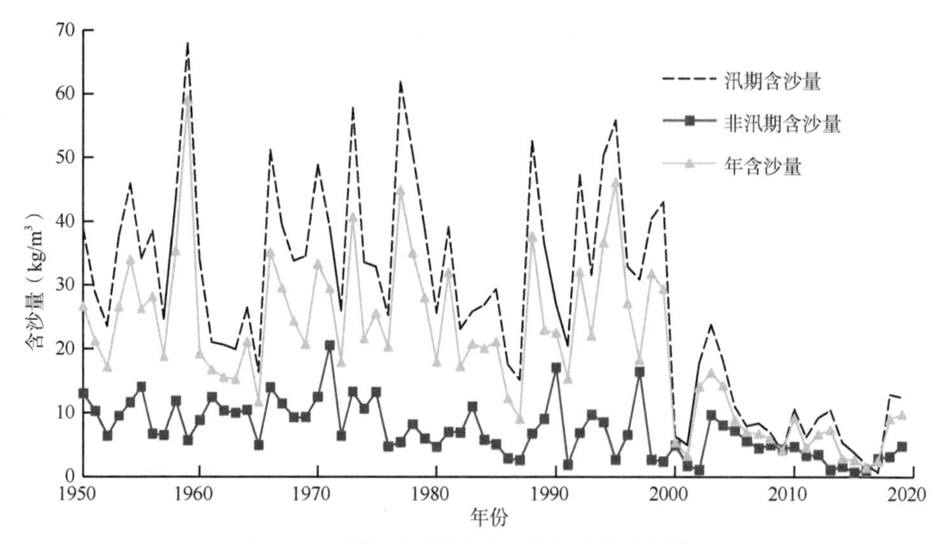

图 16-5　利津站不同年代含沙量变化过程线

16.1.2　海洋动力弱

黄河三角洲海岸为大量泥沙堆积的淤泥质海岸，洲面非常平缓，比降约 1‱，潮间带广阔，黄河入海流路的变迁对黄河三角洲海岸线的演变影响很大。行河的海岸段，海岸线以淤进为主，进行填海造陆。不行河的海岸段，由于缺乏沙源的补给，在风浪和海流的作用下，海岸线发生蚀退。特别是刚停止行河，有突出沙嘴的故河口，蚀退作用相当明显，随着时间延长，岸滩变缓变宽，海洋动力的侵蚀作用减弱，蚀退速度逐渐减小。总体来讲，由于黄河大量泥沙入海，三角洲的造陆面积远大于蚀退面积，因此三角洲面积不断扩大，海岸线不断向海域推进。

（1）潮汐

黄河三角洲海域潮汐的固有振动很小，观测到的潮汐主要是大洋潮汐的胁迫振动。潮波进入渤海后，入射潮波和反射波在神仙沟口附近（渤海湾和莱州湾两湾口交接处附近）形成驻波节点，从而出现 M_2 分潮“无潮点”，“无潮点”位置随三角洲地形变化而有所变化，但变化不大，主要位于 38°N、119°E 附近。因此，黄河三角洲沿岸潮差分布是神仙沟口外的“无潮点”区最低，向两海湾里逐渐增高的“马鞍型”。平均潮差为 0.73～1.77m，为弱潮河口。

潮汐类型除神仙沟口局部海区为不正规全日潮外，其余海域为不正规半日潮。日潮不等现象比较明显，而且渤海湾沿岸与莱州湾沿岸涨潮时差为 6h，对半日潮区来说，恰好是渤海湾涨潮、莱州湾落潮，反之，莱州湾涨潮、渤海湾落潮，此起彼伏。

（2）潮流

黄河三角洲沿岸潮流为半日潮流，潮流速以 M_2 分潮“无潮点”区为最大，最大潮流速大于 120cm/s，其分布趋势恰与潮差分布相反，向两海湾里潮流速逐渐减小。黄河口附近表层潮流椭圆短长轴之比小于 0.1，且椭圆长轴平行于岸线，表现为往复流，涨落潮方向基本与海岸平行。刁口河以西海域最大涨潮流向指向西稍偏北，落潮流向指向东南稍偏南，旋转方向为逆时针；神仙沟以南东部海域最大涨潮流向指向南，落潮流向指向北，旋转方向为顺时针。受海底摩擦影响，在海区西部，一般涨潮流历时短于落潮流历时，因而涨潮流速大于落潮流速。黄河口附近海区多数站落潮流平均历时长于涨潮流平均历时，而落潮流平均流速却大于涨潮流平均流速，这主要是河流径流加入而引起的。沿岸涨落潮流平均流速与流向，有利于黄河入海泥沙向两侧输送。

清水沟流路河口潮流，1976 年前在甜水沟口前潮流速最大，为 90cm/s，清水沟河口沙嘴突出于海中，超过甜水沟河口沙嘴之后，潮流速不断增大，根据 1984 年海岸调查，最大潮流速为 187cm/s，比以前增大约一倍，并在沙嘴前端右侧形成了高流速中心。

黄河三角洲沿岸流速场的特点是构成了流速等值线封闭式高流速辐射区，最大流速值不紧靠岸边，一般发生在海岸坡角附近。海岸坡度大，等深线密集的海区（如沙嘴前缘），流速等值线分布也密集，说明流速分布与地形变化关系密切。海岸坡度越陡，高流速位置距岸越近。在河道单一、水流集中、沙嘴突出、岸坡逐渐变陡的条件下，口门与口外高流速区的距离缩短，有利于把黄河泥沙输送到较远的海域去。

（3）余流

在海洋中实际观测的流动总称海流。从海流中去掉周期性的潮流，剩余的非周期性流动，称为余流。河口余流很复杂，产生的主导因素不同，风生余流在该海区是主要的，分布范围广；潮汐余流在海口强潮流区占主导地位；径流余流主要发生在河口区，尤其是发生在洪水期；另外还有环流、斜压流等。黄河口表层余流都是风生流，流向主要取决于优势风向，根据国家海洋局北海分局（现自然资源部北海局）的观测资料，低层余流在 5m 等深线以外主要流向东北，余流速一般在 20cm/s 左右。余流速虽不大，但由于余流在较长时间内流向不变，在波浪、潮流等海洋动力因素的共同作用下，其对黄河入海泥沙能起到长距离搬运的作用。

（4）波浪

根据五号桩沿岸水域观测资料，黄河口附近海区的波浪主要是风浪，波浪的大小随风速等而变化。强浪向为 NE 向，次强浪向为 NNW，常浪向为 S 向。该海区寒潮形成的波浪最大，1985 年 11 月 22～23 日测得最大波高 5.7m，周期为 9.0s。该海区寒潮一般从每年 10 月开始，7～15d 出现一次，波高在 3m 以上。台风海浪出现频率较小，渤海平均 3～4 年一次，最多一年两次，1986 年测得波高 4.2m。气旋每年出现 2 次或 3 次，最大波高 2.1m，一般情况下，波高不超过 1.5m。波浪侵入浅水区，当水深为波高的 1.28 倍时，波浪便发生破碎。

根据中国科学院海洋研究所 1987 年 3～11 月在黄河海港北水深 5m 处的观测资料，

黄河口波浪玫瑰图见图 16-6。

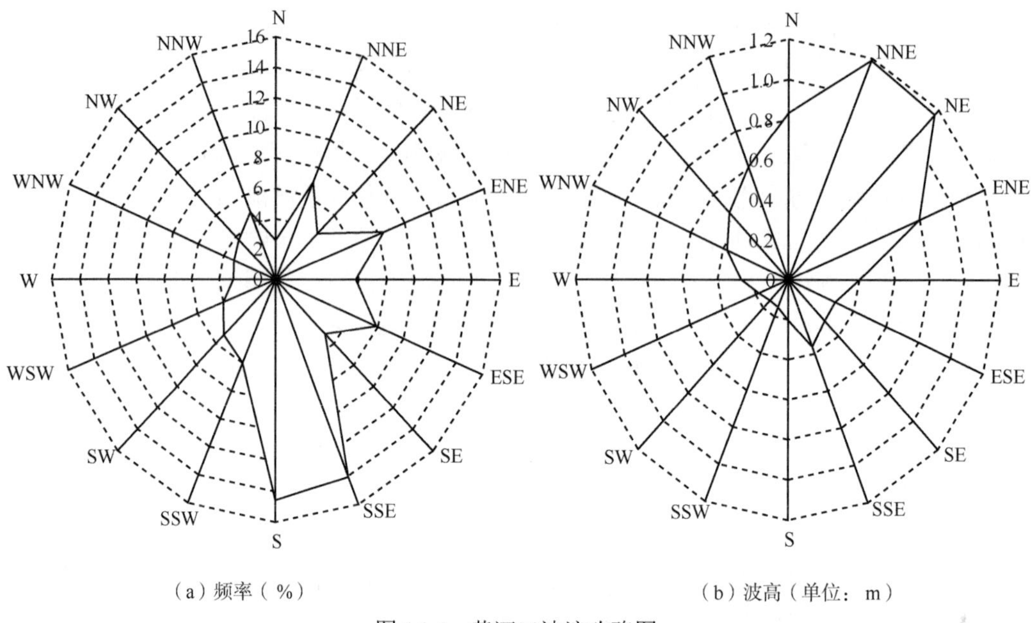

（a）频率（%）　（b）波高（单位：m）

图 16-6　黄河口波浪玫瑰图

（5）温度、盐度分布

渤海受河流注入的淡水及外海进入的高盐水两大水团的控制。夏季，黄河入海径流量大，淡水在沿岸堆积多，黄河的低盐高温水在海水表层可伸至渤海中央区，大大压缩了外海高盐水团的控制范围。冬季黄河入海径流量减小后，外海高盐水乘机入侵，可以逼近到黄河三角洲的东北海域，此时，除莱州湾海区仍为冲淡水所占据外，三角洲沿岸其他海区基本上都被高盐水控制。在垂向分布上，由于冬季的气温低于海水温度，沿岸水的温度也低于海水温度，对流使冬季的温度、盐度分布比较均匀；而夏季有温跃层和盐跃层，跃层以下则是低温高盐水控制。

黄河口附近经常存在一低盐水舌，夏季伸向东北，春季偏南，秋季先伸向东南，沿岸流使该低盐水舌又转向东北一带，位置随着低盐水的分布及潮流、潮汐和季风的相互作用而变化。海水盐度日变幅较大，平均盐度为 20～31。

（6）海域冲淤演变

1996 年黄河清水沟流路改汊后，河长缩短，尾闾河道比降增大，发生溯源冲刷，加之河道上游来水挟带而来的泥沙，使得尾闾河道输沙入海量大幅度增加，河口形成新的沙嘴，并不断向外延伸。图 16-7 为 1996 年汛前、汛后口门外海域实测等深线图，可见 1996 年汛后 0m 等深线向海域大幅度推进，分析表明口门向外延伸了 6.6km 左右。

图 16-8 为根据黄海基面以下水深变化绘制的 1996 年汛期黄河口冲淤厚度分布图，可见淤积厚度为 5～8m 的面积为 5.2km^2，淤积厚度为 2～5m 的面积为 48.9km^2，淤积厚度在 2m 以下的面积为 317.2km^2，总的来看，淤积范围较大，按实测资料粗略统计，1996

年汛期口门外海域大致淤积泥沙 1.97 亿 m^3，折合沙量 2.27 亿 t。1996 年利津来沙量为 4.38 亿 t，利津至汊 3 河道冲刷 0.36 亿 t，由此可见，1996 年来沙量的约 48%淤积在河口附近海域，输入深海的约占 52%。

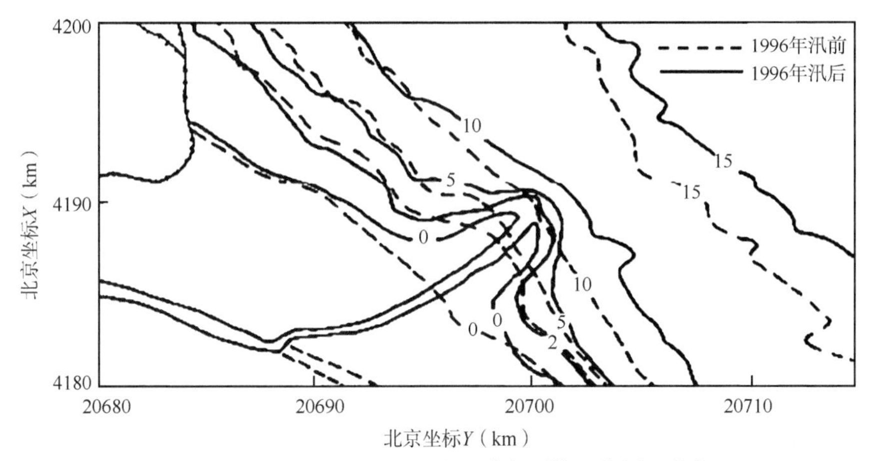

图 16-7　1996 年汛前、汛后口门外海域实测等深线图（单位：m）

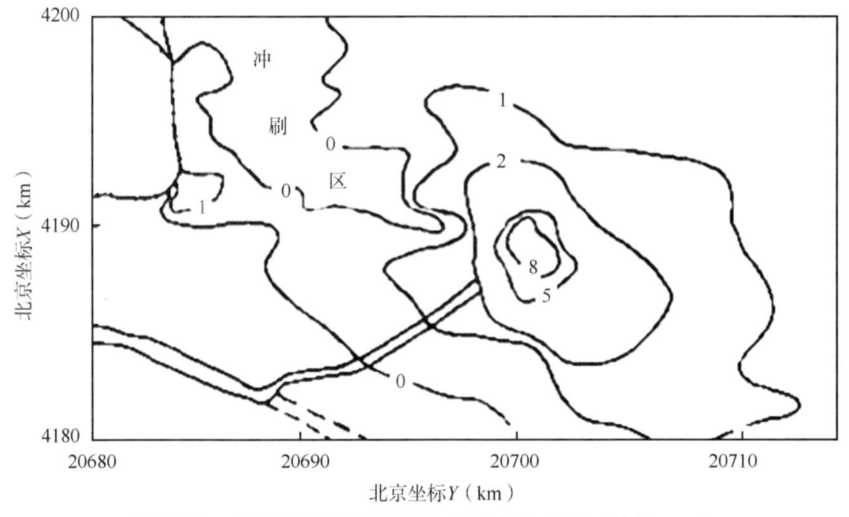

图 16-8　1996 年汛期黄河口冲淤厚度分布图（单位：m）

由于 1996～2000 年是枯水枯沙年份，黄河口 5 年总的来沙量只有 2.08 亿 t，比 1950～1999 年多年平均沙量 6.56 亿 t 还少 68.29%，因此 1996 年汛后至 2000 年汛后口门外淤积速率大大减缓，4 年总的淤积量比改汊后第一个汛期（1996 年汛期）还略小，淤积厚度在 5m 以上的面积约 4.5km^2，而 1996 年汛后淤积厚度在 5m 以上的就达 10.8km^2。与 1996 年汛后口门外等深线对照，2000 年 0m 等深线有些蚀退，从 2m 等深线开始逐渐向外推延，12～16m 等深线向外推延的最多，淤积三角洲剖面变缓。

（7）潮区界和潮流量

表 16-3 给出了一些典型河口的潮区界和潮流界范围。目前黄河口的平均潮差为 1.1～1.5m，属于弱潮河口。黄河口的潮区界仅有 10～20km，相当于辽河口的约 1/7、

密西西比河口的约 1/20、长江口的约 1/30；黄河口的潮流界更小，一般只有几千米。这种影响范围与河口比降的大小有关，黄河口的比降在 1‱左右，属于较大的，比较而言，黄河口潮汐和潮流对尾闾河道的影响较小。

表 16-3 典型河口的潮区界和潮流界范围

河口	平均潮差（m）	潮区界长度（km）	潮流界长度（km）
黄河口	1.1～1.5	10～20	0～6
长江口	2.6	621	319
珠江口	2.0	40～300	0～160
钱塘江口	5.45	270	170
闽江口	4.5	67	57
辽河口	2.75	140	92
密西西比河口	0.45	417	

16.1.3 流路不断变迁

黄河口属弱潮陆相河口，1950～2019 年黄河年平均有 6.56 亿 t 泥沙进入河口地区。大量的泥沙进入河口地区以后，河海交界处水流挟沙力骤然降低，海洋动力又不足以输送如此巨量的泥沙。因此，入海泥沙除少部分由海流、潮流、余流等直接或间接输往深海区外，大部分淤积在滨海，填海造陆，使黄河口不断淤积延伸。随着河口外延和河长增加，为适应输沙和排洪的需要，上游河段河床和水位相应抬高。在适当的水流条件下，入海流路会出现由下而上、范围由小到大的出汊摆动，摆动点一直上延到有堤防等人为控制的地方，形成尾闾河道的一次改道，之后河口的淤积延伸摆动改道又在新的基础上进行。河口淤积、延伸、摆动、改道不断循环演变，使入海口不断更迭，海岸线不断外移，黄河口三角洲的面积不断扩大。目前，三角洲前沿已经形成明显凸出的弧形岸线，南北两侧为莱州湾和渤海湾。

河口演变除受自然因素影响外，人工干预也是一个重要条件。近几十年来，人工干预使三角洲的顶点从宁海下移至渔洼，而且在今后流路的使用中，摆动顶点可能还要暂时继续下移，但由于黄河多泥沙和海洋动力弱的特性没有改变，河口尾闾的演变仍然遵循淤积、延伸、摆动、改道的自然规律。而且随着清水沟等流路海域的堆沙完成，摆动顶点还将上移至宁海附近，进行河口三角洲的大循环。自 1855 年以来，黄河三角洲演变大体经历了以下几个过程。

1855～1889 年，在 1855 年黄河改道入渤海以后一个较长的时段内，由于大量的泥沙淤积在陶城铺以上，进入河口的泥沙很少，河口还比较稳定。1872 年以后，自东坝头以下陆续修筑堤防，到 1885 年两岸堤防在宁海以上已基本形成，随着沿河堤防的逐步完善，输送到河口的泥沙逐渐增多，河口的淤积延伸问题开始显露出来，尾闾河道的摆动变迁也日益频繁。

1889～1949 年，宁海以下河口尾闾河道基本处于自然变迁状况。在此期间，人类活动逐渐增多，但长时期内宁海以下两岸仅有民埝 20 余千米，河口尾闾段经常决口摆动，其中较大的流路变迁就有 6 次。

1949 年以后，随着河口地区的生产发展，对防洪要求也日益迫切，不允许尾闾河道再任意自然改道。1953 年以后，黄河口三角洲的摆动顶点从宁海下移至渔洼，进行了 3 次大的人工改道。1953 年 7 月黄河改神仙沟、甜水沟、宋春荣沟分流入海为神仙沟独流入海。截至 1964 年 1 月，神仙沟流路实际行河 10 年 5 个月，由于河道淤积水位抬高，凌汛期在罗家屋子爆破分洪，由刁口河入海。至 1976 年汛前，刁口河行河 12 年 5 个月，利津以下河道长度比 1960 年 6 月神仙沟长 12km，1975 年 6500m^3/s 流量西河口水位达到当时预计的计划改道水位（大沽高程 10m），1976 年 5 月在西河口实施了有计划的人工改道，由清水沟流路入海（表 16-4）。清水沟流路行河后，经过淤滩成槽、溯源冲刷发展和溯源淤积的演变过程，至 1996 年西河口以下河长达到 65km。为有利于胜利油田的石油开采，沿东略偏北方向实施了清 8 改汊。2007 年调水调沙以后，汊 3 断面以下出现了向北方向的入海水流。目前，清 8 汊西河口以下河长 62.2km，流路状况尚好，还有较大的行河潜力。

表 16-4　1855 年以来黄河入海流路变迁统计表

改道顶点	次序	行河时间（年.月）	改道地点	入海位置	改道原因
		1855.7～1889.4		肖神庙	铜瓦厢决口夺大清河入海
宁海附近	1	1889.4～1897.6	韩家垣	毛丝坨	凌汛漫溢
	2	1897.6～1904.7	岭子庄	丝网口	伏汛漫溢
	3	1904.7～1926.7	盐窝	顺江沟	伏汛决口
			寇家庄	车子沟	
宁海附近	4	1926.7～1929.9	八里庄	刁口河	伏汛决口
	5	1929.9～1934.9	纪家庄	南旺沙	人工扒口
	6	1934.9～1938 年春	一号坝	神仙沟、甜水沟、宋春荣沟	堵汊未合拢改道，1938 年春花园口扒口，山东河竭 9 年，1947 年 3 月堵复
		1947 年春～1953.7			
渔洼附近	7	1953.7～1963.12	小口子	神仙沟	人工截弯，变分流为独流入海
	8	1964.1～1976.5	罗家屋子	刁口河	凌汛人工破堤
	9	1976.5 至今	西河口	清水沟	人工截流改道

从入海流路变迁的影响情况看，如果掌握适当时机，与石油开发和防洪安全需要相结合，有计划地安排入海流路，进行人工改道，对控制河道淤积延伸长度、延缓河床水位抬升、保障黄河防洪安全和促进三角洲地区经济发展均是有利的。

《黄河流域综合规划（2012—2030 年）》综合考虑入海流路的历史状况、三角洲海域特性及河口地区经济社会发展情况，在三角洲地区除现行的清水沟流路外，还规划有刁口河、马新河及十八户等备用入海流路。

清水沟为黄河入海的现行流路，已行河 40 余年，两岸已建设了较为完善的河防工程。综合考虑各种因素，规划期内仍主要利用清水沟流路行河，保持流路相对稳定，清水沟流路使用结束后，优先启用刁口河备用流路，马新河和十八户流路作为远景可能的备用流路。考虑刁口河流路多年未行河过流，海岸线蚀退，湿地萎缩，为有效保护刁口河流路生态环境，近期相机进行生态补水，同时加强清水沟和刁口河流路同时行河研究。

16.1.4 生态地位重要

黄河三角洲受河流、海洋、陆地和人类活动等多种动力系统共同作用，是多种物质、能量体系交汇的界面，拥有广阔的湿地、丰富的近海生物，是渤海生态系统的重要组成之一。黄河三角洲国家级自然保护区总面积为1530km^2，其中核心区面积为580km^2，是亚洲东北内陆和环西太平洋鸟类迁徙的重要“中转站”及越冬地、栖息地和繁殖地。黄河三角洲作为中国唯一的三角洲湿地自然保护区，已被列入世界及中国生物多样性保护和湿地保护名录。黄河三角洲生态与环境变化快速而复杂，自1855年黄河从铜瓦厢决口夺大清河入渤海，逐步形成了近现代黄河三角洲体系。黄河的淤积摆动，造成三角洲频繁淤进或蚀退，使其呈现不稳定的特征。由于成陆时间较短，植被与土壤发育“年轻”，地下水位高、矿化度大，生态环境脆弱，生态系统抗干扰和自我平衡、调节恢复能力弱。此外，该地区自然资源丰富，是山东省农业、石油和海洋开发的重点地区，人类活动对黄河口生态系统干扰日益增强，生态环境保护面临严峻挑战。

黄河三角洲生态系统布局呈现出明显的空间差异性，自海向陆依次分布着滩涂湿地、盐碱荒地、新淤地脆弱农业生态系统和农耕地四个主要的生态系统。黄河口位于河流生态系统与海洋生态系统的交汇处，是以河流湿地及滩涂湿地为主的生态系统，是此次规划重点关注的区域。

（1）三角洲湿地

黄河三角洲湿地分为自然湿地和人工湿地，自然湿地包括河流、裸滩涂、芦苇草甸、芦苇沼泽、芦苇-柽柳灌丛和沼化草甸滩涂；人工湿地包括水库、坑塘、养殖和盐田。根据2020年卫星遥感影像解译结果，黄河三角洲共有湿地面积13.64万hm^2，约占现代三角洲总面积（约24万hm^2）的56.83%，其中自然湿地面积约7.75万hm^2，人工湿地面积约5.89万hm^2（表16-5）。

表16-5 2020年黄河三角洲湿地面积统计 （单位：万hm^2）

类型	自然湿地						人工湿地			
	河流	裸滩涂	芦苇草甸	芦苇沼泽	芦苇-柽柳灌丛	沼化草甸滩涂	水库	坑塘	养殖	盐田
面积	0.54	2.46	1.16	1.73	1.16	0.70	0.24	0.43	3.71	1.51

黄河三角洲自然湿地和人工湿地呈聚类、间或分布（图16-9）。淡水湿地以河流为核心分布在河道两侧，主要分布在黄河现行流路两侧、神仙沟两侧及保护区一千二分区刁口河尾部两侧共三块区域；滩涂湿地主要分布在现行流路和刁口河近海外侧，属陆海交接带，由周期性潮汐冲刷形成；咸水湿地以芦苇-柽柳灌丛为主，主要分布在刁口河近海两侧和孤东油田中上北部，以孤东油田分布最为集中。人工湿地以盐田和养殖、坑塘为主，沿海均大面积分布，其中盐田主要分布在三角洲东北部的神仙沟流路附近。

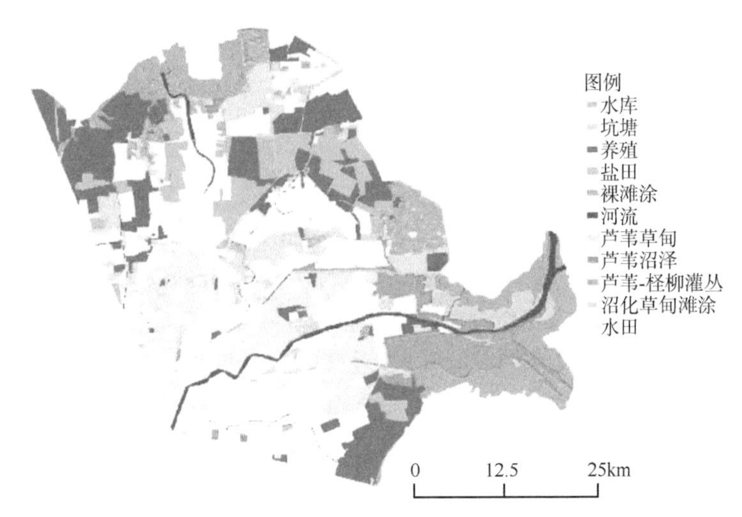

图 16-9　黄河三角洲湿地空间分布示意图（2020 年）

黄河三角洲湿地总面积有所减小，但湿地总面积占黄河现代三角洲总面积的比例仍在 50%以上。由于黄河三角洲土地开发利用无序扩张，湿地生态系统结构发生了显著变化，自然湿地占比下降，人工湿地占比上升。结构变化以 2000 年为界，2000 年以前，黄河三角洲湿地基本处于自然状态，受人为开发影响较弱，自然湿地的面积减小趋势平缓，自然湿地面积占总湿地面积的比例均在 90%以上；2000 年后，自然湿地面积下降明显，占比也从最高值 96.87%下降到 55.61%，而人工湿地面积占比相应从最低 3.13%增加至 44.39%，人工湿地尤其是盐田和坑塘湿地大量侵占了滩涂、芦苇湿地等。此外，在黄河改道后，故道附近的天然淡水湿地受海潮侵袭影响，发生快速萎缩退化，如刁口河、清水沟尾闾湿地呈逆向演替态势。

（2）黄河口国家公园

黄河口国家公园位于黄河入海口处，北临渤海，东靠莱州湾，涉及山东省东营市垦利区、河口区和利津县 3 个县（区），刁口乡、仙河镇、黄河口镇、孤岛镇、永安镇、新户镇、汀罗镇、陈庄镇、河口街道和六合街道 10 个乡（镇、街道）。

黄河口国家公园总面积为 352 291.34hm^2，包括陆域面积 137 141.08hm^2、海域面积 215 150.26hm^2，二者分别占总面积的 38.93%、61.07%。其中，北部片区面积为 109 508.89hm^2，包括一千二区域和新户区域；南部片区面积为 240 415.93hm^2，包括大汶流区域、黄河口区域和小岛河区域；连接处的黄河故道面积为 2366.52hm^2。

黄河口国家公园主要以原有自然保护区、森林公园、地质公园、海洋特别保护区为基础划定，整合了黄河三角洲自然保护区和海洋保护区的全部，并向大海方向扩充。在坚持生态优先、保护第一的原则下，黄河口国家公园内社会经济产业发展和生产生活活动受到一定程度的限制，经济产业发展相对落后，仅在有限区域开展石油开采、生态旅游、海产养殖及捕捞和常规农业种植活动。

目前，黄河口国家公园内尚有在产的 1234 口油水气井，耕地面积为 7686.11hm^2，盐田面积为 1686.55hm^2，水产养殖设施建设用地面积为 1656.36hm^2，确权用地面积为

38 436.34hm^2，是国家公园内及其周边社区的主要经济来源。海域面积合计215 150.26hm^2，占总面积的 61.07%，包括渔业用海 25 325.81hm^2、交通运输用海308.89hm^2、游憩用海 32.55hm^2、特殊用海 14.37hm^2、其他海域 189 468.64hm^2。

（3）浅海生态环境现状

根据《2018 年东营市海洋环境状况公报》，全市近岸海域海水污染程度依然较重，冬季、春季、夏季、秋季符合第一类、第二类海水水质标准的海域面积分别为 3230km^2、275km^2、2308km^2、3969km^2；劣于第四类海水水质标准的海域面积较上一年有所增加，主要分布在黄河、潮河、广利河等入海口邻近海域，主要超标物质为无机氮。全年沉积物质量整体良好，监测指标均符合第一类海洋沉积物质量标准。海洋生物多样性指数较高，优势种无明显变化，群落结构较为稳定。滨州—东营北部近岸贝类养殖区（河口区片）海水增养殖区环境质量等级为优良，满足增养殖活动要求；莱州湾南岸养殖区（东营区片）海水增养殖区环境质量等级为较好，一般能满足功能区环境质量要求。重点海参养殖区水源地水质能够满足海参养殖用水需求。五个海洋特别保护区生态状况基本稳定，能够满足海洋特别保护区环境质量要求。

近几年的东营市海洋环境状况公报显示，东营市海洋生态环境状况有恶化趋势，东营市近岸海域的海洋生态环境正面临着严峻的考验，主要存在以下三个方面的问题：①陆源污染状况加重；②海水增养殖区和海洋保护区受到轻微污染，主要污染物为无机氮和石油类；③黄河口生态系统近年来一直处于亚健康状态，个别年份甚至处于不健康状态，生态系统的氮磷比失衡现象及海域富营养化状况突出，多年来未得到明显改善。

由此可见，海洋环境污染对海洋生物资源、海产品质量安全和人类身体健康造成了一定威胁，影响海洋经济的可持续发展，海洋生态环境保护已刻不容缓。油气开发形成的石油类污染使海水水质下降，海洋生物生存环境受到严重破坏。受海水养殖及黄河入海水量减少的影响，浅海海域总无机氮超标率很高，营养盐水平较高，且有明显升高趋势，近海赤潮灾害发生越来越频繁，严重威胁着海洋生物资源及海水养殖业的发展，造成河口近海渔业生产力下降及生物多样性衰减。

16.1.5 人类活动影响大

与世界上其他河口相比，黄河口受人类活动的影响尤为突出，主要表现为：①随着社会经济的持续发展，黄河两岸工农业的用水量持续增长，黄河多年平均耗用河流径流量达到约 300 亿 m^3，占天然径流总量的 52%，同时，随着黄土高原大规模的水土保持建设，小浪底水库的调节运用，以及两岸堤防和整治工程的控制，黄河已不是真正意义上的天然河流，而河口作为流域的最后出口，受到的影响最大，近年来进入黄河口的水沙条件发生了变异；②黄河三角洲既是我国第二大油田——胜利油田的主产区，又是我国东部沿海土地后备资源最广阔的地区，还是我国以保护新生湿地和珍稀、濒危鸟类为特色的暖温带保存最完整、面积最大的湿地生态保护区，河口三角洲社会经济持续稳定发展不允许河口流路自由摆动，自 1976 年以来对河口流路实行了有计划的人工改道；

③为稳定河口流路，在黄河口实施了大量的河道整治工程，在一定程度上影响了尾闾河道的演变。

16.2　黄河口治理保护现状及存在的主要问题

16.2.1　入海流路治理与防洪工程建设

为减轻黄河下游河道淤积并保障河口地区的防洪安全，1950 年以来在河口进行了 3 次大的人工改道，建设了堤防、河道整治工程和其他治理工程，为河口地区的经济社会发展创造了条件。1976 年黄河改道清水沟流路以来，黄河河务部门、胜利油田、东营市对清水沟流路开展了大量的治理工作。1988 年在河口进行了以尽量延长现行清水沟流路使用年限为目标的疏浚试验；1992 年国家计委批准了《黄河入海流路规划报告》；1996 年以来，按照国家计委批复的《黄河入海流路治理一期工程项目建议书》，实施了河口治理一期工程。该工程建设由水利部、山东省和胜利油田共同出资完成，总投资为 36 416 万元，其中中国石油天然气集团有限公司投资 20 979 万元，水利部投资 10 437 万元，山东省投资 5000 万元，目前大部分项目已经完成，2006 年通过总体验收。堤防、河道整治工程的建设及清 8 改汊工程的实施，对提高河口河段防洪能力、稳定清 7 以上河道、减轻黄河下游河道淤积、保障河口地区工农业生产和人民生命财产安全起到了重要作用。2008 年黄委会组织编制了《黄河河口近期治理防洪工程建设可行性研究报告》，通过了水利部审查，但未批复实施，其成果被纳入《黄河流域综合规划（2012—2030 年）》和《黄河下游“十四五”防洪工程可行性研究报告》。

河口地区共有各类堤防 206.331km，其中北大堤、南防洪堤等设防堤长 77.466km；北大堤退守堤、南大堤、东大堤及其他堤防长 128.865km，为不设防堤段。左岸设防堤自利津四段至孤东南围堤末端长 49.731km，由北大堤（自利津四段至孤东南围堤 3 号险工，长 44.631km）和孤东南围堤（自孤东南围堤 3 号险工至末端，长 5.100km）两段组成。右岸设防堤（南防洪堤）自垦利二十一户至末端长 27.735km。河口河段的二十二公里、三十公里、三十八公里和四十二公里等 4 处险工均分布在左岸，工程总长 3.101km，坝垛有 23 道。河口河段的 11 处控导工程分布在清 4 断面以上，坝垛有 203 道，工程总长 20.717km，其中左岸有 5 处，右岸有 6 处。

16.2.2　水资源利用

经过几十年的发展，东营市已形成了由引黄工程、平原水库工程、拦河闸工程等地表水供水工程，以及以机电井工程为主的地下水供水工程组成的较为完备的供水工程体系。东营市主要引黄工程有 16 处，设计总引（提）水能力 552m^3/s，其中黄河南岸有引黄工程 9 处，北岸有引黄工程 7 处。现状灌溉面积 302.3 万亩，其中农田灌溉面积 275.7 万亩，林果地灌溉面积 21.3 万亩，牧草灌溉面积 5.3 万亩。东营市已建水库 52 座，设计总库容 5.83 亿 m^3，其中大型水库 1 座，设计库容 1.35 亿 m^3；中型水库 13 座，设计库容 3.28 亿 m^3；小（Ⅰ）型水库 27 座，设计库容 1.16 亿 m^3；小（Ⅱ）型水库 11 座，设计库容 0.04 亿 m^3。目前共有地下水取水井 7809 眼，其中规模以上机电井 7731 眼，规模以下机电井 78 眼，主要集中在广饶县。

16.2.3 生态环境保护修复

黄河三角洲自然保护区建立于 1990 年 12 月，1992 年 10 月被国务院批准为国家级自然保护区。1999 年黄河开始实行全河水量统一调度以来，黄河实现连续 23 年不断流；2002 年以来连续进行了 9 次调水调沙，2008 年以来实施了生态调度及刁口河备用流路过水，使河口生态水量基本得到保障，增加了入海水沙量，补充了湿地生态用水。为了进一步修复湿地生态系统，黄委会先后对在自然保护区内设立的 18 万亩（120km^2）区域实施了三角洲生态补水等实践。黄河口三角洲及近海生态环境得到了一定程度的改善及恢复，尤其是刁口河流路恢复过水及尾闾湿地补水对退化湿地具有积极修复作用，取得了显著的社会经济效益和生态环境效益。到 2020 年，累计补水约 6.58 亿 m^3，河口湿地芦苇沼泽面积由自然保护区建立时的 1.4 万 hm^2 增加到 1.73 万 hm^2，鸟类由 187 种增至 368 种，生物多样性显著增加。2008～2020 年黄河三角洲淡水湿地补水情况统计见表 16-6，刁口河生态补水如图 16-10 所示，刁口河河道现状如图 16-11 所示。2021 年黄委会调水调沙期间继续向三角洲淡水湿地恢复区进行补水，达到了 1.81 亿 m^3。

表 16-6　2008～2020 年黄河三角洲淡水湿地补水情况统计

年份	补水期利津流量（m^3/s）	补水天数（d）	清水沟补水（万 m^3）	刁口河补水（万 m^3）	合计补水（万 m^3）
2008	3 387	11	1 356	0	1 356
2009	3 366	10	1 507	0	1 507
2010	3 560	12.6	2 041	3 628	5 669
2011	2 689	15	2 248	3 619	5 867
2012	2 763	19	3 036	3 285	6 321
2013	3 300	19	2 129	2 613	4 742
2014	2 600	10	803	1 325	2 128
2015	2 430	16	1 678	1 744	3 422
2016	未补水	0	0	0	0
2017	2 500	—	0	2 400	2 400
2018	3 500	—	1 100	3 621	4 721
2019	2 580	32	3 982	2 091	6 073
2020	3 220	—	12 568	9 033	21 601
合计					65 807

“—”表示数据暂缺

然而，黄河三角洲独特的地理位置决定了其生态环境较为脆弱，自然恢复能力很弱，极易受到干扰破坏。近年来，受人类对黄河三角洲开发利用强度的不断加大，以及石油开发等方面的影响与制约，生态保护与经济社会发展用水矛盾日益尖锐，生态环境问题依然突出，生态环境保护形势依然严峻。

图 16-10　刁口河生态补水

图 16-11　刁口河河道现状

16.2.4　存在的主要问题

大量泥沙堆积在黄河口，尾闾河道不断淤积延伸。清 8 改汊之后，尽管 1996 年 7 月至 1997 年 9 月尾闾河道冲刷强烈，但由于水沙条件的变化，1997 年 10 月以后，清 4 断面以下河道冲淤交替变化，但总体呈淤积状态。

十八户以下靠河的险工控导工程长 23.5km，仅占河道长度的 1/5 左右，控制长度不足，清 4 以下为无工程控制区，致使十八户以下河段河势变化较大，造成部分工程脱流，多处滩岸坍塌严重，特别是丁字路口附近的右岸滩地，自 1998 年至 2005 年坍塌长度达 5000m、宽度为 400m，如若继续任其发展，不仅会引起其他河段的河势变化，还极有可能改道流向南边海域，淤塞东营市的排水体系。同时，清 8 汊附近呈现出明显的“S”弯，发展趋势极为不利。

滩地横比降加大，防洪压力增加。近几十年来，水较小，漫滩淤积多是滩唇淤积，滩面淤积较少，形成了滩唇高于堤根、横比降较大等严重问题。若遇到洪水漫滩，即使是中常洪水，也极易发生河势骤变，形成横河或者顺堤行洪的防洪被动局面，严重时对堤防还有冲决的危险。

岸线蚀退，湿地退化。进入黄河口的水沙大幅度减少，导致三角洲海岸线蚀退，使得淡水湿地退化。水资源匮乏，生态系统脆弱，经济社会的发展受到严重制约。

黄河水资源是维系河口三角洲城乡居民生活和工农业生产的唯一可利用淡水资源，河口地区 95%的用水来自黄河，黄河已成为东营市国民经济、社会发展及胜利油田生产建设的生命线。但是，随着流域降水量减小和黄河上游用水量的不断增加，进入河口地区的水量明显减小。据统计，20 世纪 70 年代以来，进入河口地区的水量整体上呈递减趋势，70 年代年均来水量为 304.20 亿 m^3，80 年代年均来水量为 290.70 亿 m^3，90 年代年均来水量为 131.50 亿 m^3，2000～2009 年年均来水量为 144.68 亿 m^3。黄河来水量减小，导致水资源供需矛盾加剧，引发了诸多社会、经济和生态问题：一是造成三角洲地区工业用水及城乡居民生活用水紧张；二是工业发展布局和新上项目受到制约，盐碱地改良的进程和农业增效缓慢；三是河口淡水湿地萎缩，与黄河水密切相关的海洋生物种类大幅度减少。

16.3 黄河口泥沙调控需求

黄河口泥沙调控要遵循黄河三角洲的自然演变规律，以保障黄河下游防洪安全为前提，以黄河口生态良性维持为基础，维持三角洲海岸线动态平衡，充分发挥三角洲地区的资源优势，促进地区经济社会的可持续发展，从战略高度全面规划、统筹兼顾、合理安排、分期实施，谋求黄河下游的长治久安并促进河口地区经济社会的可持续发展。

16.3.1 保障黄河下游防洪安全

河口治理作为黄河治理的重要组成部分，直接关系到黄河下游的长治久安，搞好河口治理，保持入海流路顺畅，有利于洪水排泄入海、降低相对侵蚀基准面、减轻黄河下游防洪负担和降低治理难度。

从渤海湾和苏北沿海海岸线变迁可知，凡是黄河行河的地方，岸线都不断外移，随着三角洲的淤长，如果仍要维持排水输沙入海比降，就需要抬高上游河道水位，从而产生类似基准面抬升的效果，反馈影响向上游传播；分析明、清两代废黄河决溢部位与决溢时间的关系、铜瓦厢决口前后下游河道决口地点与决口时间的关系，结果都表明河口延伸通过溯源淤积影响下游河道的淤积发展过程。因此，黄河口演变的宏观反馈影响波及整个下游河道。

20 世纪 50 年代黄河口地区有实测资料以来，经历了 1953 年 7 月至 1963 年 12 月神仙沟流路、1964 年 1 月至 1976 年 5 月刁口河流路、1976～1996 年清水沟原河道 3 次小循环，目前入海流路为清 8 汊，尚有一定的行河潜力。通过分析下游河道在每个小循环期间水位、冲淤量的变化，研究河口演变对下游河道的反馈影响，结果表明，流路在完成一次小循环的时段内，通过溯源淤积、河口延伸对下游河道特别是泺口以下河道产生比较大的反馈影响。

在一条流路的行河时间内（一般是数年到二三十年），河口演变对下游河道反馈影响的程度和范围见表 16-7，河口流路淤积延伸对黄河下游河道的反馈影响主要与河道长度有关，为了减少河口淤积延伸对下游河道的反馈影响，就要尽量缩短河长。

表 16-7 溯源冲刷或溯源淤积的反馈影响的程度和范围

流路	时段（年.月）	溯源冲刷	溯源淤积	利津站来沙系数 S/Q	改道河长缩短（km）	流路延伸（km）	影响范围	距一号坝距离（km）
神仙沟	1953.7～1955.7	√		0.018 5	11	4.5	刘家园	156.6
	1961.7～1963.10		√	0.008 52		18.5	道旭	61.9
刁口河	1966.7～1969.7	√		0.016 4	22	20.3	利津	27.5
	1974.7～1975.10		√	0.021 2		24.1	张肖堂	72.9
清水沟原河道	1976.7～1979.7		√	0.030 7	37	18.7	利津—一号坝	0～28
	1979.7～1982.7	√		0.033 6		26.3	麻湾	41.5
	1982.7～1985.7	√		0.014 4		29.4	刘家园	156.6
	1990.7～1993.7		√	0.052 7		35.0	利津	27.5

续表

流路	时段（年.月）	溯源冲刷	溯源淤积	利津站来沙系数 S/Q	改道河长缩短（km）	流路延伸（km）	影响范围	距一号坝距离（km）
清水沟原河道	1993.7～1995.10		√	0.050 8		38.9	清河镇	99.1
清 8 汊	1996.7～1998.7	√		0.089 6	16	5.5	麻湾	41.5
	1998.7～2000.7		√	0.114 0		9	利津	27.5

河口淤积延伸或摆动改道，使河道延长或缩短。在海平面相对稳定的条件下，其影响相当于冲积河流的侵蚀基准面相对抬升或降低，从而使上段河道发生相应的调整变化。主要表现在：入海流路改道初期，河道缩短，改道点以上的河道发生溯源冲刷，使一定范围内的河床及水位有所降低，对黄河下游防洪是有利的。随着河口沙嘴逐步向海内延伸，河道逐步延长，从而引起上段河道的溯源淤积。当河口流路不畅，或局部河段高仰时，在一段时间内可能起到抬高侵蚀基准面的作用，造成溯源淤积的不利影响。

综上所述，黄河口未来仍然是一个多泥沙的河口，河口淤积延伸不可避免，随着河口的淤积延伸，侵蚀基准面相对升高，使河道水位不断抬高，并逐渐高出外边地面较多，成为靠滩唇约束的地上河。河口淤积延伸到一定程度时，若不进行有计划的人工改道，将发生自然改道。

因此，黄河口泥沙的合理调控必须与下游河道防洪安排相协调，保持河口河段有足够的排洪能力，保持一个较大的堆沙海域，尽可能减缓河口延伸，减轻溯源淤积的影响，有计划地安排入海流路，尽量缩短河长，保障黄河下游河口地区安全。

16.3.2　维持海岸线动态平衡

黄河三角洲海岸发生的淤进蚀退现象和岸线形态变化是黄河来水来沙、黄河河道尾闾摆动、海洋动力等自然作用及人工改道、筑坝筑堤等人类活动双重作用的结果。按岸滩的自然演替进程可将黄河三角洲海岸划分为淤进型（清水沟）、蚀退型（刁口河）和稳定型（神仙沟、挑河）三种类型。

自然情况下，在黄河行河岸段，海岸线迅速向海淤进，而在非行河岸段，由于缺少泥沙补给，受风浪、海潮等作用影响，海岸线蚀退。

1855 年，黄河在铜瓦厢决口后，自徐淮故道北徙袭夺大清河由利津入海。1855～1976 年，黄河尾闾决口、改道达 50 余次，其中较大的改道为 10 次。

1954～1976 年，黄河三角洲新的海岸主要是神仙沟流路和刁口河流路时期形成，因此挑河至清水沟流路北部之间剧烈淤进，淤进面积达 651km^2，其余岸段出现不同程度的蚀退，蚀退面积为 102km^2，主要蚀退部位在挑河以西区域，据实际调查主要蚀退部位海岸蚀退达 3～5km。另根据实测资料分析，这个时段三角洲海岸的变化特点是：1964 年以前三角洲的主要淤进部位在三角洲东北方向神仙沟流路入海处，淤出海岸形成一扇形突出区；1964～1976 年为刁口河流路时期，三角洲主要淤进部位为西起挑河、东至刁口河以东的五河淤积区，河口的最大淤进距离达 38km；现清水沟流路以南海岸淤进蚀退变化不大，基本稳定。

1964～1966年为刁口河流路的初期，河道游荡散乱，在行河淤积过程中，汊股逐渐从上到下归并；1967～1972年为单股行河时期，河床淤高，河道不断向弯曲发展，形成向海中突出的沙嘴；1972～1976年为刁口河流路的后期，标志是单股河道在感潮段的上端附近出现汊河，汊河河道散乱、游荡，沙嘴淤宽，横向发展。

人工干预情况下，黄河三角洲的海岸线变化是淤进造陆与海水侵蚀共同作用的结果，黄河三角洲在陆地淤进的同时也伴随着较明显的蚀退现象。从大的时间尺度上来看，除了孤东油田及东营港区域的人工海岸基本无变化，其他区域都有不同程度的淤进、蚀退或两者交替。

自20世纪70年代以来，黄河入海水沙锐减，主要是由于流域人类活动影响日益加剧，而气候变化导致黄河流域降水量的小幅度下降在一定程度上使人类活动引起的入海水沙减少的问题更显突出。20世纪80年代中后期开始的河口疏浚和三角洲沿岸开发利用直接影响着三角洲的近期演变进程，主要表现在以下五个方面。

1）黄河改道清水沟流路初期（1976～1983年），河道摆动极为频繁，汊流发育较多，属淤滩造床过程，此阶段黄河三角洲发育的典型特征就是“双扇形”结构。

2）1984～1988年，黄河口呈独特的“棉絮”状，此阶段黄河来水来沙骤然减少，河道摆动幅度小，蚀退淤进交替进行，随着入海口的摆动蚀退淤进的位置也在不断改变，黄河口整体向外小幅度伸展。

3）1989～1996年，河口沙嘴由“棉絮”状向近似于“楔形”状发展，沙嘴向东南方向稳定延伸，沙嘴两侧伴随明显的蚀退现象，沙嘴逐渐收窄。

4）1997～2007年，清8汊（1996年清水沟流路又原河道改走清8汊河）附近的沙嘴蚀退与淤进交替进行，但整体呈“楔形”向东偏北方向延伸，此阶段黄河三角洲湿地发展为“双楔形”的近似鸭嘴状。

5）2008年至今，清8汊湿地由原来的呈东偏南“楔形”发展为东北方向的“楔形”，1976年河道湿地继续以相对稳定的速率蚀退。

自1976年黄河改行清水沟入海后，刁口河沙嘴及附近海岸线由于没有泥沙补充，开始进入强烈蚀退期。1976～1986年，刁口河沙嘴蚀退了约6km，蚀退面积约100km^2；1986～2000年，刁口河沙嘴蚀退了1km左右，蚀退面积为37km^{2}左右。目前，0m等深线已进入飞雁滩油田内部，高潮已淹到飞雁滩油田东西路，若任其发展，位于刁口河口门附近的飞雁滩、桩106等油田很快会变成海上油田。

清水沟流路区域和刁口河流路区域的海岸线变化最为活跃，海岸线淤进与蚀退都比较频繁，其中刁口河流路附近海岸线整体上呈后退趋势，而清水沟流路是陆地淤进的主要地带。为遏制海岸线蚀退的趋势，可在清水沟入海期间，改走刁口河流路，实施两条流路轮换使用，利用黄河泥沙淤积，促使刁口河口海岸冲淤达到动态平衡状态。

总的来说，入海泥沙是黄河三角洲陆地淤进的动力来源。由于入海沙量较1986年以前大幅减少，黄河三角洲海岸线自1986年以来总体处于蚀退状态。因此，要维持海岸线的动态平衡状态，需要加强河口泥沙的合理调控。

16.3.3 保护黄河三角洲生态环境

在黄河独特水沙条件和渤海弱潮动力环境共同作用下，黄河三角洲形成了我国暖温带最广阔、最完整、最年轻的原生湿地生态系统。黄河三角洲湿地广阔，类型多样，自然湿地主要分布在以渔洼为顶点的现代三角洲，是众多野生动植物的栖息地，在维持生物多样性和生态稳定方面发挥着重要作用。1972～1999 年，黄河下游共有 22 年发生断流，黄河水沙资源减少对黄河口三角洲湿地产生了较大的影响和胁迫。

黄河来水来沙减少，影响整个黄河三角洲湿地淡水资源的补给，改变了河口海域的海水盐度、营养条件和饵料生物种群数量，导致近海生物资源减少，生物多样性降低。河口湿地淡水资源的供给不足，造成无法得到黄河水补充的湿地干涸、萎缩和盐渍化，对黑嘴鸥等保护物种的生境造成了重大威胁。

失去黄河水保障的黄河故道地区，持续缺乏水沙补给不仅直接导致沿海滩涂的蚀退，还打破了河流、沼泽、海滩的自然连通格局，破坏了该区域的水盐平衡，海水与地下盐水沿河道及地层孔隙向内陆入侵，造成淡水的储备空间被海水取代，发生海水倒灌，加速了土壤盐碱化。由此不但造成盐地碱蓬这一先锋植物面积锐减，而且植被演替中间地带的獐茅、芦苇等植被不断退化、消失，甚至已经形成灌木植被的柽柳等植被面积也开始减小，在广袤的高潮滩地形成了大片裸地，湿地生态质量降低，生物多样性和生物量明显减少，生态承载力减弱。

为保护黄河三角洲湿地生态系统，黄委会自 2008 年开始，对淡水湿地实施生态补水，初步实现了人工干预下有限目标的保护和修复。2008～2020 年，黄委会开展了基于调水调沙的三角洲生态补水工作，年均入海水量为 186.6 亿 m^3，并累计向黄河三角洲淡水湿地恢复区补水约 6.58 亿 m^3。2020 年芦苇沼泽湿地面积约 1.73 万 hm^2，恢复至 20 世纪 80 年代的水平。恢复区内样地植被物种丰富度呈上升趋势，现行流路湿地补水区及影响区地下水位抬升明显，抬升幅度为 45～100cm；2020 年鸟类种类已达到近 370 种，较 2005 年增加 25%。

良好的自然生态环境是河口地区经济社会可持续发展的基础和保证。自 20 世纪 90 年代以来，由于入海水量锐减，黄河口生态系统出现了湿地萎缩、生物多样性降低及水生生物资源衰减等生态失衡问题，严重威胁着黄河口三角洲生态系统的稳定和经济社会的可持续发展。在此情况下，只有通过有效手段对入海的水沙在整个三角洲范围内进行科学合理的调控，才能维持生态系统的良性发展。

16.3.4 促进河口地区社会经济发展

黄河三角洲地区土地、油气、海洋等自然资源丰富，地理位置优越，处于我国环海经济圈和东北亚经济区内，其开发价值和发展潜力都很大，21 世纪将成为我国重要的能源、重化工及农业可持续发展的开放型经济区。为保证河口地区的资源开发和经济社会健康发展，在满足黄河下游防洪总体部署要求的条件下，黄河入海泥沙要尽可能地满足河口三角洲社会经济发展的需求。

黄河入海泥沙的合理调控，可以控制流路的摆动范围，有利于土地资源开发利用和基础设施建设，以及减少对海洋滩涂养殖业发展和东营港、广利港运营的影响，促进河口地区社会经济繁荣发展。

东营市是三角洲的中心城市，依托丰富的石油、天然气、盐等资源，形成了以石油化工、天然气生产、盐化工等为特色的工业体系，2020 年国内生产总值（GDP）达 2981.53 亿元，经济发达。结合区位及资源优势，东营市提出发展战略：打造山东高质量发展的增长极，黄河入海文化旅游目的地，富有活力的现代化湿地城市。

目前，黄河的四条入海流路均位于东营市内，刁口河流路作为优先启用的备用入海流路，陆域管理范围面积为 934km^2，占东营市面积的 11.3%。刁口河流路范围内油气资源丰富，有 10 个油田区块，年产量 300 万 t，并建有大量基础设施。

流路变迁影响东营市城市格局及油田的开发布局。随着城市的发展和东营港的建设，对土地开发需求日益强烈，刁口河流路范围内基础设施逐渐增多，保护管理协调难度日益增加，迫切需要提前谋划，在保障防洪安全的前提下，协调好流路管理保护与地方经济发展及油田开发，进行分区管控，最大限度地降低对地方发展及油田开发的影响，并尽可能服务好地方发展及油田开发，助力地方高质量发展。

16.3.5 促进油田开发建设

黄河三角洲是胜利油田的“金三角”地带，地下蕴藏着大量的石油和天然气，经过四十多年的物探，先后在黄河三角洲上发现 34 个油气田，黄河三角洲地带的剩余勘探潜力仍然较大，稳定现行清水沟流路将为河口地区油田的开发建设提供重要条件。

为保护胜利油田的安全生产，在修建大量的引黄取水工程、修筑海堤、治理黄河、油区防洪排涝的实践中，通过利用水力插板、引用高含沙水和加固加宽堤坝等技术，逐步形成了引黄取水、堤坝建设、黄河口治理三个方面的水利工程建设模式，既充分利用了水资源，又合理地安排了泥沙。

黄河口的治理除了防洪保安全，还一直兼顾服务于当地经济社会发展及油田的开发，孤东油田就是在黄河泥沙淤积造陆的基础上建成的，经过近 20 年的开发建设，已逐步建成 50 年一遇防潮标准的封闭圈堤，使其成为完全的陆地开发，保证了日常生产不受一般潮汐的影响。近十几年来，由于受入海泥沙锐减及波浪、潮流、风暴潮等因素的影响，孤东油田临海堤段岸线堤外地面被不断地冲蚀淘深，造成围堤护坡塌落，坡度变陡失稳，防护的难度也在不断增加，而且每年还需投入大量资金对其进行修复维护。

黄河三角洲海岸线蚀退，使得滩海油田由原来的驻采变为海采，采油的成本和难度增加。由于入海泥沙甚少，黄河三角洲海岸线以蚀为主，并由此带来一系列问题：一是土地资源流失，二是海水入侵上溯，严重影响油田开发和河口地区农业生产及生态环境。因此，在黄河入海泥沙日益减少的情况下，应将其作为一种宝贵的资源，充分合理地利用。

在确保黄河防洪安全的前提下，实施有计划地出汊，利用泥沙填海造陆维护海岸冲淤的动态平衡，促进当地及油田的开发建设。流路安排与油田开发相结合，合理调控河口泥沙，可以保障黄河下游防洪安全，促进黄河口生态良性维持和经济社会的可持续发展。

16.4　本 章 小 结

1）黄河口是一个弱潮、多沙、摆动频繁的堆积性河口，与国内外其他大江大河的河口相比，黄河口具有特殊的复杂性，主要表现为：黄河口是强烈堆积性河口，当入海沙量很少或无沙入海时，河口沙嘴和突出的岸线在海洋动力的作用下，将发生蚀退现象；黄河入海流路是不断变迁的，自 1855 年黄河改道大清河以来，尾闾河道较大的变迁有 10 次。

2）人民治黄以来，随着河口地区经济社会的发展，在防洪工程建设、水资源开发利用、防潮工程建设等方面取得了巨大成就，极大地促进了地区经济社会的发展，主要表现为：1976 年黄河改道清水沟流路以来，河口地区共有各类堤防 206.331km，北起潮河口，南到支脉河口的范围内已建防潮堤 254.03km；东营市主要引黄工程有 16 处，现状灌溉面积 302.3 万亩，已建水库 52 座，地下水取水井 7809 眼；到 2020 年，累计补水约 6.58 亿 m^3，河口湿地芦苇沼泽面积由自然保护区建立时的 1.4 万 hm^2 增加到 1.73 万 hm^2，鸟类由 187 种增至 368 种。

3）黄河口泥沙的合理调控，必须与下游河道防洪安排相协调，保持河口河段有足够的排洪能力，保持一个较大的堆沙海域，尽可能减缓河口延伸，减轻溯源淤积的影响，可以保障黄河下游防洪安全，促进黄河口生态良性维持和经济社会的可持续发展。

4）由于入海沙量较 1986 年以前大幅减少，黄河三角洲海岸线自 1986 年以来总体处于蚀退状态。要维持海岸线的动态平衡状态，需要加强河口泥沙的合理调控。

5）黄河入海泥沙的合理调控，可以控制流路的摆动范围，有利于土地资源开发利用和基础设施建设，以及减少对海洋滩涂养殖业发展和东营港、广利港运营的影响，促进河口地区社会经济繁荣发展。

第 17 章　黄河口生态保护与泥沙调控总体思路

黄河丰富的水沙和营养盐物质，再加上适宜的气候条件，造就了中国暖温带最年轻、最广阔、保存最完整的滨海湿地生态系统和著名的莱州湾渔场。从生态角度对泥沙的调控需求主要体现 4 个方面，即三角洲地形地貌、湿地生境、河道内生态及近海生态等。

17.1　黄河口生态与水沙的响应关系

17.1.1　黄河泥沙淤积造陆

河口泥沙淤积在滨海，即河口和水下三角洲的泥沙不断地发展成陆地，造成河口海岸的外延。自 1855 年以来，黄河三角洲新生陆地为 2470km^2，其中 1855～1953 年实际行水 64 年，造陆面积为 1450km^2，年均造陆面积约 23km^2；1953～1991 年造陆面积为 1020km^2，年均造陆面积约 26km^2。

清水沟时期的淤积造陆出现了一些新的特征。比较自 1953 年以来 3 条流路单股河道时期的河口造陆情况（表 17-1）可以看出，清水沟流路的来沙造陆比（亿吨来沙量的造陆面积）相对于神仙沟、刁口河流路都大，分别是神仙沟、刁口河流路的 2.3 倍和 1.6 倍。这主要是清水沟河口海洋动力相对较弱，以及海域水深较浅的缘故。但是，清水沟流路的河口淤积造陆速率比前两条流路的要小，特别是 1986 年 10 月至 1991 年 10 月，造陆速率只有 22.2km^2/a。这种现象的出现，主要与入海泥沙量大大减少有关。因为，神仙沟和刁口河两河口处于 M_2 分潮“无潮点”高流速区，沿岸输沙量较大，来沙造陆比是最小的，但是，当弱潮河口来沙量减小到一定程度后，河口区淤积造陆速率比沿岸强潮流区河口还小，甚至小很多。这种变化是新情况，无疑是延长清水沟流路行河年限的重要因素。

表 17-1　近期黄河口淤积造陆特征

流路	时段（年.月）	时段来沙（亿 t）	行河时间（年）	造陆面积（km^2）	造陆速率（km^2/a）	来沙造陆比（km^2/亿 t）
神仙沟	1953.7～1959.7	90	6	174.6	29.1	1.94
刁口河	1968.6～1971.10	35.7	3.3	97.3	29.5	2.73
清水沟原河道	1979.10～1991.10	72.3	12	326	27.2	4.52
	1986.10～1991.10	26.6	5	111.1	22.2	4.17
	1987.10～1996.10	43.8	9	236.4	26.3	5.40
现行汊河流路	1996.10～1998.10	3.94	2	25.0	12.5	6.34
	1998.10～2005.5	9.66	6.6	−15.8	−2.4	−1.64

注：表中经过了数值修约，存在舍入误差。

黄河三角洲海岸淤积外延，其基本形式是河口沙嘴，也就是说，黄河三角洲扩展是河口沙嘴淤积外延的结果。

1987 年 10 月～1996 年 10 月，河口沙嘴淤积延伸 15km，造陆面积为 236.4km^2，年均造陆面积为 26.3km^2；1996 年 10 月清 8 改汊之后，初始造陆速率很快，并于 1998 年达到最大，截至 1998 年 10 月，河道延伸约 7km，造陆面积为 25.0km^2；1998 年 10 月之后，河口拦门沙处于蚀退状态，到 2005 年 5 月为止，沙嘴蚀退 2.83km，蚀退面积为 15.8km^2。拦门沙沙嘴淤进蚀退距离与造陆面积的关系见图 17-1。

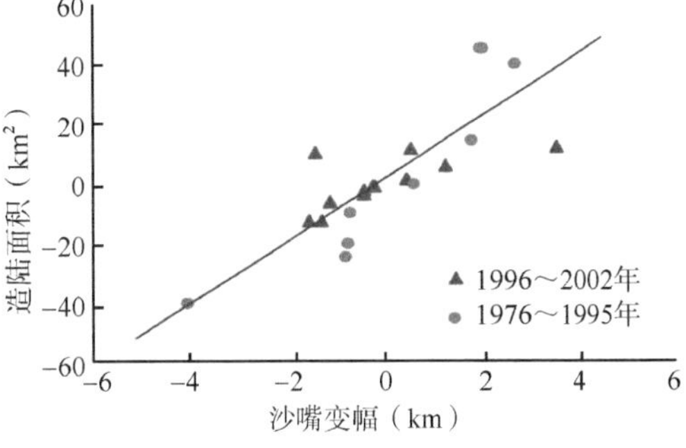

图 17-1　拦门沙沙嘴淤进蚀退距离与造陆面积的关系

17.1.2　湿地生态系统类型及其演替机制

湿地生态系统的发育和演替是个长期的过程，需要在长时间、大空间尺度上进行研究，并在黄河三角洲生态系统演替规律的整体变化中考虑。黄河三角洲湿地生态系统具有明显的陆地生态向海洋生态过渡的特点，并兼具两者的生态特点。根据植被外貌和景观特征，生态系统可划分为三大类型，各系统类型按演替规律排序，其演替序列如图 17-2 所示。

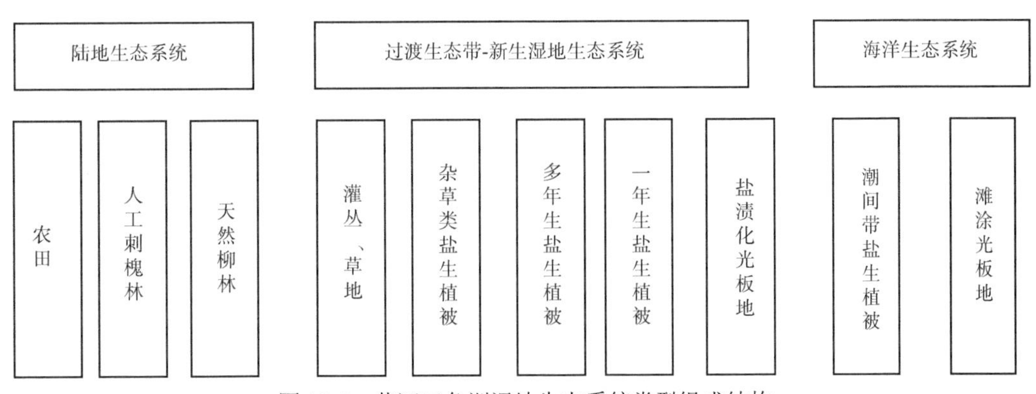

图 17-2　黄河三角洲湿地生态系统类型组成结构

黄河三角洲生态系统演替的主要影响因素是地下水埋深、矿化度和土壤的盐化程度，所有能影响地下水位和土壤含盐量的因素都能直接或间接地影响生态系统演替方向。地表基质是生态系统发育的载体，基底不稳定就不可能保证生态系统的演替与发展，咸水与淡水的比例决定了土壤的盐渍化程度和地表基质的状况，影响着植被的生长、发育状况，影响生态景观格局的变化。黄河三角洲湿地生态系统类型变化机制如图 17-3 所示。

一切影响土壤基质变化的因素最终将导致生态系统结构、功能的变化，并反映在生态系统类型的变化上。影响土壤基质变化的因素是生态变化的驱动因素，而咸水与淡水的比例变化是自然保护区湿地生态系统类型变化的最直接动力。黄河三角洲土壤基质变化过程如图 17-4 所示。

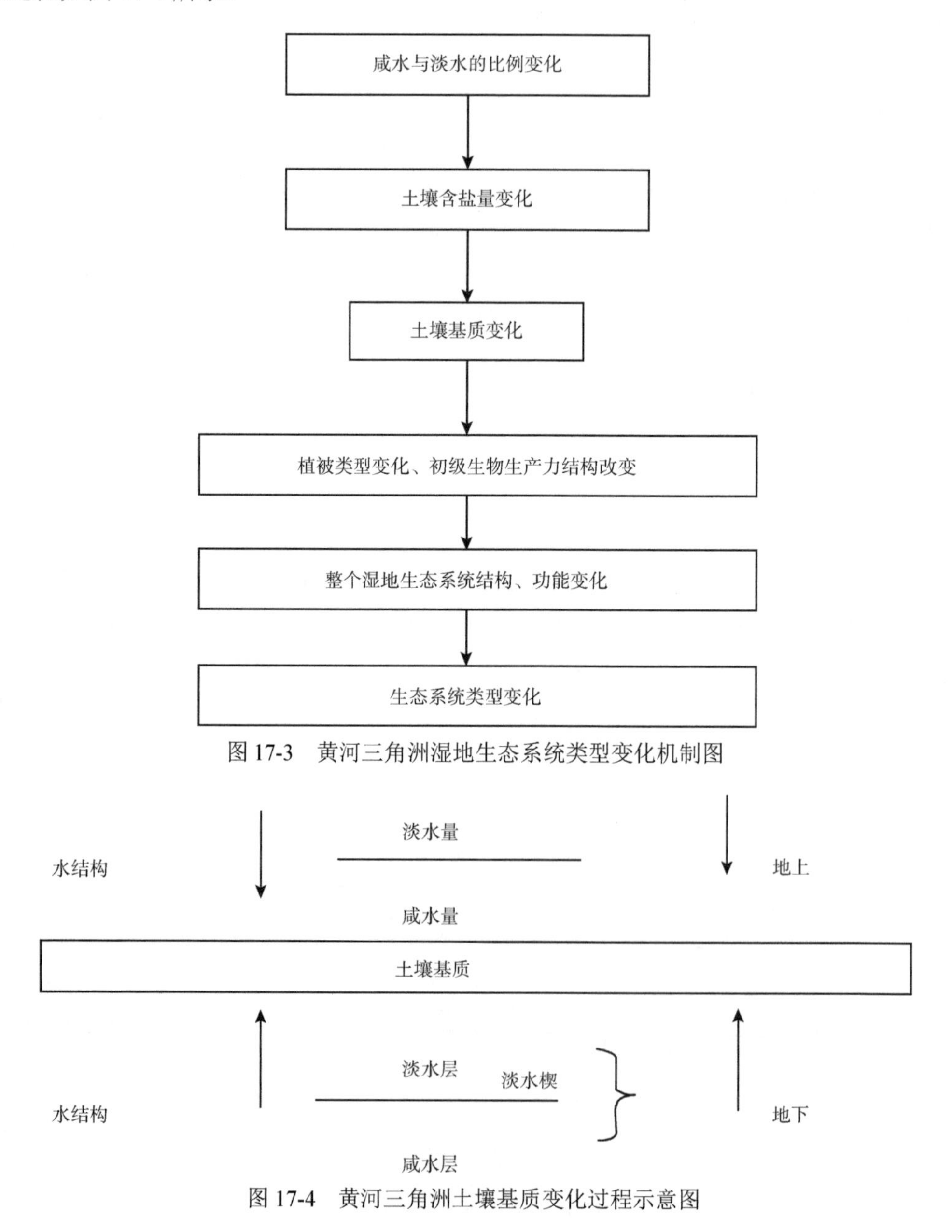

图 17-3　黄河三角洲湿地生态系统类型变化机制图

图 17-4　黄河三角洲土壤基质变化过程示意图

17.1.3　生态补水对生态系统类型及生态演替的影响

刁口河流路在 40 多年未行水期间，湿地因缺乏淡水补充，在当地高蒸降比 3.6∶1 的自然条件下，土壤盐渍化加剧，生态系统发生逆序演替，导致生态退化。通过项目实施生态补水，生态系统发育的环境发生变化，表现在以下三个方面。

1）地下淡水楔水位提升。地下水模拟和观测表明，刁口河过水沿岸 1100m 范围内的地下水位抬升，沿岸 550m 范围内地下水位升高明显，最大抬升幅度为 65cm；刁口河尾闾湿地补水对周边地区地下水的影响范围约为 1500m，其中距湿地补水区 500m 范围内的地下水位升高明显，最大抬升幅度为 45cm。

2）土壤含盐量下降。刁口河沿线土壤盐度明显下降，尤其是 0～30cm 层土壤含盐量显著降低，其中 10cm 层土壤含盐量平均下降 55%，30cm 层土壤含盐量平均下降 41%。

3）生态系统类型及景观结构变化。对生态最重要的影响是通过对土壤基质的影响改变了生态演替驱动力，改变了生态系统的演替方向，并直观地表现在生态系统类型和景观结构的变化上，详见表 17-2。

表 17-2　刁口河生态补水前后生态系统类型和景观结构的变化

生态类型	生态补水前		生态补水后		成因分析
	景观外貌	面积所占比例（%）	景观外貌	面积所占比例（%）	
盐渍化光板地	无植被的盐渍地	50	水域、芦苇沼泽	50	长期积水，形成大面积水域
一年生盐生植被	翅碱蓬群落	8	芦苇沼泽	13	低矮植被因长期被淹没而死亡，演替为芦苇群落
	白茅-獐茅群落	5			
多年生盐生植被	芦苇群落	15	芦苇沼泽	19	
杂草类盐生植被	芦苇-草甸交错带	4			
灌丛、草地	柽柳群落	8	芦苇沼泽	8	
	柽柳-芦苇-草甸群落	6	柽柳群落	6	低矮植被死亡，柽柳有退化并被芦苇群落演替的趋势
	草甸群落	4	草甸群落	4	地势高处，无水淹没

从表 17-2 可以看出，生态补水区经过长期水淹，原有生态系统类型及景观结构发生了明显改变，地势较低的盐渍化光板地及低矮的一年生和多年生盐生植被等因长期被淹没而死亡，同时被芦苇群落所代替，形成水域和芦苇沼泽生态系统类型，面积所占比例为 90%；在地势较高处的柽柳群落和草甸群落因少量水淹或无水淹没而保持原生态类型，但从长期看，有被芦苇群落演替的趋势。在湿地补水过程中，长期的水淹伴随着土壤的脱盐过程，土壤的含盐量由高到低。在此过程中，芦苇由于具有广适盐性和耐水性，成为适应此生态环境的优势群落。在长期覆水或保持此生态环境不变的情况下，芦苇沼泽生境可能是湿地恢复区群落演替的最终优势群落。

17.1.4　黄河口生态需水（流）量

根据黄河口生态系统的特征、功能及生态环境需水量要求对象的不同，黄河口生态需水量应主要满足以下四个方面的需求：一是维持一定规模河口湿地以保证河口敏感生态系统稳定的水量需求；二是维持河口近海水生生物繁衍生存及其生物多样性的水量需求；三是维持鱼类洄游和河流生态连通的最低水量需求；四是黄河输沙及防止海岸侵蚀的水量需求等。

（1）河口洄游鱼类需水（流）量

考虑到 1951 年后黄河下游开展了大规模的引黄灌溉，其他地区的用水量也逐年增加，干支流陆续修建了大中型拦河水利枢纽工程，从而使河流生态系统的天然状态显著改变等情况，选择 1922～1951 年实测径流系列作为黄河本底径流条件，进行黄河口鱼类洄游生态需水量的计算。分析认为，该系列 9 年偏丰、9 年偏枯、12 年为平水状态，包括了丰、平、枯三个降水阶段，能够反映黄河天然径流的变化特点，代表性较好。参照南非、澳大利亚等国家确定河流水生生物生态需水量的标准，以黄河逐月天然流量的 10%与 20%分别作为最小及适宜生态需水量的初值，分析该水量下黄河利津断面的流速和水深情况，根据河口鲂鱼等洄游鱼类的生境需水量要求，推演其洄游繁衍等生命主要敏感时段的流量和水深适宜性，得出黄河口鱼类洄游的主要生态需水量。主要考虑了 5～6 月主要鱼类的繁殖洄游需水量和 11 月至次年 4 月的鱼类越冬用水需求。由此确定，利津断面 11 月至次年 4 月最小生态需水（流）量为 $75m^3/s$，适宜生态需水（流）量为 $120m^3/s$；5～6 月最小生态需水（流）量为 $150m^3/s$，适宜生态需水（流）量为 $250m^3/s$。以利津断面为例，黄河河流水生生物生态需水（流）量见表 17-3。

表 17-3　黄河河流水生生物生态需水（流）量（利津断面）　　（单位：m^3/s）

需水特征	1月	2月	3月	4月	5月	6月	7月	8月	9月	10月	11月	12月
最小生态需水（流）量	75	75	75	75	150	150	300	300	300	300	75	75
适宜生态需水（流）量	120	120	120	120	250	250	580	580	580	580	120	120

（2）河口临近海域生态需水量

河口临近海域生态需水量主要是指满足维持河口区域近海鱼类生境保护所需要的淡水水量，主要包括维持河口近海水域咸淡水平衡，以及近海生物发育所需要的营养盐输入的需求。黄河口水域的盐度变化主要取决于黄河入海水量的总量大小和过程分布，鉴于目前实地观测资料缺乏和研究成果尚未给出该区不同时段鱼虾栖息的盐度阈值要求及相应的阈值空间范围，本书采用国家“十一五”科技支撑计划项目的“黄河健康指标及实现途径研究”成果，确定提出 5～9 月黄河适宜入海水量为 120 亿 m^3，5～6 月鱼类产卵关键期适宜入海水量为 22 亿 m^3。

（3）输沙及防止海水入侵需水量

输沙需水量是指维持冲刷与侵蚀的动态平衡必须在河道内保持的水量，采用黄河水资源综合规划中的成果，即黄河下游河道多年平均输沙需水量利津断面应在 220 亿 m^3，其中汛期在 170 亿 m^3 左右；考虑国民经济发展对黄河水资源的需求和黄河水资源供需形势，黄河下游年均输沙需水量不宜少于 200 亿 m^3，其中汛期不宜少于 150 亿 m^3。

防止海水入侵需水量是指维持河口各重要生态系统水盐平衡及防止海水倒灌的生态需水量。三角洲地势低平，风暴潮频繁，对于海水入侵必须采取建设防潮堤等综合措施进行防治，但输沙用水可有效减缓三角洲地区的海水入侵，因此河口地区防止海水入侵需水量包含在输沙需水量中。

（4）河口地区生态需水（流）量耦合及保障程度分析

根据河口地区生态保护规划近期和远期目标、黄河水资源规划的来水预测情况及河口社会经济发展用水需求，对河口地区多目标下的生态需水量进行耦合（表 17-4），得到满足河口地区汛期最小输沙需水量要求的基础上，黄河利津断面 11 月至次年 4 月的最小生态需水（流）量为 75m^3/s，适宜生态需水（流）量为 120m^3/s；5～6 月的最小生态需水（流）量为 150m^3/s，适宜生态需水（流）量为 250m^3/s。

表 17-4　河口地区生态需水（流）量（利津断面）　　（单位：m^3/s）

需水特征	1 月	2 月	3 月	4 月	5 月	6 月	7 月	8 月	9 月	10 月	11 月	12 月
最小生态需水（流）量	75	75	75	75	150	150	输沙水	输沙水	输沙水	输沙水	75	75
适宜生态需水（流）量	120	120	120	120	250	250	输沙水	输沙水	输沙水	输沙水	120	120

规划确定的最小生态径流量及过程配置在黄河正常来水年份可得到满足，指定的 11 月至次年 4 月河口最小生态需水（流）量为 75m^3/s、5～6 月最小生态需水（流）量为 150m^3/s 规划目标，可基本满足规划水平年河口区域鱼类洄游及越冬时段的水量需求，但 5～6 月适宜生态需水量尚难得到满足。

仅依靠黄河自身的水量条件而不采取外流域调水的情况下，在远期规划水平年情境下，黄河口地区的水量配置难以满足适宜生态水量的要求，特别是 5～6 月因近海水域所需的入海水量较大，河口生态需水的保证率难以进一步提高。

17.2　黄河口泥沙调控总体思路

近海生态系统位于三角洲沿岸近海浅水区域，主要物种是近海洄游鱼类、浮游植物和浮游动物等，黄河入海水沙向近海海域输送的营养盐是维持近海生态系统健康的关键因素。近海洄游鱼类需要 18‰～32‰低盐区域的产卵育幼场，且保持适当规模和持续时间。黄河水具有低磷的特点，且磷酸盐多以颗粒态的形式存在，占总磷的比重超过 90%，适量泥沙入海能够给近海生态系统带来适量的磷酸盐。

黄河入海泥沙较多，淤填造陆，塑造了广袤的河口三角洲，总体上黄河三角洲呈现以废弃河床为基轴的波浪起伏的地貌特征，新老河道纵横交错、相互重叠切割，形成了岗、坡、洼相间排列的微地貌类型，它们在纵向上呈指状交错，在横向上呈波浪状起伏，微地貌的变化营造了丰富的生境，为三角洲生态保护提供了基底。

黄河水沙是促进湿地良性维持的关键。从刁口河流路生态补水前后的变化来看，一定的水沙补给可以有效保护典型湿地生境、减缓天然淡水湿地萎缩和湿地附近海岸蚀退。

综合上述河口生态对泥沙的需求来看，泥沙调控总体思路的根据一是通过调水调沙等措施尽可能多地输送泥沙入海，二是加强水系连通和生态调度，以满足生态需水的水沙过程要求。

17.3 黄河口泥沙调控措施

17.3.1 水系连通

黄河三角洲流域面积在 50km^2 以上的河流有 39 条（不包括黄河），黄河南、北两岸分别有 13 条和 26 条，大多为 20 世纪七八十年代人工开挖的排碱沟演变而来。各河流通过干渠、闸门等与黄河连通，形成黄河三角洲生态保护与修复的骨架和主要节点。

目前，清水沟流路较小区域甚至仅限主槽区域能直接受黄河补水，绝大部分区域湿地难以与黄河水系连通，导致破碎化，功能逐渐受损。未来可考虑实施刁口河流路恢复工程、大汶流区域循环水系工程、黄河口区域循环水系工程来实现黄河口水系大循环，综合利用生态化渠道、生态化沟道和节制闸等连通工程，实现湿地内部和斑块之间的有效连通，构建湿地内水系健康小循环，最终形成湿地结构合理、河流水土环境逐步稳定的健康格局，畅通河-陆（湿）-滩-海大循环。开展清水沟流路及汊河综合治理，形成“一主两汊”入海格局，沿现行清水沟流路新建泵站，与现有 6 个自流取水口联合，对清水沟两侧湿地进行补水，配套建设沉沙工程和输水干线工程，以满足非汛期特别是春季湿地对淡水的需求。疏浚清水沟流路原河道及北汊河河道，连通清水沟流路以南、以北湿地。

17.3.2 湿地生态补水

综合考虑生态、供水、防洪、输沙等多目标，优化小浪底水库生态调度及黄河口各闸门引水过程，塑造河口生态所需要的适宜生态流量过程。

（1）生态补水量

黄河口地区年均所需生态补水量为 10.3 亿～10.9 亿 m^3。其中，维持自然保护区内现有 120km^2 的湿地补水规模，年均所需生态补水量为 1.6 亿～2 亿 m^3；维持自然保护区内 236km^2（中荷国际合作项目《黄河三角洲湿地生态环境需水量研究》提出的规模）的湿地补水规模，年均所需生态补水量为 2.4 亿～3 亿 m^3。自然保护区以外重要独流入海河流连通的重要沼泽湿地、草桥沟、永新河、东八路、东三路等集中连片湿地总面积为 736km^2，年均所需生态补水量约 7.0 亿 m^3。维持与湿地、滩涂、海洋连通的河流水系基本功能，年均所需生态补水量为 0.85 亿 m^3。

（2）生态补水措施

结合已有工程，合理规划新建沟渠、泵站、涵闸等，形成自然漫溢与人工补水相结合，引水与排水灵活得当的生态补水工程体系。黄河现行流路湿地依托黄河河道补水，洪水期利用现有导流堤自流取水口补水，非洪水期新建取水泵站引水。刁口河流路湿地利用崔家护滩泵船或西河口泵船补水。黄河以北神仙沟、挑河、沾利河、草桥沟等流域的湿地，分别自西河口泵船、崔家护滩泵船、王庄引黄闸、宫家引黄闸等补水。黄河以南溢洪河、张镇河、三排沟、小岛河、永丰河等流域的湿地，分别自路庄引黄闸、胜利引黄闸、十八户引黄闸、五七引黄闸、双河引黄闸等补水。加强生态调度，保障河口地区湿地关键期生态需水。

结合河口地区现有水网和渠道布局，分黄河现行流路湿地区、刁口河流路生态区域、黄河以北生态区域、黄河以南生态区域等四大补水区域，布置补水工程措施。

1）黄河现行流路湿地区依托黄河河道内补水，洪水期利用河道左右岸导流堤 6 个自流取水口取水，非洪水期新建取水泵站引水，进入黄河干流两岸自然保护区，为自然保护区内湿地、水系补水。

2）刁口河流路生态区域分为两条补水路线：一是利用崔家护滩泵船取水，进入刁口河；二是自西河口泵船取水，通过神仙沟闸，经河王渠进入刁口河。

3）黄河以北生态区域补水对象主要包括神仙沟流域、挑河流域、沾利河流域、草桥沟流域的湿地和支流，补水措施为：自西河口泵船取水，通过神仙沟闸，经东水源干渠向神仙沟补水；自崔家护滩泵船取水，经王庄五干渠，通过渤海支沟向挑河补水；自王庄引黄闸取水，经盐罗分干向草桥沟补水；自王庄引黄闸取水经王庄二干、自宫家引黄闸取水经宫家东干渠向沾利河补水；自宫家引黄闸取水，经干渠、东分干向太平河（含褚官河）、马新河补水。

4）黄河以南生态区域补水对象主要包括溢洪河、张镇河、三排沟、小岛河、永丰河等流域的湿地和支流，主要补水措施为：自路庄引黄闸取水，经路南干渠向溢洪河补水；自胜利引黄闸取水，经胜利干渠，通过华山路引水闸向溢洪河流域六排干补水；自胜利引黄闸取水，经胜利干渠，通过西一路水系闸或金湖银河船闸向溢洪河流域东营河补水；自十八户引黄闸取水，经十八户干渠，通过北三支渠向张镇河补水；自十八户引黄闸取水，经十八户干渠，通过惠鲁支渠向三排沟补水；自五七引黄闸取水，经五七干渠，向小岛河补水；自双河引黄闸取水，经双河干渠，向永丰河补水。

17.4　本 章 小 结

1）黄河三角洲为浅海弱潮海域，大部分泥沙淤积在近海，小浪底水库调水调沙运用后滨海区的泥沙淤积特性没有发生大的变化。

2）山东黄河三角洲国家级自然保护区湿地是生态环境保护的主要对象。5～9 月黄河适宜入海水量为 120 亿 m^3，5～6 月鱼类产卵关键期适宜入海水量为 22 亿 m^3；利津断面 11 月至次年 4 月最小生态需水（流）量为 $75m^3/s$，适宜生态需水（流）量为 $120m^3/s$，5～6 月最小生态需水（流）量为 $150m^3/s$，适宜生态需水（流）量为 $250m^3/s$。

3）黄河水沙是促进湿地良性维持的关键。从刁口河流路生态补水前后的变化来看，一定的水沙补给可以有效保护典型湿地生境、减缓天然淡水湿地萎缩和湿地附近海岸蚀退。

4）开展清水沟流路及汊河综合治理，形成“一主两汊”入海格局，沿现行清水沟流路新建泵站，与现有 6 个自流取水口联合，对清水沟两侧湿地进行补水，配套建设沉沙工程和输水干线工程，以满足非汛期特别是春季湿地对淡水的需求。

第18章 黄河口流路及岸线空间均衡调控技术

18.1 黄河口流路及岸线平衡与水沙响应的关系

三角洲岸线达到动态平衡时最直接的表现是三角洲陆地面积的增加暂时处于停滞状态，因此可以利用年来沙量与造陆面积的关系，找到造陆面积为零对应的年来沙量，即海洋动力输沙能力。从依据实测资料点绘的利津站年来沙量与河口地区造陆面积的关系可以看出，海洋动力输沙能力在2.6亿t左右，当年来沙量大于该值时，河口地区造陆面积随着年来沙量的增加而增大；当年来沙量约为2.6亿t时，河口地区的造陆面积基本保持不变；当年来沙量小于该值时，河口可能会出现蚀退（图18-1）。

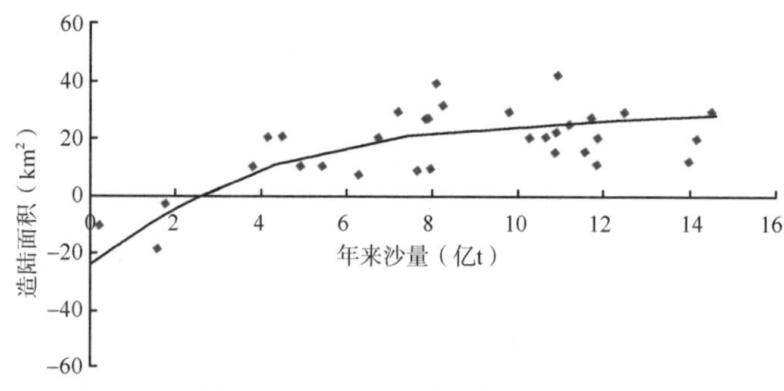

图18-1 利津站年来沙量与河口地区造陆面积的关系

采用中国水利水电科学研究院开发的二维泥沙数学模型计算年均输往外海的沙量，有古贤水库的情况下清水沟流路组合方案平均为2.11亿t/a，无古贤水库情况下平均为2.42亿t/a。

规划采用的水沙条件是：2000～2020年利津站水量、沙量平均分别为205.4亿m^3、3.85亿t，含沙量为18.7kg/m^3。若不考虑古贤水库投入运用，则2020～2080年利津站水量、沙量平均分别为181.14亿m^3、5.79亿t，含沙量为32.0kg/m^3；若古贤水库在2020年投入运用，则2020～2080年利津站水量、沙量平均分别为180.99亿m^3、5.28亿t，含沙量为29.2kg/m^3。

对比黄河入海沙量和海洋动力输沙能力，在今后相当长时间内，海洋动力不足以将黄河的全部入海泥沙输送到外海，河口的淤积延伸趋势不可避免。

刁口河流路河口海岸泥沙侵蚀量年均为0.29亿t，结合黄河口地区约80%的入海泥沙堆积在河口造陆、约20%的入海泥沙输向外海的泥沙输移规律，确定维持刁口河流路河口海岸动态稳定的平衡沙量年均为0.36亿t。

清水沟清8汊年均来沙0.8亿t，口门大体稳定；整体清水沟（含1976～1996年汊道范围）河口海岸动态稳定的平衡沙量年均为1.5亿t。

综合考虑整个黄河三角洲（清水沟范围、刁口河范围，以及孤东、东营港和莱州湾海岸）其他区域海岸动态稳定，平衡沙量年均为 2 亿 t（黄河水利科学研究院成果）。

河口演变趋势主要取决于入海沙量和海洋动力输沙能力（将沙输往外海的能力）的对比关系。当入海沙量和海洋动力输沙能力基本相当时，河口岸线总体上处于动态平衡状态，既不增加造陆面积，也不出现岸线蚀退。当入海沙量大于海洋动力输沙能力时，河口岸线淤积延伸，否则岸线将发生蚀退。

18.2　黄河口泥沙空间调控技术

18.2.1　基于河-陆-海三相空间的泥沙总体调控思路

黄河口既是流域的“汇”，又是入海口附近海洋的“源”。目前，黄河已成为一条人工强烈干预的河流，同样黄河口也是一个人工强烈干预的河口。因此，必须把黄河口的治理纳入黄河流域治理统筹考虑，河口治理要服从流域治理，同时也要考虑海洋生态环境对黄河的基本要求。

自 1855 年形成黄河下游现行河道至 1949 年，进入河口的泥沙是以频繁改道的形式处理的，结果形成了以宁海为顶点的黄河大三角洲。中华人民共和国成立以后，为保障胜利油田的开发和河口地区的经济发展，先后进行了 3 次有计划的人工改道，又形成了以渔洼为顶点的黄河小三角洲。其中，1976 年改走的清水沟流路，由于进入河口的泥沙相对较少，特别是河口河段防洪工程建设力度逐步加大，行水年限延长，是 3 条流路中行河时间最长的一条，而且今后仍有较强的生命力。进入河口地区的泥沙淤积区域可分为三部分，一是陆上（包括河道）部分，是指利津以下河道至河口滨海区 2m 等深线之间的淤积区；二是滨海部分，是指在河口滨海区布置的 36 个固定断面之间的海域；三是外海部分，是指 36 个固定断面之外的海域。

在 3 条流路中，神仙沟流路输往深海的沙量占利津站来沙量的比例最高，刁口河流路次之，清水沟流路最小。与此相应，利津站亿吨来沙量的造陆面积（即来沙造陆比）神仙沟流路最小，刁口河流路居中，清水沟流路最大。这说明，3 条流路入海口门附近的海洋动力条件是不同的，神仙沟流路口门附近的海洋动力条件最强，刁口河流路次之，清水沟流路最弱。

黄河口的治理，必须对水沙资源进行合理配置。通过对水沙资源的合理配置和高效利用，在为流域经济社会的可持续发展提供保障的同时，实现黄河水沙资源的可持续利用。目前特别紧迫的任务是要保证维持黄河河道和河口生命的基本水量。黄河的治理开发，要有利于河口生命的健康，河口的治理开发在有利于流域生命健康的同时，还要有利于河口附近海洋生命的健康。

进入黄河口地区的水沙资源，是黄河口地区经济社会发展的基本条件，黄河口地区的经济发展和布局，必须服从黄河口的治理。黄河口地区土地、石油等资源十分丰富，也有大量的海洋资源，经济发展潜力巨大。要把资源优势转化为经济优势，关键是要考虑黄河口水沙资源的条件。经济发展的模式必须建立在水资源紧缺的基础上，要以供定需，建立节水型社会。发展不仅要有经济目标，还要有环境目标，要特别注意水环境问题的长期性、复杂性、系统性和社会性，只有实现人与自然和谐，才能保障经济社会的可持续发展。防洪关系着黄河口地区经济社会的稳定和发展，水资源是人口、资源、环境协调发展的战略资源，防洪和水资源工程的建设，必须由流域机构统一管理。

1. 黄河口泥沙河-陆-海分布规律

进入河口地区的泥沙有三个归宿，即淤积在陆上（包括河道）、滨海和外海，不同区域的分配比例不同，受流域来水来沙、海洋动力状况及三角洲的地形地貌和尾闾河段的边界条件等方面的影响。计算统计 1953 年 7 月至 2000 年 6 月神仙沟、刁口河和清水沟 3 条流路河口滨海区泥沙淤积分布，结果见表 18-1。

表 18-1　黄河口泥沙淤积分布特征

流路	时段（年.月）	利津站来沙量（亿t）	陆上		滨海		总淤积量占来沙量的比例（%）	输往外海的比例（%）
			淤积量（亿t）	淤积量占来沙量的比例（%）	淤积量（亿t）	淤积量占来沙量的比例（%）		
神仙沟	1953.7～1963.12	134.6	35.0	26.0	47.0	34.9	60.9	39.1
刁口河	1965.6～1970.9	67.2	10.2	15.2	33.2	49.4	64.6	35.4
	1970.9～1976.5	41.6	4.2	10.1	27.9	67.2	77.3	22.7
	1965.6～1976.5	108.7	14.4	13.2	61.2	56.3	69.5	30.5
清水沟	1976.5～1980.8	36.8	11.4	31.0	16.2	44.0	75.0	25.0
	1980.8～1992.10	73.8	11.9	16.1	48.2	65.3	81.4	18.6
	1992.10～2000.6	27.4	3.6	13.1	18.2	66.4	79.5	20.5
	1976.5～2000.6	138.0	26.9	19.5	82.6	59.9	79.3	20.7

1）进入黄河口地区的泥沙大部分淤积在滨海，滨海淤积量占利津站来沙量的比例除神仙沟流路为 34.9%外，刁口河、清水沟流路大多达到 49%以上。陆上淤积量较小，一般占利津站来沙量的 20%左右。

2）黄河入海泥沙的淤积分布随着流路的演变而变化，陆上淤积量占来沙量的比例随着流路的演变发展而减小，滨海淤积量占来沙量的比例随着流路的演变发展而增大。

3）黄河入海泥沙的淤积分布除与来水来沙、三角洲地形地貌条件有关外，还与流路入海口门处的海洋动力条件密切相关，输往外海泥沙的比例 3 条流路相比，神仙沟流路最大，刁口河流路次之，清水沟流路最小。

2002 年 7 月，小浪底水库进行了首次调水调沙试验，黄委会山东水文水资源局基于 2001 年 6 月与 2002 年 7 月两次滨海测验地形资料（以现行河口为中心，东西向布设 81 个断面，南北宽 20km，包含 0～17m 等深线水下地形）及相关水文资料的计算表明，其间测验区域泥沙淤积量占同期入海沙量的 69.2%。黄委会山东水文水资源局基于 2002 年 7 月和 2004 年 8 月的两次滨海测验地形及相关水文资料，对滨海区泥沙冲淤特性进行了分析，其间测验区域泥沙淤积量占同期来沙量的 75.7%。小浪底水库运用后，河口滨海区的泥沙淤积量仍占 50%以上。

2. 海域容沙潜力

（1）入海泥沙扩散

入海泥沙进入滨海区以后，其沉积、悬浮、扩散和运移受到潮流、余流、波浪等诸多海洋动力因素的作用。主要输沙形式包括潮流输沙、余流输沙、波浪掀沙等。

图 18-2 为根据卫星图像分析得到的黄河口汛期和非汛期泥沙输移扩散途径，可见，输移到河口口门的泥沙，通过口门两侧不同的搬运路线，最终朝东北方向扩散到深海，汛期和非汛期的情况都是如此。

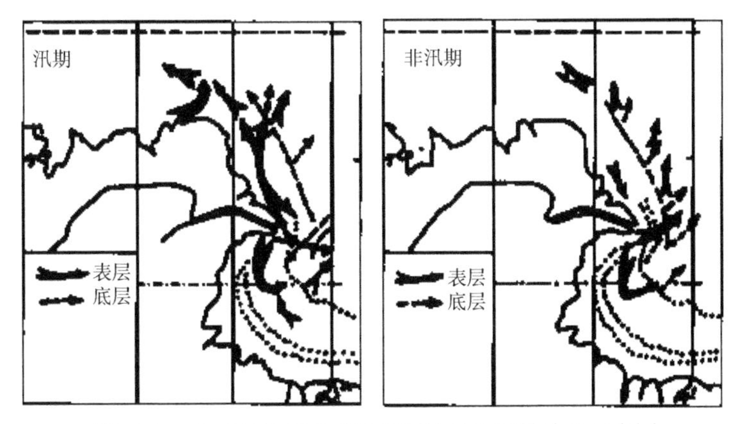

图 18-2　黄河口汛期和非汛期泥沙输移扩散途径示意图

需要指出的是，充分利用海洋动力将粒径 $d<0.025$mm 的泥沙输入深海具有重要意义，据 1986～1995 年的实测资料统计，利津站 40%的来沙 $d>0.025$mm，15%～20%的来沙 $d>0.05$mm，而口门区域 90%的淤积物 $d_{50}=0.04$mm，拦门沙段 51%～71%的淤积物 $d_{50}=0.06$～0.085mm，这表明几乎所有 $d>0.025$mm 的泥沙都淤积在整个三角洲地区，此外，尚有 10%左右 $d<0.025$mm 的泥沙通过扩散沉积在口门两侧，因此充分利用突出的河口海岸线，通过海洋动力将 $d<0.025$mm 的细颗粒泥沙输入深海，而将 $d>0.025$mm 的泥沙有计划地堆积在海滨堆沙区域内，有利于延长流路的使用年限。

（2）滨海区形态

黄河口的研究和实践表明，进入黄河口三角洲地区的泥沙有以下归宿，一是淤积在陆上（包括河道），二是堆积在滨海区填海造陆，三是输往外海，四是通过引黄供水引沙、大堤淤背、堤河淤填、串沟淤堵、低洼地改造等利用一部分泥沙。其中，堆积在滨海区填海造陆的泥沙占绝大部分。滨海区的容沙潜力是指黄河入海口外海域的最大允许容沙量，主要受可堆积的范围影响，由于黄河口淤积延伸对黄河下游河道造成淤积反馈影响，可堆积的范围主要受黄河下游防洪减淤可接受的反馈影响的程度制约。

黄河三角洲滨海区域淤积形态和淤进模式由来水来沙条件、河口入海处边界条件及海域地形、海洋动力条件等多种因素决定。目前，有关海洋动力和入海泥沙扩散、输移、沉积的资料较少，尚难分析出这些因素与三角洲淤进模式的关系。各家计算成果大体上均依赖实测地形资料，从淤积形态和影响范围来预测今后的淤进模式，但在一些具体问题上的处理，则有所不同。对黄河三角洲沙嘴型淤积主体宽度进行整理分析，–2m、–5m、–10m、–12m 高程线的淤积影响宽度为 20～32km，且随着高度降低，影响宽度增加。黄河三角洲淤积纵剖面推进形式如图 18-3 所示。

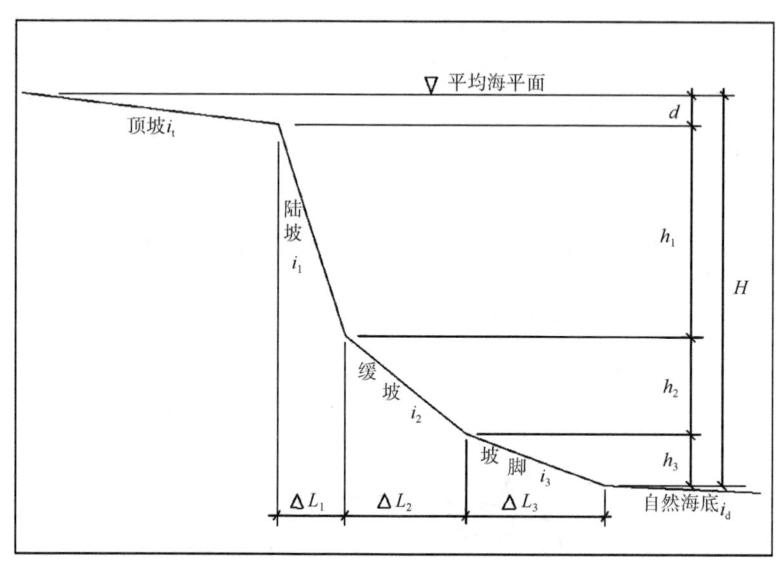

图 18-3　黄河三角洲淤积纵剖面推进形式示意图

浅海水下三角洲大体可概化为三段：第一段为顶坡段，高程为–2～0m；第二段为前坡段，高程为–12～–2m；第三段为尾部段，高程为–12m 以下，坡度已与自然海底十分接近。在计算海域地形时，依据 1984 年 5 月和 1992 年 10 月两次实测清水沟滨海区各断面分段比降类推，顶坡段比降约为 20‱，前坡段比降约为 25‱，不考虑尾部段。

在确定入海泥沙淤积影响范围时，应根据各条流路的海洋动力条件，确定相应的堆沙宽度。

（3）各流路容沙潜力

黄河三角洲海域可分为东部海域和北部海域。安排的入海流路，东部有现行的清水沟流路和十八户流路，北部有刁口河流路和马新河流路。黄河口滨海区主要靠这几条流路来容沙。

（A）清水沟流路

根据黄委会山东水文水资源局 2000 年 7～10 月测绘的黄河三角洲附近海域 1∶1 000 000 地形图，每条清水沟流路汊河淤积宽度按 20km 考虑，计算 3 条汊河共 60km 宽度范围内的海域容沙潜力，结果见表 18-2。

表 18-2　清水沟流路海域容沙潜力计算表

距西河口距离（km）	容沙潜力（亿 m^3）			
	清 8 汊	北汊	原河道	合计
65	18.45	68.42	5.93	92.80
70	33.70	86.14	17.72	137.56

续表

距西河口距离（km）	容沙潜力（亿 m^3）			
	清 8 汊	北汊	原河道	合计
75	49.00	103.77	30.94	183.71
80	64.58	121.52	43.98	230.08
85	80.16	139.64	57.02	276.82

注：距西河口距离是指延伸岸线距西河口的距离。

按清水沟流路西河口 10 000m^3/s 流量的相应水位为 12m 的末期河长为 80km 左右考虑，则该流路的海域容沙潜力为 230.08 亿 m^3。

（B）刁口河流路

刁口河流路所在的海域，离五号桩附近的无潮点不远，属高流速辐射区，最大合成流速达 1.3m/s，海洋动力作用较强，容沙宽度大，水深较大，最大水深超过 20m，是三角洲附近水深最大的海域。根据 2000 年 7 月实测海域地形，按照淤积影响宽度 50km 计算，随着岸线的延伸，0m 高程以下容沙潜力见图 18-4。

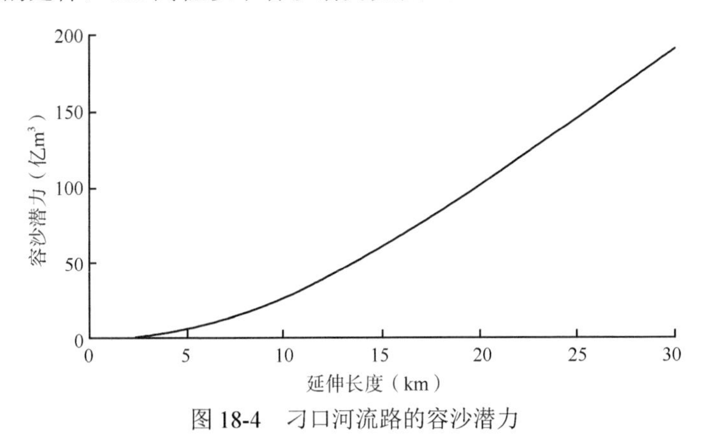

图 18-4　刁口河流路的容沙潜力

在现状河道和海域边界条件下，刁口河流路从西河口到 0m 高程处距离约为 55km。若以西河口以下河长不超过 80km 为控制条件，则距岸 25km 内为堆沙范围，从图 18-4 可以看出，容沙潜力约 145 亿 m^3。若考虑海域泥沙淤积不平整，将容沙潜力乘以 0.8 的系数，按来沙量的 70%淤积在堆沙范围内、淤积物容重为 $\gamma_s' = 1.1t/m^3$、远期多年平均来沙量为 5.79 亿 t 计算，刁口河可行河 31 年。

（C）十八户流路

十八户流路海域紧邻清水沟流路海域，清水沟充分行河后，堆沙宽度较小，南部泥沙扩散范围受小清河制约。若以不影响小清河口为控制条件，河口延伸长度取 30km，淤积宽度取 20km，则容沙潜力约 31.8 亿 m^3。考虑到此海域潮流较弱，估计 80%的来沙量都堆积在该区域内，以年平均来沙量为 5.79 亿 t 计算，十八户流路可行河 6 年左右。

（D）马新河流路

堆沙宽度取 50km，若以西河口以下河长不超过 80km（相应利津以下河长不超过 128km）作为堆沙范围，则该流路可以向海延伸 58km，容沙潜力约 390 亿 m^3，行河年限为 85 年。但是该流路往西 24km 有东风港、滨州港，往西约 40km 有国家级的港口黄骅港，390 亿 m^3 的容沙潜力堆满后，将对港口的正常运营造成难以估计的不利影响，同时也对徒骇河口保持通畅有负面影响。如果以不影响东风港、滨州港、黄骅港的正常运营及徒骇河口的通畅为控制条件，则以距岸线 30km 作为堆沙范围，容沙潜力约 153 亿 m^3，行河年限为 33 年。

3. 总体思路

河口地区泥沙淤积分布在陆上（包括河道）、滨海、外海三个区域，少部分淤积在河道，一般占总来沙量的 20%，大部分落淤在滨海，占比达 50%以上，剩余部分输往外海。由于渤海海洋动力较弱，随着泥沙在河口地区沉积，河口三角洲面积持续增长，河道延长，对黄河下游河道冲淤和防洪安全产生不利影响。从稳定流路、延长流路行河年限的角度出发，需要减少河口泥沙淤积量，保持河口地区河道-滨海-外海三相空间协同演变，泥沙调控总体上从“拦、调、挖”三个方面实施。

“拦”主要靠中游地区水土保持和干支流控制性工程拦减泥沙。水库拦沙是减少河道淤积最直接、最有效的措施之一。截至 2015 年，黄河干流已建梯级水库 20 余座，其中具有较大拦沙作用的水库有刘家峡水库、三门峡水库、小浪底水库。已建梯级水库拦沙量约 96.83 亿 m^3，合计 125.88 亿 t，其中骨干水库三门峡水库、小浪底水库、刘家峡水库和龙羊峡水库累计拦沙 85.4 亿 m^3，约 111.0 亿 t，占总量的 88.2%。未来一段时期内，小浪底水库进入正常运用期后将失去拦沙作用，古贤水库投入运用后，将继续发挥拦沙作用，减少进入河口的泥沙。

“调”是利用干流骨干工程调节水沙过程，使之适应河道的输沙特性，以有利于排沙入海，减少河道淤积，恢复和维持中水河槽。小浪底水库投入运用后，通过水库拦沙和调水调沙运用，黄河下游河道发生了持续冲刷，1999 年 10 月至 2020 年 4 月下游河道利津以上累计冲刷量达 28.30 亿 t。下游河槽持续冲刷使河槽平滩流量逐年增大，最小平滩流量由 2002 年汛前的 1800m^3/s 增加至 2020 年汛前的 4350m^3/s，普遍增加 1650～4700m^3/s，小浪底水库调水调沙对中水河槽的恢复与维持起到了作用。通过古贤水库、三门峡水库和小浪底水库联合运用，发挥调水调沙作用，协调黄河下游水沙关系，塑造有利于河口泥沙入海的水沙条件。

“挖”包括挖河疏浚、挖河淤背、挖河淤滩，利用从河槽挖出来的泥沙加固堤防。1997～1998 年、2001～2002 年和 2004 年在黄河口河段分别实施了挖河固堤工程，实践和研究表明，该工程的实施可以减少河道淤积，加固两岸大堤，改善河道泄流状况。例如，1997～1998 年黄河口朱家屋子断面以下开挖河道长度为 11km，通过旱挖、组合泥浆泵开挖两种形式开挖土方量 548 万 m^3，用于加固堤防，淤背（宽度为 100m）长度达到 10.5km；之后进行的两次挖河固堤工程土方量分别为 324 万 m^3、131 万 m^3，两次合计开挖土方量为 455 万 m^3，用于加固堤防，淤背（宽度为 50～100m）长度为 14.8km。

从长远看，进入河口地区的泥沙会有一定程度减少，但在今后一个相当长的时期内，黄河仍将是一条多泥沙河流，河口河道淤积延伸的总体趋势是不会改变的。因此，河口地区泥沙总体调控思路要“拦、调、挖”相结合，延长流路使用年限。

18.2.2　黄河口泥沙空间配置方案

1. 基本配置方案

黄河口泥沙空间优化配置是指通过拦、排、放、调、挖、用等各种措施处理和利用泥沙，考虑黄河口泥沙处理和利用的现状及当前存在的突出问题，分析未来不同时期入黄泥沙配置的不同侧重点，提出黄河口泥沙的基本配置方案。

（1）基本配置方案一

基本配置方案一是以小浪底水库调控和河道输沙为重点的配置模式。结合小浪底水库调控运用和河道综合治理，塑造与维持下游稳定的中水河槽；通过小浪底水库调控运用，充分利用河道输水输沙能力，有计划地进行河口造陆，维持黄河口流路稳定；结合引水利用泥沙，通过机淤固堤等建设标准化堤防。方案配置时间为 2008～2035～2050 年。

（2）基本配置方案二

基本配置方案二是以小浪底水库调控和下游滩区（人工）放淤为重点的配置模式。通过小浪底水库调控运用，结合下游“二级悬河”治理和滩区综合治理，有计划地进行下游滩区（人工）放淤；结合小浪底水库调控运用和河道综合治理，塑造与维持下游稳定的中水河槽；充分利用河道输水输沙能力及河口造陆能力，维持黄河口流路稳定；结合引水利用泥沙，通过机淤固堤等建设标准化堤防。方案配置时间为 2008～2020～2030～2050 年。

（3）基本配置方案三

基本配置方案三是以古贤水库调控和下游滩区（人工）放淤为重点的配置模式。2008～2020 年通过小浪底水库调控运用，结合下游“二级悬河”治理和滩区综合治理，有计划地进行下游滩区（人工）放淤；2020～2050 年古贤水库运用以拦沙为主[①]，充分利用水库的拦沙库容，有计划地进行下游滩区（人工）放淤，实现以防洪减淤为主的综合利用效益。2008～2020 年小浪底水库调控运用，2020～2050 年小浪底水库与古贤水库联合调控运用，塑造与维持下游稳定的中水河槽；充分利用河道输水输沙能力及河口造陆能力，维持黄河口流路稳定；结合引水利用泥沙，通过机淤固堤等建设标准化堤防。方案配置时间为 2008～2050 年，其中 2008～2020 年以小浪底水库调控和下游滩区（人工）放淤为主，2020～2030～2050 年以古贤水库调控和下游滩区（人工）放淤为主，并考虑古贤水库与小浪底水库的联合运用。

---

① 此方案假定古贤水库 2020 年运用生效，此方案计算成果供参考。

（4）基本配置方案四

基本配置方案四是以古贤水库调控和小北干流与下游滩区（人工）放淤为重点的配置模式。方案四与方案三的主要差别是增加了小北干流滩区（人工）放淤。2008～2020年通过小浪底水库调控运用，结合下游“二级悬河”治理和下游滩区综合治理，有计划地进行下游滩区（人工）放淤；2020～2030年古贤水库运用以拦沙为主，充分利用水库的拦沙库容，有计划地进行下游滩区（人工）放淤；2030～2050年古贤水库运用以拦沙为主，充分利用水库的拦沙库容，有计划地进行小北干流和下游滩区（人工）放淤，实现以防洪减淤为主的综合利用效益。2008～2020年小浪底水库调控运用，2020～2050年小浪底水库与古贤水库联合调控运用，塑造与维持下游稳定的中水河槽；充分利用河道输水输沙能力及河口造陆能力，维持黄河口流路稳定；结合引水利用泥沙，通过机淤固堤等建设标准化堤防。方案配置时间为2008～2050年，其中2008～2020年以小浪底水库调控和下游滩区（人工）放淤为主，2020～2030年以古贤水库调控和下游滩区（人工）放淤为主，2030～2050年以古贤水库调控和小北干流与下游滩区（人工）放淤为主，并考虑古贤水库与小浪底水库的联合运用。

2. 不同配置方案河口三角洲的容沙能力

对河口而言，由于下游滩区（人工）放淤泥沙量不大，基本配置方案一与基本配置方案二差别较小，各单元处理泥沙能力按“无古贤”计算；基本配置方案三古贤水库预定于2020年建成生效，2020年前成果同基本配置方案一和基本配置方案二；基本配置方案四小北干流放淤在古贤水库拦沙后期投入运用，2030年前成果和基本配置方案三相同。

（1）2020年7月以前年平均处理泥沙能力

1）引沙：2020年7月以前相同水沙系列条件下，不同配置方案引沙量相同。2020年7月以前年平均引沙量基本水沙系列（系列2）、系列1、系列3、系列4分别为0.062亿t、0.076亿t、0.054亿t、0.054亿t。

2）放淤：机械清淤（挖河）安排在2020年7月以前，不同水沙系列和配置方案采用相同规模，近期（2010年以前）共安排挖沙量636.11万m^3，远期（2010～2020年）安排挖沙量2644.4万m^3。2020年7月以前平均每年机械清淤量为218.7万m^3，合计0.031亿t。

3）河槽冲淤和洪水淤滩：根据数学模型的计算结果，按清水沟流路行河方案一行河，2020年7月以前基本水沙系列（系列2）、系列1、系列3、系列4的年平均河槽淤积量和洪水淤滩量分别为0.006亿t和0.017亿t、0.008亿t和0.022亿t、0.006亿t和0.017亿t、0.006亿t和0.016亿t。

4）河口造陆：根据数学模型的计算结果，按清水沟流路行河方案一行河，2020年7月以前基本水沙系列（系列2）、系列1、系列3、系列4淤积在近海区的沙量平均每年分别为2.37亿t、2.88亿t、2.01亿t、2.05亿t。

5）深海输沙：根据黄河口一维、二维连接整体数学模型的计算结果，按清水沟流路行河方案一行河，2020 年 7 月以前基本水沙系列（系列 2）、系列 1、系列 3、系列 4 的深海输沙量平均每年分别为 1.74 亿 t、2.11 亿 t、1.47 亿 t、1.51 亿 t。

（2）2020 年 7 月至 2030 年 6 月水文年平均处理泥沙能力

1）引沙：2020 年 7 月至 2030 年 6 月利津站无古贤方案（基本配置方案一、方案二）基本水沙系列（系列 2）、系列 1、系列 3、系列 4 年平均引沙量分别为 0.055 亿 t、0.071 亿 t、0.045 亿 t、0.064 亿 t，有古贤方案（基本配置方案三、方案四）相应水沙系列年平均引沙量分别为 0.044 亿 t、0.055 亿 t、0.036 亿 t、0.059 亿 t。

2）放淤：2020 年 7 月至 2030 年 6 月年河口放淤主要结合“二级悬河”治理和低洼地改造安排，强度和 2020 年以前相同，年放淤量为 218.7 万 m^3，合计 0.031 亿 t。

3）河槽冲淤和洪水淤滩：根据数学模型的计算结果，按清水沟流路行河方案一行河，2020 年 7 月至 2030 年 6 月基本水沙系列（系列 2）、系列 1、系列 3、系列 4 年平均河槽淤积量和洪水淤滩量，无古贤方案（基本配置方案一、方案二）分别为 0.014 亿 t 和 0.037 亿 t、0.019 亿 t 和 0.052 亿 t、0.01 亿 t 和 0.026 亿 t、0.029 亿 t 和 0.078 亿 t，有古贤方案（基本配置方案三、方案四）分别为 0.011 亿 t 和 0.029 亿 t、0.014 亿 t 和 0.038 亿 t、0.006 亿 t 和 0.016 亿 t、0.028 亿 t 和 0.076 亿 t。

4）河口造陆：根据数学模型的计算结果，2020 年 7 月至 2030 年 6 月基本水沙系列（系列 2）、系列 1、系列 3、系列 4 淤积在近海区的沙量，无古贤方案（基本配置方案一、方案二）平均每年分别为 2.77 亿 t、3.4 亿 t、2.35 亿 t、3.03 亿 t，有古贤方案（基本配置方案三、方案四）平均每年分别为 2.07 亿 t、2.57 亿 t、1.92 亿 t、2.72 亿 t。

5）深海输沙：根据黄河口一维、二维连接整体数学模型的计算结果，2020 年 7 月至 2030 年 6 月基本水沙系列（系列 2）、系列 1、系列 3、系列 4 输往深海的沙量，无古贤方案（基本配置方案一、方案二）平均每年分别为 2.23 亿 t、2.98 亿 t、1.68 亿 t、2.69 亿 t，有古贤方案（基本配置方案三、方案四）平均每年分别为 1.89 亿 t、2.38 亿 t、1.36 亿 t、2.53 亿 t。

（3）2030 年 7 月至 2050 年 6 月水文年平均处理泥沙能力

1）引水引沙：2030 年 7 月至 2050 年 6 月利津站基本水沙系列（系列 2）、系列 1、系列 3、系列 4 无古贤方案（基本配置方案一、方案二）年平均引沙量分别为 0.066 亿 t、0.077 亿 t、0.052 亿 t、0.077 亿 t，有古贤方案（基本配置方案三）相应水沙系列年平均引沙量分别为 0.054 亿 t、0.059 亿 t、0.047 亿 t、0.06 亿 t，有古贤+放淤方案（基本配置方案四）基本水沙系列（系列 2）、系列 1、系列 3 年平均引沙量分别为 0.052 亿 t、0.062 亿 t、0.046 亿 t。

2）放淤：2030 年 7 月至 2050 年 6 月河口放淤主要结合低洼地改造安排，强度小于 2030 年 7 月以前，放淤量为 0.022 亿 t。

3）河槽冲淤和洪水淤滩：根据数学模型的计算结果，按清水沟流路行河方案一行河，2030 年 7 月至 2050 年 6 月基本水沙系列（系列 2）、系列 1、系列 3、系列 4 年平均河槽淤积量和洪水淤滩量，无古贤方案（基本配置方案一、方案二）分别为 0.02 亿 t 和 0.055 亿 t、0.033 亿 t 和 0.089 亿 t、0.03 亿 t 和 0.081 亿 t、0.03 亿 t 和 0.08 亿 t，有古贤方案（基本配置方案三）分别为 0.025 亿 t 和 0.068 亿 t、0.04 亿 t 和 0.108 亿 t、0.023 亿 t 和 0.061 亿 t、0.014 亿 t 和 0.037 亿 t，有古贤+放淤方案（基本配置方案四）基本水沙系列（系列 2）、系列 1、系列 3 年平均河槽淤积量和洪水淤滩量分别为 0.023 亿 t 和 0.063 亿 t、0.038 亿 t 和 0.104 亿 t、0.022 亿 t 和 0.059 亿 t。

4）河口造陆：根据数学模型的计算结果，2030 年 7 月至 2050 年 6 月基本水沙系列（系列 2）、系列 1、系列 3、系列 4 年平均淤积在近海区的沙量，无古贤方案（基本配置方案一、方案二）分别为 3.86 亿 t、4.82 亿 t、2.94 亿 t、4.87 亿 t，有古贤方案（基本配置方案三）分别为 2.85 亿 t、3.42 亿 t、2.63 亿 t、3.12 亿 t，有古贤+放淤方案（基本配置方案四）基本水沙系列（系列 2）、系列 1、系列 3 年平均淤积在近海区的沙量分别为 2.65 亿 t、3.21 亿 t、2.47 亿 t。

5）深海输沙：根据数学模型的计算结果，2030 年 7 月至 2050 年 6 月基本水沙系列（系列 2）、系列 1、系列 3、系列 4 年平均输往深海的沙量，无古贤方案（基本配置方案一、方案二）分别为 2.57 亿 t、2.66 亿 t、2.08 亿 t、2.67 亿 t，有古贤方案（基本配置方案三）分别为 2.24 亿 t、2.43 亿 t、1.9 亿 t、2.61 亿 t，有古贤+放淤方案（基本配置方案四）基本水沙系列（系列 2）、系列 1、系列 3 年平均输往深海的沙量分别为 2.26 亿 t、2.35 亿 t、1.91 亿 t。

18.2.3 挖河疏浚

1. 挖河疏浚的必要性

1）挖河疏浚是黄河下游窄河道治理的重要措施。黄河多泥沙特性难以改变，进入下游河道的水量亦不会明显增多，水沙两极分化现象仍然突出，仅靠水流本身输送大量泥沙入海十分困难，即使通过中游干流骨干工程拦沙和调水调沙，能减轻下游河道的淤积，但在河段上和时段上都是有限的。因此，利用国内外的先进技术和挖沙设备，在黄河下游主槽中长期挖取相当数量的泥沙，减缓河道淤积，增大河道排洪能力，并利用开挖出的泥沙淤背固堤，逐渐形成相对地下河，是变被动为主动的重要治河措施。

2）入海流路淤积延伸必须加以控制和治理。从长远看，河口河道的淤积是必然的。根据黄河勘测规划设计研究院有限公司对黄河口 2001～2002 年防洪工程建设的可行性研究，至 2010 年 cs7—清 7 河段累计淤积 0.365 亿 m^3，西河口水位升高至 11.55m；至 2021 年 cs7—清 7 河段累计淤积 0.910 亿 m^3，西河口水位升高至 12.02m。如果这种状况持续下去，对清 7 以下改汊时的效果将产生不利影响，稳定现行入海流路的目标遇到挑战。因此，采取有效措施，减少河道泥沙淤积，降低河床高程，解决河口泥沙堆积势在必行。

3）改善河道形态，减轻防洪压力迫在眉睫。1985 年后，河口河段由于河道单一顺直和来水较少，尽管有些漫滩淤积，但多是滩唇淤积，因此滩唇高于堤根、横向比降大等问题严重。例如，清 1—清 7 河段横比降达 4‰～10‰，若遇大水漫滩，极易发生河势骤变，形成横河或者顺堤行洪，严重时可能冲决堤防；清 4 以下主槽无工程控制，致使主槽演变剧烈，若遇较大洪水，可能在清 4 以下河段自然摆动出汊，将打乱流路规划，影响河口治理工程的整体布局。因此，河口河段的横比降问题亟待解决。目前，较为有效的方法是利用挖河泥沙淤填堤沟河，以减小横比降，减轻防洪压力。

4）河口堤防断面单薄、隐患多，需要加固河口堤防，多在原有民埝基础上修建，堤基、堤身质量差。在设计洪水位条件下，河口左岸大堤有 26.8km 高度上达不到设计标准（其中原北大堤有 21.7km，孤东南围堤有 5.1km）；按照设计标准，左岸北大堤 1 级堤防的堤顶宽为 10m，目前全线欠宽 2～4m；有 21.9km 未进行加固。通过挖河，不仅可以减缓河道抬升速度，还能利用挖出的泥沙加固堤防，构筑相对地下河，提高堤防的抗洪强度。

5）继续挖河以提升减缓河道淤积效果的分析研究认为，挖河减淤效果随着规模大小而不同，且具有明显的时效性。挖河长度越大，减淤效果越好，反之，效果越差。同时，挖河疏浚有明显的时效性，在一定的时间内其效果较好，随着时间的推移其效果减退。因此，为了发挥挖河工程的整体效能，应在以往的基础上继续扩大规模，延长挖河段落，以取得更好的减淤效果，还要在时间上连续不断地进行，才会达到预期目的。

2. 挖河固堤工程建设的可行性

1）3 次挖河固堤工程实践积累了经验。1997 年 11 月至 2004 年 12 月，在河口河段实施了 3 次挖河固堤工程。通过实践活动，不仅在建设管理、施工组织、技术设备等方面取得了一定经验，积累了第一手资料，还在关键技术问题上有了较深的认识，为继续实施挖河疏浚奠定了基础。同时，通过分析研究和数学模型计算，3 次挖河固堤工程对减少河道淤积起到了明显的作用；河口河段同流量级水位 2004 年与挖河工程初期相比均有下降，受挖河工程的影响，下降的幅度大于邻近的上游河段。这一分析总结成果，为下一步实践提供了理论依据。

2）黄河实施水量调度为挖河的正常进行提高了保证率。自 1972 年黄河出现第一次断流，特别是 1986 年之后的十几年，黄河一直处于枯水枯沙状态，断流现象时有发生，给各个方面造成了不利影响和损失。自 1999 年黄委会实施水量调度以后，黄河再未发生断流，且下游的利津站流量最小时亦保持在 $50m^3/s$ 左右，有力地缓解了黄河下游旱情和用水问题。与此同时，实施水量调度为河口河段在动水中进行挖河施工创造了客观条件，提高了用水保证率，使得采用挖泥船进行挖河疏浚成为可能。

3. 挖河疏浚位置及施工方法选择

1）挖沙位置源源不断的泥沙在河口沉积，导致尾闾河段不断向海延伸，河流纵比降逐渐变缓，相对侵蚀基准面抬升，不仅妨碍了水沙顺利入海，还产生了长距离的溯源淤积，对其上河道产生了不利影响，因此挖河首选河段为河口河段。根据研究，减淤比（挖河量/(挖河量+减淤量)）随着挖河段落的下移呈逐渐减小趋势，说明挖河位置越靠下游减淤效果越好，进一步证明了挖河应首选在河口尾闾河段实施。

2）从实践分析，黄河挖河疏浚有三种比较有效的方法，一是在断流的情况下，采用挖掘机与自卸汽车配合的施工方法；二是在河流断流或较小流量并修筑施工围堰的情况下，采用组合泥浆泵开挖的施工方法；三是在流量适合的条件下，采用挖泥船开挖的施工方法。全河实施水量统一调度之后，确保了黄河利津站不断流，而且将 50m^3/s 作为最小流量，因此今后的挖河疏浚选择挖泥船施工为宜。

利用国内外的先进技术和挖沙设备，在河口河段有计划地进行挖河疏浚十分必要，既可在一定水沙条件下发生沿程和溯源冲刷，有利于现行河口流路的通畅和稳定，又可对河口以上局部河道起到一定的减淤作用。同时，多次的试验为更好地生产实践提供了经验和理论依据，先进的技术和设备均为挖河疏浚创造了有利条件。因此，建议在河口河段继续并大规模地实施挖河疏浚，以减缓河道淤积，降低相对侵蚀基准面，确保水沙顺利入海。

18.2.4 拦门沙疏浚

1. 采用船拖耙具和射流冲沙疏浚

采用船拖耙具和射流冲沙疏浚的工作原理就是利用耙具扰动或高压水力冲击，将河底的泥沙扰起，然后再借助大河的水流动力，将扰起的泥沙输送到下游，以达到浚深河槽的目的，主要采用以下方案。①船只推进器冲沙：利用船只推进器推动水流的反作用力，冲起河底泥沙，借助水流的力量将泥沙带至深海。②传统耙具拖淤：利用 270hp 拖轮带动混江龙、铁扫帚、铁龙爪等传统耙具在河口进行拖淤。③喷水耙具拖淤：以传统耙具为基础，在每只耙齿中间安设一只喷水嘴，以 270hp 拖轮在船尾甲板安装柴油机以带动水泵提供高压水，使拖淤耙松泥沙、冲深液化和掀扬泥沙。④高压水枪射流：在拖轮两侧各布设 5 台 17kW 电动高压水泵，以柴油发电机组提供动力，每台泵供两只口径为 25mm 的水枪作业，由人工操作伸向河底冲沙。⑤射流拖淤船拖淤：该装置在拖驳上改装，由装在舱内的 6160A-13 型柴油机带动 10EPN-30 型水泵提供高压水流，再由干管输送至各组水枪，在拖驳两侧和船头各布置口径为 30m 的水枪 10 只，并在船尾布置水枪 8 只，每组水枪都设悬挂提升装置。该方法的缺点是操作困难、耙具的方向掌握不准、扰沙效果差。船拖耙具由于需用船只拖带，受水深制约大，若不满足船只吃水要求，则无法进行疏浚。

2. 采用绞吸式挖泥船疏浚

为保持口门通畅、确保水沙顺利入海，国家“百船工程”为开展黄河口疏浚配备了海狸 1600 型绞吸式挖泥船，其工作原理就是通过绞刀旋转切削土体，造成土体结构的瓦解和破坏，使切削下来的土颗粒与水混合形成泥浆，通过设在绞刀后的泥浆泵吸口吸入泥浆泵吸泥管，再通过排泥管道输送到堆沙区。该方法的优点是在同样工况条件下，克服了疏浚时段的制约，工作效率得到较大提高。对坚硬土质，其效果比扰沙借助水力输送好，切削起的泥沙可通过管道输送到指定位置，也有利于泥沙资源的利用。

3. 配合调水调沙，采用扰沙船扰沙、疏浚

2005 年初，山东黄河工程局疏浚工程处根据黄河调水调沙需求，自行设计、改制了用于黄河泥沙人工扰动的超汽蚀螺旋桨河床扰动船，该船以江河 FG08 号 160kW 多用途工作船为载体，通过在船上安装动力装置、监控装置、扰沙装置等，形成新型泥沙扰动船，主要包括一排超汽蚀螺旋桨 4～5 只、与螺旋桨配套的潜水电机、安装于螺旋桨后方的整流板、用于安装和固定螺旋桨及潜水电机的臂架和横撑、用于升降扰沙装置的吊臂和电动绞车等。其工作原理是：作业时，降下安装在船尾部的扰沙装置，扰沙船带动扰沙装置逆流或顺流航行，沉入河床适当位置处的螺旋桨由潜水电机带动高速旋转，形成的高速水流将河底泥沙充分扰起，并经导流板向河水表层导引，从而大量的泥沙被扰起并随流速相对较大的表层河水尽可能向下游输送。从各粒径泥沙的输移距离可以看出，粒径小于 0.025mm 的泥沙可以输移较远的距离，0.05mm 的泥沙输移距离为 3km 左右。黄河口拦门沙区河床质的组成中，以 0.05mm 以上的粉质砂土为主，所以大部分泥沙能够被输送到 3km 以内的地方。目前黄河调水调沙已形成生产运营，每年 6 月都进行一次，持续时间为 15～20d，因此，调水调沙期间在拦门沙段实施泥沙人工扰动，促进河床泥沙启动，借助调水调沙时期河水的动能输沙入海是可取的方案。

4. 采用脉冲射流技术

脉冲射流技术采用太阳能—浮体泵—压气筒—流体自控装置综合体，在黄河口及拦门沙段激扰水流，从而扬动泥沙输沙入海。

运行装置包括非自航浮体（简易专用船）、水泵、空气压缩机、太阳能光电转换器（或集热器或柴油发电机）、筒形压气储水罐、三通及水力启闭阀（该阀由潮流推动）、承流舵、射流振荡器、俯冲喷头、仰冲喷头等。落潮时承流舵施加扭矩打开阀瓣，使泵与射流振荡器接通，泵与压气储水罐压出的水流直接供给射流振荡器，涨潮时潮流推动舵板扭转阀瓣，切断通向射流振荡器的水流，泵与压气机抽出的水和压出的气皆输给压气罐储存起来，以备落潮时供给射流振荡器。此方法经济性较好，但实际施工时操作困难，疏浚方位不易控制，对于拦门沙口门附近的坚硬土质疏浚效果不好。

根据近年来黄河口疏浚的实践经验，通过对 4 种疏浚技术措施分析比较，得出采用绞吸式挖泥船和超汽蚀螺旋桨河床扰动船两种疏浚技术相结合，是实施黄河口拦门沙疏浚较好的工程技术措施。

18.3　多目标协同的黄河入海流路调控方案

18.3.1　入海流路调控目标

通过调水调沙实现河道减淤冲刷、保持水沙通畅下泄的同时，也应通盘考虑河口地区防洪工程设施的防洪能力和入海流路的稳定问题，这是稳定黄河入海流路的重要途径之一。就黄河口而言，其冲淤演变的方向和特性不仅受制于来水来沙条件，同时还要受到海洋动力条件的影响等，因此，在进行调水调沙运用时，还应考虑海洋动力等其他相关条件，这样才能稳定黄河入海流路，使其发挥更大的功用。在稳定清水沟入海流路的同时，还要重视和保护黄河备用流路，防患于未然，考虑有计划地进行人工改道，保持必要的摆动范围，以便充分发挥海域容沙功能，从而减缓河口淤积延伸，减轻对黄河下游河道淤积抬高的不利影响。从长远的角度考虑，给黄河入海流路的改道留出空间是必要的，必须加强备用流路的针对性保护，绝不允许在其保护区内进行永久性建设，禁止占用行河通道，从而减少备用流路过水时造成的损失。因此，在认真研究黄河口入海流路的科学理论基础上，制定相应的治理对策，延长和稳定黄河口入海流路，发挥黄河水资源优势，将对促进东营市和胜利油田的经济发展，更好地维护黄河三角洲的生态环境和各项建设起到巨大的作用。

18.3.2　河口流路改道控制条件

黄河入海流路的安排需要以保障黄河下游防洪安全为前提，以黄河三角洲生态系统良性维持为基础，充分考虑地区经济社会的可持续发展。入海流路改道（改汊）控制条件是考虑黄河下游河道防洪减淤要求、社会经济发展要求和生态环境保护要求的互动关系，并综合协调的结果。1992 年国家计委批复的《黄河入海流路规划报告》和 2000 年编制的《黄河河口治理规划报告》，根据河口地区的设防能力，确定的流路改道控制条件为西河口 10 000m^3/s 流量的相应水位不超过 12m。本次规划根据目前情况进一步研究了改道的控制条件，同时，考虑到 10 000m^3/s 洪水出现概率低，研究了中常洪水改道的控制水位。

18.3.3　入海流路选择

黄河三角洲海域可分为东部海域和北部海域。清水沟流路利用东部宋春荣沟至五号桩约 62km 的海域，通过清水沟原河道、清 8 汊、北汊 3 条汊河的有计划摆动使用该海域。十八户流路利用东部宋春荣沟以南海域。刁口河和马新河使用从五号桩以北至徒骇河口以东约 100km 的北部海域。

遵循黄河口淤积、延伸、摆动、改道的自然演变规律，考虑河口淤积延伸对黄河下游河道的反馈影响，充分利用三角洲海域，可减缓河口淤积延伸速率。综合考虑黄河入海流路的历史状况、三角洲海域特性、历次规划流路情况及河口地区社会经济发展，在三角洲地区选择清水沟、刁口河、马新河及十八户流路作为今后黄河的入海流路。

在保障黄河下游防洪安全的前提下，限制入海流路淤积延伸的长度，考虑马新河流路的使用不影响东风港、滨州港、黄骅港的正常运营及徒骇河口的通畅，十八户流路的使用不影响小清河口，根据海域地形图量算，选择的 4 条流路海域容沙潜力为 559.9 亿 m^3，其中清水沟、刁口河、马新河、十八户各个流路分别为 230.1 亿 m^3、145 亿 m^3、153 亿 m^3、31.8 亿 m^3（表 18-3）。

表 18-3　黄河三角洲海域的容沙潜力计算表

海域位置	流路	容沙潜力（亿 m^3）	备注
东部	清水沟	230.1	西河口以下河长 80km
	十八户	31.8	不影响小清河口
北部	刁口河	145	相当于西河口以下河长 80km
	马新河	153	不影响东风港、滨州港、黄骅港的运营及徒骇河口的通畅
合计		559.9	

（1）清水沟流路

清水沟流路为黄河入海流路的现行流路，自 1976 年行河以来，已行河 40 多年。清水沟流路行河以来的流路演变可分为原河道行河和清 8 汊行河两个时期。清水沟流路原河道位于流路的南部，行河至 1996 年西河口以下河长达到 65km，结合油田开发实施了清 8 改汊，清 8 汊入海方向为东稍偏北，2007 年在汊 3 断面附近向北出汊，但其堆沙海域仍属清 8 汊海域。目前，清 8 汊西河口以下河长 54～60km，流路状况尚好，仍有较大的行河潜力。清水沟流路两岸已建设了较系统的河防工程，继续行河工程建设投资小。因此，今后黄河入海流路首先应继续使用清水沟流路。

（2）刁口河流路

刁口河已停止行河 40 多年，目前罗家屋子以下河道长 49km，河道纵比降约为 1‱，与停水时相比，入海口门蚀退近 10km，左右两侧 30km 范围内的岸线也蚀退 2～5km。

刁口河行水期间，两岸均有堤防，堤距为 8.6～14.2km。1976 年黄河改道清水沟流路后，两岸堤防弃守，受人为破坏和自然老化影响，加之失管失修，现已残破不堪。目前两岸堤防已无抗御洪水的能力。

1976 年黄河改道清水沟流路后，胜利油田先后在刁口河流路内发现了 10 个油田和区块，并投入开采，相继兴建了油气生产设施、电力设施、通信设施及生活后勤保障设施；同时，油田部门和地方政府修建了包括罗镇—孤岛、河口—孤岛、桩西—埕东和东港一级专用公路等主干线。目前，刁口河流路范围内已开垦耕地近 0.53 万 hm^2、林地 0.33 万 hm^2；畜牧种植用地 0.66 万 hm^2，主要分布在河道中上部；盐业和养殖业用地 0.26 万 hm^2，主要分布在挑河河口两岸。

黄河三角洲自然保护区 1992 年被国务院批准为国家级自然保护区。北区位于刁口河故道口门附近，面积为 4.85 万 hm^2。1976 年黄河改道清水沟流路后，刁口河流路失去了水沙补充，口门附近因受海潮侵入和海水倒灌的影响，陆域湿地逐渐萎缩，湿地质量不断下降，生态环境进一步恶化，依赖湿地特别是依赖淡水湿地生存的生物物种的种类及数量不断减少。

《黄河入海流路规划报告》明确刁口河为备用流路后，流路范围内开发建设受到制约，和马新河、十八户流路相比，刁口河流路管理范围内经济发展相对落后。

（3）马新河流路

马新河流路由利津县利津街道附近改道，改道点位于利津县利津街道西坡庄村，将利津街道附近的窄河段裁弯取直后，流路基本沿马新河走向北流，在河口区的新户镇以南入海。马新河西邻潮河，东邻沾利河，马新河的上段（大赵河）接宫家灌区（宫家东干渠）。

目前，马新河底宽 14.5～17m，比降约 1‱，边坡比为 1∶3，河底高程为 1.9～4.5m，两岸地面高程为 1.35～8.23m（黄海高程）。

规划的马新河流路，基本上以现马新河作为引河拓宽而成，改道点以下线路长 62km，利津县以下长 70km。河道两岸均须新建堤防，考虑马新河实际情况，暂拟堤距 3～4km 来计算工程量及影响人口，左岸堤防长 53km，右岸堤防长 54km。规划流路主要涉及东营市利津县的利津街道、盐窝镇，东营市河口区的新户镇、义和镇，以及滨州市沾化区的利国乡、下河乡等 6 个乡（镇、街道）129 个自然村 2.59 万人，影响耕地约 7.92 万亩。

（4）十八户流路

十八户流路位于东营市垦利区黄河南岸永丰河与宋春荣沟之间，向东流入渤海莱州湾。改道口位置选在十八户放淤闸与二十一户之间，堤距宽拟定为 4～7km。北堤可以黄河南大堤为基础，南岸须修建新堤，流路长约 32km。

流路范围内总面积约 150km^2，属十八户放淤区，地势低平，地面高程为 0～6m（黄海高程），地面平均坡降约 1/5000。河道内主要涉及垦利区垦利街道和永安镇的北于、小口子等 33 个村庄，人口约 1.42 万人，耕地约 4.7 万亩，至今流路内未发现油区。

十八户流路的入海口位于清水沟沙嘴以南的凹湾内，海滩坡度平缓，10m 等深线距海岸 20km 左右，海洋动力较弱，海域容沙量小。同时，入海口以南，邻近永丰河、支脉河和小清河等，河口淤积延伸范围受到一定限制，也影响行河年限。

经过调研，近期东营市、胜利石油管理局在该地区没有淤浅海造陆的要求，黄河南岸的防潮堤（标准为 50 年一遇）已与南防洪堤相连，已基本建成较完整的防潮工程。

18.3.4 入海流路行河方式研究

（1）固定流路行河

固定流路行河方式的实质是希望通过一定的工程措施，把黄河来沙全部带到深海，使黄河口海岸处于动态平衡，黄河入海流路长期固定，改变黄河口长期以来淤积、延伸、摆动、改道循环演变的局面，以有利于河口地区经济社会的发展。该行河方式最具代表性的方案是“一主一辅，双流定河，高位分洪，导堤入海”，该方案以现行清水沟流路为主河道，在其入海口建设双导堤伸至 3m 水深，双导堤内行洪 3000m^3/s，并修建顺向丁坝，使双导堤中间形成复式河床；以刁口河流路为辅助流路，在西河口断面附近建设可分洪 3000m^3/s 的分洪闸。同时，建立疏浚船队，及时疏浚西河口以下可能出现的局部淤积，保证双导堤内河势稳定。

该行河方式是否成立，关键取决于未来黄河口的来沙量和海洋动力输沙能力的大小。据研究，今后相当长时期内黄河仍是一条多泥沙河流，河口多年平均来沙量为 5 亿 t 左右，海洋动力的输沙能力在 3 亿 t 左右，不足以把这些泥沙全部带往深海，河口的淤积延伸难以避免，黄河口海岸达不到动态平衡，黄河入海流路不能长期固定。若长期固定入海流路，势必造成黄河口地区水位长期居高不下，对黄河下游河道的防洪减淤造成不利影响。

除此之外，代表性方案为在西河口建分洪闸，减小西河口以下洪水流量，虽短期内对降低西河口以下河段的洪水位有利，但由于分流点以下河道流量减小，水流挟沙能力降低，河道会增淤或少冲，进而对分流点以上河道产生反馈影响。因此从长远看，建闸对西河口以上的下游河道的防洪是不利的，并且固住河口的工程投资太大，不计每年的挖河投资，一期工期（双导堤、分洪闸建设及刁口河治理）就高达 35 亿元。

（2）相对稳定流路行河

相对稳定流路行河观点认为，在未来相当长的时期内，黄河口仍然是多泥沙河口，海洋动力不足以输送如此大量的泥沙，河口淤积延伸不可避免。那么，在这种情况下，为了减小黄河口淤积延伸对黄河下游河道产生的溯源淤积影响，保障黄河下游河道的防洪安全，必须科学使用三角洲地区的若干条流路，以充分利用黄河三角洲海域堆沙。

该行河方式的原则是以保障黄河下游防洪安全为前提，以黄河口生态环境良性维持为基础，充分考虑地区经济社会的可持续发展。目前，为了保障黄河下游河道的防洪安全，尽量减小河口淤积延伸对下游河道的不利反馈影响，控制西河口 10 000m^3/s 流量的相应水位不超过 12m。

该行河方式又有轮流行河和同时行河两种情况，轮流行河是在控制西河口 10 000m^3/s 流量的相应水位不超过 12m、保障黄河下游河道防洪安全的前提下，按一定的控制条件轮流使用各条流路；同时行河基于河口岸线平衡概念，采用多条流路平行行河，利用海洋动力和输沙动力，力争通过各入海流路的同时使用，使河道泥沙输移与海洋动力拖曳泥沙形成相对平衡，恢复和维持各条流路的生态系统。

近年来，基于经济社会发展对黄河治理开发和管理的更高要求，以实现每条流路的输沙能力及其河口处的海洋动力对泥沙的拖曳能力相“平衡”为目标，谋求既输沙入海，流路又少延伸或不延伸，同时兼顾河口地区的生态修复和保护，备用流路有效管理和维持，因此提出了同时行河思路。

根据黄河口多泥沙的特点，考虑黄河下游河道防洪减淤、河口地区经济社会发展和生态环境保护的互动关系，推荐相对稳定流路行河方式。规划近期主要使用清水沟流路，同时进行刁口河流路的生态调水，并加强对同时行河方式的深入研究。

（3）入海流路改道控制条件

（A）西河口 10 000m^3/s 流量改道控制条件分析

从黄河下游河道防洪减淤的要求出发，河道长度越短越好，改道控制的水位越低越好。从河口地区社会经济发展的需求出发，需要相对稳定黄河入海流路，改道控制的水位越高越好。因此，规划应提出兼顾各个方面利益的结合点。

目前黄河口地区堤防的设防水位为利津 17.63m（大沽高程），西河口水位为 12m，黄河下游堤防已按此进行了安排。若流路改道控制条件升高至西河口 10 000m^3/s 流量的相应水位为 13m，流路运用末期将对黄河下游河道淤积产生较大的反馈影响，河口地区防洪水位抬高，需要河口地区堤防加高 1m 左右。考虑到目前清水沟流路行河潜力很大，河口综合治理规划不宜提高改道的控制水位。若流路改道控制条件降低，将造成尾闾河道频繁改道，除增加改道工程投资外，还会给河口地区经济发展造成较大影响，因此在河口地区堤防基本已达到设防西河口 10 000m^3/s 流量的相应水位不超过 12m 时，没有必要降低改道控制条件。

综上分析，西河口 10 000m^3/s 流量改道控制条件应维持水位不超过 12m。

（B）相应于改道控制条件的中常洪水水位分析

由于小浪底水库运用等人类活动的影响，西河口 10 000m^3/s 洪水出现的概率降低，需要研究达到改道标准时，相应的中常洪水控制水位。

根据西河口断面的水位-流量关系特性和实测大断面资料，并参考各年黄河中下游洪水调度预案研究报告成果，计算西河口水位达到 12m 时的水位-流量关系，结果见表 18-4。当西河口 10 000m^3/s 流量的相应水位为 12m 时，5000m^3/s、10 000m^3/s 流量的相应水位差为 1m。2000 年黄河中下游洪水调度预案研究报告成果中 5000m^3/s、10 000m^3/s 流量的水位差为 1.01m，2005～2008 年均为 0.93m，数学模型计算的 2020 年 5000m^3/s、10 000m^3/s 流量的水位差为 0.97m。经综合分析，5000m^3/s、10 000m^3/s 流量的水位差取 1m。也就是说，在达到改道标准时，西河口 5000m^3/s 流量相应的水位在 11m 左右。

表 18-4 西河口水位达到 12m 时的水位-流量关系

流量（m^3/s）	3 000	5 000	7 000	8 000	9 000	10 000
水位（m）	10.3	11	11.49	11.68	11.84	12

18.3.5 行河方案比选研究

根据改道控制条件，本次规划考虑以下两种轮流行河方案。

依序轮流行河：现行流路达到本次研究提出的轮流行河改道控制条件（西河口 10 000m^3/s 流量下达到一定水位）后，再启用下一条流路。

交替行河：现行流路未达到轮流行河改道控制条件，但达到交替行河的控制条件时就启用下一条流路。

从流路长度看，马新河、十八户流路改道初比刁口河流路短 30km，可有效地缩短河长，产生较大的溯源冲刷，对下游河道防洪有利。从海域条件看，十八户流路最差，十八户行河会对小清河口、广利港码头产生不利影响，刁口河与马新河海域较好，但马新河距东风港约 22km，距黄骅港约 41km，距徒骇河口更近，马新河行河将对徒骇河口、东风港及黄骅港产生不利影响。从行河年限看，十八户流路最短，以不影响东风港、滨州港、黄骅港的正常运营及徒骇河口的通畅为控制条件，马新河、刁口河行河年限基本相当，否则马新河行河年限要长得多。从对社会经济影响看，由于马新河地处河口地区经济较发达地段，线路所经之处涉及人口多达 2.59 万人，且影响部分油田设施；而刁口河为刚行过河的故道，且早已明确为备用入海流路，河道内建设相对较少，影响人口较少。行河工程总投资马新河最大，十八户次之，刁口河最小。综合比选认为，刁口河、马新河、十八户 3 条流路相比，刁口河流路行河条件相对较好，可将刁口河作为近期备用流路，将马新河、十八户作为远景可能的备用流路。

（1）行河方案拟定

根据《黄河流域综合规划（2012—2030 年）》，清水沟流路 2008 年以后还可行河 50 年左右。随着黄河干流骨干水库的建成生效，未来一段时期内进入河口地区的泥沙减少，清水沟流路行河年限有进一步延长的可能。根据选定的流路及行河方式，结合以往研究成果对流路的安排及要求，提出 3 种行河方案，见表 18-5。

表 18-5 本次研究行河方案汇总表

行河方式		行河方案
同时行河		清水沟和刁口河流路同时行河方案
轮流行河	依序轮流行河	清水沟和刁口河流路依序轮流行河方案
	交替行河	清水沟和刁口河流路交替行河方案

（2）清水沟和刁口河流路同时行河方案研究

根据相机使用刁口河高水位分洪的研究成果，分洪流量上限取 3000m^3/s 较好。同时行河方案也需要在西河口附近建设分流闸，其过流上限仍可取为 3000m^3/s。初步设置同时行河的子方案如下：①刁口河常年分流，分流流量为利津站的 15%，直到达到过流能力上限 3000m^3/s；②刁口河常年分流，分流流量为利津站的 30%，直到达到过流能力上限 3000m^3/s；③刁口河常年分流，分流流量为利津站的 50%，直到达到过流能力上限 3000m^3/s；④刁口河相机分流，利津站流量大于 2000m^3/s 时开始分流，分流流量为利津站的 15%，直到达到过流能力上限 3000m^3/s；⑤刁口河相机分流，利津站流量大于 2000m^3/s 时分流，分流流量为利津站的 30%，直到达到过流能力上限 3000m^3/s；⑥刁口河相机分流，利津站流量大于 2000m^3/s 开始分流，分流流量为利津站的 50%，直到达到过流能力上限 3000m^3/s。以上各方案，流路的入海口门宽度会有所不同，河防工程措施也有变化，因此，要分析工程措施设计标准、规模及运用原则，调查、分析工程占压指标，计算工程量。

（3）清水沟和刁口河流路轮流行河方案研究

据《黄河河口综合治理规划》（2011 年）分析确定，西河口 10 000m^3/s 流量改道控制条件应维持水位不超过 12m。根据现有研究成果，远期可采取相机轮流行河方案，其具体行河时机为：①当西河口的流量为 10 000m^3/s、水位达到 12m 时，清水沟流路行河结束，改走刁口河流路，与现有有关规划保持一致；②可考虑充分利用清水沟、刁口河流路海域堆沙，数年内相机轮流行河，该方案实施的前提是刁口河流路必须具备与现行清水沟流路相当的泄洪输沙能力，应根据黄河来水来沙、流路演变情况，结合地方经济发展、生态维持需求等科学把握。

该行河方式的优点是可充分利用渤海湾和莱州湾两个海域输沙，并使两口门海域不断得到淡水和泥沙补给，可抑制海岸线的蚀退，有利于保护三角洲的生态环境，尤其有利于刁口河自然保护区的良性维持。但根据目前的研究，该行河方式有以下问题：一是在西河口附近修建拦河闸，相当于建立一个新的侵蚀基准面，该基准面对黄河下游河道的影响需要进一步研究；二是怎样轮流、轮流使用标准是什么等很多具体问题需要进一步研究；三是两条流路轮流行河，将使两条流路范围内的人口、耕地、油井等生产、生活设施常年处在流路变化影响之中，对当地生产、生活产生直接的不利影响；四是两条流路需要同时建设与管理，工程投资大，运行管理复杂，不易操作。

18.3.6 清水沟流路运用方案研究

（1）改汊控制条件

清水沟流路自 1976 年行河以来，分为清水沟流路原河道行河和清 8 汊行河两个时期。清水沟原河道行河时期可分为淤滩成槽阶段、溯源冲刷发展阶段和溯源淤积阶段。1996 年清 8 改汊后，经历了当年溯源冲刷阶段和其后的冲淤交替阶段、冲刷阶段。

（2）流路行河比较方案

清水沟流路的海域淤积范围包括五号桩以南，宋春荣沟以北，宽约 62km 的海域。为了尽量利用清水沟海域的容沙能力，根据流路的行河现状，结合海域形势及可能的流路安排，拟定清水沟流路的局部改汊入海流路方向有三个，一是现行清 8 汊，二是北汊，三是 1996 年改汊前的原河道。

根据河口地区的设防能力，确定的清水沟流路改汊控制条件为西河口 10 000m^3/s 流量的相应水位不超过 12m（即流路内各汊河改汊控制条件可以为西河口 10 000m^3/s 流量的相应水位达到 12m 或低于 12m，最终改道控制条件为西河口 10 000m^3/s 流量的相应水位达到 12m），5000m^3/s 流量的相应水位不超过 11m。改汊方案的拟定，综合考虑了黄河下游河道防洪减淤、当地社会经济发展和生态环境保护等各个方面的要求，并侧重两个方面的考虑，一是使清水沟流路的近期流路尽可能短，以尽量降低黄河下游河道的洪水位，以黄河口曾经出现过的最大河长西河口以下 65km 作为过程中改汊的控制条件，轮流使用各个汊河；二是尽量使流路相对稳定，以有利于当地的社会经济发展和生态环境保护，以西河口 10 000m^3/s 流量的相应水位不超过 12m 作为改汊控制条件使用各个汊河。据此，考虑各种可能的情况，拟定 4 个清水沟流路改汊组合方案。

1）清 8 汊（12m）+北汊（12m）+原河道（12m）（方案 1）：继续使用清 8 汊，待西河口 10 000m^3/s 流量的相应水位达到 12m 时，改走北汊，北汊行河至西河口 10 000m^3/s 流量的相应水位为 12m 时，改走 1996 年前行河的清水沟流路原河道，清水沟流路原河道行河至西河口 10 000m^3/s 流量的相应水位为 12m 时，改走备用入海流路。该方案改汊次数最少，流路相对稳定。

2）清 8 汊+北汊（12m）+清 8 汊（12m）+原河道（12m）（方案 2）：目前入海流路由清 8 汊改走北汊，北汊行河至西河口 10 000m^3/s 流量的相应水位为 12m 时，改走清 8 汊，清 8 汊行河至西河口 10 000m^3/s 流量的相应水位为 12m 时，改走 1996 年前行河的清水沟流路原河道，清水沟流路原河道行河至西河口 10 000m^3/s 流量的相应水位为 12m 时，改走备用入海流路。

3）清 8 汊（65km）+北汊（12m）+原河道（12m）+清 8 汊（12m）（方案 3）：继续使用清 8 汊，清 8 汊行河至西河口以下河长 65km 时，改走北汊，北汊行河至西河口 10 000m^3/s 流量的相应水位为 12m 时，改走 1996 年前行河的清水沟流路原河道，清水沟流路原河道行河至西河口 10 000m^3/s 流量的相应水位为 12m 时，改走清 8 汊，清 8 汊行河至西河口 10 000m^3/s 流量的相应水位为 12m 时，改走备用入海流路。

4）清 8 汊+北汊（65km）+清 8 汊（65km）+原河道（12m）+北汊（12m）+清 8 汊（12m）（方案 4）：目前入海流路由清 8 汊改走北汊，北汊行河至西河口以下河长 65km 时，改走清 8 汊，清 8 汊行河至西河口以下河长 65km 时，改走 1996 年前行河的清水沟流路原河道，清水沟流路原河道行河至西河口 10 000m^3/s 流量的相应水位为 12m 时，改走北汊，北汊行河至西河口 10 000m^3/s 流量的相应水位为 12m 时，改走清 8 汊，清 8 汊行河至西河口 10 000m^3/s 流量的相应水位为 12m 时，改走备用入海流路。该方案近期流路最短，有利于降低黄河下游河道的洪水位，但改汊次数最多。

（3）行河方案选择

（A）行河年限比较

流路行河年限以方案 4 的行河年限为最长，方案 1 和方案 2 较短，方案 3 居中，就整个清水沟流路行河年限而言，可以认为在同样来水来沙条件下各方案差别不大。黄河勘测规划设计研究院有限公司计算的各个方案有无古贤水库条件下行河年限见表 18-6。有无古贤水库条件下结论比较一致，因此以下方案比选主要采用有古贤水库的计算结果。

表 18-6　各个方案有无古贤水库条件下行河年限比较　　（单位：年）

方案	无古贤水库	有古贤水库	差值	方案	无古贤水库	有古贤水库	差值
方案 1	60	65	5	方案 3	65	73	8
方案 2	60	66	6	方案 4	68	79	11

（B）行河费用比较

由于各个方案的改汊安排不同，改汊投入的时间会有差异，另外，改汊措施的实施会大幅度缩短河长及降低水位，致使各个方案的防洪工程投入时间也将有差别。静态投资不反映资金的时间价值，在方案比选时以动态指标进行行河费用的比较。按照 8%的社会折现率分析，有古贤水库条件下，方案 2 总的行河期间年费用最大，其次是方案 4 及方案 1，方案 3 最小；无古贤水库条件下，方案 1、方案 2、方案 4 的行河期间年费用分别比方案 3 的多 21%、57%及 26%，计算结果见表 18-7。

表 18-7　各个方案有无古贤水库条件下行河费用比较

项目	有古贤水库				无古贤水库			
	方案 1	方案 2	方案 3	方案 4	方案 1	方案 2	方案 3	方案 4
行河年限（年）	65	66	73	79	60	60	65	68
静态总投资（万元）	20 078	21 727	22 013	26 507	20 078	21 727	22 013	26 507
行河期间年费用（万元）	912	1 188	715	954	918	1 193	758	957

（C）近期孤东油田防潮堤安全性和油田勘探条件的不同

孤东油田年产原油 300 万～500 万 t，经济效益巨大。该油田地面高程多为 0～2m，四周约有 30km 围堤保护。孤东围堤临海长 5～6km，风暴潮对该段围堤安全威胁极大。风暴潮发生时该段围堤常常出险，胜利油田每年对孤东临海堤投入维护费约 6000 万元至 1 亿元。黄河改走北汊流路后，随着北汊流路左岸滩地的淤积延伸抬高，海岸线逐渐远离围堤，直接避免海浪及风暴潮对围堤的破坏，从而提高了围堤的安全程度，有利于孤东油田生产建设。

胜利油田浅海勘探（属于黄河三角洲海上部分）面积约为 4100km^2，包括埕中地区、埕岛地区、垦东地区、青东凹陷西部等。剩余油气丰度最高的是黄河入海口及其两侧的海陆过渡带，面积约 1200km^2。经过近三十年的勘探，该带已初步形成以新近系为主要目的层系的亿吨级规模的大油田，是“十一五”期间乃至更长一段时间内，胜利油田浅海地区增储上产的重要阵地之一。黄河改走北汊流路后，河道淤积延伸，有利于当地的海油陆采。从此角度而言，及早利用北汊的方案 2、方案 4 要比方案 1 好。

（D）对当地影响和管理的差异

4 个方案改汊均在清 6 断面以下，虽然目前清 6 断面以下除油井外，不涉及人口、耕地及其他地方经济，但随着流路的淤积延伸，每条流路行河期间当地都会逐渐形成相应的经济布局，改汊次数越多，对当地的经济影响就越大。同时，改汊次数越多，流路的管理和运行就越复杂。因此，从减少对当地影响和有利于管理的角度考虑，改汊次数最少的方案 1 最优，改汊次数最多的方案 4 最差，方案 2、方案 3 居中。

（E）方案选择

从防洪减淤角度考虑，由于受改道控制条件西河口 10 000m^3/s 流量的相应水位不超过 12m 的制约，黄河下游堤防高度能够满足各个方案的水位要求，但方案 3、方案 4 行河期间出现 80km 河长（西河口以下）的时间较晚，近期对下游河道产生的溯源淤积反馈影响比其他方案小，水位较低，发生横河、斜河的概率小，河口堤防的防洪压力小；从定量的防洪效果比较来看，4 个方案发生在滩区内的耕地、财产等防洪损失相差不大，方案 3 略小；从有利于北汊海域石油的勘探、开采和孤东南围堤安全考虑，方案 2、方案 4 较优；从减少对当地的影响和有利于管理考虑，方案 1 最优。

经综合比选考虑，方案 1 优点较多，可作为清水沟流路行河的推荐方案。

18.4　本 章 小 结

1）清水沟流路为黄河入海流路的现行流路，刁口河流路行河条件相对较好，可将刁口河流路作为近期备用流路，将马新河、十八户作为远景可能的备用流路。

2）入海流路行河方式主要有固定流路和相对稳定流路行河，固定流路行河会造成黄河口地区水位长期居高不下，对黄河下游河道的防洪减淤造成不利影响；相对稳定流路行河以保障黄河下游防洪安全为前提，以黄河口生态环境良性维持为基础，充分考虑地区经济社会的可持续发展。

3）经综合比选考虑，清水沟流路行河的最佳方案为：继续使用清 8 汊，待西河口 10 000m^3/s 流量的相应水位达到 12m 时，改走北汊，北汊行河至西河口 10 000m^3/s 流量的相应水位为 12m 时，改走 1996 年前行河的清水沟流路原河道，清水沟流路原河道行河至西河口 10 000m^3/s 流量的相应水位为 12m 时，改走备用入海流路。

4）黄河是多泥沙河流的属性将会长期存在，每年仍会有大量的泥沙输往河口，入海流路必然持续淤积延伸，导致黄河下游河道比降进一步变缓，产生溯源淤积。

5）建议在黄河口河段继续并大规模地实施挖河疏浚，以减缓河道淤积，降低相对侵蚀基准面，确保水沙顺利入海。

6）采用绞吸式挖泥船和超汽蚀螺旋桨河床扰动船两种疏浚技术相结合，是实施黄河口拦门沙疏浚较好的工程技术措施。

参考文献

车生泉, 张凯旋. 2020. 生态规划设计: 原理、方法与应用. 上海: 上海交通大学出版社.

陈雄波, 雷鸣, 王鹏. 2014. 清水沟、刁口河流路联合运用方案比选. 海洋工程, 32(4): 117-123.

陈雄波, 邱卫国, 钱裕. 2013. 清水沟、刁口河联合运用模式研究. 中国水利, (21): 12-14.

韩沙沙, 郑珊, 谈广鸣, 等. 2019. 黄河口清水沟与刁口河流路演变过程对比分析. 泥沙研究, (6): 27-32.

黄波. 2015. 黄河三角洲刁口河海岸侵蚀过程时空演变与防护对策研究. 北京林业大学博士学位论文.

黄锦辉, 王瑞玲, 葛雷, 等. 2016. 黄河干支流重要河段功能性不断流指标研究. 郑州: 黄河水利出版社.

江恩慧, 屈博, 王远见, 等. 2021. 基于流域系统科学的黄河下游河道系统治理研究. 华北水利水电大学学报(自然科学版), 42(4): 7-15.

李东风, 张红武, 钟德钰, 等. 2021. 黄河河口不同流路入海泥沙对下游影响二维数模分析. 人民黄河, 43(5): 17-23, 29.

李娟. 2019. 生态廊道在生态恢复中的应用分析. 环境科学, (4): 126.

李庆余, 王爱美, 吴晓, 等. 2021. 调水调沙影响下黄河口泥沙异重流过程. 海洋地质前沿, 37(8): 52-63.

李献华. 2018. 分析水利河道治理与环境生态的关系. 黑龙江水利科技, (4): 98-100.

李亚萌. 2020. 基于生态位理论的城市新区生态网络构建——以广州市南沙新区为例. 华南理工大学硕士学位论文.

刘曙光, 李希宁, 郑永来, 等. 2003. 建设清水沟和刁口河两条流路轮换使用工程 保持黄河河口长治久安//中国水利学会, 黄河研究会. 黄河河口问题及治理对策研讨会专家论坛. 郑州: 黄河水利出版社.

刘晓燕, 等. 2009. 黄河环境流研究. 郑州: 黄河水利出版社.

娄广艳, 黄玉芳, 葛雷, 等. 2021. 黄河下游水生态保护与修复研究. 西安: 2021 第九届中国水生态大会.

申航, 李留刚. 2020. 新乡沿黄生态廊道建设经验及建议. 人民黄河, 42(S2): 112-113.

宋振杰, 毕乃双, 吴晓, 等. 2018. 2010 年黄河调水调沙期间河口泥沙输运过程的数值模拟. 海洋湖沼通报, (1): 34-45.

孙玉霞. 2012. 黄河三角洲引黄泥沙优化配置研究与分析. 山东大学硕士学位论文.

王春华, 张娜, 何敏, 等. 2016. 黄河刁口河流路恢复运用目标与时机. 人民黄河: 38(3): 33-35.
王开荣, 茹玉英, 陈孝田, 等. 2007. 黄河河口三角洲岸线动态平衡问题的探讨. 泥沙研究, (6): 66-70.
吴俊峰, 沈晓青. 2017. 河道生态治理探索及应用. 科技创新, (7): 38-39.
佚名. 2001. 黄河三角洲整体冲淤平衡及其地质意义. 海洋地质与第四纪地质, 21(4): 13-17.
张雪. 2020. 孝妇河多功能河流生态廊道建设与管理研究. 山东理工大学硕士学位论文.

第 6 篇

系 统 调 控

第 19 章　黄河流域河流健康诊断评价方法

黄河流域在保障国家粮食安全、能源安全、经济安全、生态安全中具有举足轻重的战略地位。水少沙多、水沙关系不协调一直是黄河复杂难治的症结所在。黄土高原地区长期的水土流失，使黄河下游河道成为千里悬河，自周定王五年到 1937 年，大的改道 26 次，决口 1540 次，史称“三年两决口、百年一改道”，给两岸人民造成了深重灾难。人民治黄 70 多年来，从水土保持、河道整治到干支流水库和堤防等水利工程的建设，逐步探索形成了“上拦下排，两岸分滞”处理洪水的防洪工程体系和“拦、调、排、放、挖”的处理泥沙思路。但由于泥沙问题突出，目前仍存在水沙调控体系不完善、防洪短板突出、上游宁蒙河段形成新悬河、中游潼关高程居高不下、下游“二级悬河”发育、滩区经济发展质量不高等突出问题。究其原因，泥沙问题仍是关键问题。

多沙河流的开发治理，需要研究泥沙运动规律，处理泥沙问题，进行泥沙工程控制。为有效控制黄河保护治理中存在的工程泥沙问题，需要对各问题的产生过程及特点进行深入研究。针对泥沙问题，学者们对高含沙水流黏性系数、宾汉极限剪切力、泥沙沉速、流速分布、阻力损失、水流挟沙能力、河床演变及整治、水库控制等进行了一系列深入的研究。钱宁和万兆惠在《泥沙运动力学》一书中从固体颗粒启动、搬运和沉积规律等方面进行了全面和充分的论述；此外，对于水沙两相流的模拟，他们也基于不同的概化特征建立了 Eulerian-Lagrangian 两相流模型、Eulerian-Eulerian 两相流模型、流体拟颗粒模型、基于 SPH 方法的两相流模型等。目前已形成相对完善的泥沙理论体系，为后续黄河泥沙问题研究和控制奠定了坚实的基础。

国内外在泥沙运动理论、悬移质不平衡输沙、水库异重流、水库高含沙水流、水库淤积形态、水库排沙及运行方式、变动回水区的冲淤问题、水库下游河道冲淤等方面取得了丰富的研究成果，对黄河流域的典型水库等水利工程涉及的泥沙特征、存在的泥沙问题、泥沙控制措施及效果进行了探讨、归纳和总结。水库设计运用理论技术发展经历了“蓄水拦沙”“滞洪排沙”“蓄清排浑”“蓄清调浑”运用阶段。随着理论的发展和实践经验的积累，对泥沙的控制逐渐由被动转向主动，泥沙控制思路也不断发展。目前，小流域综合治理、新型淤地坝（系）构建等正逐步开展，从源头控制泥沙进入河道。水库控制是黄河泥沙控制的核心环节，控制手段最直接且有效。总体而言，黄河的泥沙问题伴生于全流域面上、水库、河道、河口等各个层面，影响范围大，解决好泥沙问题对于全流域的系统治理具有重要意义。但由于泥沙问题形成机理复杂，影响因素多变，因此解决该问题的难度非常大。以往的研究多以流域面上治理、水库调控、河道调节等单环节为主，没有从完整的流域泥沙工程控制体系出发，缺乏对多层次、多环节、全流域的多级工程控制体系分析探索。

因此，本书从系统性、整体性出发，考虑黄河泥沙工程控制体系，将系统科学、信息论、耗散结构等理论与实际泥沙工程控制工作相结合，提出泥沙工程调控指数

（sediment regulation index，SRI），建立黄河泥沙工程控制的四级控制评价体系，综合评价黄河泥沙工程控制巨系统演变状态和发展质量，明晰黄河泥沙工程控制作用机制，构建泥沙工程控制理论系统评价方法，为流域泥沙工程控制提供理论支撑和方向。

19.1 泥沙工程控制评价体系

19.1.1 SRI 的含义

黄河泥沙工程控制是由一级、二级、三级、四级控制等子系统构成的开放的远离平衡态的复杂巨系统，其本身就是或近似是耗散结构。本书利用 SRI 表征流域泥沙调控发展质量，该指数是基于熵值和耗散结构的综合评价指标，表征了流域泥沙调控发展指标的不确定性和流域泥沙工程控制系统的稳定性。SRI 数值越大表示黄河泥沙调控发展质量越高，越趋于良性循环；数值越小表示黄河泥沙调控发展质量越低，所处状态存在一定的问题，需要加强监管，并采取一定的治理措施。

19.1.2 SRI 评价方法

黄河流域的泥沙工程控制要以整体性、系统性、协同性为目标，多维度研究黄河泥沙综合治理的整体布局及不同治理措施之间的博弈与协同关系。因此，无论是黄河泥沙工程控制与治理的整体战略、实施方案，还是不同河段的治理方略、工程布局，或是单一工程的具体设计、运行管理，在其全生命周期的各个阶段，都必须以系统论思维为统领，把黄河泥沙工程控制系统作为一个有机的复合系统，统筹考虑系统中的“控制—传递—影响—反馈—控制”各个环节（图 19-1）。

黄河泥沙工程控制系统由四级泥沙工程控制子系统构成，存在“控制—传递—影响—反馈—控制”的作用机制，其中各级子系统主要通过其工程措施实现对子系统本身泥沙的“控制”作用，而“控制”后的水沙量及过程作为媒介实现子系统间的“传递”，进而实现对下一级子系统产生“影响”，同时“影响”结果进一步对上一级子系统产生“反馈”。在黄河泥沙工程控制系统中，四级控制（河口泥沙控制）在黄河泥沙工程控制系统中发挥着重要的反馈作用，四级控制措施实现自上而下的“控制—传递—影响”过程，同时存在自下而上的“反馈—控制”过程。

1. SRI 指标体系构建

根据黄河泥沙工程控制系统的内涵，结合国内外关于河流发展评价的相关实践和专家意见，以系统性、全面性和可获取性为原则，针对黄河流域生态保护和高质量发展要求，构建泥沙工程控制系统综合评价指标体系，各指标见表 19-1。其中，各级控制子系统中的沙量等相关指标作为各级控制措施的影响结果，可以用来表征控制措施的效果，称为媒介指标（潼关站沙量、流域大型水库拦沙量、铁谢—高村全断面冲淤量、利津站沙量），其余指标均认定为控制指标。

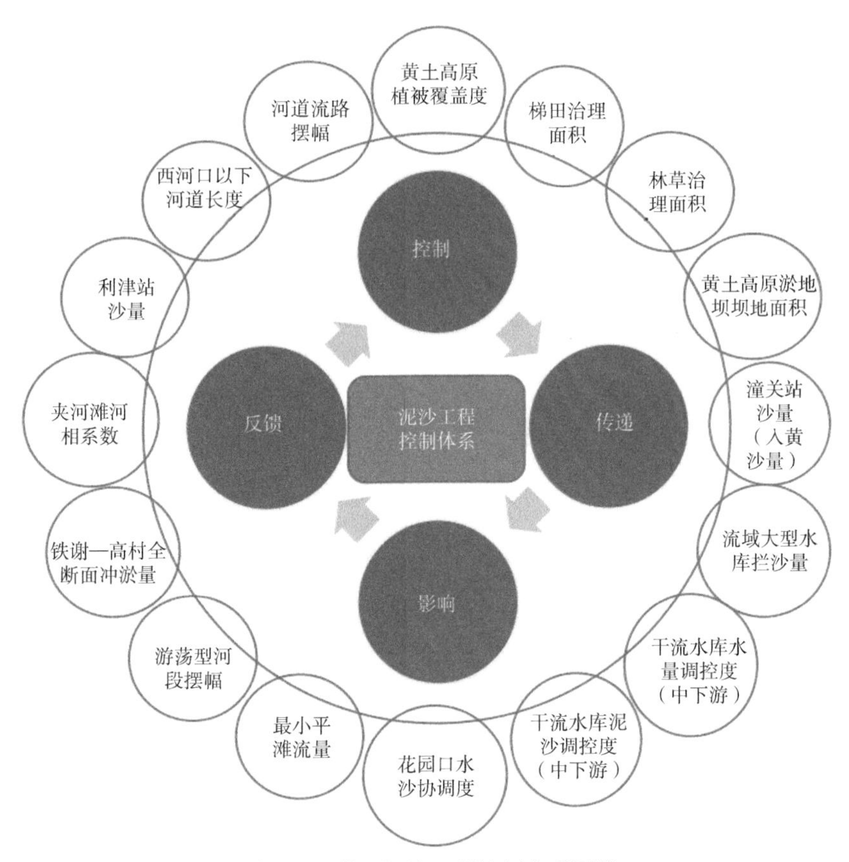

图 19-1　黄河泥沙工程控制体系图谱

表 19-1　黄河泥沙工程控制系统综合评价指标体系

序号	子系统	指标层	单位	数据来源
1	一级控制	黄土高原植被覆盖度	%	统计资料
2		梯田治理面积	km^2	统计资料
3		林草治理面积	km^2	统计资料
4		黄土高原淤地坝坝地面积	km^2	统计资料
5		潼关站沙量（入黄沙量）	亿 m^3	水文年鉴
6	二级控制	流域大型水库拦沙量	亿 m^3	实测资料
7		干流水库水量调控度（中下游）	/	实测资料
8		干流水库泥沙调控度（中下游）	/	实测资料
9		花园口水沙协调度	/	实测资料
10	三级控制	最小平滩流量	m^3/s	实测资料
11		游荡型河段摆幅	km	实测资料
12		铁谢—高村全断面冲淤量	亿 m^3	实测资料
13		夹河滩河相系数	/	实测资料
14	四级控制	利津站沙量	亿 m^3	实测资料
15		西河口以下河道长度	km	卫星解译
16		河道流路摆幅	度	卫星解译

本书分别通过一级控制指标[黄土高原植被覆盖度、梯田治理面积、林草治理面积、

黄土高原淤地坝坝地面积、潼关站沙量（入黄沙量）]、二级控制指标[流域大型水库拦沙量、干流水库水量调控度（中下游）、干流水库泥沙调控度（中下游）、花园口水沙协调度]，三级控制指标（最小平滩流量、游荡型河段摆幅、铁谢—高村全断面冲淤量、夹河滩河相系数）和四级控制指标（利津站沙量、西河口以下河道长度、河道流路摆幅）进行分析评价。

2. SRI 计算方法

（1）子系统有序度

黄河泥沙工程控制系统元素众多，信息量巨大，彼此间影响博弈机制复杂。本书引入经典信息论中熵的概念与计算方法，对黄河泥沙工程控制系统中指标元素的信息量、系统的有序度（混乱程度）和发展趋势进行量化研究。信息熵是不确定性的度量，黄河泥沙工程控制系统中指标熵值越大，系统越混乱，有序度越低，黄河泥沙工程控制系统发展因素不确定性越高，发展质量越低。信息熵可以表征泥沙工程控制系统的有序程度，从每年熵值的变化可以判断泥沙工程控制系统的发展趋势。

从熵增原理出发，黄河泥沙工程控制系统的熵值变化取决于内外两个方面：一方面，黄河泥沙工程控制系统自身生存发展的不可逆过程产生正熵；另一方面，黄河泥沙工程控制系统如同一个有机体，它要想保持健康的、可持续的有序发展趋势，就必须从外部的大环境中获得有效负熵流，也就是泥沙工程控制系统与外部环境之间不断进行信息、物质、能量的交换。黄河泥沙工程控制系统指标熵值计算如下：

$$p_{ij}=\frac{f_{ij}}{\sum_{j=1}^{n}f_{ij}} \tag{19-1}$$

$$S_i=\frac{1}{\ln n}\sum_{j=1}^{n}(p_{ij}\ln p_{ij}) \tag{19-2}$$

式中，f_{ij} 为 i 指标 j 标准的白化函数值；p_{ij} 为各标准白化函数值在所有值中的比重；n 为指标标准区间的个数；S_i 为 i 指标的熵值。

此外，为针对性识别泥沙工程控制系统的关键指标，本书利用熵权法计算系统中各指标的权重。信息熵熵值越低，不确定性就越低，即可赋予其较大的权重。熵权法可依据各指标熵值变化，定量确定各指标在系统中权重的变化，更科学地模拟各指标的相互动态影响，避免权重判断的主观性。

各指标 $i\,(i=1,2,\cdots,N)$ 的信息熵值 S_i，其权重 w_i 为

$$w_i=\frac{1-S_i}{N-\sum_{i=1}^{N}S_i} \tag{19-3}$$

（2）SRI 指数

根据耗散结构原理，将黄河泥沙工程控制系统指标分为正熵、负熵指标，分别计算

正熵指标的值 e_{A_i} 和熵权 w_{A_i} 、负熵指标的熵值 e_{B_i} 和熵权 w_{B_i} ，经过加权求和，计算得出每个时间段内泥沙工程控制系统的总正熵 A 与总负熵 B，计算公式如下：

$$A=\sum_{i=1}^{n_A} w_{A_i} e_{A_i}, (i=1, 2, \cdots, n_A) \tag{19-4}$$

$$B=\sum_{i=1}^{n_B} w_{B_i} e_{B_i}, (i=1, 2, \cdots, n_B) \tag{19-5}$$

式中， n_A 和 n_B 分别代表泥沙工程控制系统正熵指标与负熵指标的个数。

计算稳态转化判别指标：

$$\mathrm{Index}_{\mathrm{DS}}=|B|-(1+A^2) \tag{19-6}$$

式中， $\mathrm{Index}_{\mathrm{DS}}$ 是基于布鲁塞尔模型计算得到的判别指标。考虑易于推广的需要，本书采用百分制为 SRI 赋分，计算得分时，将耗散结构指标取值线性转换至[0,100]区间，得出 SRI 数值的转换计算公式如下：

$$\mathrm{SRI}=100(\mathrm{Index}_{\mathrm{DS}}+2)/3 \tag{19-7}$$

当 $\mathrm{Index}_{\mathrm{DS}}$ 为 0，即黄河泥沙工程控制系统达到耗散结构阈值时，SRI 赋分为 66.7 分。

（3）灰色关联度分析法

泥沙工程控制系统是一个耦合的有机整体，本书利用相关度方法探究子系统之间的响应关系与互馈机制。关联度是事物之间、因素之间关联性大小的量度，它定量地描述了事物或因素之间相互变化的情况，即变化的大小、方向与速度等的相对性。如果事物或因素变化的态势基本一致，则可以认为它们之间的关联度较大；反之，关联度较小。

设泥沙工程控制系统中某一指标序列 $\{x_0(t)\}=\{x_{01}, x_{02}, \cdots, x_{0n}\}$ 为参考数列，将其他 m 个指标数列与参考数列进行关联度分析，其中此 m 个指标序列为

$$\{x_1(t), x_2(t), \cdots, x_m(t)\}=\left\{\begin{matrix} x_{11} & x_{12} & \cdots & x_{1n} \\ x_{21} & x_{22} & \cdots & x_{2n} \\ \cdots & \cdots & \cdots & \cdots \\ x_{m1} & x_{m2} & \cdots & x_{mn} \end{matrix}\right\} \tag{19-8}$$

则参考数列 $\{x_0(t)\}$ 与第 k 个比较数列在曲线各点的灰色关联系数 $\varphi_{k0}(t)$ 为

$$\varphi_{k0}(t)=\frac{\mathrm{minmin}\,|x_0(t)-x_k(t)|+\rho\,\mathrm{maxmax}\,|x_0(t)-x_k(t)|}{|x_0(t)-x_k(t)|+\rho\,\mathrm{maxmax}\,|x_0(t)-x_k(t)|} \tag{19-9}$$

式中，$0<\rho<1$ 为分辨系数，以提高关联系数 $\varphi_{k0}(t)$ 的差异显著性。

鉴于关联系数为参考数列和比较数列在曲线各点的关联度值，故其数值受曲线位置变化影响，反映了两指标数列在此位置的紧密程度。例如，在 $\mathrm{minmin}|x_0(t)-x_k(t)|$ 取到最小值的时刻，$\varphi_{k0}(t)=1$，关联系数取到最大值；而当 $\mathrm{maxmax}|x_0(t)-x_k(t)|$ 取到最大值的时刻，关联系数取到最小值，即关联系数 $0<\varphi_{k0}(t)\leqslant 1$。取曲线各点期望值作为参考数列与比较数列间的关联程度，关联度 r_{k0} 为

$$r_{k0}=\frac{1}{n}\sum_{j=1}^{n}\varphi_{k0}(t) \tag{19-10}$$

由此得到泥沙工程控制系统 m 个指标的关联度矩阵 $\boldsymbol{R}_{ij}=\{r_{ij}\}$，其中 $i=1, 2, \cdots, m, j=1, 2, \cdots, n$。此外，为消除不同参考序列带来的关联度差异影响，对关联度矩阵 R_{ij} 进行对角化处理。

19.2 SRI 评价分析

19.2.1 SRI 指数分析

基于 1990～2019 年的数据，黄河 SRI 发展趋势如图 19-2 所示。

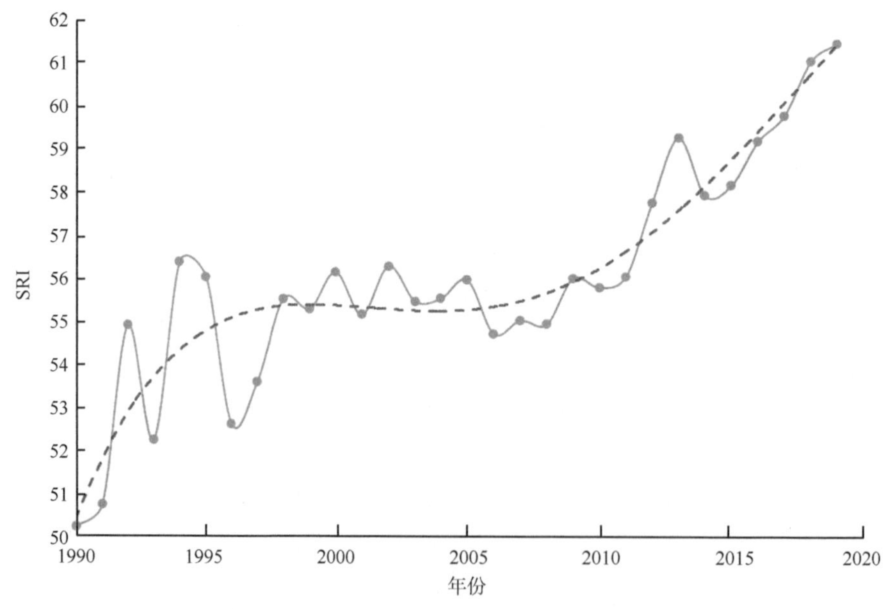

图 19-2　1990～2019 年黄河 SRI 发展趋势图

从图 19-2 可观察到，在 1990～2019 的 30 年内，SRI 发展呈现波动式上升趋势，黄河泥沙工程控制系统整体发展向好，其主要经历了三个不同的发展阶段。

1）1990～1998 年，SRI 波动上升，波动性比较大，这与流域内发生的较大自然灾害相关。在该时期内，黄河发生了大洪水事件，出现了频繁的断流现象，使得系统存在明显的波动变化，其中 1993 年和 1996 年，SRI 分别出现了明显下降，与流域内发生的较大自然灾害相关：1993 年黄河内蒙古段在封河期出现堤防决口；1996 年 8 月，黄河发生特大洪水（“96·8” 洪水），给沿岸人民带来了深重的灾难，河口地区清水沟流路由原河道改走清 8 汊，使得系统在 1996 年振荡明显；另外，1997 年黄河断流长度出现历史最大值（704km），SRI 虽有提高，但仍处在历史较低水平，1998 年 SRI 进一步向好发展。

2）1999～2011 年，SRI 的演变呈现波动缓慢发展的趋势，总体趋势为平稳中略有上升。该阶段流域经济发展水平逐步提高，生态环境的保护和流域承载力的维持也开始得到关注，流域发展各要素间既相互博弈又协同发展，使 SRI 呈现波动趋势。2006～2008 年水沙协调度相对降低，对下游河床形态、生态环境等因素产生了一定影响，SRI 略有下降。

3）2012～2019 年，SRI 呈现显著向好发展的趋势，除前期有波动性外，都呈现明显的直线上升趋势。受流域科学决策、系统治理和重大工程等叠加效应的积极影响，SRI 总体发展质量较好。随着黄土高原综合治理工程实施，配合下游小浪底等水利枢纽的调水调沙，有效控制了黄河中下游河段的来沙量，黄河流域泥沙系统发展水平持续向好。

19.2.2　（子）系统分析

为评价和衡量各级子系统有序度和发展趋势，首先对各级子系统进行熵值计算，其熵值越小，有序度越高；同时，对各个指标的权重动态演变趋势进行分析，探究其中的协同与博弈关系。

1. 一级控制

黄河泥沙一级控制子系统包含黄土高原植被覆盖度（指标 1）、梯田治理面积（指标 2）、林草治理面积（指标 3）、黄土高原淤地坝坝地面积（指标 4）、潼关站沙量（入黄沙量）（指标 5）5 个指标，其中前 4 个为控制指标，指标 5 为媒介指标。图 19-3 为 1990～2019 年黄河泥沙一级控制子系统熵值发展趋势图，可以看出，在 1990～2019 的 30 年内，黄河泥沙一级控制子系统熵值波动性减小，整体有序度情况向好发展，说明随着黄土高原水土流失治理工作持续开展，黄河流域面上泥沙得以有效控制，黄河泥沙一级控制子系统趋于稳定向好。

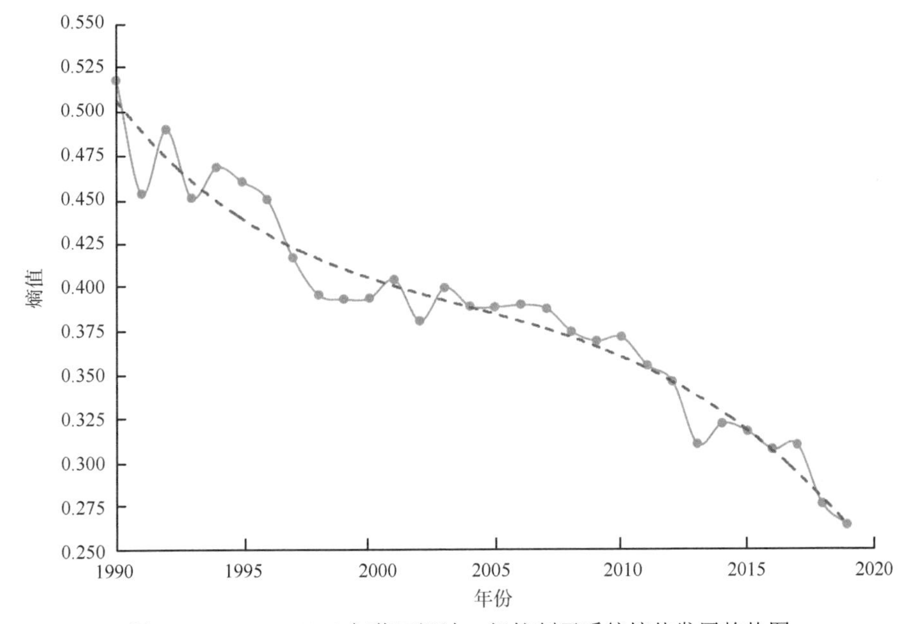

图 19-3　1990～2019 年黄河泥沙一级控制子系统熵值发展趋势图

为了衡量系统中各指标在系统有序度中的作用大小，对子系统中各指标进行权重计算，结果如图 19-4 所示，可以看出，1990～2001 年，黄土高原植被覆盖度（指标 1）、梯田治理面积（指标 2）、林草治理面积（指标 3）、黄土高原淤地坝坝地面积（指标 4）4 个指标权重波动较大，它们的综合权重先增大后减小；2002～2010 年，前 4 个指标权重大致相当，且波动性较小；2011～2019 年，前 4 个指标权重波动较大，综合权重呈增大趋势。由此说明，黄土高原多措施综合治理对泥沙一级控制的效果越来越明显，因此未来黄河流域一级泥沙控制仍需要黄土高原林、草、梯田、坝地等多举并重，继续实施黄土高原综合治理，有效控制入黄泥沙。

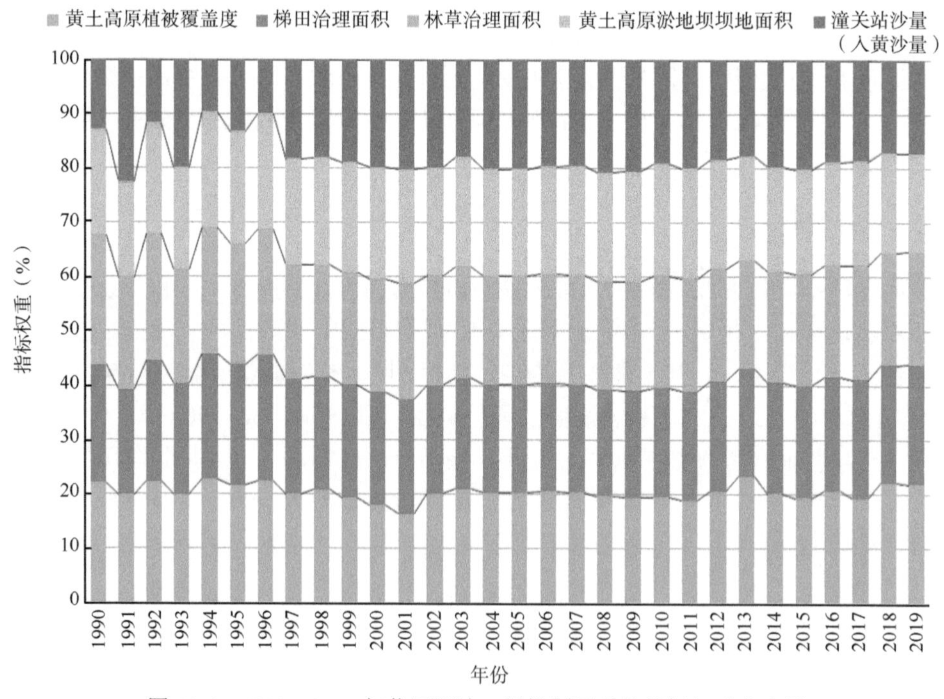

图 19-4 1990～2019 年黄河泥沙一级控制子系统指标权重分布图

2. 二级控制

二级控制子系统包含流域大型水库拦沙量（指标 6）、干流水库水量调控度（中下游）（指标 7）、干流水库泥沙调控度（中下游）（指标 8）、花园口水沙协调度（指标 9）4 个指标，其中指标 6 是媒介指标，指标 7、指标 8、指标 9 是控制指标。图 19-5 为 1990～2019 年黄河泥沙二级控制子系统熵值发展趋势，可以看出，在 1990～2019 年的 30 年内，黄河泥沙二级控制子系统熵值总体呈下降趋势。但 1990～1997 年，黄河泥沙的二级控制子系统呈现熵值增加的现象，并且 1997 年熵值出现最大值，表明 1997 年以前二级控制子系统向不稳定发展，根据参与分析的指标可知，主要由于 1997 年以前二级控制中只有三门峡水库发挥作用，但其作用较小，且由于缺乏水库调控作用，黄河流域下游出现长达 226d 的断流现象。中游的万家寨水库和小浪底水库分别于 1998 年和 1999 年投入使用，使 1997 年之后系统趋于向好发展，尤其是 2002 年以后随着调水调沙生产实践的不断进行，流域系统进一步向好发展，因此黄河泥沙二级控制子系统在 2002 年以后趋于稳定，伴有小幅波动，这主要由于当前水库工程的径流泥沙调控能力有限，仅靠运用方式的优化不足以促使系统继续向好发展，从系统稳定性上亦可发现当前流域二级控制子系统存在后续动力不足的问题。

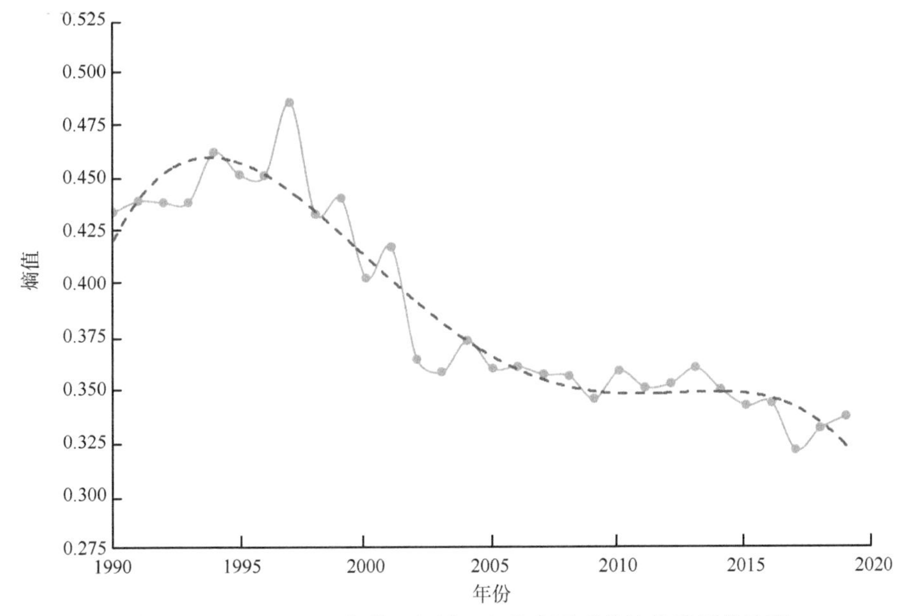

图 19-5　1990～2019 年黄河泥沙二级控制子系统熵值发展趋势图

图 19-6 为 1990～2019 年黄河泥沙二级控制子系统指标权重分布图，可以看出，作为

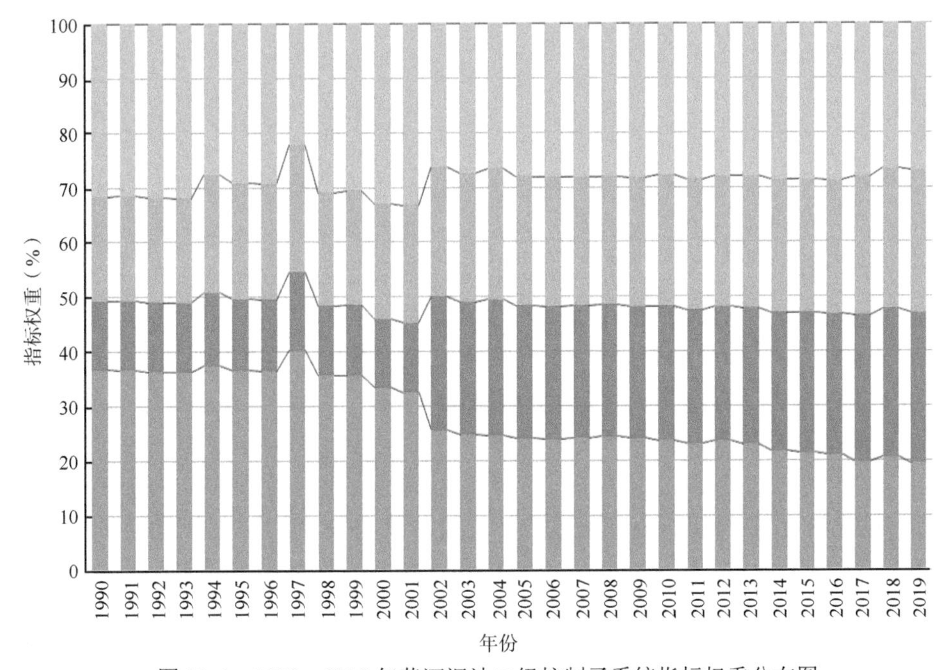

图 19-6　1990～2019 年黄河泥沙二级控制子系统指标权重分布图

媒介指标的流域大型水库拦沙量（指标 6）权重呈阶梯形下降，而控制指标综合权重则呈阶梯形增加，其中干流水库水量调控度（中下游）（指标 7）和干流水库泥沙调控度（中下游）（指标 8）权重都是先减小后增加，花园口水沙协调度（指标 9）权重是先增加后减小。

由权重指标变化过程可知，1997 年前后花园口水沙协调度和水库拦沙量两个指标权重发生明显转折变化，表明 1997 年以后分别投入使用的万家寨水库和小浪底水库对二级泥沙控制子系统产生了重要的影响，尤其是改变了流域二级控制子系统的控制指标的影响作用；2002 年以后，二级控制子系统中水量调控度和泥沙调控度指标权重不断增加，表征随着调水调沙的生产实践，进一步改变了控制系统的作用格局，即水库的调控水沙作用深刻影响了二级控制子系统的变化。

3. 三级控制

三级控制子系统包含最小平滩流量（指标 10）、游荡型河段摆幅（指标 11）、铁谢—高村全断面冲淤量（指标 12）、夹河滩河相系数（指标 13）4 个指标，其中指标 10、指标 11 和指标 13 为控制指标，指标 12 为媒介指标。图 19-7 为 1990～2019 年黄河泥沙三级控制子系统熵值发展趋势，可以看出，黄河泥沙三级控制子系统熵值呈现波动式下降趋势，整体上波动性较大，其中 1990～1998 年熵值波动增加，之后熵值整体波动向下发展，该时期内下游河道的最小平滩流量在不断减小，河道主流线摆幅较大，并且河道断流频发，导致系统稳定性较差；在 1999～2002 年，虽然最小平滩流量仍在减小，但河道主流线摆幅较前几年变小，且高村以上河段由不断淤积转变为冲刷，使得系统向好发展；2003 年以后，随着调水调沙技术应用不断成熟，虽然河段保持冲刷态势，平滩流量持续增加，但河道主流线摆动仍旧存在，使得三级控制子系统稳定性呈现波动变化，因此在黄河泥沙三级控制子系统中河道摆动会对泥沙控制产生重要的影响。

图 19-8 为 1990～2019 年黄河泥沙三级控制子系统指标权重示意图，可以看出，最小平滩流量（指标 10）权重是先减小后增大，游荡型河段摆幅（指标 11）权重是先增大后减小，夹河滩河相系数（指标 13）权重是先减小后增大，而媒介指标铁谢—高村全断面冲淤量（指标 12）权重则是随控制指标综合权重变化而变化。1990～2001 年，下游河道没有有效的泥沙工程控制措施，游荡型河段摆动剧烈，河道冲淤变化波动较大，平滩流量和河相系数也相对不稳定，所以各指标权重变化波动性大，其中指标 11 权重变化最剧烈；2001 年以后随着小浪底水库投入运用和 2002 年以后开展调水调沙生产实践，黄河下游最小平滩流量稳步增大，其权重也逐步增加，其他三个指标也持续向好发展，在该时段指标权重变化较稳定，波动性较小，4 个指标在三级控制子系统中所占权重相近。同时，由权重变化过程可知，游荡型河段摆幅（指标 11）对于三级控制子系统有重要的作用。因此，2002 年以后当下游河道断面形态、河道平滩流量趋于稳定时，河道通过河势摆动，使得自身不断调整适应不同的水沙情势，来形成自我稳定的一种状态，最终使得三级控制子系统的各影响因子趋于平衡。

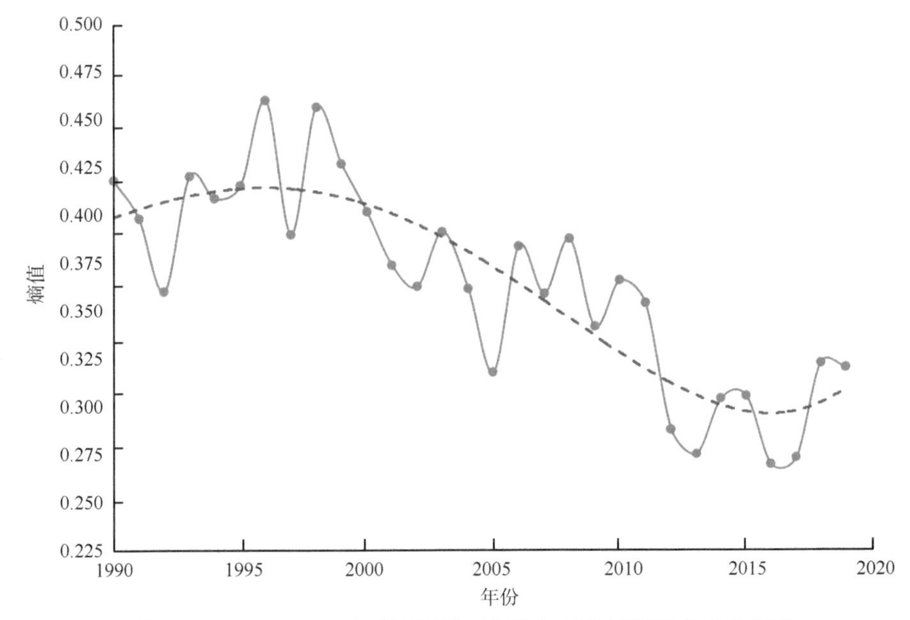

图 19-7　1990～2019 年黄河泥沙三级控制子系统熵值发展趋势图

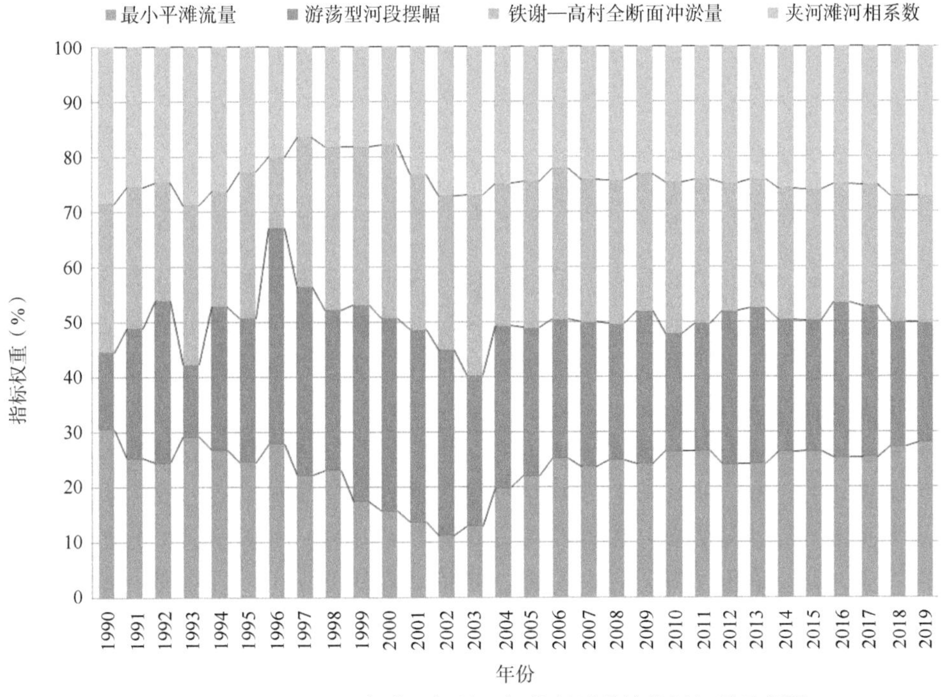

图 19-8　1990～2019 年黄河泥沙三级控制子系统指标权重示意图

4. 四级控制

四级控制子系统包含利津站沙量（指标 14）、西河口以下河道长度（指标 15）、河道流路摆幅（指标 16）3 个指标，其中指标 15、指标 16 是控制指标，指标 14 是媒介指标。图 19-9 为 1990～2019 年黄河泥沙四级控制子系统熵值发展趋势，可以看出，黄河泥沙四级控制子系统熵值整体呈减小趋势。1996 年以前河口地区以原河道为流路行河，熵值总体偏大；1996 年以后河口地区清水沟流路由原河道改走清 8 汊，熵值显著减小，四级控制子系统整体明显向好，2000～2008 年由于流路改道，加之小浪底水库投入运用，河口地区水沙关系变化剧烈，系统整体波动性明显，之后随着调水调沙实践效果显著增强，河口地区来水来沙得到进一步控制，此外，由于河口地区生态治理措施不断加强，四级控制子系统稳定向好发展。

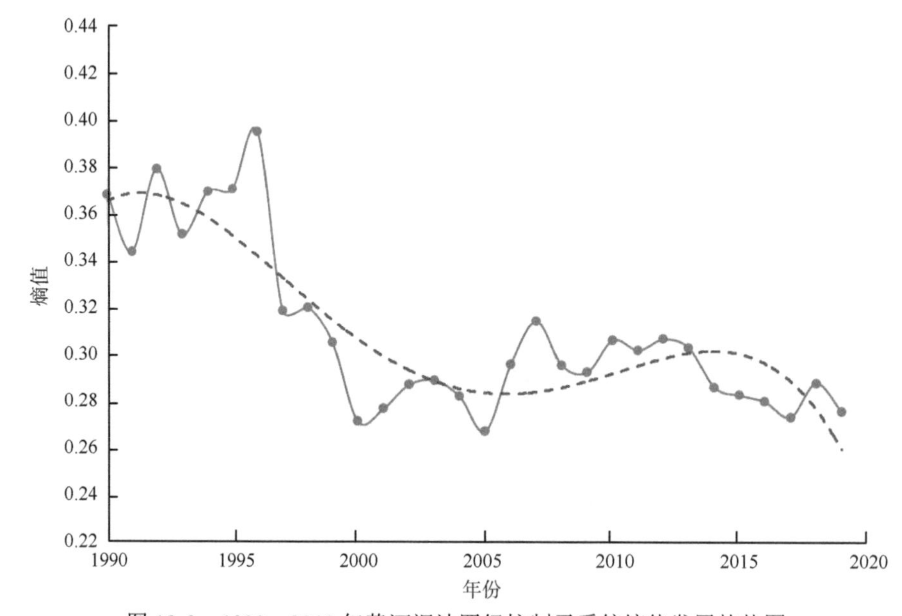

图 19-9 1990～2019 年黄河泥沙四级控制子系统熵值发展趋势图

图 19-10 是 1990～2019 年黄河泥沙四级控制子系统指标权重分布图，可以看出，西河口以下河道长度（指标 15）呈现增加—减小—增加—减小的波动趋势，而河道流路摆幅（指标 16）则呈现与指标 15 相反的波动趋势，媒介指标利津站沙量则随控制指标综合权重变化而变化。

从图 19-10 可以发现，1990～2000 年，河口地区发生多次断流现象，利津来沙量存在明显的波动起伏，西河口以下河道长度、河道流路摆幅也随之发生明显的波动变化，该时期利津站沙量较多，因此以河道长度影响为主，1996 年河口流路改道，进一步发生淤积延伸。2000～2007 年，随着小浪底水库投入使用，进入河口地区的水沙得到明显的控制，利津站沙量减小，变化平稳，河道摆幅对利津站沙量的反馈响应的权重逐渐增加，2007 年清 8 汊发生分汊，存在一定淤积延伸，河道长度对利津站沙量存在短时期较大反馈响应。2008 年以后，调水调沙生产实践技术进一步发展成熟，利津站沙量变化平稳，河汊相对稳定，淤积延伸减缓，使得以河道摆幅对利津站沙量的反馈响应作用为主。

图 19-10　1990～2019 年黄河泥沙四级控制子系统指标权重分布图

19.2.3　响应关系分析

本书依据灰色关联度分析方法，对 1990～2019 年黄河泥沙工程控制系统的 16 个指标进行相关性分析计算，得到黄河泥沙工程控制系统指标热力图，见图 19-11。在系统发展过程中，若两个指标变化的趋势具有一致性，即同步变化程度较高，即可谓二者关联程度较高，灰色关联度值较大，热力图中颜色越红；反之，则二者关联程度较低，灰色关联度值较小，热力图中颜色越绿。

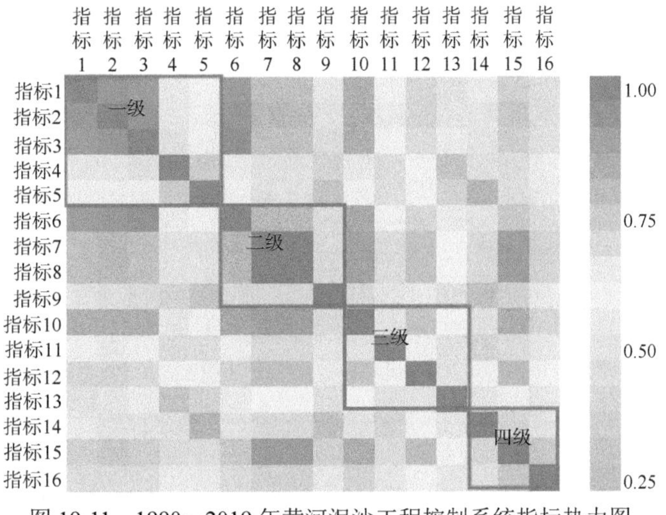

图 19-11　1990～2019 年黄河泥沙工程控制系统指标热力图

从图 19-11 可知，分析不同子系统间的指标相关关系可进一步明晰黄河泥沙工程控制系统中“控制—传递—影响—反馈”的作用机制。对于一级控制子系统（入黄泥沙控制系统）与二级控制子系统（水库工程控制系统）而言，黄土高原综合治理措施（指标 1、指标 2、指标 3、指标 4）均与潼关站沙量有密切关系，其中黄土高原淤地坝坝地面积与之相关性最好，即表征水土流失综合治理（尤其是淤地坝建设）对于潼关站沙量有很好的控制作用，同时一级控制子系统通过潼关站沙量的媒介作用，对水库拦沙量又间接地产生影响（即指标 1、指标 2、指标 3、指标 4 均与指标 6 存在较好的相关性）；同样地，二级控制子系统又存在反馈作用，向一级控制子系统传递信息等。流域大型水库拦沙量（指标 6）与最小平滩流量（指标 10）、夹河滩河相系数（指标 13）也存在较好的相关性，即表征二级控制子系统通过水库调节库容等控制措施使二级控制子系统的媒介指标（流域大型水库拦沙量）影响三级控制子系统，同时三级控制子系统也通过其控制措施的作用反馈给二级控制子系统。

根据铁谢—高村全断面冲淤量（指标 12）作为三级控制子系统的媒介指标与四级控制子系统中利津站沙量（指标 14）存在较好的相关性可知，三级控制子系统可通过影响利津站沙量，进而影响四级控制子系统。对于四级控制子系统，利津站沙量（指标 14）与西河口以下河道长度（指标 15）和河道流路摆幅（指标 16）存在一定的相关性，但更值得注意的是，西河口以下河道长度（指标 15）与其他控制子系统的指标存在较好的相关性，如一级控制子系统的黄土高原淤地坝坝地面积（指标 4）、二级控制子系统的干流水库水量调控度（指标 7）和干流水库泥沙调控度（指标 8）、三级控制子系统的最小平滩流量（指标 10）等，因此四级控制子系统对流域系统有重要的反馈作用。

总体而言，对于黄河泥沙工程控制体系而言，中观层面（子系统层）自上而下通过媒介指标传递信息、能量、物质等，影响下一级工程控制子系统，同时第四级工程控制子系统（河口泥沙控制子系统）作为流域系统重要的反馈环节，使得中观层面上同时存在自下而上不断反馈传递的过程。

19.3 本 章 小 结

以黄河泥沙工程治理为例，从系统性、整体性角度出发，利用熵权和耗散结构对 SRI 进行定量分析，揭示复杂系统的演变规律和内部指标的权重变化；基于指标关联度分析，分析子系统之间的响应关系，探究泥沙工程四级治理体系中的“控制—传递—影响—反馈—控制”响应机制，研究发现：①1990～2019 年，SRI 的均值为 55.99 分，最低值为 1990 年的 50.26 分，最高值为 2019 年的 61.48 分，总体呈现振荡式向好趋势，与黄河水沙的若干重大事件关联性较大，存在数值和时间上的响应关系；②从系统状态（耗散结构理论）研究，1990～2019 年系统耗散结构指标均小于阈值（66.7），表明黄河泥沙工程控制系统的活跃度较低，但整体呈现振荡式上升趋势，整体趋势与达到耗散结构的临界条件逐渐接近；③四级子系统熵值总体呈现波动性降低趋势，表明通过人为治理的负熵流入，泥沙工程治理在入黄泥沙控制、干支流水库（万家寨水库、三门峡水库、小浪底水库）泥沙控制、河道泥沙控制、河口泥沙控制四方面的系统有序性逐渐增强，质量逐渐提高；④泥沙控制系统是一个耦合的有机整体，中观层面（子系统层）上自上而下通过媒介指标传递信息、能量、物质等，影响下一级工程控制子系统，同时第四级工程控制子系统（河口泥沙控制子系统）作为流域系统的重要反馈环节，使得中观层面上同时存在自下而上不断反馈传递的过程。

黄河泥沙工程控制系统在 2010 年后呈现稳定向好的发展趋势，但子系统的稳定性仍存在一定波动，即仍需要加入相应的工程控制措施，维持系统稳定、促进系统有序发展。①根据相关性分析结果可知，在一级控制措施中，黄土高原综合治理，尤其是淤地坝（骨干坝）的建设，对入黄泥沙影响作用甚大，因此在流域面上控制入黄泥沙应持续推进黄土高原综合治理，尤其是推进高标准新型淤地坝系建设，并解决好已建、新建淤地坝系长期保持侵蚀基准面问题。②在黄河泥沙工程控制体系中二级控制水库工程体系发挥着重要的承上启下作用，其可对一级控制子系统有反馈作用，同时对三级和四级子系统均产生影响，当前二级控制子系统存在明显的后续动力不足问题，需要进一步加快建设古贤、黑山峡和碛口等水库工程，构建完善的黄河水沙调控工程体系。③河道控制子系统在流域泥沙工程控制系统中发挥重要的枢纽传递与反馈作用，因此要结合新形势科学确定下游治理方略，加快完善防洪工程和非工程体系，兼顾下游河道的综合治理，充分发挥下游宽滩河段的水沙调控作用，并在开展生态治理的同时，维持下游河道的基本形态和规模，保障河道的行洪输沙能力。④河口控制子系统作为流域系统的重要反馈子系统，其稳定性对黄河泥沙控制系统控制措施的实施具有重要的信息指导作用。因此，对河口地区要有计划地安排入海流路，加快开展河口综合治理，尽量缩短河道长度，减少溯源淤积的不利反馈影响。

总之，四级泥沙工程控制体系为系统性解决黄河泥沙问题提供了新的方向，是保障黄河长治久安的关键技术支撑。基于四级泥沙工程控制体系的 SRI 研究以系统科学为指引，明晰黄河泥沙工程控制体系的历史演变规律及相互作用机制，建立具有评价和决策支持功能的系统模型，为统一做好黄河流域工程措施部署、系统性解决黄河泥沙问题提供技术支撑，也为黄河流域水战略布局及重大项目前期规划论证提供决策依据。

参 考 文 献

曹磊, 朱丽衡, 霍艳虹. 2020. 基于模糊综合评价法的城市公园环境安全评价——以唐山市南湖公园为例. 风景园林, 27(3): 80-85.

高凡, 蓝利, 黄强. 2017. 变化环境下河流健康评价研究进展. 水利水电科技进展, 37(6): 81-87.

韩轶华, 刘艳红. 2019. 基于综合评价指数法的城市道路绿化植物景观配置评价研究——以运城市盐湖区为例. 林业调查规划, 44(3): 213-219, 225.

黄晓冰, 陈忠暖. 2014. 基于信息熵的地铁站点商圈零售业种结构的研究——以广州 15 各地铁站点商圈为例. 经济地理, 34(3): 38-44.

季诚杰. 2018. 基于德尔菲法的贵州省基层医疗卫生机构绩效评价指标体系构建研究. 贵州医科大学硕士学位论文.

李素红, 方洁, 尹志军, 等. 2020. 基于改进突变级数法的河北省养老地产开发适宜性评价与障碍因子诊断. 世界地理研究, 29(2): 378-387.

刘淑茹, 魏晓晓. 2019. 基于改进 CRITIC 法的西部地区新型城镇化水平测度. 生态经济, 35(7): 98-102.

路霞. 2019. 基于 ELECTRE Ⅲ的古迹遗址展示利用综合评价研究. 西安建筑科技大学硕士学位论文.
牛蒙蒙, 铁铎, 韩伟, 等. 2020. 基于改进型拉开档次法的数控机床综合性能评价. 制造技术与机床, (2): 27-30.
瞿茜, 蔡春凤, 吴映雪. 2020. 基于数据包络分析的2017年武汉市卫生资源配置和服务利用效率评价研究. 预防医学情报杂志, 36(2): 133-136, 141.
阮铖巍, 寇英信, 徐安, 等. 2012. 基于二元模糊比较法的单步空战机动决策研究. 指挥控制与仿真, 34(5): 10-13.
王慧敏, 郝祥云, 朱仲元. 2019. 基于干旱指数与主成分分析的干旱评价——以锡林河流域为例. 干旱区研究, 36(1): 95-103.
徐广波, 轩少永, 尤庆华. 2012. 基于熵权的模糊集对模型在港口水域通航风险评价中的应用. 上海海事大学学报, 33(1): 7-11.
杨绮. 2007. 二元相对比较法在风险节税决策中的应用. 统计与决策, (4): 34-35.
张金良, 练继建, 张远生, 等. 2020. 黄河水沙关系协调度与骨干水库的调节作用. 水利学报, 51(8): 897-905.
张俊光, 宋喜伟, 杨双. 2017. 基于熵权法的关键链项目缓冲确定方法. 管理评论, 29(1): 211-219.
张强, 钱建明. 1993. 用多维标度法评价中国少数民族人口素质. 中国卫生统计, 10(6): 1-4.
张维今, 王安赢. 2020. 基于因子分析法的零售业上市公司财务绩效评价. 沈阳大学学报(社会科学版), 22(2): 182-186, 195.
赵健. 2016. 河南省境内上市公司经营业绩评价研究——基于灰色关联度评价理论的探析. 郑州轻工业学院学报(社会科学版), 17(1): 102-108.
赵梦龙, 解阳阳, 王义民. 2015. 榆林市黄河供水工程线路优选. 人民黄河, 37(7): 55-58, 63.
Li L X, Li Y N, Ye F, et al. 2018. Carbon dioxide emissions quotas allocation in the Pearl River Delta region: Evidence from the maximum deviation method. Journal of Cleaner Production, 177: 207-217.

第7篇

主要认识与展望

第20章　主 要 认 识

黄河泥沙工程控制论总体思想就是利用工程控制论的方法体系和基本理论来指导处理黄河泥沙的相关问题，同时考虑黄河泥沙工程控制的特点，使黄河泥沙在自然演变的特点之上结合必要的人工调控手段，实现泥沙这一要素处于一种与人类生存、社会安全及社会经济发展等相适宜的状态，该方法体系可为实现黄河安澜这一中华儿女的千年期盼提供重要理论支撑。

黄河泥沙工程控制论从“入黄泥沙—干支流水库泥沙控制—河道泥沙调节—河口泥沙侵蚀基准控制”整个流域系统入手，分环节、分工程、分方式对泥沙进行调控，最终实现黄河水沙关系协调的目标。

（1）入黄泥沙控制

入黄泥沙控制是黄河泥沙工程控制论的最主要手段，主要从源头实施控制，具有控制面大的特点，可以有效减少进入黄河的泥沙。控制手段主要有通过林草措施、恢复植被、梯田耕作等手段来涵养水源，起到减少流域面上土壤侵蚀的作用。结合黄河流域黄土高原千沟万壑的独特地形地貌特征，劳动人民在沟壑之中通过修建淤地坝，可以进一步控制从面上侵蚀而下的泥沙。淤地坝作为黄河流域入黄泥沙控制的最后一件法宝，不仅可以有效拦截流域面上侵蚀而下的泥沙，还可通过淤地造田、蓄水保肥作用，有效减少黄土高原沟沟壑壑中的重力侵蚀作用。除此之外，若修建淤地坝符合标准、安全可靠，待淤地坝拦截泥沙淤满成地，在黄土高原形成陡坎时，通过陡坎的跌水等消能作用，减小水流动能，可以有效减小流域面上的水力侵蚀作用，并在黄土高原形成长远的侵蚀基准面。同时，陡坎还能进一步减少水流输沙，从而发挥淤地坝对入黄泥沙的控制作用。

因此，通过采用林草植被措施、梯田和淤地坝等水土保持工程措施，可有效减少流域面上的土壤侵蚀、控制侵蚀而下的泥沙，实现对入黄泥沙的控制，这也是当下黄河泥沙减少的重要原因之一。

（2）干支流水库泥沙控制

干支流水库泥沙控制是黄河泥沙工程控制论的核心手段，其不仅承接入黄泥沙控制后汇入黄河的泥沙，还通过水库调控改变水库下游河道的水沙关系，因此水库泥沙控制是最直接、也是最行之有效的黄河泥沙工程控制手段。

黄河流域水沙关系不协调主要是因为黄河流域水资源主要集中于黄河上游，而泥沙主要集中在黄河中游，中游黄土高原地区产沙量大、入黄泥沙多，区间自身产水及上游来水与区间产沙时空搭配不合理，无法在下游实现全部泥沙输送入海。因此，调节黄河水沙关系还应充分利用黄河水沙调控工程体系，运用“蓄清调浑”这一调控技术方法体系，干支流、上下游水库群联合调控水沙，实现干支流水库泥沙控制。通过入黄泥沙控制手段，有效减少了入黄泥沙，而对于已经入河的泥沙，则需要通过水库工程实施控制。当前黄河流域水沙调控工程体系仍在不断完善之中，因此在实施入黄泥沙控制的同时，还应进一步完善黄河流域水沙调控工程体系，并通过干支流水库群的“拦、排、调”全方位协同调控，进一步控制黄河泥沙，协调下游河道水沙关系。

（3）河道泥沙调节

河道环节的泥沙控制主要考虑各滩区洪水风险、人口分布等因素，控制悬河发展，维持下游河势，保障黄河下游防洪保安，因此河道泥沙调节是黄河泥沙工程控制的最关键手段。考虑黄河各河段水沙特点、河道特点及防洪要求等众多因素，黄河河道泥沙控制以因滩施策的工作思路，遏制悬河发展，维持河势稳定。由于河道具有来水归一的特点，河床通过水沙条件不断地发生“冲淤—平衡”再到“冲淤—平衡”的过程，因此河道具有调节泥沙级配的问题。根据生态学原理，结合黄河下游河道的基本特点，考虑来水来沙条件、滩区安全建设措施等要求，实施淤填方案、滩区分滩治理等措施，消除“二级悬河”不利的河道断面，稳定主槽来补齐黄河下游河道生态安全屏障的短板，重组黄河下游河道与滩区的空间格局以破解人水矛盾，增效生态过程来增强黄河下游河道生态供给能力以实现河道的生态治理，并充分利用黄河下游河道输沙能力多排沙入海，实现河道对泥沙的进一步调控，同时河道与水库形成有机整体，调控已经入黄的泥沙。

（4）河口泥沙控制

黄河口的泥沙问题主要是前三级调控的反馈过程，考虑到黄河口泥沙溯源淤积问题，黄河口水沙调控要综合考虑入海流路的安排及尾闾河道的整治。河口泥沙控制应与下游河道泥沙控制相协调，我们通过河口水沙演变趋势的反馈作用，结合水库调控水沙的控制手段，提出新的适应下游河道的泥沙控制方法。因此，黄河口的泥沙控制必须与下游河道防洪安排相协调，既要有利于减缓黄河下游河道的淤积抬高，又要有利于减轻防洪负担。河道长度是反馈影响的关键因素，要减少河口淤积延伸对黄河下游河道的反馈影响，就要尽量缩短河长。

通过黄河泥沙工程控制的四级手段，可以实现分环节、分工程、分方式地系统控制黄河泥沙。人民治黄以来，在泥沙处理上探索出了“拦、调、排、放、挖”的泥沙治理思路，这不仅抓住了泥沙主要输送通道河流本身的调配与控制，还提出了中游黄土高原地区系统治理的措施，体现了黄河问题“表象在黄河、根子在流域”的认识，从系统工程角度来讲，是对整体系统的控制，是主动治河。黄河泥沙工程控制论与“拦、调、排、放、挖”的泥沙治理思路相辅相成、步调一致，其通过流域面上的拦沙减蚀到水库的“蓄清调浑”，再到下游河道的遏制悬河、三滩分治、稳定河势，最后通过河口的反馈与调控作用，形成了一套完整的、系统的黄河泥沙工程控制方法论。

第21章 展 望

水少沙多、水沙关系不协调是黄河复杂难治的症结所在，水沙关系不协调的一个重要原因就是黄河流域存在水沙异源的问题。黄河流域水沙异源是指上游来水为主，中游来沙为主，但泥沙是需要水来输送的，而由于黄河下游河道及人类社会发展等诸多因素影响，黄河中上游来水到黄河下游时动力不足，进一步造成黄河下游形成“二级悬河”。因此，只要黄河下游水动力充足，在没有洪水影响的前提下，充足的水动力条件就能很好地把泥沙输送至远海，这也就解决黄河泥沙的一大危害了。

基于以上认识，从辩证的角度来看，黄河流域的水沙异源是水资源在上、泥沙在下，因此可充分利用上游来水，挟带中游泥沙，通过系统治理，保证泥沙经下游输至远海，进而遏制黄河下游泥沙淤积而导致的“悬河”与洪水威胁。进一步结合本书黄河泥沙工程控制论的方法体系可知，治理黄河首先要从最末端河口的淤积反馈入手，解决河口泥沙溯源淤积、末端上延的问题，除了改道、多流路使用等手段，还可以通过增加水动力条件输沙至远海，该水动力条件来源于下游河道，因此下游河道水沙关系、河势、水动力条件等是至关重要的，而能调节下游河道水沙关系的最直接手段为小浪底水库等调水调沙。但黄河流域水沙调控工程体系仍不完善，因此以干流的龙羊峡、刘家峡、黑山峡、碛口、古贤、三门峡、小浪底等骨干水利枢纽为主体，以海勃湾水库、万家寨水库为补充，与支流的陆浑、故县、河口村、东庄等控制性水库共同构成完善的黄河水沙调控工程体系，是统筹考虑洪水管理、协调全河水沙关系、合理配置和优化调度水资源等综合利用要求的关键。所以，后续不断完善黄河水沙调控工程体系仍是治理黄河的关键，完善的黄河水沙调控工程体系与黄河泥沙工程控制论的方法体系有机结合，是推动黄河生态保护和高质量发展的重要构成。

除了以上工程体系建设，治理黄河的另一个关键问题是解决黄河“水少”的问题，即实施“增水”措施。“增水”即要进一步强化水资源集约节约利用，同时实施南水北调西线后续工程及其他跨流域调水工程，有效增加黄河的水资源量，在基本保障经济社会发展和生态环境用水、河流生态系统良性循环的同时，使黄河中下游的输沙用水也能够基本得到保证，为将进入下游的泥沙输送入海提供水流动力条件。

在人民治黄的历程中，黄河的泥沙治理不仅有工程治理，有时甚至还需要其他非工程措施，如黄河泥沙治理思路中的重要举措——“放”和“挖”。其中，适时有针对性地“挖”沙疏浚可有效提高河槽排洪、排沙、排凌能力，而“放”则是充分利用宽浅河段的水力作用来进行天然的水力分选。通过放淤手段，实现淤粗排细，可在一定程度上解决黄河粗沙的问题。

总的来说，黄河复杂难治是由于黄河的泥沙问题兼具系统性和分散性，我们应以黄河泥沙工程控制论为指导，结合黄河流域的整体性、局部性特点，站在全流域的角度，分环节、分工程、分方式地开展黄河系统治理，推动黄河流域生态保护和高质量发展，实现黄河安澜这一中华儿女的千年期盼！